# 농기계정비·운전
## 기능사 필기

시대에듀

합격에 윙크[Win-Q]하다

# Win-Q

## [ 농기계정비 · 운전기능사 ] 필기

## Always with you

사람이 길에서 우연하게 만나거나 함께 살아가는 것만이 인연은 아니라고 생각합니다.

책을 펴내는 출판사와 그 책을 읽는 독자의 만남도 소중한 인연입니다.

**시대에듀**는 항상 독자의 마음을 헤아리기 위해 노력하고 있습니다.

늘 독자와 함께하겠습니다.

# 머리말

## 농기계 정비 · 운전 분야의 전문가를 향한 첫 발걸음!

현대사회는 초연결(Hyperconnectivity)과 초지능(Superintelligence), 인공지능(AI) 등을 특징으로 하는 제 4차 산업혁명시대이다. 이렇게 제4차 산업혁명시대로 발전하기까지 그 바탕에는 제1차 산업인 농업이 중요한 근간을 이루고 있다.

농업 부문 취업자수 추이를 보면 1998년 경기 침체로 인해 역이농현상이 나타남에 따라 일시적으로 증가세를 보인 것을 제외하면 지속적으로 감소하고 있다. 이러한 원인 중의 하나는 기계화에 따른 노동력 절감이 큰 비중을 차지한다. 현재 농기계화율은 건조작업을 제외한 모든 작업 분야에서 95% 이상의 높은 수준에 도달하고 있다. 이처럼 현대 농업은 경운기, 이앙기, 콤바인, 곡물건조기, 바인더, 관리기, 트랙터 등 다양한 농업기계가 많이 사용되어 기계 중심으로 바뀌어 가고 있다. 또한, 농가에서 보유한 농업기계 대수도 매년 증가함에 따라 농업기계 정비서비스에 대한 수요도 꾸준히 증가할 것으로 예상되므로 정비기능을 갖춘 기능인력에 대한 수요가 지속적으로 필요할 것이다. 따라서 농업기계 생산업체, 농업기계 수리 · 정비업체, 농업기계 대리점, 농업기계 서비스센터, 농협 농업기계 서비스센터 등으로 진출이 늘어날 전망이다.

본 교재는 수험생들이 농기계 정비 · 운전 부문에 좀 더 쉽게 다가가고 이해할 수 있도록 구성하였다.
농기계 정비 · 운전기능사 필기시험의 출제기준에 따라 각 단원별로 중요하고 반드시 알아두어야 하는 핵심이론을 제시하고 빈출문제를 통해 핵심내용을 다시 한번 확인할 수 있도록 구성하였다. 과년도와 최근 기출복원 문제를 통해 시험 출제경향을 파악하여 시험에 대비할 수 있도록 하였다. 국가기술자격 필기시험은 문제은행 방식으로 기출문제가 반복적으로 출제되기 때문에 기출문제를 분석해서 풀어 보고, 이와 관련된 이론들을 학습하는 것이 효과적인 학습방법이다.

농기계 정비 · 운전기능사 자격을 취득하는 데 조금이나마 도움이 되고자 노력하였으나 부족한 점이 많다. 부족한 점은 차후에 수정 · 보완할 것을 약속드리며, 수험생들의 합격을 기원한다.

편저자 씀

# 시험안내

## 농기계정비기능사 ─────────────────

### 개요

기계 중심의 농업으로 전환되면서 농업 생산비 절감 등 농업경영 개선을 위해 이앙기, 콤바인, 곡물건조기, 바인더, 관리기, 경운기, 트랙터 등 다양한 농업기계가 사용된다. 이에 따라 안전하고 편리한 농업기계의 사용을 위하여 기계 및 장비를 점검, 분해, 조립, 수리하는 숙련기능을 갖춘 인력이 필요하게 되었다.

### 수행직무

농업기계 정비소, 생산 업체 등에서 농업용 엔진, 동력경운기, 트랙터, 이앙기, 양수기, 분무기 및 수확기와 같은 농기계 및 장비를 점검, 분해, 조립, 수리하는 업무를 수행한다.

### 진로 및 전망

농업기계생산업체, 농업기계수리, 정비업체, 농업기계 대리점, 농업기계 A/S센터, 농업기계 서비스센터 등에 진출할 수 있다. 이처럼 경운기, 이앙기, 콤바인, 곡물건조기, 바인더, 관리기, 트랙터 등 다양한 농업기계가 많이 사용되어 기계 중심으로 바뀌어가고 있다.

### 시험일정

| 구분 | 필기원서접수 (인터넷) | 필기시험 | 필기합격 (예정자)발표 | 실기원서접수 | 실기시험 | 최종 합격자 발표일 |
|------|-----|-----|-----|-----|-----|-----|
| 제1회 | 1월 초순 | 1월 하순 | 1월 하순 | 2월 초순 | 3월 중순 | 4월 초순 |
| 제2회 | 3월 중순 | 3월 하순 | 4월 중순 | 4월 하순 | 6월 초순 | 6월 하순 |
| 제4회 | 8월 중순 | 9월 초순 | 9월 하순 | 9월 하순 | 11월 초순 | 12월 초순 |

※ 상기 시험일정은 시행처의 사정에 따라 변경될 수 있으니, 큐넷 홈페이지(www.q-net.or.kr)에서 확인하시기 바랍니다.

### 시험요강

❶ 시행처 : 한국산업인력공단
❷ 시험과목
  ㉠ 필기 : 농기계 정비, 농기계 전기, 농기계 안전관리
  ㉡ 실기 : 농기계 정비작업
❸ 검정방법
  ㉠ 필기 : 객관식 60문항(1시간)
  ㉡ 실기 : 작업형(3시간)
❹ 합격기준(필기·실기) : 100점을 만점으로 하여 60점 이상

# 농기계운전기능사

## 개 요

기계 중심의 농업으로 전환되면서 농업 생산비 절감 등 농업경영 개선을 위해 이앙기, 콤바인, 곡물건조기, 바인더, 관리기, 경운기, 트랙터 등 다양한 농업기계의 사용이 증가하고 있다. 이에 따라 안전하고 편리한 농업기계의 사용을 위하여 운전, 조작하는 숙련기능을 갖춘 인력이 필요하게 되었다.

## 수행직무

동력경운기, 트랙터, 이앙기, 콤바인, 방제기 및 양수기 등과 같은 농업기계를 운전, 조작하는 업무를 수행한다.

## 진로 및 전망

자영농, 축산업, 낙농업, 농업기계대리점, 농업기계 생산업체의 조립 및 농업기계정비업체 등에 진출할 수 있다. 이처럼 경운기, 이앙기, 콤바인, 곡물건조기, 바인더, 관리기, 트랙터 등 다양한 농업기계가 많이 사용되어 기계 중심으로 바뀌어가고 있다.

## 시험일정

| 구 분 | 필기원서접수<br>(인터넷) | 필기시험 | 필기합격<br>(예정자)발표 | 실기원서접수 | 실기시험 | 최종 합격자<br>발표일 |
| --- | --- | --- | --- | --- | --- | --- |
| 제2회 | 3월 중순 | 3월 하순 | 4월 중순 | 4월 하순 | 6월 초순 | 6월 하순 |
| 제3회 | 5월 하순 | 6월 중순 | 6월 하순 | 7월 중순 | 8월 중순 | 9월 중순 |
| 제4회 | 8월 중순 | 9월 초순 | 9월 하순 | 9월 하순 | 11월 초순 | 12월 초순 |

※ 상기 시험일정은 시행처의 사정에 따라 변경될 수 있으니, 큐넷 홈페이지(www.q-net.or.kr)에서 확인하시기 바랍니다.

## 시험요강

❶ 시행처 : 한국산업인력공단
❷ 시험과목
    ㉠ 필기 : 농업기계 운전, 농업기계 전기, 농업기계 안전관리
    ㉡ 실기 : 농업기계 운전작업
❸ 검정방법
    ㉠ 필기 : 객관식 60문항(1시간)
    ㉡ 실기 : 작업형(1시간 정도)
❹ 합격기준(필기 · 실기) : 100점을 만점으로 하여 60점 이상

# 시험안내

## 검정현황

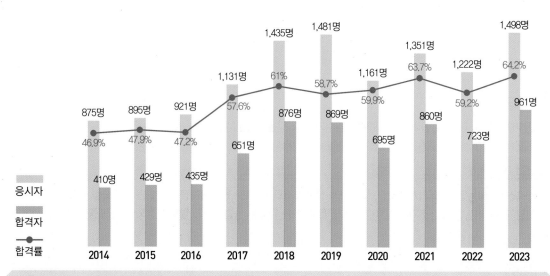

**필기시험**[농기계정비기능사]

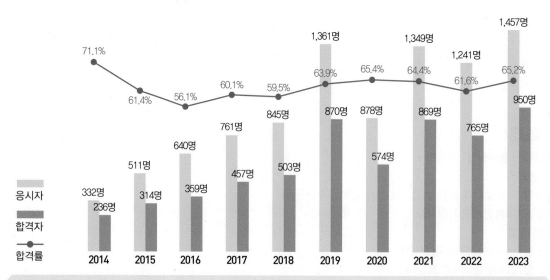

**필기시험**[농기계운전기능사]

## 출제기준

| 필기과목명 | 주요항목 | 세부항목 |
|---|---|---|
| 농업기계 정비/운전,<br>농업기계 전기,<br>농업기계 안전관리 | 농업기계 정비<br>[정비] | 농업기계 기관 정비 |
| | | 트랙터(경운기, 관리기 포함) 정비 |
| | | 콤바인 및 건조기 정비 |
| | | 기타 작업기계 정비 |
| | 농업기계 운전<br>[운전] | 농업기계 운전에 요구되는 농업기계 일반에 관한 사항 |
| | | 농업기계 운전 및 조작에 관한 사항 |
| | | 농작업에 관한 사항 |
| | 농업기계 전기 | 기초 전기지식 |
| | | 축전지 |
| | | 기동장치[정비] |
| | | 전동 및 발전장치[운전] |
| | | 점화장치 |
| | | 등화장치 |
| | | 전기 · 전자장치[정비] |
| | | 전기계기[운전] |
| | 농업기계 안전관리 | 안전기준 |
| | | 기계 및 기기에 대한 안전 |
| | | 공구에 대한 안전[정비] |
| | | 공구 취급에 대한 안전[운전] |
| | | 전기 및 위험물의 안전[정비] |
| | | 전기 및 위험물의 취급 안전[운전] |
| | | 안전보호구에 관한 사항[정비] |
| | | 안전관리[운전] |
| | | 농업기계 운반[운전] |

※ [정비]는 농기계정비기능사, [운전]은 농기계운전기능사에만 해당하는 내용입니다. 자세한 사항은 큐넷 홈페이지(www.q-net.or.kr)
에서 확인하시기 바랍니다.

# CBT 응시 요령

기능사 종목 전면 CBT 시행에 따른

## CBT 완전 정복!

**"CBT 가상 체험 서비스 제공"**

한국산업인력공단
(http://www.q-net.or.kr) **참고**

---

### 01 수험자 정보 확인

시험장 감독위원이 컴퓨터에 나온 수험자 정보와 신분증이 일치하는지를 확인하는 단계입니다. 수험번호, 성명, 생년월일, 응시종목, 좌석번호를 확인합니다.

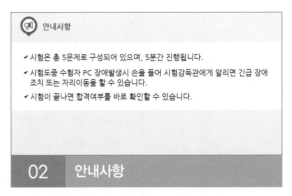

### 02 안내사항

시험에 관한 안내사항을 확인합니다.

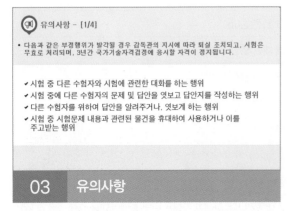

### 03 유의사항

부정행위에 관한 유의사항이므로 꼼꼼히 확인합니다.

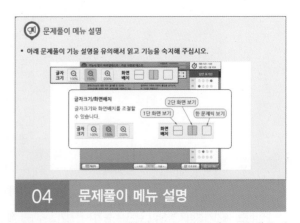

### 04 문제풀이 메뉴 설명

문제풀이 메뉴의 기능에 관한 설명을 유의해서 읽고 기능을 숙지해 주세요.

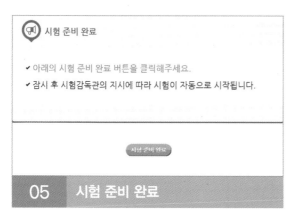

## 05  시험 준비 완료

시험 안내사항 및 문제풀이 연습까지 모두 마친 수험자는 시험 준비 완료 버튼을 클릭한 후 잠시 대기합니다.

## 06  시험 화면

시험 화면이 뜨면 수험번호와 수험자명을 확인하고, 글자크기 및 화면배치를 조절한 후 시험을 시작합니다.

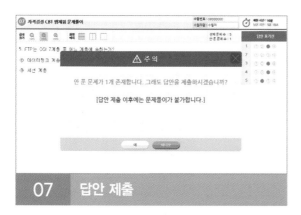

## 07  답안 제출

[답안 제출] 버튼을 클릭하면 답안 제출 승인 알림창이 나옵니다. 시험을 마치려면 [예] 버튼을 클릭하고 시험을 계속 진행하려면 [아니오] 버튼을 클릭하면 됩니다. 답안 제출은 실수 방지를 위해 두 번의 확인 과정을 거칩니다. [예] 버튼을 누르면 답안 제출이 완료되며 득점 및 합격여부 등을 확인할 수 있습니다.

## CBT 완전 정복 Tip

**내 시험에만 집중할 것**
CBT 시험은 같은 고사장이라도 각기 다른 시험이 진행되고 있으니 자신의 시험에만 집중하면 됩니다.

**이상이 있을 경우 조용히 손을 들 것**
컴퓨터로 진행되는 시험이기 때문에 프로그램상의 문제가 있을 수 있습니다. 이때 조용히 손을 들어 감독관에게 문제점을 알리며, 큰 소리를 내는 등 다른 사람에게 피해를 주는 일이 없도록 합니다.

**연습 용지를 요청할 것**
응시자의 요청에 한해 연습 용지를 제공하고 있습니다. 필요시 연습 용지를 요청하며 미리 시험에 관련된 내용을 적어놓지 않도록 합니다. 연습 용지는 시험이 종료되면 회수되므로 들고 나가지 않도록 유의합니다.

**답안 제출은 신중하게 할 것**
답안은 제한 시간 내에 언제든 제출할 수 있지만 한 번 제출하게 되면 더 이상의 문제풀이가 불가합니다. 안 푼 문제가 있는지 또는 맞게 표기하였는지 다시 한 번 확인합니다.

# 구성 및 특징

## 01 CHAPTER 농업기계 운전 및 정비

**제1절 농업기계 운전 및 구조와 작용**

**1-1. 농업기계 운전 일반사항**

**핵심이론 01 | 농업기계 효율과 성능**

① 농업기계화
  ㉠ 농업생산의 수단을 농업기계로 변화시키는 것이다.
  ㉡ 농업기계화는 농업기계의 제조, 보급, 판매, 사후 봉사, 경제적 이용, 농작업 안전 등이 모두 포함된다.
  ㉢ 농업기계화가 진행된 정도를 농업기계화율로 표시하는데 총작업면적 중에 농업기계로 작업한 면적을 의미한다.
  ㉣ 농업기계화는 어렵고 힘든 작업을 쉽고 편하고 안전하게 할 수 있도록 하고, 노동생산성과 토지생산성을 향상시키며, 고품질 농산물을 저비용으로 생산하여 소득을 향상시킨다.

② 농업기계의 특징
  ㉠ 연중 사용시간이 짧다.
  ㉡ 습한 논이나 포장되지 않는 경사지와 같이 열악한 자연상태에서 사용된다.
  ㉢ 작물과 토양 등을 대상으로 작업하므로 정밀하고 섬세하게 작동되어야 한다.
  ㉣ 우리나라에서는 농경지 규모가 작기 때문에 다기종 소량 생산방식으로 제조된다.

③ 농업기계의 작업능률과 부담면적
  ㉠ 농업기계의 작업능률은 단위시간당 작업할 수 있는 면적 또는 단위면적을 작업하는 데 소요되는 시간으로 나타낸다.
  ㉡ 단위시간으로는 주로 시간[h]을 사용하고, 단위면적은 10[a] 또는 [ha]를 사용한다.

㉢ 포장효율($E_f$)이란 이론작업량에 대한 실제 포장작업량의 비율이며 소수로 나타낸다.
㉣ 기계 작업속도($S$)의 단위는 [km/h]이고, 작업폭($W$)의 단위는 [m]이다. 따라서 시간당 작업하는 면적, 즉 작업능률은 다음 식과 같이 나타낼 수 있다.

$$C = \frac{1}{10} E_f S W$$

㉤ 실작업률($E_a$)이란 하루 작업시간 중에 실제로 경지 내부에서 작업한 시간의 비율이며 소수로 나타낸다. 총작업시간은 다음과 같이 구한다.

총작업시    총작업면적[ha]

---

### 10년간 자주 출제된 문제

**11-1. 다음 중 가솔린기관의 기화기에서 스로틀밸브의 역할로 옳은 것은?**
① 공기의 양을 조절한다.
② 연료의 유면을 조절한다.
③ 혼합기의 양을 조절한다.
④ 공기의 유속을 빠르게 조절한다.

**11-2. 기화기식 가솔린기관을 시동할 때 농후한 혼합기를 만드는 데 사용되는 장치는?**
① 초크밸브     ② 에어블리더
③ 조속기       ④ 스로틀밸브

**11-3. 기관의 연료소비율을 나타내는 단위로 가장 적절하지 않은 것은?**
① [km/L]       ② [L/min]
③ [g/PS · h]   ④ [g/kW · h]

**11-4. 2행정 가솔린기관을 사용하는 동력 예초기에서 연료와 엔진오일의 혼합비로 가장 적당한 것은?**
① 5 : 1        ② 15 : 1
③ 25 : 1       ④ 35 : 1

**11-5. 비중이 0.72, 발열량이 10,500[kcal/kg]인 연료를 사용하여 20분간 사용하였더니 연료소비량이 5[L]였다. 이 기관의 연료마력(HP)은?**
① 80[HP]       ② 180[HP]
③ 280[HP]      ④ 380[HP]

**11-6. 5[kW]는 약 몇 [W]인가?**
① 3,730        ② 4,850
③ 746          ④ 2,239

**11-7. 공학단위인 1마력(PS)은 몇 [kW]인가?**
① 약 0.5[kW]    ② 약 0.735[kW]
③ 약 0.935[kW]  ④ 약 1.25[kW]

**11-8. 3[kW]의 발전기를 가동하려 최소한 몇 [PS]의 출력을 내는 엔진이 필요한가?(단, 효율은 무시한다)**
① 2.21[PS]     ② 4.08[PS]
③ 5.22[PS]     ④ 6.08[PS]

|해설|

11-2
보통 운전 시 초크밸브는 수직상태이지만 시동 시 초크밸브가 작동되면 수평상태가 되어 공기의 유입을 거의 차단하여, 이 상태에서 기관을 크랭크하면 초크밸브의 아래쪽에 강한 진공이 생겨 메인노즐에서 다량의 연료가 유출되어 시동에 필요한 농후한 혼합비를 만든다.

11-3
[L/min]는 유량 단위이다.

11-5
연료마력(HP) $= \dfrac{60CW}{632.3t} = \dfrac{C \times W}{10.5t}$
$= \dfrac{10,500 \times (0.72 \times 5)}{10.5 \times 20}$
$= 180[\text{HP}]$

(1[PS] = 632.3[kcal/h], $C$ : 연료의 저위발열량[kcal/kg], $W$ : 연료의 무게[kg], $t$ : 측정시간(분))

11-6
1[HP] = 746[W]
5 × 746 = 3,730[W]

11-7
1[PS](마력) = 735[W](0.735[kW])

11-8
3 ÷ 0.735 ≒ 4.08[PS]
※ 1[PS](마력) = 735[W](0.735[kW])

**정답** 11-1 ③  11-2 ①  11-3 ②  11-4 ③  11-5 ②  11-4 ②
11-7 ②  11-8 ④

---

### 핵심이론

필수적으로 학습해야 하는 중요한 이론들을 각 과목별로 분류하여 수록하였습니다.
시험과 관계없는 두꺼운 기본서의 복잡한 이론은 이제 그만! 시험에 꼭 나오는 이론을 중심으로 효과적으로 공부하십시오.

### 10년간 자주 출제된 문제

출제기준을 중심으로 출제 빈도가 높은 기출문제와 필수적으로 풀어보아야 할 문제를 핵심이론당 1~2문제씩 선정했습니다. 각 문제마다 핵심을 찌르는 명쾌한 해설이 수록되어 있습니다.

## 과년도 기출문제

**2013**년 제**2**회

### 01 다음 중 경운기의 조향 클러치를 나타내는 말이 아닌 것은?

① 맞물림 클러치
② 도그(Dog) 클러치
③ 사이드(Side) 클러치
④ 마찰 클러치

**해설**
조향장치를 조향 클러치 또는 사이드 클러치라고 하며, 맞물림 클러치가 많이 사용되고 있다.

### 02 승용 트랙터 토인 측정 전 준비작업에서 맞지 않는 것은?

① 적차 상태에서 측정한다.
② 타이어 공기압력을 규정압력으로 한다.
③ 조향장치 각부 볼 조인트와 링키지의 마모를 점검한다.
④ 앞바퀴 베어링 유격을 점검하고, 필요시 허브너트를 조여 수정한다.

### 03 디젤기관과 가솔린기관을 비교하였을 때 옳은 것은?

① 디젤기관의 압축비가 더 낮다.
② 가솔린기관의 소음이 더 심하다.
③ 디젤기관의 열효율이 더 높다.
④ 같은 출력일 때 가솔린기관이 더 무겁다.

**해설**
디젤엔진과 가솔린엔진의 비교

| 항 목 | 디젤엔진 | 가솔린엔진 |
|---|---|---|
| 압축비 | 16~23 : 1(공기만) | 7~10 : 1(혼합기) |
| 열효율 | 32~38[%] | 25~32[%] |
| 출력당 중량 | 5~8[kg/cm²] | 3.5~4[kg/cm²] |

장 점

### 04 트랙터에서

것은?

① 높은 
② 압축계
③ 피로저
④ 표면경

236 ■ PART 02 과년도 + 최근 기출복원문제

---

## 최근 기출복원문제

**2024**년 제**2**회

### 01 트랙터 플라우 작업 시 견인부하를 일정하게 하는 장치는?

① 견인제어 장치
② 위치제어 장치
③ 차동제어 장치
④ 3점지지 장치

**해설**
작업기에 작용하는 견인 저항력을 검출하여 일정 수준 이상이나 이하가 되면 유압제어 밸브를 작동하여 작업기를 승강시켜 일정한 견인력이 작용하도록 한다. 주로 견인 작업기는 플라우(쟁기) 작업에 사용된다.

### 02 로터리를 트랙터에 부착하고 좌우 흔들림을 조정하려고 한다. 무엇을 조정하여야 하는가?

① 리프팅 암
② 체크 체인
③ 상부 링크
④ 리프팅 로드

**해설**
트랙터와 로터리의 중심을 맞춘 후 체크 체인으로 2.0~2.5[cm] 정도 좌우로 일정량이 흔들리게 조정한다.

### 03 폭발순서가 1-3-4-2인 4행정 기관 트랙터의 1번 실린더가 흡입행정일 때 3번 실린더의 행정은?

① 압축행정
② 흡입행정
③ 배기행정
④ 팽창행정

**해설**
• 원을 그린 후 4등분하여 흡입, 압축, 폭발(동력), 배기를 시계방향으로 적는다.
• 주어진 보기에 1번이 흡입이라고 했으므로 흡입에 1번을 적고, 점화순서를 시계 반대방향으로 적는다. 즉, 압축(2)-흡입(1)-배기(3)-폭발(4)이므로 3번 실린더는 배기행정이다.

### 04 목초를 압축하며 건조하는 작업기는?

① 헤이 베일러
② 헤이 레이크
③ 헤이 컨디셔너
④ 덤프 레이크

**해설**
헤이 컨디셔너는 예취된 목초를 짓눌러 건조를 빠르게 하기 위한 기계이다.

### 05 자갈이 많고 지면이 고르지 못한 곳에서 잡초를 예취할 때 적합한 예취날은?

① 톱날형 날
② 꽃잎형 날
③ 4도형 날
④ 합성수지 날

**해설**
예취날의 선택
• 자갈 등이 많고 지면이 고르지 못한 지역, 철조망, 콘크리트벽 등의 주위의 잡초를 예취할 경우 합성수지 날이 좋다.
• 관목, 잔가지의 예취에는 금속날의 톱날형, 꽃잎형 날이 좋다.

516 ■ PART 02 과년도 + 최근 기출복원문제

1 ① 2 ② 3 ③ 4 ③ 5 ④ **정답**

---

## 과년도 기출문제

지금까지 출제된 과년도 기출문제를 수록하였습니다. 각 문제에는 자세한 해설이 추가되어 핵심 이론만으로는 아쉬운 내용을 보충 학습하고 출제경향의 변화를 확인할 수 있습니다.

## 최근 기출복원문제

최근에 출제된 기출문제를 복원하여 가장 최신의 출제경향을 파악하고 새롭게 출제된 문제의 유형을 익혀 처음 보는 문제들도 모두 맞힐 수 있도록 하였습니다.

# 이 책의 목차

**빨리보는 간단한 키워드**

**PART 01 | 핵심이론**

CHAPTER 01    농업기계 운전 및 정비                         002
CHAPTER 02    농업기계 전기                                 127
CHAPTER 03    농업기계 안전관리                             174

**PART 02 | 과년도 + 최근 기출복원문제**

CHAPTER 01    농기계정비기능사 과년도 + 최근 기출복원문제
              2013~2016년 과년도 기출문제                    236
              2018~2023년 과년도 기출복원문제                288
              2024년 최근 기출복원문제                       364
CHAPTER 02    농기계운전기능사 과년도 + 최근 기출복원문제
              2013~2016년 과년도 기출문제                    378
              2018~2023년 과년도 기출복원문제                441
              2024년 최근 기출복원문제                       516

## ▌ 피스톤식 내연기관의 분류

| 분 류 | 종 류 |
|---|---|
| 작동 사이클에 따라 | 4행정, 2행정 |
| 사용 연료에 따라 | 가스, 가솔린, 디젤, 석유 |
| 점화 방식에 따라 | 불꽃점화, 압축점화 |
| 연료공급 방식에 따라 | 기화기방식, 분사방식 |
| 연소 방식에 따라 | 정적 사이클, 정압 사이클, 복합 사이클 |
| 냉각 방식에 따라 | 공랭식, 수랭식 |
| 실린더 배열에 따라 | 수평형, 수직형, V형, 방사형 |

## ▌ 2행정 사이클 기관 원리

크랭크축이 1회전 시 1회의 동력 행정을 갖는다.

## ▌ 4행정 사이클 기관 원리

피스톤이 2왕복 운동을 하는 동안 4행정(크랭크축은 2회전)으로 1사이클을 마친다.

## ▌ 피스톤의 측압이 가장 큰 행정 : 폭발행정(동력행정)

## ▌ 크랭크축과 점화순서

• 4실린더 기관 : 1-3-4-2(우수식-보편적 순서), 1-2-4-3(좌수식)
• 6실린더 직렬형 기관 : 1-5-3-6-2-4(우수식), 1-4-2-6-3-5(좌수식)

**▌ 불꽃점화기관과 압축점화기관의 비교**

| 구 분 | 불꽃점화기관 | 압축점화기관 |
|---|---|---|
| 연 료 | 가솔린기관, 등유(석유)기관, 가스(LPG)기관 | 디젤기관(경유, 중유) |
| 흡입 기체 | 공기와 연료의 혼합기 | 공 기 |
| 연료의 공급 | 기화기로 혼합기체를 형성하거나 전자제어 연료분사장치로 흡기관 내에 저압분사 | 연료분사펌프로 연료를 압송하고 노즐을 통하여 연소실 내 분사 |
| 출력의 제어 | 스로틀밸브의 개도에 따라 혼합기의 양 제어 | 연료분사량 제어 |
| 착 화 | 전기불꽃에 의한 혼합기 점화 | 고온의 압축공기에 연료분사하여 자기착화 |
| 압축비 | 8~10 | 15~22 |

**▌ 기관성능곡선**

가로축을 회전수, 세로축을 출력, 토크, 연료소비율, 기계효율 등으로 하여 관계를 하나의 그래프로 나타낸 것이다.

**▌ 동력 경운기 실린더 헤드를 분해하는 순서**

• 공기청정기와 소음기를 분해한다.

• 분사파이프와 로커암 커버를 분해한다.

• 연료분사밸브 조합과 로커암을 분해한다.

• 푸시로드와 실린더 헤드를 분해한다.

**▌ 상사점(TDC ; Top Dead Center)**

실린더에서 피스톤이 실린더 헤드와 가장 가까이 있을 때 피스톤이 있는 곳의 위치이다.

**▌ 실린더 내경(안지름)을 측정할 수 있는 계측기 : 보어 게이지**

**▌ 피스톤의 구비조건**

• 열전도율이 커야 한다.

• 열팽창이 작아야 한다.

• 고온, 고압에 견뎌야 한다.

• 가볍고 강도가 커야 한다.

• 내식성이 커야 한다.

▌ **피스톤 간극(피스톤과 실린더 사이의 간극)별 발생 현상**

| 클 경우 나타나는 현상 | • 압축압력 저하<br>• 피스톤 슬랩 현상<br>• 엔진오일의 소비 증대<br>• 피스톤과 실린더 벽 사이의 열전도율 저하 |
|---|---|
| 작을 경우 나타나는 현상 | 피스톤과 실린더의 마멸 발생 |

▌ 피스톤의 평균속도 $= \dfrac{2 \times 회전수 \times 행정}{60}$

▌ **피스톤 링의 작용**

피스톤 상단부에 설치되어 기밀작용, 오일제어작용, 열전도작용(기관 내의 열을 외부로 전달하는 작용)을 한다.

▌ 커넥팅로드는 소단부, 대단부, 섕크 또는 아이빔(I-beam), 커넥팅로드 베어링으로 구성된다.

▌ 크랭크축 회전각도 $= \dfrac{360}{60} \times 회전수 \times 연소지연시간$

▌ **플라이휠** : 기관회전력의 변동을 최소화시켜 주는 장치이다.

▌ **밸브스프링의 점검항목**
- 직각도 : 스프링 자유고의 3[%] 이하일 것(자유높이 100[mm]당 3[mm] 이내일 것)
- 자유고 : 스프링 규정 자유고의 3[%] 이하일 것
- 스프링 장력 : 스프링 규정장력의 15[%] 이하일 것
- 접촉면의 상태는 2/3 이상 수평일 것

▌ **블로 다운(Blow Down)**

2행정 기관에서 배기행정 초기에 배기가스가 자체 압력으로 배출되는 현상이다.

▌ **블로 바이(Blow-by)**

기관에서 실린더 벽과 피스톤 사이의 틈새로부터 혼합기(가스)가 크랭크 케이스로 빠져나오는 현상이다.

- 1[PS](마력) = 735[W](0.735[kW])

- 2사이클 가솔린기관(동력 살분무기, 예초기 등)에서 연료와 오일의 혼합비는 가솔린 : 오일 = 25 : 1 또는 20 : 1이다.

- 가솔린기관은 전기점화장치(단속기, 마그네토, 점화플러그)를 사용하고 디젤기관은 연료분사장치(연료분사펌프, 연료분사밸브)를 이용한다.

- **자성체의 종류**
  - 강자성체 : 철, 코발트, 니켈, 망간 등
  - 상자성체 : 알루미늄, 주석, 백금, 산소, 공기 등
  - 반자성체 : 금, 은, 구리, 아연, 수은, 탄소 등

- **SAE 5W/30이라고 표시되어 있는 제품의 오일의 점도**
  - 5W는 저온에서의 점도규격 : 숫자가 작을수록 점도가 낮다.
  - 30은 고온에서의 점도규격 : 숫자가 클수록 점도가 높다.

- 백색매연은 오일이 연소실에서 연소되어 배출되는 것이고, 흑색매연은 불완전연소된 연료가 배출되는 경우이다.

- **부동액** : 에틸렌글리콜, 글리세린, 메탄올

- 코어막힘률 = $\dfrac{\text{신품 주수량} - \text{구품 주수량}}{\text{신품 주수량}} \times 100$

- **기관의 오일색깔**
  - 붉은색 : 가솔린 혼입
  - 우유색 : 냉각수 혼입
  - 검은색 : 심한 오염
  - 회색 : 연소가스의 생성물 혼입

∎ **디젤기관 연소실 분사압력[kgf/cm$^2$]**

- 직접분사식 : 150~300
- 예연소실식 : 100~120
- 와류실식, 공기실식 : 100~140

∎ **디젤기관의 연료계통 순서** : 연료탱크-분사펌프-노즐-연소실

∎ **연료분사노즐의 3대 조건** : 무화, 관통력, 분포성

∎ **디젤기관 밀폐형 연료분사노즐의 종류** : 구멍형(단공형과 다공형), 핀틀형, 스로틀형

∎ 압축비$(\varepsilon) = 1 + \dfrac{\text{행정체적}}{\text{연소실체적}} = 1 + \dfrac{V_s}{V_c}$

∎ **디젤엔진과 가솔린엔진의 비교**

| 항 목 | 디젤엔진 | 가솔린엔진 |
|---|---|---|
| 연 료 | 경유, 석유 | 가솔린, LPG |
| 연소사이클 | 사바테 사이클 | 오토 사이클 |
| 연료공급방식 | 분사펌프 | 기화기 혼합<br>(가솔린은 실린더와 흡기매니폴드에 분사) |
| 혼합기의 형성 | 압축공기에 연료를 안개상태로 분사<br>(불균일 혼합) | 흡입 전에 연료와 공기가 혼합된 형태로 흡입<br>(균일 혼합) |
| 착화방법 | 압축열에 의한 자기착화 | 전기불꽃에 의한 점화 |
| 연소실 형태 | 복 잡 | 간 단 |
| 압축비 | 16~23 : 1(공기만) | 7~10 : 1(혼합기) |
| 압축온도 | 500~550[℃] | 120~140[℃] |
| 폭발압력 | 45~70[kg/cm$^2$] | 30~35[kg/cm$^2$] |
| 압축압력 | 30~45[kg/cm$^2$] | 7~11[kg/cm$^2$] |
| 열효율 | 32~38[%] | 25~32[%] |

## [트랙터]

▌ **바퀴형 트랙터의 동력전달순서**

엔진-주클러치-주행변속장치-최종감속장치(차동장치 포함)-차축

▌ **클러치 페달의 유격**

- 트랙터에서 클러치 페달에 유격을 두는 이유 : 클러치 미끄럼을 방지하기 위해서
- 트랙터의 클러치 페달 유격 : 20~30[mm] 정도

▌ 트랙터 타이어의 호칭치수의 표기내용은 순서대로 타이어의 폭, 림의 지름, 플라이수이다.

▌ **트랙터의 앞바퀴 정렬**

킹핀경사각(5~11°), 캐스터각(2~3°), 캠버각(1~2°), 토인(2~8[mm])으로 이루어진다.

▌ **토인의 역할**

- 앞바퀴를 평행하게 회전시킨다.
- 캠버각을 보완하여 수정한다.
- 바퀴가 옆으로 미끄러지는 것을 방지한다.

▌ **변속기로부터 전달된 동력이 차륜까지 전달되는 순서**

변속기 → 피니언·베벨기어 → 링기어 → 차동기어 케이스 → 차동피니언기어 → 좌우 구동차축

▌ **기어변속기의 종류**

주축의 기어를 부축에 물리는 방법에 따라 미끄럼 물림식, 상시 물림식, 동기 물림식 등이 있다.

- 미끄럼 물림식 변속기 : 변속 레버로 기어를 움직여 변속하는 장치로, 구조는 간단하지만 기어 변속 시 충격과 소음이 발생하고 기어 손상을 일으키기 쉽다.
- 동기 물림식 변속기 : 기어가 서로 물릴 때 원추형 마찰 클러치에 의해서 상호 회전속도를 일치시킨 후 기어를 맞물리게 하는 동기장치를 설치한 변속 장치이다.
- 상시 물림식 변속기 : 주축과 부축의 기어를 각각의 변속 단계에 항시 맞물려 있게 하고, 주축의 스플라인 부분을 맞물림 클러치를 사용하여 주축과 연결한다. 기어를 손상시키지 않으며 소음이 적다.

**▌ 차동장치**

트랙터 선회 시 바깥쪽 바퀴가 안쪽 바퀴보다 더 빠르게 회전하여 원활한 선회가 이루어지게 하는 장치이다.

**▌ 차동잠금장치**

습지에서와 같이 토양의 추진력이 약한 곳이나 차륜의 슬립이 심한 곳에서 사용할 수 있도록 트랙터 내에 장착된 장치이다.

**▌ 동력취출장치**

일반적으로 트랙터 후륜 차축의 뒷면에 돌출되어 로터베이터, 모어, 비료살포기 등 구동형 작업기에 동력을 전달하는 장치이다.

**▌ 트랙터에서 브레이크 페달을 밟아도 제동이 잘되지 않는 원인**

- 페달 유격이 과다할 때
- 디스크가 마멸 또는 소손되었을 때
- 브레이크 드럼과 라이닝 사이의 간격이 클 때
- 유압식 브레이크에서 유압호스에 공기가 유입되었을 때
- 라이닝이 마멸 또는 소손되었을 때
- 유압식 브레이크에서 휠 실린더 유압이 약할 때

**▌ 유압장치 3대 요소 : 유압펌프, 제어밸브, 유압실린더**

**▌ 유압제어 : 위치제어, 견인력제어, 혼합제어(위치제어 + 견인력제어), 자동수평제어 등**

**▌ 트랙터의 일상점검**

- 후드 및 사이드 커버
- 엔진오일 수준
- 라디에이터 냉각수 수준
- 에어클리너 청소
- 라디에이터 오일로더 및 콘덴서 청소 등

▌ **트랙터 일상보관**
- 트랙터는 깨끗하게 청소하여 보관해야 한다.
- 작업기는 반드시 내려놓는다.
- 가능한 한 실내에 보관하고 실외보관 시에는 커버를 덮어 준다.
- 겨울철에는 배터리를 분리하여 실내에 보관한다.
- 겨울철에는 라디에이터의 동파 방지를 위해 부동액을 보충하여 보관한다.
- 시동 키는 항상 빼서 보관한다.

## [경운ㆍ정지용 기계]

▌ **트랙터 로터리**
PTO에서 경운축까지의 동력전달방식에는 중앙 구동식, 측방 구동식, 분할 구동식 등이 있다.

▌ **경운날의 종류** : 보통형(C자형), L자형(주로 사용), 작두형, 나사형, 꽃잎형 등

▌ **트랙터 로터리 경운피치** : 경운날이 1회전할 때마다의 경운간격

▌ **트랙터용 로터리 탈착방법**
- 트랙터와 로터리를 평탄한 곳에 위치시킨다.
- 기관을 정지시키고, 주차 브레이크를 건다.
- 트랙터의 하부링크를 내리고 체크체인을 푼 다음, 트랙터를 천천히 후진시켜 트랙터의 3점 히치를 로터리의 마스트와 일치시킨다.
- 하부링크에서 상부링크 순으로 링크 홀더에 끼운다.
- 상부링크와 로터베이터의 마스트를 핀에 끼워 연결한다.
- 유니버설 조인트의 한쪽(스플라인축)을 먼저 PTO축에 삽입ㆍ장착시킨다.
  ※ 부착은 좌측 하부링크 → 우측 하부링크 → 상부링크 → 유니버설 조인트의 순서로 결합하며, 분리할 때에는 역순으로 한다.
- 로터리의 좌우 균형은 우측 리프트링크 또는 좌우 수평제어용 유압실린더의 길이로 조절하며, 전후 조절은 상부링크의 길이를 조절하여 윗덮개가 지면과 수평이 되도록 한다.
- 트랙터와 로터리의 중심을 맞춘 후 체크체인으로 2.0~2.5[cm] 정도 좌우로 일정량이 흔들리게 조정한다.

**▌ 트랙터용 로터리 좌우 수평조정**

- 트랙터에 장착된 로터리의 좌우 수평조절 : 우측 하부링크의 레벨링 핸들(우측 리프트로드의 길이)
- 로터리를 트랙터에 부착하고 좌우 흔들림은 체크체인으로 조정한다.

**▌ 트랙터용 로터리 경심조정**

- 로터리의 경심은 유압 레버의 위치선정으로 조정할 수 있다.
- 상부링크 길이와 미륜 또는 스키드의 높이를 조정하여 결정한다.
- 스키드 높이는 스키드 높이 조정용 바에 있는 나비너트를 풀어 조정한다.

**▌ 트랙터용 로터리를 부착할 때의 점검 · 조정사항**

- 3점 링크
- 유압 작동레버
- 로터리날 배열

**▌ 동양쟁기의 구조**

- 이체 : 토양을 절삭, 반전, 이동, 파쇄하는 부분으로서, 보습, 볏, 바닥쇠로 구성되어 있다.
  - 보습 : 토양을 절삭한 다음 볏으로 올려 보내는 부분으로서, 기본적으로 삼각형 모양으로 되어 있으며 교환할 수 있게 되어 있다.
  - 볏 : 보습에서 올라온 역토를 반전하여 파쇄하는 부분으로서, 용도에 따라 볏의 길이와 휘어진 정도가 다르며, 긴 것은 두둑 작업에 적합하고, 짧은 것은 평면 쟁기 작업에 적합하다.
  - 바닥쇠(랜드사이드, 지측판) : 이체의 밑부분으로서 쟁기의 자세를 안정시키는 역할을 하며, 마멸이 심하므로 교환할 수 있게 되어 있다.
- 빔 및 프레임 : 이체가 흙에 대해 일정한 각도를 유지하면서 쟁기를 견인할 수 있게 해 준다.


# [경운기]

**▌ 동력 경운기 선회**

- 선회할 지점 전에 미리 조속 레버를 저속으로 하여 동력 경운기의 속도를 줄인 다음, 선회할 방향의 조향 클러치를 잡고 선회하며, 선회가 끝나면 즉시 조향 클러치를 놓는다.
- 선회반지름이 클 경우에는 조향 클러치를 잡았다 놓았다를 반복한다.
- 경사지를 내려갈 때에는 조속 레버를 저속으로 하고, 조향 클러치를 사용하지 않고 핸들의 힘만으로 방향을 조절한다.

## ▌ 동력 경운기 변속 및 후진

- 주행 중에 변속하고자 할 때에는 조속 레버를 저속 위치에 놓는다.
- 주클러치 레버를 '끊김' 위치까지 잡아당겨 클러치를 끊는다.
- 부변속 레버가 '고속' 위치에 놓여 있을 때는 경운 변속이 되지 않는다.
- 로터리 작업 시 후진할 때에는 반드시 경운 변속 레버를 중립에 놓고 실시한다.

## ▌ 동력 경운기 장기보관

- 기관이 따뜻할 때 냉각수와 오일을 모두 빼낸다.
- 흡기관에 오일을 소량 넣어 공회전시킨 다음 압축 상사점에 놓는다.
- 기체의 외부를 기름걸레로 닦고, 와이어에는 오일을 약간 주입한다.
- 작동부나 나사부에 윤활유나 그리스를 바른다.

## ▌ 동력 경운기의 동력전달 체계

- 엔진 → 주클러치 → 변속장치 → 조향장치 → 차축
- 엔진 → 주클러치 → 변속장치 → PTO축 → 구동작업기

## ▌ 동력 경운기의 주클러치는 주로 원판형 건식 다판 마찰클러치를 사용한다.

## ▌ 동력 경운기의 조향 클러치(Side Clutch)에는 맞물림 클러치(Dog Clutch)가 많이 사용되고 있다.

## ▌ 동력 경운기에는 주로 습식 내부확장식 마찰 브레이크를 사용하고 있다.

## ▌ 동력 경운기 브레이크 링 분해 방법

- 주클러치 레버를 연결 위치에 놓는다.
- 배유볼트를 풀고 엔진 오일을 약 50[%] 제거한다.
- 브레이크 연결로드를 분해한 다음 브레이크 커버를 떼어낸다.
- 브레이크 드럼의 고정볼트를 푼다.

## ▌ 쟁기 작업 시 경운방법

- 왕복경법 : 순차 경법, 안쪽 제침 왕복경법, 바깥쪽 제침 왕복경법
- 회경법 : 바깥쪽 제침 회경법, 안쪽 제침 회경법

## ▌ 쟁기(플라우) 경운 작업 시 경심의 조정

- 상부링크로 조절하는 방법
  - 상부링크를 길게 하면(풀어주면) 경심이 얕아진다.
  - 상부링크를 짧게 하면(조여주면) 경심이 깊어진다.
- 미륜으로 조절하는 방법
  - 미륜을 내리면 경심이 얕아진다.
  - 미륜을 올리면 경심이 깊어진다.

## [콤바인]

## ▌ 자탈형 콤바인의 구성

전처리부, 예취부, 반송부, 탈곡부, 선별부, 곡물 처리부, 짚 처리부, 자동제어장치 및 안전장치 등

## ▌ 자탈형 콤바인 작업 시 유의해야 할 사항

- 수확 작업 중에는 탈곡통이 항상 규정회전수로 유지될 수 있도록 조속 레버를 적절히 조작한다.
- 작업 중에 경보장치가 작동되면 즉시 동력을 끊고 기관을 정지시킨 다음 필요한 조치를 한다.
- 콤바인으로 경사지를 갈 때에는 전진 상승, 후진 하강으로 주행한다.
- 기체 외부를 싸고 있는 안전 덮개를 떼어 내고 작업해서는 안 된다.

▌ 콤바인 작업 중 변속이 편리하기 때문에 HST(Hydrostatic Transmission)장치를 많이 사용한다.

## ▌ 정소치

콤바인의 탈곡치 중에서 줄기를 가지런히 정돈하며, 이삭부가 순조롭게 탈곡실로 들어올 수 있도록 유도하는 급치이다.

▌ 콤바인 선별부에서 선별 결과 곡물은 1번구로 떨어지고, 검불은 기체 밖으로 배출되며, 곡물과 검불이 혼합된 미처리물은 2번구에 모여 탈곡통이나 처리통으로 되돌려져 다시 선별된다.

## ▌ 자동 공급깊이장치

작물의 길이를 감지하여 탈곡통으로 들어가는 벼를 일정하게 공급해 주는 장치이다.

# [파종기]

## ▌ 파종방법

- 줄뿌림 : 곡류, 채소 등의 종자를 일정 간격의 줄에 따라 연속적으로 파종
- 점뿌림 : 옥수수, 두류 등의 종자를 1개 또는 여러 개씩 일정한 간격으로 파종
- 흩어뿌림 : 목초, 잔디 등의 종자를 지표면에 널리 흩어뿌리는 파종

## ▌ 조파기의 구조

- 종자통 : 종자를 넣는 통이다.
- 종자배출장치 : 일정량의 종자를 배출하는 장치이다.
- 종자관 : 배출장치에서 나온 종자를 지면(고랑)까지 유도한다.
- 구절기 : 적당한 깊이의 파종 골(고랑)을 만든다.
- 복토진압장치 : 파종된 종자를 덮고(복토), 눌러 주는(진압) 장치로 복토기와 진압바퀴 등으로 구성되어 있다.

## ▌ 조파기와 점파기의 3가지 주요부 : 종자배출장치, 구절장치, 복토장치

# [동력 분무기]

## ▌ 농약 살포의 조건

- 목적물에 대해 부착률이 높을 것
- 노동의 절감과 작업이 간편할 것
- 예방살포인 경우 균일성이 있을 것
- 살포한 약제가 기상적인 방해를 받는 일이 없을 것

## ▌ 농약 살포기의 구비조건 : 도달성과 부착률, 균일성과 집중성, 피복면적비, 노동의 절감과 살포능력

## ▌ 동력 분무기에서 흡수량이 불량한 원인

- 흡입호스의 손상으로 공기 흡입
- 흡입밸브가 고착되어 작동 불량
- 흡입·토출밸브가 마모
- 흡입호스의 조립 불량 및 패킹 누락
- V패킹의 마모로 공기흡입

## [동력 살분무기]

▌ 동력 살분무기는 병충해 방제 작업에서 액체와 분제를 모두 살포할 수 있다.

▌ 동력 살분무기를 이용하여 방제 작업하기에 적당한 시기

바람이 없는 날 해 지기 전이 식물과 땅의 온도가 낮아 증발량이 적을 때이므로 방제 작업하기에 적당한 시기이다.

▌ 스피드 스프레이어

미세한 입자를 강한 송풍기로 불어 먼 거리까지 살포하는 방제기로 주로 과수원에서 많이 사용한다.


## [스프링클러, 양수기]

▌ 스프링클러

양수기로 물을 송수하며 자동적으로 분사관을 회전시켜 송수된 물을 살수하는 장치이다.

▌ 양수기를 수리할 때 그랜드 패킹의 조임을 양수작업 시 물이 1분당 5~6방울 새는 정도로 해야 적당하다.


## [목초 예취기 · 수확기]

▌ 목초 예취기는 모어(Mower)라고도 하며 목초를 베는 데 사용되고, 자주형과 트랙터 부착형이 있다. 또 절단기구형
식에 따라 회전날형과 왕복날형이 있다.

▌ 모어의 예취날 구조에 따른 분류

왕복식 모어, 로터리(드럼형 로터리 모어, 디스크형 로터리 모어) 모어, 플레일 모어

▌ 헤이 베일러(Hay Baler)

말린 목초나 볏짚을 일정한 용적으로 압축하여 묶는 기계이다.

▌ 프리지 하베스터(Forage Harvester)

엔실리지의 원료가 되는 사료 작물을 예취하여 절단하고, 컨베이어를 이용하여 운반차에 실을 수 있는 작업기이다.

▌ **농용 기관**
- 농용 가솔린기관 : 주로 공랭식 단기통 기관(이앙기, 관리기, 예취기)을 사용
- 농용 디젤기관 : 수랭식의 단기통 기관(동력 경운기) 또는 다기통 기관(트랙터, 콤바인, 스피드 스프레이어)을 사용

# [건조기, 도정기]

▌ **건조의 3대 요인** : 공기의 온도, 습도, 풍량(바람의 세기)

▌ 곡물의 습량기준 함수율[%] = (시료에 포함된 수분의 무게 / 시료의 총무게)×100

▌ 곡물의 건량기준 함수율[%] = (시료에 포함된 수분의 무게 / 건조 후 시료의 무게)×100

▌ **평형함수율**
일정한 상태의 공기 중에 곡물을 놓았을 때 곡물이 갖게 되는 함수율

▌ **템퍼링**
건조기를 1회 통과한 곡물을 밀폐된 용기에 일정시간 동안 저장하면 곡립 내부의 수분이 표면으로 확산되어 균형을 이루고 온도도 균일하게 되는 과정이다.

▌ **벼의 도정작업공정 순서**
정선과정 → 제현과정 → 정미과정 → 연미과정 → 선별과정

## ▌ 직류와 교류의 차이점

- 직류는 시간에 따라 전류의 방향이나 전압의 극성의 변화가 없다.
- 직류는 전하의 이동방향과 극성이 항상 일정하므로 안정성이 있다.
- 직류는 일정한 출력전압을 가지고 있으므로 측정이 용이하다.
- 교류는 시간에 따라 전압의 크기와 전류 방향이 주기적으로 변화한다.
- 교류는 전압의 크기가 (+)에서 (−)로 변화하므로 증폭이 용이하다.
- 교류의 전류 진행방향은 극성의 변화에 따라 변화한다.

## ▌ 전기 관련 단위

| 구 분 | 기 호 | 단 위 |
|---|---|---|
| 전 압 | $V$(Voltage) | [V](볼트) |
| 전 류 | $I$(Intensity) | [A](암페어) |
| 저 항 | $R$(Resistance) | [Ω](옴) |
| 정전용량(전기용량) | * $C$(Capacitance) | [F](패럿) |
| 전 력 | $P$ | *[W](와트) |
| 전력량 | * $W$ | [J](줄), [Wh](와트시) ※ 1[Wh] = 3,600[J] |
| 전하량(전기량) | $Q$ | *[C](쿨롱) |

\* 표시 혼돈 주의 요망

## ▌ 전기저항의 4가지 요소 : 물질의 종류, 물질의 단면적, 물질의 길이, 온도

- 부성저항 : 반도체, 전해질, 방전관, 탄소 등은 온도가 높아질수록 저항이 감소한다.
- 도체의 지름이 커지면 저항값은 작아진다.
- 접촉저항은 면적이 증가되거나 압력이 커지면 감소된다.
- 도체의 길이가 길어지면 저항값은 커진다.
- 금속의 저항은 온도가 높아질수록 저항이 증가한다.

▌ 도체와 부도체

- 도체 : 금, 은, 구리, 알루미늄, 텅스텐, 아연, 철 등의 금속
- 부도체 : 석영, 도자기, 운모, 유리와 유기물질(고무, 목재, 종이, 플라스틱)

▌ 저항 $R_1$, $R_2$, $R_3$를 직렬로 연결시킬 때 합성저항은 $R_1 + R_2 + R_3$이다.

▌ 저항 $R_1$, $R_2$, $R_3$를 병렬로 연결시킬 때 합성저항은 $\dfrac{1}{\dfrac{1}{R_1} + \dfrac{1}{R_2} + \dfrac{1}{R_3}}$ 이다.

▌ 키르히호프의 법칙

- 키르히호프의 제1법칙(키르히호프의 전류법칙, KCL)
  회로의 접속점(Node)에서 볼 때 접속점에 흘러들어오는 전류의 합은 흘러나가는 전류의 합과 같다.
  $I_1 + I_2 + I_3 + \cdots + I_n = 0$ 또는 $\sum I = 0$
- 키르히호프의 제2법칙(키르히호프의 전압법칙, KVL)
  회로 내 어느 폐회로에서도 기전력의 총합은 저항에서 발생하는 전압강하의 총합과 같다.
  $V_1 + V_2 + V_3 + \cdots + V_n = IR_1 + IR_2 + IR_3 + \cdots + IR_n$ 또는 $\sum V = \sum IR$

▌ 옴의 법칙

전류는 저항에 반비례하고, 전압에 비례한다. 전류$(I)$[A] $= \dfrac{전압(V)}{저항(R)}$

▌ 기전력 : 전류를 흐르게 하는 능력

▌ 전류의 3대 작용

- 발열작용 : 전구, 예열플러그, 전열기 등
- 화학작용 : 축전지, 전기도금 등
- 자기작용 : 전동기, 발전기, 계측기, 경음기 등

▌ 소비전력 $P$[W] = 전압$(V)$ $\times$ 전류$(I)$

▌ 소비전력량[Wh] = 소비전력[W] × 시간[h]

▌ **축전지 극판수** : 음극판(11장)이 양극판(10장)보다 1장 더 많다.

▌ **축전지 격리판의 필요조건**
- 전해액의 확산이 잘될 것
- 다공성, 비전도성일 것
- 전해액에 부식되지 않을 것
- 기계적 강도가 있을 것

▌ 전해액은 증류수에 황산을 희석시킨 무색무취의 묽은 황산이다.

▌ 전해액의 비중은 온도 1[℃]당 0.0007씩 변화한다.

▌ **전해액 비중의 측정식**

$S_{20} = S_t + 0.0007(t-20)$

- $S_{20}$ : 기준온도 20[℃]의 값으로 환산한 기준
- $S_t$ : 임의의 온도 $t$[℃]에서 측정한 비중
- $t$ : 비중 측정 시 전해액의 온도[℃]

▌ 수시로 전해액을 보충할 필요가 없는 납 축전지를 흔히 무보수(MF ; Maintenance Free) 축전지라고 한다.

▌ **납 축전지와 알칼리 축전지의 비교**

| 구 분 | 납(연) 축전지 | 알칼리 축전지 |
|---|---|---|
| 공칭전압 | 2.0[V/cell] | 1.2[V/cell] |
| 공칭용량 | 10[Ah] | 5[Ah] |
| 수 명 | 짧다. | 길다. |
| 강 도 | 약 | 강 |
| 사용용도 | 장시간 일정전류를 취하는 부하 | 단시간 대전류를 취하는 부하 |

**▮ 납 축전지 전압(1셀당)**

- 정격전압 : 2[V]
- 방전종지전압 : 1.75[V]
- 가스발생전압 : 2.4[V](= 충전전압)
- 충전종지전압 : 2.75[V]

**▮ 축전지의 전기용량 $C$의 크기는 전극의 면적 $A$에 비례하고, 전극 사이의 거리 $d$에 반비례한다.**

$$C = \varepsilon \frac{A}{d}$$

※ $\varepsilon$ : 전극 사이의 유전체의 유전율

**▮ 축전지 용량의 산정요소**

- 축전지 부하의 결정
- 방전전류의 산출
- 방전시간의 결정
- 축전지 부하 특성곡선 작성
- 축전지 셀수의 결정
- 허용최저전압의 결정
- 용량환산시간의 결정
- 축전지 용량의 계산

**▮ 축전지 직렬연결**

전압은 연결한 개수만큼 증가되지만 용량은 1개일 때와 같다.

**▮ 축전지 병렬연결**

용량은 연결한 개수만큼 증가하지만 전압은 1개일 때와 같다.

**▮ 충전 중의 화학작용**

| 양극판 $PbO_2$ 과산화납 | + | 전해액 $2H_2SO_4$ 묽은 황산 | + | 음극판 $Pb$ 해면상납 | ← | 양극판 $PbSO_4$ 황산납 | + | 전해액 $2H_2O$ 물 | + | 음극판 $PbSO_4$ 황산납 |
|---|---|---|---|---|---|---|---|---|---|---|

## ▌ 방전 중의 화학작용

| 양극판 | | 전해액 | | 음극판 | | 양극판 | | 전해액 | | 음극판 |
|---|---|---|---|---|---|---|---|---|---|---|
| $PbO_2$ | + | $2H_2SO_4$ | + | $Pb$ | $\rightarrow$ | $PbSO_4$ | + | $2H_2O$ | + | $PbSO_4$ |
| 과산화납 | | 묽은 황산 | | 해면상납 | | 황산납 | | 물 | | 황산납 |

## ▌ 축전지의 점검 및 취급사항

• 비중이 1.200 이하가 되면 즉시 보충전하고 동시에 충전장치를 점검한다.

• 전해액은 보통 극판 위 10~13[mm] 이하(규정값)가 되면 증류수를 넣어서 보충한다.

• 축전지 터미널의 부식을 방지하기 위하여 그리스를 단자에 엷게 발라야 한다.

• 축전지 케이블 단자(터미널), 커버 등 산에 의한 부식물의 청소는 탄산수소나트륨과 물 또는 암모니아수로 한다.

## ▌ 플레밍의 왼손법칙을 이용한 것은 전동기이고 오른손법칙을 이용한 것은 발전기이다.

## ▌ 플레밍의 왼손법칙

전류가 흐르는 도체가 자장에서 받는 힘의 방향을 나타내는 법칙이다.

• 엄지는 자기장에서 받는 힘($F$)의 방향

• 검지는 자기장($B$)의 방향

• 중지는 전류($I$)의 방향

## ▌ 전동기의 종류

• 전기에너지를 기계에너지로 바꾸는 장치를 전동기라 하며 직류전동기와 교류전동기가 있다.

• 직류전동기에는 직권·분권·복권(가동복권, 차동복권)·타여자전동기가 있다.

• 교류전동기 중 유도전동기의 종류

  – 단상 : 분상기동형, 콘덴서기동형, 반발기동형, 셰이딩코일형이 있다.

  – 3상 : 농형 유도전동기와 권선형 유도전동기가 있다.

## ▌ 직류기

자속을 만들어 주는 계자, 기전력을 발생하는 전기자, 교류를 직류로 변환하는 정류자, 브러시, 계철 등으로 구성되어 있다.

**▌ 직권전동기**

기동 시 발생토크가 크므로 기동과 정지가 번번이 반복되는 경우에 사용되는 직류전동기

**▌ 농형 유도전동기**

유도전동기의 일종이며, 권선형 유도전동기에 비하여 회전기의 구조가 간단하고, 취급이 용이하며, 운전 시 성능이 뛰어나다.

**▌ 유도전동기의 동기속도**

$N_s = \dfrac{120f}{P}[\mathrm{rpm}]$ ($P$ : 극수, $f$ : 유도전동기 주파수)

**▌ 유도전동기의 슬립**

$S = \dfrac{\text{동기속도} - \text{회전자속도}}{\text{동기속도}} = \dfrac{N_s - N}{N_s} = 1 - \dfrac{N}{N_s}$

**▌** 권선형 유도전동기의 기동법에는 2차 저항기동법과 게르게스법이 있다.

**▌ 각종 전동기의 회전방향을 바꾸는 방법**

- 직류전동기 : 전기자에 가하는 전압을 반대로 하면 전기자전류의 방향이 바뀌어져 반대방향으로 회전한다.
- 직류분권식이나 복권식, 직권식 : 단순히 전원의 (+), (−)를 반대로 바꾸어 연결하는 것으로는 자기장의 전류가 모두 반전하기 때문에 회전방향이 변경되지 않는다. 이 경우에는 전기자나 계자권선의 어느 한쪽만의 접속을 바꾸도록 하지 않으면 안 된다.
- 단상 유도전동기 : 주권선이나 보조권선 어느 한쪽의 접속을 반대로 하면 된다.
- 3상 유도전동기 : 3상 전원배선 중 임의의 2개 배선을 바꾸어 접속한다.

**▌ 그로울러 시험기로 점검할 수 있는 시험**

- 전기자코일의 단락시험 : 단선 유무
- 전기자코일의 단선(개회로)시험 : 코일과 코일 사이의 접촉상태
- 전기자코일의 접지시험 : 코일과 케이스의 접촉상태

**▋ 기동전동기의 시험항목**

- 저항시험 : 무부하 회전수를 측정하기 위한 시험
- 회전력시험 : 정지회전력 측정
- 무부하시험 : 전류의 크기로 판정

**▋ 엔진 시동 시 기동전동기의 허용 연속사용시간은 10초 정도이다(최대 연속사용시간 30초).**

**▋ 전자유도작용(발전기의 원리)**

코일에 흐르는 전류를 변화시키면 코일에 그 변화를 방해하는 방향으로 기전력이 발생되는 작용이다.

**▋ 렌츠의 법칙**

전자유도현상에 의해서 코일에 생기는 유도기전력의 방향을 나타내는 법칙이다.

**▋ 직류발전기의 구조**

- 계자코일 및 계자철심
- 전기자 : 회전하면서 자속을 끊어 기전력을 유도하는 것
- 정류자 : 교류로 발전된 기전력을 직류로 바꾸어 주는 것
- 브러시 등

**▋ 교류발전기와 직류발전기의 비교**

| 기능(역할) | 교류(AC)발전기 | 직류(DC)발전기 |
|---|---|---|
| 전류발생 | 고정자(스테이터) | 전기자(아마추어) |
| 정류작용(AC → DC) | 실리콘 다이오드 | 정류자, 러시 |
| 역류방지 | 실리콘 다이오드 | 컷아웃릴레이 |
| 여자형성 | 로터 | 계자코일, 계자철심 |
| 여자방식 | 타여자식(외부전원) | 자여자식(잔류자기) |

**▋ 실리콘 다이오드가 농기계(트랙터, 콤바인)용 전장품으로 사용되는 다이오드로 가장 많이 쓰인다.**

## ▌ 점화플러그에 요구되는 특징

- 급격한 온도 변화에 견딜 것
- 고온, 고압에 충분히 견딜 것
- 고전압에 대한 충분한 절연성을 가질 것
- 사용조건의 변화에 따르는 오손, 과열 및 소손 등에 견딜 것

## ▌ 점화플러그 점화 불량의 원인

- 마그넷에 물이나 기름이 묻었을 때
- 고압코드가 손상 또는 절단되었을 때
- 점화플러그의 불꽃간격이 부적당할 때
- 축전지가 불량할 때
- 발전기의 절연상태가 불량할 때
- 영구자석의 자력이 약할 때

## ▌ 점화플러그 시험방법 : 기밀시험, 불꽃시험, 절연시험

## ▌ 점화코일(유도코일)의 기본원리 : 1차 코일에서는 자기유도작용, 2차 코일에서 상호유도작용을 이용한다.

## ▌ 단속기 접점 간극은 조정볼트로 조정한다.

## ▌ 단속기 접점 간극에 따라 발생하는 현상

| 접점 간극이 작으면 | 접점 간극이 크면 |
| --- | --- |
| • 점화시기가 늦어진다.<br>• 1차 전류가 커진다.<br>• 점화코일이 발열한다.<br>• 접점이 소손된다. | • 점화시기가 빨라진다.<br>• 1차 전류가 작아진다.<br>• 고속에서 실화한다. |

## ▌ 축전기(콘덴서)는 단속기 접점과 병렬로 연결되어 있다.

▐ 축전기는 1차 회로의 단속 시 단속기 접점에 불꽃이 생기는 것을 방지하고, 2차 코일에 높은 전압을 공급한다.

▐ **측광 단위**

| 구 분 | 정 의 | 기 호 | 단 위 |
|---|---|---|---|
| 조 도 | 단위면적당 빛의 도달 정도 | $E$ | [lx] |
| 광 도 | 빛의 강도 | $I$ | [cd] |
| 광 속 | 광원에 의해 초[sec]당 방출되는 가시광의 전체량 | $F$ | [lm] |
| 휘 도 | 어떤 방향으로부터 본 물체의 밝기 | $L$ | [cd/m²], [nt] |
| 램프효율 | 소모하는 전기 에너지가 빛으로 전환되는 효율성 | $h$ | [lm/W] |

▐ 조도 $E[\mathrm{lx}] = \dfrac{I[\mathrm{cd}]}{거리^2[\mathrm{m}^2]}$ 으로 거리의 제곱에 반비례한다.

▐ 전조등 회로는 퓨즈, 라이트 스위치, 디머 스위치 등으로 구성되어 있다.

▐ 전조등은 야간에 안전하게 주행하기 위해 전방을 조명하는 램프로서 렌즈, 반사경, 필라멘트의 3요소로 구성되어 있다.

▐ 퓨즈 블링크는 회로에 과전류가 흐를 때 녹아서 끊어지도록 제작된 작은 지름의 짧은 전선이다.

▐ **전조등의 조도가 부족한 원인**
- 전구의 설치 위치가 바르지 않음
- 축전지의 방전
- 전구의 장기간 사용에 따른 열화
- 렌즈 안팎에 물방울이 부착됨
- 전조등 설치부 스프링의 피로
- 반사경이 흐림
- 접지의 불량

24

## ▌전구의 수명

- 필라멘트가 단선될 때까지의 시간이다.
- 필라멘트의 성질과 굵기에 영향을 받는다.
- 수명은 점등시간에 반비례한다.
- 형광등은 백열전구에 비해 주위 온도의 영향을 받는다.

## ▌측정계기의 종류

- 전류테스터 : 전류량 측정
- 저항측정기 : 저항값 측정
- 메가테스터 : 절연저항 측정(절연저항의 단위는 [MΩ])
- 멀티테스터 : 전압 및 저항 측정
- 오실로스코프 : 시간에 따른 입력전압의 변화를 화면에 출력하는 장치
- 태코미터(회전속도계) : 고속으로 회전하는 물체의 순간회전속도를 측정
- 램프시험기 : 통전시험, 배선, 퓨즈 등의 단선 유무를 검사

▌회로시험기(멀티테스터)는 저항(통전 및 절연 시험 포함), 직류 전류, 전압(직류, 교류), 인덕턴스, 콘덴서, 전압비 [dB] 등을 측정한다.

## ▌비오-사바르의 법칙

전류에 의해 발생되는 자장의 크기는 전류의 크기와 전류가 흐르고 있는 도체와 고찰하는 점까지의 거리에 의해 결정된다.

## ▌줄의 법칙

- 전류의 발열작용과 관계가 있다.
- 전류에 의해서 매초 발생하는 열량은 전류의 제곱과 저항의 곱에 비례한다.

▌전류계는 측정하고자 하는 저항이나 부하와 직렬로 연결하고, 전압계는 측정하고자 하는 저항이나 부하의 양단에 병렬로 연결한다.

▌ **안전관리의 정의**

산업현장에서 각종 재해로부터 인간의 생명과 재산을 보호하기 위한 계획적이고, 체계적인 제반활동을 말한다.

▌ **안전관리의 목적**

- 인도주의가 바탕이 된 인간존중(안전제일 이념)
- 기업의 경제적 손실예방(재해로 인한 인적 및 재산손실의 예방)
- 생산성의 향상 및 품질향상(안전태도 개선 및 안전동기 부여)
- 대외 여론개선으로 신뢰성 향상(노사협력의 경영태세 완성)
- 사회복지의 증진(경제성의 향상)

▌ 재해조사의 주된 목적은 같은 종류의 사고가 반복되지 않도록 하기 위해서이다.

▌ **사고의 직접 원인**

| 불안전한 상태(물적원인) | 불안전한 행동(인적원인) |
|---|---|
| • 물 자체 결함<br>• 안전방호장치 결함<br>• 복장, 보호구의 결함<br>• 물의 배치, 작업장소 결함<br>• 작업환경의 결함<br>• 생산공정의 결함<br>• 경계표시, 설비의 결함 | • 위험장소 접근<br>• 안전장치의 기능 제거<br>• 복장, 보호구의 잘못 사용<br>• 기계기구 잘못 사용<br>• 운전 중인 기계 장치의 손질<br>• 불안전한 속도 조작<br>• 위험물 취급 부주의<br>• 불안전한 상태 방치<br>• 불안전한 자세 동작<br>• 감독 및 연락 불충분 |

▌ **사고 발생이 많이 일어날 수 있는 원인에 대한 순서**

불안전행위 > 불안전조건 > 불가항력

## ▌사고의 간접 원인

- 교육적·기술적 원인(개인적 결함)
- 관리적 원인(사회적 환경, 유전적 요인)

## ▌재해의 복합 발생 요인

- 환경의 결함 : 환기, 조명, 온도, 습도, 소음 및 진동
- 시설의 결함 : 구조불량, 강도불량, 노화, 정비불량, 방호미비
- 사람의 결함 : 지시부족, 지도무시, 미숙련, 과로, 태만

## ▌재해예방대책 4원칙

- 예방가능의 원칙 : 천재지변을 제외한 모든 인재는 예방이 가능하다.
- 손실우연의 원칙 : 사고의 결과로 생긴 손실의 유무 또는 대소는 사고 당시의 조건에 따라 우연적으로 발생한다.
- 원인연계의 원칙 : 사고에는 반드시 원인이 있고, 원인은 대부분 복합적 연계원인이다.
- 대책선정의 원칙 : 사고의 원인이나 불안전 요소가 발견되면 반드시 대책을 선정·실시되어야 한다.

## ▌재해형태별 분류

- 전도 : 사람이 평면상으로 넘어진 경우
- 협착 : 물건에 끼워진 상태, 말려든 상태
- 추락 : 높은 곳에서 떨어지거나 계단 등에서 굴러 떨어지는 경우
- 충돌 : 사람이 정지물에 부딪친 경우
- 낙하 : 떨어지는 물체에 맞는 경우
- 비래 : 날아온 물체에 맞는 경우
- 붕괴, 도괴 : 적재물, 비계, 건축물이 무너지는 경우
- 절단 : 장치, 구조물 등이 잘려 분리되는 경우
- 과다 동작 : 무거운 물건 들기, 몸을 비틀어 작업하는 경우
- 감전 : 전기에 접촉하거나 방전 때문에 충격을 받는 경우
- 폭발 : 압력이 갑자기 증대하거나 개방되어 폭음을 일으키며 터지는 경우
- 파열 : 용기나 방비가 외력에 부서지는 경우
- 화재 : 불이 난 경우

## ▌ 사고와 부상의 종류

- 중상해 : 부상으로 인하여 2주 이상의 노동손실을 가져온 상해 정도
- 경상해 : 부상으로 인하여 1일 이상 14일 미만의 노동손실을 가져온 상해 정도
- 경미상해 : 부상으로 8시간 이하의 휴무 또는 작업에 종사하면서 치료를 받는 상해 정도

## ▌ 산업재해 척도

- 강도율 $= \dfrac{\text{근로손실일수}}{\text{연간 총근로시간}} \times 1,000$

- 도수율 $= \dfrac{\text{재해발생건수}}{\text{연간 총근로시간}} \times 1,000,000$

- 연천인율 $= \dfrac{\text{연간 재해자수}}{\text{연평균근로자수}} \times 1,000$

## ▌ 사고예방 대책 5단계 순서

안전조직 → 사실의 발견 → 분석평가 → 시정책의 선정 → 시정책의 적용

## ▌ 재해 발생 시 조치 순서

운전 정지 → 피해자 구조 → 응급처치 → 2차 재해 방지

## ▌ 안전관리의 조직의 형태

- 직계형 : 안전의 계획에서 실시에 이르기까지 모든 것을 생산계통에 따라서 시달되어 안전에 대한 지시 및 전달이 신속·정확하여 소규모기업에서 활용되는 조직
- 참모형 : 안전관리를 전담하는 스태프를 두고 안전관리에 대한 계획, 조사, 검토 등을 행하는 관리방식. 500~1,000명인 사업체에 적용
- 복합형 : 모든 작업자가 안전업무에 직접 참여하며, 안전에 관한 지식, 기술 등의 개발이 가능하며, 안전업무의 지시 전달이 신속 정확하고, 1,000명 이상의 기업에 적용되는 안전관리의 조직

## ▌ 안전보건관리책임자가 총괄관리해야 할 사항(산업안전보건법 제15조)

- 사업장의 산업재해 예방계획의 수립에 관한 사항
- 안전보건관리규정의 작성 및 변경에 관한 사항
- 안전보건교육에 관한 사항
- 작업환경측정 등 작업환경의 점검 및 개선에 관한 사항
- 근로자의 건강진단 등 건강관리에 관한 사항
- 산업재해의 원인 조사 및 재발 방지대책 수립에 관한 사항
- 산업재해에 관한 통계의 기록 및 유지에 관한 사항
- 안전장치 및 보호구 구입 시 적격품 여부 확인에 관한 사항
- 그 밖에 근로자의 유해·위험 방지조치에 관한 사항으로서 고용노동부령으로 정하는 사항

## ▌ 안전관리자의 업무(산업안전보건법 시행령 제18조)

- 산업안전보건위원회 또는 안전 및 보건에 관한 노사협의체에서 심의·의결한 업무와 해당 사업장의 안전보건관리규정 및 취업규칙에서 정한 업무
- 위험성평가에 관한 보좌 및 지도·조언
- 안전인증대상 기계 등과 자율안전확인대상 기계 등 구입 시 적격품의 선정에 관한 보좌 및 지도·조언
- 해당 사업장 안전교육계획의 수립 및 안전교육 실시에 관한 보좌 및 지도·조언
- 사업장 순회점검·지도 및 조치 건의
- 산업재해 발생의 원인 조사·분석 및 재발 방지를 위한 기술적 보좌 및 지도·조언
- 산업재해에 관한 통계의 유지·관리·분석을 위한 보좌 및 지도·조언
- 법 또는 법에 따른 명령으로 정한 안전에 관한 사항의 이행에 관한 보좌 및 지도·조언
- 업무수행 내용의 기록·유지
- 그 밖에 안전에 관한 사항으로서 고용노동부장관이 정하는 사항

## ▌ 안전교육의 기본원칙

- 동기 부여가 중요하다.
- 반복에 의한 습관화 진행
- 피교육자 중심 교육
- 쉬운 부분에서 어려운 부분으로 진행
- 인상의 강화
- 오감의 활용
- 한 번에 하나씩
- 기능적인 이해를 도운다.

**▌ 안전보건표지의 색도기준 및 용도(산업안전보건법 시행규칙 별표 8)**

| 색 채 | 색도기준 | 용 도 | 사용 예 |
|---|---|---|---|
| 빨간색 | 7.5R 4/14 | 금 지 | 정지신호, 소화설비 및 그 장소, 유해행위의 금지 |
| | | 경 고 | 화학물질 취급장소에서의 유해·위험 경고 |
| 노란색 | 5Y 8.5/12 | 경 고 | 화학물질 취급장소에서의 유해·위험경고 이외의 위험경고, 주의표지 또는 기계방호물 |
| 파란색 | 2.5PB 4/10 | 지 시 | 특정 행위의 지시 및 사실의 고지 |
| 녹 색 | 2.5G 4/10 | 안 내 | 비상구 및 피난소, 사람 또는 차량의 통행표지 |
| 흰 색 | N9.5 | | 파란색 또는 녹색에 대한 보조색 |
| 검은색 | N0.5 | | 문자 및 빨간색 또는 노란색에 대한 보조색 |

**▌ 안전점검의 종류**

- 정기점검(계획점검) : 일정시간마다 정기적으로 실시하는 점검으로 법적기준 또는 사내 안전 규정에 따라 해당 책임자가 실시하는 점검이다.
- 수시점검(일상점검) : 매일 작업 전, 작업 또는 작업 후에 일상적으로 실시하는 점검을 말하며 작업자, 작업책임자, 관리감독자가 실시하고 사업주의 안전순찰도 넓은 의미에서 포함된다.
- 특별점검 : 기계·기구 또는 설비의 신설·변경 또는 고장 수리 등으로 비정기적인 특정 점검을 말하며 기술책임자가 실시한다.
- 임시점검 : 정기점검 실시 후 다음 점검기일 이전에 임시로 실시하는 점검의 형태로 기계·기구 또는 설비의 이상 발견 시에 임시로 하는 점검이다.

**▌ 농업기계의 기본 점검 사항**

- 각부의 죔상태, 누유 및 누수 확인
- 연료의 양, 냉각수 점검
- 엔진오일의 점검
- 공기청정기, 연료여과기, 조속 레버 작동상태 점검
- 기관이 공회전할 때의 마찰음, 진동음 등의 발생 유무 점검

**▌ 농업 기계의 사고 원인은 운전자의 부주의, 운전 미숙, 불안전 복장, 음주 운전 등과 같은 인적 요인이 대부분을 차지하고, 다음으로 열악한 작업 장소, 작업 시간, 악천후 등 환경적인 요인이나 기타 고장 및 작동 불량, 안전장치 미부착, 기계 결함과 같은 기계적 요인에 의해 발생한다.**

## ▌ 동력 경운기 조작상의 주의사항

- 지형에 알맞은 선회 조작을 실시할 것
- 직진 경운 중에는 조향클러치는 사용하지 말 것
- 작업목적에 적합한 차속을 유지하고 로터리날 회전수를 조정할 것
- 철차륜으로 도로 주행은 위험하므로 주의할 것
- 로터리 작업 중 후진할 때는 반드시 경운 레버를 중립의 위치에 놓고 조작할 것
- 포장의 경사를 상승할 때에는 반드시 전진하고 경사를 하강할 때는 후진으로 실시할 것
- 고속주행 시 조향클러치는 원칙적으로 사용하지 말아야 하고, 경사지에 내려갈 때는 클러치의 작동이 평지에서와 반대로 작동하므로 주의할 것

## ▌ 동력살분무기의 안전작업

- 시동로프를 당겨 시동할 때 뒤에 사람이 있는지를 확인할 것
- 방독마스크를 착용하고 작업할 것
- 농약 살포 시 항상 바람을 등지고 작업할 것
- 과열된 엔진에 손이 닿으면 화상을 입으므로 주의할 것
- 농약 살포 시 음주를 피할 것
- 작업 중에는 담배를 피우거나 음식을 먹지 않도록 할 것
- 연료를 보급할 때는 화재의 우려가 있으므로 엔진이 식은 후 급유할 것

## ▌ 스피드 스프레이어(SS기)의 작업안전

- 분무작업은 약액이 흔들려 기체가 불안정해지기 쉬우므로 가급적 저속으로 주행한다.
- 야간 및 비가 오는 날에는 운전을 자제한다.
- 점검 및 정비 시 떼어낸 덮개 등은 점검 및 정비 완료 후 모두 다시 부착한다.
- 작업자는 기계적 위험과 화학적 위험을 동시에 방호할 수 있는 복장을 선택한다.
- 요철이 심한 노면을 주행할 때는 속도를 낮추며, 경사지를 주행할 때는 변속조작을 하지 않는다.
- 높이 차가 있는 포장으로의 출입이나 논둑 등을 타고 넘을 때에는 전도될 우려가 있으므로 직각으로 하며, 높이 차가 클 경우 디딤판을 사용한다.
- 주차할 때는 평탄지를 선택하여 승강부를 낮추고 엔진을 정지시킨 다음 주차 브레이크를 걸고 키를 빼둔다. 어쩔 수 없이 경사지에 방제기를 주차할 때는 돌 등을 바퀴 밑에 대어 놓아 굴러 내리지 않도록 한다. 또한 타기 쉬운 볏짚이나 마른 풀 위에 방제기를 세워두지 않는다.
- 붐 스프레이어의 경우 이동 시 붐은 접어둔다. 스피드 스프레이어는 이동 중 송풍기를 회전시키지 않도록 한다.

## ▌ 농업기계 안전관리 중 운반기계의 안전수칙

- 운반대 위에는 사람이 타지 말 것
- 미는 운반차에 화물을 실을 때에는 앞을 볼 수 있는 시야를 확보할 것
- 운반차의 출입구는 운반차의 출입에 지장이 없는 크기로 할 것
- 운반차에 물건을 쌓을 때 될 수 있는 대로 중심이 아래로 되도록 쌓을 것
- 규정중량 이상은 적재하지 말 것
- 운반기계의 동요로 파괴의 우려가 있는 짐은 반드시 로프로 묶을 것
- 물건 적재 시 무거운 것을 밑에, 가벼운 것을 위에 놓을 것

## ▌ 수공구 사용 시 안전수칙

- 사용 전에 충분한 사용법을 숙지하고 익히도록 한다.
- KS 품질규격에 맞는 것을 사용한다.
- 무리한 힘이나 충격을 가하지 않아야 한다.
- 손이나 공구에 묻은 기름, 물 등을 닦아 사용한다.
- 수공구는 손에 잘 잡고 떨어지지 않게 작업한다.
- 공구는 기계나 재료 등의 위에 올려놓지 않는다.
- 정확한 힘으로 조여야 할 때는 토크렌치를 사용한다.
- 작업에 적합한 수공구를 이용하며, 공구는 목적 이외의 용도로 사용하지 않는다.
- 사용 전에 이상 유무를 반드시 확인한다.
- 예리한 공구 등을 주머니에 넣고 작업을 하여서는 안 된다.
- 공구를 전달할 경우 던지지 않는다.
- 주위를 정리 정돈한다.

## ▌ 수공구의 보관 및 관리

- 공구함을 준비하여 종류와 크기별로 수량을 파악하여 보관한다.
- 사용한 수공구는 방치하지 말고 소정의 장소에 보관한다.
- 날이 있거나 뾰족한 물건은 위험하므로 뚜껑을 씌워둔다.
- 수분과 습기는 숫돌을 깨지거나 부서뜨릴 수 있어 습기가 없는 곳에 보관한다.
- 사용한 공구는 면 걸레로 깨끗이 닦아서 보관한다.
- 파손공구는 교환하고 청결한 상태에서 보관한다.
- 기계의 청소나 손질은 운전을 정지시킨 후 실시한다.

▌ 정 작업 시 열처리한 재료는 정으로 타격하지 않는다.

▌ **해머작업에서의 안전수칙**
- 장갑을 끼고 해머작업을 하지 말 것
- 해머 작업 중에는 수시로 해머상태(자루의 헐거움)를 점검할 것
- 해머로 공동 작업을 할 때에는 호흡을 맞출 것
- 열처리된 재료는 해머작업을 하지 말 것
- 해머로 타격할 때에는 처음과 마지막에는 힘을 많이 가하지 말 것
- 타격가공하려는 곳에 시선을 고정시킬 것
- 해머의 타격면에 기름을 바르지 말 것
- 해머로 녹슨 것을 때릴 때에는 반드시 보안경을 쓸 것
- 대형 해머로 작업할 때에는 자기 역량에 알맞은 것을 사용할 것
- 타격면이 찌그러진 것은 사용하지 말 것
- 손잡이가 튼튼한 것을 사용할 것
- 작업 전에 주위를 살필 것
- 기름 묻은 손으로 작업하지 말 것
- 해머를 사용하여 상향(上向)작업을 할 때에는 반드시 보호안경을 착용할 것

▌ **토크렌치 사용법**
오른손은 렌치 끝을 잡고 돌리고, 왼손은 지지점을 눌러 게이지 눈금을 확인한다.
※ 토크렌치는 실린더 헤드 볼트를 조일 때 마지막으로 사용하는 공구이다.

▌ **전동공구 및 공기공구 사용 시 유의사항**
- 감전 사고에 주의한다. 특히 물이 묻은 손으로 작업해서는 안 된다.
- 전선코드의 취급을 안전하게 한다.
- 회전하는 공구는 적정 회전수로 사용하여 과부하가 걸리지 않도록 한다.
- 공기밸브 작동 시 서서히 열고 닫는다.
- 컴프레서의 압축된 공기의 물 빼기를 할 때는 저압상태에서 배수플러그를 조심스럽게 푼다.
- 공압공구 사용 시 무색 보안경을 착용한다.
- 공압공구 사용 중 고무호스가 꺾이지 않도록 주의한다.
- 호스는 공기압력을 견딜 수 있는 것을 사용한다.
- 공기압축기의 활동부는 윤활유 상태를 점검한다.

▌ 동력전달장치인 벨트는 회전 부위에서 노출되어 있어 재해발생률이 높다.

▌ 밀링작업에서 생기는 칩은 가늘고 예리하며 비래(飛來) 시 부상을 입기 쉬우므로 보안경을 쓰고, 장갑은 말려들 위험이 있으므로 끼지 않는다.

▌ 드릴 작업 시 드릴날 끝이 가공물을 관통하였는지 손으로 확인해서는 안 된다.

▌ **연소의 3요소** : 가연물(연료), 점화원, 산소(공기)

▌ **점화원**
가연물과 산소에 연소(산화)반응을 일으킬 수 있는 활성화 에너지를 공급해 주는 것

▌ **물질의 위험성을 나타내는 성질**
- 인화점, 발화점, 착화점이 낮을수록
- 증발열, 비열, 표면장력이 작을수록
- 온도가 높을수록
- 압력이 클수록
- 연소범위가 넓을수록
- 연소속도, 증기압, 연소열이 클수록

▌ **점화원이 될 수 없는 것** : 기화열, 융해열, 흡착열 등

▌ **자연발화의 방지법**
- 습도가 높은 것을 피할 것
- 저장실의 온도를 낮출 것
- 통풍을 잘 시킬 것
- 퇴적 및 수납할 때에 열이 쌓이지 않게 할 것

**▌ 자연발화의 영향요인**

- 수분 : 습도가 높으면 자연발화가 잘 일어난다.
- 열전도율 : 열전도율이 크면 열의 축적이 되지 않기 때문에 자연발화가 일어나기 어렵다.
- 열의 축적 : 열의 축적이 많으면 잘 일어난다.
- 발열량 : 발열량이 크면 자연발화가 잘 일어난다.
- 공기의 유동 : 통풍을 잘 시켜야 한다.
- 퇴적 방법 : 퇴적 및 수납 시 열이 쌓이지 않게 한다.

**▌ 화재의 종류에 따른 화재표시색상 및 소화기의 종류**

- A급화재(일반화재) – 백색 – 포말 소화기, 물 소화기
- B급화재(유류화재) – 황색 – 분말 소화기
- C급화재(전기화재) – 청색 – 분말 소화기, 탄산가스 소화기
- D급화재(금속화재) – 무색 – 마른 모래, 소석회, 탄산수소염류, 금속화재용 소화분말 등

**▌ 전기화재의 원인** : 단락(화재 원인 비중이 크다), 과전류, 누전, 절연 불량, 불꽃방전(스파크), 접속부 과열 등

**▌ 감전사고 발생 시 조치사항**

- 감전자 구출 : 전원을 차단하거나 접촉된 충전부에서 감전자를 분리하여 안전지역으로 대피
- 감전자 상태 확인
- 의식불명이나 심장정지 시에는 즉시 응급조치 실시
- 감전자 구출 후 구급대에 지원요청을 하고, 주변 안전을 확보하여 2차 재해를 예방

**▌ 아크용접기의 감전 방지를 위해 사용되는 장치**

- 자동전격방지장치
- 절연용접봉 홀더
- 절연장갑

**▌** 전기용접 시 피부에 닿으면 바로 화상을 입을 수 있으므로 피부가 노출되지 않도록 보호구를 착용한 후 용접한다.

**▌** 전기용접기 설치장소로 비, 바람이 치는 장소, 주위온도가 −10[℃] 이하인 곳을 피한다(−10~40[℃] 유지되는 곳이 적당하다).

**▌ 가스화재를 일으키는 가연물질** : 메테인, 에테인, 프로페인, 뷰테인, 수소, 아세틸렌 가스

**▌ 배기가스의 유해 성분**

일산화탄소($CO$), 탄화수소, 질소산화물($NO_2$), 매연, 황산화물($SO_2$)

**▌ 각종 가스용기의 도색구분(고압가스 안전관리법 시행규칙 별표 24)**

| 가스의 종류 | 도색구분 | 가스의 종류 | 도색구분 |
|---|---|---|---|
| 산 소 | 녹 색 | 아세틸렌 | 황 색 |
| 수 소 | 주황색 | 액화염소 | 갈 색 |
| 액화탄산가스 | 청 색 | 액화암모니아 | 백 색 |
| 액화석유가스(LPG) | 밝은 회색 | 그밖의 가스 | 회 색 |

**▌ 인화성 유해위험물에 대한 공통적인 성질**

• 매우 인화되기가 쉽다.

• 착화온도가 낮다.

• 물보다 가볍고 물에 녹기 어렵다.

• 발생된 가스는 대부분 공기보다 무겁다.

• 발생된 가스는 공기와 약간 혼합되어도 연소의 우려가 있다.

**▌** 부품의 세척 작업 중 알칼리성이나 산성의 세척유가 눈에 들어갔을 경우 먼저 흐르는 수돗물로 씻어낸다.

**▌** 유류화재 시 주수 소화를 하게 되면 유류가 물과 섞이지 않기 때문에 유류 표면이 분산되어 화재면(연소면)을 확대시킬 우려가 있어 매우 위험하다.

**▌ 작업장에서 작업복 착용**

• 규격에 적합하고, 몸에 맞는 것을 입는다.

• 작업의 종류에 따라 정해진 작업복을 착용한다.

• 기름 등 이물질이 묻은 작업복은 입지 않는다.

• 수건은 허리춤 또는 목에 감지 않는다.

**▌ 작업장의 조명기준(산업안전보건기준에 관한 규칙 제8조)**

사업주는 근로자가 상시 작업하는 장소의 작업면 조도(照度)를 다음의 기준에 맞도록 하여야 한다. 다만, 갱내(坑內) 작업장과 감광재료(感光材料)를 취급하는 작업장은 그러하지 아니하다.

- 초정밀작업 : 750[lx] 이상
- 정밀작업 : 300[lx] 이상
- 보통작업 : 150[lx] 이상
- 그 밖의 작업 : 75[lx] 이상

**▌ 보호구의 구비조건**

- 착용이 간편할 것
- 작업에 방해가 안 될 것
- 위험·유해요소에 대한 방호성능이 충분할 것
- 재료의 품질이 양호할 것
- 구조와 끝마무리가 양호할 것
- 외양과 외관이 양호할 것

**▌ 작업별 보호구(산업안전보건기준에 관한 규칙 제32조)**

- 안전모 : 물체가 떨어지거나 날아올 위험 또는 근로자가 추락할 위험이 있는 작업
  - 추락에 의한 위험방지
  - 머리 부위 감전에 의한 위험방지
  - 물체의 낙하 또는 비래에 의한 위험방지
- 안전대(安全帶) : 높이 또는 깊이 2[m] 이상의 추락할 위험이 있는 장소에서 하는 작업
- 안전화 : 물체의 낙하·충격, 물체에의 끼임, 감전 또는 정전기의 대전(帶電)에 의한 위험이 있는 작업
- 보안경 : 물체가 흩날릴 위험이 있는 작업
- 보안면 : 용접 시 불꽃이나 물체가 흩날릴 위험이 있는 작업
- 절연용 보호구 : 감전의 위험이 있는 작업
- 방열복 : 고열에 의한 화상 등의 위험이 있는 작업
- 방진마스크 : 선창 등에서 분진(粉塵)이 심하게 발생하는 하역작업
- 방한모·방한복·방한화·방한장갑 : −18[℃] 이하인 급냉동 어창에서 하는 하역작업

## ▍ 보안경의 구비조건

- 그 모양에 따라 특정한 위험에 대해서 적절한 보호를 할 수 있을 것
- 착용했을 때 편안할 것
- 견고하게 고정되어 착용자가 움직이더라도 쉽게 탈락 또는 움직이지 않을 것
- 내구성이 있을 것
- 충분히 소독되어 있을 것
- 세척이 쉬울 것

## ▍ 보호구의 관리 및 사용방법

- 광선을 피하고 통풍이 잘되는 장소에 보관할 것
- 부식성, 유해성, 인화성 액체, 기름, 산 등과 혼합하여 보관하지 말 것
- 발열성 물질을 보관하는 주변에 가까이 두지 말 것
- 땀으로 오염된 경우에 세척하고 건조하여 변형되지 않도록 할 것
- 모래, 진흙 등이 묻은 경우는 깨끗이 씻고 그늘에서 건조할 것

교육은 우리 자신의 무지를 점차 발견해 가는 과정이다.

– 윌 듀란트 –

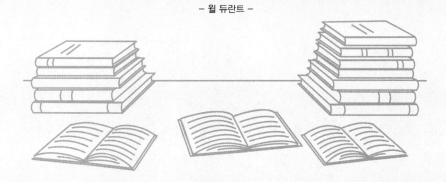

| CHAPTER 01 | 농업기계 운전 및 정비 | ✅ 회독 CHECK 1 2 3 |
| CHAPTER 02 | 농업기계 전기 | ✅ 회독 CHECK 1 2 3 |
| CHAPTER 03 | 농업기계 안전관리 | ✅ 회독 CHECK 1 2 3 |

# 핵심이론

#출제 포인트 분석    #자주 출제된 문제    #합격 보장 필수이론

## 제1절 농업기계 운전 및 구조와 작용

### 1-1. 농업기계 운전 일반사항

#### 핵심이론 01 │ 농업기계 효율과 성능

① 농업기계화
  ㉠ 농업생산의 수단을 농업기계로 변화시키는 것이다.
  ㉡ 농업기계화는 농업기계의 제조, 보급, 판매, 사후 봉사, 경제적 이용, 농작업 안전 등이 모두 포함된다.
  ㉢ 농업기계화가 진행된 정도를 농업기계화율로 표시하는데 총작업면적 중에 농업기계로 작업한 면적을 의미한다.
  ㉣ 농업기계화는 어렵고 힘든 작업을 쉽고 편하고 안전하게 할 수 있도록 하고, 노동생산성과 토지생산성을 향상시키며, 고품질 농산물을 저비용으로 생산하여 소득을 향상시킨다.

② 농업기계의 특징
  ㉠ 연중 사용시간이 짧다.
  ㉡ 습한 논이나 포장되지 않는 경사지와 같이 열악한 자연상태에서 사용된다.
  ㉢ 작물과 토양 등을 대상으로 작업하므로 정밀하고 섬세하게 작동되어야 한다.
  ㉣ 우리나라에서는 농경지 규모가 작기 때문에 다기종 소량 생산방식으로 제조된다.

③ 농업기계의 작업능률과 부담면적
  ㉠ 농업기계의 작업능률은 단위시간당 작업할 수 있는 면적 또는 단위면적을 작업하는 데 소요되는 시간으로 나타낸다.
  ㉡ 단위시간으로는 주로 시간[h]을 사용하고, 단위면적은 10[a] 또는 [ha]를 사용한다.

  ㉢ 포장효율($E_f$)이란 이론작업량에 대한 실제 포장작업량의 비율이며 소수로 나타낸다.
  ㉣ 기계 작업속도($S$)의 단위는 [km/h]이고, 작업폭($W$)의 단위는 [m]이다. 따라서 시간당 작업하는 면적, 즉 작업능률은 다음 식과 같이 나타낼 수 있다.

  $$C = \frac{1}{10} E_f S W$$

  ㉤ 실작업률($E_u$)이란 하루 작업시간 중에 실제로 경지 내부에서 작업한 시간의 비율이며 소수로 나타낸다. 총작업시간은 다음과 같이 구한다.

  $$총작업시간[h] = \frac{총작업면적[ha]}{실작업률 \times 작업능률[ha/h]}$$

---

### 10년간 자주 출제된 문제

**1-1. 농업기계화에 의한 토지생산성 향상에 직접적으로 기여한 것은?**
① 농업경영 개선
② 힘든 노동으로부터의 탈피
③ 단위노동력의 경영면적 확대
④ 효과적인 약제 살포에 의한 병충해 방제효과

**1-2. 농업기계의 특징이 아닌 것은?**
① 연중 사용기간이 짧다.
② 토양을 대상으로 작업한다.
③ 다기종 소량생산이 요구된다.
④ 자동화 수준이 낮다.

|해설|

1-2
최근 급속히 발전한 정보통신기술이 농업생산에도 접목되어 농업기계는 자동화·무인화·지능화 방향으로 발전하고 있다.

정답 1-1 ④ 1-2 ④

① 농업기계의 이용비용

  ㉠ 고정비 : 사용시간에 관계없이 일정한 비용이 소요되는 비용

    • 고정비에는 감가상각비(시간이 경과함에 따라 기계의 가치가 감소), 기계의 구입비에 대한 이자, 보험료, 차고비 등이 있다.

    • 감가상각비를 구하는 방법으로는 정액법이 널리 사용된다.

    • 정액법은 기계의 구입가격과 내구연수가 되었을 때의 가격, 즉 폐기가격의 차이를 내구연수로 균등하게 분배하는 방법으로, 직선법이라고도 한다.

$$감가상각비 = \frac{(취득원가 - 잔존가치)}{내용연수}$$

  ㉡ 변동비 : 사용하면 할수록 증가되는 비용

    • 변동비에는 연료비, 윤활유비, 노임, 수리비 등이 있다.

    • 연료비는 제조업체가 제공하는 연료소비율과 기관의 출력, 연간 사용시간 및 연료단가를 곱하여 추정할 수 있다.

    ※ 연료소비율은 단위시간당, 단위출력당 소비되는 연료량으로서 $[g/kW \cdot h]$ 또는 $[L/kW \cdot h]$의 단위로 표시한다.

    • 윤활유비는 엔진오일, 오일필터 등을 교체할 때 지불하는 비용으로서 연료비의 10% 정도로 계산할 수 있다.

    • 연간 연료비[원] = 연료단가[원/L] × 연료소비율 $[L/kW \cdot h]$ × 기관의 출력[kW] × 연간 사용시간[h]

    • 노임은 농업기계를 운전하는 사람과 기계, 동행하여 보조하는 사람의 노임을 합한 것이다.

    • 수리비는 정비점검을 포함하여 고장을 수리하는 데 지불하는 비용이다.

    – 수리비를 결정하는 방법에는 수리일지를 기록하여 정확하게 결정하는 방법과 농업기계 구입비에 수리비계수를 곱하여 결정하는 방법이 있다.

    – 트랙터와 동력 경운기의 연평균 수리비계수는 0.07~0.08 정도이다.

② 단위비용과 단위면적비용

  ㉠ 단위비용

    • 단위면적 또는 단위시간당 발생하는 연간비용이다.

    • 농업기계의 경제성을 비교하는 데 사용된다.

    • 단위비용은 고정비와 변동비를 합한 총비용을 총작업면적 또는 총사용시간으로 나누어 구한다.

$$\begin{matrix}단위면적비용\\ [원/ha]\end{matrix} = \frac{고정비[원] + 변동비[원]}{총작업면적[ha]}$$

  ㉡ 단위면적비용은 총작업면적이 증가함에 따라 감소한다. 따라서 단위비용을 줄이기 위해서는 농업기계 사용시간과 작업면적을 증가시켜야 한다.

**2-1. 농업기계의 이용비용 중에서 변동비에 해당되는 것은?**

① 차고비
② 연료비
③ 감가상각비
④ 투자에 대한 이자

**2-2. 농기계는 시간이 경과함에 따라 기계의 가치가 감소하는데 이것을 나타내는 용어는?**

① 변동비
② 고정비
③ 감가상각비
④ 이용비용

**2-3. 기계의 구입가격이 600만원, 폐기가격이 60만원, 내구연한이 10년인 경우 직선법에 의한 이 기계의 감가상각비는?**

① 54,000
② 540,000
③ 660,000
④ 3,600,000

|해설|

**2-1**

변동비는 농업기계를 사용함으로써 발생하는 비용으로, 사용시간에 따라 증가하고 사용하지 않으면 발생하지 않는다.

**2-3**

$$감가상각비 = \frac{6,000,000 - 600,000}{10} = 540,000원$$

**정답 2-1 ② 2-2 ③ 2-3 ②**

---

**핵심이론 03 │ 농업기계의 경제적 이용**

① 농업기계를 구입할 때에는 경제적인 측면 외에도 취급성, 안전성, 판매 후 서비스의 신속성 등을 고려하여 선택해야 한다.

② 경영 규모에 적합한 농업기계

　㉠ 단위면적당 비용이 가장 낮은 것으로서 농업기계를 이용하는 경영면적이 기계의 부담면적에 일치하도록 하여야 한다.

　㉡ 경영 규모가 부담면적보다 작으면 농업기계를 최대로 사용하지 못하여 미사용으로 인한 경제적 손실을 초래하고, 부담면적보다 큰 경우에는 작업적기를 놓쳐 수량 감소로 인한 경제적 손실을 초래한다.

③ 기계 이용비용을 줄이기 위해서는 고정비와 변동비를 줄이거나 기계 이용면적 또는 이용시간을 증가시켜야 한다.

④ 고정비에서 가장 큰 비중을 차지하는 감가상각비는 내구연수를 증가시켜 줄일 수 있다.

⑤ 변동비 중에서 가장 큰 비중을 차지하는 연료비를 최소화하려면 평소 운행할 때 불필요한 자재나 부착작업기를 싣거나 장착하지 않도록 하고, 공회전을 줄여야 하며, 적정 타이어 압력을 유지하고, 가능하면 정격출력상태로 기관을 운전하는 것이 좋다. 즉, 농업기계의 출력을 최대로 이용하는 것이 바람직하다. 저속에서 엔진회전수를 높여서 작업하는 것은 연료를 낭비하는 원인이다.

⑥ 농업기계의 경제적 이용

　㉠ 단위면적당 비용이 최소가 되도록 하는 것이다.
　㉡ 경영면적을 기계의 성능(부담면적)에 맞게 한다.
　㉢ 기계관리를 철저히 하여 작업능률을 향상시킨다.
　㉣ 수리비용을 줄이고, 내구수명을 늘려 감가상각비를 줄인다.
　㉤ 연료소비를 최소화하는 방법으로 작업한다.

농업기계의 이용비용을 절감하기 위한 대책으로 가장 거리가 먼 것은?

① 기계의 능률을 최대한 이용한다.
② 내구연한을 길게 하여 감가상각비를 줄인다.
③ 기계의 유지관리를 제대로 하여 수리비를 줄인다.
④ 윤활유 비용을 줄이기 위해 주유기간을 길게 한다.

정답 ④

## 1-2. 내연기관의 일반사항

### 핵심이론 01 | 내연기관의 분류

① 피스톤식 내연기관의 분류

| 분 류 | 종 류 |
| --- | --- |
| 작동 사이클에 따라 | 4행정, 2행정 |
| 사용연료에 따라 | 가스, 가솔린, 디젤, 석유 |
| 점화방식에 따라 | 불꽃점화, 압축점화 |
| 연료공급방식에 따라 | 기화기방식, 분사방식 |
| 연소방식에 따라 | 정적 사이클, 정압 사이클, 복합 사이클 |
| 냉각방식에 따라 | 공랭식, 수랭식 |
| 실린더 배열에 따라 | 수평형, 수직형, V형, 방사형 |

② 열역학적 분류(연소방식에 의한 분류)

ㄱ 정적 사이클
- 일정한 용적하에서 연소가 된다.
- 가솔린기관 및 LPG기관의 기본 사이클
- 4사이클을 오토 사이클, 2사이클을 클락 사이클이라 한다.
- 불꽃점화기관(전기점화기관)

ㄴ 정압 사이클
- 일정한 압력하에서 연소가 된다.
- 디젤기관의 기본 사이클
- 압축착화기관

ㄷ 복합 사이클
- 정적 및 정압 사이클이 복합되어 일정한 압력하에서 연소가 된다.
- 사바테 사이클(Sabathe Cycle)이라고도 한다.
- 현재의 자동차용 고속 디젤엔진이 이에 해당한다.

## 핵심이론 02 | 2행정 사이클 기관

① 원 리
   ㉠ 2행정 불꽃점화기관은 피스톤의 상승과 하강의 2행정(크랭크축은 1회전)으로 1사이클을 완료한다.
   ㉡ 크랭크축이 1회전 시 1회의 동력행정을 갖는다.
   ㉢ 흡기와 배기밸브가 없고 실린더 벽면에 혼합기를 흡입하는 소기구멍과 배기가스를 배출하는 배기구멍이 피스톤의 왕복운동에 의해 개폐된다.

② 작 용
   ㉠ 상승행정 : 피스톤이 상승하면 크랭크 케이스 내로 혼합기가 유입되고, 피스톤에 배기구와 소기구가 닫히면 혼합기가 압축되어 상사점 부근에서 전기불꽃에 의해 점화·연소하여 동력이 발생된다.
   ㉡ 하강행정 : 연소압력에 의해 피스톤이 하강하여 하사점 부근에 도달하면 배기구가 열려 연소가스가 배출되고, 크랭크 케이스 내의 혼합기가 실린더로 유입되면서 남아 있던 배기가스를 배출시킨다.

③ 2행정 사이클 기관의 장점
   ㉠ 밸브 개폐기구가 없거나 간단하여 마력당 무게가 적다.
   ㉡ 가격이 저렴하고 취급하기가 쉽다.
   ㉢ 크랭크축 1회전마다 동력이 발생하므로 회전력 변동이 작다.
   ㉣ 실린더 수가 적어도 작동이 원활하다.
   ㉤ 4행정 사이클 기관에 비하여 1.6~1.7배의 출력이 있다.

④ 2행정 사이클 기관의 단점
   ㉠ 배기행정이 불안정하고 유효행정이 짧다.
   ㉡ 연료와 윤활유 소비량이 많다.
   ㉢ 저속이 어렵고, 역화(逆火)현상이 일어난다.
   ㉣ 평균 유효압력과 효율을 높이기 어렵다.
   ㉤ 피스톤 및 피스톤 링의 손상이 크다.

**2행정 사이클 엔진에 대한 설명으로 맞는 것은?**

① 크랭크축이 1회전 시 1회의 동력행정을 갖는다.
② 크랭크축이 2회전 시 1회의 동력행정을 갖는다.
③ 크랭크축이 3회전 시 1회의 동력행정을 갖는다.
④ 크랭크축이 4회전 시 1회의 동력행정을 갖는다.

정답 ①

## 핵심이론 03 │ 4행정 사이클 기관

① 원 리
　㉠ 4행정 불꽃점화기관은 흡입, 압축, 팽창, 배기의 독립된 4개 행정으로 이루어진다.
　㉡ 피스톤이 2왕복 운동을 하는 동안 4행정(크랭크축은 2회전)으로 1사이클을 마친다.

② 4행정 불꽃점화기관
　㉠ 흡입행정
　　• 피스톤이 상사점에서 하사점으로 이동하는 행정이다.
　　• 기화기 또는 인젝터 분사에 의해서 형성된 공기와 연료의 혼합기가 흡기밸브를 통하여 실린더 내로 흡입된다.
　㉡ 압축행정
　　• 피스톤이 하사점에서 상사점으로 이동하는 행정이다.
　　• 피스톤이 이동하기 시작하면 흡기밸브가 닫히고 연소실 내에 밀폐된 혼합기는 압축된다.
　　• 압축행정 말기에는 혼합가스의 온도가 높아져 연소하기 쉬운 상태가 되며, 피스톤이 상사점에 이르기 전에 점화 플러그에 의해 점화된다.
　㉢ 팽창행정
　　• 피스톤이 다시 상사점에서 하사점으로 이동하는 행정이다.
　　• 점화된 혼합가스가 순간적으로 연소하면서 발생된 연소압력이 큰 힘으로 피스톤을 밀어 내리고, 이 힘으로 크랭크축을 회전시켜 동력을 발생시킨다.
　㉣ 배기행정
　　• 피스톤이 하사점에서 상사점으로 이동하는 행정이다.
　　• 피스톤이 움직이며 열린 배기밸브를 통하여 연소가스가 배출된다.

- 피스톤이 상사점에 이르면 흡기밸브가 열리고 다시 흡입행정이 시작된다.

③ 4행정 압축점화기관

ㄱ 흡입행정 : 피스톤이 하강하면 미리 열려 있는 흡기밸브를 통하여 공기만 흡입한다.

ㄴ 압축행정 : 흡기·배기밸브가 닫힌 상태에서 피스톤이 상승함에 따라 실린더 내의 공기는 압축된다. 이때 공기의 온도는 400~550[℃], 압력은 25~35 [kgf/cm²] 정도이다.

ㄷ 팽창행정 : 압축행정 말기에 연료를 미세입자로 분사하면 압축열에 의해 자연발화하여 연소한다. 연소가스의 압력에 의해 피스톤은 하강하며 동력을 발생한다.

ㄹ 배기행정 : 피스톤이 상승하면 미리 열려 있는 배기밸브를 통하여 연소가스는 배출된다.

④ 4행정 기관의 장단점

| 장 점 | • 각 행정이 독립적이다.<br>• 저속에서 고속으로 넓은 범위의 회전속도 변화가 가능하다.<br>• 연료소비율이 적고, 체적효율이 높다.<br>• 기동이 쉽고, 저속운전이 가능하다. |
|---|---|
| 단 점 | • 밸브기구가 복잡하다.<br>• 소음이 크다.<br>• 마력당 중량이 크다.<br>• 회전력이 균일하지 못하다. |

3-1. 4사이클 기관이 1사이클을 마치려면 크랭크축은 몇 회전해야 하는가?

① 1회전
② 2회전
③ 4회전
④ 6회전

3-2. 4행정 사이클의 디젤기관은?

① 피스톤이 1/2회 왕복운동에 한 번 착화팽창한다.
② 피스톤이 1회 왕복운동에 한 번 착화팽창한다.
③ 피스톤이 2회 왕복운동에 한 번 착화팽창한다.
④ 피스톤이 4회 왕복운동에 한 번 착화팽창한다.

3-3. 4행정 기관에서 동력을 발생하는 행정은?

① 흡기행정
② 압축행정
③ 팽창행정
④ 배기행정

3-4. 기관에서 피스톤의 측압이 가장 큰 행정은?

① 흡기행정
② 압축행정
③ 폭발행정
④ 배기행정

|해설|

3-3
동력(폭발, 팽창) 행정
디젤기관의 실린더 내의 압축된 공기에 분사노즐에서 분사된 연료(경유)가 자기착화하여 실린더 내의 압력을 상승시켜 피스톤을 밀어 내리고, 피스톤에 연결된 커넥팅로드는 크랭크축을 회전시켜 동력이 발생한다.

3-4
피스톤의 측압은 폭발행정(동력행정)에서 가장 크다.

정답 3-1 ② 3-2 ③ 3-3 ③ 3-4 ③

① 4실린더 기관 : 1-3-4-2(우수식, 보편적 순서), 1-2-4-3(좌수식)

② 6실린더 직렬형 기관 : 1-5-3-6-2-4(우수식), 1-4-2-6-3-5(좌수식)

### 10년간 자주 출제된 문제

**4-1. 4기통 직렬형 기관의 점화순서는?**

① 1-3-2-4

② 1-4-2-3

③ 1-4-3-2

④ 1-2-4-3

**4-2. 4사이클 4기통 기관의 점화순서가 1-3-4-2이다. 4번 실린더가 압축행정을 하고 있을 때 다음 중 맞는 것은?**

① 2번 실린더 배기행정

② 2번 실린더 흡입행정

③ 3번 실린더 배기행정

④ 3번 실린더 흡입행정

**4-3. 폭발순서가 1-3-4-2인 4행정기관 트랙터의 1번 실린더가 흡입행정일 때 3번 실린더의 행정은?**

① 압축행정

② 흡입행정

③ 배기행정

④ 팽창행정

**4-4. 6기통 엔진에서 1-5-3-6-2-4의 점화순서일 때 1번 실린더가 배기행정 초기이면 6번 실린더의 행정은?**

① 흡기 중기

② 압축 초기

③ 배기 말기

④ 폭발 중기

|해설|

**4-2**

• 원을 그린 후 4등분하여 흡입, 압축, 폭발(동력), 배기를 시계방향으로 적는다.

• 주어진 보기에 4번이 압축이라고 했으므로 압축에 4번을 적고, 점화순서를 시계 반대방향으로 적는다. 즉, 압축(4)-흡입(2)-배기(1)-폭발(3)이므로 2번 실린더는 흡입행정이다.

[4실린더 엔진 점화순서와 행정]

**4-3**

• 원을 그린 후 4등분하여 흡입, 압축, 폭발(동력), 배기를 시계방향으로 적는다.

• 주어진 보기에 1번이 흡입이라고 했으므로 흡입에 1번을 적고, 점화순서를 시계 반대방향으로 적는다. 즉, 압축(2)-흡입(1)-배기(3)-폭발(4)이므로 3번 실린더는 배기행정이다.

**4-4**

• 원을 그린 후 4등분하여 시계방향으로 흡입, 압축, 폭발(동력), 배기를 순서대로 적는다.

• 각 행정을 다시 3칸으로 나누고 시계방향으로 초, 중, 말을 적는다.

• 1번 실린더가 배기행정 초라면 배기 칸의 초에 1번을 적고, 그 다음 시계 반대방향으로 한 칸씩 건너뛰며 점화순서대로 번호를 적는다.

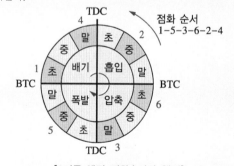

[6기통 엔진 점화순서와 행정]

**정답** 4-1 ④ 4-2 ② 4-3 ③ 4-4 ②

| 구 분 | 불꽃점화기관 | 압축점화기관 |
|---|---|---|
| 연 료 | 가솔린기관, 등유(석유)기관, 가스(LPG)기관 | 디젤기관(경유, 중유) |
| 흡입 기체 | 공기와 연료의 혼합기 | 공 기 |
| 연료의 공급 | 기화기로 혼합기체를 형성하거나 전자제어 연료분사장치로 흡기관 내에 저압분사 | 연료분사펌프로 연료를 압송하고 노즐을 통하여 연소실 내 분사 |
| 출력의 제어 | 스로틀밸브의 개도에 따라 혼합기의 양 제어 | 연료분사량 제어 |
| 착 화 | 전기불꽃에 의한 혼합기 점화 | 고온의 압축공기에 연료분사하여 자기착화 |
| 압축비 | 8~10 | 15~22 |

### 10년간 자주 출제된 문제

다음 중 불꽃점화기관에 속하지 않는 것은?

① 가스기관
② 석유기관
③ 가솔린기관
④ 디젤기관

정답 ④

---

① 내연기관의 성능
  ㉠ 기관성능곡선 : 가로축의 회전수와 세로축의 출력, 토크, 연료소비율, 기계효율 등의 관계를 하나의 그래프로 나타낸 것이다.
  ㉡ 성능곡선은 전부하성능곡선과 부하성능곡선으로 구분된다.

② 성능곡선의 특징
  ㉠ 출력은 기관출력축에서 발생하는 동력으로 회전속도에 비례한다.
  ㉡ 토크는 연소에 의한 힘이 크랭크축을 돌리는 힘으로 최대토크는 중간 정도의 회전수에서 나타난다.
  ㉢ 연료소비율은 기관이 일정한 일을 했을 때 소요된 연료량을 시간 – 마력당으로 환산한 것[g/kW·h]으로 최대토크가 나타나는 회전속도 부근에서 최소의 연비를 나타낸다.
  ㉣ 기계효율은 공급된 에너지와 일로 전환된 에너지의 비로, 회전속도가 증가할수록 기계마찰 손실과 보조장치 구동에 소비된 에너지가 증가하므로 감소한다.

③ 기타 주요사항
  ㉠ 내연기관의 공기와 연료의 혼합비가 완전연소할 때 배기가스의 색깔 : 무색
  ㉡ 내연기관의 총배기량 = 실린더의 단면적 × 행정 × 실린더수
  ㉢ 기관 사용 전 난기운전을 실시하는 이유 : 변속기의 이상 유무를 확인하기 위하여
  ㉣ 디젤기관에서 정상부하 운전인데도 검은 연기의 배기가스가 발생되는 원인
    • 공기청정기가 막혔을 때
    • 연료의 분사시기가 늦을 때
    • 연료의 분사량이 너무 많을 때

**6-1.** 기관의 성능곡선도상에 표현되지 않는 것은?

① 기관출력
② 피스톤 평균속도
③ 기관토크
④ 연료소비율

**6-2.** 내연기관의 총배기량을 구하는 식은?

① 압축비 × 실린더수
② 실린더의 단면적 × 행정 × 실린더수
③ 실린더의 지름 × 행정 × 압축비
④ 실린더의 단면적 × 압축비 × 실린더수

**6-3.** 디젤기관에서 정상부하 운전인데도 검은 연기의 배기가스가 발생된다. 그 원인이 아닌 것은?

① 공기청정기가 막혔을 때
② 연료의 분사시기가 늦을 때
③ 연료의 분사량이 너무 많을 때
④ 연료통의 용량이 너무 클 때

정답 6-1 ② 6-2 ② 6-3 ④

## 1-3. 가솔린기관(불꽃점화기관)의 구조와 작용

| 핵심이론 01 | 실린더 블록, 실린더 헤드

① 실린더 블록
  ㉠ 내연기관의 주요 부품들이 설치·고정되고, 외부로부터 부품들을 보호하는 역할을 하는 기관의 몸체이다.
  ㉡ 재질은 주철 또는 경합금재를 사용한다.
  ㉢ 실린더가 있는 부분을 실린더 블록, 크랭크축이 있는 부분을 크랭크 케이스라고 하며, 크랭크 케이스는 오일 팬의 역할도 한다.

② 실린더 헤드
  ㉠ 실린더 헤드는 헤드개스킷을 사이에 두고 실린더 위쪽에 설치되어 연소실을 형성한다.
  ㉡ 실린더 헤드에는 밸브, 점화플러그 또는 인젝터가 설치되어 있다.
  ㉢ 기관의 냉각방식에 따라 물 재킷 또는 냉각핀이 설치되어 있다.
  ㉣ 재질은 주철 또는 알루미늄 합금을 사용한다.
  ※ 동력 경운기의 실린더 헤드를 분해하는 순서
    ① 공기청정기와 소음기를 분해한다.
    ② 분사파이프와 로커암 커버를 분해한다.
    ③ 연료분사밸브 조합과 로커암을 분해한다.
    ④ 푸시로드와 실린더 헤드를 분해한다.

**1-1. 기관의 실린더 헤드를 연삭하면 압축비는?**

① 낮아진다.
② 높아진다.
③ 변하지 않는다.
④ 기관에 따라 커지는 것도 있고, 작아지는 것도 있다.

**1-2. 보기는 동력 경운기의 실린더 헤드 분해과정의 일부이다. 부품을 분해하는 순서가 올바르게 된 것은?**

|보기|
ㄱ 공기청정기와 소음기를 분해한다.
ㄴ 푸시로드와 실린더 헤드를 분해한다.
ㄷ 연료분사밸브 조합과 로커암을 분해한다.
ㄹ 분사 파이프와 로커암 커버를 분해한다.

① ㄱ-ㄴ-ㄷ-ㄹ
② ㄱ-ㄴ-ㄹ-ㄷ
③ ㄱ-ㄷ-ㄹ-ㄴ
④ ㄱ-ㄹ-ㄷ-ㄴ

|해설|

1-1
압축비를 높이는 대표적인 수단은 실린더 헤드의 면을 연삭하거나 헤드개스킷을 얇은 것으로 교환하는 것이다.

정답 1-1 ② 1-2 ④

---

**핵심이론 02 | 실린더**

① 실린더 개념
　ㄱ 실린더는 연소실을 형성하는 원통 부분이다.
　ㄴ 재질은 니켈-크롬강 등의 고급재료가 사용된다.
　ㄷ 실린더는 실린더 블록과 한 몸으로 주조된 일체형과 분리하여 교체할 수 있는 라이너형이 있다. 라이너식에는 건식과 습식이 있다.
　ㄹ 상사점(TDC ; Top Dead Center) : 실린더에서 피스톤이 실린더 헤드와 가장 가까이 있을 때, 즉 실린더 윗부분에 있을 때 피스톤이 있는 곳의 위치이다.
　ㅁ 하사점(BDC ; Bottom Dead Center) : 피스톤이 실린더 헤드와 가장 멀리 떨어져 있을 때, 즉 실린더 아랫부분에 있을 때 피스톤이 있는 곳의 위치이다.
② 실린더 측정 게이지
　ㄱ 실린더 내경(안지름)을 측정할 수 있는 계측기 : 보어 게이지
　ㄴ 실린더 마모량 측정 게이지 : 텔레스코핑 게이지, 외측 마이크로미터, 보어 게이지
③ 실린더 측정법
　ㄱ 실린더의 상, 중, 하 3군데에서 각각 축방향과 축의 직각방향으로 총 6군데를 측정한다.
　ㄴ 최대마모 부분과 최소마모 부분의 안지름의 차이를 마모량의 값으로 정한다.
　ㄷ 수 정
　　• 내경이 큰 기관(70[mm] 이상)은 0.25[mm] 이상 마멸하면 보링한다.
　　• 내경이 작은 기관(70[mm] 이하)은 0.15[mm] 이상 마멸하면 보링한다.
　ㄹ 보링값
　　• 계산법 : 실린더 최대마모 측정값 + 수정절삭량 (0.2[mm])
　　• 피스톤 오버사이즈에 맞지 않으면 계산값보다 크면서 가장 가까운 값으로 선정한다.

ⓜ 실린더의 수정한계
- 보링을 여러 번 하면 실린더 벽의 두께가 얇아져 한계 이상의 오버사이즈로 할 수 없다.
- 내경이 큰 기관(70[mm] 이상)은 1.50[mm]까지 보링을 할 수 있다.
- 내경이 작은 기관(70[mm] 이하)은 1.25[mm]까지 보링을 할 수 있다.
ⓗ 피스톤 오버사이즈
- STD, 0.25[mm], 0.50[mm], 0.75[mm], 1.00[mm], 1.25[mm], 1.50[mm] 총 6단계이다.
- 이 오버사이즈 한계값을 넘으면 교환을 해야 한다.

**2-1.** 기관에서 TDC는 무엇을 표시하는 것인가?
① 상사점      ② 하사점
③ 분사시기      ④ 행 정

**2-2.** 다음 중 경운기의 엔진을 분해하여 실린더 마모량을 점검하려고 할 때 가장 적절하지 않은 것은?
① 실린더별 측정 개소는 6개소이다.
② 실린더 보어 게이지로 내경을 측정한다.
③ 과대마모 시 언더사이즈 수정값으로 보링한다.
④ 최대내경값에 표준내경값을 빼면 마모량이 된다.

**2-3.** 실린더 라이너의 안지름을 측정할 때 사용되는 공구는?
① 시크니스 게이지
② 사인 게이지
③ 하이트 게이지
④ 실린더 보어 게이지

**2-4.** 다음 중 실린더 마모량 측정 시 필요한 측정게이지로 가장 적합하지 않은 것은?
① 틈새 게이지
② 텔레스코핑 게이지
③ 외측 마이크로미터
④ 실린더 보어 게이지

|해설|
**2-1**
실린더의 마멸량이 가장 큰 곳은 실린더의 상사점 부분이다.
**2-4**
필러(틈새)게이지와 직각자(또는 곧은 자)는 실린더 헤드나 블록의 평면도 점검에 사용한다.

정답 2-1 ①   2-2 ③   2-3 ④   2-4 ①

① 피스톤의 개념

　㉠ 피스톤은 실린더 안에서 왕복하며 연소압력을 커넥팅로드를 통해 크랭크축으로 전달하여 회전동력을 발생시킨다.

　㉡ 흡기, 배기, 압축 행정에서는 크랭크축으로부터 힘을 전달받아 작동된다.

　㉢ 피스톤 헤드, 링부, 스커트부 및 보스부로 구성되어 있다.

　㉣ 재질은 가볍고 열전도성이 좋은 알루미늄 합금을 사용한다.

② 피스톤의 구비조건

　㉠ 열전도율이 클 것

　㉡ 방열효과가 좋을 것

　㉢ 열팽창이 작을 것

　㉣ 고온, 고압에 견딜 것

　㉤ 가볍고 강도가 클 것

　㉥ 내식성이 클 것

③ 피스톤의 특징

　㉠ 피스톤 헤드는 연소실의 일부가 된다.

　㉡ 피스톤 스커트부는 측압을 받는다.

　㉢ 피스톤 스커트부의 열팽창이 가장 작다.

　㉣ 헤드부의 지름이 스커트부보다 작다.

④ 피스톤 간극(피스톤과 실린더 사이의 간극)이 클 경우 나타나는 현상

　㉠ 압축압력 저하

　㉡ 피스톤 슬랩 현상

　㉢ 엔진오일의 소비 증대

　㉣ 피스톤과 실린더 벽 사이의 열전도율 저하

　※ 피스톤 슬랩(Piston Slap) : 피스톤이 운동방향을 바꿀 때 측압방향으로 기울어지면서 스커트부가 실린더 벽에 부딪쳐 소음을 발생시키는 현상

⑤ 피스톤 간극이 작을 때 : 피스톤과 실린더의 마멸이 발생한다.

⑥ 피스톤 간극의 측정

　㉠ 피스톤 핀과의 직각방향 지름과 이 부분에 해당되는 실린더 내경의 차이로 나타내며 시크니스 게이지(Thickness Gauge)로 측정한다.

　㉡ 피스톤 간극은 대체로 0.04~0.06[mm] 정도인 경우가 많다.

　※ 피스톤의 평균속도 $= \dfrac{2 \times \text{회전수} \times \text{행정}}{60}$

⑦ 실린더와 피스톤을 교환할 때 반드시 검사해야 할 사항

　㉠ 피스톤과 실린더의 간극

　㉡ 링 홈 간극과 사이드 간극

　㉢ 피스톤핀과 커넥팅로드 부싱의 간극

**3-1.** 기관의 피스톤이 실린더 내에서 운동할 때 측압을 받는 부분은?

① 스커트 부분
② 헤드 부분
③ 핀보스 부분
④ 랜드 부분

**3-2.** 피스톤의 구비조건으로 적당한 것은 무엇인가?

① 열전도가 되지 않을 것
② 열팽창률이 클 것
③ 고온, 고압에 잘 견딜 것
④ 중량이 무거울 것

**3-3.** 행정의 길이가 120[mm], 기관회전수가 2,000[rpm]인 4행정기관의 피스톤 평균속도는?

① 24[m/sec]
② 16[m/sec]
③ 12[m/sec]
④ 8[m/sec]

**3-4.** 피스톤 간극이 클 경우 나타나는 현상이 아닌 것은?

① 압축압력 저하
② 실린더 마멸 증대
③ 피스톤 슬랩 현상
④ 엔진오일의 소비 증대

**3-5.** 다음 중 피스톤과 실린더 사이의 간극이 작을 때 일어나는 현상과 가장 관계가 깊은 것은?

① 블로 바이 가스가 증가한다.
② 피스톤과 실린더의 마멸이 발생한다.
③ 압축압력이 감소하여 출력이 감소한다.
④ 피스톤 슬랩현상이 생긴다.

|해설|

**3-3**

$$피스톤의\ 평균속도 = \frac{2 \times 회전수 \times 행정}{60}$$

$$= \frac{2 \times 2,000 \times 0.12}{60} = 8[\text{m/sec}]$$

**정답** 3-1 ① 3-2 ③ 3-3 ④ 3-4 ② 3-5 ②

---

**핵심이론 04 │ 피스톤 링**

① 피스톤 링의 개념
　㉠ 피스톤 링은 피스톤 링 홈에 끼워 피스톤과 실린더 사이의 간극 변화에 의한 누기 방지와 실린더 벽의 유막제어 및 열전도작용을 한다.
　㉡ 피스톤 링은 헤드 쪽에 1~3개 끼워지는 압축 링과 그 아래쪽에 끼워지는 오일 링으로 구분된다.
　※ 피스톤 링의 작용 : 피스톤 상단부에 설치되어 기밀작용, 오일제어작용, 열전도작용(기관 내의 열을 외부로 전달하는 작용)을 한다.

② 피스톤 링의 구비조건
　㉠ 내열성과 내마모성이 좋을 것
　㉡ 실린더 벽에 균일한 압력을 가할 것
　㉢ 마찰이 적어 실린더 벽을 마모시키지 않을 것
　㉣ 열팽창률이 작을 것
　㉤ 열전도가 좋을 것
　㉥ 고온에서도 탄성을 유지할 것
　㉦ 오래 사용하여도 링 자체나 실린더의 마멸이 적을 것
　㉧ 고온, 고압에 대하여 장력의 변화가 적을 것
　※ 피스톤 링에서 크롬 도금(내마모성을 높임)이 되어 있는 것 : 1번 압축 링, 오일 링

③ 크랭크축의 오일베어링 간극이 작을 경우 나타나는 현상
　㉠ 오일공급 불량으로 유막이 파괴될 수 있다.
　㉡ 윤활 불량으로 마찰 및 마모가 증대된다.
　㉢ 심하면 소결될 수도 있다.

④ 피스톤 링의 플러터(Flutter) 현상
　㉠ 피스톤의 작동위치 변화에 따른 피스톤 링의 떨림 현상으로 인해 링의 관성력과 마찰력의 방향이 변화되면서 링 홈으로부터 가스가 누출되어 면압이 저하하는 것

ⓛ 발생문제점
- 링 및 실린더의 마모 촉진
- 열전도 저하로 인한 피스톤의 온도 상승
- 슬러지가 발생하여 윤활부에 퇴적물 침전
- 오일소모량 증가
- 블로 바이 가스(Blow-by Gas) 증가로 인한 엔진 출력의 감소
ⓒ 방지책
- 피스톤 링의 장력을 증가시켜 면압 증대
- 링의 중량을 가볍게 하여 관성력을 감소시키고 엔드 캡 부근의 면압분포 증대
※ 디젤기관의 실린더가 마모되지 않았고, 착화시기는 정확한데 엔진출력이 떨어지는 이유는 피스톤 링의 고착에 기인한다.

**4-1. 내연기관에서 피스톤 링의 작용이 아닌 것은?**

① 기밀작용
② 가스배출작용
③ 열전도작용
④ 오일제어작용

**4-2. 다음 중 피스톤 링의 구비조건으로 가장 적합하지 않은 것은?**

① 마멸이 작을 것
② 열전도가 좋을 것
③ 실린더보다 재질이 강할 것
④ 고온에서 탄성을 유지할 것

**4-3. 농업용 단기통 디젤기관의 피스톤 링에서 크롬 도금이 되어 있는 것은?**

① 1번 압축 링
② 2번 압축 링
③ 3번 압축 링
④ 4번 압축 링

**4-4. 피스톤 링의 플러터(Flutter) 현상에 관한 설명 중 틀린 것은?**

① 피스톤의 작동위치 변화에 따른 링의 떨림 현상이다.
② 피스톤의 온도가 낮아진다.
③ 실린더 벽의 마모를 초래한다.
④ 블로 바이 가스(Blow-by Gas) 증가로 인해 엔진출력이 감소한다.

**4-5. 기관 분해·조립 시 피스톤 링을 끼울 때만 사용하는 공구는?**

① 리지 리머
② 피스톤 링 컴프레서
③ 플라스틱 해머
④ 피스톤 링 익스팬더

|해설|

**4-4**
열전도 저하로 인해 피스톤의 온도가 상승한다.

**4-5**
피스톤 링 익스팬더는 피스톤 링의 탈거·장착 시 이용하는 공구이다.

**정답** 4-1 ② 4-2 ③ 4-3 ① 4-4 ② 4-5 ④

## 핵심이론 05 | 피스톤 핀

① 피스톤 핀은 피스톤과 커넥팅로드의 소단부를 연결하는 핀이다.
② 연결방법 : 고정식, 반부동식, 전부동식, 열박음식이 있다.
　㉠ 고정식 : 피스톤 보스부에 피스톤 핀을 고정하고 커넥팅로드 소단부에 구리 부싱을 삽입한 방식이다.
　㉡ 반부동식 : 커넥팅로드 소단부에 클램프와 볼트로 피스톤 핀을 고정하는 방식이다.
　㉢ 전부동식 : 피스톤 핀이 커넥팅로드나 피스톤 보스부에 고정되지 않고 자유롭게 회전하며 핀의 양 끝에 스냅링을 설치한 방식이다.
③ 재료는 크롬강, 크롬-몰리브덴강, 니켈-크롬강 등을 사용한다.

다음 중 기관의 피스톤 핀 연결방법에 관한 설명으로 옳은 것은?
① 전부동식 : 핀을 피스톤 보스에 고정한다.
② 고정식 : 핀을 스냅링으로 고정한다.
③ 요동식 : 핀을 피스톤 보스에 고정한다.
④ 반부동식 : 핀을 커넥팅로드 소단부에 고정한다.

정답 ④

## 핵심이론 06 | 커넥팅로드

① 피스톤과 크랭크축을 연결하여 피스톤이 받은 힘을 크랭크축에 전달한다.
② 구 성
　㉠ 소단부 : 커넥팅로드의 위쪽 구멍 부분으로 피스톤과 연결되는 피스톤 핀이 설치되는 곳이다.
　㉡ 대단부 : 커넥팅로드의 아랫부분으로 크랭크축과 연결되는 부분이다.
　㉢ 생크 또는 아이빔(I-beam) : 커넥팅로드의 소단부와 대단부를 연결하는 부분이다.
　㉣ 커넥팅로드 베어링
③ 가볍고 충분한 강도를 얻기 위해 I형 단면의 니켈-크롬강, 크롬-몰리브덴강으로 만든다.
④ 소단부 베어링으로는 청동 부싱을 사용하고 대단부는 화이트 메탈 등의 재료로 만든 저널 베어링을 사용한다.
　※ 커넥팅로드 대단부 베어링이 헐거워졌을 경우 엔진 소음이 심해진다. 또 간극이 너무 작으면 엔진 작동 시 열팽창에 의해 소결되기 쉽다.

6-1. 기관에서 커넥팅로드를 구성하는 요소가 아닌 것은?
① 소단부　② 헤드부
③ 대단부　④ 생크(Shank)부

6-2. 다음 중 커넥팅로드 대단부 베어링이 헐거워졌을 경우 나타나는 결과에 해당하는 것은?
① 유압이 높아진다.
② 노킹이 잘 일어난다.
③ 엔진 소음이 심해진다.
④ 크랭크 케이스 블로 바이가 심해진다.

|해설|
6-1
커넥팅로드는 소단부, 대단부, 생크 또는 아이빔(I-beam), 커넥팅로드 베어링으로 구성된다.

정답 6-1 ② 6-2 ③

① 크랭크축은 피스톤의 왕복직선운동을 회전운동으로 바꾸어 주는 중심축이다.

② 크랭크축은 크랭크축 저널, 크랭크 암, 크랭크 핀, 균형추 등으로 구성된다.

③ 크랭크축 회전각도 = $\dfrac{360}{60}$ × 회전수 × 연소지연시간

④ 크랭크축의 오일 베어링 간극이 작을 경우 나타나는 현상

  ㉠ 오일공급 불량으로 유막이 파괴될 수 있다.

  ㉡ 윤활 불량으로 마찰 및 마모가 증대된다.

  ㉢ 심하면 소결될 수도 있다.

⑤ 크랭크축의 휨의 정도를 검사하는 측정 계기 : 다이얼 게이지

  ※ 게이지의 최댓값과 최솟값의 차의 1/2이 크랭크축 휨값이다.

  ※ 크랭크축 저널 수정값 계산방법

  • 저널 지름이 50[mm] 이상일 때 수정한계값은 0.20[mm]이고, 50[mm] 이하일 때는 0.15[mm]이며, 저널의 언더 사이즈 기준값에는 0.25[mm], 0.50[mm], 0.75[mm], 1.00[mm], 1.25[mm], 1.50[mm]의 6단계가 있다.

  • 크랭크축 저널을 연마 수정하면 지름이 작아지므로, 표준값에서 연마값을 빼야 한다. 이렇게 하면 그 치수가 작아져 언더 사이즈(Under Size)라고 하며, 크랭크축 베어링은 표준보다 더 두꺼운 것을 사용하여야 한다.

[예제]

표준 지름이 75.00[mm]인 크랭크축 저널의 바깥지름을 측정한 결과 74.68[mm], 74.82[mm], 74.66[mm], 74.76[mm]이었다. 크랭크축을 연마할 경우 알맞은 수정값은 얼마인가?

[풀이]

이것을 진원으로 수정하려면 측정값에서 0.2[mm]를 더 연마하여야 하므로 가장 많이 마모된 저널의 지름 74.66[mm] − 0.2[mm](진원 절삭값) = 74.46[mm]이다. 그러나 언더 사이즈 표준값에는 0.46[mm]가 없으므로 이 값보다 작으면서 가장 가까운 값인 0.25[mm]를 선정한다. 따라서 저널 수정값은 74.25[mm]이며, 언더 사이즈값은 75.00[mm](표준 치수) − 74.25[mm](수정값) = 0.75[mm]이다.

## 10년간 자주 출제된 문제

**7-1.** 기관에서 피스톤의 직선운동을 회전운동으로 바꿔 주는 장치는?

① 캠 축  ② 실린더
③ 플라이휠  ④ 크랭크축

**7-2.** 1,800[rpm] 농용 엔진에서 연소속도가 1/360초일 때 크랭크축의 회전각은?

① 10°  ② 20°
③ 30°  ④ 40°

**7-3.** 캠축의 휨과 기어의 백래시를 측정하기에 가장 적당한 것은?

① 다이얼 게이지
② 버니어 캘리퍼스
③ 마이크로미터
④ 텔레스코핑 게이지

**7-4.** 크랭크축을 V블록과 다이얼 인디케이터로 측정하여 다이얼게이지에 0.08[mm]를 나타내면 실제 크랭크축의 휨은 어느 정도인가?

① 0.08[mm]  ② 0.03[mm]
③ 0.04[mm]  ④ 0.09[mm]

**7-5.** 기관의 크랭크축 베어링 저널의 표준값이 58.00[mm], 측정한 결과 최대마멸량이 57.755[mm]일 때 수정(언더사이즈)값은?

① 57.75[mm]  ② 57.25[mm]
③ 57.50[mm]  ④ 57.00[mm]

| 해설 |

**7-2**

크랭크축 회전각도 $= \dfrac{360}{60} \times$ 회전수 $\times$ 연소지연시간

$\qquad\qquad\qquad = \dfrac{360}{60} \times 1,800 \times \dfrac{1}{360} = 30°$

**7-4**

**휨 점검** : 크랭크축 앞뒤 메인 저널을 V블록 위에 올려놓고 다이얼게이지의 스핀들을 중앙 메인 저널에 설치한 후 천천히 크랭크축을 회전시키면서 다이얼게이지의 눈금을 읽는다. 이때 최댓값과 최솟값 차의 1/2이 크랭크축 휨값이다.

$0.08 \div 2 = 0.04[\text{mm}]$

**7-5**

이것을 진원으로 수정하려면 측정값에서 0.2[mm]를 더 연마하여야 하므로 가장 많이 마모된 저널의 지름 57.755[mm] − 0.2[mm](진원절삭값) = 57.555[mm]이다. 그러나 언더사이즈 표준값에는 0.555[mm]가 없으므로 이 값보다 작으면서 가장 가까운 값인 0.50[mm]를 선정한다. 따라서 저널수정값은 57.50[mm]이며, 언더사이즈 기준값은 58.00[mm](표준치수) − 57.50[mm](수정값) = 0.50[mm]이다.

**정답** 7-1 ④  7-2 ③  7-3 ①  7-4 ④  7-5 ③

---

① 플라이휠

　㉠ 기관회전력의 변동을 최소화시켜 주는 장치이다.

　㉡ 플라이휠은 주철제 바퀴 형태이다.

　㉢ 동력행정 때 얻은 운동에너지를 흡수·저장하였다가 나머지 행정에 필요 에너지를 공급함으로써 회전을 원활하게 한다.

② 베어링의 분류

　㉠ 마찰의 종류에 따라

　　• 미끄럼 마찰을 일으키는 것 : 슬라이딩 베어링

　　• 구름 마찰을 일으키는 것 : 구름 베어링

　㉡ 하중 지지에 따라

　　• 축심과 직각방향으로 하중을 받는 것 : 레이디얼 베어링, 저널 베어링

　　• 축심에 따라 평행으로 하중을 받는 것 : 엑시얼 베어링, 스러스트 베어링

---

**10년간 자주 출제된 문제**

**8-1. 기관회전력의 변동을 최소화시켜 주는 장치는?**

① 크랭크축　　　　　② 플라이휠

③ 캠 축　　　　　　④ 커넥팅로드

**8-2. 동력행정 때 얻은 운동에너지를 저장하여 각 행정 때 공급하여 회전을 원활하게 하는 것은?**

① 클러치면판　　　　② 플라이휠

③ 저속기어　　　　　④ 클러치압력판

**8-3. 축과 평행한 방향으로 작용하는 하중을 지지하는 베어링은?**

① 레이디얼 베어링　　② 스러스트 베어링

③ 볼 베어링　　　　　④ 롤러 베어링

**정답** 8-1 ②  8-2 ②  8-3 ②

① 밸브장치의 개념

  ㉠ 연소실 내로 혼합기 또는 공기를 흡입하고, 연소가스를 배출하기 위해 실린더마다 흡기 및 배기 밸브가 설치되어 있으며, 이를 작동시키는 밸브기구가 설치되어 있다.

  ㉡ 배기밸브는 냉각이 곤란하므로 흡기밸브 헤드 지름이 더 크다.

  ㉢ 4행정 엔진의 1사이클이 완료되면 크랭크축은 2회전, 캠축은 1회전, 실린더의 흡·배기밸브는 각 1회 여닫는다.

② 밸브스프링의 점검항목

  ㉠ 직각도 : 스프링 자유고의 3[%] 이하일 것(자유높이 100[mm]당 3[mm] 이내일 것)

  ㉡ 자유고 : 스프링 규정 자유고의 3[%] 이하일 것

  ㉢ 스프링 장력 : 스프링 규정장력의 15[%] 이하일 것

  ㉣ 접촉면의 상태는 2/3 이상 수평일 것

③ 밸브장치의 측정 및 점검항목

  ㉠ 밸브스프링의 자유길이, 장력

  ㉡ 밸브스템의 휨

  ㉢ 밸브 틈새(면의 접촉상태)

  ㉣ 마멸 및 소손

  ㉤ 밸브마진의 두께

---

**9-1.** 흡기밸브와 배기밸브 헤드 지름의 크기에 대한 설명으로 알맞은 것은?

① 흡·배기밸브 헤드의 크기는 서로 관계없다.
② 흡·배기밸브 헤드의 크기는 같다.
③ 흡기밸브 헤드 지름이 더 크다.
④ 배기밸브 헤드 지름이 더 크다.

**9-2.** 어떤 4행정 사이클 기관이 2,500[rpm] 회전하였다면 제1번 실린더의 배기밸브는 1분에 몇 회 열렸는가?

① 625회
② 1,250회
③ 2,500회
④ 5,000회

**9-3.** 어떤 4행정 사이클 기관이 2,250[rpm] 회전하였다면 제1번 실린더의 배기밸브는 몇 번 열렸는가?(단, 1분간)

① 2,250번
② 4,500번
③ 1,125번
④ 562.5번

**9-4.** 다음 중 동력 경운기 로커암(Rocker Arm)과 밸브 사이의 간격을 조정하는 시기로 가장 적합한 것은?

① 운전 중에 조정한다.
② 운전이 종료된 바로 직후에 조정한다.
③ 운전이 종료되기 바로 직전에 조정한다.
④ 운전 종료 후 기관이 냉각되었을 때 조정한다.

**9-5.** 밸브의 편마모 방지를 위한 내용으로 가장 옳은 것은?

① 밸브와 로커암의 틈새가 작을 때
② 밸브와 로커암의 틈새가 클 때
③ 밸브스프링 장력이 클 때
④ 밸브 태핏에 옵셋 효과가 일어날 때

**9-6.** 기관의 밸브스프링 자유길이가 10[mm]일 때 기울기(직각도)가 몇 [mm] 이상이면 밸브스프링을 교환해야 하는가?

① 30[mm]
② 3[mm]
③ 0.3[mm]
④ 0.03[mm]

**9-7.** 동력 경운기의 밸브스프링의 자유높이 100[mm]에 대하여 몇 [%] 이상 줄게 되면 스프링을 교환해야 하는가?

① 0.3
② 3
③ 7
④ 10

**9-8. 밸브스프링의 설치길이가 기준에 비해 2[mm] 이상 클 경우 원인이나 대책으로 맞지 않는 것은?**

① 밸브스프링 밑에 심(Shim)을 넣어 스프링 장력을 보완한다.
② 밸브페이스의 심한 마모로 마진이 작아졌다.
③ 밸브시트와 밸브를 교환한다.
④ 밸브시트의 침하가 심하다.

**9-9. 다음 중 기관의 밸브 점검항목으로 가장 적합하지 않은 것은?**

① 밸브의 크기
② 면의 접촉상태
③ 마멸 및 소손
④ 밸브마진의 두께

|해설|

**9-2**
4행정 엔진의 1사이클이 완료되면 크랭크축은 2회전, 캠축은 1회전, 실린더의 흡·배기밸브는 각 1회 여닫힌다.
2,500 ÷ 2 = 1,250회

**9-3**
2,250 ÷ 2 = 1,125번

정답 9-1 ③ 9-2 ② 9-3 ③ 9-4 ④ 9-5 ④ 9-6 ③ 9-7 ②
9-8 ① 9-9 ①

---

**핵심이론 10 | 밸브 관련 주요용어 정리**

① 밸브 오버 랩(Valve Overlap) : 가스흐름의 관성을 유효하게 이용하기 위하여 흡·배기밸브를 동시에 열어주는 시기를 의미

② 블로 바이(Blow-by) : 기관에서 실린더 벽과 피스톤 사이의 틈새로 혼합기(가스)가 크랭크 케이스로 빠져나오는 현상

③ 밸브 서징(Valve Surging) : 엔진이 고속으로 회전할 때 밸브의 작동횟수와 밸브스프링의 고유진동수가 공진하면서 밸브스프링이 캠의 작동과는 상관없이 진동을 일으키는 현상

④ 블로 다운(Blow Down) : 2행정 기관에서 배기행정 초기에 배기가스가 자체 압력으로 배출되는 현상

⑤ 블로 백(Blow Back) : 압축 및 폭발행정에서 가스가 밸브와 밸브시트 사이로 누출되는 현상

⑥ 베이퍼 로크(Vapor Lock) : 연료파이프나 연료펌프에서 가솔린이 증발해서 유압식 브레이크 등의 장치에 문제를 일으키는 현상

## 10년간 자주 출제된 문제

**10-1.** 다음 중 가스흐름의 관성을 유효하게 이용하기 위하여 흡, 배기 밸브를 동시에 열어주는 시기를 의미하는 용어는?

① 블로 바이(Blow-by)
② 밸브 서징(Valve Surging)
③ 블로 다운(Blow Down)
④ 밸브 오버 랩(Valve Overlap)

**10-2.** 기관에서 실린더 벽과 피스톤 사이의 틈새로 혼합기(가스)가 크랭크 케이스로 빠져나오는 현상은?

① 블로 다운               ② 블로 백
③ 블로 바이               ④ 베이퍼 로크

**10-3.** 베이퍼 로크(Vapor Lock) 현상은 어느 부분에서 생기는가?

① 냉각계통               ② 전기계통
③ 윤활계통               ④ 연료계통

**10-4.** 2행정 기관에서 배기행정 초기에 배기가스가 자체 압력으로 배출되는 현상은?

① 블로 다운 현상          ② 블로 바이 현상
③ 오버 랩 현상            ④ 베이퍼 로크 현상

**정답** 10-1 ④  10-2 ③  10-3 ④  10-4 ①

---

## 핵심이론 11 | 가솔린기관의 연료장치

① 연료장치의 개념
   ㉠ 기관에서 연소 가능한 혼합가스를 만들어 연소실에 공급하기 위한 장치로서 기관의 출력, 배기가스 농도 등에 영향을 끼치는 중요한 부속장치이다.
   ㉡ 연료장치는 연료탱크, 연료여과기, 연료펌프, 기화기 등으로 구성되어 있다.

② 기화기
   ㉠ 기화기(카뷰레터)는 가솔린엔진에만 있는 장치이며, 가솔린과 공기를 적당한 비율로 혼합시켜 실린더에 보낸다.
   ㉡ 기화기의 구조는 벤투리관, 제트, 뜨개실, 스로틀 밸브, 초크밸브 등이 있다
   ㉢ 기화기의 기능
      • 벤투리관 : 유속을 빠르게 하여 뜨개실 내의 연료를 유출하는 곳
      • 제트 : 연료의 양을 계량하는 곳
      • 뜨개실 : 연료의 유면을 항상 일정하게 유지하는 곳
      • 스로틀밸브 : 개폐에 의해 흡입되는 혼합기의 양을 조절하여 출력을 조정하는 밸브
      • 초크밸브 : 가솔린기관의 시동을 쉽게 하기 위하여 흡입공기를 조절하고 혼합가스를 농후하게 하는 밸브

③ 연료소비율을 나타내는 단위 : [km/L], [g/MW·s], [g/kW·h], [g/PS·h], [lbm/hp·h]

④ 2사이클 가솔린기관(동력 살분무기, 예초기 등)에서 연료와 오일의 혼합비 : 가솔린 : 오일 = 25 : 1 또는 20 : 1

⑤ 연료마력(HP) $= \dfrac{60\,CW}{632.3t} = \dfrac{C \times W}{10.5t}$

   (1[PS] = 632.3[kcal/h], $C$ : 연료의 저위발열량[kcal/kg], $W$ : 연료의 무게[kg], $t$ : 측정시간[분])

   ※ 1[HP](영국 마력) = 746[W](0.746[kW]), 1[PS](독일 마력, 출력) = 735[W](0.735[kW])

**11-1.** 다음 중 가솔린기관의 기화기에서 스로틀밸브의 역할로 옳은 것은?

① 공기의 양을 조절한다.
② 연료의 유면을 조절한다.
③ 혼합기의 양을 조절한다.
④ 공기의 유속을 빠르게 조절한다.

**11-2.** 기화기식 가솔린기관을 시동할 때 농후한 혼합기를 만드는 데 사용되는 장치는?

① 초크밸브　　　　　　② 에어블리더
③ 조속기　　　　　　　④ 스로틀밸브

**11-3.** 기관의 연료소비율을 나타내는 단위로 가장 적절하지 않은 것은?

① [km/L]　　　　　　② [L/min]
③ [g/PS・h]　　　　　④ [g/kW・h]

**11-4.** 2행정 가솔린기관을 사용하는 동력 예초기에서 연료와 엔진오일의 혼합비로 가장 적당한 것은?

① 5 : 1　　　　　　　② 15 : 1
③ 25 : 1　　　　　　　④ 35 : 1

**11-5.** 비중이 0.72, 발열량이 10,500[kcal/kg]인 연료를 사용하여 20분간 사용하였더니 연료소비량이 5[L]였다. 이 기관의 연료마력(HP)은?

① 80[HP]　　　　　　② 180[HP]
③ 280[HP]　　　　　　④ 380[HP]

**11-6.** 5[HP]는 약 몇 [W]인가?

① 3,730　　　　　　　② 4,850
③ 746　　　　　　　　④ 2,239

**11-7.** 공학단위인 1마력(PS)은 몇 [kW]인가?

① 약 0.5[kW]　　　　② 약 0.735[kW]
③ 약 0.935[kW]　　　④ 약 1.25[kW]

**11-8.** 3[kW]의 발전기를 가동하려면 최소한 몇 [PS]의 출력을 내는 엔진이 필요한가?(단, 효율은 무시한다)

① 2.21[PS]　　　　　② 4.08[PS]
③ 5.22[PS]　　　　　④ 6.08[PS]

|해설|

**11-2**
보통 운전 시 초크밸브는 수직상태이지만 시동 시 초크밸브가 작동되면 수평상태가 되어 공기의 유입을 거의 차단하며, 이 상태에서 기관을 크랭크하면 초크밸브의 아래쪽에 강한 진공이 생겨 메인노즐에서 다량의 연료가 유출되어 시동에 필요한 농후한 혼합비를 만든다.

**11-3**
[L/min]는 유량 단위이다.

**11-5**
$$연료마력(HP) = \frac{60CW}{632.3t} = \frac{C \times W}{10.5t}$$
$$= \frac{10,500 \times (0.72 \times 5)}{10.5 \times 20}$$
$$= 180[HP]$$
(1[PS] = 632.3[kcal/h], $C$ : 연료의 저위발열량[kcal/kg], $W$ : 연료의 무게[kg], $t$ : 측정시간[분])

**11-6**
1[HP] = 746[W]
5 × 746 = 3,730[W]

**11-7**
1[PS](마력) = 735[W](0.735[kW])

**11-8**
3 ÷ 0.735 ≒ 4.08[PS]
※ 1[PS](마력) = 735[W](0.735[kW])

정답 11-1 ③　11-2 ①　11-3 ②　11-4 ③　11-5 ②　11-6 ①
11-7 ②　11-8 ②

① 점화장치의 개념
  ㉠ 고압의 전기를 발생시켜 점화플러그의 전기불꽃으로 흡입한 혼합가스를 점화폭발시키는 장치를 점화장치라 한다.
  ㉡ 점화장치의 주요부품
    • 점화코일 : 저압전류를 고압전류로 승압시킨다.
    • 단속기 : 1차 코일에 흐르는 전류를 단속하여 점화코일의 2차 코일에 고전압을 유기한다.
    • 배전기 : 고압전류를 각 실린더에 분배한다.
    • 점화플러그 : 점화불꽃을 발생시켜 혼합기를 점화시킨다.
    • 점화스위치 : 전기의 흐름을 점화장치에 연결하거나 차단한다.
    • 고전압케이블 : 점화코일의 고전압을 각 실린더의 점화 플러그로 운반한다.
    • 배터리 : 12[V]의 저전압을 1차 회로에 공급한다.

② 점화방식
  ㉠ 축전지 점화방식 : 축전지로부터 흐르는 저압전류가 1차 코일을 통해 단속기로 흐르고, 단속기가 회전하여 단속기 캠의 작용으로 접점이 열려 1차 회로의 전류가 차단되면 상호유도작용으로 2차 코일에 고압전류가 발생된다.
  ㉡ 고압자석 점화방식(마그네토 점화식) : 자석발전기를 이용하는 방식으로 발전자(전기자) 회전형, 유도자 회전형, 자강 회전형, 자극 개폐형 등이 있다.
  ㉢ 반도체 점화방식 : 1차 전류를 트랜지스터로 단속하는 트랜지스터 점화장치와 축전지의 방전전류를 1차 코일에 흐르게 하는 축전지 방전식 점화장치가 있으며, 단속기 접점을 이용한 접점식(기계적 개폐)과 무접점식(전자식 개폐)이 있다.

※ 무접점식 단속기의 점검과 정비
  • 콘덴서 측정 시에는 한 번 방전을 시키고 난 후 측정한다.
  • 전기회로테스터로 각 저항을 측정한다.
  • 측정 시 테스터의 ⊕, ⊖ 단자의 접촉에 주의한다.
  • 점화코일에서 리드선의 저항을 회로시험기로 측정하여 기준값과 비교한다.
  • 저항값이 무한대이거나 현저히 작을 때는 제어유닛(트랜지스터 마그넷유닛)을 교환한다.
  • 외부에서 회로시험기로 측정 가능한 것은 내부의 1차, 2차 코일의 양호·불량 판정뿐이므로 점화플러그에서 불꽃이 발생하지 않을 경우 다른 부품이 정상이면 측정값이 양호·불량에 관계없이 제어유닛을 교환한다.

**12-1.** 다음 중 가솔린기관의 점화장치를 구성하는 요소가 아닌 것은?

① 기화기
② 마그네토
③ 점화플러그
④ 단속기

**12-2.** 마그네틱 점화방식에 있어서 발전부의 형식에 따른 분류에 속하지 않는 것은?

① 발전자 회전형
② 자강 회전형
③ 유도자 회전형
④ 타여자 전류형

**12-3.** 다음 중 점화장치에서 무접점식 마그네트 방식의 특징으로 옳지 않은 것은?

① 접점오손에 의한 고장이 없다.
② 2차 발생 전압이 안정되어 있다.
③ 전기적 고장이 적어 수명이 길다.
④ 점화시기가 매우 불안정하다.

**12-4.** 관리기기관의 무접점 점화장치의 진단방법이 틀린 것은?

① 측정 전에 각 리드선의 접속을 확인한다.
② 전기회로 테스터로 각 저항을 측정한다.
③ 측정 시 테스터의 ⊕, ⊖ 단자의 접촉에 주의한다.
④ 콘덴서 측정 시에는 방전이 되기 전에 측정한다.

|해설|

**12-1**

가솔린기관은 전기점화장치(단속기, 마그네토, 점화플러그)를 사용하고 디젤기관은 연료분사장치(연료분사펌프, 연료분사밸브)를 사용한다.

**12-3**

점화장치의 보수횟수와 부품의 조정횟수도 줄일 수 있고, 점화시기의 정확성이 더 높다.

정답 12-1 ① 12-2 ④ 12-3 ④ 12-4 ④

---

**핵심이론 13** | 자석(Magnet)

① 자석의 성질

　㉠ 자석의 N(+)극은 북쪽, S(−)극은 남쪽을 가리킨다.

　㉡ 자석의 같은 극끼리는 서로 반발하고, 다른 극끼리는 끌어당긴다.

　㉢ 자극으로부터 자력선이 나오고, 자기는 자극에서 가장 크다.

　㉣ 자력선은 N극에서 나와 S극으로 향한다(자석 내부에서는 S극에서 N극으로 이동한다).

　㉤ 자력이 강할수록 자기력선의 수가 많다.

　㉥ 발생되는 자기력선은 아무리 사용해도 기본적으로 감소하지 않는다.

　㉦ 자기력선은 비자성체를 투과한다.

　㉧ 자기력선에는 고무줄과 같은 장력이 존재한다.

　㉨ 자석은 고온이 되면 자력이 감소하고, 저온이 되면 자력이 증가한다.

　㉩ 자석은 임계온도 이상으로 가열하면 자석의 성질이 없어진다.

　　※ 변태점 또는 큐리점 : 자화된 철의 온도를 높일 때 강자성이 상자성으로 급격하게 변하는 온도

　㉠ 자기작용에 반응하거나 자석이 될 수 있는 물체를 자성체라 한다.

　㉡ 자석의 흡인력 또는 반발력은 거리의 제곱에 반비례하고, 세기(자극)의 곱에 정비례한다.

　　※ 쿨롱의 법칙 : 자기력의 크기는 두 자극의 세기의 곱에 비례하고, 자극 간의 거리의 제곱에 반비례한다.

② 자석의 용도

　㉠ 전기에너지를 기계에너지로 전환 : 검류계, 전압계, 전류계, 전동기, 마그네트론

　㉡ 기계에너지를 전기에너지로 전환 : 발전기, 발화기, 마이크로폰

ⓒ 기계에너지를 다른 기계에너지로 전환 : 유량계, 점도계, 수위지침계

ⓔ 물리현상을 사용한 것 : 농형유도전동기, 적산전력계

③ 물체의 자화 정도에 따른 분류

ⓐ 강자성체 : 상자성체 중 자화강도가 큰 금속[철, 니켈, 코발트, 망가니즈(망간)]

ⓑ 상자성체 : 자석에 접근 시 반대의 극이 생겨 서로 당기는 금속(알루미늄, 주석, 백금, 산소, 공기)

ⓒ 반자성체 : 자석에 접근시킬 때 같은 극이 생겨 서로 반발하는 금속[금, 은, 구리, 비스무트, 안티모니(안티몬)]

④ 마그넷 취급방법에 있어서 주의사항

ⓐ 운전 중 마그넷 뚜껑을 열면 안 된다.

ⓑ 마그넷은 건조한 장소에 보관한다.

ⓒ 마그넷의 접점 부위 등은 항상 깨끗하게 유지하여야 한다.

ⓔ 자석을 강하게 때리거나 진동시키지 말아야 한다.

**13-1. 다음 중 자석의 성질로 옳은 것은?**

① 같은 극끼리는 서로 흡인한다.
② 극이 다르면 반발한다.
③ 극이 같으면 반발한다.
④ 자석 상호 간은 관계가 없다.

**13-2. 다음 중 자석의 성질에 대한 설명으로 옳지 않은 것은?**

① 자기작용에 반응하거나 자석이 될 수 있는 물체를 자성체라 한다.
② 자기는 자극에서 가장 크다.
③ 동종의 자극은 끌어당기고 이종의 자극은 서로 밀어낸다.
④ 자석의 흡인력 또는 반발력은 거리의 제곱에 반비례하고, 세기(자극)의 곱에 정비례한다.

**13-3. 다음 중 반자성체에 속하는 것은?**

① 철             ② 니 켈
③ 탄 소          ④ 알루미늄

**13-4. 마그넷 취급방법에 있어서 주의하여야 할 사항 중 옳은 것은?**

① 운전 중 마그넷 뚜껑을 열어도 별 지장이 없다.
② 마그넷은 습한 장소에 보관한다.
③ 마그넷의 접점 부위에 기름이 끼어도 상관없다.
④ 자석을 강하게 때리거나 진동시키지 말아야 한다.

|해설|

13-3
**자성체의 종류**
• 강자성체 : 철, 코발트, 니켈, 망가니즈(망간) 등
• 상자성체 : 알루미늄, 주석, 백금, 산소, 공기 등
• 반자성체 : 금, 은, 구리, 아연, 수은, 탄소 등

정답 13-1 ③   13-2 ③   13-3 ③   13-4 ④

① 윤활장치의 개념

　㉠ 기관의 실린더 외에 피스톤, 크랭크축, 캠축과 같은 운동마찰 부분에 유막을 형성함으로써 고체마찰을 유체마찰로 바꿀 수 있도록 오일을 공급하는 장치이다.

　㉡ 공급된 윤활유는 마찰 감소작용, 피스톤과 실린더 사이의 기밀작용, 마찰열을 흡수·제거하는 냉각작용, 내부의 이물을 씻어 내는 청정작용, 운동부의 산화 및 부식을 방지하는 방청작용, 운동부의 충격 완화 및 소음 방지작용 등의 역할을 한다.

　㉢ 2행정 기관에서는 연료와 윤활유를 20~25 : 1의 비율로 혼합 공급하는 혼합식이 사용되고 있다.

② 엔진오일 유압이 낮아지는 원인

　㉠ 오일펌프의 마모, 개스킷의 파손, 흡입구가 막혔을 때

　㉡ 유압조절밸브의 밀착 불량 또는 스프링 장력이 약할 때

　㉢ 오일라인이 파손되었을 때

　㉣ 마찰부의 베어링 간극이 클 때

　㉤ 오일의 점도가 너무 떨어졌을 때

　㉥ 오일라인에 공기가 유입되거나 베이퍼 로크 현상이 일어났을 때

③ 오일의 점도

　㉠ 윤활유의 점도크기를 SAE로 표시한다.

　㉡ SAE 5W/30이라고 표시되어 있는 제품의 경우

　　• 5W는 저온에서의 점도규격으로 숫자가 작을수록 점도가 낮다.

　　• 30은 고온에서의 점도규격으로 숫자가 클수록 점도가 높다.

④ 기타 주요 정비점검

　㉠ 기관에서의 윤활유 소비가 과대한 원인 : 피스톤 링의 마멸

　㉡ 기관에 윤활유 부족 시 : 실린더 라이너의 마모

　㉢ 연소실에 윤활유가 올라와(역류) 연소할 때의 배기가스의 색 : 백색

　㉣ 엔진오일 점검 시 배기가스에 의해 심하게 오염되었을 때의 색 : 검은색

※ 승용트랙터의 오일여과기 교환 후의 조치사항

　• 엔진의 오일량을 점검한다.

　• 엔진오일 경고등의 이상을 확인한다.

　• 기관을 시동하여 여과기 조립부의 누유상태를 점검한다.

---

**10년간 자주 출제된 문제**

**14-1.** 트랙터기관 윤활장치에서 유압이 낮아지는 원인이 아닌 것은?

① 베어링의 오일간극이 클 때
② 윤활유의 점도가 낮을 때
③ 유압조절밸브의 스프링장력이 약할 때
④ 유압회로의 일부가 막혔을 때

**14-2.** 다음 중 4행정 기관의 연소실에 윤활유가 유입하여 연소될 때 그 원인으로 가장 적합한 것은?

① 오일링의 마멸　　　　② 배기밸브의 마멸
③ 베어링의 마멸　　　　④ 오일펌프의 고장

**14-3.** 기관에 윤활유가 부족할 때 발생되는 현상으로 가장 타당한 것은?

① 기관의 과냉각　　　　② 기관밸브의 파손
③ 실린더 라이너의 마모　④ 오일필터의 손상

**14-4.** 다음 중 연소실에 윤활유가 올라와 연소할 때의 배기가스의 색은?

① 청 색　　　　　　　② 백 색
③ 무 색　　　　　　　④ 흑 색

**14-5.** 트랙터에서 엔진오일 점검 시 배기가스에 의해 심하게 오염되었을 때의 색은?

① 우유색에 가깝다.　　② 붉은색에 가깝다.
③ 회색에 가깝다.　　　④ 검은색에 가깝다.

**14-6. 기관오일의 SAE 번호가 의미하는 것은?**

① 점 도　　　　　　② 비 중
③ 유동성　　　　　　④ 건 성

**14-7. 다음 오일 중 가장 점도가 낮은 것은?**

① SAE 5W　　　　　② SAE 10W
③ SAE 25　　　　　④ SAE 40

**14-8. 내연기관에서 오일희석(Oil Dilution) 현상이 발생하는 원인이 아닌 것은?**

① 시동 불량
② 초크밸브를 닫지 않을 때
③ 연료의 기화 불량
④ 고속으로 장시간 운전

|해설|

**14-3**
윤활유 부족에 의한 금속 간(피스톤 핀과 실린더 내벽) 고체마찰에 의해 실린더 라이너가 마모된다.

**14-5**
백색매연은 오일이 연소실에서 연소되어 배출되는 것이고, 흑색매연은 불완전연소된 연료가 배출되는 경우이다.

**14-8**
**오일희석(Oil Dilution)**
연료인 가솔린이 엔진오일에 혼입되어 엔진오일을 묽게 만드는 현상을 말한다. 냉각수 온도가 낮으면 실린더와 피스톤의 틈새를 통해서 가솔린이 오일 팬 내에 들어가기 쉽고, 오일희석의 주원인이 된다. 또한 엔진오일 온도를 높게 설정하면, 엔진오일 내 가솔린의 증발이 활발해지고 오일희석은 완화된다.

정답 14-1 ④　14-2 ④　14-3 ③　14-4 ②　14-5 ④　14-6 ①
14-7 ①　14-8 ④

---

**핵심이론 15 | 냉각장치**

① 냉각장치의 개념

기관은 작동 중 1,000~2,500[℃]에 노출되고 이로 인해 기관 내 온도가 너무 높아지면 기관 각 부품의 파손, 연소상태 불량, 윤활유의 점도 감소와 변질 등이 일어나게 되고, 너무 낮아지면 연료의 무화 불충분으로 인해 연료소비량 증대, 윤활유 희석 등이 나타난다.

② 냉각방식 : 공기로 기관을 직접 냉각하는 공랭식과 냉각수를 기관 내부로 순환시켜 냉각하는 수랭식이 있다.

　㉠ 공랭식 : 냉각수를 사용하지 않아 정비・점검이 용이하고 무게가 가벼운 장점이 있으나, 기관 전체의 균일한 냉각이 곤란하고 생산공정이 증가하는 단점이 있다.

　㉡ 수랭식 : 호퍼식, 콘덴서식, 라디에이터식이 있다.
　※ 라디에이터식은 물 펌프, 라디에이터, 냉각 팬, 서모스탯, 라디에이터 캡 등으로 구성된다.

　　• 물 펌프 : 냉각수를 순환시킨다.

　　• 라디에이터 : 가열된 냉각수를 공기로 냉각시킨다.

　　• 냉각 팬 : 라디에이터 사이로 공기를 강제 통풍시킨다.

　　• 서모스탯 : 냉각수 온도를 80~95[℃] 정도로 일정하게 유지하도록 자동적으로 작동한다.

　　• 라디에이터 캡 : 냉각수의 비등점을 높여 냉각효율을 증대시키기 위해 압력밸브와 진공밸브가 설치된 밀폐형이다.

③ 수랭식 냉각장치에서 냉각수의 흐름

실린더 블록 → 실린더 헤드 → 수온조절기(정온기) → 라디에이터 상부호스 → 라디에이터 코어 → 라디에이터 하부호스 → 워터 펌프 → 실린더 블록

④ 라디에이터의 구비조건

  ㉠ 단위면적당 방열량이 클 것

  ㉡ 가볍고 작으며, 강도가 클 것

  ㉢ 냉각수 흐름저항이 작을 것

  ㉣ 공기 흐름저항이 작을 것

⑤ 압력식 라디에이터 캡을 사용하는 라디에이터 내부의 게이지 압력은 $0.3{\sim}0.9[\mathrm{kgf/cm^2}]$, 냉각수 온도는 $110{\sim}120[\mathrm{℃}]$이다.

⑥ 농용기관의 라디에이터 과열원인

  ㉠ 냉각수가 부족, 냉각수 통로가 막혔다.

  ㉡ 수온조절기가 닫힌 상태로 고장 또는 작동이 불량하다.

  ㉢ 라디에이터 코어가 20[%] 이상 막혔다.

  ㉣ 팬벨트가 마모 또는 이완되었다(벨트의 장력이 부족하다).

  ㉤ 물펌프의 작동이 불량하다.

  ㉥ 냉각장치 내부에 물때가 쌓였다.

⑦ 코어막힘률 $= \dfrac{\text{신품 주수량} - \text{구품 주수량}}{\text{신품 주수량}} \times 100$

⑧ 기타 주요사항

  ㉠ 부동액 : 에틸렌글리콜, 글리세린, 메탄올

  ㉡ 공랭식 엔진의 냉각장치에 냉각핀이 설치된 이유 : 냉각효과를 높이기 위하여

  ㉢ 기관의 오일색깔

   • 붉은색 : 가솔린 혼입

   • 우유색 : 냉각수 혼입

   • 검은색 : 심한 오염

   • 회색 : 연소가스의 생성물 혼입

  ㉣ 라디에이터 냉각수에 기름이 떠 있을 경우 그 원인 : 헤드개스킷의 파손

**15-1.** 공랭식 엔진의 냉각장치에 냉각핀이 설치된 이유로 옳은 것은?

① 엔진을 외부충격으로부터 보호하기 위하여

② 엔진에 높은 온도를 유지시키기 위하여

③ 엔진의 강도를 높이기 위하여

④ 냉각효과를 높이기 위하여

**15-2.** 다음 보기는 기관의 수랭식 냉각장치에서 냉각수의 흐름을 나타낸 것이다. 괄호 안에 해당되는 것은?

|보기|
실린더 블록 → 실린더 헤드 → (  ) → 라디에이터 상부 호스 → 라디에이터 코어 → 라디에이터 하부 호스 → 워터 펌프 → 실린더 블록

① 점화플러그                   ② 수온조절기

③ 연료분사노즐                 ④ 실린더 헤드 커버

**15-3.** 냉각수의 순환경로가 아닌 곳은?

① 피스톤                       ② 실린더 헤드

③ 실린더 블록                  ④ 정온기

**15-4.** 수랭식 기관에서 라디에이터(Radiator)는 어떤 장치의 구성품인가?

① 연료 분사장치                ② 냉각수 냉각장치

③ 연료 여과장치                ④ 기관의 부식 방지장치

**15-5.** 트랙터 내연기관의 냉각수에 주로 사용되는 부동액 성분으로 맞는 것은?

① 에틸렌글리콜                 ② 암모니아수

③ 염 소                        ④ 칼 슘

**15-6.** 트랙터 엔진오일에 냉각수가 섞여 있으면 오일의 색깔은?

① 우유색                       ② 푸른색

③ 붉은색                       ④ 검은색

**15-7.** 기관의 냉각장치 중 라디에이터의 구비조건으로 틀린 것은?

① 소형 경량형이어야 한다.

② 공기의 흐름저항이 작아야 한다.

③ 단위면적당 방열량이 적어야 한다.

④ 냉각수의 흐름이 원활하여야 한다.

**15-8.** 다음 중 압력식 라디에이터 캡을 사용하는 라디에이터 내부의 게이지압력과 냉각수온도로 가장 적당한 것은?

① 압력 : 0.3~0.9[kgf/cm²], 온도 : 110~120[℃]
② 압력 : 0.3~0.9[kgf/cm²], 온도 : 80~90[℃]
③ 압력 : 3.0~9.0[kgf/cm²], 온도 : 110~120[℃]
④ 압력 : 3.0~9.0[kgf/cm²], 온도 : 90~100[℃]

**15-9.** 기관의 냉각장치에서 라디에이터 내부압력이 대기압보다 낮게 되면 열리는 라디에이터 캡의 밸브는?

① 서모스탯밸브
② 압력밸브
③ 진공밸브
④ 바이패스밸브

**15-10.** 수랭식 냉각장치의 라디에이터 신품 용량이 20[L]이고, 코어의 막힘률이 20[%]이면 실제로 얼마의 물이 주입되는가?

① 12[L]
② 14[L]
③ 16[L]
④ 18[L]

**15-11.** 농용기관의 라디에이터 과열원인으로 거리가 먼 것은?

① 라디에이터 코어의 일부가 막힘
② 밸브 간극이 맞지 않음
③ 냉각수가 부족함
④ 팬벨트 파손

**15-12.** 트랙터의 냉각장치인 라디에이터 코어막힘률은 몇 [%] 이상일 경우 정비하여야 하는가?

① 10[%]                    ② 20[%]
③ 30[%]                    ④ 50[%]

**15-13.** 다음 중 트랙터 기관에서 라디에이터 캡을 열어 보았더니 냉각수에 기름이 떠 있을 경우 그 원인으로 가장 적합한 것은?

① 연료필터 불량
② 엔진 오일펌프 파손
③ 헤드개스킷 파손
④ 피스톤 링 불량

|해설|

**15-1**
공랭식 엔진의 냉각성능은 냉각핀이 좌우하는데, 날렵하게 잘 다듬어진 냉각핀은 길이가 길수록 표면적이 넓어져 냉각성능이 높다. 많이 뜨거워지는 엔진 윗부분의 냉각핀이 가장 길고, 아래로 갈수록 짧아진다.

**15-4**
수랭식은 엔진을 냉각시키기 위해 많은 부품이 필요하다. 라디에이터(Radiator)는 워터재킷을 빠져 나온 고온의 냉각수가 유입되는 곳으로 방열기라고도 부른다.

**15-8**
압력식 캡은 압력을 0.3~0.9[kgf/cm²]으로 가압하여 비점을 110~120[℃] 정도로 높여 냉각성능을 향상시키는 동시에 냉각수의 증발을 막아 냉각수 양을 일정하게 유지하는 역할을 한다.

**15-9**
압력식 캡은 라디에이터의 위쪽 물탱크 급수구에 있고, 압력조정(가압)밸브와 진공밸브로 구성되어 있다. 압력조정밸브와 진공밸브는 캡과 일체로 만들어지고, 오버플로 파이프가 연결된다.

**15-10**

$$코어막힘률 = \frac{신품\ 주수량 - 구품\ 주수량}{신품\ 주수량} \times 100$$

$$20[\%] = \frac{20 - x}{20} \times 100$$

구품 주수량 $x = 16[L]$

**15-12**
**라디에이터의 코어막힘률** : 20[%] 이상 막히면 세척(공기압, 물, 세척제) 및 교환

**정답** 15-1 ④ 15-2 ② 15-3 ① 15-4 ② 15-5 ① 15-6 ① 15-7 ③ 15-8 ① 15-9 ③ 15-10 ③ 15-11 ② 15-12 ② 15-13 ③

## 핵심이론 16 | 가솔린기관의 노킹

① 노킹의 개념

혼합기가 비정상적으로 착화, 폭발하는 이상연소가 발생함으로써 비정상적으로 높은 압력이 발생, 피스톤이 실린더를 때리는 현상을 노킹이라 한다.

② 가솔린노크의 원인

㉠ 엔진에 과부하가 걸렸을 경우

㉡ 엔진이 과열되었을 경우

㉢ 점화시기가 빠를 경우

㉣ 혼합비가 희박할 경우

㉤ 저옥테인가(옥탄가) 가솔린을 사용하였을 경우

※ 옥탄가는 가솔린 노크에 견디는 성질을 나타내는 척도이다.

※ 세테인가(세탄가)는 디젤 노크에 견디는 성질, 즉 착화성을 나타내는 척도이다.

③ 가솔린기관의 노킹 방지책

㉠ 앤티노크성이 높은 연료(고옥탄가 가솔린)를 사용한다.

㉡ 화염 전파거리를 짧게 한다.

㉢ 화염 전파속도를 빠르게 한다.

㉣ 압축비, 혼합기 및 냉각수 온도를 낮춘다.

㉤ 연소실 내의 퇴적된 카본을 제거한다.

㉥ 점화시기를 늦춘다.

㉦ 혼합비를 농후하게 만들고, 혼합기의 와류를 증대시킨다.

## 1-4. 디젤기관(압축점화기관)의 구조와 작용

### 핵심이론 01 | 직접분사식 연소실(Direction Injection Chamber System)

① 직접분사식의 개념
  ㉠ 구조가 가장 간단하므로 2사이클 디젤기관에서 주로 사용된다.
  ㉡ 실린더 헤드와 피스톤 사이에 위치한 주연소실 내에 연료를 직접 분사하는 구조이다.
  ㉢ 실린더 헤드와 피스톤 헤드 사이에 연소실을 형성하는 단실식 기관이다.
  ※ 디젤엔진의 연소실 형식에는 직접분사식, 와류식, 예연소실식 등이 있다.

② 장 점
  ㉠ 연소실의 구조가 간단하고 열효율이 좋아 연료소비량이 적다.
  ㉡ 실린더 헤드의 구조가 간단하고 열에 대한 변형이 적다.
  ㉢ 냉각손실이 작기 때문에 시동이 쉬워 예열플러그가 필요치 않다.
  ㉣ 연소실 면적이 가장 적고 폭발압력이 높다.

③ 단 점
  ㉠ 연소의 압력과 압력상승률이 크기 때문에 소음이 크다.
  ㉡ 연료 분사압력이 가장 높아 분사펌프와 분사노즐의 수명이 짧다.
  ㉢ 다공형 분사노즐을 사용하여야 한다.
  ㉣ 노즐의 상태가 조금만 달라도 엔진성능에 영향을 줄 수 있다.
  ㉤ 질소산화물 발생이 많으며 디젤노크도 일으키기 쉽다.
  ㉥ 엔진의 부하, 회전속도 및 사용연료의 변화에 대하여 민감하다.

※ 디젤기관 연소실 분사압력[kgf/cm$^2$]
  • 직접분사식 : 150~300
  • 예연소실식 : 100~120
  • 와류실식, 공기실식 : 100~140

---

### 10년간 자주 출제된 문제

**1-1.** 직접분사식 디젤 경운기에 사용해야 할 연료로 가장 알맞은 것은?
① 등 유　　　　　② 중 유
③ 휘발유　　　　　④ 경 유

**1-2.** 다음 중 직접분사식의 장점으로 옳은 것은?
① 발화점이 낮은 연료를 사용하면 노크가 일어나지 않는다.
② 연소압력이 낮으므로 분사압력을 낮게 하여도 된다.
③ 실린더 헤드 구조가 간단하고 열에 대한 변형이 작다.
④ 핀틀형 노즐을 사용하므로 고장이 적고 분사압력도 낮다.

**1-3.** 디젤기관의 직접분사식은 연소실에 직접 분사하는 형식으로 연료분사압력은 보통 얼마인가?
① 50~100[kgf/cm$^2$]　　② 100~150[kgf/cm$^2$]
③ 150~200[kgf/cm$^2$]　　④ 200~300[kgf/cm$^2$]

**1-4.** 디젤기관의 압축압력은 보통 얼마인가?
① 35~45[kgf/cm$^2$]　　② 35~45[kgf/mm$^2$]
③ 35~45[psi]　　　　　④ 35~45[lbs]

|해설|

**1-1**
**연료의 종류**
• 휘발유 : 기화성이 좋고 인화점이 낮아 불꽃점화기관인 가솔린기관의 연료로 사용되고 있다.
• 등유 : 가정용으로 사용하는 실내 등유와 실외 난방 및 농업용 온실 난방용의 보일러 등유가 있다.
• 경유 : 보일러의 연료나 기계 등의 세척용, 금속가공유의 원료 등으로 사용되나 80[%] 정도가 각종 디젤기관의 연료로 사용된다. 현재 농업용 디젤기관은 모두 경유를 사용한다.
• 중유 : 주로 선박 등 대형기관의 연료, 보일러 연료 등으로 사용된다.
• 액화 석유가스 : 자동차 연료, 소형 가스라이터 등에 사용된다.

정답 1-1 ④　1-2 ③　1-3 ④　1-4 ①

## 핵심이론 02 | 예연소실식 연소실(Precombustion Chamber Type)

① 예연소실식의 개념
  ㉠ 피스톤과 실린더헤드 사이에 위치한 주연소실 위에 예연소실을 두고 여기에 연료를 분사하여 착화한 후 주연소실로 분출되어 완전연소하는 방식이다.
  ㉡ 예연소실의 체적은 전압축체적의 30~40[%]이다.
  ㉢ 가장 많이 사용되는 디젤기관의 연소실이다.

② 장 점
  ㉠ 디젤노크 발생이 적고, 세탄가가 낮은 연료 사용이 가능하다.
  ㉡ 예연소실보다 주연소실의 압력변화가 작아서 운전상태가 조용하다.
  ㉢ 연료 분사압력($100~120[\text{kgf/cm}^2]$)이 가장 낮기 때문에 연료장치 고장이 적고 수명도 길다.
  ㉣ 사용연료의 변화에 둔감하므로 연료 선택범위가 넓다.
  ㉤ 공기의 와류에 의한 혼합기 형성이 양호하여 무화가 잘되고, 질소산화물 발생이 적다.

③ 단 점
  ㉠ 연소실 표면적에 비해 체적비가 커서 냉각 손실이 크다.
  ㉡ 실린더 헤드의 구조가 복잡하다.
  ㉢ 저온 시 예열플러그가 있어야 시동이 용이하다.
  ㉣ 연료소비율이 비교적 높고, 열효율은 낮다.

## 핵심이론 03 | 와류실식, 공기실식 연소실

① 와류실식(Swirl Chamber Type)
  ㉠ 장 점
    • 연료와 공기의 혼합이 원활하여 회전속도 및 평균유효압력이 높다.
    • 엔진 회전속도의 범위가 넓고 운전이 원활하다.
    • 매연 발생이 적고 연료소비율이 낮다.
  ㉡ 단 점
    • 와류에 의한 혼합기를 형성하므로 중·저속 토크를 얻기가 어렵다.
    • 연소실 표면적에 대하여 체적비가 크고 열효율이 비교적 낮다.
    • 실린더 헤드의 구조가 복잡하고 저속에서 노크 발생이 쉽다.
    • 시동 시 예열플러그가 필요하다.

② 공기실식(Air Cell Chamber Type)
  ㉠ 장 점
    • 기동이 쉽고 연소압력이 낮다.
    • 연료의 성질에 대해서 둔감하고 노크가 없다.
    • 다른 어떤 형식보다도 정숙한 운전을 할 수 있다.
  ㉡ 단 점
    • 연료소비율이 높다.
    • 후적연소가 일어나기 쉬워 배기온도가 높다.
    • 분사시기, 부하 및 회전속도에 대한 적응성이 낮다.

※ 후적(Dribbling) : 분사가 완료된 후 분사노즐 팁(Tip)에 연료 방울이 맺혔다가 연소실에 떨어지는 현상이다. 후적이 발생하면 연소기간이 길어지고 기관이 과열하며 출력 저하의 원인이 된다.

다음 중 공기실식의 특징으로 옳지 않은 것은?

① 기동이 쉽고 연소압력이 낮다.
② 연료의 성질에 대해서 둔감하고 노크가 없다.
③ 부하 및 회전속도에 대한 적응성이 높다.
④ 다른 어떤 형식보다도 정숙한 운전을 할 수 있다.

**정답** ③

## 핵심이론 04 | 연료탱크, 연료펌프, 연료여과기

연료계통의 구성은 연료탱크, 연료펌프, 연료여과기, 연료분사펌프, 고압파이프, 연료분사노즐 등이 있다.

① **연료탱크** : 겨울철에는 공기 중의 수증기가 응축하여 물이 되어 들어가므로 연료탱크 내에 연료를 가득 채워 두어야 한다.

② **연료공급펌프**

   ㉠ 연료탱크 내의 연료를 흡입·가압($2\sim3[kg/cm^2]$)하여 분사펌프로 공급해 준다.

   ㉡ 연료장치 내의 공기빼기 작업 시 사용되는 프라이밍 펌프가 있다.

   ㉢ 공급펌프는 분사펌프의 캠축에 의해 구동된다.

③ **연료여과기**

   ㉠ 연료 속의 먼지나 수분을 제거·분리하며 여과성능은 0.01[mm] 이상 되어야 한다.

   ㉡ 디젤기관에 장착된 연료여과기를 교환 후 반드시 공기빼기를 해야 한다.

   ㉢ 연료여과기 불량 시의 현상

   • 기관의 회전 불량 및 정지
   • 기동성 저하, 분사노즐의 분사상태 불량
   • 분사펌프의 플런저와 배럴의 연료압송 불량

   ㉣ 디젤기관의 연료여과장치는 연료탱크 주입구, 공급펌프 입구, 주여과기(1~3개), 분사노즐 입구 커넥터로 4개소이다.

   ※ 디젤기관 연료계통의 공기빼기 : 디젤엔진에서는 연료라인에 공기가 들어와 기포가 섞이면 연료펌프나 연료분사노즐에 악영향을 미친다. 연료필터 교환 시 연료에 공기가 유입되므로 연료여과기를 교환한 후 반드시 공기빼기를 한다.

   • 공기빼기 순서 : 공급펌프 → 연료여과기 → 분사펌프
   • 공기빼기 작업 : 수동펌프(프라이밍 펌프)를 작동시키면서 벤트플러그를 열고, 연료가 빠질 때 벤트플러그를 닫고 수동펌프를 고정한다.

**4-1. 다음 중 디젤기관에서 공기빼기 장소가 아닌 것은?**

① 연료공급펌프
② 연료탱크의 드레인 플러그
③ 분사펌프의 블리딩 스크루
④ 연료여과기의 오버플로 파이프

**4-2. 디젤기관의 연료계통 순서를 나열한 것이다. 순서가 올바른 것은?**

① 연료탱크-분사펌프-노즐-연소실
② 연료탱크-노즐-분사펌프-연소실
③ 연료탱크-연소실-노즐-분사펌프
④ 연소실-연료탱크-분사펌프-노즐

**4-3. 디젤기관이 장착된 콤바인의 연료여과기를 교환한 후 반드시 해야 하는 것은?**

① 밸브 간극 조정
② 공기 빼기
③ 감압량 조절
④ 토인 조정

정답 4-1 ②  4-2 ①  4-3 ②

## 핵심이론 05 | 연료분사펌프

① 우리나라에서는 농형 소형기관에서 보시형과 데켈형 펌프를 사용하고 있다.
   ㉠ 보시형 : 플런저와 플런저 배럴(연료를 압송하는 펌프), 캠(플런저 구동), 제어래크·제어피니언·제어슬리브(분사량 조정), 딜리버리밸브(후적 방지) 등으로 구성된다.
   ㉡ 데켈형 : 플런저와 플런저 배럴, 캠, 니들밸브와 스핀들, 딜리버리밸브 등으로 구성된다.
② 캠축 : 크랭크축 기어에 의해 구동되며, 4사이클 기관의 경우 크랭크축 회전의 1/2로 회전한다.
③ 리드(플런저)홈의 형식
   ㉠ 정리드형 : 분사 초기에 분사시기가 일정하고, 분사 말기에 변화
   ㉡ 역리드형 : 분사 초기에 분사시기가 변화하고, 분사 말기에 일정
   ㉢ 양리드형 : 분사 초기와 말기에 분사시기 모두 변화
④ 연료분사시기 조정
   ㉠ 연료분사펌프와 기관 몸체와의 조립면에 위치한 분사시기 조정심의 두께를 조정하면 된다(0.1[mm]는 약 1° 변화된다).
   ㉡ 단기통 디젤엔진의 연료분사시기가 2° 늦을 때 정비방법 : 분사펌프 설치부의 동판 0.2[mm] 1장을 빼낸다.
⑤ 연료분사량 조정
   ㉠ 분사펌프의 분사량은 제어래크, 제어피니언과 제어슬리브를 변경하여 조정
   ㉡ 제어슬리브 : 제어래크가 최대분사량(송출량) 이상으로 작동되는 것을 제한해 준다.
⑥ 딜리버리밸브(Delivery Valve) : 플런저의 유효행정이 끝나고 배럴 내의 압력이 저하되면 스프링에 의해 닫혀서 연료의 역류와 후적을 방지한다.

⑦ 조속기(거버너, Governor)

㉠ 제어래크와 직결되어 있으며 기관의 회전속도와 부하에 따라 자동적으로 제어래크를 움직여 분사량을 조정한다.

㉡ 디젤기관의 출력을 증대 또는 감소시키는 조속기 레버는 연료분사펌프의 제어래크에 연결되어 있다.

---

### 10년간 자주 출제된 문제

**5-1. 디젤기관에 사용되는 과급기의 역할은?**

① 출력의 증대
② 윤활성의 증대
③ 냉각효율의 증대
④ 배기의 정화

**5-2. 농용 디젤기관의 출력을 증대 또는 감소시키는 조속기 레버는 무엇과 연결되어 있는가?**

① 플라이휠 기어
② 캠축 기어
③ 연료분사펌프 제어래크
④ 공기량 조절밸브

**5-3. 보시형 분사펌프에서 조정심을 넣어 분사시기를 조정하는데 0.1[mm] 두께에 몇 도(°)의 분사시기가 조정이 되는가?**

① 1°
② 2°
③ 3°
④ 4°

**5-4. 단기통 디젤엔진의 연료분사시기가 2° 늦을 때 정비방법으로 맞는 것은?**

① 분사노즐의 압력을 규정보다 높게 한다.
② 분사펌프 설치부의 동판 0.2[mm] 1장을 빼낸다.
③ 분사펌프 설치부의 동판 2[mm] 2장을 빼낸다.
④ 분사펌프의 플런저 스프링을 짧은 것으로 교환한다.

**5-5. 디젤엔진의 출력은 무엇으로 조정하는가?**

① 혼합기의 유입량을 조절하여
② 분사하는 연료량을 가감하여
③ 거버너 스프링의 상력을 조정하여
④ 흡배기밸브의 개폐속도를 조절하여

**5-6. 보시형 디젤기관의 연료분사량을 조절하기 위해 조정하는 것은?**

① 타이로드의 길이
② 진각장치의 회전수
③ 연료분사펌프 플런저의 각도
④ 노즐의 분사각

| 해설 |

**5-1**
터보차저(Turbo Charger, 과급기)는 공기량을 증대시키기 위해 흡기 밀도를 대기압으로 가압하여 실린더 내에 공급시켜 기관의 충전효율을 높이고 평균유효압력을 높여 출력을 증대시킨다.

**5-2**
**연료제어기구** : 연료분사량을 조정하는 가속페달이나 조속기의 움직임을 플런저에 전달하는 기구이며 가속페달에 연결된 제어래크, 제어피니언, 제어슬리브 등으로 구성되어 있다.

**정답 5-1** ① **5-2** ③ **5-3** ① **5-4** ② **5-5** ② **5-6** ③

① 분사노즐은 분사펌프에서 보내준 고압의 연료를 미세한 안개 형태로 연소실 내에 분사한다.

② 분사노즐의 3대 조건 : 무화, 관통력, 분포성

    ㉠ 무화(안개화)가 잘되어야 한다.

    ㉡ 관통력이 좋아야 한다.

    ㉢ 분포가 균일하게 이루어져야 한다.

③ 분사노즐의 종류

    ㉠ 개방형 노즐

    ㉡ 밀폐형 노즐 : 구멍형(단공형과 다공형), 핀틀형, 스로틀형

④ 분사노즐의 세척 : 노즐에 붙은 카본(Carbon)은 경유가 스며 있는 나무조각으로 떼어 낸다.

⑤ 분사노즐의 과열원인 : 분사시기 불량, 분사량 과다, 과부하상태에서 연속운전 등

⑥ 분사노즐 시험과 분사압력 조정방법

    ㉠ 노즐 시험 시 시험에 사용되는 경유의 온도는 20℃ 정도가 좋다.

    ㉡ 분사노즐에 대한 시험항목 : 분사압력, 분사각도, 분무상태, 후적 유무

    ㉢ 분사압력 조정 : 분사노즐 압력스프링 위에 있는 조정스크루를 조이면 스프링의 자유길이가 짧아져 분사압력이 높아진다.

⑦ 분사노즐의 기능이 불량한 경우 : 연소 불량, 디젤노크 발생, 출력 감소, 연소실 내 카본 흡착

    ※ 디퓨저 : 속도에너지를 압력에너지로 변환하는 장치

---

### 10년간 자주 출제된 문제

**6-1. 디젤기관의 연료분사노즐의 종류에 속하지 않는 것은?**

① 단공형 노즐
② 핀틀형 노즐
③ 상시형 노즐
④ 스로틀형 노즐

**6-2. 디젤엔진 분사노즐에 대한 시험항목이 아닌 것은?**

① 연료의 분사각도
② 연료의 분무상태
③ 연료의 분사압력
④ 연료의 분사량

**정답** 6-1 ③ 6-2 ④

① 디젤기관에서 압축압력 측정방법

    ㉠ 기관을 가동시킨 후 정상 온도까지 올린 다음 측정한다.

    ㉡ 기관의 오일, 기동전동기, 배터리가 정상상태인지 점검한다.

    ㉢ 기관의 모든 저항을 제거하고, 공기청정기를 떼어 낸다.

    ㉣ 연료 콕을 닫고 조속핸들을 멈춤 위치로 한다.

    ㉤ 측정하기 전 기관을 크래킹시켜 실린더로부터 이물질을 배출시키고 측정한다.

    ㉥ 연료장치 제거 후 압축압력 게이지로 측정한다.

    ㉦ 예열플러그는 정상적으로 장착한다.

② 유압회로의 압력 측정 및 조정을 위해 유압 측정 시 조건

    ㉠ 규정된 회전수에서 측정한다.

    ㉡ 난기운전을 한 다음 측정한다.

    ㉢ 경사지가 아닌 평지에서 측정한다.

    ㉣ 작동유의 온도가 45[℃] 전후일 때 측정한다.

③ 압축비와 체적

    ㉠ 압축비$(\varepsilon) = 1 + \dfrac{V_s}{V_c} = 1 + \dfrac{\text{행정체적}}{\text{연소실체적}}$

    ㉡ 연소실체적 $= \dfrac{\text{행정체적}}{(\text{압축비} - 1)}$

    ㉢ 행정체적 = 실린더 단면적 × 행정

                = 배기량(행정체적)

                = $A$(피스톤 단면적) × $L$(행정)

※ 실린더 또는 피스톤의 단면적 = $\dfrac{\pi d^2}{4}$

---

## 10년간 자주 출제된 문제

**7-1.** 디젤기관에서 압축압력 측정방법에 관한 설명 중 잘못된 것은?

① 기관의 오일, 기동전동기, 배터리가 정상상태인지 점검한다.
② 기관을 가동시킨 후 정상온도까지 올린 다음 측정한다.
③ 측정하기 전 기관을 크래킹시켜 실린더로부터 이물질을 배출시키고 측정한다.
④ 분사노즐 및 예열플러그를 전부 빼고 시험한다.

**7-2.** 트랙터 유압회로의 압력 측정 및 조정을 위해 유압 측정 시 조건으로 옳지 않은 것은?

① 규정된 회전수에서 측정한다.
② 난기운전 없이 바로 측정한다.
③ 경사지가 아닌 평지에서 측정한다.
④ 작동유의 온도는 45[℃] 전후일 때 측정한다.

**7-3.** 농기계 디젤기관의 압축압력을 측정하였더니 33.6[kgf/cm²]가 나왔다. 규정 압축압력의 몇 [%]인가?(단, 규정 압축압력은 48[kgf/cm²]이다)

① 50[%]          ② 60[%]
③ 70[%]          ④ 80[%]

**7-4.** 트랙터의 연소실체적이 50[cc]이고, 배기량이 400[cc]인 기관을 보링했더니 배기량이 420[cc]가 되었다. 이때 압축비는?(단, 연소실체적은 동일하다)

① 다소 작아졌다.      ② 다소 커졌다.
③ 변함이 없다.        ④ 1/2로 줄었다.

**7-5.** 배기량이 300[cc], 연소실용적(체적)이 60[cc]인 단기통 기관의 압축비는?

① 18 : 1          ② 15 : 1
③ 6 : 1           ④ 1.2 : 1

**7-6.** 실린더의 지름이 10[cm], 행정이 10[cm]일 때 압축비가 10 : 1이라면 연소실체적은 얼마인가?

① 58.2[cc]        ② 67.2[cc]
③ 78.5[cc]        ④ 87.2[cc]

**7-7.** 압축비가 9인 실린더의 행정체적이 640[cc]이다. 연소실체적은 얼마인가?

① 70[cc]          ② 80[cc]
③ 90[cc]          ④ 100[cc]

**7-8.** 실린더의 내경이 70[mm], 행정이 82[mm]일 때, 4행정 단기통기관의 배기량은 얼마인가?

① 315.4[cc]　　　　　② 574.0[cc]
③ 400.0[cc]　　　　　④ 450.0[cc]

|해설|

**7-3**

$33.6 \div 48 \times 100 = 70[\%]$

**7-4**

배기량이 400[cc]일 때 압축비$(\varepsilon) = 1 + \dfrac{V_s}{V_c} = 1 + \dfrac{400}{50} = 9$

($V_s$ : 행정체적, $V_c$ : 연소실체적)

배기량이 420[cc]일 때 압축비$(\varepsilon) = 1 + \dfrac{V_s}{V_c} = 1 + \dfrac{420}{50} = 9.4$

∴ 압축비는 다소 커졌다.

**7-5**

압축비$(\varepsilon) = 1 + \dfrac{\text{행정체적}}{\text{연소실체적}}$

$\qquad\qquad = 1 + \dfrac{300}{60} = 6$

**7-6**

압축비$(\varepsilon) = 1 + \dfrac{\text{행정체적}}{\text{연소실체적}} \rightarrow$ 연소실체적 $= \dfrac{\text{행정체적}}{(\text{압축비}) - 1}$

행정체적 = 실린더 단면적 × 행정

$\qquad = \dfrac{\pi \times 10^2}{4} \times 10 = 785$

∴ 연소실체적 $= \dfrac{785}{(10-1)} ≒ 87.2[cc]$

**7-7**

연소실체적 $= \dfrac{\text{행정체적}}{(\text{압축비}) - 1}$

$\qquad\quad = \dfrac{640}{(9-1)} = 80[cc]$

**7-8**

배기량(행정체적) $= A$(피스톤 단면적) $\times L$(행정)

$\qquad\qquad = \dfrac{\pi \times 7^2}{4} \times 8.2 ≒ 315.4[cc]$

**정답** 7-1 ④　7-2 ②　7-3 ③　7-4 ②　7-5 ③　7-6 ④　7-7 ②　7-8 ①

---

**핵심이론 08 | 디젤기관의 노킹**

① 원인 : 착화지연기간 중 분사된 다량의 연료가 화염전 파기간 중에 일시적으로 연소하여 실린더 내의 압력이 급격히 상승하는 데 원인이 있다.

② 디젤기관의 노킹 방지책

　㉠ 착화성이 좋은(세탄가가 높은, 발화성이 좋은) 연료를 사용한다.

　㉡ 압축비를 높여 실린더 내의 압력과 온도를 상승시킨다.

　㉢ 흡입공기의 온도를 상승시킨다.

　㉣ 냉각수 온도를 높여 연소실 온도를 상승시킨다.

　㉤ 연소실 내에서 공기와류를 일으키게 한다.

　㉥ 착화지연기간을 단축한다.

　㉦ 착화지연기간 중 연료의 분사량을 조절한다.

③ 디젤기관에서 시동이 안 되는 원인

　㉠ 연료계통에 공기가 유입

　㉡ 플런저 마모로 분사압력이 저하

　㉢ 분사노즐의 니들밸브가 고착

④ 디젤기관의 진동원인

　㉠ 분사압력, 분사량, 분사시기가 맞지 않을 경우

　㉡ 다기통기관에서 어느 한 개의 분사노즐이 막혔을 경우

　㉢ 연료공급계통에 공기가 침입했을 경우

　㉣ 피스톤 커넥팅로드 조립품의 중량차가 클 경우

　㉤ 실린더 상호 간의 내경차가 클 경우

　㉥ 크랭크축의 회전이 불평형일 경우

**8-1. 디젤기관의 노킹 방지책이 아닌 것은?**

① 세탄가가 높은 연료를 사용한다.

② 연소실의 온도를 높인다.

③ 흡입공기의 온도를 높인다.

④ 압축비를 낮춘다.

**8-2. 디젤기관에서 시동이 안 되는 원인이 아닌 것은?**

① 연료계통에 공기가 유입

② 플런저 마모로 분사압력의 저하

③ 점화코일 파손

④ 분사노즐의 니들밸브가 고착

**8-3. 다음 중 예열 플러그가 단선되기 쉬운 원인으로 가장 적합한 것은?**

① 예열시간이 너무 길다.

② 배터리의 전압이 너무 낮다.

③ 스위치가 불량하여 접촉이 잘 안 된다.

④ 배기가스의 온도가 너무 높다.

|해설|

**8-2**
점화코일은 가솔린기관의 점화에 필요하다.

**8-3**
예열플러그의 단선원인
• 연소열 및 과대전류의 흐름
• 기관 과열 시
• 장시간 예열 시
• 운전 중 작동 시

정답 8-1 ④  8-2 ③  8-3 ①

---

**핵심이론 09 | 디젤기관과 가솔린기관의 차이점**

① 디젤엔진과 가솔린엔진의 비교

| 항 목 | 디젤엔진 | 가솔린엔진 |
|---|---|---|
| 연 료 | 경유, 석유 | 가솔린, LPG |
| 연소 사이클 | 사바테 사이클 | 오토 사이클 |
| 연료공급방식 | 분사펌프 | 기화기 혼합 (가솔린은 실린더와 흡기매니폴드에 분사) |
| 혼합기의 형성 | 압축공기에 연료를 안개상태로 분사 (불균일 혼합) | 흡입 전에 연료와 공기가 혼합된 형태로 흡입 (균일 혼합) |
| 착화방법 | 압축열에 의한 자연착화 | 전기불꽃에 의한 점화 |
| 연소실 형상 | 복 잡 | 간 단 |
| 압축비 | 16~23 : 1(공기만) | 7~10 : 1(혼합기) |
| 압축온도 | 500~550[℃] | 120~140[℃] |
| 폭발압력 | 45~70[kgf/cm$^2$] | 30~35[kgf/cm$^2$] |
| 압축압력 | 30~45[kgf/cm$^2$] | 7~11[kgf/cm$^2$] |
| 열효율 | 32~38[%] | 25~32[%] |

② 디젤엔진 장점

㉠ 연료소비율이 적고, 열효율이 높다.

㉡ 연료의 인화점이 높아서 화재의 위험성이 적다.

㉢ 전기점화장치가 없어 고장률이 적다.

㉣ 저질연료를 쓰므로 연료비가 싸다.

㉤ 배기가스는 유독성이 적다.

③ 디젤엔진 단점

㉠ 폭발압력이 높아 각부 구조를 튼튼하게 해야 한다.

㉡ 마력당 중량이 크고, 운전 중 진동·소음이 크다.

㉢ 회전속도 범위가 비교적 좁다.

㉣ 연료장치가 정밀하고 복잡하여 수리가 어렵고 제작비가 비싸다.

④ 가솔린엔진 장점

㉠ 회전수를 많이 높일 수 있다.

㉡ 마력당 무게가 적다.

㉢ 진동·소음이 적다.

㉣ 시동이 용이하다.

㉤ 보수와 정비가 용이하며, 부속품 값이 싸다.

**9-1.** 다음 보기에서 디젤기관에만 설치된 부품을 모두 선택한 것은?

| 보기 |
㉠ 연료분사노즐     ㉡ 연료분사펌프
㉢ 기화기           ㉣ 예열플러그
㉤ 점화플러그

① ㉠, ㉡, ㉢                    ② ㉠, ㉡, ㉣
③ ㉡, ㉢, ㉣                    ④ ㉡, ㉢, ㉤

**9-2.** 디젤기관과 가솔린기관을 비교하였을 때 옳은 것은?

① 디젤기관의 압축비가 더 낮다.
② 가솔린기관의 소음이 더 심하다.
③ 디젤기관의 열효율이 더 높다.
④ 같은 출력일 때 가솔린기관이 더 무겁다.

| 해설 |

**9-1**
기화기, 점화플러그는 가솔린기관에 설치된 부품이다.

**9-2**
**가솔린엔진과 디젤엔진의 비교**

| 가솔린엔진 | 디젤엔진 |
| --- | --- |
| 가솔린(휘발유) 사용 | 디젤유(경유) 사용 |
| 소형경량 | 대형중량 |
| 소음 · 진동이 적다. | 소음 · 진동이 크다. |
| 흡입 시 혼합기(가솔린 + 공기) 흡입 | 흡입 시 순수 공기만 흡입 |
| 점화불꽃착화 | 압축착화(자연착화) |
| 압축비가 낮다. | 압축비가 높다. |
| 점화플러그 및 공기혼합계통 | 고압연료분사장치 |

정답 9-1 ② 9-2 ③

---

제2절 **농업기계 운전, 정비, 작업**

**2-1. 트랙터의 운전, 정비, 작업**

핵심이론 **01** 승용트랙터의 운전(1)

① 안전 및 유의사항
  ㉠ 운전자 이외는 탑승하지 않도록 하고, 트랙터의 왼쪽에서 타고 내린다.
  ㉡ 시동 스위치는 10초 이상 돌리지 말고, 급출발과 급제동은 삼간다.
  ㉢ 경사지를 내려갈 때에는 엔진 브레이크를 사용한다.
  ㉣ 도로 주행 시 좌우 브레이크 페달을 연결하고, 차동 고정장치를 분리한다.
  ㉤ 좁은 길, 경사지, 지반이 단단하지 못한 논밭의 두둑에서 운전할 때에는 전복 위험이 있으므로 급선회는 삼간다.
  ㉥ 경사지에 트랙터 정차 시 기관의 운전을 정지시킨 후 변속 레버를 저속 위치에 넣고, 주차 브레이크를 건 후 바퀴 밑에 굄목을 괸다.
  ㉦ 주행 중 트랙터를 급정지시키고자 할 때는 클러치 페달과 브레이크 페달을 동시에 밟는다.

② 기관의 시동
  ㉠ 주·부 변속 레버 및 PTO 변속 레버를 중립에 놓는다.
  ㉡ 클러치 페달을 밟고, 시동 스위치를 시동 위치로 돌려서 시동한다.
  ㉢ 시동이 되면 각종 등화장치 및 계기가 작동하는지 확인한다.
  ㉣ 시동 후 5분 정도 난기운전을 하여 배기가스 색, 이상음 등 주요부의 정상작동을 확인한다.

③ 변 속

    ㉠ 저속상태에서 클러치 페달을 밟고 변속한다.

    ㉡ 내리막길이나 오르막길에서는 가급적 변속 조작을 하지 않도록 미리 저속의 적당한 변속 단수를 선택한다.

    ㉢ 변속 레버가 잘 들어가지 않을 때에는 중립상태를 확인하고 클러치 페달을 놓았다 밟은 후 변속 레버를 다시 넣으면 된다.

④ 주행운전

    ㉠ 주행 중에는 주행방향을 주시하고, 동시에 주위를 살펴 안전을 확인하면서 기관의 회전속도를 조절한다.

    ㉡ 주행 중 클러치 페달에 발을 올려놓아 반클러치 상태가 되지 않도록 한다.

    ㉢ 진행방향을 바꿀 때에는 회전방향의 방향 지시등을 켜고 충분히 감속하여 서행으로 선회한다.

    ㉣ 후진할 때에는 전진의 움직임이 완전히 정지된 후 변속해야 하며, 후방의 안전을 확인하면서 천천히 후진한다.

    ㉤ 각종 계기, 경고등을 확인하고, 기관의 상태를 파악하도록 한다.

---

### 10년간 자주 출제된 문제

**주행 중 트랙터를 급정지시키고자 할 때는 어떻게 하여야 하는가?**

① 클러치 페달만 밟는다.
② 주변속 기어부터 뽑는다.
③ 클러치 페달을 밟은 후 브레이크 페달을 밟는다.
④ 클러치 페달과 브레이크 페달을 동시에 밟는다.

정답 ④

---

## 핵심이론 02 | 승용트랙터의 운전(2)

① 논밭 출입 시 주의사항

    ㉠ 브레이크 좌우 페달의 연결을 확인한다.

    ㉡ 논밭 출입은 높낮이가 크면 위험하므로 디딤판을 사용한다.

    ㉢ 두둑을 넘을 때는 직각방향으로 진행한다.

    ㉣ 올라갈 때에는 작업기를 올려 전륜이 들리지 않도록 한다.

    ㉤ 전륜구동은 후진으로 두둑을 오를 경우 등판능력이 좋아진다.

② 작업 시 선회방법

    ㉠ 논밭에서의 선회는 좌우 브레이크 페달의 연결고리를 해제한다.

    ㉡ 핸들을 꺾고 선회하고자 하는 방향의 브레이크 페달을 밟아 준다.

    ㉢ 선회할 때에는 반드시 기관의 회전수를 낮추어 천천히 회전한다.

③ 정지요령

    ㉠ 기관의 회전수를 낮추고 클러치 페달을 밟는다.

    ㉡ 브레이크 페달을 조금씩 밟아 정지 위치에서 주행을 멈춘다.

    ㉢ 주·부변속 레버를 중립 위치에 놓는다.

    ㉣ 작업기를 지면에 내려놓는다.

    ㉤ 정지 버튼, 정지 레버 또는 시동키를 OFF 위치로 돌려 기관의 운전을 정지시킨다.

    ㉥ 주차 브레이크를 건다.

④ 경사지 운전 요령

    ㉠ 오르막길에서는 엔진이 정지하지 않도록 주변속 레버를 저단으로 변속한다.

    ㉡ 내리막길에서는 차속을 저속으로 한다.

    ㉢ 내리막길에서는 주변속을 중립으로 하거나 클러치를 끊지 않는다.

**10년간 자주 출제된 문제**

다음 트랙터의 운전요령 중 옳지 않은 것은?

① 논밭에서의 선회는 좌우 브레이크 페달의 연결고리를 해제한다.

② 오르막길에서는 엔진이 정지하지 않도록 주변속 레버를 저단으로 변속한다.

③ 내리막길에서는 클러치를 끊고 주변속을 중립으로 한다.

④ 논밭 출입 시 올라갈 때에는 작업기를 올려 전륜이 들리지 않도록 한다.

정답 ③

## 핵심이론 03 | 트랙터 동력전달장치(클러치)

① 기 관

ㄱ 기관의 형식은 대부분 4행정 수랭식 디젤기관이다.

ㄴ 실린더 수는 출력에 따라 다르나 소형 트랙터의 경우 3기통, 중대형 트랙터의 경우 4기통 이상이 많다.

※ 바퀴형 트랙터의 동력전달순서 : 엔진 – 주클러치 – 주행변속장치 – 최종감속장치(차동장치 포함) – 차축

② 주클러치

ㄱ 개 념

• 클러치는 기관과 변속기 사이에 설치되어 변속기에 전달되는 동력을 필요에 따라 단속한다.

• 기관을 시동할 때나 변속 기어를 바꿀 때에는 기관의 동력을 끊고, 출발할 때에는 기관의 동력을 천천히 연결한다.

• 트랙터의 클러치는 건식 단판 마찰 클러치를 많이 사용하고 있다.

ㄴ 트랙터의 운전 중 클러치 사용방법

• 트랙터의 변속은 반드시 클러치 페달을 밟고 변속 레버의 위치를 바꾼다.

• 내리막길에서는 주변속을 중립으로 하거나 클러치를 끊지 않는다.

• 주행 중에는 브레이크나 클러치 페달에 발을 올려놓지 않는다.

• 반클러치는 클러치판을 상하게 하기 때문에 특히 필요한 경우를 제외하고는 사용을 자제하여야 한다.

ㄷ 클러치 페달의 유격

• 트랙터에서 클러치 페달에 유격을 두는 이유 : 클러치 미끄럼을 방지하기 위해서

• 트랙터의 클러치 페달의 유격 : 20~30[mm] 정도

② 클러치가 미끄러지는 원인
- 클러치 페달의 유격 과소
- 클러치 스프링의 장력 감소
- 클러치 페이싱의 마모, 소손, 변질 및 경화
- 클러치 페이싱에 오일 부착
- 압력판 및 플라이 휠의 마찰면 불량

⑩ 클러치가 잘 끊기지 않는 이유
- 클러치 페달유격이 과대하다.
- 클러치 릴리스 레버의 조정이 불량하다.
- 클러치 마스터 실린더, 릴리스 실린더의 작용이 불량하다.

⑭ 클러치판 점검 시 클러치 페이싱에 오일이 부착되는 원인
- 크랭크축 또는 구동축 오일 실(Seal)의 불량 시
- 기관 또는 변속기에 너무 많은 오일 보급 시
- 릴리스 베어링에서 그리스 누설 시

⑭ 클러치 분해 점검사항 : 런 아웃, 마멸상태, 스프링 장력, 디스크 오일 부착 여부, 릴리스 레버의 높이

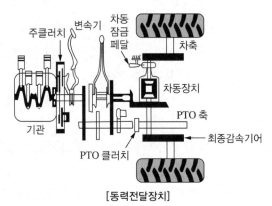

[동력전달장치]

**10년간 자주 출제된 문제**

**3-1. 바퀴형 트랙터의 동력전달순서를 올바르게 나열한 것은?**

① 엔진-주행변속장치-주클러치-최종감속장치(차동장치 포함)-차축
② 엔진-주클러치-주행변속장치-차축-최종감속장치(차동장치 포함)
③ 엔진-주클러치-주행변속장치-최종감속장치(차동장치 포함)-차축
④ 엔진-주행변속장치-주클러치-차축-최종감속장치(차동장치 포함)

**3-2. 트랙터의 운전 중 클러치 사용방법으로 가장 올바른 것은?**

① 변속기를 조작할 때는 클러치를 사용하지 않는다.
② 길고 급한 비탈길에서는 클러치를 끊고 내려간다.
③ 운전 중에는 언제나 클러치 페달 위에 발을 올려놓는다.
④ 반클러치는 클러치판을 상하게 하기 때문에 특히 필요한 경우를 제외하고는 사용을 자제하여야 한다.

**3-3. 트랙터에서 클러치 페달에 유격을 두는 이유는?**

① 엔진 출력을 증가시키기 위해서
② 엔진 마력을 증가시키기 위해서
③ 클러치 용량을 증가시키기 위해서
④ 클러치 미끄럼을 방지하기 위해서

**3-4. 농용 트랙터에서 클러치 페달의 자유간극은 얼마 정도인가?**

① 10~15[mm]　　② 20~30[mm]
③ 40~45[mm]　　④ 50~60[mm]

**3-5. 클러치가 잘 끊기지 않는 이유가 아닌 것은?**

① 페달 유격이 과대하다.
② 페달 유격이 없다.
③ 클러치 릴리스 레버의 조정이 불량하다.
④ 클러치 마스터 실린더, 릴리스 실린더의 작용이 불량하다.

**3-6. 농용 트랙터가 언덕을 올라갈 때 주 클러치가 미끄러지는 원인을 설명한 것으로 틀린 것은?**

① 클러치 스프링의 쇠약
② 클러치판의 심한 마모
③ 클러치 페달의 유격 과대
④ 클러치판의 오일 부착

**3-7. 클러치를 분해하여 점검할 것과 관계없는 것은?**

① 스프링의 장력
② 디스크에 오일 부착 여부
③ 릴리스 레버의 높이
④ 클러치 페달의 유격

|해설|

**3-5**
페달 유격이 작으면 클러치가 미끄러진다.

**3-7**
클러치 페달을 가볍게 손으로 눌러 유격(저항을 느낄 때까지의 움직임)을 점검한다.

정답 3-1 ③ 3-2 ④ 3-3 ④ 3-4 ② 3-5 ② 3-6 ③ 3-7 ④

## 핵심이론 04 | 트랙터 주행장치(타이어)

① 공기 타이어

ㄱ 타이어의 공기압

- 타이어의 공기압이 너무 높으면 미끄러짐이 커져 견인력이 감소하고, 충격에 대한 타이어의 저항력을 약화시킨다.
- 공기압이 너무 낮으면 견인성능은 향상되지만, 타이어가 파손되기 쉽고 외부에 균열을 일으키기 쉽다.

※ 트랙터의 견인력에 영향을 미치는 인자 : 차축하중, 주행장치 종류, 토양상태, 타이어의 직경 및 공기압력 등

- 공기 타이어는 완충작용이 크고, 견인성능이 우수하면서 구름저항이 작아 트랙터 바퀴로 많이 쓰이고 있다.
- 바퀴는 견인성능을 증가시키고 미끄러짐을 방지하기 위하여 타이어 표면에 돌기인 러그(Lug)가 경사지게 붙어 있다.
- 앞타이어의 공기압 : 1.5~2.0[kgf/cm$^2$]
- 뒤타이어의 공기압 : 0.8~1.3[kgf/cm$^2$]
  ※ 1[kgf/cm$^2$] = 14.2[psi]

ㄴ 타이어의 규격 : 트랙터의 공기 타이어는 저압 타이어로 타이어의 폭(W), 림의 지름(D) 및 플라이수(PR ; Ply Rating)로 나타내며, W·D·PR로 표시한다.

예 타이어의 호칭 치수가 "8.00-16-4PR"일 경우 표기 폭이 8인치, 림 직경이 16인치, 4 플라이수(천의 수) 등급임을 의미한다.

② 철바퀴와 보조장치

ㄱ 무논이나 연약지에서 구동바퀴의 침하나 미끄러짐을 방지하고, 견인력을 증대시키기 위하여 철바퀴를 끼우거나 고무바퀴 주위에 보조장치를 부착한다.

ⓛ 보조장치에는 타이어 거들, 스트레이트 베벨기어, 플로트 철바퀴 등을 사용한다.

③ 최소회전반경 $= \dfrac{L(\text{축간거리})}{(\sin \text{값})} + r$(바퀴접지면 중심과 킹핀과의 거리)

※ 타이어의 이상마모의 원인 : 과대한 토인, 과대한 캠버, 캐스터의 부정확

※ 차륜형(바퀴형) 트랙터의 주행장치는 앞뒤의 차축과 바퀴, 조향장치, 제동장치로 구성되어 있다.

---

## 10년간 자주 출제된 문제

**4-1. 트랙터의 견인력에 영향을 미치는 인자와 거리가 먼 것은?**

① 중 량　　　　② 주행장치 종류
③ 토양상태　　　④ PTO 회전수

**4-2. 보통 트랙터 뒤타이어의 공기압은 어느 정도가 적당한가?**

① $0.3 \sim 0.5[\text{kgf/cm}^2]$
② $0.8 \sim 1.3[\text{kgf/cm}^2]$
③ $80 \sim 160[\text{kgf/cm}^2]$
④ $180 \sim 260[\text{kgf/cm}^2]$

**4-3. 구입한 농용 트랙터의 취급설명서를 읽어 보니 앞바퀴의 표준공기압이 $2[\text{kgf/cm}^2]$이었다. 타이어 게이지로 바퀴에 공기를 보충할 때 약 몇 [psi]로 주입하여야 하는가?**

① 14[psi]　　　　② 20[psi]
③ 28[psi]　　　　④ 40[psi]

**4-4. 트랙터 타이어의 호칭 치수가 "8.00-16-4PR"이다. 알맞게 표기한 것은?**

① 타이어의 내경-타이어의 폭-플라이수
② 타이어의 폭-타이어의 외경-플라이수
③ 타이어의 폭-림의 지름-플라이수
④ 타이어의 외경-타이어의 내경-플라이수

**4-5. 트랙터의 축간거리가 2.5[m]이고, 바깥바퀴의 조향각이 30°이다. 이때 최소회전반경은 얼마인가?**

① 4.3[m]　　　　② 5.1[m]
③ 6.5[m]　　　　④ 7.5[m]

**4-6. 타이어의 이상마모의 원인이 아닌 것은?**

① 과대한 토인
② 과도한 브레이크 유격
③ 과대한 캠버
④ 캐스터의 부정확

|해설|

**4-3**
$1[\text{kgf/cm}^2] = 14.2[\text{psi}]$
$2 \times 14.2 = 28.4[\text{psi}]$

**4-5**
최소회전반경 $= \dfrac{L(\text{축간거리})}{(\sin \text{값})} + r$(바퀴접지면 중심과 킹핀과의 거리)

$R = \dfrac{L[\text{m}]}{\sin\alpha} + r$

$\sin 30° = 0.5$이므로

$R = \dfrac{2.5[\text{m}]}{0.5} = 5[\text{m}]$

**4-6**
과도한 브레이크 유격 시 페달을 밟아도 제동이 잘되지 않는다.

**정답** 4-1 ④　4-2 ②　4-3 ③　4-4 ③　4-5 ②　4-6 ②

## 핵심이론 **05** | 트랙터 조향장치

① 개 념

　㉠ 바퀴형 트랙터는 앞바퀴의 진행방향을 잡아줌으로써 조향한다.

　㉡ 앞바퀴의 방향전환은 조향 휠(핸들)을 돌리면 조향 기어(볼나사와 섹터 기어), 피트먼 암, 드래그 링크, 조향 암, 타이로드, 너클 암을 거쳐 킹핀을 회전시켜 좌우 바퀴가 동시에 같은 방향으로 조향된다.

　㉢ 트랙터의 조향전달 순서 : 조향 핸들 → 조향 기어 → 피트먼 암 → 타이로드 → 너클 암 → 바퀴

　※ 동력조향장치(동력실린더와 제어밸브의 형태 및 배치에 따라)

　　• 링키지형 : 동력실린더를 조향 링키지 중간에 둔 것으로, 조합형과 분리형이 있다.

　　• 일체형 : 동력실린더를 조향기어박스 내에 설치한 형식으로, 인라인형과 오프셋형이 있다.

② **앞바퀴 정렬** : 앞바퀴 정렬은 토인(Toe-in), 캠버각(Camber Angle), 캐스터각(Caster Angle), 킹핀경사각(Kingpin Angle)으로 이루어지며 일반적으로 토인만 조정할 수 있는 구조로 되어 있다.

　㉠ 캠버(Camber) : 앞바퀴가 앞쪽에서 볼 때 아래쪽이 안쪽으로 적당한 각도로 기울어지도록 설치하는 것

　㉡ 캐스터(Caster) : 차량을 옆에서 보았을 때 수직선에 대해 조향축이 앞 또는 뒤로 기운(각도) 상태

　㉢ 킹핀(Kingpin) : 앞바퀴를 앞쪽에서 보았을 때 킹핀의 윗부분이 안쪽으로 경사지게 설치된 것으로, 킹핀의 축 중심과 노면에 대한 수직선이 이루는 각

　㉣ 토인(Toe-in) : 자동차 바퀴를 위에서 보았을 때 앞부분이 뒷부분보다 좁아져 있는 상태

　※ 트랙터의 정렬은 캠버각(1~2°), 캐스터각(2~3°), 킹핀 경사각(5~11°), 토인(2~8[mm])으로 이루어진다.

③ 배속 턴(Quick Turn)

　㉠ 앞바퀴 배속 턴 장치는 트랙터의 선회반지름을 줄이는 장치로 4WD/QT(Quick Turn)밸브 조합에서 전기적 신호에 의해 제어한다.

　㉡ 고속일 때는 작동이 되지 않으며, 4WD/QT밸브 조합의 QT솔레노이드에서 전기적 신호가 밸브를 작동시켜 클러치 조합에 작동유가 공급되고, 앞 차축의 조향각도가 약 35° 위치점에서 작동하여 앞바퀴를 2배속 정도로 구동시켜, 트랙터의 작업 시 회전 반지름을 줄여 작업의 효율을 향상시키는 장치이다.

**5-1.** 트랙터의 주행장치 중 앞바퀴 정렬이 아닌 것은?

① 캠 버　　　　　　② 토 인
③ 캐스터　　　　　　④ 섹 션

**5-2.** 트랙터에서 앞바퀴를 조립할 때, 조종성이 확실하고 안정하게 하기 위해서는 앞바퀴가 옆으로 미끄러지거나 흔들려서는 안 된다. 앞바퀴는 앞쪽에서 볼 때 아래쪽이 안쪽으로 적당한 각도로 기울어지도록 설치하는데 이것을 무엇이라 하는가?

① 캠버(Camber)　　　　② 캐스터(Caster)
③ 토인(Toe-in)　　　　④ 킹핀의 각(Kingpin)

**5-3.** 트랙터의 킹핀각은 얼마인가?

① 2~3°　　　　　　② 5~11°
③ 12~15°　　　　　④ 20~30°

**5-4.** 트랙터 배속 턴(Quick Turn) 기능을 잘못 설명한 것은?

① 회전반경을 최소화하기 위한 장치이다.
② 좁은 경작지에서 방향전환을 쉽게 한다.
③ 흙 밀림현상을 방지한다.
④ 배속 턴 기능은 고속에서 작동된다.

**5-5.** 다음 중 동력조향장치에 있어서 동력실린더와 제어밸브의 형태 및 배치에 따라 구분되는 종류에 해당되지 않는 것은?

① 링키지형　　　　　② 콘티형
③ 일체형　　　　　　④ 분리형

**5-6.** 트랙터의 조향 핸들이 무거울 때 점검사항으로 가장 거리가 먼 것은?

① 토인 점검
② 타이어 공기압 점검
③ 조향 기어박스 오일상태 점검
④ 클러치 릴리스 베어링 점검

|해설|

5-6
클러치 릴리스 베어링은 클러치를 단속하는 측압 베어링이다.

정답 5-1 ④　5-2 ①　5-3 ②　5-4 ④　5-5 ②　5-6 ④

---

**핵심이론 06 | 토인(Toe-in)의 측정과 조정**

① 토인의 역할
　㉠ 앞바퀴를 평행하게 회전시킨다.
　㉡ 캠버각을 보완하여 수정한다.
　㉢ 바퀴가 옆으로 미끄러지는 것을 방지한다.
② 트랙터에서 토인이 맞지 않을 때 일어나는 현상
　㉠ 핸들이 몹시 떨린다.
　㉡ 조향 시 핸들이 몹시 무겁다.
　㉢ 토인값이 큰 쪽으로 차량이 쏠리게 된다.
　㉣ 타이어에 편마모가 생긴다.
③ 승용트랙터의 토인 측정 전 준비작업
　㉠ 타이어 공기압력을 규정압력으로 한다.
　㉡ 트랙터를 평탄한 지면에 주차하고 주차 브레이크를 걸어 둔다.
　㉢ 조향장치 각부 볼 조인트와 링키지의 마모를 점검한다.
　㉣ 앞바퀴의 베어링 유격을 점검하고, 필요 시 허브너트를 조여 수정한다.
　㉤ 측정부의 화살이 가리키는 눈금이 토인값이고 표준값인 2~8[mm]와 맞지 않으면 드래그 링크나 타이로드를 돌려서 조정한다.
　※ 농용 트랙터에서 조향 핸들의 유격을 조정하는 방법 : 스티어링 기어박스의 고정너트를 풀고 조정한다.

**6-1. 농용 트랙터에서 조향 핸들의 유격을 조정하는 방법은?**

① 드래그 링크를 풀고 좌우로 돌려 조정한다.
② 피트먼 암의 길이를 조정한다.
③ 스티어링 기어박스의 고정너트를 풀고 조정한다.
④ 타이로드로 조정한다.

**6-2. 트랙터에서 토인을 조정하는 것은?**

① 앞바퀴 타이어
② 핸 들
③ 타이로드
④ 허브 베어링

**6-3. 다음 중 트랙터 앞바퀴 정렬에서 토인의 역할에 해당되는 것은?**

① 노면의 저항을 작게 한다.
② 조향 조작이 경쾌하게 된다.
③ 캠버각을 보완하여 수정한다.
④ 차축의 구부러짐이나 비틀림을 작게 한다.

**6-4. 트랙터에서 토인(Toe-in)이 맞지 않을 때 일어나는 현상으로 거리가 먼 것은?**

① 핸들이 몹시 떨린다.
② 조향 시 핸들이 몹시 무겁다.
③ 차체에 휨이 생긴다.
④ 타이어에 편마모가 생긴다.

**6-5. 승용트랙터의 토인 측정 전 준비작업에서 맞지 않는 것은?**

① 적차상태에서 측정한다.
② 타이어 공기압력을 규정압력으로 한다.
③ 조향장치 각부 볼 조인트와 링키지의 마모를 점검한다.
④ 앞바퀴의 베어링 유격을 점검하고, 필요 시 허브너트를 조여 수정한다.

|해설|

6-3
캠버와 토인은 서로 보완하는 장치로서 캠버로 인해 타이어가 바깥쪽으로 향하는 성질을 토인을 통해 보완하여 바퀴의 직진성능을 향상시키게 된다.

6-4
토인값이 차이가 날 경우에는 토인값이 큰 쪽으로 차량이 쏠리게 된다.

정답 6-1 ③ 6-2 ③ 6-3 ③ 6-4 ③ 6-5 ①

**핵심이론 07 | 트랙터 변속장치**

① 농용 트랙터 변속기의 개념 및 기능
  ㉠ 작업에 적합한 주행속도와 견인력을 얻기 위해 사용된다.
  ㉡ 트랙터의 진행방향을 바꿔 후진하는 데 사용된다.
  ㉢ 기관을 무부하 중립상태로 유지하는 데 사용된다.
  ㉣ 트랙터에는 기어변속기가 많이 사용된다.
  ※ 변속기로부터 전달된 동력이 차륜까지 전달되는 순서 : 변속기 → 피니언·베벨기어 → 링기어 → 차동기어 케이스 → 차동피니언기어 → 좌우 구동 차축

② 기어변속기의 종류 : 주축의 기어를 부축에 물리는 방법에 따라 미끄럼 물림식, 상시 물림식, 동기 물림식 등이 있다.
  ㉠ 미끄럼 물림식 변속기 : 변속 레버로 기어를 움직여 변속하는 장치로, 구조는 간단하지만 기어 변속 시 충격과 소음이 발생하고 기어 손상을 일으키기 쉽다.
  ㉡ 동기 물림식 변속기 : 기어가 서로 물릴 때 원추형 마찰 클러치에 의해서 상호 회전속도를 일치시킨 후 기어를 맞물리게 하는 동기장치를 설치한 변속장치이다.
  ※ 동기물림 기어식 변속기의 특징
    • 원추형 마찰 클러치를 이용한다.
    • 동기장치가 설치되어 있다.
    • 고속회전 중에도 변속이 용이하다.
    • 기어 변속이 쉽고, 변속 시 소음이 없다.
    • 회전하는 상태에서 기어의 물림이 용이하도록 주속도를 맞추어 물리는 방식이다.
  ㉢ 상시 물림식 변속기 : 주축과 부축의 기어를 각각의 변속단계에 항시 맞물려 있게 하고, 주축의 스플라인 부분을 맞물림 클러치를 사용하여 주축과 연결한다. 기어를 손상시키지 않으며 소음이 적다.

③ 자동변속기

변속기에는 변속단수를 선택하는 유단변속기와 변속단수가 없는 무단변속기가 있다.

㉠ 유단변속기 : 변속 레버로 변속단수를 선택하는 수동변속기와 유압클러치를 이용하여 변속하는 파워시프트 변속기가 있다.

㉡ 무단변속기

- 주로 유압변속기를 말하며, 유압변속기에는 토크 컨버터(Torque Converter)와 정유압 변속기(HST ; Hydrostatic Transmission)가 있다.

  ※ 토크 컨버터 : 임펠러로 유체를 고속회전시켜 유체의 운동에너지를 이용하여 터빈을 구동

- 유압변속기는 수동변속기에 비하여 효율이 낮다.
- 변속 레버를 조작할 필요가 없어 운전하기에 편한 장점이 있다.
- 저효율로 주로 소형트랙터에 사용하고 있다.

④ 기타 주요사항

㉠ 원주속도 $V = \dfrac{\pi DN}{60 \times 1,000}$ [m/sec]

($D$ : 지름[mm], $N$ : 회전속도)

㉡ 기어의 구동비 $= \dfrac{\text{피동기어의 회전수}}{\text{구동기어의 회전수}}$

$= \dfrac{\text{구동기어의 잇수}}{\text{피동기어의 잇수}}$

㉢ 풀리의 구동비 $= \dfrac{\text{피동풀리의 회전수}}{\text{구동풀리의 회전수}}$

$= \dfrac{\text{구동풀리의 직경}}{\text{피동풀리의 직경}}$

㉣ 기어식 변속기의 물림속도비

기어비$(G) = \dfrac{\text{입력기어의 속도}(N_i)}{\text{출력기어의 속도}(N_0)}$

$= \dfrac{\text{출력기어의 잇수}(n_o)}{\text{입력기어의 잇수}(n_i)}$

※ 트랙터의 변속기에서 주행속도 외에 또 다른 변속이 가능한 것 : PTO축의 회전속도

7-1. 농용 트랙터 변속기의 기능과 필요성으로 틀린 것은?

① 작업에 적합한 주행속도와 견인력을 얻기 위해 사용된다.
② 트랙터의 진행방향을 바꿔 후진하는 데 사용된다.
③ 기관의 동력을 전달하거나 차단하는 데 사용된다.
④ 기관을 무부하 중립상태로 유지하는 데 사용된다.

7-2. 임펠러로 유체를 고속회전시켜 유체의 운동에너지를 이용하여 터빈을 구동하는 것은?

① 토크 컨버터      ② 파워 셔틀
③ 파워 리버스      ④ 유압 무단변속기

7-3. 다음 중 기어식 변속기의 종류가 아닌 것은?

① 미끄럼식      ② 상시 물림식
③ 동기 물림식      ④ 토크 컨버터식

7-4. 기어가 서로 물릴 때 원추형 마찰 클러치에 의하여 상호 회전속도를 일치시킨 후 기어를 맞물리게 하여 고속회전 중에도 변속이 용이한 변속기는?

① 상시 물림식 변속기      ② 동기 물림식 변속기
③ 선택 물림식 변속기      ④ 미끄럼 물림식 변속기

7-5. 다음 중 변속 시 소음이 적고 고속주행 중에도 변속이 용이하여 농용 트랙터에 사용이 점차 증가하고 있는 변속장치는?

① 유압 무단변속기      ② 미끄럼 물림식 변속기
③ 동기 물림식 변속기      ④ 상시 물림식 변속기

7-6. 동기 물림식 변속기에 대한 설명 중 틀린 것은?

① 원추형 마찰 클러치를 이용한다.
② 동기장치가 설치되어 있다.
③ 고속주행할 때 변속이 용이하다.
④ 변속할 때 정지하여야 한다.

7-7. 변속단수를 선택하는 유단변속기에서 유압클러치를 사용하는 변속기는?

① 동기 물림식 변속기      ② 선택 미끄럼 변속기
③ 파워시프트 변속기      ④ 상시 물림식 변속기

**7-8.** 금동 지름이 600[mm]이고 480[rpm]으로 회전할 때 원주 속도는 약 얼마인가?

① 13[m/sec]  ② 15[m/sec]
③ 17[m/sec]  ④ 19[m/sec]

**7-9.** 잇수가 15개인 기어가 75개인 기어를 구동한다. 구동기어의 회전수가 1,600[rpm]이라면 피동기어의 회전수는 몇 [rpm]인가?

① 200  ② 213
③ 320  ④ 500

**7-10.** 동력 경운기에 부착하는 작업기 풀리의 지름이 21[cm]이고, 기관의 회전속도가 200[rpm]이며, 작업기의 회전속도가 850[rpm]일 때 기관 풀리의 지름[cm]은 약 얼마인가?

① 89.3  ② 0.11
③ 49.41  ④ 80.95

**7-11.** 기어식 변속기의 물림속도비를 구하는 공식은?

|보기|
- $G$ = 물림속도비
- $\eta$ = 물림효율
- $N_i$ = 입력기어 속도
- $n_i$ = 입력기어 잇수
- $N_0$ = 출력기어 속도
- $n_0$ = 출력기어 잇수
- $T_i$ = 입력토크
- $T_0$ = 출력토크

① $G = \dfrac{N_i}{N_0}$  ② $G = \dfrac{n_i}{n_0}$

③ $G = \dfrac{T_i}{T_0 \cdot \eta}$  ④ $G = \dfrac{T_0 \cdot \eta}{T_i}$

**7-12.** 트랙터에서 변속기어의 요구특성이 아닌 것은?

① 높은 응력에 견딤  ② 압축 계면응력에 견딤
③ 피로저항이 작음  ④ 표면경도가 높음

**7-13.** 일반적으로 트랙터의 변속기에서 주행속도 외에 또 다른 변속이 가능한 것은?

① PTO축의 회전속도  ② 크랭크축의 회전속도
③ 캠축의 회전속도  ④ 주 클러치축의 회전속도

**7-14.** 다음 중 변속기로부터 전달된 동력이 차륜까지 전달되는 순서를 올바르게 나타낸 것은?

① 변속기 → 차동피니언기어 → 링기어 → 차동기어 케이스 → 피니언·베벨기어 → 좌우 구동차축
② 변속기 → 링기어 → 피니언·베벨기어 → 차동기어 케이스 → 차동피니언기어 → 좌우 구동차축
③ 변속기 → 피니언·베벨기어 → 차동피니언기어 → 차동기어 케이스 → 링기어 → 좌우 구동차축
④ 변속기 → 피니언·베벨기어 → 링기어 → 차동기어 케이스 → 차동피니언기어 → 좌우 구동차축

|해설|

**7-1**
기관과 변속기 사이에 설치되어 구동바퀴에 전달되는 동력을 차단하거나 연결하는 역할은 클러치가 한다.

**7-8**
원주속도 $V = \dfrac{\pi D N}{60 \times 1,000}$ [m/sec]($D$ : 지름[mm], $N$ : 회전속도)

$= \dfrac{\pi \times 600 \times 480}{60 \times 1,000} = 15.072$[m/sec]

**7-9**
기어의 구동비 $= \dfrac{\text{피동기어의 회전수}}{\text{구동기어의 회전수}} = \dfrac{\text{구동기어의 잇수}}{\text{피동기어의 잇수}}$

$\dfrac{\text{피동기어의 회전수}}{1,600} = \dfrac{15}{75}$

$\therefore$ 피동기어의 회전수 $= \dfrac{15 \times 1,600}{75} = 320$[rpm]

**7-10**
풀리의 구동비 $= \dfrac{\text{피동풀리의 회전수}}{\text{구동풀리의 회전수}} = \dfrac{\text{구동풀리의 직경}}{\text{피동풀리의 직경}}$

$\dfrac{200}{850} = \dfrac{21}{x}$

$\therefore$ 기관 풀리의 직경 $x = \dfrac{850 \times 21}{200} = 89.25$[cm]

**7-11**
기어비($G$) $\equiv \dfrac{\text{입력기어의 속도}(N_i)}{\text{출력기어의 속도}(N_0)} = \dfrac{\text{출력기어의 잇수}(n_o)}{\text{입력기어의 잇수}(n_i)}$

**정답** 7-1 ③  7-2 ①  7-3 ④  7-4 ②  7-5 ③  7-6 ④  7-7 ③  7-8 ②
7-9 ③  7-10 ①  7-11 ①  7-12 ③  7-13 ①  7-14 ④

① 차동장치의 개념

  ㉠ 트랙터가 선회 시 바깥쪽 바퀴가 안쪽 바퀴보다 더 빠르게 회전하여 원활한 선회가 이루어지게 하는 장치

  ㉡ 트랙터가 선회하거나 혹은 좌우 차륜에 작용하는 구름저항의 크기가 다를 때 구동차축의 속도비를 자동적으로 조절해 주는 장치

  ㉢ 농용 트랙터 차동장치의 구성부품 : 베벨 피니언, 구동 피니언, 차동 사이드기어, 차동 피니언, 차동 스파이더 등

  ※ 트랙터의 차동장치에서 선회 시 오른쪽과 왼쪽 바퀴의 관계식

$$N = (L + R)/2$$

    ($N$ : 링기어 회전속도, $L$ : 좌측 바퀴 회전수, $R$ : 우측 바퀴 회전수)

② 차동잠금장치

  ㉠ 차동장치의 작동을 중지시켜 두 바퀴가 똑같이 회전하도록 하여 구동력을 전달한다.

  ㉡ 습지에서와 같이 토양의 추진력이 약한 곳이나 차륜의 슬립이 심한 곳에서 사용한다.

  ※ 최종구동장치(최종감속장치)

    • 기관으로부터 구동차축에 이르는 동력 전달을 마지막으로 감속시키는 장치

    • 회전수를 줄여 견인력을 높이기 위하여 기어로 변속시키는 장치

    • 트랙터에서는 감속비를 크게 하고, 최저지상고를 크게 하며 변속기, 차동장치를 통해 감속된 회전을 또다시 감속시켜 구동차축으로 전달한다.

---

### 10년간 자주 출제된 문제

**8-1.** 트랙터가 선회 시 바깥쪽 바퀴가 안쪽 바퀴보다 더 빠르게 회전하여 원활한 선회가 이루어지게 하는 장치는?

① 동력취출장치    ② 현가장치
③ 최종감속장치    ④ 차동장치

**8-2.** 다음 중 습지에서와 같이 토양의 추진력이 약한 곳이나 차륜의 슬립이 심한 곳에서 사용할 수 있도록 트랙터 내에 장착된 장치는?

① 유성기어장치    ② 유압변속장치
③ 차동잠금장치    ④ 동력취출장치

**8-3.** 일반적으로 트랙터 차동잠금장치를 사용하지 않는 경우는?

① 진흙 포장작업할 때
② 일반도로를 주행할 때
③ 한쪽 구동륜에서 슬립이 발생할 때
④ 한쪽 구동륜의 추진력이 약해 움직일 수 없을 때

정답 8-1 ④  8-2 ③  8-3 ②

① 동력취출장치(PTO ; Power Take Off)의 개념
  ㉠ 일반적으로 트랙터 후륜 차축의 뒷면에 돌출되어 로터베이터, 모어, 베일러, 로터리, 브로드캐스트, 양수기, 비료살포기 등 구동형 작업기에 기관동력을 전달하는 장치이다.
  ㉡ 트랙터의 뒤쪽이나 중간부에 설치한다.
  ㉢ 스플라인축인 PTO축과 작업기와의 연결은 유니버설 조인트를 사용한다.
  ㉣ PTO축의 회전수는 규격화되어 540[rpm], 1,000[rpm]이 사용된다.
  ※ 트랙터에서 동력취출장치(PTO) 축(6홈 스플라인)의 국제표준 회전속도 : 540[rpm]
② 동력을 전달하는 방식에 따라 독립형, 속도 비례형, 상시 회전형, 변속기 구동형이 있다.
  ㉠ 독립형 : 주클러치 앞에서 동력을 취출하며 PTO클러치를 가지고 있다. 굴착, 굴취, 로터리 경운 등 큰 회전력을 요하는 작업기의 구동에 적합하다.

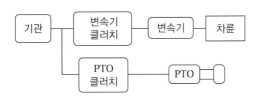

  ㉡ 속도 비례형 : 주행속도에 비례하는 PTO회전속도를 얻을 수 있다. 파종, 이식 등의 작업기 구동에 적합하다.
  ㉢ 상시 회전형 : 주행속도에 관계없이 독자적인 PTO 회전속도를 얻을 수 있고, 동력은 주클러치나 2단 클러치로 단속한다.
  ㉣ 변속기 구동형 : 변속기의 부축을 경유하여 동력이 전달되는 간단한 구조이나, 주클러치를 끊으면 PTO축도 멈추기 때문에 불편하다.

**9-1.** KS에서 규정하는 트랙터의 호칭 PTO 정격속도 2가지가 옳게 짝지어진 것은?
① 540[rpm], 1,000[rpm]
② 640[rpm], 1,200[rpm]
③ 840[rpm], 1,500[rpm]
④ 940[rpm], 2,000[rpm]

**9-2.** 트랙터에서 동력취출장치(PTO) 축(6홈 스플라인)의 국제표준 회전속도는 얼마인가?
① 340[rpm]
② 540[rpm]
③ 1,000[rpm]
④ 1,540[rpm]

**9-3.** 다음 중 일반적으로 트랙터의 동력취출 축으로 많이 사용하는 축은?
① 중공 축
② 크랭크 축
③ 스플라인 축
④ 플렉시블 축

**9-4.** 다음 중 PTO 클러치를 사용하는 경우로 가장 적절한 것은?
① 가공 시 부하를 줄 때
② 감속비를 증대시킬 때
③ 견인력을 증대시킬 때
④ 동력의 단속이나 발진할 때

**9-5.** 일반적으로 트랙터 후륜 차축의 뒷면에 돌출되어 로터베이터, 모어, 비료살포기 등 구동형 작업기에 동력을 전달하는 장치는 무엇인가?
① 동력취출장치
② 토크 컨버터
③ 차동장치
④ 클러치

**9-6.** 다음 중 트랙터 동력취출장치(PTO)와 연결되지 않는 작업기는?
① 모어(Mower)
② 쟁기(Plow)
③ 로터리(Rotary)
④ 브로드캐스트(Broadcaster)

**9-7.** 트랙터 PTO축에 동력을 전달하는 방식이 아닌 것은?
① 변속기 구동형
② 상시 회전형
③ 속도 반비례형
④ 독립형

| 해설 |

**9-1**

트랙터의 후방 PTO 형식은 호칭 지름, 스플라인의 수와 형식에 따라 4가지로 구분되며 호칭 PTO 정격 속도는 540[rpm], 1,000[rpm]으로 2가지이다(KS B ISO 500-1 참고).

**9-2**

PTO 회전수 540[rpm]이 스플라인 6홈이고, 1,000[rpm]은 21개 홈의 스플라인 축을 사용한다.

**9-3**

트랙터의 PTO축을 연결하는 기계요소는 스플라인 축이다.

**정답** 9-1 ① 9-2 ② 9-3 ③ 9-4 ④ 9-5 ① 9-6 ② 9-7 ③

---

## 핵심이론 **10** │ 트랙터 제동장치

① 제동장치 개념

　㉠ 주행속도를 조절하고, 정지와 선회를 용이하게 하기 위한 장치이다.

　㉡ 작업할 때 선회반지름을 작게 하기 위하여 좌우가 독립된 구조로 되어 있다.

　　※ 독립 브레이크 사용은 경운작업 시 회전반경을 작게 한다.

　㉢ 도로 주행 시 좌우 브레이크 페달을 서로 연결하여 사용한다.

　㉣ 제동장치는 차동장치축에 설치하고, 이물질이 들어가지 않도록 밀폐식으로 되어 있다.

② 트랙터에서 사용되는 제동장치 형식 : 외부 수축식, 내부 확장식, 원판 마찰식, 유압 브레이크

③ 트랙터에서 브레이크 페달을 밟아도 제동이 잘되지 않는 원인

　㉠ 페달 유격이 과다할 때

　㉡ 디스크가 마멸 또는 소손되었을 때

　㉢ 브레이크 드럼과 라이닝 사이의 간격이 클 때

　㉣ 유압식 브레이크에서 유압호스에 공기가 유입되었을 때

　㉤ 라이닝이 마멸 또는 소손되었을 때

　㉥ 유압식 브레이크에서 휠 실린더의 유압이 약할 때

　※ 트랙터에서 브레이크 페달이 발판에 닿는 원인 : 마스터 실린더의 파손

④ 기타 주요사항

　㉠ 트랙터의 브레이크 디스크를 점검한 결과 4.2[mm] 이하이면 디스크를 교환하여야 한다.

　㉡ 브레이크 페달 유격 : 20~35[mm]

　㉢ 유압식, 마스터 실린더 청소에는 알코올을 사용한다.

　㉣ 브레이크 재료의 구비조건 : 마찰계, 내열성, 제동효과가 클 것

ⓜ 리턴 스프링 : 제동장치에서 작동된 브레이크슈를 안전한 공극으로 유지하도록 복원시켜 주는 장치
ⓗ 휠 실린더 : 유압 브레이크 구조에서 브레이크슈를 드럼에 압착하는 장치
ⓢ 윤거 : 트랙터의 주요제원에서 좌우 바퀴의 접지면 중심 사이의 거리

**10-1. 트랙터의 제동장치에 대한 설명으로 옳은 것은?**

① 변속기축에 설치한다.
② 좌우 독립된 구조이다.
③ 선회고정장치로 활용된다.
④ 외부 확장식이 주로 사용된다.

**10-2. 다음 중 트랙터에서 사용되는 제동장치 형식이 아닌 것은?**

① 외부 수축식
② 내부 확장식
③ 원판 마찰식
④ 내부 수축식

**10-3. 트랙터에서 브레이크 페달을 밟아도 제동이 잘되지 않는 원인으로 틀린 것은?**

① 페달 유격이 작을 때
② 디스크가 마멸 또는 소손되었을 때
③ 브레이크 드럼과 라이닝 사이의 간격이 클 때
④ 유압식 브레이크에서 유압호스에 공기가 유입되었을 때

**10-4. 브레이크 페달을 밟아도 제동이 잘되지 않을 때의 원인으로 틀린 것은?**

① 페달 유격이 과다할 때
② 라이닝이 마멸 또는 소손되었을 때
③ 라이닝과 브레이크 드럼 사이의 간격이 불량할 때
④ 유압식 브레이크에서 휠 실린더의 유압이 강할 때

**10-5. 제동장치에서 작동된 브레이크슈를 안전한 공극으로 유지하도록 복원시켜 주는 장치는?**

① 앵커 플레이트
② 어저스터 캠
③ 리턴 스프링
④ 라이닝

**10-6. 다음 중 유압브레이크 구조에서 브레이크슈를 드럼에 압착하는 장치는?**

① 휠 실린더
② 마스터 실린더
③ 리턴 스프링
④ 브레이크 라이닝

|해설|

10-4
주행 중 제동이 잘되지 않는다면 브레이크의 압력이 형성되지 않거나, 압력이 형성되었다고 하더라도 그 압력이 어디에선가 새는 것이다.

정답 10-1 ② 10-2 ④ 10-3 ① 10-4 ④ 10-5 ③ 10-6 ①

① 유압장치 개념
　㉠ 유압장치는 기관의 회전동력으로 유압펌프를 구동시키며, 이때 생긴 고압의 오일을 제어밸브를 거쳐 유압작동기로 보내고 그 압력으로 각부를 작동시킬 수 있다.
　㉡ 유압장치 3대 요소 : 유압펌프, 제어밸브, 유압실린더

② 유압펌프
　㉠ 유압실린더에 고압의 오일을 공급하여 유압을 발생시키는 장치이다.
　㉡ 트랙터에서는 기어펌프가 널리 사용된다.
　㉢ 물의 운동에너지를 압력에너지로 변화시키기 위해 원심펌프의 일종인 터빈펌프에 안내날개가 설치되어 있다.

③ 제어밸브
　㉠ 제어밸브에는 방향제어밸브, 유량제어밸브, 압력제어밸브 등이 있다.
　㉡ 체크밸브 : 트랙터에서 유압식 3점 링크 히치의 유압제어밸브에서 오일의 역류를 방지
　㉢ 유압조절밸브의 스프링 장력을 세게 하면 유압이 높아진다.

④ 유압실린더
　㉠ 유압실린더의 종류에는 단동식과 복동식이 있다.
　㉡ 트랙터 유압장치는 3점 링크 히치를 조작하여 작업기를 승강시키거나, 덤프 트레일러, 전방 부착식 로더 등을 조작한다.
　㉢ 3점 링크 히치는 단동식을 써서 작업기가 올라갈 때에는 유압을, 내려갈 때에는 작업기 자체의 무게를 이용한다.

⑤ 유압제어
　유압제어에는 위치제어, 견인력제어, 혼합제어(위치제어 + 견인력제어), 자동수평제어 등이 있다.

　㉠ 위치제어
　　• 토양 조건에 관계없이 작업기를 항상 일정한 높이에 위치시켜 경심 또는 작업 높이를 일정하게 유지하는 데 응용된다.
　　• 위치제어 레버는 주로 구동작업기인 로터리 작업에 사용된다.
　㉡ 견인력제어
　　• 견인력제어(드래프트 컨트롤) 레버는 주로 플라우(쟁기) 작업에 사용된다.
　　• 견인력제어 기능 : 경심깊이 자동조정 기능, 작업기 보호 기능, 작업기에 걸리는 힘의 제어 기능 등
　㉢ 혼합제어
　　• 위치제어와 견인력제어를 혼합하여 사용한다.
　　• 견인저항이 작을 때에는 위치제어에 의해 경심을 일정하게 유지한다.
　　• 견인저항이 클 때에는 견인력제어에 의해 경심을 작게 하여 설정한 견인력을 유지한다.
　㉣ 자동수평제어 : 수평제어 장치는 작업 중 불규칙한 지면 상태에 의해 트랙터가 좌우로 기울어도 작업기의 자세를 항상 수평 또는 수평에 대해 임의의 각도를 유지하도록 제어하는 장치이다.

⑥ 트랙터 유압장치의 오일 점검 및 조치사항
　㉠ 주유구 캡에 먼지를 깨끗이 닦은 다음 뚜껑을 연다.
　㉡ 오일을 측정하고 오일이 적으면 필요한 만큼 보충한다.
　㉢ 기관을 작동한 후 유압조절 레버를 몇 번이고 작동한다.
　㉣ 유압장치가 오일 부족상태일 때는 반드시 현재 사용하고 있는 오일과 같은 종류의 오일로 보충해 주어야 한다.

**11-1. 농업기계 분야에서 유압장치의 주요 3대 요소에 해당되지 않는 것은?**

① 유압펌프　　　　　② 제어밸브
③ 유압실린더　　　　④ 유압필터

**11-2. 트랙터 작업기의 유압제어 장치와 관계없는 것은?**

① 위치제어　　　　　② 견인력제어
③ 혼합제어　　　　　④ 변속제어

**11-3. 트랙터의 유압선택에서 드래프트 컨트롤(견인력제어)의 용도는?**

① 플라우 작업　　　　② 로터리 작업
③ 베일러 작업　　　　④ 모어 작업

**11-4. 트랙터 유압펌프에 주로 사용되는 것은?**

① 기어펌프　　　　　② 플런저펌프
③ 피스톤펌프　　　　④ 진공펌프

**11-5. 트랙터에서 유압식 3점 링크 히치의 유압제어 밸브에서 오일의 역류를 방지하는 것은?**

① 제어 스풀　　　　　② 피드백 레버
③ 언로드 밸브　　　　④ 체크 밸브

**11-6. 트랙터의 유압장치 오일 점검 및 조치사항 설명으로 틀린 것은?**

① 주유구 캡에 먼지를 깨끗이 닦은 다음 뚜껑을 연다.
② 오일을 측정하고 오일이 적으면 필요한 만큼 보충한다.
③ 기관을 작동한 후 유압조절 레버를 몇 번이고 작동한다.
④ 유압장치가 오일 부족상태일 때는 엔진오일과 기어오일을 혼합하여 주입한다.

| 해설 |

**11-3**
위치제어 레버는 로터리 작업, 견인력제어 레버는 쟁기(플라우) 작업에 주로 사용한다.

정답 11-1 ④　11-2 ④　11-3 ①　11-4 ①　11-5 ④　11-6 ④

---

**핵심이론 12 | 트랙터 점검**

① 트랙터의 일상점검
　㉠ 후드 및 사이드 커버
　㉡ 엔진오일 수준
　㉢ 라디에이터 냉각수 수준
　㉣ 에어클리너 청소
　㉤ 라디에이터, 오일로더 및 콘덴서 청소 등

② 트랙터 시동 전 점검
　㉠ 연료, 냉각수, 엔진오일
　㉡ 팬벨트 장력
　㉢ 누수 및 누유
　㉣ 타이어 공기압
　㉤ 바퀴의 정렬상태
　㉥ 여과기, 축전지, 클러치, 브레이크 등
　※ 원동기 또는 동력전달장치의 운전을 개시할 때는 제일 먼저 근로자에게 신호한다.

③ 트랙터의 운전 중 점검
　㉠ 주행 중에는 오일 압력계, 냉각수 온도계, 회전 및 속도계, 전류계 등을 살핀다.
　㉡ 운전 중에 기관이 과열하고 충전경고등이 켜졌을 때는 냉각 팬벨트를 점검한다.

**12-1. 다음 중 트랙터의 일상점검 기준에 해당하는 것은?**

① 오일필터의 교환
② 배터리 비중의 점검
③ 엔진오일량의 점검
④ 밸브 간극의 조정

**12-2. 농기계기관에서 오일량의 점검시기로 가장 적당한 것은?**

① 운전 전                    ② 난기운전 후
③ 운전 중                    ④ 운전 종료 후

**12-3. 다음 중 트랙터의 운전 중 점검해야 할 사항으로 가장 적절한 것은?**

① 냉각수량                  ② 냉각수의 온도
③ 배터리의 전해액면        ④ 타이어 공기압

**12-4. 트랙터 운전 중에 기관이 과열하고 충전경고등이 켜졌을 때 점검사항으로 알맞은 것은?**

① 엔진오일량                ② 오일펌프
③ 냉각 팬벨트              ④ 냉각수펌프

| 해설 |

**12-4**
충전경고등은 배터리가 방전됐거나 충전이 필요할 때, 트랙터 내부의 팬을 돌리는 팬벨트에 이상이 생겼을 때 표시되는 경고등이다.

**정답 12-1 ③    12-2 ①    12-3 ②    12-4 ③**

---

**핵심이론 13 │ 트랙터 보관**

① 일상보관

　㉠ 트랙터는 깨끗하게 청소하여 보관해야 한다.

　㉡ 작업기는 반드시 내려놓는다.

　㉢ 가능한 한 실내에 보관하고 실외보관 시에는 커버를 덮어 준다.

　㉣ 겨울철에는 배터리를 분리하여 실내에 보관한다.

　㉤ 겨울철에는 라디에이터의 동파 방지를 위해 부동액을 보충하여 보관한다.

　㉥ 시동 키는 항상 빼서 보관한다.

② 장기보관

　㉠ 엔진오일을 새 오일로 교환하고 5분 정도 엔진을 운전하여 각부에 오일이 골고루 퍼지도록 한다.

　㉡ 라디에이터 냉각수를 빼낸다. 부동액이 들어가 있는 경우에는 빼지 않아도 된다.

　㉢ 정기점검 일람표를 참조하여 각부에 급유하여 준다.

　㉣ 차체의 녹슬기 쉬운 부분에 그리스나 오일을 엷게 발라 준다.

　㉤ 각부의 볼트나 너트 풀림을 점검하고 풀린 곳을 조여 준다.

　㉥ 타이어 공기압은 표준보다 조금 많게 보충한다.

　㉦ 웨이트는 떼어 내고 부착된 작업기는 떼어 내거나 지면에 내려놓는다.

　㉧ 좌우 뒷바퀴의 앞뒤에 굄목을 괴어 준다.

　㉨ 배터리는 떼어내거나 (-)선을 배터리에서 분리시켜 놓는다.

　㉩ 클러치 컷오프 암을 사용하여 확실히 끊은 상태로 하여 보관한다. 클러치를 접속한 상태에서 장기보관할 때에는 클러치 디스크가 녹슬어 끊어지지 않는 경우가 생길 수 있다.

　㉪ 타이어를 보호하기 위해 타이어 밑에 나무를 놓아 준다.

ⓔ 장기보관 중 2개월에 1회씩 배터리의 보충충전을 한다.

ⓟ 보관장소는 비를 맞지 않는 건조한 장소를 택하고 커버를 덮어 준다.

③ 장기보관 후 사용

ⓐ 운전 전 점검을 확실하게 한다.

ⓑ 엔진의 성능과 수명을 유지하기 위해 엔진 시동 후 아이들링 회전으로 30분 정도 운전한다.

---

**10년간 자주 출제된 문제**

**13-1. 트랙터를 장기간 사용하지 않고 보관하기 위한 방법으로 거리가 먼 것은?**

① 각부를 깨끗이 세차한다.
② 냉각수는 보충한다.
③ 유압기구의 리프트 암을 완전히 올려 둔다.
④ 타이어에 무리가 가지 않도록 전후 차축을 받쳐 둔다.

**13-2. 농업기계의 보관·관리방법으로 틀린 것은?**

① 기계 사용 후 세척하고 기름칠하여 보관한다.
② 보관장소는 건조한 장소를 선택한다.
③ 장기보관 시 사용설명서에 제시된 부위에 주유한다.
④ 장기보관 시 공기타이어의 공기압력을 낮춘다.

**13-3. 작업하는 계절이 끝난 연간 사용시간이 짧은 농업기계의 장기보관방법이 아닌 것은?**

① 냉각수 폐기
② 그리스 도포
③ 소모성 부품 교환
④ 축전지 충전 후 장착

정답 13-1 ② 13-2 ④ 13-3 ④

---

## 2-2. 경운·정지용 기계의 구조와 기능

**핵심이론 01 | 트랙터용 로터리**

① 로터리 개념

ⓐ PTO의 동력을 이용하여 구동한다.

ⓑ 토양을 경운·쇄토시키는 작업기이다.

ⓒ PTO에서 경운축까지의 동력전달방식에는 중앙 구동식, 측방 구동식, 분할 구동식 등이 있다.

② 트랙터용 로터리 구조

ⓐ 앞쪽에는 3점 히치를 연결하기 위한 마스트와 동력 취출축을 연결하기 위한 입력축이 설치되어 있다.

ⓑ 중앙에는 경운날이 부착된 경운축이 설치되어 있다.

ⓒ 후방에는 흙의 비산을 방지하고 균평작용을 하는 덮개가 설치되어 있다.

※ 트랙터 로터리의 크기는 드라이브 길이로 표시한다.

③ 동력전달

ⓐ 트랙터 PTO축 → 구동축(유니버설 조인트) → 안전 클러치 → 기어박스 → 기어케이스 → 경운축

ⓑ 경운축의 회전속도는 보통 150~350[rpm]으로 4단 변속이 가능하다.

④ 경운날

ⓐ 경운날은 경운축에 마련된 날집(홀더) 또는 날집판(플랜지)에 연결된다.

ⓑ 경운날의 종류 : 보통형(C자형), L자형, 작두형, 나사형, 꽃잎형 등

ⓒ 트랙터용 로터리 날은 주로 L자형을 많이 사용한다.

ⓓ 경운날은 왼쪽 날과 오른쪽 날로 구분된다.

ⓔ 플랜지 형태의 경운날을 조립할 때는 각 플랜지의 왼쪽 날을 부착한 다음 오른쪽 날을 조립한다.

ⓕ 경운날의 전체적인 조립유형은 나선형 방향으로 되어 있다.

ⓖ 경운피치는 경운날이 1회전할 때마다의 경운간격이다.

◎ 경운날을 올바르게 부착하지 않으면 작업 중 로터베이터(로터리)가 토양을 파고들지 못하고 지면 위로 뜬다.

※ 트랙터 로터리 작업 중 후진 시 로터리의 동력을 끊은 상태에서 후진한다.

## 10년간 자주 출제된 문제

### 1-1. 로터리의 기능 및 구조에 대한 설명으로 틀린 것은?

① PTO에서 경운 축까지의 동력전달방식은 사이드 드라이브 방식(측방 구동식)밖에 없다.
② PTO의 동력을 이용하여 구동한다.
③ 토양을 경운·쇄토시키는 작업기이다.
④ 경운기, 트랙터 등에 장착하여 사용한다.

### 1-2. 로터리의 경운날 종류가 아닌 것은?

① 보통형 날
② 작두형 날
③ L형 날
④ A형 날

### 1-3. 다음 중 로터리의 경운날 조립형태에 대한 설명으로 틀린 것은?

① 경운날은 보통형, 작두형과 L자형 등이 있다.
② 경운날은 왼쪽 날과 오른쪽 날로 구분된다.
③ 플랜지 형태의 경운날 조립은 플랜지의 좌측에만 조립한다.
④ 경운날의 전체적인 조립유형은 나선형 방향으로 되어 있다.

### 1-4. 작업 중 로터베이터가 토양을 파고들지 못하고 지면 위로 뜬다. 그 원인은?

① 트랙터 동력이 너무 강할 때
② 작업기 좌우가 수평이 되지 않았을 때
③ 경운날을 올바르게 부착하지 않을 때
④ 앞바퀴 압력이 낮을 때

### 1-5. 트랙터 로터리의 경운피치에 대한 설명으로 맞는 것은?

① 경운피치는 30[cm] 정도로 작업한다.
② 경운피치는 전진속도를 느리게 하면 커진다.
③ 경운피치는 경운날이 1회전할 때마다의 경운간격이다.
④ 경운축의 회전수가 빨라야 경운피치가 커진다.

### 1-6. 농용트랙터 로터리의 크기는 무엇으로 표시되는가?

① 경운도의 품번
② 드라이브 방식
③ 드라이브 길이
④ 트랙터의 마력수

### 1-7. 로터리 작업 시 후진할 때 주의사항으로 맞는 것은?

① 엔진을 정지한다.
② 로터리에 전달되는 동력을 차단한다.
③ 보조자가 뒤에서 신호한다.
④ 로터리를 지면에 내려서 후진한다.

|해설|

**1-2**
**경운날의 종류**
보통형(C자형), L자형, 작두형, 나사형, 꽃잎형 등

**1-3**
플랜지 형태의 경운날을 조립할 때는 각 플랜지의 왼쪽 날을 부착한 다음 오른쪽 날을 조립한다.

정답 1-1 ① 1-2 ④ 1-3 ③ 1-4 ③ 1-5 ③ 1-6 ④ 1-7 ②

## 핵심이론 02 | 트랙터용 로터리 탈착방법

① 트랙터와 로터리를 평탄한 곳에 위치시킨다.

② 기관을 정지시키고, 주차 브레이크를 건다.

③ 트랙터의 하부링크를 내리고 체크체인을 푼 다음, 트랙터를 천천히 후진시켜 트랙터의 3점 히치를 로터리의 마스트와 일치시킨다.

④ 하부링크에서 상부링크 순으로 링크 홀더에 끼운다.

⑤ 상부링크와 로터베이터의 마스트를 핀에 끼워 연결한다.

⑥ 유니버설 조인트의 한쪽(스플라인축)을 먼저 PTO축에 삽입하여 장착시킨다.

　※ 부착은 좌측 하부링크 → 우측 하부링크 → 상부링크 → 유니버설 조인트의 순서로 결합하며, 분리할 때에는 역순으로 한다.

⑦ 로터리의 좌우 균형은 우측 리프트링크 또는 좌우 수평제어용 유압실린더의 길이로 조절하며, 전후 조절은 상부링크의 길이를 조절하여 윗덮개가 지면과 수평이 되도록 한다.

⑧ 트랙터와 로터리의 중심을 맞춘 후 체크체인으로 2.0~2.5[cm] 정도 좌우로 일정량이 흔들리게 조정한다.

⑨ 분리할 때에는 역순으로 진행한다.

※ 트랙터 작업기 부착 시 유니버설 조인트 고정핀의 돌출량은 약 11[mm] 정도가 적당하다.

※ 로터리 날 고정너트는 복스 렌치로 조인다.

① 경운피치의 선택

    ㉠ 경운피치는 회전속도가 빠르면 잘게 경운되나 동력이 많이 소모되고 경운날의 마멸이 증가한다.

    ㉡ 회전속도의 선택은 트랙터 상부의 기어박스 커버 내에 있는 선택기어를 교체하거나 PTO변속 레버로 PTO회전속도를 조정한다.

② 좌우 수평조정

    ㉠ 트랙터에 장착된 로터리의 좌우 수평조절 : 우측 하부 링크의 레벨링 핸들(우측 리프트로드의 길이)

    ㉡ 로터리를 트랙터에 부착하고 좌우 흔들림은 체크체인으로 조정한다.

③ 경심조정

    ㉠ 로터리의 경심은 유압 레버의 위치로 조정할 수 있다.

    ㉡ 상부링크 길이와 미륜 또는 스키드의 높이를 조정하여 결정한다.

    ㉢ 스키드 높이는 스키드 높이 조정용 바에 있는 나비너트를 풀어 조정한다.

④ 안전클러치

    ㉠ 작업효율을 높이고 동력전달부의 파손을 방지하기 위한 장치이다.

    ㉡ 클러치의 외부보호 커버를 떼고 6개의 조절너트를 스프링이 완전히 눌러지게 조인 후 1.5~2바퀴 풀어 준다.

⑤ 최대 상승높이 조정

    ㉠ 작업 시 작업기가 너무 높게 올라가면 구동축과 안전클러치의 마모가 증대된다.

    ㉡ 너무 낮으면 표토에 닿아 흙이 날린다.

⑥ 로터리 뒷덮개판의 조정 : 로터리 커버와 뒷덮개판을 연결하는 스테이의 구멍을 조절하거나 체인 길이를 조정한다.

※ 트랙터용 로터리를 부착할 때 점검·조정사항

    • 3점 링크 점검·조정

    • 유압 작동레버 점검·조정

    • 로터리 날 배열 점검·조정

---

**10년간 자주 출제된 문제**

**3-1. 다음 중 트랙터용 로터리에서 안전클러치의 역할로 옳은 것은?**

① 견인력을 증대시킨다.
② 기관출력을 증대시킨다.
③ 로터리 손상을 방지한다.
④ 로터리 회전속도를 증대시킨다.

**3-2. 트랙터 작업기 부착 시 좌우 수평조절장치의 구조로 맞는 것은?**

① 스프링장치
② 레벨링 핸들장치
③ 상부링크장치
④ 체인장치

**3-3. 로터리를 트랙터에 부착하고 좌우 흔들림을 조정하려고 한다. 무엇을 조정하여야 하는가?**

① 리프팅암　　　　　　② 체크체인
③ 상부링크　　　　　　④ 리프팅로드

정답 3-1 ③　3-2 ②　3-3 ②

## 핵심이론 04 | 동양쟁기

① 개 념
  ⊙ 보통 우리가 쟁기라고 하는 동양쟁기는 축력이나 동력경운기 또는 트랙터에 견인되어 작업한다.
  ⓒ 일반적으로 쟁기는 이체, 빔, 히치, 경심 및 경폭 조절장치와 프레임, 이체반전장치 등으로 구성되어 있다.

② 구 조
  ⊙ 이체 : 토양을 절삭, 반전, 이동, 파쇄하는 부분으로 보습, 볏, 바닥쇠로 구성되어 있다.
    • 보습 : 토양을 절삭한 다음 볏으로 올려 보내는 부분으로 기본적으로 삼각형 모양으로 되어 있으며, 교환할 수 있게 되어 있다.
    • 볏 : 보습에서 올라온 역토를 반전하여 파쇄하는 부분으로 용도에 따라 볏의 길이와 휘어진 정도가 다르며, 긴 것은 두둑 작업에 적합하고, 짧은 것은 평면 쟁기 작업에 적합하다.
    • 바닥쇠(랜드사이드, 지측판) : 이체의 밑부분으로 쟁기의 자세를 안정시키는 역할을 하며, 마멸이 심하므로 교환할 수 있게 되어 있다.
  ⓒ 빔 및 프레임 : 이체가 흙에 대해 일정한 각도를 유지하면서 쟁기를 견인할 수 있게 해 준다.

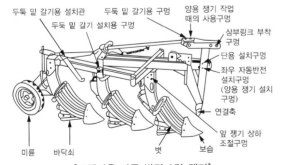

[트랙터용 자동 반전 3련 쟁기]

① 이체 : 흙을 직접 절단, 파쇄 및 반전시키는 작업부로
  보습(Share), 볏(Mould Board), 지측판(바닥쇠, Land
  Side)의 세 가지 주요부로 구성된다.

  ㉠ 보습 : 흙을 수평으로 절단하여 이를 발토판까지
    끌어 올리는 부분으로, 토양 및 경운 조건에 따라
    여러 가지 형태가 있다.

  ㉡ 몰드보드 : 발토판이라고도 하며, 보습의 위쪽에
    연결되어 보습에서 절단된 흙을 위로 이동시켜 반
    전·파쇄시키는 기능을 담당한다.

  ㉢ 바닥쇠 : 지측판이라고도 하며 이체의 밑부분으
    로, 플라우의 박쇠와 마찬가지로 쟁기를 받쳐 안정
    을 유지한다. 작업을 할 때 역토에 의하여 몰드보
    드에 작용하는 측압을 지탱하며, 바닥쇠의 측면
    흡인은 플라우의 진행방향을 일정하게 해 주고,
    하부 흡인은 경심을 안정시키는 작용을 한다.

  ※ 플라우의 장착방법

  • 견인식 : 트랙터의 견인봉(Drawbar)에 의하여
    견인한다.

  • 반장착식 : 작업기 무게의 일부는 3점 연결 장치
    의 하부 링크에 연결하고, 나머지 무게는 작업기
    의 바퀴로 지탱한다.

  • 3점 링크 연결식 : 트랙터의 3점 링크 기구에 직
    장식 플라우를 연결한다.

② 콜터 : 플라우의 앞쪽에 설치되며, 흙을 미리 수직으로
  절단하여 보습의 절삭작용을 도와주고, 역조와 역벽
  을 가지런히 해 준다.

③ 앞쟁기 : 보통 이체와 콜터 사이에 설치되는 작은 플라
  우로, 이체에 앞서 토양 위의 잔류물을 역구 쪽에 몰아
  매몰을 도와주고 표토를 얇게 갈아 준다.

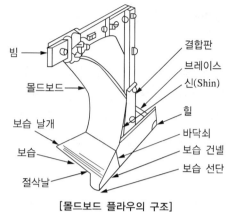

[몰드보드 플라우의 구조]

| **10년간 자주 출제된 문제** |

몰드보드 플라우의 구조에서 날 끝이 흙속으로 파고들며 수평
절단하는 것은?

① 보 습                    ② 바닥쇠
③ 발토판                    ④ 빔

정답 ①

| 핵심이론 **06** | 원판 플라우

① 구 조
  ㉠ 원판의 크기 : 보통 지름이 50~90[cm] 범위 내에 있으며, 원판 가운데의 깊이는 10~15[cm] 정도이다.
  ㉡ 스크레이퍼 : 원판 안쪽에 설치되며, 토양을 반전·파쇄하여 표토의 잔류물을 매몰시키고 흙이 원판에 달라붙는 것을 방지한다.
  ㉢ 원판각 : 플라우의 원판에는 수직평면에 대한 경사각과 진행방향에 대한 원판각이 있는데, 경사각(20°)이 클수록 토양반전이 용이하며, 원판각(45°)은 경폭을 결정해 준다.

② 플라우 경운 작업 시 경심의 조정
  ㉠ 상부링크로 조절하는 방법
    • 상부링크를 길게 하면(풀어 주면) 경심이 얕아진다.
    • 상부링크를 짧게 하면(조여 주면) 경심이 깊어진다.
  ㉡ 미륜으로 조절하는 방법
    • 미륜을 내리면 경심이 얕아진다.
    • 미륜을 올리면 경심이 깊어진다.

③ 원판 플라우의 특징
  ㉠ 동력 소모가 크지 않다.
  ㉡ 마르고 단단한 땅 작업에 우수하다.
  ㉢ 나무뿌리가 많은 경지 작업에 유리하다.
  ㉣ 원판각도를 조절하여 여러 토양조건에서도 작업이 가능하다.
  ㉤ 트랙터 견인 구동형이며, 트랙터 3점 링크 부착형이 많다.
  ㉥ 작업폭이 2~4[m] 정도로 1차, 2차 경운에 주로 사용한다.
  ㉦ 습지경운에 적합하다.
  ㉧ 맨땅을 갈아엎는 경운작업기이다.

※ 원판 플라우 작업에 적합한 토양조건
  • 심경이 필요한 토양
  • 점성이 크고 경반이 얕은 토양
  • 거칠고 돌이나 뿌리가 많은 토양
  • 보습으로는 토양 침투가 어려운 건조하고 단단한 토양
  • 쟁기로는 반전이 매우 어려운 부식토양이나 잔류물이 많은 토양

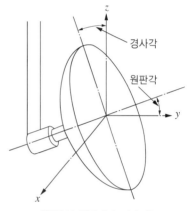

[원판의 원판각과 경사각]

**6-1. 국내에서 주로 사용되고 있는 원판쟁기에 대한 설명으로 틀린 것은?**

① 트랙터 견인 구동형이며, 트랙터 3점 링크 부착형이 많다.
② 1차 경운과 2차 경운에 주로 사용한다.
③ 습지경운에 적합하다.
④ 단열형과 2차 경운에 주로 사용한다.

**6-2. 원판 플라우의 특징으로 볼 수 없는 것은?**

① 동력 소모가 크다.
② 마르고 단단한 땅 작업에 우수하다.
③ 나무뿌리가 많은 경지 작업에 유리하다.
④ 원판 각도를 조절하여 여러 토양 조건에서도 작업이 가능하다.

**6-3. 디스크 플라우의 원판각은 진행방향에 대하여 얼마 정도로 조정해야 하는가?**

① 25~28° 정도
② 30~40° 정도
③ 42~45° 정도
④ 50~60° 정도

정답 6-1 ④  6-2 ①  6-3 ③

---

## 핵심이론 07 | 쟁기와 로터리의 탈 · 부착방법

① 동력경운기의 로터리 탈 · 부착 및 작업 전 조치사항
  ㉠ 로터리 날의 휨 상태를 세밀히 점검한다.
  ㉡ 토양상태에 따라 바퀴를 선택한다.
  ㉢ 모서리의 미륜을 조정한다.
② 트랙터용 쟁기의 탈 · 부착방법
  ㉠ 트랙터와 쟁기를 평탄한 곳에 위치시킨다.
  ㉡ 하부링크 좌우 높이를 같게 하고 후방에서 보아 좌우 수평이 되도록 우측 하부링크 조절레버로 조절한다.
  ㉢ 쟁기의 전후 수평 조정은 상부링크의 길이로 조정한다.
  ㉣ 쟁기가 트랙터 중앙에 오도록 좌우 체크체인으로 조절한다.
  ㉤ 부착은 좌측 하부링크 → 우측 하부링크 → 상부링크의 순서로 결합하며, 분리할 때에는 역순으로 한다.

**플라우 경운 작업 시 경심을 깊게 하려 할 때 조치방법으로 옳은 것은?**

① 상부링크를 조여 준다.
② 상부링크를 풀어 준다.
③ 리프팅로드를 늘려 준다.
④ 체크체인을 조여 준다.

정답 ①

① 3점 연결 장치

　㉠ 트랙터의 후부에 작업기의 3점을 2개의 하부링크
　　와 1개의 상부링크에 연결하는 것이다.

　㉡ 2개의 하부링크는 좌우의 뒷차축 케이스에 피벗으
　　로 고정되어 있으며, 유압장치에 의하여 승강작용
　　을 할 수 있도록 리프팅 암에 리프팅 로드로 연결되
　　어 있다.

　※ 트랙터에서 작업기의 부착장치 : 상부링크, 하부링
　　크, 리프팅로드

② 트랙터용 작업기의 3점 링크 히치식의 특징

　㉠ 구조가 간단하고, 값이 싸다.

　㉡ 플라우의 유압제어가 간단하다.

　㉢ 선회반지름이 짧고, 새머리가 작아진다.

　㉣ 플라우의 중량전이로 견인력이 증가한다.

　㉤ 운반 및 선회가 쉽다(작업기의 길이가 짧아진다).

　㉥ 견인식 플라우와 같은 바퀴가 필요 없다.

③ 3점 링크 히치식 작업기 조정

　㉠ 상부링크 : 전후 기울기를 조정한다.

　㉡ 우측 리프트로드 : 좌우 기울기를 조절하여 작업기
　　탈착을 돕는다.

　㉢ 체크체인 : 하부링크와 좌우 흔들림을 잡아준다.

　※ 농용트랙터 3점 히치는 동력취출축의 출력에 따라
　　4개의 카테고리로 구분되고, 각 카테고리는 모양은
　　같지만 크기에 따라 구별되는데, 예를 들어 PTO축
　　의 출력이 48[kW](65[PS]) 이하는 카테고리 I번,
　　51[kW](70[PS])는 II번이다.

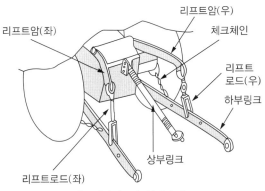

**[트랙터의 3점 연결장치]**

④ 트랙터용 심토파쇄기의 구조와 기능

　㉠ 경반층이 발생한 토양에 투수성과 통기성을 좋게
　　한다.

　㉡ 깊은 부분까지 토양을 파쇄해야 하므로 작업속도
　　가 느리다.

　㉢ 트랙터의 동력을 이용한다.

　㉣ 심토파쇄기는 지면에서 30~80[cm] 아래의 굳어
　　진 토양을 내부에서 파쇄시키는 작업기로, 겉흙은
　　갈지 않고 단단한 경반만을 파쇄한다.

　※ 트랙터를 이용한 땅속작물 수확기를 선정하기 위
　　해 필요한 사항

　　• 수확하고자 하는 작물의 종류를 알아야 한다.

　　• 이랑의 폭을 알아야 한다.

　　• 트랙터의 마력을 알아야 한다.

**8-1.** 트랙터와 플라우의 장착방법 중 3점 링크 히치식에 대한 설명으로 틀린 것은?

① 선회반지름이 짧고, 새머리가 작아진다.
② 플라우의 중량전이로 견인력이 감소된다.
③ 운반 및 선회가 쉽다.
④ 견인식 플라우와 같은 바퀴가 필요 없다.

**8-2.** 다음 중 농용 트랙터에서 작업기의 부착장치와 관련이 없는 것은?

① 상부링크
② 하부링크
③ 리프트로드
④ 드래그링크

**8-3.** 3점 링크 히치식 작업기 연결장치에서 작업기의 전후 기울기를 조절하는 것은?

① 상부링크
② 좌측 하부링크
③ 우측 하부링크
④ 체크체인

**8-4.** 트랙터를 이용한 땅속작물 수확기를 선정하기 위해 필요한 사항이 아닌 것은?

① 수확하고자 하는 작물의 종류를 알아야 한다.
② 이랑의 폭을 알아야 한다.
③ 트랙터의 마력을 알아야 한다.
④ 최종운반거리를 알아야 한다.

정답 8-1 ② 8-2 ④ 8-3 ① 8-4 ④

## 2-3. 동력 경운기 운전, 정비, 작업

### 핵심이론 01 | 동력 경운기 운전 전 점검 및 시동

① 동력 경운기의 운전 전 점검

　㉠ 연료, 냉각수, 각부의 윤활유량을 점검하고, 부족하면 보충한다.

　㉡ 타이어의 공기압 및 바퀴의 고정볼트 죔상태를 점검한다.

　㉢ 주클러치, V벨트의 장력, 브레이크, 조향 클러치, 조속 레버의 작동상태를 점검하고, 필요하면 조정한다.

② 기관의 시동(전기시동식)

　㉠ 시동하기 전에 주변속 레버와 부변속 레버(경운변속 레버)를 '중립' 위치, 주클러치 레버를 '끊음' 위치, 조속 레버를 '시동(START)' 위치에 놓는다.

　㉡ 연료 콕을 열고 조속 레버를 '시동' 위치로 둔다.

　㉢ 시동키를 '운전(ON)' 위치로 돌려 충전 경고등에 불이 켜져 있는지 확인한다.

　㉣ 왼손으로 감압 레버를 앞으로 당기고 오른손으로 시동키를 시동 위치로 돌리면 기관이 회전한다.

　㉤ 기관이 회전하여 관성이 붙으면 감압 레버를 원위치로 밀어 넣고, '펑펑' 폭발 소리가 2~3회 들리면 즉시 키에서 손을 뗀다.

　㉥ 시동시간은 5초 이내로 하고, 시동이 되지 않을 때에는 30초 이후에 재시동한다.

　㉦ 시동이 되면 키를 운전 위치에 놓고 운전한다.

　㉧ 시동이 되면 충전 경고등이 자동으로 꺼진다.

　※ 경운기 시동 시 감압 레버를 당겨주는 이유 : 압축 시 연소실 내의 압력을 낮추어 기관의 회전을 쉽게 하기 위해

**10년간 자주 출제된 문제**

동력 경운기의 시동 전 점검 및 주의사항으로 고려하지 않아도 되는 것은?

① 각부의 점검
② 윤활유 상태
③ 변속 위치 선정
④ 연료 보급

정답 ③

## 핵심이론 02 | 동력 경운기 출발, 선회

① 출 발

　㉠ 핸들을 누르면서 스탠드 레버를 당겨 스탠드를 접는다.

　㉡ 주클러치 레버를 '끊김' 위치에 둔 채로 주변속 레버와 부변속 레버를 원하는 위치에 정확히 넣는다.

　㉢ 로터리 작업 시 경운 변속 레버를 '굵게' 또는 '잘게' 중 알맞은 위치에 넣는다.

　㉣ 주위의 안전을 살핀 다음, 조속 레버를 이용하여 기관 속도를 조절하면서 주클러치 레버를 천천히 연결한다.

② 선 회

　㉠ 선회할 지점 전에 미리 조속 레버를 '저속' 위치로 하여 동력 경운기의 속도를 줄인 다음, 선회할 방향의 조향 클러치를 잡고 선회하며, 선회가 끝나면 즉시 조향 클러치를 놓는다.

　㉡ 선회반지름이 클 경우에는 조향 클러치를 잡았다 놓았다를 반복한다.

　㉢ 경사지를 내려갈 때에는 조속 레버를 저속으로 하고, 조향 클러치를 사용하지 않고 핸들의 힘만으로 방향을 조절한다.

**10년간 자주 출제된 문제**

**2-1. 다음 중 경운기로 평지밭에서 경운 작업 시 조향방법으로 알맞은 것은?**

① 선회하고자 하는 쪽의 조향 클러치를 잡는다.
② 선회하고자 하는 반대쪽의 조향 클러치를 잡는다.
③ 본체를 제동 후 힘으로 핸들을 조향한다.
④ PTO 클러치를 작동 후 조향 클러치를 잡는다.

**2-2. 동력 경운기로 경사지를 내려갈 때 조향 클러치 조작방법 중 맞는 것은?**

① 평지의 정반대다.　　　② 오르막 경사지와 같다.
③ 양쪽 다 잡는다.　　　④ 아무렇게나 상관없다.

정답 2-1 ① 2-2 ①

① 변 속

㉠ 주행 중에 변속하고자 할 때에는 조속 레버를 저속 위치에 놓는다.

㉡ 주클러치 레버를 '끊김' 위치까지 잡아당겨 클러치를 끊는다.

㉢ 부변속 레버가 '고속' 위치에 놓여 있을 때는 경운 변속이 되지 않는다.

② 후 진

㉠ 후진할 때에는 기체(핸들 쪽)가 들리는 경향이 있으므로, 로터리 작업을 할 때에는 회전하는 로터리 날과 접촉하지 않도록 해야 한다.

　※ 로터리 작업 시 후진할 때에는 반드시 경운 변속 레버를 중립에 놓고 실시한다.

㉡ 경운 변속 레버가 '굵게' 또는 '잘게' 위치에 있을 때에는 주변속 레버가 '후진' 위치에 들어가지 않으므로, 후진 갈이를 하고 싶을 때에는 주변속 레버를 '후진' 위치에 넣은 다음 경운 변속 레버를 조작한다.

㉢ 후진 갈이 작업은 작업자가 뒤로 걸어야 하므로 넘어질 가능성이 높기 때문에 되도록 후진 갈이 작업은 하지 않도록 하며, 부득이한 경우 저속으로 작업해야 한다.

---

**10년간 자주 출제된 문제**

동력 경운기의 로터리 경운 작업 시 변속에 관한 설명 중 틀린 것은?

① 주클러치 레버는 끊김 위치로 한 다음 변속한다.

② 후진할 때에는 반드시 경운 변속 레버를 중립에 놓고 실시한다.

③ 부변속 레버가 경운 변속 위치에 놓여 있더라도 후진 변속이 된다.

④ 부변속 레버가 고속 위치에 놓여 있을 때는 경운 변속이 되지 않는다.

|해설|

부변속 레버(경운 변속 레버)가 '굵게' 또는 '잘게' 위치에 있을 때에는 주변속레버가 '후진' 위치에 들어가지 않는다.

정답 ③

# 핵심이론 04 | 동력 경운기 안전운전

① 안전주행속도는 15[km/h] 이하이며, 고속에서 방향 전환을 하는 것은 피하는 것이 좋다. 방향을 전환해야 할 경우에는 핸들만으로 전환한다.

② 내리막길에서 조향 클러치 레버를 잡으면 급선회 및 반대 방향으로 조향되어 대단히 위험하므로 핸들만으로 조종하는 것이 안전하다.

③ 언덕길 주행 중에는 도중에 변속 조작하지 말고 언덕길에 들어가기 전에 미리 알맞은 변속단수로 변속해야 한다.

④ 제동 시 트레일러 브레이크를 함께 사용하고, 급한 내리막길에서는 저속으로 엔진 브레이크를 이용한다.

⑤ 후진할 때 고속은 절대 피해야 하고, 뒤쪽이 들리지 않도록 핸들을 누르고 천천히 후진해야 한다.

⑥ 쟁기, 로터리 등의 작업기를 부착하고 낮은 장소로 내려갈 때에는 안전을 위해 후진으로 천천히 내려가야 한다.

⑦ 실내 및 하우스 내에서 시동 및 작업 시 환기상태를 확인해야 한다.

⑧ 운전자 이외의 사람은 태우지 않는다.

⑨ 안전덮개 등의 안전장치는 반드시 부착한 후 작업한다.

⑩ 연료 및 냉각수 보충은 기관의 열이 식은 후에 실시한다.

⑪ 벨트 등 회전 부위에 신체가 접촉되지 않도록 주의한다.

⑫ 동력 경운기의 로터리에 흙과 폐비닐이 부착되었을 때는 기관정지 후 제거한다.

① 25시간 운행 후 점검

    ㉠ 윤활유를 전부 교환한다(새 기계일 때).

    ㉡ 조향 클러치 케이블의 길이를 점검하고 조정한다.

    ㉢ V벨트의 장력을 점검한다.

② 50시간 운행 후 점검

    ㉠ 로터리 날을 점검하고 너트를 더 죈다.

    ㉡ 각 케이블에 윤활유를 소량 주유한다.

    ㉢ 뒷바퀴 축에 그리스를 쳐 준다.

    ㉣ 각부의 윤활유를 점검하고 부족 시에는 보충해
       준다.

    ㉤ 뒷바퀴 조정나사에 그리스를 넣어 준다.

③ 연 1회 점검

    ㉠ 변속기, 로터리 체인 케이스의 윤활유를 전부 교환
       한다(약 100시간 사용마다).

    ㉡ 로터리 체인의 장력을 점검하고 이상이 있을 때에
       는 조정한다.

    ㉢ 차축에 그리스를 바른다.

    ㉣ 로터리 베어링 케이스에 그리스를 넣어 준다.

---

### 10년간 자주 출제된 문제

**5-1. 동력 경운기 본체의 선회가 안 될 때 점검·정비해야 할 장치는?**

① 브레이크장치    ② 부변속장치

③ 주변속장치    ④ 조향장치

**5-2. 동력 경운기의 50시간 운행 후 점검사항이 아닌 것은?**

① 로터리 날을 점검하고 너트를 더 죈다.

② 각 케이블에 윤활유를 소량 주유한다.

③ 뒷바퀴 축에 그리스를 쳐 준다.

④ V벨트의 장력을 점검한다.

|해설|

5-1
조향장치는 차축의 동력전동의 편측을 정지시켜 진행방향을 바꾸는 장치이다.

정답 5-1 ④   5-2 ④

---

① 일상보관

    ㉠ 본체와 작업기를 깨끗이 닦는다.

    ㉡ 각 변속 레버는 중립에 놓고, 주클러치 레버는 '연
       결' 위치에 놓는다.

    ㉢ 연료 콕은 잠그고 연료탱크에 연료를 가득 채운다.

    ㉣ 추운 겨울에는 냉각수를 빼거나 부동액을 넣는다.

② 장기보관

    ㉠ 기관이 따뜻할 때 냉각수와 오일을 모두 빼낸다.

    ㉡ 흡기관에 오일을 소량 넣어 공회전시킨 다음 압축
       상사점에 놓는다.

    ㉢ 기체의 외부를 기름걸레로 닦고, 와이어에는 오일
       을 약간 주입한다.

    ㉣ 작동부나 나사부에 윤활유나 그리스를 바른다.

    ㉤ 통풍이 좋은 실내에 타이어가 땅에 닿지 않게 보관
       한다.

## 10년간 자주 출제된 문제

**6-1. 경운기 보관 관리요령 중 틀린 것은?**

① 변속레버는 저속 위치로 보관
② 본체와 작업기를 깨끗이 닦아서 보관
③ 작동부나 나사부에 윤활유나 그리스를 바른 후 보관
④ 통풍이 잘되는 실내에 보관

**6-2. 동력 경운기의 경우 운전 중 기관은 가동되고 있으나 갑자기 한쪽 차륜이 서고 기체가 돌려고 할 때의 주요원인은?**

① 주클러치의 고장
② 변속기의 고장
③ 조향 클러치의 고장
④ 타이어의 공기압 부족

**6-3. 동력 경운기 조향 장치의 고장 및 정비사항과 관련이 없는 것은?**

① 조향 클러치의 반클러치 작동
② 조향 클러치 케이블의 녹 발생
③ 조향 갈고리축의 녹 발생
④ 조향 클러치 리턴 스프링의 약화

|해설|

**6-1**
각 변속 레버는 중립에 놓고, 주클러치 레버는 '연결' 위치에 놓는다.

**6-3**
동력 경운기에서 사용하는 맞물림 클러치는 반클러치 상태가 되지 않아 조향조건이 나쁜 곳에서는 편리하나, 도로 주행 등의 완만한 조향이 필요할 때 급선회할 위험이 있어 주의해야 한다.

정답 6-1 ① 6-2 ③ 6-3 ①

## 핵심이론 07 | 동력 경운기 기관, 동력전달장치

① 동력 경운기의 주요 구성요소 : 기관, 동력전달장치, 주행장치, 조향장치, 제동장치, 작업기 장착장치, 구동장치 및 부속장치로 되어 있다.

② 기 관
　㉠ 구동 및 겸용형 동력 경운기에 사용되는 기관은 주로 디젤 수랭식 4행정 기관이다.
　㉡ 정격출력 5.9~8.8[kW]의 단기통 수평형 기관이 사용된다.
　㉢ 견인형 동력 경운기에는 3.7[kW] 이하의 가솔린 기관이 사용된다.
　㉣ 일반적으로 동력 경운기 기관의 정격회전수는 2,200[rpm]이다.

③ 동력 경운기의 동력전달체계
　㉠ 엔진 → 주클러치 → 변속장치 → 조향장치 → 차축
　㉡ 엔진 → 주클러치 → 변속장치 → PTO축 → 구동작업기

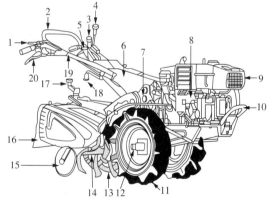

[동력 경운기의 각부 명칭]

| | |
|---|---|
| 1. 조속 레버 | 2. 보조핸들 |
| 3. 주변속 레버 | 4. 주클러치 레버 |
| 5. 부변속 레버 | 6. 핸들 프레임 |
| 7. 변속기 케이스 | 8. 기 관 |
| 9. 전조등 | 10. 앞 범퍼 |
| 11. 타이어 | 12. 차 축 |
| 13. 경운날 | 14. 경운축 |
| 15. 미 륜 | 16. 흙받이 |
| 17. 미륜 조절 핸들 | 18. 스탠드 레버 |
| 19. 핸 들 | 20. 조향 클러치 레버 |

**7-1. 동력 경운기의 동력전달체계가 올바른 것은?**

① 엔진 → 주축 케이스 → 주클러치 → 조향장치 → 변속장치
  → 차축
② 엔진 → 주축 케이스 → 조향장치 → 변속장치 → 차축
③ 엔진 → 주클러치 → 변속장치 → 조향장치 → 차축
④ 엔진 → 주클러치 → 조향장치 → 변속장치 → 차축

**7-2. 다음 중 일반적으로 동력 경운기 기관의 정격회전수는?**

① 1,200[rpm]　　　　② 2,200[rpm]
③ 3,200[rpm]　　　　④ 4,200[rpm]

**정답** 7-1 ③　7-2 ②

---

**핵심이론 08 | 동력 경운기 주클러치**

① 주클러치의 개념

　㉠ 기관의 회전을 정지시키지 않고서도 주행을 정지하거나 변속기어를 바꿀 때 동력전달을 단속하기 위하여 사용한다.

　㉡ 주로 원판형 건식 다판 마찰클러치를 사용한다.

　㉢ 스프링의 힘으로 마찰판을 압력판과 밀착시켜 동력을 전달한다.

　㉣ 주클러치 조합에 오일이 들어가면 클러치가 미끄러진다.

　㉤ 주클러치를 끊음으로써 기관이 시동된 채로 경운기를 정지시킬 수 있다.

　㉥ 무부하 상태에서 기관을 시동할 수 있다.

　㉦ 동력 경운기의 엔진동력을 클러치로 전달하는 동력전달수단은 V벨트이다.

② 동력 경운기에서 주클러치가 슬립하는 원인

　㉠ 스프링의 장력이 약할 때

　㉡ 윤활유가 침입하였을 때(마찰판에 기름 침입 등)

　㉢ 물이 침입하였을 때

　㉣ 구동판이 마모되었을 때

　㉤ 클러치 간극이 맞지 않을 때

　※ 동력 경운기의 주클러치 조합을 점검하여 교환하는 부품 : 면판

③ 동력 경운기의 주클러치 스프링의 점검사항

　㉠ 직각도 : 3[%] 이상 시 교환

　㉡ 자유고 : 3[%] 이상 시 교환

　㉢ 장력 : 15[%] 이상 시 교환

　※ 급가속하였을 때 기관의 회전속도가 상승하여도 차속이 증속되지 않는 원인 : 클러치 스프링의 자유고 감소 등

④ 주클러치를 연결하여도 힘이 나지 않거나 전혀 움직이지 않을 때의 원인

　㉠ 마찰판이 탔거나, 압력스프링의 장력 감소

ⓛ 클러치 내 윤활유의 누유

ⓒ 클러치 로드 조절 불량

ⓔ 클러치의 유격이 너무 작아 미끄러짐

※ 동력 경운기의 주클러치가 잘 끊어지지 않을 경우에는 클러치 스프링의 조정너트를 이용하여 클러치 스프링의 설치길이를 길게 하여 조정한다.

## 10년간 자주 출제된 문제

**8-1.** 다음 중 동력 경운기의 엔진동력을 클러치로 전달하는 동력전달수단으로 가장 알맞은 것은?

① 평벨트
② 유성기어
③ V벨트
④ 베벨기어

**8-2.** 동력 경운기의 주클러치에 대한 설명으로 옳지 않은 것은?

① 무부하 상태에서 기관을 시동할 수 있다.
② 기관의 회전을 정지시키지 않고서도 주행을 정지할 수 있다.
③ 국내 동력 경운기는 주로 원판형 건식 다판 클러치를 사용한다.
④ 정지 상태에서 변속기어를 바꿀 수 없다.

**8-3.** 동력 경운기에서 주클러치가 슬립하는 원인이 아닌 것은?

① 스프링의 장력이 강할 때
② 윤활유가 침입하였을 때
③ 물이 침입하였을 때
④ 구동판이 마모되었을 때

**8-4.** 동력 경운기의 주클러치 스프링의 점검사항이 아닌 것은?

① 직각도
② 자유고
③ 인장도
④ 장 력

**8-5.** 동력 경운기에서 주클러치를 연결하여도 힘이 안 나거나 전혀 움직이지 않을 때의 원인과 거리가 먼 것은?

① 클러치의 유격이 너무 작아 미끄러지고 있다.
② 마찰판이 타서 심하게 소손되었다.
③ 압력스프링의 장력이 너무 세다.
④ 클러치 내부에 윤활유가 누유되었다.

**8-6.** 다음 중 동력 경운기 주클러치가 전혀 끊어지지 않을 때 정비해야 할 것은?

① 조향 클러치 암
② 주클러치 로드
③ 브레이크 와이어
④ V벨트의 긴장도

정답 8-1 ③  8-2 ④  8-3 ①  8-4 ③  8-5 ③  8-6 ②

① V벨트 유격 측정과 조정

 ㉠ V벨트의 중앙 부분에 철자를 대고 10[kgf]의 힘으로 눌렀을 때 유격(처짐양)이 20~30[mm]인지 확인한다.

 ㉡ 각 벨트의 처짐양이 같은지 점검한다. 유격이 다를 때에는 벨트를 교환하거나, 텐션 풀리로 조정한다.

 ㉢ 텐션 풀리로 조정이 안 될 때에는 기관 고정볼트를 풀고, 기관을 이동하여 조정한 다음 볼트를 고정한다.

② 동력 경운기의 V벨트 장력 이상 시 발생현상

| 장력 부족의 경우 | 장력 과다의 경우 |
|---|---|
| • 슬립, 발열, 진동이 생긴다.<br>• 고무가 노화하여 크랙이 생긴다.<br>• 측면이 마모한다.<br>• 동력전달 효율이 떨어진다. | • 벨트가 풀리상에서 변형하여 수명이 저하된다.<br>• 열이 발생한다.<br>• 축수가 발열한다. |

---

**10년간 자주 출제된 문제**

**9-1. 동력 경운기의 V벨트 긴장도를 조절하는 부품은?**

① 플라이 휠   ② 기화기
③ 텐션 풀리   ④ 작업 풀리

**9-2. 동력 경운기의 V벨트 장력이 너무 약할 때 일어나는 현상 중 맞는 것은?**

① 점화시기가 빨라진다.
② 동력전달 효율이 떨어진다.
③ 엔진 과열의 원인이 된다.
④ 클러치 축 베어링을 손상시킨다.

|해설|

**9-1**
**V벨트 조절**
• 엔진 고정볼트를 풀어 엔진을 전후로 당겨 조작하는 방법
• 텐션 풀리로 조작하는 방법

정답 9-1 ③ 9-2 ②

---

① 변속 장치의 개념

 ㉠ 기관의 회전속도를 변화시키지 않고, 원하는 주행속도나 PTO축의 경운회전수를 변화시켜 주는 장치이다.

 ㉡ 선택 미끄럼 기어식 변속기를 사용 → 이의 수가 서로 다른 기어를 조합, 변속하여 회전수를 변화시킨다.

 ㉢ 변속범위

  • 주변속 레버는 전진 3단, 후진 1단, 부변속 레버 2단(고속, 저속)으로 구성되어 있다.

  • 전체 변속범위는 전진 6단, 후진 2단, 경운 변속 2단(잘게, 굵게)으로 구성되어 있다.

② 동력 경운기 변속기 내부에 설치되어 있는 것 : PTO축, 조향 포크(시프트 포크), 조향 클러치

③ 동력 경운기의 변속기에서 소리가 나는 원인

 ㉠ 윤활유 부족 및 점도 저하

 ㉡ 베어링, 변속기어의 마모

 ㉢ 갈고리의 마모나 변형

 ㉣ 카운터기어의 손상이나 마모

 ㉤ 기어의 백 래시 과다

 ※ 수동변속기에서 변속 시 금속음이 발생되는 원인 : 클러치 페달의 유격이 클 때

④ 경운기가 주행 중 변속기의 기어가 빠지는 원인

 ㉠ 로킹볼 및 스프링 마모

 ㉡ 변속기어의 이상마모와 물림 불량

 ㉢ 변속 포크 불량 시

⑤ 변속이 되지 않을 때의 원인

 ㉠ 주클러치 불량, 지점핀과 연결부분 마멸 시

 ㉡ 각 기어 마모, 변속포크 불량, 주변속 레버가 굽었을 때

 ㉢ 변속거리의 위치가 틀렸을 때, 조작이 불확실할 때

⑥ 경운기 변속축 분해순서 : 경운변속축 → 부축 → 중간축 → 후진축 → 주축 → 부변속축 → 조향클러치축 → 차축

**10-1.** 우리나라에서 일반적으로 사용하고 있는 동력 경운기 변속기는 어떠한 형식을 사용하고 있는가?

① 선택 미끄럼 기어 물림식
② 선택 유성치차 물림식
③ 기어 동기 물림식
④ 유체 컨버터 물림식

**10-2.** 수동변속기에서 변속 시 금속음이 발생되는 원인은?

① 클러치 페달 유격이 클 때
② 클러치 페달 유격이 작을 때
③ 기어오일이 너무 많을 때
④ 클러치판에 기름이 묻어 있을 때

**10-3.** 경운기가 주행 중 변속기의 기어가 빠지는 원인으로 가장 타당한 것은?

① 변속기어의 이상마모와 물림 불량
② 기어오일이 부족할 때
③ 클러치판의 고착
④ 기어시프트의 마모 과대

**10-4.** 동력 경운기 변속 레버가 잘 들어가지 않는 원인으로 거리가 먼 것은?

① 드럼의 유격 확대        ② 주클러치 불량
③ 기어 마모              ④ 변속포크 불량

**10-5.** 경운기 변속축 분해순서로 옳은 것은?

| 1. 경운변속축 | 2. 부 축 |
|---|---|
| 3. 중간축 | 4. 후진축 |
| 5. 주 축 | 6. 조향클러치축 |
| 7. 부변속축 | 8. 차 축 |

① 1-2-3-4-5-6-7-8        ② 1-2-3-4-5-7-6-8
③ 1-2-3-4-5-6-8-7        ④ 1-2-3-4-6-5-7-8

|해설|

**10-1**
동력 경운기는 동력전달효율을 높이고 큰 동력을 전달하는 데 적합한 선택 미끄럼 기어식 변속기를 사용한다.

**10-2**
클러치 페달의 유격이 크면 변속할 때 기어가 끌리는 소음이 발생한다.

**정답** 10-1 ①  10-2 ①  10-3 ①  10-4 ①  10-5 ②

① 주행장치의 개념

  ㉠ 주행장치는 차륜형과 장궤형이 있으며, 변속기, 차축, 허브차륜(장궤)으로 구성된다.

  ㉡ 동력 경운기에 사용되는 바퀴에는 고무바퀴와 철 바퀴의 두 종류가 있다.

  ㉢ 고무바퀴는 도로 주행이나 마른 논밭 등에서 작업할 때 사용한다.

  ㉣ 타이어에는 견인력을 증대시키기 위하여 돌기 부분(러그)이 있으며, 견인성능을 잘 발휘하기 위해서는 돌기 부분의 방향과 진행 방향이 일치하게 조립해야 한다.

  ㉤ 철바퀴는 무논에서 쟁기 작업이나 로터리 작업을 할 때 주행성능과 견인성능을 향상시키기 위해 사용된다.

  ※ 동력 경운기 무논 작업용 철차륜의 주요 구성요소 : 스포크, 보스, 림

② 타이어의 호칭 치수 보는 방법(예 6.00 - 12 - 4PR)

  ㉠ 6.00 : 타이어 폭[inch]

  ㉡ 12 : 타이어 내경[inch]

  ㉢ 4 : 플라이 수

  ※ 동력 경운기의 작업조건에 따른 윤거(Tread) 조절 방법

    • 차륜의 허브로 차축을 섭동하는 방법

    • 조절 칼라를 차축에 교체하는 방법

    • 좌우 차륜을 서로 교체하는 방법

③ 베어링의 분류

  ㉠ 마찰의 종류에 따라

    • 미끄럼 마찰을 일으키는 것 : 슬라이딩 베어링

    • 구름 마찰을 일으키는 것 : 구름 베어링

  ㉡ 하중 지지에 따라

    • 축심과 직각방향으로 하중을 받는 것 : 레이디얼, 저널 베어링

    • 축심에 따라 평행으로 하중을 받는 것 : 엑시얼, 스러스트 베어링

---

**10년간 자주 출제된 문제**

**11-1. 동력 경운기 무논 작업용 철차륜의 주요 구성요소가 아닌 것은?**

① 공기밸브    ② 스포크

③ 보 스    ④ 림

**11-2. 축과 평행한 방향으로 작용하는 하중을 지지하는 베어링은?**

① 레이디얼 베어링

② 스러스트 베어링

③ 볼 베어링

④ 롤러 베어링

**정답 11-1 ①  11-2 ②**

## 핵심이론 12 | 동력 경운기 조향장치

① 동력 경운기는 원칙적으로 핸들을 좌우로 움직여 진행 방향을 바꿀 수 있다.

② 무논에서 작업하는 경우에는 좌우로 움직이기가 매우 힘들기 때문에 좌우 바퀴 중 한쪽의 동력을 끊음으로써 한쪽 바퀴에만 동력이 전달되게 하여 방향을 바꾸는 구조로 되어 있다.

③ 동력 경운기의 조향장치로 가장 많이 사용되는 형식은 클러치형으로 조향 클러치 또는 사이드 클러치라고도 한다.

④ 동력 경운기의 조향 클러치에는 맞물림 클러치(Dog Clutch)가 많이 사용되고 있다.

※ 맞물림 클러치 : 서로 맞물리는 조(Jaw)를 가진 플랜지의 한쪽을 원동축으로 고정하고, 다른 방향은 축방향으로 이동할 수 있도록 한 클러치

⑤ 동력 경운기 조향 클러치의 적당한 유격 : 1.0~2.0 [mm]

⑥ 조향기어비 : 조향핸들이 움직인 양과 피트먼 암이 움직인 양의 비로 표시한다.

[예제]

조향핸들을 한 바퀴 돌렸을 때 피트먼 암이 30° 움직였다면, 이때 조향기어비는?

[풀이]

1회전(360°)으로 피트먼 암이 30°움직였다면

$\dfrac{360°}{30°} = 12$이므로 감속비는 12 : 1이다.

⑦ 조향 클러치의 베어링 부분 점검과정

㉠ 가솔린으로 씻고 내부의 먼지, 그리스 등을 압축공기로 완전히 불어내고 깨끗이 한 다음 점검한다.

㉡ 베어링을 돌려보고 가볍게 회전하는지, 걸리거나 끄덕거림은 없는지 등을 점검한다.

㉢ 취부할 때에는 내륜회전을 하는 것은 내륜을, 외륜회전을 하는 것은 외륜을 타입하도록 한다.

㉣ Z, ZZ형은 회전을 하면서 걸림, 끄덕거림 이외에도 실드면 등도 점검한다.

---

### 10년간 자주 출제된 문제

**12-1. 다음 중 경운기의 조향 클러치를 나타내는 말이 아닌 것은?**

① 맞물림 클러치
② 도그(Dog) 클러치
③ 사이드(Side) 클러치
④ 마찰 클러치

**12-2. 동력 경운기의 조향 클러치(Side Clutch)로 사용되는 것은?**

① 맞물림 클러치(Dog Clutch)
② 디스크 클러치(Disk Clutch)
③ 유체 클러치(Fluid Clutch)
④ 기어 클러치(Gear Clutch)

**12-3. 다음 중 동력 경운기의 조향장치에 맞물림 클러치를 사용하는 이유로 가장 타당한 것은?**

① 운반 작업 시 견인력을 높이기 위해서
② 로터리 작업 시 구동력을 높이기 위해서
③ 도로 주행 시 선회를 빠르게 하기 위해서
④ 포장 작업 시 선회를 쉽게 하기 위해서

**12-4. 다음 중 동력 경운기 조향 클러치의 가장 적당한 유격은?**

① 1.0~2.0[mm]　　　　② 3.0~4.0[mm]
③ 4.0~5.0[mm]　　　　④ 5.0~6.0[mm]

**12-5. 조향 클러치의 베어링 부분 점검과정에 대한 설명으로 옳지 않은 것은?**

① 가솔린으로 씻고 내부의 먼지, 그리스 등을 완전히 압축공기로 불어내고 깨끗이 한 다음 점검한다.
② 베어링을 돌려보고 가볍게 회전하는지 걸리거나 끄덕거림은 없는지 등을 점검한다.
③ 취부할 때에는 내륜회전을 하는 것은 외륜을, 외륜회전을 하는 것은 내륜을 타입하도록 한다.
④ Z, ZZ형은 회전을 하면서 걸림, 끄덕거림 이외에도 실드면 등도 점검한다.

**12-3**

동력 경운기의 조향 클러치는 맞물림 클러치 방식을 채택하고
있다. 그 이유는 연약 토양에서 바퀴가 빠져 방향을 바꾸기 어려울
때 편리하기 때문이다.

**정답** 12-1 ④  12-2 ①  12-3 ④  12-4 ①  12-5 ③

## 핵심이론 13 | 동력 경운기 제동장치

① 제동장치의 개념

ㄱ 동력 경운기는 주로 습식 내부확장식 마찰 브레이
크를 많이 사용하고 있다.

ㄴ 브레이크 드럼 속에는 오일이 채워져 있어 마찰면
이 녹스는 것을 방지하고, 마찰열을 흡수한다.

※ 동력 경운기의 브레이크에 사용되는 오일 : 기어오일

ㄷ 브레이크 레버와 주크랭크축 레버는 연동으로 작
동하도록 연결되어 있어 주클러치 레버를 당기면
동력전달이 차단된 후 브레이크가 작동한다.

※ 동력 경운기에서 브레이크가 작동되는 순서
주클러치 레버의 정지 위치 → 연결로드 → 브레이
크 캠 회전 → 브레이크 링 확장 → 브레이크 드럼과
밀착 → 축 회전 제동

② 동력 경운기 브레이크 링 분해방법

ㄱ 주클러치 레버를 연결 위치에 놓는다.

ㄴ 배유볼트를 풀고 엔진오일을 약 50[%] 제거한다.

ㄷ 브레이크 연결로드를 분해한 다음 브레이크 커버
를 떼어낸다.

ㄹ 브레이크 드럼의 고정볼트를 푼다.

※ 경운기 브레이크 링의 외경 측정 방법 : 브레이크
링의 절개부 틈새를 8[mm]가 되도록 하고 측정한다.

③ 동력 경운기 브레이크 드럼

ㄱ 안지름이 표준값보다 1[mm] 이상 마멸되었을 경
우 교체한다.

ㄴ 브레이크 드럼은 변속기의 부변속 축에 고정되어
있다.

ㄷ 동력 경운기 브레이크 드럼의 조건

• 가볍고 강도와 강성이 클 것

• 충분한 내마멸성이 있을 것

• 정적·동적 평형이 잡혀져 있을 것

• 방열이 잘될 것

※ 제동토크 = 드럼의 반지름 × 힘 × 마찰계수

④ 브레이크의 유격
   ⊙ 동력 경운기용 트레일러의 브레이크 페달 유격은
     20~30[mm], 드럼과 라이닝의 간격은 0.2~0.6
     [mm]가 적합하다.
   ⊙ 브레이크의 유격 조정은 주클러치 로드(레버)의
     연결봉으로 한다.
⑤ 브레이크 작동 불량의 원인
   ⊙ 브레이크 캠축 손상
   ⊙ 브레이크 링의 마멸
   ⊙ 브레이크 드럼의 마멸
   ⊙ 라이닝과 드럼의 압착상태 불량
   ⊙ 라이닝 재질 불량 및 오일 부착
   ⊙ 브레이크 파이프의 막힘

**13-1. 동력 경운기의 제동장치에 관한 설명으로 틀린 것은?**
① 마찰력으로 제동된다.
② 습식 내부확장식 브레이크이다.
③ 브레이크와 주클러치는 레버가 다르다.
④ 브레이크 드럼에는 오일이 채워져 있다.

**13-2. 동력 경운기 브레이크 작동 시 동력전달순서가 바르게 제시된 것은?**
① 연결로드 – 브레이크 캠 – 브레이크 드럼 – 브레이크 링
② 연결로드 – 브레이크 캠 – 브레이크 링 – 브레이크 드럼
③ 연결로드 – 브레이크 드럼 – 브레이크 캠 – 브레이크 링
④ 연결로드 – 브레이크 링 – 브레이크 드럼 – 브레이크 캠

**13-3. 경운기 브레이크의 유격 조정은 무엇으로 하는가?**
① 브레이크 캠축
② 브레이크 레버
③ 브레이크 드럼
④ 주클러치 로드의 연결봉

**13-4. 동력 경운기에서 브레이크 드럼은 변속기의 어느 축에 고정되어 있는가?**
① 주변속 축
② 부변속 축
③ 갈이구동 축
④ PTO 축

**13-5. 다음 중 동력 경운기의 브레이크에 사용되는 오일로 가장 적합한 것은?**
① 유압오일
② 기어오일
③ 엔진오일
④ 그리스

|해설|

13-5
기어오일은 농용 트랙터와 주행형 농업기계의 변속장치, 차동장치 등에 사용하는 오일을 말한다.

정답 13-1 ③  13-2 ②  13-3 ④  13-4 ②  13-5 ②

① 쟁기 작업 시 경운방법
  ㉠ 왕복경법
    • 순차 경법, 안쪽 제침 왕복경법, 바깥쪽 제침 왕복경법
    • 포장의 양쪽 끝에서 선회에 필요한 새머리를 남기고 왕복하면서 쟁기 작업을 하는 방법
  ㉡ 회경법
    • 바깥쪽 제침 회경법, 안쪽 제침 회경법
    • 쟁기로 순차적으로 돌아가며 작업하는 연속경법
② 감압볼트의 조정
  ㉠ 직진성을 좋게 하기 위하여 쟁기의 중심선이 일치하도록 좌우의 감압볼트를 조정한다.
  ㉡ 동력 경운기에 쟁기를 장착할 때 히치와 감압볼트의 거리를 1~1.5[mm] 조정한다(볼트머리와 히치박스와의 틈새는 1~1.5[mm]).
  ㉢ 동력 경운기용 쟁기를 장착할 때 좌우로 15° 정도 움직일 수 있게 조절한다.
  ㉣ 동력 경운기에 쟁기를 부착하여 작업할 때 타이어 공기압 : 1.1~1.4[kg/cm²]
③ **경폭의 조정** : 경폭 조절레버를 올려서 쟁기를 좌우로 이동시켜 경폭을 조정한다.
④ 플라우 경운 작업 시 경심의 조정
  ㉠ 상부링크로 조절하는 방법
    • 상부링크를 길게 하면(풀어 주면) 경심이 얕아진다.
    • 상부링크를 짧게 하면(조여 주면) 경심이 깊어진다.
  ㉡ 미륜으로 조절하는 방법
    • 미륜을 내리면 경심이 얕아진다.
    • 미륜을 올리면 경심이 깊어진다.

⑤ 반전조정
  ㉠ 역토의 반전방향은 볏 반전 레버를 좌우로 이동시켜 조정한다.
  ㉡ 반전상태의 조정은 자유 볏 회전판의 연결구멍 위치를 변경시켜 조정한다.

---

**10년간 자주 출제된 문제**

**14-1. 동력 경운기의 쟁기 작업 경운방법으로 가장 거리가 먼 것은?**

① 순차 경법          ② 안쪽 제침 경법
③ 식부 경법          ④ 바깥쪽 제침 경법

**14-2. 동력 경운기에 쟁기를 장착할 때 히치와 감압볼트의 거리를 얼마로 조정해야 직진성이 좋아지는가?**

① 5~6[mm]          ② 3~4[mm]
③ 1~1.5[mm]        ④ 2~3[mm]

**14-3. 동력 경운기에 쟁기를 부착하여 작업할 때 타이어 공기압으로 가장 이상적인 값은?**

① 0.1~0.4[kgf/cm²]      ② 1.1~1.4[kgf/cm²]
③ 2.1~2.4[kgf/cm²]      ④ 3.1~3.4[kgf/cm²]

|해설|

**14-3**
타이어의 공기압은 1.1~1.4[kgf/cm²]로 양쪽 동일압력을 유지시켜 준다. 그렇지 않으면 직진성이 나빠진다.

**정답** 14-1 ③   14-2 ③   14-3 ②

① 로터리 경운법(평면갈이)

 ㉠ 경운 폭이 차바퀴 폭보다 넓을 때(차륜폭이 로터리 날보다 좁을 때) : 연접 경운법

 ㉡ 경운 폭이 차바퀴 폭보다 좁을 때(차륜폭이 로터리 날보다 넓을 때) : 한 고랑 떼기 경운법

② 정지작업 방법

 ㉠ 작업 전이나 작업 중에는 안전 클러치, 잡초제거 날, 스키드, 앞뒤 균형, 좌우 높낮이, 작업기 높이, 체크체인 등을 조정한다.

 ㉡ 경운날 교환 시 외측 경운날과 잡초제거날 사이의 간격은 5[mm] 정도가 되게 조정한다.

 ㉢ 작업기의 높이는 평지에 내려놓은 후 유압을 상승시키면서 칼날과 지면 사이의 간격이 보통 35[cm] 정도로 유압레버를 고정시킨다.

 ㉣ 체크체인은 작업기를 지면으로부터 약간 들어올려 흔들림을 2.5~5.0[cm] 정도로 조정한다.

③ 로터리 회전속도의 조정 : 경운기의 경운 변속단수(2단)와 체인케이스를 뒤집어 끼우거나 기어케이스의 스프로킷을 바꾸어 끼우면 4단계로 조정할 수 있다.

④ 경심 조정 : 경운기 로터리의 경심 조정은 미륜의 상하 조절로 한다.

⑤ 옆 커버 조정 : 로터리 옆 커버에 붙어 있는 나비너트를 풀어 위치를 바꾸어 조절한다.

⑥ 동력 경운기의 로터리 작업 시 주의사항

 ㉠ 감긴 흙과 풀은 기관을 정지한 후 제거한다.

 ㉡ 후진을 할 때 경운날에 접촉되지 않도록 한다.

 ㉢ 회전이 빠르면 경운결이 곱고, 느리면 거칠게 된다.

 ㉣ 알맞은 경심이 유지되도록 조절레버를 풀어 미륜의 높낮이를 조절한다.

**15-1. 로터리 경운법 중 차륜폭이 로터리날보다 넓을 때에는 어떤 것이 좋은가?**

① 한 줄 건너 떼기 경운법
② 연접 왕복 경운법
③ 절충 경운법
④ 회경법

**15-2. 다음 중 동력 경운기용 로터리의 경심 조절은 무엇으로 하는가?**

① 미 륜
② 로터리 칼날
③ 경운기 앞 웨이트
④ 갈이축과 갈이칼 장착폭

**15-3. 동력 경운기에 로터리를 부착하여 작업하려고 한다. 알맞지 않은 것은?**

① 감긴 흙과 풀은 기관을 정지한 후 제거한다.
② 후진을 할 때 경운날에 접촉되지 않도록 한다.
③ 회전이 빠르면 경운결이 거칠고, 느리면 곱게 된다.
④ 알맞은 경심이 유지되도록 조절레버를 풀어 미륜의 높낮이를 조절한다.

**정답** 15-1 ①   15-2 ①   15-3 ③

## 2-4. 다목적 관리기 운전, 정비, 작업

| 핵심이론 01 | 승용 관리기

① 기 관
  ㉠ 공랭식 4행정 2기통 가솔린기관으로 출력이 10.3~
     14.7[kW]이다.
  ㉡ 전기시동식을 장착하여 보행형 관리기보다 고출
     력이다.
  ※ 다목적 관리기의 기관성능을 나타내는 요소 : 연료
     소비율, 정격출력, 최대출력

② 클러치
  ㉠ 4륜 구동이며, 동력을 단속하는 클러치는 건식 다
     판 클러치 방식이다.
  ㉡ 클러치를 밟으면 주행과 PTO동력이 동시에 끊어
     지는 구조이다.

③ 제동장치
  ㉠ 습식 마찰 디스크 방식이다.
  ㉡ 브레이크 페달은 좌우 독립적인 구조로 기계적인
     작동에 의해 제동이 이루어진다.

④ 조향장치
  ㉠ 전 유압식 동력 조향장치로 이루어져 있다.
  ㉡ 작업방법에 따라 전륜, 후륜, 4륜으로 작업방향을
     조작한다.

⑤ 변속장치 : 주변속 레버와 부변속 레버의 위치의 변화
  에 따라 전진 8단, 후진 4단으로 구성되어 있다.

⑥ 작업장치
  ㉠ 보행형 관리기와 달리 작업기 승강장치로 작업기
     를 장착하고, PTO 변속 레버로 구동형 작업기에
     회전동력을 전달하여 작동한다.
  ㉡ 작업기에는 방제기, 비료살포기, 구굴기, 로터리,
     비닐피복기, 휴립피복기 등이 있다.

다음 승용 관리기에 대한 설명으로 옳지 않은 것은?
① 공랭식 4행정 2기통 가솔린기관이다.
② 클러치는 건식 다판 클러치 방식이다.
③ 변속 레버는 전진 2단, 후진 2단으로 변속된다.
④ 브레이크 페달은 좌우 독립적인 구조로 되어 있다.

정답 ③

# 핵심이론 02 | 보행형 관리기의 특징 등

① 관리기의 특징

　㉠ 한 번의 조작으로 핸들의 상하좌우 조절이 가능하다.

　㉡ 변속기와 작업기가 분리식이어서 각종 부속장치의 교체가 용이하다.

　㉢ 변속 레버의 조작으로 전·후진 작업이 가능하다.

　㉣ 기체의 무게중심이 낮아 안정성이 있으며, 경사지에서도 작업할 수 있다.

　㉤ 기관이 3.7[kW] 정도로 가볍고, 전기 시동식과 리코일 시동식 겸용이다.

　㉥ 작업기는 전후방에 부착할 수 있어 모든 작업을 편리하게 할 수 있다.

　㉦ 경심깊이 조절은 앞바퀴로 상하 조절하므로 중경제초, 심경, 복토 작업이 용이하다.

　㉧ 쇄토 작업이 우수하다.

② 관리기 동력전달장치 순서

　㉠ 기관 → 주클러치 → 변속기 → 조향클러치 → 차축

　㉡ 기관 → 주클러치 → 변속기 → PTO축 → 구동작업기

③ 주요장치 : 주클러치, 변속장치, 조향장치, 각종 조정 레버 등으로 구성되어 있다.

**2-1. 다음 중 관리기 주요장치 중 해당이 없는 것은?**

① 주클러치　　　　　② 변속장치
③ 조향장치　　　　　④ 제동장치

**2-2. 관리기의 특징으로 틀린 것은?**

① 핸들은 조작레버에 의해 원 터치 조작으로 상하좌우로 간단하고 용이하게 조작할 수 있다.
② 변속기와 로터리는 분리식이므로 각종 부속장치의 교체가 용이하다.
③ 경심깊이 조절은 앞바퀴로 상하 조절하므로 중경제초, 심경, 복토 작업이 용이하다.
④ 기체의 무게중심으로 인해 경사지에서는 작업이 불가능하다.

**2-3. 보행형 관리기에 대한 설명으로 틀린 것은?**

① 쇄토 작업이 우수하다.
② 기체의 무게중심이 높아서 경사지에서 작업이 곤란하다.
③ 핸들의 상하좌우를 조절하여 사용할 수 있다.
④ 주행 속도는 전진 2단과 후진 2단으로 변속되므로 조건에 따라서 고속으로 작업할 수 있다.

정답 2-1 ④　2-2 ④　2-3 ②

① 기 관

　㉠ 관리기는 2.6~4.4[kW]의 4행정 단기통 공랭식 가
　　솔린기관을 탑재한다.

　㉡ 견인·구동 겸용형 관리기를 주로 사용하고 있다.

　㉢ 전기 시동식 또는 리코일 시동식으로 되어 있다.

② 주클러치

　㉠ 관리기는 V벨트 텐션(장력) 클러치를 사용한다.

　㉡ 인장 풀리를 조작하여 벨트를 느슨하게 하면 동력
　　이 끊어지고, 팽팽하게 하면 동력전달이 된다.

③ 변속장치

　㉠ 변속장치는 기관의 회전속도를 변화시키지 않고
　　주행 속도와 경운축의 회전속도를 변경하여 차축
　　과 구동용 작업기로 동력을 전달한다.

　㉡ 주변속 레버는 전진 2단, 후진 2단으로 변속한다.

　㉢ 부변속 레버는 '고', '저'의 2단으로 변속한다.

　※ 로터리 변속 레버와 연결체인 케이스

　　• 로터리 변속 레버는 주클러치를 끊김 상태에서
　　　변속해야 한다.

　　• 경운 변속(속도)은 연결체인 케이스를 전후로 교
　　　체하여 잘게(고속)와 굵게(저속)로 변속한다.

④ 조향장치

　㉠ 동력 경운기에서와 같이 조향 클러치를 사용하여
　　회전할 방향의 차축동력을 차단하여 조향이 이루
　　어지도록 되어 있다.

　㉡ 조향 클러치 레버와 핸들의 좌우상하 이동 레버를
　　동시에 잡지 않도록 주의한다.

　㉢ 조향장치의 조작

　　• 핸들의 높이, 각도를 조절할 수 있다.

　　• 조향 클러치는 맞물림 클러치이다.

　　• 핸들을 180° 회전시킬 수 있다.

　　• 조향 클러치의 유격은 1~2[mm]가 되도록 조정
　　　너트로 조정한다.

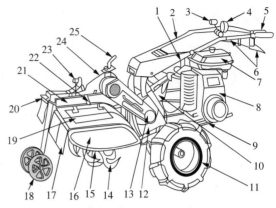

[관리기의 기관별 명칭]

| | |
|---|---|
| 1. 변속 레버 | 2. 핸 들 |
| 3. 주클러치 레버 | 4. 작업등 |
| 5. 조속 레버 | 6. 조향 클러치 레버 |
| 7. 연료탱크 | 8. 기 관 |
| 9. 기관 프레임 | 10. 변속 레버 지지대 |
| 11. 바 퀴 | 12. 변속 케이스 |
| 13. 연결체인 케이스 | 14. 로터리날 |
| 15. 경운축 | 16. 로터리 옆덮개 |
| 17. 흙받이 | 18. 미 륜 |
| 19. 로터리 윗덮개 | 20. 미륜 고정 레버 |
| 21. 작업기 프레임 | 22. 조정암 |
| 23. 클램프 볼트 | 24. 경운체인 케이스 |
| 25. 경운 변속 레버 | |

**3-1. 다목적 관리기에서 주변속 레버의 변속단수로 옳은 것은?**

① 전진 1단, 후진 1단
② 전진 1단, 후진 2단
③ 전진 2단, 후진 1단
④ 전진 2단, 후진 2단

**3-2. 관리기 조향장치 조작에 관한 설명 중 틀린 것은?**

① 핸들의 높이를 조절할 수 있다.
② 핸들의 각도를 조절할 수 있다.
③ 조향 클러치는 건식 다판 클러치이다.
④ 핸들을 180° 회전시킬 수 있다.

**3-3. 다음 중 관리기의 주클러치의 형식은?**

① 건식 단판식 원판 마찰클러치
② V벨트 클러치
③ 건식 다판식 원판 마찰클러치
④ 원뿔 마찰클러치

**3-4. 보행형 다목적 관리기에서 경운 변속의 방법으로 알맞은 것은?**

① 주행 속도의 변환
② PTO 변속 레버의 변환
③ PTO 스프로킷 기어의 교환
④ 체인 케이스의 조립 위치 변경

**3-5. 관리기 조향 클러치의 적정 유격으로 가장 적합한 것은?**

① 1~2[mm]                        ② 6~8[mm]
③ 12~14[mm]                      ④ 20~22[mm]

|해설|

3-2
조향 클러치는 동력 경운기에서 사용하는 맞물림 클러치이다.

정답 3-1 ④  3-2 ③  3-3 ②  3-4 ④  3-5 ①

---

**핵심이론 04 | 보행형 관리기 운전**

① 주변속 레버의 조작

㉠ 변속 레버의 조작은 주클러치를 끊은 다음 변속 레버를 좌우로 밀어 넣고, 변속 레버가 잘 들어가지 않을 때에는 반클러치로 작동하면서 넣으면 된다.

㉡ 핸들을 돌려서 사용할 때에는 변속 레버를 위로 당겨 올려 원하는 위치로 고정시켜 사용한다.

㉢ 구굴 작업은 반드시 저속 1단에서 작업한다.

② 주클러치 레버의 조작

㉠ 주클러치 레버는 저속과 고속이 있으며, 앞쪽으로 밀면 동력이 연결되고 뒤로 당기면 동력이 끊어진다.

㉡ 작업을 할 때에는 저속으로, 이동을 할 때에는 고속으로 한다.

③ 미륜 조정

㉠ 중경제초 작업, 구굴 작업, 복토 작업 등 작업깊이를 조정할 때 사용한다.

㉡ 미륜을 올리면 작업깊이가 깊어지고, 내리면 얕아진다.

㉢ 두둑 형성기(휴립기), 배토기 등을 사용할 때에는 미륜 지지대를 분해하여 작업한다.

④ 안전 레버

㉠ 작업 또는 이동 시 위급한 상황이 발생하여 긴급하게 동력을 차단해야 할 때 사용한다.

㉡ 안전 레버를 아래쪽으로 누르면 클러치가 끊기고 관리기가 멈추게 된다.

⑤ 작업 클러치 레버

㉠ 핸들 왼쪽에 부착되어 있으며 작업기에 동력을 단속한다.

㉡ 선회 및 이동 중에는 작업 클러치 레버를 '끊김' 위치에 놓는다.

⑥ 핸들 상하좌우 조정 레버

　　㉠ 핸들의 상하좌우를 조절하는 형식에는 상하조절 레버, 좌우회전 레버(360° 회전), 핸들회전 레버(180° 회전)와 핸들 상하 조정볼트가 있다.

　　㉡ 핸들 상하좌우 조정 레버의 와이어 조정볼트를 돌려 유격을 1~3[mm]로 조정한다.

---

**10년간 자주 출제된 문제**

**관리기 구굴 작업 시 작업깊이 조정은 무엇으로 조정하는가?**

① 구굴날
② 미 륜
③ 차 륜
④ 로터리 커버

**정답** ②

---

① 관리기의 부속 작업기

　　㉠ 중경제초기(로터리), 구굴기(골을 내거나 북주는 작업기), 제초기

　　㉡ 휴립기(두둑 성형 작업기), 비닐피복기(두둑에 비닐을 씌우는 작업기)

　　㉢ 쟁기, 예취기, 복토기, 심경로터리, 옥수수 예취기, 잔가지 파쇄기

　　㉣ 굴취기, 배토기(골 내는 기계), 휴립피복기 등

② 관리기로 두둑을 만드는 작업방법

　　㉠ 미륜을 떼어내고 두둑 성형판을 장착한다.

　　㉡ 두둑의 모양과 크기에 따라 두둑 성형판을 조절해 주어야 한다.

　　㉢ 서로 다른 나선형의 경운날을 좌우가 대칭되도록 로터리에 부착한다.

　　㉣ 두둑작업은 천천히 후진하면서 작업한다.

③ 기타 작업

　　㉠ 다목적 관리기의 농작업 중에서 후진하면서 작업해야 하는 작업은 휴립 작업(두둑 성형), 피복 작업이다.

　　㉡ 보행형 관리기로 비닐피복 작업을 할 때 배토판은 디스크 차륜보다 30[mm] 위쪽에 오도록 조정한다.

---

**10년간 자주 출제된 문제**

**5-1. 다음 중 일반적인 관리기의 부속 작업기만으로 짝지어진 것이 아닌 것은?**

① 중경제초기, 휴립피복기
② 제초기, 배토기
③ 구굴기, 복토기
④ 절단파쇄기, 점파기

**5-2. 다목적 관리기의 작업기 중 밭작물과 과수원의 제초 및 경운, 정지 작업에 많이 이용되는 것은?**

① 중경제초기　　　　② 구굴기
③ 복토기　　　　　　④ 휴립피복기

---

**5-3.** 다목적 관리기가 할 수 없는 작업은?

① 이앙 작업      ② 휴립 작업
③ 농약 살포      ④ 로터리 작업

**5-4.** 다목적 관리기의 농작업에서 후진하면서 작업해야 하는 것은?

① 예초기 작업
② 절단 파쇄기 작업
③ 휴립 피복기 작업
④ 중경 제초기 작업

**5-5.** 보행관리기로 비닐피복 작업을 할 때 배토판은 디스크 차륜보다 몇 [mm] 위쪽에 오도록 조정하는가?

① 10[mm]      ② 20[mm]
③ 30[mm]      ④ 40[mm]

**5-6.** 관리기로 두둑을 만드는 작업방법이 잘못된 것은?

① 두둑 작업은 천천히 전진하면서 작업한다.
② 미륜을 떼어내고 두둑 성형판을 장착한다.
③ 두둑의 모양과 크기에 따라 두둑 성형판을 조절해 주어야 한다.
④ 서로 다른 나선형의 경운날을 좌우가 대칭되도록 로터리에 부착한다.

| 해설 |

**5-2**
중경제초기는 경운기의 로터리에 해당되는 작업기로 밭과 과수원의 중경 제초 작업, 하우스 내의 김매기 작업과 경운·정지 작업, 표면 시비 금질 작업, 줄보리 파종 작업, 보리밭의 이랑매기 작업 등에 활용한다.

**5-3**
관리기는 경운, 정지, 중경 제초, 구굴, 휴립(두둑 만들기), 비닐 피복, 소독 분무 등 여러 가지 작업을 할 수 있다.

**정답 5-1** ④ **5-2** ① **5-3** ① **5-4** ③ **5-5** ③ **5-6** ①

---

**핵심이론 06 | 관리기 장기보관 및 정비**

① 장기보관 요령

　㉠ 모든 레버는 중립 및 해제상태로 하여 보관한다.
　㉡ 연료탱크, 연료여과기, 기화기의 연료는 모두 빼낸다.
　㉢ 엔진오일과 변속기 케이스의 오일을 점검하고, 부족하면 보충하거나 오염되었으면 교환한다.
　㉣ 점화플러그 구멍으로 엔진오일을 5~10[mL] 넣고 공회전시킨 다음, 점화플러그를 죄고, 플라이휠을 시계방향으로 돌려서 압축을 느끼는 곳에서 멈추어 보관한다.
　㉤ 피스톤은 압축상사점 위치에 둔다.
　㉥ 본체와 작업기를 깨끗이 닦고 점검·정비하여 통풍이 잘되고 건조한 실내에 보관한다.
　㉦ 회전부, 작동부, 와이어류에 오일을 주입하거나 그리스를 발라 둔다.
　㉧ 각 주유구의 공기 구멍은 습기가 들어가지 않도록 막는다.
　㉨ 고무 타이어는 직사광선을 피하고, 직접 지면에 닿지 않도록 나무판 등으로 받쳐 보관한다.
　㉩ 주클러치는 '끊김' 위치로 하고, 장력 조정풀리를 풀어서 V벨트를 느슨한 상태로 하여 보관한다.

② 점검정비 요령

　㉠ 점검할 때에는 반드시 평탄한 장소에서 기관을 정지한 후 실시한다.
　㉡ 공기청정기의 오일을 점검하여 부족한 경우 규정량의 오일을 보충한다.
　㉢ 엔진오일이 부족하면 보충하고 오염이 심한 경우 교환한다.
　㉣ 각부의 볼트와 너트의 풀림상태를 점검하고 죈다.
　※ 관리기에서 주요 케이블의 유격을 조정 후 주유해야 하는 부문 : 주클러치 와이어, 텐션 암, 핸들 상하좌우 조정 와이어 등

**6-1.** 보행형 관리기의 장기간 보관방법으로 적절하지 못한 것은?

① 통풍이 잘되고 건조한 실내에 보관한다.
② 흙과 먼지를 세척하고 건조하게 한다.
③ 가솔린 연료를 가득 채운다.
④ 피스톤은 압축상사점 위치에 둔다.

**6-2.** 다음 중 관리기 점검정비 요령으로 가장 적절하지 않은 것은?

① 점검할 때에는 반드시 평탄한 장소에서 기관을 정지한 후 실시한다.
② 공기청정기의 오일을 점검하여 부족한 경우 엔진오일 SAE #20을 보충한다.
③ 엔진오일이 부족하면 보충하고 오염이 심한 경우 교환한다.
④ 각부의 볼트와 너트의 풀림상태를 점검하고 죈다.

**6-3.** 관리기에서 주요 케이블의 유격을 조정 후 주유해야 하는 부분으로 거리가 먼 것은?

① 주클러치 와이어
② 텐션 암
③ V벨트
④ 핸들 상하좌우 조정 와이어

**6-4.** 다음 중 다목적 관리기에서 50시간 사용할 때마다 분해하여 점검해야 하는 것은?

① 밸브 간극
② 변속기어의 마모
③ 연료여과망
④ 주클러치 벨트 유격

정답 6-1 ③  6-2 ②  6-3 ③  6-4 ③

## 2-5. 콤바인 운전, 정비, 작업

**핵심이론 01 | 콤바인의 개념**

① 개 요
  ㉠ 콤바인은 벼, 보리, 밀 등의 작물을 포장하여 이동하면서 예취, 탈곡, 선별 작업을 동시에 수행하는 종합 수확기이다.
  ㉡ 종류에는 크게 자탈형 콤바인과 보통형 콤바인이 있다.

② 자탈형 콤바인
  ㉠ 자탈형이란 말은 자동탈곡기를 부착한 콤바인이라는 데서 유래한 것이다.
  ㉡ 구성은 전처리부, 예취부, 반송부, 탈곡부, 선별부, 곡물 처리부, 짚 처리부, 자동제어장치 및 안전장치 등으로 되어 있다.
  ㉢ 탈곡・선별부에서 이삭 부분만 흡입하여 처리하는 콤바인으로 우리나라 벼 수확 등에 주로 사용하고 있다.
  ㉣ 이삭 쪽만 탈곡부로 들어가기 때문에 보통형 콤바인보다 소요동력과 곡립의 손상이 작은 이점이 있다.
  ㉤ 작물의 끝에 이삭이 나란히 있지 않은 콩과 같은 작물의 수확 작업에는 사용하기 어렵고, 키가 고르지 못하거나 키가 너무 크거나 작아도 수확하기 어려워진다.
  ㉥ 규격은 3조식, 4조식, 6조식과 같이 한 번에 벨 수 있는 벼의 줄 수로 표시한다.

③ 보통형 콤바인
  ㉠ 밀, 보리 등의 맥류와 같은 예취된 작물 전체를 탈곡・선별부로 보내어 처리하는 콤바인으로 주로 서양에서 많이 사용하고 있다.
  ㉡ 구성은 헤더, 탈곡부, 조 선별부, 정선부, 곡물 및 짚 처리부, 자동제어장치 등으로 되어 있다.

10년간 자주 출제된 문제

**1-1. 주행하면서 농작물을 예취하고 탈곡을 함께 하는 기계는?**

① 예취기                    ② 리 커
③ 콤바인                    ④ 모 위

**1-2. 자탈형 콤바인의 주요 장치가 아닌 것은?**

① 반송장치                  ② 식부장치
③ 탈곡장치                  ④ 선별장치

정답 1-1 ③  1-2 ②

---

**핵심이론 02 | 콤바인 운전 전 점검, 시동방법**

① 운전 전 점검

　㉠ 연료, 엔진오일, 냉각수의 규정량이 들어 있는지 확인

　㉡ 각부 조작 레버가 '끊김' 위치로 되어 있는지 점검

　㉢ 각종 볼트, 너트가 풀려 있지 않은지 확인

　㉣ 공기청정기, 방진망, 라디에이터 여과망 등의 먼지 막힘 확인

　㉤ 전조등, 작업등, 스위치류에 이상이 없는지 확인

② 시동방법

　㉠ 연료여과기의 콕을 연다.

　㉡ 주행, 예취, 탈곡클러치 레버를 끊김 위치로 한다.

　㉢ 주변속, 부변속 레버를 중립으로 한다.

　㉣ 조속 레버를 '시동' 위치로 한다.

　㉤ 충전 램프, 엔진오일 램프의 소등을 확인 후 시동한다.

　㉥ 10~20초 예열시킨 후 예열 램프가 소등되면 메인 스위치로 시동한다.

　㉦ 주클러치를 밟고 시동 후 5분 정도 난기운전을 한다.

---

10년간 자주 출제된 문제

**콤바인 엔진의 시동방법에 관한 설명으로 틀린 것은?**

① 주변속, 부변속 레버를 중립으로 한다.
② 예취, 탈곡 클러치 레버를 '연결' 위치로 한다.
③ 예열 램프가 소등되면 메인 스위치로 시동한다.
④ 충전 램프, 엔진오일 램프의 소등을 확인한 후 시동한다.

정답 ②

① 앞분할기 덮개를 부착하고 탱크 고정핀을 체결시킨다.
② 언로더를 지지대에 고정하고 옆분할기와 발판을 접어 올린다.
③ 조속 레버를 조작하여 엔진 회전수를 2,000[rpm] 이상으로 올려놓는다.
④ 파워 스티어링 레버를 조작하여 예취부를 올려 주고 고정한다.
⑤ 주차 브레이크 페달을 밟아서 고정을 해제시킨다.
⑥ 부변속 레버를 원하는 위치에 넣는다.
⑦ 주변속 레버를 서서히 전진 쪽으로 밀어 주면 앞으로 나가게 된다.
⑧ 방향을 바꿀 때에는 파워 스티어링 레버를 기울이는 쪽으로 선회한다. 기종에 따라 미세방향 조절단추가 파워 스티어링 레버에 부착되어 있는 경우 이를 활용한다.
⑨ 주변속 레버의 손잡이를 당겨서 후진 쪽으로 젖혀 주면 후진을 하게 된다.

### 10년간 자주 출제된 문제

**콤바인을 시동 후 이동이나, 작업하기 전에 먼저 해야 할 조치는?**

① 예취 클러치를 넣는다.
② 픽업장치 및 예취부를 지면에서 약간 떨어지도록 한다.
③ 탈곡 클러치를 넣는다.
④ 변속 레버를 넣는다.

|해설|

파워 스티어링 레버로 예취부의 높이를 분할기의 끝이 지면으로부터 2[cm] 정도를 유지하도록 낮춘다.

정답 ②

① 정차방법
 ㉠ 평탄한 장소를 택하여 정지하고 예취부를 내려 준다.
 ㉡ 주변속, 부변속 레버를 '중립' 위치로 한다.
 ㉢ 주차 브레이크를 연결하고 엔진을 2~3분간 공회전한 후 시동키를 정지 위치로 돌린다.
 ㉣ 엔진을 정지시키고 키를 뺀 다음 키 구멍 보호 덮개를 씌워 준다.
 ㉤ 비탈길에 주차할 때에는 나무토막 등으로 괴어 굴러 내려가는 것을 방지해 준다.
② 콤바인 이동 시 차량에 싣고 내리기
 ㉠ 우선 주위에 위험물이 없는 평탄한 장소를 택한다.
 ㉡ 차량이나 트레일러를 버티기에 충분한 강도, 폭, 길이(적재대 높이의 4배 이상) 등에 알맞은 사다리(디딤 널판)를 걸쳐 놓는다.
 ㉢ 분할기와 보조발판을 접어 올린다.
 ㉣ 운전자는 전진 1단, 저속으로 신호자의 지시를 받아 가며 신중히 운전한다.
 ㉤ 싣고 난 후에는 주차 브레이크를 걸어 놓은 다음 후진 1단에 넣고 바퀴에 받침목을 괴어 놓는 것이 안전하다.
 ㉥ 지정된 걸이에 밧줄을 걸어 기체가 움직이지 않도록 한다.

### 10년간 자주 출제된 문제

**콤바인 정차방법에 대한 설명으로 옳지 않은 것은?**

① 평탄한 장소를 택하여 정지하고 예취부를 내려 준다.
② 주변속, 부변속 레버를 '중립' 위치로 한다.
③ 주차 브레이크를 걸고 바로 시동키를 '정지' 위치로 돌린다.
④ 비탈길에서 주차할 때에는 나무토막 등으로 괴어 굴러 내려가는 것을 방지해 준다.

정답 ③

① 주행 작업방법

　㉠ 기계가 회전할 곳 네 모퉁이와 논두렁 바로 옆 1~2
　　줄을 낫으로 베어 작업을 원활하게 해 준다.

　㉡ 예취부 높이를 논의 포장 상태에 따라 파워 스티어
　　링 레버 및 예취 높이 조절볼트 등으로 조절한다.

　㉢ 부변속 레버를 표준에 놓고 주변속 레버로 속도를
　　조절하며 작업한다. 이때 이미 베어진 포기에 오른
　　쪽 분할기를 맞추며 전진한다.

　㉣ 포장 형태에 따라 베는 방법을 선택한다. 일반적으
　　로 가장 많이 사용하는 방법은 왼쪽으로 돌며 베는
　　방법이고, 길쭉한 포장에서는 왕복 베기, 구획이
　　큰 논은 2~3구획으로 분할하여 가운데 갈라 베기
　　가 적합하다.

　㉤ 작업 중에는 경보 장치가 작동되면 즉시 동력을
　　끊고 기관을 정지시킨 다음 필요한 조치를 한다.

② 포장 내 선회방법

　㉠ 베기가 끝나면 전진하면서 예취부를 천천히 올리
　　며 파워 스티어링 레버로 선회정지한다.

　㉡ 주변속 레버로 후진하며 파워 스티어링 레버로 다
　　음에 예취할 방향에 맞춘다.

　㉢ 예취부를 내리고 전진한다.

---

**자탈형 콤바인 작업 시 유의해야 할 사항으로 설명이 틀린
것은?**

① 수확 작업 중에는 탈곡통이 항상 규정회전수로 유지될 수
　있도록 조속 레버를 적절히 조작한다.

② 작업 중에 경보장치가 작동되면 즉시 동력을 끊고 기관을
　정지시킨 다음 필요한 조치를 한다.

③ 높은 곳에서 낮은 곳으로 내려갈 때에는 절대로 후진으로
　내려가면 안 되고, 경사가 심한 곳에서는 받침대를 사용한다.

④ 기체 외부를 싸고 있는 안전 덮개를 떼어 내고 작업해서는
　안 된다.

|해설|

콤바인으로 경사지를 갈 때에는 전진 상승, 후진 하강으로 주행
한다.

**정답** ③

| 핵심이론 06 | 자탈형 콤바인 기관, 변속장치 등 |

① 기관 : 대부분 3~4기통 수랭식 디젤기관으로 사용출력은 19~90[PS] 정도이다.

② 변속장치

　㉠ 기어식 변속장치와 유압식 무단변속장치(HST)가 함께 사용된다.

　㉡ 유압무단변속기

　　• 클러치를 밟지 않고 변속할 수 있다.

　　• 움직이는 도중에도 변속이 자유롭다.

　　• 변속에 따른 충격이 없으며, 변속단수도 많다.

　　• 작업 중 변속이 편리하기 때문에 많이 사용된다.

③ 주행부

　㉠ 장궤형(무한궤도형) 콤바인은 접지면적이 넓기 때문에 무논에서 바퀴형보다 안정적으로 작업할 수 있어 자탈형 콤바인의 주행장치에 널리 이용되고 있다.

　㉡ 장궤형 콤바인은 주행속도가 느리고 포장도로 주행 시 궤도의 마멸이 심하다.

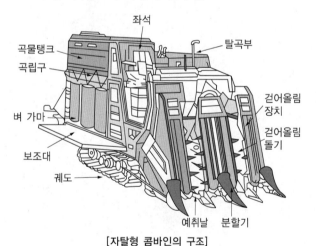

[자탈형 콤바인의 구조]

## 핵심이론 07 | 자탈형 콤바인 전처리부, 예취부, 반송부

① 전처리부

　㉠ 작업 폭을 결정해 주고 쓰러진 작물을 일으켜 세우는 역할을 한다.

　㉡ 분할기(디바이더), 걷어올림장치 등으로 구성되어 있다.

　㉢ 전처리부의 끌어올림체인 정비

　　• 러그가 마모되면 교환한다.

　　• 체인을 교환할 때에는 러그의 편차를 10~30 [mm] 이내로 맞춘다.

　　• 텐션스토퍼 장착 시에는 스토퍼의 길이를 18 [mm] 이하로 조립한다.

　　• 자동텐션방식일 경우에는 스프링 길이가 기준치가 되도록 조정한다.

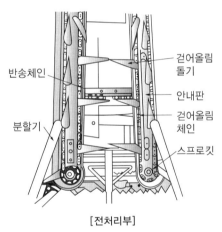

반송체인

걷어올림
돌기

안내판

걷어올림
체인

분할기

스프로킷

[전처리부]

② 예취부

　㉠ 자탈형 콤바인의 예취날에는 왕복형 날이 많이 사용된다.

　㉡ 예취부와 전처리부는 유압을 사용하여 예취 높이를 상하로 조절할 수 있다.

　※ 오토 리프트 장치 : 예취부에 작물이 없을 경우 예취부를 자동 상승시키는 장치

③ 반송부

　㉠ 예취부에서 베어 낸 작물을 탈곡부까지 운반해 주는 장치이다.

　㉡ 집속장치와 몇 개의 반송체인으로 이루어진다.

　㉢ 탈곡깊이 조절체인은 반송체인 중의 하나로, 작물의 키나 예취 높이에 따라 작물의 이삭부가 탈곡부에 적당한 깊이로 물릴 수 있게 조절하는 역할을 한다.

### 10년간 자주 출제된 문제

**7-1. 자탈형 콤바인에서 벨 작물을 잡아주고 쓰러진 작물을 일으켜 세우는 역할을 하는 것은?**

① 전처리부　　② 반송부
③ 탈곡부　　④ 선별부

**7-2. 자탈형 콤바인의 전처리부에 해당되지 않는 장치는?**

① 곡립처리장치　　② 디바이더
③ 픽업장치　　④ 가이드 바

**7-3 자탈형 콤바인의 예취날로 주로 사용되는 것은?**

① 자동칼날　　② 원형톱날
③ 왕복형날　　④ 겹침칼날

|해설|

**7-1**

② 반송부 : 예취부에서 베어 낸 작물을 탈곡부까지 운반해 주는 곳이다.

③ 탈곡부 : 곡물의 이삭 부분을 탈곡하는 곳이다.

④ 선별부 : 선별 결과 곡물은 1번구로 떨어지고, 검불은 기체 밖으로 배출되며, 곡물과 검불이 혼합된 미처리물은 2번구에 모아져 탈곡통이나 처리통으로 되돌려져 다시 선별된다.

**7-2**

자탈형 콤바인의 전처리부는 분할기(디바이더), 걷어올림장치 등으로 구성되어 있다.

**7-3**

**왕복형날** : 구조가 복잡하고, 소음이 많으며, 무거운 단점이 있으나 작물이 깨끗하게 잘 잘리고, 예취폭이 넓고 조절이 자유로우며, 마모된 부분을 쉽게 교체할 수 있고, 내구력이 강한 장점 때문에 곡물예취기에는 많이 사용된다.

**정답** 7-1 ① 　7-2 ① 　7-3 ③

① 탈곡부 : 곡물의 이삭 부분을 탈곡하는 곳으로 공급장
치, 탈곡통과 탈곡치, 수망, 짚 절단날 등으로 구성되
어 있다.

　㉠ 공급장치 : 공급 체인과 레일 등으로 구성되는데
　　볏짚의 이삭부가 탈곡통 안에서 탈곡되도록 잡아
　　준다.

　㉡ 탈곡통(급동) : 원통형 철판으로 되어 있으며, 탈
　　곡통의 회전속도는 기관의 회전속도와 연계되어
　　있다.

　　• 회전속도가 높으면 곡물의 손상률과 포장 손실
　　　이 증가한다.

　　• 회전속도가 낮으면 탈곡능률이 저하되고, 선별
　　　상태가 불량하며, 작업 중 막힐 우려가 있다.

　㉢ 탈곡치(급치) : 탈곡부 입구에서부터 정소치, 보강
　　치, 병치의 순으로 배열되어 있다.

　　• 정소치 : 줄기를 가지런히 정돈하며, 이삭부가
　　　순조롭게 탈곡실로 들어오도록 유도한다.

　　• 보강치 : 탈곡통 중앙에 설치되어 있으며 탈곡작
　　　용을 한다.

　　• 병치 : 출구 쪽에 2개 이상이 나란히 설치되어
　　　있으며 보강치가 미처 탈곡하지 못한 볏단 깊은
　　　곳을 탈곡하고, 바람을 일으키는 배진 날개와 함
　　　께 짚단 속의 곡물을 털어 내며, 검불을 배진실로
　　　불어 내는 역할을 한다.

　㉣ 수망 : 굵은 철사로 된 체로 탈곡통 아래에 설치되
　　어 있으며, 탈곡실에서 탈곡된 곡물과 작은 검불은
　　수망을 통과하여 아래로 배출된다.

　㉤ 짚 절단날 : ㄷ자형이며 여러 개가 탈곡통의 상부
　　에 나란히 설치되어 있고, 탈곡통 내부로 들어온
　　지푸라기를 잘게 절단하여 탈곡통에 감기지 않도
　　록 하는 역할을 한다.

　㉥ 처리통 : 크기가 커서 수망을 통과하지 못한 검불
　　에는 곡물이 달린 이삭이 포함되어 있기 때문에
　　이를 넘겨받아 다시 한 번 탈곡하는 작용을 한다.
　　제2탈곡통이라고도 부르며 탈곡통의 부담을 줄이
　　고 곡물 손실을 방지한다.

② 선별부

　㉠ 자탈형 콤바인은 수망을 이용한 선별방식과 풍구
　　를 사용하여 바람을 일으켜 선별하는 공기 선별방
　　식, 진동체에 의한 요동 선별방식을 함께 이용하고
　　있다.

　㉡ 선별 결과 곡물은 1번구로 떨어지고, 검불은 기체
　　밖으로 배출되며, 곡물과 검불이 혼합된 미처리물
　　은 2번구에 모아져 탈곡통이나 처리통으로 되돌려
　　져 다시 선별된다.

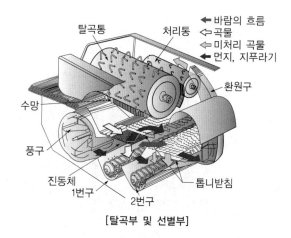

[탈곡부 및 선별부]

**8-1.** 자탈형 콤바인의 탈곡ㆍ선별부에서 선별된 낟알은 몇 번 구에 모이는가?

① 1번구　　　　　　　② 2번구
③ 3번구　　　　　　　④ 4번구

**8-2.** 콤바인 선별부에서 곡물과 검불이 혼합된 미처리물은 어디로 모여지는가?

① 1번구　　　　　　　② 2번구
③ 배진구　　　　　　　④ 탈곡부

**8-3.** 다음 중 콤바인의 탈곡치 중에서 줄기를 가지런히 정돈하며, 이삭 부분이 원활하게 탈곡실로 들어올 수 있도록 유도하는 급치는?

① 보강치　　　　　　　② 정소치
③ 병 치　　　　　　　④ 수망치

**8-4.** 다음 중 콤바인에서 제2의 탈곡통이라고도 하며, 미탈곡 이삭을 재탈곡하는 장치는?

① 선별체　　　　　　　② 처리통
③ 풍 구　　　　　　　④ 흡인팬

**8-5.** 콤바인 작업 시 급동의 회전이 낮을 때의 증상 중 틀린 것은?

① 선별 불량　　　　　　② 탈부미 증가
③ 막 힘　　　　　　　④ 능률 저하

**8-6.** 콤바인의 급치와 수망의 간극이 기준치 이상으로 넓어졌을 때 나타나는 현상은?

① 미탈곡으로 인한 손실 증가
② 낟알 손상 증가
③ 수망 손상 증가
④ 급치 손상 증가

| 해설 |

**8-6**
수망과 급치의 간격이 넓으면 벼알이 잘 털리지 않아 손실이 생기고, 간격이 좁으면 탈곡실이 막히거나 벼알이 부서지게 된다.

정답 8-1 ①　8-2 ②　8-3 ②　8-4 ②　8-5 ②　8-6 ①

---

**핵심이론 09 │ 자탈형 콤바인 곡물ㆍ볏짚 처리부, 경보장치**

① 곡물 처리부
　㉠ 1번구에 모인 곡물은 나사 모양의 스크루 컨베이어에 의해 곡물탱크로 보내진다.
　㉡ 곡물탱크에 임시로 저장된 곡물은 포대에 담아 처리하여 바로 트럭이나 트레일러에 옮겨 실을 수 있다.
② 볏짚 처리부 : 볏짚 처리방법에는 세단형, 집속형, 결속형 등이 있다.
　㉠ 세단형 : 볏짚을 퇴비로 활용할 때 볏짚을 잘게 절단하여 포장 내에 뿌려 준다.
　㉡ 집속형 : 볏짚을 일정 크기로 모아서 배출한다.
　㉢ 결속형 : 묶어서 배출하는 방법으로 볏짚을 수거하기에 편리한 방법이다.
③ 경보장치
　㉠ 콤바인도 트랙터와 같이 기관과 관련된 기관오일 경고등, 충전 경고등, 냉각수 온도 경고등이 부착되어 있다.
　㉡ 경고음이 울리면서 해당 경고등이 켜지는 경우
　　• 1번구나 2번구가 막히는 경우
　　• 볏짚 처리부가 막히는 경우
　　• 탈곡부에 과부하가 걸리는 경우
　　• 곡물탱크가 가득 찬 경우

**9-1.** 콤바인 작업 중 경보음이 발생하는 상황이 아닌 것은?

① 탈곡부가 과부하상태이다.
② 급실이나 나선 컨베이어 등이 막혀 있다.
③ 짚 반송체인이나 짚 절단부가 막혀 있다.
④ 미탈곡 이삭이 나온다.

**9-2.** 콤바인 경보장치 중 기체에 이상이 발생하거나 비정상적인 작업상태일 때 램프가 점등되는데, 여기에 해당되지 않는 것은?

① 충전장치 고장
② 2번구 막힘
③ 짚 배출 막힘
④ 수평제어 고장

|해설|

**9-1**
미탈곡 이삭 배출은 콤바인의 급치와 수망의 간극이 기준치 이상 넓어졌을 때 나타나는 현상이다.

**9-2**
자동수평제어(UFO)장치 고장 시
• 퓨즈 끊어짐 : 퓨즈 점검·교환
• 솔레노이드 작동불량 : 절환 솔레노이드, 방향 솔레노이드 점검
• 리밋스위치 좌우에 이물질이 끼어 있음 : 이물질 제거

정답 9-1 ④ 9-2 ④

---

**핵심이론 10 | 콤바인의 운전장치**

① 파워 스티어링 레버 : 콤바인을 좌우로 선회할 때나 예취부를 올리거나 내릴 때 사용한다.
② 탈곡 클러치 레버 : 탈곡부에 동력을 전달하거나 차단하는 레버이다.
③ 예취 클러치 레버
  ㉠ 예취부에 동력을 전달하거나 차단하는 레버이다.
  ㉡ 탈곡 클러치와 연계되어 탈곡 클러치를 '끊김'으로 하면 예취 클러치도 끊긴다.
④ 주변속 레버
  ㉠ 트랙터의 주변속 레버와 같은 역할을 한다.
  ㉡ '전진', '중립', '후진'으로 나누어져 있다.
  ㉢ 전진 레버를 앞으로 밀수록 주행속도가 빨라진다.
  ㉣ '중립' 위치에서는 콤바인이 정지한다.
  ㉤ 후진 레버를 뒤로 당길수록 후진속도가 빨라진다.
⑤ 부변속 레버
  ㉠ 트랙터의 부변속 레버와 비슷한 기능을 가진다.
  ㉡ 보통 '도복', '표준', '주행'의 3단계로 변속된다.
  ㉢ 부변속 레버를 변속할 때에는 주변속 레버를 '중립'에 놓아야 한다.
⑥ 수평 조작 레버
  ㉠ 콤바인의 높이를 높이거나 낮출 수 있고, 좌우 한쪽의 높이만 조절할 수도 있다.
  ㉡ 자동으로 하면 기체는 언제나 수평을 유지한다.
⑦ 짚 배출 선택 레버
  ㉠ 짚 배출방법을 선택하는 레버로 일반적으로 짚이 그대로 배출된다.
  ㉡ 커터 위치에 놓으면 짚은 절단되어 배출된다.
⑧ 탈곡깊이 조절 레버
  ㉠ 작물의 키에 따라 탈곡깊이를 조절하는 레버이다.
  ㉡ 키가 큰 작물은 얕게, 키가 작은 작물은 깊게 물리도록 조절한다.

※ 콤바인의 탈곡깊이 자동제어장치가 작동되지 않을 때의 원인
  • 포기센서의 작동불량
  • 이삭센서의 배선단선
  • 공급깊이 모터의 단선

**10-1. 콤바인을 좌우로 선회할 때 사용하는 것은?**

① 주변속 레버
② 파워 스티어링 레버
③ 예취 클러치
④ 부변속 레버

**10-2. 다음 중 콤바인 작업 시 벼이삭 아랫부분이 잘 털리지 않을 때 조절해야 하는 부분은?**

① 공급깊이 조절
② 배진판 조절
③ 반송체인 조절
④ 풍량 조절

**10-3. 작물의 길이를 감지하여 탈곡통으로 들어가는 벼를 일정하게 공급해 주는 장치는?**

① 자동 공급깊이장치
② 자동 수평제어장치
③ 짚 배출 경보장치
④ 디바이더장치

|해설|

**10-2**
**공급깊이 조절** : 작물의 이삭이 탈곡실 입구에 그려진 이삭 그림과 일치하면서 탈곡실로 들어가도록 공급깊이를 조절한다.

정답 10-1 ② 10-2 ① 10-3 ①

**핵심이론 11 | 콤바인 장기보관**

① 각부에 부착된 흙, 잡초, 짚 부스러기 등을 완전히 제거하여 다른 품종이 섞이거나 잔류물로 인한 부식이나 쥐에 의한 전기배선 손상을 예방한다.
② 각 회전부, 절단날부, 마찰부, 체인부 등에 녹이 슬지 않도록 주유한다.
③ 겨울철에 동파되지 않도록 냉각수를 빼내거나 부동액을 넣어 준다.
④ 축전지는 기체에서 떼어 내어 충전액을 규정량까지 보충한 후 충전시켜 건조한 곳에 보관한다.
  ※ 축전지는 보관 중에도 방전되므로 1~2개월마다 충전시켜야 한다.
⑤ 예취 · 탈곡 클러치 레버는 '끊김'으로 한다.
⑥ 메인 스위치 키는 뽑아서 보관한다.
⑦ 비를 맞지 않도록 창고에 보관하거나 덮개를 씌어 준다.
⑧ 습하지 않고 통풍이 잘되며 건조한 곳에 보관한다.

**11-1. 농업기계의 보관·관리방법 중 올바르지 못한 것은?**

① 각종 레버, V벨트는 풀림상태로 한다.
② 사용 후 물로 세척하고 건조시킨 후 기름칠을 한다.
③ 콤바인의 모든 클러치는 '연결' 위치로 해 놓는다.
④ 통풍이 잘되고 습기가 없는 곳에 보관한다.

**11-2. 콤바인 보관 및 관리 시 주의사항으로 옳지 않은 것은?**

① 예취날을 청소하고 오일을 급유한다.
② 습하지 않고 통풍이 잘되는 곳에 보관한다.
③ 급동을 분해하여 별도로 보관한다.
④ 급동커버를 열고 급실 내의 잔여물을 완전히 제거한다.

**11-3. 콤바인을 이듬해까지 장기보관할 때의 방법을 잘못 설명한 것은?**

① 통풍이 잘되고, 습기가 많은 곳에 보관한다.
② 직사광선이 없는 곳에 예취부를 내려놓는다.
③ 주차 브레이크 고정고리를 걸어 둔다.
④ 예취 클러치 레버는 '끊김' 위치에 놓는다.

|해설|

**11-1**
예취·탈곡 클러치 레버는 '끊김'으로 한다.

**11-2**
**콤바인 작업을 마치고 장기간 보관할 경우**
• 콤바인 내부를 깨끗이 청소해야 한다. 콤바인 내부에 곡물과 검불 등이 남아 있으면 쥐의 서식처를 제공하는 것과 같으므로 충분히 공회전시켜 잔여물을 완전히 제거해야 한다.
• 궤도, 체인, 기체 외부의 흙과 먼지를 깨끗이 제거한 후 각 부위에 윤활유를 충분히 주유한 후 가능하면 통풍이 잘되고 건조한 보관창고에 보관해야 한다.

**11-3**
통풍이 잘되고, 건조한 보관창고에 보관한다.

정답 11-1 ③  11-2 ③  11-3 ①

---

## 2-6. 이앙기·파종기 운전, 정비, 작업

**핵심이론 01 | 이앙기의 작업 전 조정부분**

※ 작업 조건에 맞게 주간 조절, 이앙본수(묘취량) 조절, 이송량, 식부 깊이 등을 조절한다.

① 주간(포기 사이) 조절
  ㉠ 평당 주(포기)수 조절의 경우 조간거리는 30[cm]로 일정하므로 조절할 수 없고, 주간거리인 포기 사이는 주간 조절레버의 조작에 의해서 조절한다.
  ㉡ 주간 조절레버나 버튼으로 앞뒤 포기 사이의 간격을 조절한다.

② 이앙(식부)본수(묘취량)의 조절
  ㉠ 파종량(묘의 밀식상태)으로 정하는 것이 원칙이다.
  ㉡ 본수 조절은 절취량을 횡·종 이송 조절, 즉 세로 이송량과 가로이송량 조정으로 한다.
  ※ 묘탱크 전판을 위로 올리면 식부본수는 적어진다.

③ 가로이송 조절(조간조절)
  ㉠ 식부부의 심는 조간거리는 30[cm]로 고정이며, 주간거리는 11~16[cm]로 조절할 수 있다.
  ㉡ 가로이송 변환 레버의 고정볼트를 풀고 원하는 가로이송량에 맞추어 고정볼트를 죈다.
  ※ 가로이송 조절을 할 때는 반드시 엔진을 정지시키고 조절해야 한다. 이때 주변속 레버는 반드시 중립으로 한다.

④ 이앙깊이(식부심) 조절
  ㉠ 이앙깊이의 조절은 이앙깊이 조절레버의 위치 변경 또는 플로트 취부구멍의 위치를 바꿈에 따라 6단계로 조절이 가능하다.
  ㉡ 연한 토양에서는 식부깊이를 낮게 조정한다.
  ㉢ 플로트를 표준위치보다 높게 하면 식부는 깊어진다.
    ※ 플로트
      • 이앙기에서 이앙깊이 조절, 즉 모가 일정한 깊이로 심어지게 한다.
      • 이앙기의 바퀴가 지나간 자국을 없애 주고, 흙의 표면을 평탄하게 해 준다.

**1-1. 4조식 보행형 이앙기의 작업 전 조정부분이 아닌 것은?**

① 심는 깊이
② 횡방향 묘취량
③ 핸들높이 직경
④ 종방향 묘취량

**1-2. 이앙기의 조간거리는 보통 얼마로 고정되어 있는가?**

① 10[cm]
② 20[cm]
③ 30[cm]
④ 40[cm]

**1-3. 이앙기에서 평당 주수 조절은 무엇으로 하는가?**

① 횡이송과 종이송 조절
② 주간거리 조절
③ 플로트 조절
④ 유압 조절

**1-4. 이앙기에서 식부본수는 무엇으로 조절하는가?**

① 횡·종 이송 조절
② 주간거리 조절
③ 유압와이어 조절
④ 플로트 조절

|해설|

**1-1**

작업조건에 맞게 주간 조절, 이송량, 식부본수, 식부깊이 등을 조절한다.

**1-3**

기계이앙작업에서 평당 주(포기)수 조절의 경우 조간거리는 30[cm]로 일정하므로 조절할 수 없고, 주간거리인 포기 사이는 주간 조절레버의 조작에 의해서 조절된다.

**정답** 1-1 ③ 1-2 ③ 1-3 ② 1-4 ①

---

**핵심이론 02 | 이앙기 일반**

① 이앙기의 구조

ㄱ 이앙기의 구조는 기관, 동력전달부, 운전조작부, 주행지지부, 모 탑재부, 식부부 등으로 되어 있다.

ㄴ 엔진부는 4기통 공랭식 가솔린엔진이 주로 사용되며, 보행형은 1.9~2.2[kW], 승용형은 11.9~14.9[kW]가 주로 이용된다.

ㄷ 동력전달부는 엔진으로부터 주행부 및 식부부에 동력을 전달하는 부위로 케이스 내에 기어, 축, 축받침, 클러치, 나사 등으로 구성된다.

ㄹ 흙 표면과 경반(흙 내부의 단단한 지반)의 간격이 일정하지 않기 때문에 바퀴와 부판이 고정되어 있으면, 부판이 지나치게 가라앉거나 떠올라 모심는 깊이가 크게 다르거나 포기(결주)가 나타나는 등 식부의 정밀도가 떨어진다. 주행지지부는 이를 방지하기 위해 바퀴가 상하로 작동되는 것과 관계없이 부판이 적정한 높이로 오르내릴 수 있도록 되어 있다.

ㅁ 운전조작부는 조속 레버, 주 클러치 레버, 식부 클러치 레버, 유압 클러치 레버, 조향 클러치 레버, 변속 레버 등으로 구성되어 있다.

② 이앙기의 분류

ㄱ 육묘형태에 따라 : 산파모 이앙기, 조파모 이앙기, 포트모 이앙기

ㄴ 운전방식에 따라 : 보행형 이앙기, 승용형 이앙기

ㄷ 동력원에 따라 : 동력 이앙기, 인력 이앙기

ㄹ 모를 심는 줄수에 따라 : 2조식, 3조식, 4조식, 6조식, 8조식 등

**2-1.** 이앙기는 모의 종류에 따라 여러 형식으로 구분되는데 다음 중 이 형식에 해당되지 않은 것은?

① 줄묘식　　　　　② 산파식
③ 조파식　　　　　④ 원심식

**2-2.** 이앙기의 운전조작부에 속하는 클러치 레버에 속하지 않는 것은?

① 연료 클러치 레버
② 주클러치 레버
③ 조향 클러치 레버
④ 식부 클러치 레버

**2-3.** 다음 중 4조식 이앙기로 작업할 때 결주가 생기는 원인이 아닌 것은?

① 주간 간격이 좁다.
② 파종량이 불균일하다.
③ 분리침이 마모되었다.
④ 세로이송 롤러가 작동불량이다.

|해설|

**2-3**
**결주에 영향을 끼치는 요인**
육묘의 수분상태, 식부장치의 타이밍, 포장조건, 종이송·횡이송장치, 분리침의 마모, 파종량의 불균일 등

정답 **2-1** ④　**2-2** ①　**2-3** ①

---

**핵심이론 03　보행형 이앙기**

① 보행형 이앙기는 운전자가 이앙기 뒤에서 걸어가면서 작업을 하기 때문에 운전조작부와 식부부가 이앙기 후방에 배치되어 있다.

② 식부장치

　㉠ 식부장치는 모 탑재대에서 모를 분리하여 심는 장치이다.

　㉡ 식부장치는 4절 링크방식으로 설계되어 저속에서 작업하도록 되어 있다.

　㉢ 식부부(모 심는 부분)는 모 탑재대, 모 이송기구, 모 분리장치, 식부장치로 구성되어 있다.

　㉣ 줄 사이거리(조간)는 30[cm]로 고정되어 있다.

　㉤ 포기 사이거리(주간)는 기어 변환 또는 풀리 교환으로 조절된다.

　㉥ 이앙깊이는 이앙깊이 조절레버로 조절하는데 대부분 플로트의 위치를 변화시켜 조절한다. 식부깊이는 4~8단계로 0~6[cm] 범위 내에서 조절할 수 있다.

　㉦ 모 분리량은 가로 및 세로 이송량으로 조절한다.

③ 주행지지부

　㉠ 바퀴와 부판(플로트)으로 구성되어 있다.

　㉡ 무논의 경반 및 표층을 지지하여 기체가 안정적인 자세를 유지하면서 작업할 수 있도록 한다.

④ 운전조작부는 주클러치 레버, 조향 클러치 레버, 변속 레버, 조속 레버, 식부 클러치 레버, 유압 클러치 레버 등으로 구성되어 있다.

　※ 보행이앙기에서 사용되는 묘취구 게이지 : 세로 이송량 조절

**3-1. 이앙기의 식부장치에서 많이 볼 수 있는 링크는?**

① 4절 링크
② 6절 링크
③ 8절 링크
④ 10절 링크

**3-2. 다음 중 보행형 산파이앙기에서 식부깊이 조정방법으로 알맞은 것은?**

① 주행속도를 조절
② 플로트의 높낮이 조절
③ 묘 탑재대 높이의 조절
④ 묘 탑재대의 이송속도를 조절

**3-3. 벼 보행이앙기의 식부본수 및 식부깊이 조절에 대한 설명 중 잘못된 것은?**

① 묘 탱크 전판을 위로 올리면 식부본수는 적어진다.
② 스윙 핸들로써 식부깊이를 조절한다.
③ 연한 토양에는 식부깊이를 낮게 조정한다.
④ 플로트를 표준위치보다 높게 하면 식부는 깊어진다.

**3-4. 보행이앙기에서 사용되는 묘취구 게이지는 어떠한 조절을 할 때 사용하는가?**

① 심음 폭
② 심음 깊이
③ 가로 이송량
④ 세로 이송량

| 해설 |

**3-3**
이앙깊이 조절레버를 위로 들어 올려 고정하면 깊게 심기고, 반대로 아래로 낮추어 고정하면 얕게 심어진다.

**정답 3-1** ① **3-2** ② **3-3** ② **3-4** ④

---

**핵심이론 04 | 승용형 이앙기**

① 개념 : 승용이앙기는 운전자가 운전석에서 운전과 조정을 같이 할 수 있도록 설계되어 있다.

② 구조 : 기본적으로 보행형 이앙기와 같지만 전륜과 후륜 및 운전자의 탑승을 위한 장치가 추가되어 있으며, 동력전달체계는 4륜 구동 트랙터와 비슷하다.

③ 식부장치 : 로터리 방식의 고속식부장치로 설계되어 보행형 이앙기에 비하여 작업속도가 2배 정도 빠르다.

④ 동력전달부
   ㉠ 주클러치와 변속기, 차동장치 등으로 구성되어 있다.
   ㉡ 클러치는 페달로 작동시키고, 형태는 다판 마찰 클러치와 벨트 클러치가 주로 사용된다.
   ㉢ 변속기는 주변속과 부변속으로 되어 있다.
   ㉣ 주변속은 전진 2단, 후진 1단이며, 부변속은 주변속과 조합하여 속도 범위를 변경한다.
   ㉤ 주변속은 클러치를 밟고 변속하며, 부변속은 주클러치를 밟지 않고 주행상태에서 레버를 밀거나 당겨서 변속한다.

⑤ 유압장치부
   ㉠ 식부장치를 올리거나 내릴 때에 사용한다.
   ㉡ 승용이앙기 본체와 이앙부를 연결하는 링크장치가 유압밸브를 작동시켜 부판(플로트)의 상하 위치를 변화시켜 식부깊이를 조절한다.

⑥ 브레이크 페달
   ㉠ 작업할 때 회전반경을 작게 하기 위해 좌우가 독립되어 있다.
   ㉡ 주행 중에는 좌우 페달을 반드시 연결해야 한다.

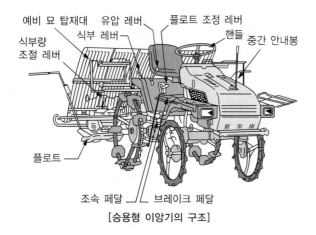

예비 묘 탑재대  유압 레버  플로트 조정 레버
식부 레버  핸들  중간 안내봉
식부량
조절 레버

플로트

조속 페달  브레이크 페달
[승용형 이앙기의 구조]

**10년간 자주 출제된 문제**

**4-1. 승용이앙기가 논에 빠져 한 쪽 바퀴에 슬립이 생길 때 사용하는 장치는?**

① 브레이크 페달
② 차동고정장치 페달
③ 클러치 페달
④ 변속기

**4-2. 승용이앙기의 차동고정장치를 사용하는 경우로 틀린 것은?**

① 경사지를 오를 때
② 논두렁을 넘을 때
③ 한쪽 바퀴가 슬립할 때
④ 가장자리에서 선회할 때

**4-3. 다음 중 이앙기에서 독립 브레이크를 사용하여야 할 때는?**

① 도로 주행 중
② 모판을 실었을 때
③ 작업 중 선회할 때
④ 위급상황이 발생했을 때

|해설|

**4-1**
차동고정장치 페달을 밟으면 차동장치를 작동 못하게 하여, 빠진 논에서 쉽게 빠져나올 수 있다.

정답 4-1 ② 4-2 ④ 4-3 ③

**핵심이론 05 | 산파모 동력 이앙기**

① 산파모용 이앙기의 구조

㉠ 기관 : 4조식은 2.5~4.0[PS], 6조식은 15~20[PS] 정도의 공랭식 4사이클 가솔린기관이며, 리코일 시동식과 전기 시동식이 있다.

㉡ 변속장치 : 전진 2단, 후진 2단 또는 전진 4단, 후진 1단이 있다.

㉢ 작업속도 : 보행형은 0.4~0.7[m/s], 승용형은 최대 1.6[m/s] 정도이다.

㉣ 주행부 : 지름 62[cm] 정도의 철바퀴에 고무를 입힌 것을 사용한다.

㉤ 플로트
• 철바퀴가 너무 깊이 빠지더라도 기체가 지면에서 어느 정도 이상으로 침하할 수 없도록 받쳐 주는 역할을 한다.
• 기체의 침하 정도를 감지하여 유압장치를 통해 바퀴의 깊이를 조절하고 모가 일정한 깊이로 심어지게 한다.

㉥ 식부장치
• 이앙기에서 모의 분리와 식부를 동시에 수행하는 장치이다.
• 절단날식, 젓가락식, 봉날식이 있으며 구동 크랭크, 연결봉, 요동절로 이루어지는 4절 기구에 의해서 구동된다.

㉦ 모 이송장치
• 압출 암, 안내판, 식입 포크 등으로 구성된다.
• 육묘상자의 모가 압출 암에 의하여 차례로 배출되고, 4절 기구가 구동하는 식입 포크에 의해 지표면에 심겨지도록 되어 있다.

② 산파모 동력 이앙기의 장단점

　　㉠ 상자 육묘가 쉽고, 중모 및 어린모 이앙 적응성이
　　　높다.

　　㉡ 모 분리면적 조절이 용이하여 파종량에 따라 주당
　　　본수 조절이 용이하다.

　　㉢ 파종상태가 균일치 않으면 식부 주수가 고르지 않
　　　고 결주가 많아진다.

---

**10년간 자주 출제된 문제**

**5-1. 산파모 이앙기에서 한 포기당 심어지는 모의 개수를 조절하는 것과 관계가 깊은 것은?**

① 이앙기의 전진속도
② 플로트의 높낮이
③ 모 탑재판의 횡이송 속도
④ 식부침 작동 캠의 작동시기

**5-2. 산파모 이앙기에서 식부침의 크랭킹속도와 모 탑재대의 상대속도를 조절 및 조정하는 것은?**

① 주간의 조정
② 조간의 조정
③ 식부 본수의 가로 이송량 조정
④ 식부 본수의 세로 이송량 조정

**5-3. 승용 산파이앙기에 사용되는 장치로 가장 거리가 먼 것은?**

① 유압 클러치　　　　② 주클러치
③ 식부 클러치　　　　④ 예취 클러치

**5-4. 다음 중 이앙기의 바퀴가 지나간 자국을 없애주고 흙의 표면을 평탄하게 해 주는 것은?**

① 플로트　　　　　　② 모 멈추개
③ 유압 레버　　　　　④ 가늠자 조작 레버

|해설|

**5-3**
예취 클러치는 콤바인에 사용되는 장치이다.

정답 5-1 ③　5-2 ③　5-3 ④　5-4 ①

---

**핵심이론 06 │ 이앙기 작업**

① 심어 나갈 방향

　　㉠ 진행방향은 논길이 쪽의 논두렁이 똑바른 쪽부터
　　　심어 나간다.

　　㉡ 양쪽 논두렁이 굽은 논은 안쪽부터 순차적으로 심
　　　는다.

　　㉢ 양쪽이 굽은 삼각형 논은 적게 굽은 쪽부터 심는다.

　　㉣ 진행방향과 직각이 되도록 써레질을 한다.

② 선회방법

　　㉠ 회전하기 전 최소한 기체의 길이보다 길게(보행
　　　2~3[m], 승용 3~4[m]) 남기고 조속 레버를 저속
　　　으로 한다.

　　㉡ 논머리가 가까워지면 변속 페달을 조작해 감속하
　　　고 이앙 클러치 레버를 조작하여 이앙부를 상승시
　　　킨다.

　　㉢ 다음에 심을 포기 옆으로 핸들을 돌려 선회하고
　　　마커와 인접 선 긋기로 인접 조간이 맞도록 기대를
　　　똑바로 세운다.

　　　※ 선 긋기로 그은 선이 보이지 않을 때는 먼저 심
　　　　은 인접 모에 인접 선 긋기를 일치시키면 보간
　　　　30[cm]를 유지할 수 있다.

　　　※ 선 긋기를 사용할 때는 인접폭을 넓게 해서 사용
　　　　해야 한다.

　　㉣ 이앙 클러치 레버를 '하강' 위치로 하여 이앙부를
　　　하강시키고 이앙부가 지면에 닿는 것을 확인한 후
　　　선 긋기를 고정한다.

　　㉤ 변속 페달을 조작하여 이앙속도를 올린다.

10년간 자주 출제된 문제

**이앙기 작업방법으로 옳지 않은 것은?**

① 진행방향은 논길이가 긴쪽부터 심어 나간다.
② 양쪽 논두렁이 굽은 논은 안쪽부터 순차적으로 심는다.
③ 양쪽이 굽은 삼각형 논은 적게 굽은 쪽부터 심는다.
④ 진행방향과 직각이 되도록 써레질을 한다.

정답 ①

## 핵심이론 07 | 이앙기의 점검사항

① 운전 전 점검(일상점검)

  ㉠ 각부의 연결상태 및 볼트, 너트의 조임상태

  ㉡ 연료 및 엔진오일의 양과 누유상태 점검

  ㉢ 공기청정기의 오염 여부 확인 후 청소

  ㉣ 각종 레버의 작동상태

  ㉤ 각부의 조정상태

② 운전 중 점검

  ㉠ 섭동부 식부조에 돌멩이 및 이물질 끼임 여부와 작동 상태

  ㉡ 식부장치 경고등 점등상태

  ㉢ 계기판 램프의 소음(딱딱거리는 소리) 발생 여부, 소리 발생 시 원인 제거

  ㉣ 식부 안전클러치, 즉 결주, 뜬 모, 모의 지지상태 등을 확인

  ㉤ 세척 후 각부의 연결상태 및 볼트, 너트의 풀림상태

③ 운전 후 점검

  ㉠ 각부의 연결상태 및 볼트, 너트의 풀림상태

  ㉡ 식부장치 마모 및 변형 확인 후 식부조 선단에 그리스 도포

  ㉢ 레버 핀, 섭동부 그리스 및 오일 주입상태

  ㉣ 연료계통의 연료탱크 및 기화기에서 연료를 모두 배출(장기보관 시)

10년간 자주 출제된 문제

**공랭식 기관을 탑재한 이앙기의 일상점검 사항과 가장 거리가 먼 것은?**

① 각부의 볼트, 너트의 이완상태 점검
② 엔진오일량 및 누유 점검
③ 냉각수량 점검
④ 연료량 점검

정답 ③

## 핵심이론 08 | 이앙기의 보관방법

① 본체를 청소하고 주유 개소에 주유한다.

② 오일은 교환하고, 연료탱크 및 기화기의 연료는 완전히 빼낸다.

③ 배터리를 분리하여 통풍이 잘되고 습기가 없는 건조한 곳에 보관하며 1개월에 1회 보충충전을 한다.

④ 보행이앙기의 경우 시동로프를 당겨 흡기·배기밸브를 닫힘에 놓는다.

⑤ 기어는 중립에 놓고 주클러치와 식부 클러치는 '연결' 위치에 놓는다.

⑥ 실린더 내부 및 밸브의 산화 방지를 위해 점화플러그 구멍에 새 오일을 약간 넣고 10회 이상 공회전시킨 다음, 시동로프를 천천히 잡아당겨 '압축' 위치에서 정지시킨다.

⑦ 식부날 부분에 녹 방지를 위해 오일을 칠한다.

⑧ 주변속기어의 연결 부위에 그리스를 도포한다.

⑨ 조속 레버는 저속으로 완전히 돌려놓는다.

⑩ 바퀴는 공기를 평소보다 많이 넣어 나무받침대 위에 올려놓는다.

⑪ 앞, 뒷바퀴에 굄목을 괴고 주차 브레이크를 걸어 둔다.

⑫ 먼지나 습기가 적고, 직사광선이 비치지 않는 곳에 보관한다.

---

**10년간 자주 출제된 문제**

**이앙기의 장기보관 시 조치사항으로 틀린 것은?**

① 사용설명서에 따라 시효가 지난 오일은 교환한다.

② 각부 주유 개소에 주유한다.

③ 점화플러그 구멍에 새 오일을 넣고 공회전시킨 후 '압축' 위치에서 보관한다.

④ 연료탱크 및 기화기의 잔존 연료는 명년도를 위하여 그대로 둔다.

|정답| ④

---

## 핵심이론 09 | 파종기 작업

① 파종방법

  ㉠ 줄뿌림 : 곡류, 채소 등의 종자를 일정한 간격의 줄을 따라 연속적으로 파종

  ㉡ 점뿌림 : 옥수수, 두류 등의 종자를 1개 또는 여러 개씩 일정한 간격으로 파종

  ㉢ 흩어뿌림 : 목초, 잔디 등의 종자를 지표면에 널리 흩어뿌리는 파종

② 조파기(줄뿌림)

  ㉠ 조파기는 보리, 밀, 콩 또는 목초 종자의 파종에 사용된다.

  ㉡ 파종기에 시비기를 장착하여 종자 파종과 시비 작업을 동시에 할 수 있다.

  ㉢ 조파기의 구조

  • 종자통 : 종자를 넣는 통이다.

  • 종자배출장치 : 일정량의 종자를 배출하는 장치이다.

  • 종자관 : 배출장치에서 나온 종자를 지면(고랑)까지 유도한다.

  • 구절기 : 적당한 깊이의 파종 골(고랑)을 만든다.

  • 복토진압장치 : 파종된 종자를 덮고(복토), 눌러(진압) 주는 장치로 복토기와 진압바퀴 등으로 구성되어 있다.

③ 점파기(점뿌림)

  ㉠ 콩류, 감자 등과 같이 비교적 큰 종자를 한 개 또는 2~3개씩 일정한 간격으로 파종하는 기계이다.

  ㉡ 구조는 종자통, 종자배출장치, 종자관, 구절기, 복토기로 구성된다.

  ㉢ 작동순서 : 종자통 → 종자배출 → 구절 → 복토 → 진압

  ※ 조파기와 점파기의 3가지 주요부 : 종자배출장치, 구절장치, 복토장치

④ 산파기(흩어뿌림)

　㉠ 목초와 같이 작고 가벼운 종자를 흩어뿌리는 기계로 원심식, 낙하식, 항공산파기 등이 있다.

　㉡ 산파기의 기본원리는 고속으로 회전하는 회전원판에 종자를 낙하시켜 회전원판의 원심력을 이용하여 종자를 멀리 비산시키는 것이다.

※ 분뇨살포기 : 시비기의 주요부가 탱크, 펌프, 흡입장치, 살포장치, 주행장치 등으로 구성되어 있다.

---

### 10년간 자주 출제된 문제

**9-1. 파종기에 시비기를 장착하여 종자 파종과 시비 작업을 동시에 할 수 있는 것은?**

① 산파기　　　　　　② 살포기
③ 구절기　　　　　　④ 조파기

**9-2. 파종기 중 조파기의 구조에 해당되지 않는 것은?**

① 복토기　　　　　　② 식부 암
③ 진압바퀴　　　　　④ 종자배출장치

**9-3. 조파용 파종기에서 구절기가 하는 일은?**

① 배출장치에서 나온 종자를 지면까지 유도한다.
② 파종된 종자를 덮고, 눌러 주는 장치이다.
③ 일정량의 종자를 배출하는 장치이다.
④ 적당한 깊이의 파종 골을 만든다.

**9-4. 산파식 파종기의 주요부분과 관계있는 것은?**

① 회전날개　　　　　② 구절기
③ 종자관　　　　　　④ 종자판

**9-5. 조파기와 점파기의 3가지 주요부가 아닌 것은?**

① 종자배출장치　　　② 구절장치
③ 교반장치　　　　　④ 복토장치

**9-6. 벼, 맥류, 채소 등의 종자를 일정한 간격의 줄을 따라 연속하여 뿌리는 파종 방법은?**

① 흩어뿌림　　　　　② 줄뿌림
③ 점뿌림　　　　　　④ 산 파

---

| 해설 |

**9-3**
①은 종자관, ②는 복토진압장치, ③은 종자배출장치를 말한다.

**9-5**
조파기와 점파기의 3가지 주요부 : 종자배출 장치, 구절장치, 복토장치

**9-6**
**파종방법**
• 곡류, 채소 등의 종자를 일정한 간격의 줄을 따라 연속적으로 뿌리는 줄뿌림
• 옥수수, 두류 등의 종자를 1개 또는 여러 개씩 일정한 간격으로 파종하는 점뿌림
• 목초, 잔디 등의 종자를 지표면에 널리 흩어뿌리는 흩어뿌림

**정답** 9-1 ④　9-2 ②　9-3 ④　9-4 ①　9-5 ③　9-6 ②

## 2-7. 동력 분무기 운전, 정비, 작업

### | 핵심이론 01 | 동력 분무기

① 동력 분무기의 개념 : 동력 분무기는 펌프로 약액에 직접 압력을 가한 다음 노즐을 통해 미세한 입자로 만들어 분사하는 방제기이다.

② 농약 살포의 조건
  ㉠ 목적물에 대해 부착률이 높을 것
  ㉡ 노동의 절감과 작업이 간편할 것
  ㉢ 예방살포인 경우 균일성이 있을 것
  ㉣ 살포한 약제가 기상적인 방해를 받는 일이 없을 것

③ 농약 살포기의 구비조건 : 도달성과 부착률, 균일성과 집중성, 피복면적비, 노동의 절감과 살포능력

④ 동력 분무기의 장단점
  ㉠ 장 점
    • 약액을 미세하게 만드는 데 공기를 사용하지 않는다는 점이 다른 액제 살포기와 다르다.
    • 동력 분무기는 구조가 비교적 간단하고 취급과 수리가 쉽다.
    • 진동이나 소음이 적고 오래 사용할 수 있다.
  ㉡ 단 점
    • 약제를 희석하는 데 사용되는 물의 양이 많다.
    • 고압에서 작동하므로 약액이 새거나 기계가 부식되기 쉽다.

① 펌 프

    ㉠ 보통 세 개의 플런저를 횡형으로 병렬연결한 3련식 왕복형 펌프를 많이 사용한다.

    ㉡ 충분한 약액의 송출량을 얻을 수 있고 분무압력의 변화가 적다.

② 압력조절장치

    ㉠ 조압 핸들(레귤레이터)을 죄면 스프링이 밸브를 세게 누르므로 약액의 압력이 높아지고, 조압 핸들을 풀면 압력은 낮아진다.

    ㉡ 조압 핸들은 시계방향으로 돌리면 압력이 올라간다.

    ㉢ 압력 조절이 완료되면 로크너트를 고정한다.

    ㉣ 위급한 상황에 대비하여 안전레버가 부착되어 있는데, 기종에 따라 올리거나 내리면 압력은 바로 0으로 조절된다.

    ㉤ 상용압력 범위는 $25\sim30[\mathrm{kgf/cm^2}]$이다.

③ 호 스

    ㉠ 호스의 규격은 안지름으로 나타내는데 보통 $7\sim15[\mathrm{mm}]$ 정도이다.

    ㉡ 호스의 지름이 짧으면 가벼워 작업하기는 편하나 압력이 증가하고, 길이가 길어질수록 분무압력은 크게 감소된다.

④ 노즐(분두)

    ㉠ 노즐은 약액을 미세한 입자로 분사시키는 장치이다.

    ㉡ 노즐대는 부착된 노즐의 수나 모양에 따라 Y형, 직선형, 환형, 철포형, 스피드형, 장관 다두형이 있다.

      • Y형이나 직선형 노즐 : 채소나 화훼의 방제에 널리 사용한다.

      • 환형 노즐 : 약액이 퍼지는 각도가 넓으므로 과수나 수목의 방제에 사용한다.

      • 철포형 노즐 : 손잡이로 약액의 도달거리를 조절할 수 있어 과수나 수목의 방제에 사용한다.

      • 스피드형 노즐 : 도달거리가 다른 3~4개의 노즐로 구성되어 있으며, 먼 곳과 가까운 곳에 동시에 뿌릴 수 있는 특징이 있어 수도작에 많이 사용된다.

      • 장관 다두형 : 붐(Boom)이라고 불리는 긴 파이프에 여러 개의 노즐을 부착시켜 작물 위를 지나가며 방제 작업을 하며, 붐 방제기라고도 한다.

⑤ 공기실 : 동력 분무기에서 공기의 팽창성과 압축성을 이용하여 노즐로 배출되는 약액의 양을 일정하게 유지시켜 주는 장치

**2-1.** 분무기 노즐 중 분무각도와 거리를 조절할 수 있는 것은?

① 스피드 노즐형　　　② 환상형
③ 직선형　　　　　　④ 철포형

**2-2.** 동력 분무기에서 공기의 팽창성과 압축성을 이용하여 노즐로 배출되는 약액의 양을 일정하게 유지시켜 주는 장치는?

① 펌프와 실린더　　　② 공기실
③ 노 즐　　　　　　　④ 밸 브

**2-3.** 동력 분무기로 약액 살포 중 레귤레이터를 오른쪽으로 돌리면 어떻게 되는가?

① 연료가 적게 든다.
② 엔진의 부하가 적다.
③ 분무압력이 올라간다.
④ 분무압력이 내려간다.

**2-4.** 동력분무기의 압력 조절에 관한 사항으로 옳은 것은?

① 조압 핸들은 반시계방향으로 돌리면 압력이 올라간다.
② 압력 조절이 완료되면 로크너트를 고정한다.
③ 레귤레이터 핸들을 위로 젖히면 게이지에 압력이 걸린다.
④ 압력 조절의 최고한계값은 약 20[kgf/cm²]이다.

**2-5.** 동력 분무기 취급 시 상용압력[kgf/cm²] 범위에 속하는 것은?

① 5~10　　　　　　　② 25~30
③ 40~60　　　　　　④ 70~100

| 해설 |

**2-2**

공기실은 공기의 압축성을 이용한 것으로, 플런저 펌프가 배출하는 약액이 많을 때 공기실 내부의 공기가 압축되어 약액을 저장하고, 약액의 배출량이 감소할 때 공기실 내부에 압축되었던 공기의 압력으로 약액을 배출함으로써 맥동을 줄여 약액의 배출량을 일정하게 유지하는 기능을 한다.

**2-4**

동력 분무기의 구조와 작동원리는 동력으로 작동되는 것 외에 압력조절 장치가 부착되어 있고 압력조절나사로 가감하며 조절밸브와 밸브시트의 간격을 변화시켜 물량을 조절하여 압력과 분무량을 조절할 수 있다.

정답 2-1 ④　2-2 ②　2-3 ③　2-4 ②　2-5 ②

---

**핵심이론 03 | 동력 분무기의 정비 및 보관**

① 동력 분무기에서 흡수량이 불량한 원인
　㉠ 흡입호스의 손상으로 공기 흡입
　㉡ 흡입밸브가 고착되어 작동 불량
　㉢ 흡입·토출밸브가 마모
　㉣ 흡입호스의 조립 불량 및 패킹 누락
　㉤ V패킹의 마모로 공기 흡입

② 동력 분무기의 여수에서 기포가 나오는 원인
　㉠ V패킹의 마멸
　㉡ 흡입호스의 손상(꼬임, 패킹절단 등)
　㉢ 흡입호스 너트의 풀림
　㉣ 실린더 취부 너트가 풀림
　※ 동력 분무기의 V패킹 교환·정비 시 안쪽과 바깥쪽에 그리스를 발라 주어야 한다.

③ 동력 분무기에서 크랭크실 내의 오일이 우유색으로 변하는 원인
　㉠ 플런저에 기공 발생
　㉡ 플런저 오일실 마모
　㉢ 플런저 마멸
　※ 동력 분무기에 부착된 명판에 "60A"라고 표시되어 있을 경우 1분당 이론배출량이 60[L] 임을 의미한다.

④ 동력 분무기의 장기보관
　㉠ 작업이 끝나면 5분 정도 맑은 물로 분무시켜 기체를 씻어 낸다.
　㉡ 동결 방지를 위해 호스 및 기관의 물을 완전히 뽑는다.
　㉢ V벨트를 풀리에서 벗긴다.
　㉣ V패킹 조절너트를 풀어 보관한다.
　㉤ 실린더 안에 소량의 오일을 넣고 5~6회 공회전시켜 압축상사점의 위치로 보관한다.
　㉥ 조합핸들을 풀어 스프링에 압력이 가해지지 않도록 한다.
　㉦ 호스와 본체를 분리하여 건조하고 통풍이 잘되는 장소에 보관한다.

**3-1.** 동력 분무기에서 흡수량이 불량한 원인으로 가장 거리가 먼 것은?

① 흡입호스의 파손
② V패킹의 마모
③ 토출호스 너트 풀림
④ 흡입밸브의 고장

**3-2.** 동력 분무기에서 크랭크실 내의 오일이 우유색으로 변했다면 그 원인으로 맞지 않는 것은?

① 플런저에 기공 발생
② 플런저 오일실 마모
③ 플런저 마멸
④ 밸브 마모

**3-3.** 다음 중 동력 분무기의 V패킹 교환·정비 시 안쪽과 바깥쪽에 발라 주어야 하는 물질로 가장 적당한 것은?

① 엔진오일
② 기어오일
③ 그리스
④ 물 또는 부동액

**3-4.** 동력 분무기에 부착된 명판에 "60A"라고 표시되어 있었다. "60A"가 뜻하는 것은?

① 플런저의 직경이 60[mm]임을 표시한다.
② 플런저의 길이가 60[mm]임을 표시한다.
③ 1분당 이론배출량이 60[L]임을 표시한다.
④ 1시간당 이론배출량이 60[L]임을 표시한다.

**3-5.** 동력 분무기의 장기보관 시 조치해야 할 내용으로 맞지 않는 것은?

① V벨트를 풀리에서 벗긴다.
② 동결 방지를 위해 호스 및 기관의 물을 완전히 뽑는다.
③ V패킹 조절너트를 꽉 조여 보관한다.
④ 통풍이 좋은 곳에 보관한다.

|해설|

**3-2**
크랭크 케이스 내에 물이 스며들 경우 오일이 우유빛으로 변색된다.

**3-3**
그리스는 반고체 상태이므로 이동 부분이나 진동이 심한 부위에도 잘 부착되어 윤활작용을 한다.

정답 3-1 ③  3-2 ④  3-3 ③  3-4 ③  3-5 ③

## 2-8. 동력 살분무기, 과수용 분무기(SS분무기)

**핵심이론 01 | 동력 살분무기의 구조**

① 동력 살분무기의 개념

㉠ 살분기는 분제농약을 송풍기의 바람에 실어 살포하는 방제기이다.

㉡ 미스트기

• 액제를 분무기보다 더욱 미세한 입자로 만들어 뿌릴 수 있는 방제기이다.

• 입제나 액제도 뿌릴 수 있으나, 액제를 뿌릴 때에는 동력 분무기보다 작업성능이 낮다.

• 액제를 사용할 때는 농도가 짙은 약액을 사용하므로 농약중독의 위험성이 높다.

② 동력 살분무기의 구조

㉠ 기 관

• 등에 짊어지고 작업해야 하므로 가벼운 공랭식 2행정 기관이 이용된다.

• 기관의 회전수는 7,000~8,000[rpm] 정도로 매우 고속으로 회전한다.

㉡ 송풍기 : 고속의 바람을 발생시키는 장치로 원심식 송풍기가 사용되며 기관에 직접 연결되어 있다.

㉢ 미스트 발생장치 : 송풍기에서 발생한 빠른 바람을 이용하여 소용돌이를 일으키거나 약액을 판에 충돌시키는 등의 방법을 사용한다.

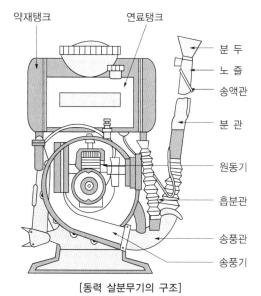

약재탱크　　　　연료탱크

분 두
노 즐
송액관
분 관
원동기
흡분관
송풍관
송풍기

[동력 살분무기의 구조]

**1-1.** 방제기 종류 중 살포농약의 사용약제를 분제형태로 사용하는 것은?

① 미스트기
② 연무기
③ 살립기
④ 살분기

**1-2.** 다음 중 병충해 방제 작업에서 액체와 분제를 모두 살포할 수 있는 것은?

① 연무기
② 동력 분무기
③ 동력 살립기
④ 동력 살분무기

**1-3.** 동력 살분무기에 일반적으로 사용되는 기관은?

① 4행정 사이클 공랭식
② 4행정 사이클 수랭식
③ 2행정 사이클 공랭식
④ 2행정 사이클 수랭식

**1-4.** 동력 살분무기의 윤활공급방식으로 가장 적합한 것은?

① 비산식
② 압송식
③ 비산압송식
④ 혼합유식

|해설|

**1-2**

동력 살분무기는 2행정 가솔린기관을 사용하며, 송풍기에 의한 강한 바람을 이용하여 약액을 미립화하여 비산시키거나 분제를 살포하는 송풍살포방식의 방제기이다.

**1-4**

동력 살분무기는 엔진이 소형이면서 고출력과 고속을 필요로 하는 방식이라서 연료혼합방식이 적합하다.

정답 1-1 ④　1-2 ④　1-3 ③　1-4 ④

## 핵심이론 02 | 동력 살분무기 작업방법

① 파이프 더스터 사용

　㉠ 파이프 더스터는 분제를 능률적으로 살포하기 위해 많은 구멍이 뚫려 있는 긴 호스를 말한다.

　㉡ 긴 호스를 포장의 양 끝에서 한 사람씩 잡고 포장을 지나가면서 방제 작업을 하므로 매우 능률적이다.

　㉢ 기관의 회전속도

　　• 회전속도가 필요 이상으로 빨라 송풍량이 많으면 분제가 파이프 더스터의 끝에서 많이 배출된다.

　　• 회전속도가 느리면 기체 가까운 쪽에서 많이 배출된다.

　　• 골고루 약제가 뿌려지려면 기관의 회전속도를 알맞게 조절해야 한다.

② 분두 사용

　㉠ 파이프 더스터를 사용하지 않고 분두를 사용할 때에는 약제의 종류에 상관없이 전진법, 후진법, 횡보법을 사용해서 농약을 뿌릴 수 있다.

　㉡ 어떤 방법을 사용하더라도 뿌린 약제가 작업자 쪽으로 오지 않도록 반드시 바람을 등지고 작업해야 한다.

③ 동력 살분무기의 살포 작업방법

　㉠ 전진법 : 앞으로 나가며 분관을 흔드는 방법

　㉡ 후진법 : 독성이 높은 약제 살포 시 뒤로 물러나면서 뿌리는 방법

　㉢ 횡보법 : 측면에서 바람이 불 때 옆으로 가며 뿌리는 방법

④ 기타 주요사항

　㉠ 동력 살분무기를 이용하여 방제 작업하기에 적당한 시기 : 바람이 없는 날 해 지기 전

　㉡ 동력 살분무기에서 저속은 잘되나 고속이 잘 안 되며 공기청정기로 연료가 나올 때 : 리드밸브 고장

　㉢ 동력 살분무기의 리드밸브 점검 : 리드판은 몸체와 완전히 밀착되어야 한다.

**2-1.** 동력 살분무기의 파이프 더스터(다공호스)를 이용하여 분제를 뿌리는데 기계와 멀리 떨어진 파이프 더스터의 끝 쪽으로 배출되는 분제의 양이 많다. 다음 중 고르게 배출되도록 하기 위한 방법으로 가장 적당한 것은?

① 엔진의 속도를 낮춘다.
② 엔진의 속도를 빠르게 한다.
③ 밸브를 약간 닫아 배출되는 분제의 양을 줄인다.
④ 밸브를 약간 열어 배출되는 분제의 양을 늘린다.

**2-2.** 동력 살분무기의 살포작업방법으로 가장 거리가 먼 것은?

① 전진법
② 후진법
③ 횡보법
④ 전후진 조합법

**2-3.** 동력 살분무기를 이용하여 방제 작업하기에 적당한 시기는?

① 바람이 없는 날
② 바람이 있는 날 아침
③ 바람이 없는 날 비 오기 전
④ 바람이 없는 날 해 지기 전

**2-4.** 동력 살분무기 살포방법의 설명 중 틀린 것은?

① 분관 사용 시 바람을 맞으며 전진한다.
② 분관을 좌우로 흔들면서 전진한다.
③ 분관을 좌우로 흔들면서 후진한다.
④ 분관을 좌우로 흔들면서 옆으로 간다.

**2-5.** 동력 살분무기에서 저속은 잘되나 고속이 잘 안 되며 공기청정기로 연료가 나올 때의 고장은?

① 미스트 발생부 고장
② 노즐 고장
③ 임펠러 고장
④ 리드밸브 고장

|해설|

**2-3**
바람이 없는 날 해 지기 전이 식물과 땅의 온도가 낮아 증발량이 적을 때이므로 방제 작업하기에 적당한 시기이다.

**2-4**
어떤 방법을 사용하더라도 뿌린 약제가 작업자 쪽으로 오지 않도록 반드시 바람을 등지고 작업해야 한다.

**정답** 2-1 ① 2-2 ④ 2-3 ④ 2-4 ① 2-5 ④

① 개 념

㉠ 스피드 스프레이어는 일명 SS기라고도 하며 과수용 방제기이다.

㉡ 종류는 트랙터로 견인하는 견인형, 트랙터의 3점 링크에 장착하는 탑재형, 운전자가 탑승하여 구동이 가능한 자주형 등이 있다.

㉢ 우리나라에서 주로 사용하는 자주형은 회전반지름이 작아 나무 사이를 자유롭게 이동할 수 있으며, 경사지나 미끄러운 길에서도 작업할 수 있어 많이 사용된다.

㉣ 구성은 기관, 동력전달장치, 주행장치, 송액장치, 송풍장치, 노즐 등으로 되어 있다.

② 기 관

㉠ 40~80[PS] 정도의 기관을 탑재한다.

㉡ 디젤기관이나 가솔린기관이 모두 사용되고 있다.

㉢ 주행용 기관과 약제 살포용 기관을 따로 장착한 것도 있다.

③ 송액장치

㉠ 약액탱크, 펌프, 노즐 등으로 구성된다.

㉡ 약액탱크는 용량이 400~1,200[L] 정도의 합성수지 제품이 사용된다.

㉢ 송액펌프는 동력 분무기와 비슷한 플런저펌프가 널리 사용되는데, 원심펌프가 사용되기도 한다.

㉣ 노즐은 10~60개를 부채꼴로 기체의 뒤쪽에 배치하며, 밸브를 부착하여 약액을 모든 방향으로 보낼 수도 있고, 한쪽 방향으로만 보낼 수도 있다.

※ 분두의 최대살포각도는 180°이다.

④ 송풍장치

㉠ 선풍기 날개 모양의 대형 프로펠러를 장치하여 기체의 뒤쪽에서 공기를 흡입하여 기체와 직각방향으로 배출하도록 되어 있다.

㉡ 노즐에서 분무된 약액을 송풍기의 바람으로 불어 낸다는 점에서 동력 살분무기와 비슷하다.

⑤ 주행장치

㉠ 타이어식과 궤도식이 있으며, 미끄러운 땅이나 경사지에서는 궤도식이 적합하다.

㉡ 타이어식은 여러 개의 저압타이어를 장착하여 미끄러짐을 최소화하였다.

---

**10년간 자주 출제된 문제**

**3-1. 다음 중 넓은 과수원 방제를 가장 능률적으로 할 수 있는 방제기는?**

① 연무기
② 동력 분무기
③ 파이프 더스터
④ 스피드 스프레이어

**3-2. 미세한 입자를 강한 송풍기로 불어 먼 거리까지 살포하는 방제기로 주로 과수원에서 많이 사용되는 것은?**

① 스피드 스프레이어
② 동력 살분무기
③ 동력 분무기
④ 붐 스프레이어

**3-3. 고속분무기에서 분두의 최대살포각도로 적절한 것은?**

① 30°
② 45°
③ 90°
④ 180°

|해설|

**3-3**
살포분무각은 180° 이상으로, 전면을 일시에 살포할 수 있는 것과 90° 정도의 범위에 한쪽만 살포하는 경우, 또 45° 정도만 살포할 수 있는 경우도 있다.

정답 3-1 ④ 3-2 ① 3-3 ④

## 핵심이론 04 | 스피드 스프레이어 운전 시 주의사항

① 급경사지에서는 절대로 변속 조작을 하지 않는다.
② 변속 레버가 잘 들어가지 않을 때는 클러치를 밟고 속력을 최대한 낮춘 다음 변속한다.
③ 주행 중 고속에서 저속으로 변속할 때는 클러치를 밟고 속력을 최대한 낮춘 다음 변속한다.
④ 주차 시 주행상태에서는 절대로 주차 브레이크를 당기지 말고 발 브레이크를 먼저 작동하여 정지한 다음 주차 브레이크를 위로 당긴다.
⑤ 주행 시 출발은 항상 1단에서 시작하며 경사지 주행 및 살포 작업은 반드시 저속에서 행한다.
⑥ 지반이 아주 연약한 곳 또는 급경사지는 안전상 운전을 삼간다.
⑦ 고속주행 시 또는 일반도로 주행 시 좌우 브레이크 연결 핀을 풀어 한쪽 브레이크를 밟게 되면 도로 이탈 및 전복할 위험이 있으므로 절대로 연결 핀을 풀지 말고 연결 상태로 운행한다.

**과수용 방제기 운전 시 주의사항으로 틀린 것은?**
① 급경사지에서는 절대로 변속 조작을 하지 않는다.
② 주행 시 출발은 항상 1단에서 시작한다.
③ 주행 중 고속에서 저속으로 변속할 때는 클러치를 밟고 속력을 최대한 낮춘 다음 변속한다.
④ 주차 시 주행하면서 주차 브레이크를 당겨서 정지한다.

정답 ④

## 2-9. 스프링클러, 양수기

## 핵심이론 01 | 스프링클러

① 개념
  ㉠ 스프링클러(Sprinkler, 살수기)는 양수기로 물을 송수하며 자동적으로 분사관을 회전시켜 송수된 물을 살수하는 장치이다.
  ㉡ 분사관은 매분 1~2회의 저속으로 회전하면서 분사관을 중심으로 둥글게 물을 뿌린다.
② 스프링클러 시스템의 구성
  ㉠ 순서 : 펌프 → 제수밸브 → 송수관 → 살수관 → 수직관 → 스프링클러
  ㉡ 펌프 : 원심펌프
  ㉢ 송수관 : 수원에서 살수관으로 물을 압송하는 간선(관 지름 75~100[mm])
  ㉣ 살수관 : 스프링클러로 물을 압송하기 위한 배관(관 지름 35~75[mm], 길이 4~6[m])
  ㉤ 수직관 : 살수관에서 물을 스프링클러로 인도하는 배관(관 지름 25[mm], 길이 1[m])
  ㉥ 살수기 : 분사관 1~2[rpm]으로 회전(1분마다), 분사 구멍 지름 3~10[mm]로 원거리와 근거리용 2개
  ※ 회전식 스프링클러의 회전속도 : 1~2[rpm]

**1-1. 물을 양수기로 송수하며 자동적으로 분사관을 회전시켜 살수하는 장치는?**

① 버티컬　　　　　　② 다이어프램
③ 스프링클러　　　　④ 변형날개 펌프

**1-2. 다음 중 스프링클러는 어느 작업을 하는 농업기계인가?**

① 경기 작업　　　　　② 탈곡 작업
③ 방제 작업　　　　　④ 관수 작업

**1-3. 다음 중 회전식 스프링클러의 회전속도로 가장 적절한 것은?**

① 1~2[rpm]　　　　　② 5~10[rpm]
③ 20~30[rpm]　　　　④ 50~60[rpm]

정답 1-1 ③　1-2 ④　1-3 ①

---

## 핵심이론 02 | 스프링클러의 특징

① 스프링클러의 취급법

　㉠ 살수기를 배치하여 넓은 지역에 균일하게 살포할 수 있어야 한다.

　㉡ 노즐의 종류, 바람의 영향, 노즐의 회전속도 등을 알맞게 해야 한다.

　㉢ 노즐의 허용수압보다 낮을 때에는 분사되는 물방울이 커지고, 물방울이 커지면 흙이 딱딱해지며, 발아한 어린 식물이 피해를 입을 수가 있다.

　㉣ 수압이 너무 높으면 극단의 미립상태가 되어 바람과 증발에 의한 손실이 커진다.

　㉤ 노즐의 회전속도는 중간 압력의 노즐일 때 1회전당 1~1.5분이 걸린다.

　㉥ 노즐의 간격은 살수분포가 가급적 균일하게 되도록 선택한다.

　㉦ 살수방법, 살수시간, 살수강도 등은 살수분포에 많은 영향을 끼친다.

② 살수관수의 장단점

　㉠ 장 점

　　• 비료와 농약을 섞어 뿌릴 수 있다.

　　• 잎에 묻은 흙이나 먼지를 씻어 낼 수 있다.

　　• 물방울이 미세하여 땅이 굳어지지 않는다.

　　• 경사지에서도 사용할 수 있으며, 토양의 침식이 적다.

　　• 물을 균일하게 뿌려 주므로 물의 양이 20~30[%] 절약된다.

　　• 단시간에 적은 양의 물로 넓은 면적에 살수할 수 있다.

　㉡ 단 점

　　• 침투성이 좋지 못한 흙의 경우에는 지표에 고여 증발되는 손실이 발생한다.

　　• 작물의 잎이 많은 경우에는 물이 땅에 떨어지지 않고 잎에 묻어 증발하는 손실이 많다.

　　• 수압이나 바람에 따라 살수상태가 변화된다.

**2-1. 살수장치인 스프링클러 관개에 대한 설명 중 틀린 것은?**

① 물방울이 미세하므로 땅이 굳어지지 않는다.
② 물을 균일하게 뿌려 주므로 물의 양이 절약된다.
③ 농약을 섞어 함께 사용할 수 있다.
④ 바람의 영향을 적게 받는다.

**2-2. 살수관수의 특징으로 거리가 먼 것은?**

① 짧은 시간에 많은 양의 물을 살수할 수 있다.
② 적은 양으로 균등하게 살수할 수 있다.
③ 비료, 농약 등을 섞어 살수할 수 있다.
④ 시설비가 비싸다.

|해설|

**2-1**
수압이나 바람에 따라 살수상태가 영향을 많이 받는다.

정답 2-1 ④  2-2 ①

---

**핵심이론 03 | 양수기 구조와 기능**

① 원심 펌프 : 주요 구성부분은 임펠러, 케이싱, 흡입관 및 배출관, 풋 밸브 및 여과기로 구성되어 있다.

　㉠ 임펠러 : 여러 개의 날개로 구성되어 있으며, 원심력에 의해서 압력을 발생시킨다.

　㉡ 케이싱 : 임펠러를 둘러싸고 있으며, 임펠러에서 발생하는 압력을 견디고 회전하는 물을 인도하여 배출관으로 보낸다.

　㉢ 흡입관 : 물을 흡입하는 관으로, 설치할 때에는 양수기에 확실하게 밀착시켜 공기가 흡입되지 않도록 설치해야 한다.

　㉣ 배출관 : 양수기에서 필요한 장소까지 보내는 관으로, 밸브가 달려 있어 양수량을 조절할 수 있는 것도 있다.

　㉤ 풋 밸브와 여과기 : 풋 밸브는 처음 물을 퍼 올린 후 작업을 중지했을 때 물이 배수관으로 역류하는 것을 방지하며, 여과기는 물에 혼입된 이물질을 걸러 내는 작용을 한다.

② 왕복 펌프

　㉠ 왕복 펌프는 밀폐된 실린더 내에 피스톤이나 플런저를 왕복운동시켜 물을 흡입·배출하는 펌프이다.

　㉡ 회전수가 변해도 배출압력이 크게 변하지 않고 일정하며, 소형으로 높은 압력을 얻을 수 있다.

　㉢ 왕복 펌프는 왕복하는 부분의 모양에 따라 피스톤 펌프, 플런저 펌프, 버킷 펌프 등으로 분류된다.

**양수기 설치 시 주의할 사항 중 맞는 것은?**

① 가능한 한 수원에서 먼 위치에 설치한다.
② 흡입호스는 직각이 되도록 설치한다.
③ 흡입수면에 가까운 높이로 흡입수면보다 높은 위치에 설치한다.
④ 흡입호스로 약간의 공기가 들어갈 수 있도록 설치한다.

정답 ③

# 핵심이론 04 | 양수기 운전 및 보관

① 운 전

    ㉠ 그리스 컵은 운전 중에도 1~2시간마다 한 바퀴 정도 돌려서 양수기축을 윤활해 주어야 한다.

    ㉡ 원동기와 양수기의 고정상태 및 연결상태를 확인한다.

    ㉢ 원동기의 냉각수, 연료, 윤활유 또는 전동기의 전원을 점검한다.

    ㉣ 공기빼기 콕을 열어 물을 가득 넣고 콕을 잠근 후 시동한다.

    ㉤ 조속 레버로 원동기의 회전속도를 정격 회전속도로 조절한 다음 조속 레버를 고정한다.

    ㉥ 그랜드 패킹을 사용하는 양수기의 경우 1분당 5~6방울의 물이 떨어지도록 한다.

② 정지 및 보관

    ㉠ 2~3분 정도 원동기를 저속운전한 다음 정지시킨다.

    ㉡ 흡입관을 물에서 꺼내고 물을 제거한다.

    ㉢ 흡입관과 배출호스를 분리하여 보관한다.

    ㉣ 장기간 사용하지 않을 때는 양수기 내부의 물을 배출시킨다.

※ 연무기

    • 연무는 땅으로 떨어지지 않고 공기 중에 떠다닐 수 있는 작은 입자이기 때문에 작물의 앞쪽과 뒤쪽에 모두 부착될 수 있다.

    • 적은 양으로 넓은 면적을 살포할 수 있다.

    • 고온연무기의 주사용 연료는 가솔린이다.

---

## 10년간 자주 출제된 문제

**4-1. 양수기 정지 및 보관 시 주의사항으로 틀린 것은?**

① 부식 방지를 위해 토출구에 약간의 엔진오일을 주유 후 정지시킨다.

② 흡입관을 물에서 꺼내고 물을 제거한다.

③ 흡입관과 배출호스를 분리하여 보관한다.

④ 장기간 사용하지 않을 때에는 양수기의 물을 채워 놓는다.

**4-2. 양수기를 수리할 때 그랜드 패킹의 조임을 어느 정도 조정해야 가장 적당한가?**

① 양수작업 시 물이 새지 않는 정도

② 양수작업 시 물이 1분당 1~2방울 새는 정도

③ 양수작업 시 물이 1분당 5~6방울 새는 정도

④ 양수작업 시 물이 1분당 15방울 이상 새는 정도

**정답** 4-1 ④    4-2 ③

## 2-10. 목초 예취기·수확기

### 핵심이론 01 | 목초 예취기·수확기의 구조

① 목초 예취기 : 목초 예취기는 모어(Mower)라고도 하며 목초를 베는 데 사용되고, 자주형과 트랙터 부착형이 있다. 또 절단기구형식에 따라 왕복날형과 회전날형이 있다.

 ㉠ 왕복식 모어 : 커터바 모어라고도 하며 절단날이 좌우로 왕복운동하면서 예취한다.

 ㉡ 회전형(로터리) 모어 : 드럼형과 디스크형이 있고 고속으로 회전하는 종축에 원판이나 원통을 붙여 그 주위에서 원심력에 의하여 회전하는 예취날로 예취한다.

 ㉢ 플레일 모어 : 회전하는 수평축에 붙어 있는 플레일 날에 의하여 목초를 때려서 절단한다.
  • 예취한 목초에 손상을 입히기 때문에 건조촉진 효과가 크다.
  • 다른 모어보다 절단길이가 짧아 손실이 많고, 흙과 모래 등 이물질이 혼입되기 쉽다.

② 목초 수확기

 ㉠ 모어바형 목초 수확기 : 모어로 목초를 예취한 후 커터헤드로 절단하며 헤드의 종류에는 목초용 글라스헤드, 옥수수용 콘헤드 등이 있고, 모어로 예취하여 바닥에 깔려 있는 목초를 걷어 올리는 윈드로 픽업이 있다.
  ※ 일반적으로 모어의 규격은 예취폭으로 나타낸다.

 ㉡ 플레일 목초 수확기 : 예취날이 세절과 이송을 같이하며, 구조는 플레일 모어와 비슷하나 예취부 위쪽에 반송관이 있다는 점이 다르다. 목초초퍼라고도 한다.

③ 헤이 컨디셔너

 ㉠ 건조를 촉진하기 위해 예취한 목초를 압쇄하는 데 사용하는 기계

 ㉡ 예취된 목초를 짓눌러 건조를 빠르게 하기 위한 기계(목초를 압축하며 건조)

④ 헤이 테더 : 예취된 목초의 건조를 빨리 진행시키기 위해 목초를 반전 또는 확산시키는 데 사용하는 기계

⑤ 헤이 레이크 : 예취한 후 포장에 널려진 목초를 베일러 작업이 쉽도록 모아 주거나 건조를 하기 위하여 펼쳐주는 작업기

⑥ 헤이 베일러 : 말린 목초나 볏짚을 일정한 용적으로 압축하여 묶는 기계

 ㉠ 원형 베일러 : 베일의 무게가 350~450[kg] 정도로, 크기가 커서 대규모 초지에 적합한 베일러

 ㉡ 베일러에서 끌어올림장치로 올려진 건초는 오거에 의해 베일 체임버로 이송된다.

 ※ 포장에서 목초 베일러의 작업 시 선회방법 : PTO 동력을 차단하고, 큰 원을 그리며 회전한다.

⑦ 프리지 하베스터 : 엔실리지의 원료가 되는 사료작물을 예취하고 컨베이어를 이용하여 운반차에 실을 수 있는 작업기

---

### 10년간 자주 출제된 문제

**1-1. 일반적으로 모어의 규격은 무엇으로 나타내는가?**
① 작업 속도
② 기계 무게
③ 예취날의 구조
④ 예취폭

**1-2. 모어(Mower)의 예취날 구조에 따른 분류가 아닌 것은?**
① 왕복형 모어
② 로터리 모어
③ 플레일 모어
④ 플라우 모어

**1-3. 다음 중 말린 목초나 볏짚을 일정한 용적으로 압축하여 묶는 기계는?**
① 헤이 테더(Hay Tedder)
② 헤이 베일러(Hay Baler)
③ 헤이 레이크(Hay Rake)
④ 헤이 컨디셔너(Hay Conditioner)

**1-4.** 건초를 운반하거나 저장에 편리하도록 일정한 용적으로 압착하여 묶는 작업기는?

① 레이크          ② 모 어
③ 베일러          ④ 디스크하로우

**1-5.** 예취된 목초를 짓눌러 건조를 빠르게 하기 위한 기계는?

① 헤이 레이크      ② 헤이 컨디셔너
③ 헤이 테더        ④ 헤이 베일러

**1-6.** 포장에서 목초 베일러의 작업 시 선회 방법으로 옳은 것은?

① PTO 동력을 차단하고, 큰 원으로 회전한다.
② PTO 동력을 연결하고, 큰 원으로 회전한다.
③ PTO 동력을 차단하고, 작은 원으로 회전한다.
④ PTO 동력을 연결하고, 작은 원으로 회전한다.

**1-7.** 엔실리지의 원료가 되는 사료작물을 예취하여 절단하고, 컨베이어를 이용하여 운반차에 실을 수 있는 작업기는?

① 헤이 베일러      ② 프리지 하베스터
③ 엔실리지 컨디셔너  ④ 하베스터 컨디셔너

**1-8.** 구릉지에서의 목초 예취 작업에 가장 적당한 모어는?

① 커터바 모어      ② 전단식 모어
③ 플레일 모어      ④ 로터리 모어

| 해설 |

**1-2**
**모어(Mower)의 예취날 구조에 따른 분류**
왕복식 모어, 로터리(드럼형, 디스크형) 모어, 플레일 모어

**1-7**
**프리지 하베스터(Forage Harvester)** : 옥수수 등 사료작물을 예취와 동시에 트레일러나 다른 운반차에 쌓는 작업구조를 가지며, 예취구조에 따라 프레일형과 커터헤드 또는 유닛형으로 나뉜다.

**1-8**
**모어** : 목초를 베는 데 사용하는 기계
• 왕복식 모어 : 절단날이 좌우로 왕복운동하면서 예취(콤바인)
• 회전형 모어 : 드럼형・디스크형 로터리 모어(우리나라에서 주로 사용)
• 플레일 모어 : 회전하는 수평축에 붙어 있는 플레일날에 의하여 목초를 때려서 절단

정답 1-1 ④  1-2 ④  1-3 ②  1-4 ③  1-5 ②  1-6 ①  1-7 ②  1-8 ④

---

**핵심이론 02 | 목초 예취기 운전 및 작업**

① 예취기의 운전
  ㉠ 예취기는 작물을 베어 기계 옆쪽으로 가지런히 방출하여 포장에 얇게 깔아 두는 수확기이다.
  ㉡ 예취기는 기관, 주행부, 분할기, 패커, 예취부 및 반송부로 구성되어 있다.
  ㉢ 구조가 간단하고 예취한 작물을 포장에 깔아두기 때문에 건조가 잘된다.
  ㉣ 묶는 작업과 탈곡기까지 운반하는 후속 작업에 시간이 소요되는 단점이 있다.
    ※ 우리나라에서 휴대용 예취기에 가장 많이 사용되는 엔진 : 공랭식 가솔린기관
  ㉤ 예취날의 선택
    • 자갈 등이 많고 지면이 고르지 못한 지역, 철조망, 콘크리트벽 등의 주위의 잡초를 예취할 경우 : 합성수지날
    • 관목, 잔가지의 예취 : 금속날의 톱날, 꽃잎형날
② 바인더 : 바인더는 베어질 작물을 분리하고, 걸어 올림 장치로 걸어 올린 다음 왕복날로 자르고 반송하여 결속부에서 일정한 크기로 모아지면 묶어서 방출하는 결속형 예취기의 일종이다.

**2-1. 우리나라에서 휴대용 예취기에 가장 많이 사용되는 엔진은?**

① 공랭식 가솔린기관
② 수랭식 가솔린기관
③ 공랭식 디젤기관
④ 수랭식 디젤기관

**2-2. 자갈이 많고 지면이 고르지 못한 곳에서 잡초를 예취할 때 적합한 예취날은?**

① 톱날형날
② 꽃잎형날
③ 4도형날
④ 합성수지날

| 해설 |

**2-1**
**농용 기관**
• 농용 가솔린기관 : 주로 공랭식 단기통 기관(이앙기, 관리기, 예취기)을 사용
• 농용 디젤기관 : 수랭식의 단기통 기관(동력 경운기) 또는 다기통 기관(트랙터, 콤바인, 스피드 스프레이어)을 사용

**2-2**
**예취날의 선택**
• 자갈 등이 많고 지면이 고르지 못한 지역, 철조망, 콘크리트벽 등의 주위의 잡초를 예취할 경우 합성수지날이 좋다.
• 관목, 잔가지의 예취에는 금속날의 톱날형, 꽃잎형이 좋다.

정답 2-1 ① 2-2 ④

## 2-11. 건조기, 도정기

**핵심이론 01 건조와 함수율**

① 건조요인

㉠ 건조의 3대 요인 : 공기의 온도, 습도, 풍량(바람의 세기)

㉡ 벼, 보리 등과 같은 곡물 건조 시에 건조온도를 너무 높게 하여 급속건조했을 경우 곡물에 균열이 발생되고, 동할립(금간 알)이 증가된다.

㉢ 건조시간이 너무 길면 변질되기 쉽다.

② 함수율

㉠ 함수율 표시법
• 함수율이란 농산물 중에 포함되어 있는 수분의 정도를 말한다.
• 함수율 표시법에는 습량기준 함수율과 건량기준 함수율이 있다.
• 습량기준 함수율이란 물질 내에 포함되어 있는 수분을 그 물질의 총무게로 나눈 값을 백분율로 표현한 것이다.
※ 어떤 물질의 함수율이 증가되고 있다는 것은 그 물질 내의 수분함량이 증가된다고 말할 수 있다.

㉡ 함수율을 측정하는 방법으로는 오븐법, 증류법, 전기저항법, 유전법 등을 사용한다.

㉢ 곡물의 함수율[%] 산출식
• 습량기준 함수율 = (시료에 포함된 수분의 무게/시료의 총무게) × 100
• 건량기준 함수율 = (시료에 포함된 수분의 무게/건조 후 시료의 무게) × 100

③ 평형 함수율

㉠ 일정한 상태의 공기 중에 곡물을 놓았을 때 곡물이 갖게 되는 함수율

㉡ 어떤 물질을 일정한 온도와 습도를 가진 공기 중에 오랫동안 놓아두면 결국은 함수율이 더 이상 줄거나 늘지 않는 평형상태에 도달하게 되는데 이때의 함수율을 평형 함수율이라고 한다.

ⓒ 곡물을 일정한 온도와 습도를 가진 공기 중에 오랫동안 놓아두었을 때 곡물이 갖는 일정한 함수율이 곡물의 평형 함수율이다.

ⓓ 곡물은 건조용 공기의 평형 함수율 이상으로 건조할 수 없다.

**1-1. 건조의 3대 요인에 속하지 않는 것은?**

① 공기의 온도
② 대상물의 크기
③ 습 도
④ 풍량(바람의 세기)

**1-2. 농산물 건조에서 평형 함수율은?**

① 곡물 종류에 따른 최적 수분함량
② 일정한 상태의 공기 중에 곡물을 놓았을 때 곡물이 갖게 되는 함수율
③ 수확시기에 적합한 수분함량
④ 곡물 종류에 따른 곡물마다의 고유의 함수율

**1-3. 곡물을 일정한 온도와 습도를 가진 공기 중에 오랫동안 놓아두면 일정한 함수율로 된다. 이것을 무엇이라 부르는가?**

① 평형 함수율
② 임계 함수율
③ 습량기준 함수율
④ 건량기준 함수율

**1-4. 벼, 보리 등과 같은 곡물 건조 시에 건조온도를 너무 높게 하여 급속건조했을 경우 곡물에는 어떠한 현상이 발생되는가?**

① 곡물 내부의 수분량이 증가되어 부패가 진행된다.
② 곡물에 균열이 발생되고, 동할립이 증가된다.
③ 곡물의 부피가 증가된다.
④ 싸라기의 발생이 감소된다.

**1-5. 건조와 함수율에 관한 설명으로 옳은 것은?**

① 곡물은 건조용 공기의 온도가 너무 낮으면 동할이 발생한다.
② 곡물은 건조용 공기의 평형 함수율 이상으로 건조할 수 없다.
③ 농산물 함수율은 보통 건량기준 함수율을 말한다.
④ 건조용 공기의 풍량이 많으면 건조가 늦어진다.

**1-6. 다음 중 함수율과 관련된 설명으로 틀린 것은?**

① 함수율 표시법에는 습량기준 함수율과 건량기준 함수율이 있다.
② "습량기준 함수율"이란 물질 내에 포함되어 있는 수분을 그 물질의 총무게로 나눈 값을 백분율로 표현한 것이다.
③ 어떤 물질의 함수율이 증가되고 있다는 것은 그 물질 내의 수분함량이 감소된다고 말할 수 있다.
④ 함수율을 측정하는 방법으로는 오븐법, 증류법, 전기저항법, 유전법 등을 사용한다.

**1-7. 곡물의 건량기준 함수율[%]을 나타내는 산출식은?**

① (시료의 무게/시료의 총무게)×100
② (시료에 포함된 수분의 무게/시료의 수분 무게)×100
③ (시료에 포함된 수분의 무게/건조 후 시료의 무게)×100
④ (시료의 총무게/시료에 포함된 수분의 무게)×100

**1-8. 벼의 총무게가 100[g]이고 수분이 20[g], 완전건조된 무게가 80[g]이다. 습량기준 함수율은?**

① 80[%]
② 25[%]
③ 20[%]
④ 15[%]

|해설|

**1-6**
어떤 물질의 함수율이 증가되고 있다는 것은 그 물질 내의 수분함량이 증가된다고 말할 수 있다.

**1-8**
습량기준 함수율 = (시료에 포함된 수분의 무게/시료의 총무게)×100

$= 20/100 × 100$

$= 20[\%]$

※ 건량기준 함수율 = (시료에 포함된 수분의 무게/건조 후 시료의 무게)×100

**정답** 1-1 ② 1-2 ② 1-3 ① 1-4 ② 1-5 ② 1-6 ③ 1-7 ③ 1-8 ③

① 순환식 곡물건조기

　ㄱ 구성은 건조실, 템퍼링 탱크, 곡물 순환용 엘리베이터와 스크루 컨베이어, 가열기 및 송풍기로 구성되어 있다.

　ㄴ 곡물이 건조실을 통과하는 시간이 짧아 건조온도를 높일 수 있으며, 건조속도가 빠르고, 곡물의 품질 손상도 적으며, 균일한 건조가 이루어지고, 에너지 소비가 적어서 우리나라에서 가장 많이 사용된다.

　ㄷ 순환식 건조기에서 벼를 건조할 때 건조온도는 53[℃]를 넘지 않아야 한다.

　ㄹ 열풍건조기에 의한 건조 시 건조과정 : 건조 → 순환 → 템퍼링

　※ 템퍼링

　　• 곡물이 템퍼링 탱크에서 머무르는 동안 곡립 내부의 수분이 서서히 표면으로 확산되어 곡립 내부와 외부의 수분 및 온도 차가 없어지는 과정을 템퍼링 과정이라고 한다.

　　• 건조기를 1회 통과한 곡물을 밀폐된 용기에 일정 시간 동안 저장하면 곡립 내부의 수분이 표면으로 확산되어 균형을 이루고 온도도 균일하게 되는 과정이다.

② 원형 빈 건조장치

　ㄱ 건조와 저장을 동시에 할 수 있다.

　ㄴ 우리나라에서는 미곡 종합처리장에서 사용하고 있다.

　ㄷ 곡물을 철판으로 만든 원통형의 빈(Bin)에 채우고, 송풍기가 외부의 공기를 빈 내의 곡물층 사이로 불어 넣음으로써 건조가 이루어진다.

　ㄹ 외부의 공기가 건조하기에 좋은 상태이면 가열하지 않고 그대로 상온 통풍 건조방식으로 사용하고, 온도가 낮고 습도가 높으면 가열한 공기를 불어 넣어 건조한다.

　ㅁ 빈 내의 곡물을 균일하게 건조시키기 위해서 빈 내의 곡물을 순환시키는 것과 상하로 섞어 주는 것이 있다.

③ 횡류 연속식 건조기

　ㄱ 건조원리는 곡물 순환식 건조기와 같다.

　ㄴ 다른 점은 곡물 순환식 건조기는 템퍼링 탱크가 건조기의 상부에 설치되어 있으나, 횡류 연속식 건조기는 건조기와 별도로 설치되어 있고 용량도 훨씬 커서 템퍼링 빈이라 부른다.

④ 건조기 안전사용 요령

　ㄱ 전원 전압을 반드시 확인한다.

　ㄴ 연료 호스 또는 파이프의 막힘, 연결부의 누유상태를 수시로 점검한다.

　ㄷ 인화성 물질을 멀리하고, 만일의 경우에 대비하여 소화기를 설치한다.

　ㄹ 운전 중에 회전 부분(기어, 벨트, 체인) 등은 위험하므로 반드시 커버를 씌워 둔다.

　※ 곡물건조기에서 버너의 점검내용

　　• 컨트롤램프의 점화램프에 불이 켜져 있는지 확인한다.

　　• 버너의 송풍기 날개가 걸리지 않는가 확인한다.

　　• 전극봉 간격(2~3[mm]가 정상)을 점검한다.

　　• 노즐의 분사상태를 점검한다.

**2-1.** 다음 중 순환식 곡물건조기의 주요 구성요소가 아닌 것은?

① 건조실
② 응축기
③ 템퍼링실
④ 송풍기

**2-2.** 다음 중 건조와 저장을 동시에 할 수 있는 건조기는?

① 벌크 건조기
② 순환식 건조기
③ 태양열 건조기
④ 원형 빈(Bin) 건조기

**2-3.** 순환식 건조기에서 벼를 건조할 때 건조온도는 몇 [℃]를 넘지 않아야 하는가?

① 40[℃]
② 45[℃]
③ 53[℃]
④ 63[℃]

**2-4.** 건조기를 1회 통과한 곡물을 밀폐된 용기에 일정 시간 동안 저장하면 곡립 내부의 수분이 표면으로 확산되어 균형을 이루고 온도도 균일하게 되는 과정은?

① 노멀라이징
② 템퍼링
③ 평형 함수율
④ 어닐링

**2-5.** 다음 중 건조기 안전사용 요령으로 틀린 것은?

① 전원 전압을 반드시 확인한다.
② 연료 호스 또는 파이프의 막힘, 연결부의 누유상태를 수시로 점검한다.
③ 인화성 물질을 멀리하고, 만일의 경우에 대비하여 소화기를 설치한다.
④ 운전 중에 덮개를 열어, 회전하는 부분이 원활하게 돌아가는지 확인한다.

**2-6.** 곡물 건조기에서 버너의 점검내용으로 틀린 것은?

① 컨트롤램프의 점화램프 점등 유무 점검
② 전극봉 간격이 5~10[mm]인지를 점검
③ 버너의 송풍기 날개 이상 유무 점검
④ 노즐의 분사상태 점검

|해설|

**2-5**

회전 부분(기어, 벨트, 체인) 등은 위험하므로 반드시 커버를 씌워 둔다.

정답 2-1 ② 2-2 ④ 2-3 ③ 2-4 ② 2-5 ④ 2-6 ②

---

**핵심이론 03** | 도정기계

① 현미기(제현과정)

　㉠ 현미기는 벼에서 왕겨 부분을 벗겨 내는 기계이다.

　㉡ 압축에 의한 전단력을 이용하는 고무롤러형 현미기, 마찰력을 이용한 원판형 현미기, 충격력과 원심력을 이용한 임펠러식이 있으나 고무롤러형이 가장 많이 사용된다.

　㉢ 고무롤러형 현미기의 구조

　　• 고속롤러와 이보다 약간 느리게 회전하는 저속롤러 한 쌍으로 구성된다.

　　• 공급된 벼가 두 고무롤러의 사이를 통과하는 동안 벼 낟알은 고무롤러에 의해서 압축력을 받는 동시에, 두 롤러의 회전 차에 의하여 형성되는 전단력을 받게 되어 껍질이 벗겨진다.

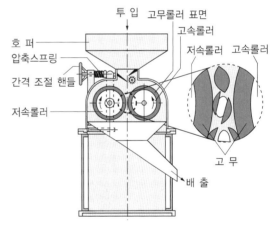

[고무롤러형 현미기의 구조]

② 정미기(정미과정)

　㉠ 현미에서 겨층을 제거한 것을 백미라고 하고, 백미를 만드는 기계를 정미기라고 한다.

　㉡ 곡립에 압력을 가하면서 서로 마찰시켜 겨층을 벗겨 내는 마찰식과 겨층을 깎아 내는 연삭식이 있다.

　　• 마찰식 정미기 : 연삭식 정미기에 비해 압력이 훨씬 높기 때문에 쇄미가 많이 발생한다.

- 연삭식 정미기 : 압력이 낮기 때문에 쇄미 발생량은 적으나, 백미의 표면이 매끄럽지 못하고 윤기가 없다는 단점이 있다.

③ 연미기(연미과정)

　㉠ 정백 후 백미의 표면에 부착된 미세한 분말 성분을 제거하여, 표면의 광택을 증가시켜 보기 좋게 하고 상품 가치를 높이기 위해 사용하는 기계를 연미기라고 한다.

　㉡ 연미기에는 물을 사용하지 않고 분말 성분을 털어 내는 건식 연미기와 노즐을 통해 물을 분사시켜 겨 분말을 씻어 내는 습식 연미기가 있다.

**3-1. 벼 가공기계 중 현미기의 탈부장치를 구성하는 것은?**

① 스크루 컨베이어
② 피드 그라인더
③ 고무롤러
④ 초 퍼

**3-2. 우리나라에서 사용하고 있는 일반적인 벼의 도정 작업공정 순서로 옳은 것은?**

① 제현과정 → 정선과정 → 정미과정 → 연미과정 → 선별과정
② 정선과정 → 제현과정 → 정미과정 → 연미과정 → 선별과정
③ 정선과정 → 제현과정 → 연미과정 → 정미과정 → 선별과정
④ 정선과정 → 제현과정 → 정미과정 → 선별과정 → 연미과정

**정답** 3-1 ③　3-2 ②

# CHAPTER 02 농업기계 전기

## 제1절 기초전기지식

### 핵심이론 01 | 직류와 교류

① 직류와 교류의 개념
  ㉠ 직류(DC ; Direct Current)
    • 전류의 크기와 방향이 일정하다.
    • 공급전력의 전압이 일정하면 전류도 일정하게 유지된다(예 자동차).
  ㉡ 교류(AC ; Alternating Current)
    • 시간에 따라서 전류의 크기와 방향이 주기적으로 변화한다.
    • 교류는 일반 가정에서 주로 사용하는 전기이다.
    ※ 직류 전류에 교류 전류가 겹친 전류를 맥동 전류(맥류)라 한다.
    ※ 1초 동안에 진행되는 사이클의 수를 주파수라 하고, 이를 표시하는 단위로는 [Hz](헤르츠)를 사용한다.
② 직류와 교류의 차이점
  ㉠ 직류는 시간에 따라 전류의 방향이나 전압의 극성의 변화가 없다.
  ㉡ 직류는 전하의 이동방향과 극성이 항상 일정하므로 안정성이 있다.
  ㉢ 직류는 일정한 출력전압을 가지고 있으므로 측정이 용이하다.
  ㉣ 교류는 시간에 따라 전압의 크기와 전류의 방향이 주기적으로 변화한다.
  ㉤ 교류는 전압의 크기가 (+)에서 (-)로 변화하므로 증폭이 용이하다.
  ㉥ 교류 전류의 진행방향은 극성의 변화에 따라 변화한다.

---

### 10년간 자주 출제된 문제

**직류와 교류의 차이점을 비교한 것 중 틀린 것은?**
① 직류는 전하의 이동방향과 극성이 항상 일정하므로 안정성이 있다.
② 교류는 전압의 크기가 (+)에서 (-)로 변화하므로 증폭이 용이하다.
③ 직류는 일정한 출력전압을 가지고 있으므로 측정이 용이하다.
④ 교류 전류의 진행방향은 극성의 변화와 상관없이 일정하다.

**정답** ④

---

① [V](볼트)

㉠ 볼트는 전압의 단위다.

㉡ 전압이 높을수록 전력손실이 적고 송전효율은 높다.

㉢ 전압을 측정할 때는 전압계를 사용한다.

② [A](암페어)

㉠ 암페어는 전류의 단위다.

㉡ 1[A]는 1[C](쿨롱)의 정전하(정지한 전하, 양전하)가 도선(導線)의 임의의 단면적을 1초 동안 통과할 때의 값이다.

※ 도체에 흐르는 전류는 전압에 정비례하고 저항에 반비례한다.

• 전압이 높을수록 전류는 커진다.

• 저항이 낮을수록 전류는 커진다.

③ [Ω](옴)

㉠ 옴은 저항의 단위다.

㉡ 전기적 저항을 말하는데 1[Ω]의 저항에 1[V]의 전압이 가해지면 1[A]의 전류가 흐른다.

④ [F](패럿)

㉠ 패럿은 정전용량(물체가 전하를 축적하는 능력을 나타내는 물리량)의 단위이다.

㉡ 기호는 C로 표시한다.

| 구 분 | 기 호 | 단 위 |
|---|---|---|
| 전 압 | $V$(Voltage) | [V](볼트) |
| 전 류 | $I$(Intensity) | [A](암페어) |
| 저 항 | $R$(Resistance) | [Ω](옴) |
| 정전용량<br>(전기용량) | * $C$(Capacitance) | [F](패럿) |
| 전 력 | $P$ | *[W](와트) |
| 전력량 | * $W$ | [J](줄), [Wh](와트시)<br>※ 1[Wh] = 3,600[J] |
| 전하량<br>(전기량) | $Q$ | *[C](쿨롱) |

* 표시 혼돈 주의 요망

**2-1.** 다음 중 전기 관련 단위로 옳지 않은 것은?

① 전류 : [A]　　　　② 저항 : [Ω]

③ 전력량 : [kWh]　　④ 정전용량 : [H]

**2-2.** 다음 중 전하량의 단위는?

① [C]　　　　　② [A]

③ [W]　　　　　④ [V]

**2-3.** 동력의 단위 중 1마력(PS)은?

① 70[kgf · m]　　　② 102[kgf · m]

③ 102[kgf · m/sec]　④ 75[kgf · m/sec]

|해설|

**2-3**

1마력은 1초 동안에 75[kg]의 물건을 1[m] 옮기는 데 드는 힘이다.

1[PS] = 75[kgf · m/sec] = 736[W](Watt)

　　　= 0.736[kW](1[kW] = 1.36[PS])

※ 1[HP] = 550[lbf · ft/sec] = 76[kgf · m/sec]

　　　≒ 0.746[kW](1[kW] = 1.34[HP])

정답 **2-1** ④　**2-2** ①　**2-3** ④

## 핵심이론 03 │ 전기저항

① 저항의 성질

    ㉠ 물질 속을 전류가 흐르기 쉬운가 어려운가의 정도를 표시하는 것이며, 단위는 옴[$\Omega$]이고 기호 $R$(Resistance)로 표시한다.

    ㉡ 온도가 1[℃] 상승하였을 때 저항값이 어느 정도 달라지는가를 비율로 표시하는 것을 그 저항의 온도계수라 한다.

    ㉢ 도체의 저항은 그 길이에 비례하고 단면적에 반비례한다.

    ㉣ 도체의 접촉면에 생기는 접촉저항이 크면 열이 발생하고 전류의 흐름이 떨어진다.

    ㉤ 전기저항의 4가지 요소 : 물질의 종류, 물질의 단면적, 물질의 길이, 온도

       • 도체의 지름이 커지면 저항값은 작아진다.

       • 접촉저항은 면적이 증가되거나 압력이 커지면 감소된다.

       • 도체의 길이가 길어지면 저항값은 커진다.

       • 금속의 저항은 온도가 높아질수록 증가한다.

       • 부성저항 : 반도체, 전해질, 방전관, 탄소 등은 온도가 높아질수록 저항이 감소한다.

② 고유저항과 전기저항

    ㉠ 전기저항은 전압과 전류의 비로서 전류의 흐름을 방해하는 전기적 양 $R = \dfrac{V}{I}[\Omega]$이다.

    ㉡ 고유저항

       • 단위길이[m]와 단위면적[m²]을 가진 도체의 전기저항을 그 물체의 고유저항이라고 한다.

       • 도체의 단면 고유저항을 $\rho[\Omega]$, 단면적을 $A$ [cm²], 도체의 길이가 $l$[cm]인 도체의 저항을 $R$이라고 하면 다음과 같은 관계식이 성립된다.

$$R = \rho \frac{l}{A}$$

③ 도체와 부도체

    ㉠ 도체(전기가 통하는 물질) : 금, 은, 구리, 알루미늄, 텅스텐, 아연, 철 등의 금속

    ㉡ 부도체(전기가 통하지 않는 물질) : 석영, 도자기, 운모, 유리와 유기물질(고무, 목재, 종이, 플라스틱)

    ㉢ 반도체(도체와 부도체의 중간 성질을 갖는 물질) : 규소(Si), 저마늄(게르마늄, Ge), 셀레늄(셀렌, Se) 등으로 정류, 증폭, 변환 등의 기능이 있다.

---

### 10년간 자주 출제된 문제

**3-1.** 고유저항 $\rho$, 길이 $l$, 반지름 $r$인 전선의 저항은?

① $\dfrac{1}{\rho} 2\pi r$         ② $\rho \dfrac{\pi r^2}{l}$

③ $\rho \dfrac{l}{\pi r^2}$         ④ $\rho \dfrac{l}{4\pi r^2}$

**3-2.** 어떤 전선의 길이를 $A$배, 단면적을 $B$배로 하면 전기저항은?

① $B/A$
② $A \cdot B$
③ $A/B$
④ $(A \cdot B)/2$

**3-3.** 전선의 전기저항은 단면적이 증가하면 어떻게 되는가?

① 증가한다.
② 감소한다.
③ 단면적에는 관계가 없다.
④ 단면적을 변화시킬 때는 항상 증가한다.

**3-4.** 동선의 단면적을 2배, 길이를 2배로 했을 때 전기 저항의 변화는?

① 1/4로 된다.
② 1/2로 된다.
③ 변하지 않는다.
④ 2배가 된다.

**3-5.** 다음 중 도체에 속하는 것은?

① 고 무         ② 플라스틱
③ 알루미늄        ④ 운 모

## 10년간 자주 출제된 문제

**3-6. 고유저항이 작은 물질부터 순서대로 배열된 것은?**

① 은, 구리, 알루미늄, 니켈
② 은, 구리, 니켈, 알루미늄
③ 구리, 은, 니켈, 알루미늄
④ 구리, 은, 알루미늄, 니켈

**3-7. 접촉저항은 면적이 증가되거나 압력이 커지면 어떻게 변하는가?**

① 감소된다.
② 변하지 않는다.
③ 증가된다.
④ 증가할 수도 있고, 감소할 수도 있다.

|해설|

**3-2**

저항 $R = \rho \dfrac{L}{A} \rightarrow R = \dfrac{A}{B}$

($\rho$ : 물질의 저항률, $A$ : 단면적, $L$ : 길이)

**3-3**

도체의 저항은 그 길이에 비례하고 단면적에 반비례한다.

**3-6**

각 물질의 고유저항값

| 금 속 | 고유저항값 | 금 속 | 고유저항값 |
|--------|-----------|--------|-----------|
| 은(Ag) | 1.62 | 아연(Zn) | 6.10 |
| 구리(Cu) | 1.69 | 니켈(Ni) | 6.90 |
| 금(Au) | 2.40 | 철(Fe) | 10.00 |
| 알루미늄(Al) | 2.62 | 백금(Pt) | 10.50 |

∴ 도전율이 높은 순서 : 은 → 동 → 알루미늄 → 니켈

**정답** 3-1 ③  3-2 ③  3-3 ②  3-4 ③  3-5 ③  3-6 ①  3-7 ①

---

## 핵심이론 04 | 저항의 연결( I ) : 직렬접속

직렬회로에서 전류 $I$는 저항의 크기에 관계없이 일정하고, 전압 $V$는 저항의 크기에 비례한다.

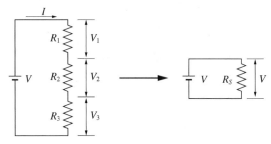

$$R_s = R_1 + R_2 + R_3 \, [\Omega]$$

① 직렬회로의 합성저항 $R_s$는 각 저항의 합과 같다.

$$R_s = R_1 + R_2 + R_3 \cdots\cdots [\Omega], \quad R_s = \sum R_m \, [\Omega]$$

② 같은 값의 저항($R_1$)을 직렬접속한 회로의 합성저항

$$R_s = n R_1 \, [\Omega]$$

③ 각 저항의 전압강하($V_1$, $V_2$, $V_3$)

$$V_1 = I \cdot R_1 \, [\text{V}], \quad V_2 = I \cdot R_2 \, [\text{V}], \quad V_3 = I \cdot R_3 \, [\text{V}]$$

④ 각 저항에 강하된 전압의 합은 전원전압과 같다.

$$V = V_1 + V_2 + V_3 \, [\text{V}]$$

⑤ 전원전압 $V$는 각각의 저항의 크기에 비례하여 분배된다.

$$V_1 = I \cdot R_1 = \frac{V}{R_s} \cdot R_1 \, [\text{V}]$$

$$V_2 = I \cdot R_2 = \frac{V}{R_s} \cdot R_2 \, [\text{V}]$$

$$V_3 = I \cdot R_3 = \frac{V}{R_s} \cdot R_3 \, [\text{V}]$$

## 10년간 자주 출제된 문제

**4-1. 저항 $R_1$, $R_2$, $R_3$를 직렬로 연결시킬 때 합성저항은?**

① $R_1 + R_2 + R_3$

② $\dfrac{R_1 + R_2 + R_3}{R_1 R_2 R_3}$

③ $\dfrac{1}{R_1} + \dfrac{1}{R_2} + \dfrac{1}{R_3}$

④ $\dfrac{R_1 R_2 R_3}{R_1 + R_2 + R_3}$

**4-2.** 2[Ω]의 저항 10개, 5[Ω]의 저항 3개가 있다. 이들 모두를 직렬로 접속할 때의 합성저항은 몇 [Ω]인가?

① 7
② 15
③ 20
④ 35

**4-3.** 5[Ω]의 저항이 3개, 7[Ω]의 저항이 5개, 100[Ω]의 저항이 1개 있다. 이들을 모두 직렬로 접속할 때 합성저항은 몇 [Ω]인가?

① 150
② 200
③ 250
④ 300

**4-4.** 2[Ω]과 3[Ω]의 저항을 직렬로 접속할 때 합성 컨덕턴스[℧]는?

① 1.5
② 0.66
③ 0.4
④ 0.2

**4-5.** 4[Ω]과 6[Ω]의 저항을 직렬로 접속할 때 합성 컨덕턴스는?

① 0.5[℧]
② 0.33[℧]
③ 0.1[℧]
④ 1.0[℧]

|해설|

**4-2**

$2 \times 10 + 5 \times 3 = 35[\Omega]$

**4-3**

$5 \times 3 + 7 \times 5 + 100 \times 1 = 150[\Omega]$

**4-4**

컨덕턴스는 저항의 역수를 말한다.
직렬합성저항 $= 2 + 3 = 5$

$\therefore$ 합성컨덕턴스 $\frac{1}{5} = 0.2$

**4-5**

컨덕턴스는 저항의 역수를 말한다.
직렬합성저항 $= 4 + 6 = 10$

$\therefore$ 합성컨덕턴스 $\frac{1}{10} = 0.1$

---

## 핵심이론 05 | 저항의 연결(Ⅱ) : 병렬접속

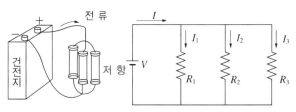

① 병렬합성저항 $R_p$의 역수는 각 저항의 역수의 합과 같다.

$$\frac{1}{R_p} = \frac{1}{R_1} + \frac{1}{R_2} + \frac{1}{R_3}[\Omega]$$

$$R_p = \frac{1}{\frac{1}{R_1} + \frac{1}{R_2} + \frac{1}{R_3}}[\Omega]$$

$$R_p = \frac{R_1 R_2 R_3}{R_1 R_2 + R_2 R_3 + R_3 R_1}[\Omega]$$

② 크기가 같은 저항($R_1$) $n$개가 병렬접속되었다면 합성 저항은 $R_p = \dfrac{R_1}{n}[\Omega]$이다.

※ 저항을 병렬접속하면 합성저항은 회로 내의 가장 작은 저항값보다 더 작다.

③ 전체의 전류 $I$는 각 분로전류의 합과 같다.

$$I = I_1 + I_2 + I_3[\text{A}]$$

④ 병렬회로의 분로전류는 각 분로의 저항의 크기에 반비례한다.

$$I_1 = \frac{R_p}{R_1} \cdot I[\text{A}], \ \ I_2 = \frac{R_p}{R_2} \cdot I[\text{A}], \ \ I_3 = \frac{R_p}{R_3} \cdot I[\text{A}]$$

※ 병렬회로에서 저항값을 알 수 없을 때, 전압을 분기 회로의 전류로 나누면 분기회로의 저항을 구할 수 있다.

**5-1.** 동일한 저항을 가진 두 개의 도선을 병렬로 연결할 때의 합성저항은?

① 한 도선 저항과 같다.
② 한 도선 저항의 2배로 된다.
③ 한 도선 저항의 1/2로 된다.
④ 한 도선 저항의 2/3로 된다.

**5-2.** 저항 $R_1$, $R_2$, $R_3$를 병렬접속시켰을 때 합성저항은?

① $R = \dfrac{1}{\dfrac{1}{R_1} + \dfrac{1}{R_2} + \dfrac{1}{R_3}}$  　② $R = R_1 + R_2 + R_3$

③ $R = \dfrac{R_1 + R_2 + R_3}{R_1 R_2 R_3}$  　④ $R = \dfrac{1}{R_1 + R_2 + R_3}$

**5-3.** 6[Ω], 10[Ω], 15[Ω]의 저항이 병렬로 접속되었을 때의 합성저항은?

① 1/3[Ω]  　　　② 3[Ω]
③ 16[Ω]  　　　④ 31[Ω]

**5-4.** 그림과 같이 10[Ω]의 저항 4개를 연결하였을 때 A–B 간의 합성저항은 몇 [Ω]인가?

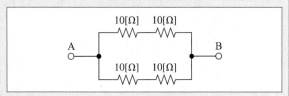

① 10  　　　② 15
③ 20  　　　④ 25

**5-5.** 120[Ω]의 저항 4개를 연결하여 얻을 수 있는 가장 작은 저항값은?

① 30[Ω]  　　　② 20[Ω]
③ 12[Ω]  　　　④ 6[Ω]

**5-6.** 병렬회로에서 저항값을 알 수 없을 때, 전압을 무엇으로 나누면 분기회로의 저항을 구할 수 있는가?

① 분기회로의 전류
② 분기회로의 컨덕턴스
③ 분기회로의 전압강하
④ 전 력

|해설|

**5-1**

병렬연결의 합성저항 $R = \dfrac{1}{\dfrac{1}{R_1} + \dfrac{1}{R_1}} = \dfrac{1}{\dfrac{2}{R_1}} = \dfrac{R_1}{2}$

**5-3**

$R = \dfrac{1}{\dfrac{1}{6} + \dfrac{1}{10} + \dfrac{1}{15}} = \dfrac{1}{\dfrac{10}{30}} = 3[\Omega]$

**5-4**

$R = \dfrac{1}{\dfrac{1}{(10+10)} + \dfrac{1}{(10+10)}} = \dfrac{20}{2} = 10[\Omega]$

**5-5**

모두 병렬접속 시 최소합성저항을 얻을 수 있다.

$\therefore R_0 = \dfrac{R}{\eta} = \dfrac{120}{4} = 30$

**5-6**

병렬회로의 전압은 같으므로 각 분기회로로 흐르는 전류는 병렬회로의 저항에 반비례한다.

**정답** 5-1 ③  5-2 ①  5-3 ②  5-4 ①  5-5 ①  5-6 ①

**핵심이론 06** | 저항의 연결(Ⅲ) : 직·병렬접속

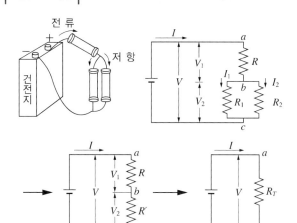

① 단자 $b-c$ 사이의 합성저항(병렬접속)

$$R' = \frac{1}{\frac{1}{R_1} + \frac{1}{R_2}} = \frac{1}{\frac{R_2}{R_1 R_2} + \frac{R_1}{R_1 R_2}} = \frac{R_1 R_2}{R_1 + R_2}[\Omega]$$

② 단자 $a-c$ 사이의 합성저항(직렬접속)

$$R_T = R + R' = R + \frac{R_1 R_2}{R_1 + R_2}[\Omega]$$

③ 각 분로전류 $I_1$, $I_2$

$$I_1 = \frac{R'}{R_1} \cdot I = \frac{\frac{R_1 R_2}{R_1 + R_2}}{R_1} \cdot I = \frac{R_2}{R_1 + R_2} \cdot I\,[\mathrm{A}]$$

$$I_2 = \frac{R'}{R_2} \cdot I = \frac{R_1}{R_1 + R_2} \cdot I\,[\mathrm{A}]$$

**6-1.** 그림과 같은 직·병렬회로의 합성저항은?

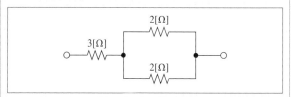

① 1[Ω]　　　　　　② 2[Ω]
③ 4[Ω]　　　　　　④ 7[Ω]

**6-2.** 그림과 같은 회로의 합성저항[Ω]은?

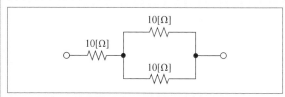

① 100　　　　　　② 50
③ 30　　　　　　④ 15

|해설|

**6-1**

$$R = 3 + \frac{1}{\frac{1}{2} + \frac{1}{2}} = 4[\Omega]$$

**6-2**

$$R = 10 + \frac{1}{\frac{1}{10} + \frac{1}{10}} = 15[\Omega]$$

정답 6-1 ③　6-2 ④

| 핵심이론 07 | 키르히호프의 법칙

① 키르히호프의 제1법칙(키르히호프의 전류법칙, KCL)
  회로의 접속점(Node)에서 볼 때 접속점에 흘러들어
  오는 전류의 합은 흘러 나가는 전류의 합과 같다.
  $I_1 + I_2 + I_3 + \cdots + I_n = 0$ 또는 $\sum I = 0$

② 키르히호프의 제2법칙(키르히호프의 전압법칙, KVL)
  회로 내 어느 폐회로에서도 기전력의 총합은 저항에서
  발생하는 전압강하의 총합과 같다.
  $V_1 + V_2 + V_3 + \cdots + V_n$
  $= IR_1 + IR_2 + IR_3 + \cdots + IR_n$ 또는 $\sum V = \sum IR$

### 10년간 자주 출제된 문제

**7-1.** 그림에서 $I_4$의 전류값은?

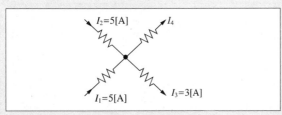

① 7[A]                    ② 5[A]
③ 4[A]                    ④ 2[A]

**7-2.** 그림과 같은 회로에서 전류 $I$는?

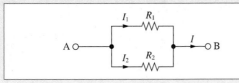

① $I = I_1 R_1 + I_2 R_2$      ② $I = \dfrac{I_1}{R_1} + \dfrac{I_2}{R_2}$
③ $I = I_1 + I_2$            ④ $I = I_1 - I_2$

|해설|
**7-1**
키르히호프의 제1법칙
$I_1 + I_2 = I_3 + I_4$
$5 + 5 = 3 + I_4$
$\therefore I_4 = 7[A]$

정답 7-1 ①  7-2 ③

| 핵심이론 08 | 전 류

① 개념 : 전기의 흐름, 즉 전자의 이동
② 전류의 세기
  ㉠ 단위시간당 이동한 전기의 양으로 기호는 $I$, 단위
    는 [A](Ampere)라 한다.
  ㉡ 1[A] : 1초 동안에 1[C]의 전기량이 도선을 이동했
    을 때 전류의 크기
    $I = \dfrac{Q}{t}[A]$, $Q = I \cdot t[C]$
    ($I$ : 전류[A], $Q$ : 전기량[C], $t$ : 시간[sec])
③ 옴의 법칙
  ㉠ 전류는 저항에 반비례하고, 전압에 비례한다.
  ㉡ 전류$(I) = \dfrac{전압(V)}{저항(R)}[A]$,
    $V = I \cdot R[V]$, $R = \dfrac{V}{I}[\Omega]$

### 10년간 자주 출제된 문제

**8-1.** 50[$\Omega$]의 저항에 100[V]의 전압을 가하면 흐르는 전류
[A]는?
① 50                      ② 4
③ 2                       ④ 0.5

**8-2.** 옴의 법칙(Ohm's Law)이란?
① 전류는 저항과 전압에 비례한다.
② 전류는 저항에 비례하고, 전압에 반비례한다.
③ 전류는 저항에 반비례하고, 전압에 비례한다.
④ 전류는 저항과 전압에 반비례한다.

**8-3.** 옴의 법칙으로 옳은 것은?(단, $R$ : 저항, $I$ : 전류, $E$ :
전압)
① $R = IE$                 ② $E = IR$
③ $E = IR^2$               ④ $I = RE$

**8-4.** 농용 트랙터의 12[V] 발전기에서 발전전류가 30[A] 흐른
다면 이때의 저항은 몇 [$\Omega$]인가?
① 0.4                     ② 0.5
③ 2.0                     ④ 3.0

**8-5.** 100[V]의 전원전압에 의하여 5[A]의 전류가 흐르는 전기회로가 있다. 이 회로의 저항은?

① 20[Ω]
② 25[Ω]
③ 50[Ω]
④ 500[Ω]

|해설|

**8-1**

$$I = \frac{V}{R} \, (V : 전압, \; I : 전류, \; R : 저항)$$

$$= \frac{100}{50} = 2[A]$$

**8-2**

$$전류(I) = \frac{전압(V)}{저항(R)}[A], \; V = IR[V], \; R = \frac{V}{I}[Ω]$$

**8-3**

$$E = IR, \; I = \frac{E}{R}, \; R = \frac{E}{I} \, (E : 전압, \; I : 전류, \; R : 저항)$$

**8-4**

$$R = \frac{V}{I} = \frac{12}{30} = 0.4[Ω]$$

**8-5**

$$R = \frac{V}{I} = \frac{100}{5} = 20[Ω]$$

정답 8-1 ③ 8-2 ③ 8-3 ② 8-4 ① 8-5 ①

---

**핵심이론 09 │ 전 압**

① 전압의 개념

　㉠ 회로 내에 전기적인 압력이 가해져 전류가 흐른다고 볼 때 그 압력

　㉡ 전류는 전위가 높은 곳에서 낮은 곳으로 흐르고 이때 전위의 차를 전위차 또는 전압이라 한다.

　㉢ 어떤 도체에 $Q[C]$의 전기량이 이동하여 $W[J]$의 일을 했을 때의 전압(전위차, $V[V]$)은

$$V = \frac{W}{Q}[V], \; V = \frac{W}{Q}[J/S], \; W = VQ[J] \, 이다.$$

② 기타 주요사항

　㉠ 기전력

　　• 전류를 흐르게 하는 능력이다.

　　• 전류를 연속해서 흘려주려면 전압을 연속적으로 만들어 주는 힘이 필요한데, 이 힘을 기전력이라 한다.

　㉡ 대전 : 물질이 양전기나 음전기를 띠게 되는 현상

**9-1.** 200[V]의 전압을 가하여 5[A]의 전류를 흘리는 도체의 저항은?

① 0.025[Ω]
② 0.05[Ω]
③ 20[Ω]
④ 40[Ω]

**9-2.** 1[A]의 전류를 흐르게 하는 데 2[V]의 전압이 필요하다. 이 도체의 저항은?

① 4[Ω]
② 3[Ω]
③ 2[Ω]
④ 1[Ω]

**9-3.** 주파수가 50[Hz]인 사인파 교류의 주기는?

① 0.02초
② 0.04초
③ 0.06초
④ 0.08초

**9-4.** 전류를 흐르게 하는 능력을 무엇이라 하는가?

① 전기량
② 저 항
③ 기전력
④ 중성전하

**9-5.** 임의의 폐회로에서 각 소자에서 발생하는 전압강하의 총합은 무엇의 총합과 같은가?

① 전 류
② 저 항
③ 기전력
④ 분기회로전압

**9-6.** 물질이 양전기나 음전기를 띠게 되는 현상을 무엇이라고 하는가?

① 접 지
② 대 전
③ 전기량
④ 중성자

|해설|

**9-1**

$R = \dfrac{200}{5} = 40[\Omega]$

**9-2**

$R = \dfrac{2}{1} = 2[\Omega]$

**9-3**

주파수 $f = \dfrac{1}{T} \rightarrow T = \dfrac{1}{f} = \dfrac{1}{50} = 0.02[\mathrm{s}]$

**9-5**

**키르히호프의 제2법칙**

회로 내 어느 폐회로에서도 기전력의 총합은 저항에서 발생하는 전압강하의 총합과 같다.

**정답** 9-1 ④  9-2 ③  9-3 ①  9-4 ③  9-5 ③  9-6 ②

---

**핵심이론 10** | 전류의 3대 작용

① 발열작용

ㄱ 도체 안의 저항($R[\Omega]$)에 전류($I[\mathrm{A}]$)가 일정 시간 ($t[\mathrm{sec}]$) 흐르면 열이 발생한다.

예 전구, 예열플러그, 전열기 등

ㄴ 줄의 법칙 : 전류의 발열작용에 의하여 단위시간 동안에 발생하는 열량은 도체의 저항과 전류의 제곱에 비례한다.

ㄷ 발생하는 열량

$H = I^2 Rt[\mathrm{J}] = P \cdot t[\mathrm{W} \cdot \mathrm{sec}]$,

$1[\mathrm{J}] = \dfrac{1}{4.18605} ≒ 0.24[\mathrm{cal}]$

$\therefore H = 0.24 I^2 Rt[\mathrm{cal}]$

② 화학작용

ㄱ 전해액에 전류가 흐르면 화학작용이 발생한다.

예 축전지, 전기도금 등

ㄴ 패러데이법칙 : 전기분해에 의해 석출되는 물질의 양은 전해액을 통과한 총전기량에 비례한다.

③ 자기작용

ㄱ 전선이나 코일에 전류가 흐르면 자기장이 발생한다.

ㄴ 전동기, 발전기, 계측기, 경음기 등에 활용된다.

**10-1. 전류의 발열작용을 응용한 기기가 아닌 것은?**

① 전기히터　　　　　② 전기인두
③ 냉장고　　　　　　④ 전기다리미

**10-2. 전류의 3가지 작용과 관계없는 것은?**

① 발열작용　　　　　② 자기작용
③ 기계작용　　　　　④ 화학작용

|해설|

**10-1**
발열작용은 빛을 내는 전등과 열을 내는 전기다리미, 전기히터, 토스터 등에 널리 응용되고 있다.

**10-2**
**전류의 3대 작용** : 발열작용, 자기작용, 화학작용

정답 **10-1** ③　**10-2** ③

---

**핵심이론 11 │ 전력 및 전력량**

① 소비전력
　㉠ 단위시간 동안에 전기가 한 일의 양
　㉡ $P = \dfrac{V \cdot Q}{t} = VI = I^2 R = \dfrac{V^2}{R}\,[\text{W}]$
　㉢ $1[\text{HP}] = 746[\text{W}] \fallingdotseq \dfrac{3}{4}[\text{kW}]$

② 전력량
　㉠ 전기가 한 일의 양
　㉡ $W = I^2 Rt[\text{J}] = P \cdot t[\text{W} \cdot \text{s}]$

③ 전력량의 실용단위
　$1[\text{kWh}] = 10^3[\text{Wh}] = 3.6 \times 10^6[\text{W} \cdot \text{s}]$

④ 전력의 계산식
　㉠ 전압과 전류를 알고 있을 경우 : $P = IV$
　㉡ 전압과 저항을 알고 있을 경우 : $P = \dfrac{V^2}{R}$
　㉢ 전류와 저항을 알고 있을 경우 : $P = I^2 R$

**11-1. 12[V]의 납축전지에 15[W]의 전구 1개를 연결할 때 흐르는 전류는?**

① 0.8[A]　　　　　　② 1.25[A]
③ 12.5[A]　　　　　④ 18.75[A]

**11-2. 12[V]의 30[W] 전조등 1개를 동작시킬 때 흐르는 전류는?**

① 2.5[A]　　　　　　② 5.2[A]
③ 10[A]　　　　　　④ 36[A]

**11-3. 100[V], 500[W]의 전열기를 80[V]에서 사용하면 소비전력은?**

① 245[W]　　　　　② 320[W]
③ 400[W]　　　　　④ 600[W]

**11-4. 100[V], 500[W]의 전구를 90[V]에 연결하면 소비전력은?**

① 405[W]　　　　　② 505[W]
③ 630[W]　　　　　④ 680[W]

**11-5.** 전압이 100[V]일 때 소비전력이 100[W]인 전등이 있다. 이때 전압이 낮아져 80[V]가 되었다면 이 전등의 소비전력[W]은?

① 80[W]                    ② 64[W]
③ 52[W]                    ④ 40[W]

**11-6.** 100[V]의 전압에서 1[A]의 전류가 흐르는 전구를 10시간 사용하였다면 전구에서 소비되는 전력량[Wh]은?

① 60,000                   ② 1,000
③ 100                      ④ 10

**11-7.** 2[A]가 소비되는 전구 5개를 4시간 점등하였을 때의 소비전류량은?

① 20[Ah]                   ② 40[Ah]
③ 60[Ah]                   ④ 80[Ah]

**11-8.** 트랙터의 배터리 전압이 24[V]가 필요할 때 6[V] 배터리 4개를 연결하는 방법은?

① 직렬연결                  ② 병렬연결
③ 직병렬연결                ④ 좌우 병렬연결

**11-9.** 3[Ω]과 6[Ω]의 저항을 직렬로 접속하고 이 회로 양단에 일정 전압을 가할 때, 3[Ω]에 걸리는 전압은 6[Ω]에 걸리는 전압보다 어떻게 되는가?

① 6[Ω]에 걸리는 전압의 1/2이다.
② 6[Ω]에 걸리는 전압과 동일하다.
③ 6[Ω]에 걸리는 전압의 2배이다.
④ 6[Ω]에 걸리는 전압의 13배이다.

|해설|

**11-1**
전력[W] $= I \times V$
$15 = I \times 12$
$\therefore I = 1.25[A]$

**11-2**
전력[W] $= I \times V$
$30 = I \times 12$
$\therefore I = 2.5[A]$

**11-3**
소비전력 $P = VI = I^2 R = \dfrac{V^2}{R}$[W]

$500[W] = \dfrac{(100)^2}{R}$

$R = 20[\Omega]$

$\therefore P = \dfrac{(80)^2}{20} = 320[W]$

**11-4**
소비전력 $P = VI = I^2 R = \dfrac{V^2}{R}$[W]

$500[W] = \dfrac{(100)^2}{R}$

$R = 20[\Omega]$

$\therefore P = \dfrac{(90)^2}{20} = 405[W]$

**11-5**
소비전력 $P = VI = I^2 R = \dfrac{V^2}{R}$[W]

$100[W] = \dfrac{(100)^2}{R}$

$R = 100[\Omega]$

$\therefore P = \dfrac{(80)^2}{100} = 64[W]$

**11-6**
소비전력량[Wh]은 소비전력(Watt)에 시간(Hour)을 곱한 것
소비전력 $P = VI = 100 \times 1 = 100[W]$
$\therefore$ 소비전력량 $= 100 \times 10h = 1,000[Wh]$

**11-7**
$2[A] \times 5 \times 4 = 40[Ah]$

**11-9**
$V = IR, \ I = \dfrac{V}{R}, \ R = \dfrac{V}{I}$ ($V$ : 전압, $I$ : 전류, $R$ : 저항)
직렬회로에서 전류 $I$는 저항의 크기에 관계없이 일정하므로
3[Ω]의 전압 $V_1 = I \times 3 = 3I$
6[Ω]의 전압 $V_2 = I \times 6 = 6I$
$V_1 : V_2 = 3I : 6I = 1 : 2$
$\therefore V_1 = \dfrac{1}{2} V_2$

정답 **11-1** ②  **11-2** ①  **11-3** ②  **11-4** ①  **11-5** ②  **11-6** ②  **11-7** ②
**11-8** ①  **11-9** ①

## 핵심이론 01 | 축전지의 기능 및 특징

① 축전지(배터리)의 개념
  ㉠ 화학적 에너지를 전기적 에너지로, 전기적 에너지를 화학적 에너지로 바꿀 수 있도록 한 장치이다.
  ㉡ 현재 사용되고 있는 축전지는 납산 축전지로 1859년 프랑스의 과학자 가스통 플란테에 의해 발명되었다.

② 기능(역할)
  ㉠ 기동장치의 전기적 부하를 부담한다(주요기능).
  ㉡ 발전기 고장 시 전원으로 작동한다.
  ㉢ 발전기 출력 및 부하의 불균형을 조정한다.

③ 축전지의 특징
  ㉠ 납 축전지를 많이 사용한다.
  ㉡ 축전지의 음극은 차체에 접지되어 있다.
  ㉢ 도체와 부도체가 연이어 감겨져 있다.
  ㉣ 화학작용에 의하여 화학에너지를 전기에너지로 전환시킨다.
  ㉤ 축전지를 오랫동안 방전상태로 두면 극판이 영구 황산납으로 된다.

---

**10년간 자주 출제된 문제**

다음 중 축전지에 관한 설명으로 틀린 것은?

① 납 축전지를 많이 사용한다.
② 축전지의 음극은 차체에 접지되어 있다.
③ 점화장치의 2차 회로에 전기에너지를 공급한다.
④ 화학작용에 의하여 화학에너지를 전기에너지로 전환시킨다.

정답 ③

---

## 핵심이론 02 | 축전지 구조

① 극판수
  ㉠ 음극판(11장)이 양극판(10장)보다 1장 더 많다.
  ㉡ 양극판은 격자에 과산화납을, 음극판은 격자에 납을 해면모양으로 입힌 것이다.

② 격리판
  ㉠ 양극판과 음극판의 단락을 방지하기 위한 것이다.
  ㉡ 축전지 격리판의 필요조건
    • 전해액의 확산이 잘될 것
    • 다공성, 비전도성일 것
    • 전해액에 부식되지 않을 것
    • 기계적 강도가 있을 것

③ 극판군
  ㉠ 극판군을 단전지(1셀)라고 한다.
  ㉡ 몇 장의 극판을 조립하여 하나의 단자기둥과 일체가 되도록 한 것이다.
  ㉢ 1셀당 기전력은 2.0[V] 정도이고, 정격전압은 DC 12[V]이다.
  ㉣ 12[V]의 축전지는 6개의 단전지가 직렬로 연결되어 있다.
  ㉤ 1cell : 양극판(과산화납, $PbO_2$), 음극판(순납, Pb), 전해액(묽은 황산, $H_2SO_4$), 격리판

④ 단자기둥(터미널)
  ㉠ 단자기둥은 납합금으로 되어 있다.
  ㉡ 양극에서는 산소가스가 발생하고, 음극에서는 수소가스가 발생한다.
  ㉢ 식별방법 : 부호, 문자, 색깔(+ : 적색, − : 흑색), 직경(+ : 굵다, − : 가늘다)

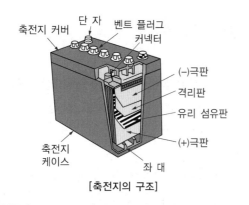

축전지 커버　단 자　벤트 플러그
커넥터
(−)극판
격리판
유리 섬유판
(+)극판
축전지
케이스
좌 대

[축전지의 구조]

**10년간 자주 출제된 문제**

**2-1. 다음 중 축전지 격리판의 필요조건으로 적합하지 않은 것은?**

① 전해액의 확산이 잘 안 될 것
② 다공성일 것
③ 비전도성일 것
④ 기계적 강도가 있을 것

**2-2. 12[V]의 축전지는 일반적으로 몇 개의 셀로 되어 있는가?**

① 2개　　　　　　② 3개
③ 4개　　　　　　④ 6개

**2-3. 다음 중 전기 시동식 경운기의 축전지 정격전압은 얼마인가?**

① DC 6[V]　　　　② DC 12[V]
③ DC 30[V]　　　　④ DC 36[V]

|해설|

**2-2**
12[V] 축전지는 6개의 칸으로 되어 있다.

정답 2-1 ①　2-2 ④　2-3 ②

---

**핵심이론 03 | 전해액(묽은 황산)**

① 개 념
　㉠ 전해액은 증류수에 황산을 희석시킨 무색무취의 묽은 황산이다.
　㉡ 전류를 저장·발생시키는 작용을 하며 셀 내부의 전류를 전도시킨다.
　㉢ 20[℃]에서 완전충전 시 비중은 1.280이다.

② 온도와 비중의 변화
　㉠ 전해액의 비중은 그 온도의 변화에 따라 변동한다.
　㉡ 온도와 비중은 반비례관계이다. 즉, 온도가 하강하면 비중은 높아지고, 상승하면 낮아진다.
　㉢ 전해액의 비중은 온도 1[℃]당 0.0007씩 변화한다.

③ 비중의 측정
　㉠ 비중의 측정에는 광학식과 흡입식이 있다.
　㉡ 측정한 비중으로 축전지의 충·방전상태를 판단할 경우에는 표준온도(20[℃])일 때의 비중으로 환산해야 한다.

$$S_{20} = S_t + 0.0007(t - 20)$$

　　여기서, $S_{20}$ : 기준온도 20[℃]의 값으로 환산한 기준
　　　　　　$S_t$ : 임의의 온도 $t$[℃]에서 측정한 비중
　　　　　　$t$ : 비중 측정 시 전해액의 온도[℃]

④ 납 축전지에서 전해액이 자연감소되었을 때는 증류수를 보충한다.

**3-1. 다음 중 납 축전지에 넣는 전해액으로 옳은 것은?**

① 묽은 염산액　　　　② 묽은 황산액
③ 묽은 초산액　　　　④ 절연 시험

**3-2. 납 축전지에서 전해액이 자연감소되었을 때 보충액으로 가장 적합한 것은?**

① 묽은 황산　　　　② 묽은 염산
③ 증류수　　　　④ 수돗물

**3-3. 납 축전지 전해액의 비중은 온도 1[℃]당 얼마씩 변화하는가?**

① 0.007　　　　② 0.005
③ 0.0004　　　　④ 0.0007

**3-4. 축전지 전해액을 실측한 비중계의 눈금이 1.240이고, 전해액의 온도가 40[℃]인 경우, 다음 중 표준상태의 비중으로 적합한 것은?**

① 0.912　　　　② 1.026
③ 1.133　　　　④ 1.254

|해설|

**3-4**
$$S_{20} = S_t + 0.0007(t-20)$$
$$= 1.24 + 0.0007(40-20)$$
$$= 1.254$$

정답 3-1 ②　3-2 ③　3-3 ④　3-4 ④

---

**핵심이론 04 | 축전지의 종류**

① 납 축전지
  ㉠ 일반적으로 많이 사용하고 있다.
  ㉡ 양극판은 과산화납, 음극판은 해면상납, 전해액은 묽은 황산을 사용한다.

② 알칼리 축전지
  ㉠ 수산화나트륨을 사용하며 가격이 비싸고 수명이 길다.
  ㉡ 양극판은 수산화제2니켈, 음극판은 카드뮴, 전해액은 가성알칼리용액을 사용한다.

③ MF 축전지
  ㉠ 무보수(MF ; Maintenance Free) 축전지라고도 한다.
  ㉡ 극판이 납-칼슘합금으로 구성되어 있고, 전해액 보충이 필요 없으며, 자기방전이 적다.
  ㉢ 전기분해 시 발생하는 산소와 수소가스를 촉매로 사용하여 다시 증류수로 환원시키는 촉매마개를 사용하고 있다.

※ 납 축전지와 알칼리 축전지의 비교

| 구 분 | 납(연) 축전지 | 알칼리 축전지 |
|---|---|---|
| 공칭전압 | 2.0[V/Cell] | 1.2[V/Cell] |
| 공칭용량 | 10[Ah] | 5[Ah] |
| 수 명 | 짧다. | 길다. |
| 강 도 | 약 | 강 |
| 사용용도 | 장시간 일정 전류를 취하는 부하 | 단시간 대전류를 취하는 부하 |

**4-1. 축전지 형식 표기에서 MF는 무엇을 의미하는가?**

① 고온 시동전류　　　　② 저온 시동전류
③ 고온 시동전압　　　　④ 무보수 축전지

**4-2. 납 축전지의 공칭전압은 얼마인가?**

① 3.0　　　　　　　　② 2.6
③ 2.0　　　　　　　　④ 1.2

|해설|

**4-1**

수시로 전해액을 보충할 필요가 없는 납 축전지를 흔히 무보수
(MF ; Maintenance Free) 축전지라고 한다.

정답 4-1 ④　4-2 ③

---

## 핵심이론 05 | 납 축전지의 특징

① 용량[Ah]당 단가가 낮다.

② 충·방전 전압 차이가 작다.

③ 양극 터미널이 음극 터미널보다 굵다.

④ 양단이 음극판이므로 음극판이 양극판보다 1매 더
많다.

⑤ 전해액의 비중으로 충·방전의 상태를 알 수 있다.

⑥ 전해액의 비중은 20[℃]를 기준으로 할 때 1.260~
1.280이어야 한다.

⑦ 납 축전지 전압(1셀당)

　㉠ 정격전압 : 2[V]

　㉡ 방전종지전압 : 1.75[V]

　㉢ 가스발생전압 : 2.4[V](= 충전전압)

　㉣ 충전종지전압 : 2.75[V]

**5-1. 납 축전지에 대한 설명 중 옳은 것은?**

① 양극 터미널보다 음극터미널이 크다.
② 극판수는 음극판보다 양극판수가 많다.
③ 전해액의 비중은 20[℃]일 때 1.80~2.04이다.
④ 축전지를 오랫동안 방전상태로 두면 극판이 영구 황산납으
로 된다.

**5-2. 납 축전지에 대한 설명 중 틀린 것은?**

① 전지의 양극은 납, 음극은 과산화납이다.
② 충·방전 전압의 차이가 작다.
③ 공칭단자전압은 2.0이다.
④ Ah당 단가가 낮다.

**5-3. 납 축전지의 방전종지전압은 1셀(Cell)당 몇 [V]일 때
인가?**

① 1.25　　　　　　　② 1.45
③ 1.75　　　　　　　④ 2.00

정답 5-1 ④　5-2 ①　5-3 ③

① 축전지 용량의 개념

　㉠ 완전충전된 축전지를 일정한 전류로 연속방전하여 방전 중의 단자전압이 규정의 방전종지전압이 될 때까지 방전시킬 수 있는 용량이다.

　㉡ 방전종지전압

　　• 어떤 전압 이하로 방전하여서는 안 되는 전압이다.

　　• 1셀당 방전종지전압은 1.7~1.8[V](1.75[V])이다.

　㉢ 축전지 용량의 단위는 암페어시[Ah]로 표시한다.

　　• 용량은 일정 방전전류[A] × 방전종지전압까지의 연속 방전시간[h]이다.

　　• 축전지 용량[Ah] = 방전전류[A] × 방전시간[h]

② 축전지 용량의 크기와 표시방법

　㉠ 축전지의 용량은 다음과 같은 요소에 의해서 좌우된다.

　　• 극판의 크기, 극판의 형상 및 극판의 수

　　• 전해액의 비중, 전해액의 온도 및 전해액의 양

　　• 격리판의 재질, 격리판의 형상 및 크기

　㉡ 축전지 용량 표시방법 : 20시간율, 25암페어율, 냉각률 등이 있다.

③ 축전지 용량의 변화

　㉠ 축전지의 용량은 전해액의 온도에 따라서 크게 변화한다.

　㉡ 일정의 방전율, 방전종지전압하에서 방전을 하여도 온도가 높으면 용량이 증대되고 온도가 낮으면 용량이 감소한다.

　㉢ 납 축전지의 용량은 극판의 표면적에 비례한다.

　㉣ 축전지의 전기용량 $C$의 크기는 전극의 면적 $A$에 비례하고, 전극 사이의 거리 $d$에 반비례한다.

$$C = \varepsilon \frac{A}{d}$$

※ 축전지 용량의 산정요소

　• 축전지 부하의 결정

　• 방전전류의 산출

　• 방전시간의 결정

　• 축전지 부하 특성곡선 작성

　• 축전지 셀수의 결정

　• 허용최저전압의 결정

　• 용량환산시간의 결정

　• 축전지 용량의 계산

---

**10년간 자주 출제된 문제**

**6-1. 축전지의 용량은 무엇에 따라 결정되는가?**

① 극판의 크기, 극판의 수 및 전해액의 양
② 극판의 수, 극판의 크기 및 셀의 수
③ 극판의 수, 전해액의 비중 및 셀의 수
④ 극판의 수, 셀의 수 및 발전기의 충전능력

**6-2. 납 축전지의 용량에 대한 설명으로 옳은 것은?**

① 음극판 단면적에 비례하고, 양극판 크기에 반비례한다.
② 양극판의 크기에 비례하고, 음극판의 단면적에 반비례한다.
③ 극판의 표면적에 비례한다.
④ 극판의 표면적에 반비례한다.

**6-3. 축전지 용량이 150[Ah]일 때 10[A]로 계속 사용하면 사용할 수 있는 시간은?**

① 10시간　　　　　② 15시간
③ 20시간　　　　　④ 25시간

**6-4. 축전지 용량의 산정요소가 아닌 것은?**

① 방전전류　　　　② 방전시간
③ 축전지 구조　　　④ 부하 특성

|해설|

6-3
용량[Ah] = 방전전류[A] × 방전시간[h]
150 = 10 × h
∴ h = 15시간

정답 6-1 ①　6-2 ③　6-3 ②　6-4 ③

① 직렬연결의 경우

　㉠ 같은 전압, 같은 용량의 축전지 2개 이상을 (+)단자 기둥과 다른 축전지의 (−)단자기둥에 서로 연결하는 방식이다.

　㉡ 전압은 연결한 개수만큼 증가되지만 용량은 1개일 때와 같다.

② 병렬연결인 경우

　㉠ 같은 전압, 같은 용량의 축전지 2개 이상을 (+)단자기둥은 다른 축전지의 (+)단자기둥에, (−)단자기둥은 (−)단자기둥에 접속하는 방식이다.

　㉡ 용량은 연결한 개수만큼 증가하지만 전압은 1개일 때와 같다.

③ 자기방전

　㉠ 조금씩 자연방전하여 용량이 감소되는 현상을 말한다.

　㉡ 자기방전원인

　　• 구조상 부득이한 경우

　　• 불순물에 의한 경우

　　• 단락에 의한 경우

　　• 축전지 표면에 전기회로가 생긴 경우

---

### 10년간 자주 출제된 문제

**축전지의 연결방법에서 같은 극끼리 상호 연결하는 방법은?**

① 병렬연결　　　　② 직·병렬연결

③ 직렬연결　　　　④ 복합연결

정답 ①

---

① 충전 중의 화학작용

| 양극판 $PbO_2$ 과산화납 | 전해액 $2H_2SO_4$ 묽은 황산 | 음극판 $Pb$ 해면상납 | 양극판 $PbSO_4$ 황산납 | 전해액 $2H_2O$ 물 | 음극판 $PbSO_4$ 황산납 |
|---|---|---|---|---|---|

$$PbO_2 + 2H_2SO_4 + Pb \leftarrow PbSO_4 + 2H_2O + PbSO_4$$

② 납축전지에서 완전 충전된 상태의 양극판은 황산납($PbSO_4$) → 과산화납($PbO_2$)으로 변화된다.

③ 음극판은 황산납 → 해면상납으로 변화된다.

④ 전해액은 물 → 묽은 황산으로 변화된다.

⑤ 납 축전지에서 충전이 완료되었을 때 양극판에서 산소가, 음극판에서 수소가스가 발생된다.

⑥ 충전이 완료되어 충전한계 시에는 전해액으로부터 거품이 나고, 전해액은 유백색으로 변하며, 두 극판은 농갈색으로 변한다.

⑦ 정전류충전의 충전전류는 20시간율 용량의 10[%]로 선정한다.

⑧ 급속충전의 충전전류는 20시간율 용량의 50[%]로 선정한다.

※ 축전지의 충전

　• 초충전 : 축전지를 제조한 후 전해액을 넣고 처음으로 활성화하는 방법

　• 보충전 : 자기방전에 의하거나 사용 중에 소비된 용량을 보충하는 방법

## 10년간 자주 출제된 문제

**8-1. 충·방전 시의 화학반응식을 올바르게 나타낸 것은?**

① 충전 시 $PbO_2 + 2H_2SO_4 + Pb \leftarrow PbSO_4 + 2H_2O + PbSO_4$

② 방전 시 $PbO + 2H_2SO_4 + Pb \leftarrow PbO_2 + 2H_2O + PbSO_4$

③ 충전 시 $PbO_2 + 2H_2SO_4 + Pb \rightarrow PbSO_2 + 2H + PbSO_2$

④ 방전 시 $PbO + 2H_2SO_4 + Pb \rightarrow PbSO_4 + 2H_2SO_4 + PbSO_4$

**8-2. 납 축전지를 충전하면 음극판은 무엇으로 변화되는가?**

① 과산화납
② 납
③ 황산납
④ 일산화납

**8-3. 납 축전지에서 완전충전된 상태의 양극판은?**

① $Pb$
② $PbO_2$
③ $PbSO_4$
④ $H_2SO_4$

**8-4. 납 축전지에서 충전이 완료되었을 때 양극판과 음극판에서 발생되는 가스는?**

① 양극판 : 수소, 음극판 : 산소
② 양극판 : 산소, 음극판 : 수소
③ 양극판 : 황산, 음극판 : 황산
④ 양극판 : 수소, 음극판 : 황산

**8-5. 정전류충전에서 충전전류는 대략 축전지 용량의 몇 [%]로 하는가?**

① 10
② 15
③ 20
④ 30

정답 8-1 ① 8-2 ② 8-3 ② 8-4 ② 8-5 ①

## 핵심이론 09 | 방 전

① 방전 중의 화학작용

| 양극판 | | 전해액 | | 음극판 | | 양극판 | | 전해액 | | 음극판 |
|---|---|---|---|---|---|---|---|---|---|---|
| $PbO_2$ | + | $2H_2SO_4$ | + | $Pb$ | $\rightarrow$ | $PbSO_4$ | + | $2H_2O$ | + | $PbSO_4$ |
| 과산화납 | | 묽은 황산 | | 해면 상납 | | 황산납 | | 물 | | 황산납 |

② 납 축전지를 방전시킬 때 양극판과 음극판에서 모두 생성되는 것 : $PbSO_4$

③ 축전지의 방전전류 : 방전전류[A] = 부하용량[VA]/정격전압[V]

## 10년간 자주 출제된 문제

**9-1. 납 축전지의 방전 시 화학작용을 옳게 나타낸 것은?**

① $PbO_2 \rightarrow PbSO_4$ : 양극판
② $Pb \rightarrow PbSO_4$ : 양극판
③ $2H_2SO_4 \rightarrow PbSO_4$ : 전해액
④ $2H_2SO_4 \rightarrow 2H_2$ : 전해액

**9-2. 납 축전지를 방전시키면 양극판과 음극판에서 모두 생성되는 것은?**

① $PbO_2$
② $2H_2SO_4$
③ $PbSO_4$
④ $2H_2O$

**9-3. 다음 중 축전지의 방전 전류를 표시한 것은?**

① (정격전압/부하용량)
② (부하용량/정격전압)
③ (충전전류/방전전압)
④ (방전전압/충전전류)

**9-4. 충전기 계기판에 있는 전류계의 눈금이 "0"을 지시하고 있을 때는 어떤 상태인가?**

① 충전되고 있다.
② 방전되고 있다.
③ 전류계의 고장이다.
④ 충전상태도, 방전상태도 아니다.

정답 9-1 ① 9-2 ③ 9-3 ② 9-4 ④

① 충·방전의 반복은 극판의 팽창수축의 반복이라 할 수 있다.
② 충·방전작용은 화학작용이다.
③ 충전이 완료되면 그 이후의 충전전류는 양극판에서는 산소를, 음극판에서는 수소를 발생한다.
④ 충전 중 화기를 가까이 하면 수소가스로 인해 축전지가 폭발할 위험이 있다.
⑤ 방전이 진행됨에 따라 전해액 중 물의 양은 점차 증가한다.
⑥ 충·방전 시 화학반응은 가역적이다.
⑦ 셀의 기전력은 약 2[V] 정도이다.
⑧ 충전으로 황산의 농도가 증가한다.
⑨ 기전력은 황산의 농도에 비례한다.
※ 충전회로에서 레귤레이터의 주역할
  • 교류를 직류로 바꾸어서 충전이 될 수 있게 해 준다.
  • 충전에 필요한 일정한 전압을 유지시켜 준다.

**10-1. 납 축전지의 충·방전 시 전해액 중의 수분은 어떻게 되는가?**
① 주입구 마개를 통해 넘친다.
② 충전 시 수분이 점차로 증가한다.
③ 방전 시 전기분해되어 기화한다.
④ 충전 시 수소와 산소가스로 방출된다.

**10-2. 축전지의 충·방전에 대한 설명이다. 잘못된 것은?**
① 충·방전의 반복은 극판의 팽창수축의 반복이라 할 수 있다.
② 충·방전작용은 화학작용이다.
③ 충전이 완료되면 그 이후의 충전전류는 양극판에서는 수소를 그리고 음극판에서는 산소를 발생한다.
④ 방전이 진행됨에 따라 전해액 중 물의 양은 점차 증가한다.

**10-3. 납축전지의 충·방전 시 발생되는 현상이 아닌 것은?**
① 충·방전 시 화학반응은 비가역적이다.
② 셀의 기전력은 약 2[V] 정도이다.
③ 충전으로 황산의 농도가 증가한다.
④ 기전력은 황산의 농도에 따라 달라진다.

|해설|

**10-3**
음극과 양극의 황산납($PbSO_4$)은 충전기에 의하여 점차적으로 전기에너지를 가역시키면 양극판은 과산화납($PbO_2$), 음극판은 해면상납(Pb)으로 변하고, 전해액은 기판의 활물질과 반응하여 비중이 규정비중까지 올라간다.

정답 10-1 ④  10-2 ③  10-3 ①

# 핵심이론 11 | 축전지의 관리

① 축전지의 점검 및 취급사항

  ㉠ 축전지 전해액의 양과 비중을 정기적으로 점검한다.

  ㉡ 축전지 배선을 분리할 때는 (−)측을 먼저 분리하고, 연결할 때는 (+)측을 먼저 연결한다.

  ㉢ 축전지 케이블 단자의 접촉면을 점검하고 솔로 깨끗이 닦아 낸다.

    ※ 축전지 케이블 단자(터미널), 커버 등 산에 의한 부식물의 청소는 탄산수소나트륨과 물 또는 암모니아수로 한다.

  ㉣ 방전종지전압은 규정된 범위 내에서 사용한다.

  ㉤ 장기간 방치할 경우 겨울에는 2개월마다, 여름에는 1개월마다 1회씩 보충전을 한다.

  ㉥ 전해액은 보통 극판 위 10~13[mm] 이하(규정값)가 되면 증류수를 넣어서 보충한다.

  ㉦ 비중이 1.200 이하가 되면 즉시 보충전하고 동시에 충전장치를 점검한다.

  ㉧ 50[%] 이상 방전된 경우에는 110~120[%] 정도 보충전을 한다.

  ㉨ 전해액을 만들 때는 증류수에 황산을 조금씩 혼합한다.

  ㉩ 전해액 혼합 시 절연체인 용기(질그릇)를 사용한다.

  ㉪ 전해액의 온도가 급격히 높아지지 않도록 주의한다.

  ㉫ 전해액이 담긴 병을 옮길 때는 보호상자에 넣어 안전하게 운반한다.

  ㉬ 축전지 표면에 있는 침식물이나 먼지 등을 입으로 불거나 공기호스 등을 이용하여 청소하지 않는다.

  ㉭ 축전지 터미널의 부식을 방지하기 위해 그리스를 단자에 엷게 발라야 한다.

② 온도가 내려가면 축전지에서 일어나는 현상

  ㉠ 전압이 낮아지고, 용량이 줄어든다.

  ㉡ 전해액의 비중이 높아지고, 동결하기 쉽다.

※ 충전경고 지시등에 점등이 되면 점검할 사항

  • 레귤레이터의 고장 여부 점검

  • 발전기 다이오드의 이상 여부 점검

  • 경고램프의 접속상태 및 관련 배선 접속상태 점검

---

## 10년간 자주 출제된 문제

**11-1. 축전지의 점검 및 조치사항 중 옳지 않은 것은?**

① 축전지 케이스 커버의 산에 의한 부식물은 탄산수소나트륨으로 깨끗이 닦아 낸다.

② 분리할 때 (−)측을 먼저 분리하고, 연결할 때는 (+)측을 먼저 연결한다.

③ 전해액은 보통 극판 위 10~13[mm] 이하가 되면 전해액을 넣어서 보충한다.

④ 비중이 1.2 이하가 되면 즉시 보충전하고 동시에 충전장치를 점검한다.

**11-2. 다음 중 축전지에서 비중이 얼마 이하이면 보충전을 하고 충전장치에 대해 점검할 필요가 있는가?**

① 1.200 이하      ② 1.240 이하

③ 1.260 이하      ④ 1.280 이하

**11-3. 납 축전지의 사용상 주의사항으로 틀린 것은?**

① 낮은 온도에서 용량이 증대되고 충전이 쉽다.

② 방전종지전압은 규정된 범위 내에서 사용한다.

③ 장기간 방치할 경우에는 월 1회 정도 보충전을 한다.

④ 50[%] 이상 방전된 경우는 110~120[%] 정도 보충전을 한다.

**11-4. 온도가 내려가면 축전지에서 일어나는 현상이 아닌 것은?**

① 전압이 낮아진다.

② 용량이 줄어든다.

③ 동결하기 쉽다.

④ 전해액의 비중이 낮아진다.

**11-5. 다음 중 배터리의 취급 시 안전사항으로 틀린 것은?**

① 전해액 혼합 시 플라스틱 또는 고무용기를 사용할 것

② 축전지 전해액의 온도가 급격히 높아지지 않도록 주의할 것

③ 전해액이 담긴 병을 옮길 때는 보호상자에 넣어 안전하게 운반할 것

④ 축전지 표면에 있는 침식물이나 먼지 등을 입으로 불거나 공기호스 등을 이용하여 청소하지 말 것

**11-6.** 축전지 터미널의 부식을 방지하기 위해 사용되는 것은?

① 그리스(Grease)
② 기어오일(Gear Oil)
③ 엔진오일(Engine Oil)
④ 페인트(Paint)

**11-7.** 다음 중 축전지 케이블 단재(터미널) 청소에 가장 적당한 것은?

① 탄산가스
② 그리스
③ 전해액
④ 탄산수소나트륨

| 해설 |

**11-2**
비중이 1,200 이하가 되면 즉시 보충전하고 동시에 충전장치를 점검한다.

**11-6**
부식을 방지하기 위하여 그리스를 단자에 엷게 발라야 한다.

**정답** 11-1 ③  11-2 ①  11-3 ①  11-4 ④  11-5 ①  11-6 ①  11-7 ④

---

**제3절  기동장치**

**핵심이론 01 │ 전동기의 원리와 종류**

① 전동기의 원리
  ㉠ 전류가 흐르는 도체가 자장에서 받는 힘의 방향을 나타내는 플레밍의 왼손법칙을 이용한 것이다.
    • 엄지는 자기장에서 받는 힘($F$)의 방향
    • 검지는 자기장($B$)의 방향
    • 중지는 전류($I$)의 방향
  ㉡ 전력을 받아 힘을 발생시키는 장치에 사용한다.
  ㉢ 기동전동기, 전압계, 전류계 등에 이용한다.

② 전동기의 종류
  ㉠ 전기에너지를 기계에너지로 바꾸는 장치를 전동기라 하며 직류전동기와 교류전동기가 있다.
  ㉡ 직류전동기에는 직권·분권·복권(가동복권, 차동복권)·타여자전동기가 있다.
  ※ 교류전동기 : 교류 전류를 사용하여 동력을 얻는 기계로서 단상식과 3상식이 있으며, 원리·구조에 따라서 유도전동기, 동기전동기, 정류자전동기 등으로 분류된다.
  ㉢ 교류전동기 중 유도전동기의 종류
    • 단상 : 분상기동형, 콘덴서기동형, 반발기동형, 셰이딩코일형
    • 3상 : 농형 유도전동기와 권선형 유도전동기가 있다.
  ㉣ 전동기의 외형에 따라 개방형, 전폐형, 폐쇄통풍형, 전폐강제통풍형, 방폭형 등이 있다.

③ 일반적인 전동기의 장단점(교류전동기)
  ㉠ 장 점
    • 소형이며 구조가 간단하고 취급이 용이하다.
    • 감속기를 장착함으로써 원하는 회전수를 쉽게 구현할 수 있다.
    • 배전시설이 완비된 곳에서 초기 설치비용이 적다.

- 진동, 소음, 배기가스 등 환경오염이 발생하지 않는다.
- 내연기관에 비하여 에너지 효율이 높다.
- 출력에 따른 기종이 많고, 부하나 사용조건에 적합한 특성과 구조를 가진 기종을 쉽게 구할 수 있다.

ⓒ 단 점
- 전원이 없는 곳 또는 정전되었을 때에는 사용할 수 없다.
- 이동작업에서는 긴 전선을 필요로 하기 때문에 사용할 수 없는 경우가 있다.
- 내연기관에 비해 과부하작업에는 적합하지 않다.

**1-1. 전기적 에너지를 받아서 기계적 에너지로 바꾸는 것은?**

① 전동기       ② 정류기
③ 변압기       ④ 발전기

**1-2. 플레밍의 왼손법칙에서 중지의 방향은 무엇을 나타내는가?**

① 힘의 방향       ② 자기장의 방향
③ 기전력의 방향       ④ 전류의 방향

**1-3. 직류전동기는 어느 법칙을 응용한 것인가?**

① 플레밍의 왼손법칙       ② 플레밍의 오른손법칙
③ 옴의 법칙       ④ 쿨롱의 법칙

**1-4. 일반적인 전동기의 장점이 아닌 것은?**

① 기동운전이 용이하다.
② 소음 및 진동이 적다.
③ 고장이 적다.
④ 전선으로 전기를 유도하므로 이동작업에 편리하다.

**1-5. 기동전동기의 전원전류는?**

① 교 류
② 직류 및 교류 모두 사용한다.
③ 맥 류
④ 직 류

|해설|

**1-3**
플레밍의 왼손법칙을 이용한 것은 전동기이고 오른손법칙을 이용한 것은 발전기이다.

**1-4**
이동작업에서는 긴 전선을 필요로 하기 때문에 사용할 수 없는 경우가 있다.

정답 1-1 ①   1-2 ④   1-3 ①   1-4 ④   1-5 ④

기전력을 발생하는 전기자, 교류를 직류로 변환하는 정류
자, 자속을 만들어 주는 계자와 브러시, 계철 등으로 구성
되어 있다.

① 회전부

　㉠ 전기자 : 회전력을 발생하며 축, 철심, 전기자코
　　일, 정류자 등으로 구성된다.

　㉡ 정류자 : 교류기전력을 직류로 변환해 주는 부분으
　　로 브러시에서의 전류를 일정 방향으로만 흐르게
　　한다.

　※ 코일의 반회전마다 전류의 방향을 바꾸는 장치 :
　　정류자와 브러시

② 고정부

　㉠ 계자 : 계자코일, 계자철심, 계철 및 자극으로 구성

　　• 계자코일 : 계자철심에 감겨져 자력선을 발생
　　　한다.

　　• 계자철심 : 전류가 흐르면 전자석이 된다.

　　• 계철 : 자력선의 통로와 기동전동기의 틀이 되는
　　　부분으로 계자철심을 지지하고 자기회로를 이
　　　룬다.

　㉡ 브러시

　　• 외부회로와 내부회로를 접속하는 역할을 한다.

　　• 정류자를 통하여 전기자코일에 전류를 출입시
　　　킨다.

　㉢ 브러시 홀더 : 브러시 스프링에 의해 정류자에 브
　　러시를 압착한다.

　※ 전동기의 명판에 표시하여야 할 사항(KS C 4202
　　규정)

　　• 전동기의 명칭, 제조자명 또는 그 약호

　　• 제조번호 또는 기기번호

　　• 제조연도, 형식, 보호방식의 기호

　　• 정격출력, 정격전압, 정격전류, 정격의 종류

　　• 정격회전속도, 상수 및 정격주파수

• 절연의 종류 또는 온도 상승의 한도

• 접속도, 효율(표준형, 고효율형 및 프리미엄형)

---

### 10년간 자주 출제된 문제

**2-1. 직류전동기에서 코일의 반회전마다 전류의 방향을 바꾸는 장치는?**

① 계 자　　　　　　　② 브러시와 정류자
③ 브러시　　　　　　 ④ 전기자와 풀링코일

**2-2. 직류전동기의 속도는 무엇에 비례하는가?**

① 공급전압　　　　　 ② 전기자 전류
③ 자 속　　　　　　　④ 전기자 저항

**2-3. 기동전동기의 정류자는 브러시에 전류를 어떻게 흐르게 하는가?**

① 전기자철심으로　　 ② 모든 방향으로
③ 차단상태로　　　　 ④ 일정 방향으로

**2-4. 기동전동기의 구조를 설명한 것으로 틀린 것은?**

① 전기자는 회전 부분이다.
② 정류자는 배터리에서 오는 전류를 교류로 만든다.
③ 브러시는 정류자를 통하여 전기자코일에 전류를 출입시킨다.
④ 고정자의 계자철심은 전류가 흐르면 전자석이 된다.

|해설|

2-2
직류전동기의 속도는 전압에 비례하고 자속(여자전류)에 반비례
한다.

2-4
정류자는 브러시에서의 전류를 일정 방향으로만 흐르게 한다.

정답 2-1 ②　2-2 ①　2-3 ④　2-4 ②

① 원리 : 플레밍의 왼손법칙을 응용한 것이다.

② 회전수($N$) : $N = K_1 \dfrac{V - IR}{\phi}$[rpm]

    ㉠ $K_1$ : 전동기의 변하지 않는 상수

    ㉡ $\phi$ : 자 속

    ㉢ $V$ : 역기전력

    ㉣ $I$ : 전동기에 흐르는 전류

    ㉤ $R$ : 전동기 내부저항

③ 토크($T$) : $T = K_2 \phi I$[N·m] ($K_2$ : 전동기의 변하지 않는 상수)

④ **직류전동기의 종류**

    ㉠ 직권전동기

      • 전기자코일과 계자코일이 직렬로 접속된 형태이다.

      • 전동기에 부하가 걸렸을 때에는 회전속도는 낮으나 회전력이 크다.

      • 부하가 작아지면 회전력은 감소하지만 회전수는 점차 증가한다.

      • 부하를 크게 하면 회전속도가 낮아지고 흐르는 전류는 증가한다.

      • 회전력은 전기자전류와 계자자속의 곱에 비례한다.

      • 짧은 시간에 큰 회전력을 필요로 하는 장치에 알맞다.

      • 기동 시 발생토크가 크므로 기동과 정지가 번번이 반복되는 경우에 사용된다.

      • 직류 직권전동기에 발생하는 역기전력은 속도에 비례하고, 전기자전류는 역기전력에 반비례한다.

      ※ 부하가 감소하여 무부하가 되면, 회전속도가 급격히 상승하여 위험하게 되므로 벨트운전이나 무부하 운전을 피하는 것이 좋다.

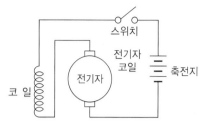

**[기동전동기에 주로 사용되는 직권식 직류전동기]**

    ㉡ 분권전동기

      • 전기자코일과 계자코일이 병렬로 접속된 형태이다.

      • 주로 계자전류를 변경하여 속도를 제어하며 송풍기, 펌프 등에 이용한다.

    ㉢ 복권전동기

      • 전기자코일과 계자코일이 직·병렬로 혼합접속된 것이다.

      • 부하량에 따라 직권과 분권 권선의 기자력 비율을 조절하여 직권 및 분권전동기의 중간적인 특성을 갖는 전동기이다.

    ㉣ 타여자전동기

      • 전기자권선과 계자권선이 별개의 회로로 구성되어 있는 방식이다.

      • 부하가 변해도 분권전동기와 같이 정속도 특성으로 운전할 수 있다.

      • 계자전류를 일정하게 하고 전기자전압을 변경하여 회전속도를 제어한다.

**3-1.** 기동 시 발생토크가 크므로 기동과 정지가 번번이 반복되는 경우에 사용되는 직류전동기는?

① 복권전동기
② 분권전동기
③ 직권전동기
④ 타여자전동기

**3-2. 직류 직권전동기의 특성으로 옳지 않은 것은?**

① 전동기에 부하가 걸렸을 때에는 회전속도는 빠르나 회전력이 작다.
② 부하가 작아지면 회전력이 감소되나 회전수는 점차로 커진다.
③ 전동기에 부하가 걸렸을 때에는 회전속도는 낮으나 회전력이 크다.
④ 부하를 크게 하면 회전속도가 낮아지고 흐르는 전류는 커진다.

**3-3. 직류 직권전동기의 특성으로 틀린 것은?**

① 무부하상태에서도 운전이 가능하다.
② 부하가 작아지면 회전력이 감소된다.
③ 부하를 크게 하면 흐르는 전류는 커진다.
④ 전동기에 부하가 걸렸을 때에는 회전력이 크다.

**3-4. 직류 직권전동기의 설명 중 적합하지 않은 것은?**

① 기동회전력이 크다.
② 회전속도의 변화가 비교적 크다.
③ 회전력은 전기자전류와 계자자속의 곱에 비례한다.
④ 직류 직권전동기에 발생하는 역기전력은 속도에 반비례한다.

|해설|

**3-3**
직류 직권전동기 특성 중 무부하운전 시 속도가 무한대가 되어 위험하다.
※ 전동기에서 무부하란 전류가 흐르지 않는 상태가 아니라 전동기 축에 아무것도 연결하지 않은 상태를 의미한다.

정답 3-1 ③  3-2 ①  3-3 ①  3-4 ④

---

**핵심이론 04 | 유도전동기의 원리와 특성**

① 원리 : 플레밍의 오른손법칙, 왼손법칙
② 유도전동기의 분류 : 단상(분상, 콘덴서, 반발기동형, 셰이딩코일형), 3상(농형, 권선형)
  ㉠ 농형 유도전동기
   • 구조가 간단하고 견고하며, 취급방법이 간단하다.
   • 가격이 저렴하고 속도제어가 곤란하다.
   • 기동토크가 작고, 슬립링이 없기 때문에 불꽃이 없다.
   • 소용량(5[kW] 미만)의 기계동력으로 사용한다.
  ㉡ 권선형 유도전동기
   • 기동특성이 우수하고 속도제어가 가능하다.
   • 구조가 복잡하고 효율이 약간 낮다.
   • 가격이 비싸고, 슬립링에서 불꽃이 나올 염려가 있다.
   • 대용량(5[kW] 이상)에 사용한다.

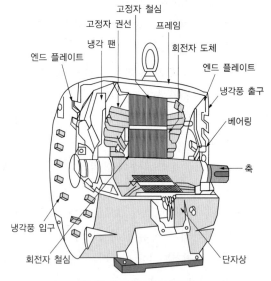

[농형 유도전동기의 구조]

유도전동기의 일종이며, 권선형 유도전동기에 비하여 회전기의 구조가 간단하고, 취급이 용이하며, 운전 시 성능이 뛰어난 장점이 있는 전동기는?

① 농형 유도전동기
② 아트킨슨형 전동기
③ 반발 유도전동기
④ 시라게 전동기

정답 ①

## 핵심이론 05 │ 유도전동기의 회전수, 슬립, 토크, 출력

① 회전수와 슬립

㉠ 동기속도 : 전원주파수 $f$와 극수 $P$에 의해 정해진다.

$$N_s = \frac{120f}{P} [\text{rpm}](f : \text{유도전동기 주파수}, P : \text{극수})$$

㉡ 슬립

$$S = \frac{동기속도 - 회전자속도}{동기속도} = \frac{N_s - N}{N_s}$$

$$= 1 - \frac{N}{N_s}$$

$$N = (1 - S)N_s$$

※ 정지 시 : $S = 1$, 동기 시 : $S = 0$, 전부하 시 보통 $S = 2.5{\sim}5[\%]$ 정도

㉢ 회전자 주파수 : 회전자에 흐르는 전류의 주파수 $f_2 [\text{Hz}]$는 회전자장과 회전자의 상대속도에 비례한다.

$$f_2 = Sf [\text{Hz}]$$

② 토크

기계출력 $P_o = \omega T = 2\pi \frac{N}{60} T[\text{W}]$에서

$$T = \frac{60}{2\pi} \cdot \frac{P_o}{N} [\text{N} \cdot \text{m}] = \frac{1}{9.8} \cdot \frac{60}{2\pi} \cdot \frac{P_o}{N} [\text{kgf} \cdot \text{m}]$$

③ 출력

㉠ 단상 유도전동기의 출력

출력[kW] = 전압 × 전류 × 역률 × 효율

㉡ 3상 유도전동기의 출력

출력[kW] = $\sqrt{3}/1,000$ × 전압 × 전류 × 역률 × 효율

㉢ 직류전동기의 입력과 출력을 직접 측정하는 효율(실측효율)

효율 = 출력/입력 × 100[%]

※ 소비전력 = 전압의 실횻값 × 전류의 실횻값 × 역률

**5-1.** 3상 유도전동기의 슬립[%]을 구하는 공식으로 옳은 것은?

① (동기속도 + 전부하속도)/동기속도×100

② (동기속도 + 전부하속도)/부하속도×100

③ (동기속도 − 전부하속도)/동기속도×100

④ (동기속도 − 전부하속도)/부하속도×100

**5-2.** 3상 유도전동기의 극수가 4, 전원주파수가 60[Hz]라면, 이 전동기의 동기속도는 몇 [rpm]인가?

① 3,600

② 1,800

③ 1,200

④ 900

**5-3.** 220[V], 60[Hz], 3상 6극 유도전동기의 실제 회전수는 1,080[rpm]이었다. 이때의 슬립은?

① 5[%]

② 10[%]

③ 15[%]

④ 20[%]

**5-4.** 전동기의 극수가 4, 주파수 60[Hz]인 단상 유도전동기의 슬립이 5[%]라면 전동기의 회전수는?

① 1,460[rpm]

② 1,620[rpm]

③ 1,710[rpm]

④ 1,800[rpm]

**5-5.** 교류전압의 실횻값이 100[V], 전류의 실횻값이 10[A]인 회로에서 소비되는 전력이 600[W]일 경우 이 회로의 역률은?

① 0.4

② 0.6

③ 0.8

④ 1.3

**5-6.** 3상 유도전동기의 출력을 나타낸 것은?

① 출력[kW] = $\sqrt{3}$ /1,000 × 전압 × 저항 × 역률 × 효율

② 출력[kW] = $\sqrt{3}$ /1,000 × 전류 × 저항 × 역률 × 효율

③ 출력[kW] = $\sqrt{3}$ /1,000 × 전압 × 전류 × 역률 × 효율

④ 출력[kW] = $\sqrt{3}$ /1,000 × 전력 × 저항 × 역률 × 효율

|해설|

**5-1**

슬립은 동기속도에 대한 상대속도($n_s - n$)의 비이다.

**5-2**

동기속도 $N_s = \dfrac{120f}{P} = \dfrac{120 \times 60}{4} = 1,800[\mathrm{rpm}]$

$P$ : 전동기 극수

$f$ : 전원주파수

**5-3**

동기속도 $N_s = \dfrac{120f}{P} = \dfrac{120 \times 60}{6} = 1,200[\mathrm{rpm}]$

슬립 $S = \dfrac{N_s - N}{N_s} = \dfrac{(1,200 - 1,080)}{1,200} \times 100 = 10[\%]$

**5-4**

동기속도 $N_s = \dfrac{120f}{P} = \dfrac{120 \times 60}{4} = 1,800[\mathrm{rpm}]$

슬립 $S = \dfrac{N_s - N}{N_s} \rightarrow N = (1 - S)N_s$

$\therefore N = (1 - 0.05) \times 1,800 = 1,710[\mathrm{rpm}]$

**5-5**

소비전력 = 전압의 실횻값 × 전류의 실횻값 × 역률

$600[\mathrm{W}] = 100[\mathrm{V}] \times 10[\mathrm{A}] \times x$

$\therefore$ 역률 $x = 0.6$

정답 5-1 ③  5-2 ②  5-3 ②  5-4 ③  5-5 ②  5-6 ③

## 핵심이론 06 | 유도전동기의 기동과 회전방향의 변경

① 농형 유도전동기의 기동

  ㉠ 전전압기동법 : 정격전압을 직접 가하여 기동하는
    방법

    예 5[kW] 정도까지의 소형 전동기

  ㉡ Y-Δ기동법 : 기동할 때는 Y결선으로 하고, 정격
    속도에 이르면 Δ결선으로 바꾸는 기동법

    예 5~15[kW] 전동기

  ㉢ 기동보상기법 : 단권 3상변압기를 사용하여 기동
    전압을 떨어뜨려 기동전류를 제한하는 기동법

    예 15[kW] 이상의 농형 전동기

  ㉣ 리액터기동법 : 전동기의 1차 측에 리액터(일종의
    교류저항)를 넣어서 기동 시 전동기의 전압을 리액
    터 전압강하분만큼 낮추어서 기동하는 방법

    예 중·대용량 전동기

② 권선형 유도전동기의 기동

  ㉠ 2차 저항기동법 : 2차 회로에 저항기를 접속하고
    비례추이의 원리에 의하여 큰 기동토크를 얻고 기
    동전류도 억제하는 기동법

  ㉡ 게르게스법 : 게르게스 현상을 이용하여 기동하는
    방법

    ※ 게르게스 현상 : 3상 권선형 유도전동기의 2차
      회로 중 한 개가 단선된 경우 슬립 $S = 50[\%]$
      부근에서 더 이상 가속되지 않는 현상

③ 각종 전동기의 회전방향을 바꾸는 방법

  ㉠ 직류전동기 : 전기자에 가하는 전압을 반대로 하면
    전기자전류의 방향이 바뀌어져 반대방향으로 회
    전한다.

  ㉡ 직류분권식이나 복권식, 직권식 : 단순히 전원의
    (+), (−)를 반대로 바꾸어 연결하는 것으로는 자기
    장의 전류가 모두 반전하기 때문에 회전방향이 변경
    되지 않는다. 이 경우에는 전기자나 계자권선의 어
    느 한쪽만의 접속을 바꾸도록 하지 않으면 안 된다.

  ㉢ 단상 유도전동기 : 주권선이나 보조권선 어느 한쪽
    의 접속을 반대로 하면 된다.

  ㉣ 3상 유도전동기 : 3상 전원배선 중 임의의 2개 배선
    을 바꾸어 접속한다.

### 10년간 자주 출제된 문제

**6-1. 권선형 3상 유도전동기의 기동법에 속하는 것은?**

① 원심식기동법          ② Y-Δ기동법
③ 2차저항기동법        ④ 기동보상기법

**6-2. 3상 유도전동기의 회전방향을 변경하는 방법으로 맞는 것은?**

① 전동기의 극수를 바꾼다.
② 전원의 주파수를 바꾼다.
③ 기동보상기를 사용한다.
④ 3상 전원배선 중 임의의 2개 배선을 바꾸어 접속한다.

|해설|

6-1
권선형 유도전동기의 기동법에는 2차 저항기동법과 게르게스법
이 있다.

정답 6-1 ③  6-2 ④

① 그로울러 시험기(테스터)로 점검할 수 있는 시험
   ㉠ 전기자코일의 단락시험 : 단선 유무
   ㉡ 전기자코일의 단선(개회로)시험 : 코일과 코일 사이의 접촉상태
   ㉢ 전기자코일의 접지시험 : 코일과 케이스의 접촉상태
   ※ 기동전동기의 브러시 스프링의 장력 측정은 스프링 저울로 한다.
② 기동전동기의 시험항목
   ㉠ 저항시험 : 무부하 회전수를 측정하기 위한 시험
   ㉡ 회전력시험 : 정지회전력을 측정
   ㉢ 무부하시험 : 전류의 크기로 판정

---

**10년간 자주 출제된 문제**

**7-1.** 그로울러 테스터로 점검할 수 있는 시험으로 옳지 않은 것은?

① 단락시험　　　　② 단선시험
③ 부하시험　　　　④ 접지시험

**7-2.** 다음 중 기동전동기에 대한 시험과 관계없는 것은?

① 저항시험　　　　② 회전력시험
③ 누설시험　　　　④ 무부하시험

**7-3.** 기동전동기의 브러시 스프링의 장력 측정에 적당한 것은?

① 스프링 저울　　　② 필러게이지
③ 다이얼 인디케이터　④ 직정규

|정답| 7-1 ③　7-2 ③　7-3 ①

---

① 전동기의 소손 원인
   ㉠ 전기적인 원인 : 과부하, 결상, 층간단락, 선간단락, 권선지락, 순간과전압의 유압
   ㉡ 기계적인 원인 : 구속, 전동기의 회전자가 고정자에 닿는 경우, 축 베어링의 마모나 윤활유의 부족
   ※ 전동기 관리 : 통풍이 잘되고 건조하며, 주위의 온도 변화가 심하지 않고 먼지가 없는 장소에서 운전 및 보관해야 한다.
② 전동기가 기동을 하지 않는 원인
   ㉠ 터미널의 이완
   ㉡ 단선, 과부하
   ㉢ 커넥션의 접촉 불량
   ㉣ 축전지의 방전
   ㉤ 전동기의 스위치 불량
   ㉥ 전동기의 피니언이 링기어에 물림, 베어링 이상
③ 기동전동기의 취급 시 주의사항
   ㉠ 오랜 시간 연속해서 사용해서는 안 된다.
   ㉡ 기동전동기를 설치부에 확실하게 조여야 한다.
   ㉢ 전선의 굵기가 규정 이하인 것을 사용해서는 안 된다.
   ㉣ 엔진이 시동된 다음에는 키 스위치를 시동으로 돌려서는 안 된다.
   ㉤ 엔진 시동 시 기동전동기의 허용 연속사용시간은 10초 정도이다(최대 연속사용시간 30초).

**8-1. 다음 중 기동전동기가 작동하지 않는 이유와 가장 거리가 먼 것은?**

① 축전지가 방전되었다.
② 기동전동기의 스위치가 불량하다.
③ 기동전동기의 피니언이 링기어에 물리었다.
④ 기화기에 연료가 꽉 차 있다.

**8-2. 다음 중 엔진 시동 시 기동전동기의 허용 연속사용시간이 가장 적합한 것은?**

① 2~3분                    ② 1~2분
③ 40~50초                  ④ 10~15초

**8-3. 기동전동기의 취급 시 주의사항으로 틀린 것은?**

① 오랜 시간 연속해서 사용해도 무방하다.
② 기동전동기를 설치부에 확실하게 조여야 한다.
③ 전선의 굵기가 규정 이하인 것을 사용해서는 안 된다.
④ 엔진이 시동된 다음에는 키 스위치를 시동으로 돌려서는 안된다.

|해설|

8-1
배터리의 방전뿐만 아니라 기동전동기 내부의 고장으로 인해 회전력이 저하되기도 하는데 베어링, 전기자, 브러시 등이 마모되거나 오버러닝 클러치 등 축이 휘면 기동전동기의 회전력이 저하되므로 교환이 필요하다.

정답 8-1 ④  8-2 ④  8-3 ①

---

핵심이론 **09** | 발전기의 원리와 종류

① 전자유도작용
  ㉠ 코일에 흐르는 전류를 변화시키면 코일에 그 변화를 방해하는 방향으로 기전력이 발생한다.
  ㉡ 변압기의 원리에 적용된다.
  ※ 자기장과 전류의 상호변환이 가능한 것이 변압기이다.
② 유도기전력의 방향
  ㉠ 플레밍의 오른손법칙
    • 자기장 안에서 도체가 운동할 때 자속의 방향과 도체의 운동방향을 통해 유도기전력의 방향을 확인할 수 있는 법칙이다.
    • 발전기의 원리에 적용된다.

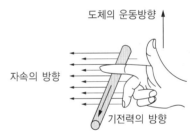

$V = Blv\sin\theta[\text{V}]$

여기서, $B$ : 자속의 밀도[Wb/m²]
        $l$ : 도체의 길이[m]
        $v$ : 도체의 운동속도[m/s]
        $\theta$ : 도체가 자장과 이루는 각도

  ㉡ 렌츠의 법칙 : 유도기전력은 자신의 발생원인이 되는 자속의 변화를 방해하려는 방향으로 발생한다.
  ㉢ 발전기 기전력
    • 코일의 권수가 많고, 도선의 길이가 길면 기전력은 커진다.
    • 자극의 수가 많아지면 여자되는 시간이 짧아져 기전력이 커진다.
    • 로터코일을 통해 흐르는 여자전류가 크면 기전력은 커진다.

- 로터코일의 회전속도가 빠르면 빠를수록 기전력 또한 커진다.

**핵심이론 10 | 직류발전기**

① 직류(DC)발전기의 종류
  ㉠ 여자 방식에 따른 분류 : 자석발전기, 타여자발전기, 자여자발전기
  ㉡ 여자 권선접속에 따른 자여자 발전기의 종류
    • 직권발전기
    • 분권발전기
    • 복권발전기

② 직류발전기의 구조
  ㉠ 계자코일 및 계자철심
  ㉡ 전기자 : 회전하면서 자속을 끊어 기전력을 유도하는 것
  ㉢ 정류자 : 교류로 발전된 기전력을 직류로 바꾸어 주는 것
  ㉣ 브러시 등

③ 직류발전기의 특성
  ㉠ 전기자가 회전할 때 전기자코일에서 교류전압이 발생한다.
  ㉡ 발생전압은 전기자의 회전수에 비례한다.
  ㉢ 발생전압은 계자권선에 흐르는 여자전류에 비례한다.
  ㉣ 발생전압은 기관의 회전수에 따라 증가하는데 교류 회전수에 따라 급격히 상승하여 과대전압이 된다.
  ㉤ 잔류자기에 의한 자여자식이다.
  ㉥ 무겁고, 공회전 시 충전이 불가능하며, 고속회전용으로는 부적합하다.
  ㉦ 컷아웃릴레이와 전압·전류조정기가 필요하다.
  ㉧ 라디오에 잡음이 들어간다.

④ DC발전기에서 출력이 나타나지 않는 원인
  ㉠ 정류자의 소손
  ㉡ 전기자의 단락
  ㉢ 브러시의 고장

**10-1. DC발전기의 전기자에 발생된 전류는?**

① 직 류                    ② 맥 류
③ 분 류                    ④ 교 류

**10-2. 직류발전기의 전기자가 회전할 때 전기자코일에서 발생되는 전압은?**

① 교류전압                 ② 직류전압
③ 사각파전압               ④ 정류반파전압

**10-3. 다음 중 직류발전기의 구성품이 아닌 것은?**

① 계자코일                 ② 전기자
③ 정류자                   ④ 유도코일

**10-4. 다음 중 직류발전기의 구성요소에서 회전하면서 자속을 끊어 기전력을 유도하는 것은?**

① 전기자                   ② 계 자
③ 정류자                   ④ 브러시

**10-5. 직류발전기에서 교류로 발전된 기전력을 직류로 바꾸어 주는 것은?**

① 고정자                   ② 브러시
③ 계자코일                 ④ 정류자

| 해설 |

**10-1**
교류발전기와 직류발전기에 발생하는 전류는 모두 교류이지만 직류발전기는 기계적으로 정류과정을 거치는 반면, 교류발전기는 다이오드를 이용하여 전기·전자적으로 정류를 하는 차이점이 있다.

**정답** 10-1 ④  10-2 ①  10-3 ④  10-4 ①  10-5 ④

---

**핵심이론 11 | 교류발전기**

① 교류(AC)발전기의 구조

　㉠ 고정자(스테이터)
　　• 교류발전기에서 전류가 발생하는 곳
　　• 스테이터는 독립된 3개의 코일이 감겨져 있고, 이 코일에는 3상의 교류가 유기된다.
　㉡ 정류자 : 코일의 반회전마다 전류의 방향을 바꾸는 장치
　㉢ 로터 : 자속을 만든다.
　㉣ 브러시 : 정류자편 면에 접촉되어 전기자권선과 외부회로를 연결시켜 주는 부분
　　※ 브러시의 접촉이 불량할 때 가장 소손되기 쉬운 것 : 정류자편
　㉤ 정류기 : 실리콘 다이오드를 정류기로 사용한다.
　　※ 교류발전기의 장력이 부족하면 슬립링과의 접촉이 불량해져 출력이 저하된다.

② 교류(AC)발전기의 특성

　㉠ 소형경량으로 저속에서도 충전이 잘된다.
　㉡ 속도범위에 따른 적용범위가 넓다
　㉢ 다이오드를 사용하기 때문에 정류 특성이 좋다.
　㉣ 실리콘 다이오드가 있기 때문에 컷아웃릴레이와 전류조정기가 필요 없다.
　㉤ 전압조정기만 필요하고 극성을 주지 않는다.
　㉥ 출력이 크고, 고속회전에 잘 견딘다.
　㉦ 정류자의 소손에 의한 고장이 없고, 브러시의 수명이 길다.
　㉧ 다른 전원으로부터 전기를 공급받아 발전을 시작하는 타여자식이다.

③ 교류(AC)발전기의 다이오드

　㉠ 정류작용과 역류방지작용을 한다.
　㉡ 교류를 정류 : 교류발전기에서 발생한 교류전압을 직류전압으로 정류한다.

ⓒ 역류를 방지 : 배터리 전압이 발전기 내부로 역류
하는 것을 방지한다.

ⓓ 3상 AC발전기의 다이오드는 보통 6개이다.

※ 농기계(트랙터, 콤바인)용 전장품으로는 실리콘 다
이오드로 가장 많이 사용한다.

---

**10년간 자주 출제된 문제**

**11-1. 다음 중 교류발전기에서 발생한 교류전압을 직류전압으로 정류하는 데 사용되는 것은?**

① 슬립링            ② 다이오드
③ 계자릴레이       ④ 전류조정기

**11-2. 농기계의 AC발전기의 다이오드에 관한 내용으로 틀린 것은?**

① 교류를 정류한다.
② 역류를 방지한다.
③ 발전전압을 승압시킨다.
④ 3상 AC발전기의 다이오드는 보통 6개이다.

**11-3. 농기계(트랙터, 콤바인)용 전장품으로 사용되는 다이오드로 가장 많이 쓰이는 것은?**

① 알루미늄 다이오드
② 실리콘 다이오드
③ 셀렌 다이오드
④ 베이클라이트 다이오드

**11-4. 트랙터용 AC발전기에서 3상 전파정류에 사용되는 다이오드의 수는?**

① 1개             ② 3개
③ 4개             ④ 6개

**11-5. 교류발전기에서 전류가 발생하는 곳은?**

① 계자코일        ② 회전자
③ 정류자          ④ 고정자

**11-6. 코일의 반회전마다 전류의 방향을 바꾸는 장치는?**

① 브러시          ② 계 자
③ 정류자          ④ 전기자

**11-7. 브러시의 접촉이 불량할 때 가장 소손되기 쉬운 것은?**

① 계자코일        ② 볼 베어링
③ 전기자          ④ 정류자편

**11-8. 교류발전기의 장력이 부족하면?**

① 다이오드가 손상된다.
② 슬립링이 빨리 마모된다.
③ 전기자코일에 과전류가 흐른다.
④ 슬립링과 접촉이 불량해져 출력이 저하된다.

|해설|

**11-1**

**교류발전기와 직류발전기의 비교**

| 기능(역할) | 교류(AC)발전기 | 직류(DC)발전기 |
| --- | --- | --- |
| 전류발생 | 고정자(스테이터) | 전기자(아마추어) |
| 정류작용<br>(AC → DC) | 실리콘 다이오드 | 정류자, 브러시 |
| 역류방지 | 실리콘 다이오드 | 컷아웃릴레이 |
| 여자형성 | 로 터 | 계자코일, 계자철심 |
| 여자방식 | 타여자식(외부전원) | 자여자식(잔류자기) |

**11-4**

**3상 전파정류회로**
6개의 다이오드를 브리지 모양으로 연결하여 3상 교류발전기의 출력 단자에 접속한 것인데, 교류발전기는 이 방식으로 3상 교류를 정류하고 있다. 이 방식으로 정류된 전류는 맥동이 대단히 적은 직류이다.

**11-7**

브러시 : 정류자편 면에 접촉되어 전기자권선과 외부회로를 연결시켜 주는 부분
※ 정류자편(Commutator Segment) : 2개의 금속편

**정답** 11-1 ②   11-2 ③   11-3 ②   11-4 ④   11-5 ④   11-6 ③
                                                    11-7 ④   11-8 ④

## 제4절  점화장치

### 핵심이론 01 │ 점화플러그(1)

① 점화플러그에 요구되는 특징
- ㉠ 급격한 온도 변화에 견딜 것
- ㉡ 고온, 고압에 충분히 견딜 것
- ㉢ 고전압에 대한 충분한 절연성을 가질 것
- ㉣ 사용조건의 변화에 따르는 오손, 과열 및 소손 등에 견딜 것

② 점화 불량의 원인
- ㉠ 마그넷에 물이나 기름이 묻었을 때
- ㉡ 고압코드가 손상 또는 절단되었을 때
- ㉢ 점화플러그의 불꽃간격이 부적당할 때
- ㉣ 축전지가 불량할 때
- ㉤ 발전기의 절연상태가 불량할 때
- ㉥ 영구자석의 자력이 약할 때
- ※ 압축점화기관이 시동이 되지 않을 때 가장 먼저 점검해야 하는 것 : 연료량, 외부접속선, 축전지 방전 상태

③ 조기점화의 원인
- ㉠ 과열된 밸브
- ㉡ 점화플러그의 전극
- ㉢ 퇴적된 카본
- ㉣ 열형플러그 사용(고속기관)

① 점화플러그의 점검

　㉠ 점화플러그 시험방법 : 기밀시험, 불꽃시험, 절연시험

　　• 기밀시험은 15[kgf/cm$^2$] 기압이다.

　　• 점화플러그의 점검은 2,000~4,000[km] 주행 시 하고, 교환은 15,000~20,000[km] 주행 시 한다.

　㉡ 점화플러그의 간극 : 0.6~0.8[mm]

　㉢ 점화시기를 조정하는 목적 : 기관시동성, 연료소비, 엔진출력

　㉣ 점화플러그에서 불꽃이 튀지 않을 경우에 점검대상 : 스톱 버튼의 전기회로, 고압코드, 단속기 접점

② 점화시기 조정

　㉠ 점화시기를 조정하기 전에 단속기 접점 간극을 먼저 조정해야 한다.

　㉡ 단속기를 회전시켜 조정한다.

　㉢ 단속기 조합의 고정볼트를 풀고 조정한다.

　㉣ 점화시기가 늦으면 단속기 조합을 단속기 캠의 회전방향과 반대방향으로 회전시킨다.

　㉤ 점화시기가 빠르면 단속기 캠의 회전방향과 같은 방향으로 회전시켜 단속기 접점이 열리는 순간에 맞춘다.

　㉥ 'IG, M, I, 점등'이란 표시는 점화시기를 나타낸다.

　※ 점화시기를 점검할 때 사용되는 시험기 : 타이밍 라이트

---

**10년간 자주 출제된 문제**

**2-1. 다음 중 전기계통을 점검 및 정비할 때 필요하지 않은 부분은?**

① 점화코일　　　　　　② 리테이너
③ 콘덴서　　　　　　　④ 점화플러그

**2-2. 점화시기를 조정하는 목적과 관계없는 것은?**

① 기관시동성　　　　　② 압축압력
③ 연료소비　　　　　　④ 출 력

**2-3. 점화시기를 점검할 때 사용되는 시험기는?**

① 멀티테스터　　　　　② 압축압력계
③ 태코미터　　　　　　④ 타이밍 라이트

**2-4. 다음 중 점화플러그 시험에 속하지 않는 것은?**

① 기밀시험　　　　　　② 용량시험
③ 불꽃시험　　　　　　④ 절연시험

**2-5. 점화시기 조정에 대한 설명으로 잘못된 것은?**

① 점화시기를 조정하기 전에 단속기 접점 간극을 먼저 조정해야 한다.
② 단속기를 회전시켜 조정한다.
③ 고정 접점의 나사를 풀고 접점을 이동시켜 조정한다.
④ IG란 표시는 점화시기를 나타낸다.

**2-6. 다목적 관리기 점화플러그는 수시로 분해하여 전극 부위의 그을음을 청소하고, 간극을 점검하여야 한다. 다음 중 다목적 관리기의 점화플러그 간극으로 옳은 것은?**

① 0.01~0.02[mm]　　②0.1~0.2[mm]
③ 0.3~0.4[mm]　　　④ 0.6~0.8[mm]

**2-7. 가솔린기관에서 점화시기 조정과 관계없는 것은?**

① 기관의 회전속도　　　② 기관의 부하
③ 옥탄가　　　　　　　④ 세탄가

|해설|

**2-1**
리테이너는 변속기 출력축이 나오는 부분 등에 변속기오일이 새지 않도록 부착해 놓은 고무링으로 정식용어는 오일 실(Oil Seal) 또는 오링(O-ring)이다.

**2-3**
타이밍 라이트는 가솔린 차량 점화시기 점검용 라이트로 축전지 전원을 사용하며 1번 실린더의 점화시기를 측정한다.

**2-7**
세탄가는 디젤엔진 안에서의 경유의 발화성을 나타내는 수치이다.

정답 2-1 ② 　2-2 ② 　2-3 ④ 　2-4 ② 　2-5 ③ 　2-6 ④ 　2-7 ④

## 핵심이론 03 | 점화코일

① 코일(Inductor) : 도선을 나선형으로 감아 놓은 것 또는 그와 같은 부품을 말하며 단위는 헨리[H]를 사용한다.
② 전자유도작용 : 코일에 전류가 흘러 자속이 변하면 자속을 방해하려는 방향으로 유도기전력이 발생하는 작용이다.
　　※ 렌츠의 법칙(Lenz's Law) : 1834년 H. F. E. 렌츠가 발견한 전자기유도의 방향에 관한 법칙으로 전자유도작용에 의해 회로에 발생하는 유도전류는 항상 자속의 변화를 방해하는 방향으로 흐른다는 것이다.
③ 상호유도작용 : 두 코일을 가까이 하면 한쪽 코일의 전력을 다른 쪽 코일에 전달할 수 있다(예 변압기).
　　※ 점화코일의 기본원리 : 1차 코일에서는 자기유도작용, 2차 코일에서 상호유도작용을 이용한다.
④ 점화코일을 일명 유도코일이라고도 한다.
⑤ 가솔린기관에 사용되는 점화코일은 2개의 코일로 구성되어 있다.
⑥ 점화코일 내부에는 1차 코일과 2차 코일이 들어 있다. 한번에 1~2만 볼트씩 만들기가 어려우므로 1차 코일에서 수천볼트, 다시 2차 코일에서 수만볼트로 전압을 상승시켜 준다.
⑦ 점화코일을 시험할 때 점화코일의 알맞은 온도는 25[℃]이다.

**3-1. 점화코일의 기본원리는?**

① 자기유도와 상호유도작용
② 자기 발진작용
③ 전류 증폭작용
④ 전기적 발열작용

**3-2. 점화코일을 일명 무슨 코일이라고 부르는가?**

① 자기코일　　　　　② 유도코일
③ 자석코일　　　　　④ 철심코일

**3-3. 가솔린기관에 사용되는 점화코일은 몇 개의 코일로 구성되어 있는가?**

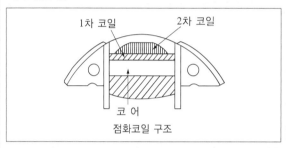

점화코일 구조

① 1개　　　　　② 2개
③ 3개　　　　　④ 4개

**3-4. 다실린더기관의 점화장치 중에서 순간적으로 10,000[V] 정도 이상의 높은 전압을 유기하는 것은?**

① 1차 코일　　　　　② 2차 코일
③ 콘덴서　　　　　④ 축전지

**3-5. 다음 중 점화코일을 시험할 때 점화코일의 알맞은 온도는?**

① 25[℃]　　　　　② 50[℃]
③ 80[℃]　　　　　④ 105[℃]

|해설|

3-1
1차 측에 교류를 연결하면 2차 측에 전기가 유도되어 전기가 나오나(상호유도작용) 직류를 연결하면 1차 측이 전자석이 되어 자기장을 만들기는 하나 2차 측에는 아무런 변화가 없다.

3-5
측정은 약 25[℃]인 상온에서 해야 한다.

**정답** 3-1 ① 3-2 ② 3-3 ② 3-4 ② 3-5 ①

① 단속기(Contact Breaker)의 개념

　㉠ 점화회로의 1차 회로를 단속하여 2차 회로에 고압을 유도하는 장치이다.

　㉡ 에너지 저장과 전압 변환을 위해 점화코일의 1차 회로를 기계적으로 개폐한다.

　㉢ 점화장치에 단속기를 두는 주된 이유는 전류가 직류이기 때문이다.

　　※ 직류를 교류로 만들어 주기 위해 단속기를 장착하여 회로를 개폐하는 것이다.

② 단속기 접점

　㉠ 접점 간극이 좁으면 점화시기가 늦어진다.

　㉡ 접점 간극이 규정보다 클 때 점화시기가 빨라진다.

　㉢ 접점 간극은 기관에 따라 다르나 대략 0.3~0.5[mm] 정도이다.

　㉣ 접점의 재질은 백금이나 텅스텐강이 적합하다.

　㉤ 접점이 개폐될 때 오존($O_3$)가스가 발생한다.

　㉥ 접점 간극을 측정하는 계기는 필러 게이지이다.

　㉦ 접점 간극은 조정볼트로 조정한다.

　※ 단속기 접점 간극별 발생현상

| 접점 간극이 작으면 | 접점 간극이 크면 |
| --- | --- |
| • 점화시기가 늦어진다.<br>• 1차 전류가 커진다.<br>• 점화코일이 발열한다.<br>• 접점이 소손된다. | • 점화시기가 빨라진다.<br>• 1차 전류가 작아진다.<br>• 고속에서 실화한다. |

　※ 점화진각기구 : 기관의 회전속도가 빨라짐에 따라 점화시기도 빠르게 맞추어 주는 작용을 하는 것

　• 원심식 진각기구

　　– 기관의 회전속도가 빨라지면 원심력에 의하여 원심추가 밖으로 벌어지고, 이 움직인 양만큼 단속기 접점의 열리는 시기가 빨라진다.

　　– 기관의 회전속도가 600~3,000[rpm] 내에서 작동하고, 진각량은 15~20°이며, 3,000[rpm] 이상에서는 거의 작동하지 않는다.

　• 진공식 진각기구

　　– 흡기매니폴드의 진공도에 따라 작동된다.

　　– 기관에 부하가 걸려 있을 때의 상태에 따라 진각을 한다.

　　– 기관의 회전속도가 1,000~1,500[rpm]까지는 민감하게 작동하고, 1,500~3,000[rpm] 사이는 약간 둔해지고, 3,000[rpm] 이상에서는 거의 작동하지 않는다.

---

**10년간 자주 출제된 문제**

**4-1. 농기계의 점화장치에 단속기를 두는 주된 이유는?**

① 캠각을 변화시켜 주기 위해서
② 점화코일의 과열을 방지하기 위하여
③ 점화 타이밍을 정확히 맞추기 위해서
④ 농기계에 사용하는 전류가 직류이기 때문에

**4-2. 콘덴서는 단속기 접점과 어떻게 연결되는가?**

① 병렬로 연결
② 직렬로 연결
③ 직병렬로 연결
④ 아무렇게나 연결해도 작용은 변함없다.

**4-3. 단속기 접점에 관한 설명이다. 틀린 것은?**

① 접점 간극이 좁으면 점화시기가 빨라진다.
② 접점의 재질은 백금이나 텅스텐강이 적합하다.
③ 접점이 개폐될 때 오존($O_3$)가스가 발생한다.
④ 접점 간극을 측정하는 계기는 필러 게이지이다.

**4-4. 단속기 접점 간극이 규정보다 클 때 옳은 것은?**

① 점화시기가 빨라진다.
② 캠각이 커진다.
③ 점화코일에 흐르는 1차 전류가 많아진다.
④ 점화시기가 늦어진다.

**4-5. 배전기 접점 간극에 대한 설명으로 잘못된 것은?**

① 접점 간극은 기관에 따라 다르나 대략 0.3~0.5[mm] 정도이다.
② 접점 간극이 너무 작으면 점화시기가 늦어진다.
③ 접점 간극의 크기는 점화시기와 관계가 없다.
④ 접점 간극이 너무 크면 점화시기가 빨라진다.

**4-6. 단속기 접점 간극 조정방법으로 가장 적합한 것은?**

① 조정볼트로 조정한다.
② 고정볼트로 조정한다.
③ 가동접점을 구부려 조정한다.
④ 단속기 케이스를 돌려 조정한다.

|해설|

**4-2**

콘덴서는 단속기 접점과 병렬로 연결되어 있다.

정답 4-1 ④ 4-2 ① 4-3 ① 4-4 ① 4-5 ③ 4-6 ①

## 핵심이론 05 │ 축전기(콘덴서)

① 축전기의 개념

 ㉠ 전기를 저장하는 장치로 콘덴서라고도 한다.

 ㉡ 내연기관의 전기점화방식에서 불꽃을 일으키는 1차 유도전류를 일시적으로 흡수·저장하는 장치이다.

 ※ 크랭킹하는 동안 농용 트랙터의 모든 전기장치의 전기에너지는 축전지로부터 공급된다.

② 기능(역할)

 ㉠ 1차 전류 차단시간을 단축하여 2차 전압을 높인다.

 ㉡ 접점 사이의 불꽃을 흡수하여 접점의 소손을 방지한다.

 ㉢ 접점이 닫혔을 때에는 접점이 열릴 때 흡수한 전하를 방출하여 1차 전류의 회복을 빠르게 한다.

 ㉣ 접점 사이에 불꽃방전을 방지한다.

 ㉤ 1차 회로의 단속 시 단속기 접점에 불꽃이 생기는 것을 방지하고, 2차 코일에 높은 전압을 공급한다.

③ 축전기용량

 ㉠ 용량이 규정보다 클 때

 • 진동접점이 소손한다.

 • 1차 코일 자기유도가 미흡하고, 2차 코일 전압이 약하다.

 ㉡ 용량이 규정보다 작을 때

 • 고정접점이 소손한다.

 • 2차 불꽃이 약해진다.

 ※ 콘덴서의 절연도를 측정할 수 있는 시험 : 누설시험

**5-1.** 내연기관의 전기점화 방식에서 불꽃을 일으키는 1차 유도 전류를 일시적으로 흡수·저장하는 역할을 하는 것은?

① 진각장치      ② 단속기
③ 배전자      ④ 콘덴서

**5-2.** 충전기식 점화장치에서 축전기(콘덴서)가 하는 역할로 틀린 것은?

① 불꽃방전을 일으켜 압축된 혼합기에 점화를 시킨다.
② 1차 전류 차단시간을 단축하여 2차 전압을 높인다.
③ 접점 사이의 불꽃을 흡수하여 접점의 소손을 방지한다.
④ 접점이 닫혔을 때에는 접점이 열릴 때 흡수한 전하를 방출하여 1차 전류의 회복을 빠르게 한다.

**5-3.** 다음 중 콘덴서의 역할에 대해서 틀린 것은?

① 접점 사이에 발생되는 불꽃을 흡수하여 접점이 소손되는 것을 방지한다.
② 1차 전류의 차단시간을 단축하여 2차 전압을 저하시킨다.
③ 접점이 닫혀 있을 때는 축적된 전하를 방출하여 1차 전류의 회복이 속히 이루어지도록 한다.
④ 접점 사이에 불꽃방전을 방지한다.

**5-4.** 1차 회로의 단속 시 단속기 접점에 불꽃이 생기는 것을 방지하고, 2차 코일에 높은 전압을 공급하는 것은?

① 점등코일      ② 점화코일
③ 콘덴서      ④ 플라이휠

|해설|

**5-2**
점화코일에서 유도된 고전압을 불꽃방전을 일으켜 압축된 혼합기에 점화시키는 것은 점화플러그이다.

**정답** 5-1 ④   5-2 ①   5-3 ②   5-4 ③

---

**제5절**   **등화장치**

**│핵심이론 01 │ 빛, 에너지**

① 광 도
    ㉠ 어떤 방향의 빛의 세기이다.
    ㉡ 1[cd]는 광원으로부터 1[m] 떨어진 1[m²]의 면에 1[lm]의 광속이 통과할 때, 그 방향의 빛의 세기이다.
    ㉢ 단위는 칸델라[cd]를 사용한다.
    ㉣ 기호는 보통 $I$를 사용한다.

② 조 도
    ㉠ 피조면의 밝기 정도를 나타낸다.
    ㉡ 단위면적당 입사광속이다.
    ㉢ 조도는 $E[\mathrm{lx}] = \dfrac{I[\mathrm{cd}]}{\text{거리}^2 [\mathrm{m}^2]}$ 으로 광원의 세기에 비례하고 거리의 제곱에 반비례한다.
    ㉣ 단위는 럭스[lx]를 사용한다.
    ㉤ 기호는 보통 $E$를 사용한다.

③ 광 속
    ㉠ 광원으로부터 나오는 빛의 다발이다.
    ㉡ 에너지 방사비율을 시간단위로 측정한다.
    ㉢ 광속의 시간 적분은 광량이다.
    ㉣ 단위는 루멘[lm]이다.
    ㉤ 기호는 $F$를 사용한다.

※ 측광 단위

| 구 분 | 정 의 | 기 호 | 단 위 |
|---|---|---|---|
| 조 도 | 단위면적당 빛의 도달 정도 | $E$ | [lx] |
| 광 도 | 빛의 강도 | $I$ | [cd] |
| 광 속 | 광원에 의해 초[sec]당 방출되는 가시광의 전체량 | $F$ | [lm] |
| 휘 도 | 어떤 방향으로부터 본 물체의 밝기 | $L$ | [cd/m²], [nt] |
| 램프 효율 | 소모하는 전기에너지가 빛으로 전환되는 효율성 | $h$ | [lm/W] |

**1-1. 다음 중 광속에 대한 설명으로 틀린 것은?**

① 에너지 방사비율을 시간단위로 측정한다.
② 단위는 루멘[lm]이다.
③ 광속의 시간 적분은 광도이다.
④ 기호는 $F$를 사용한다.

**1-2. 전조등에서 광도의 측정단위는?**

① [Wb]
② [dB]
③ [cd]
④ [kW]

**1-3. 조도에 대한 설명 중 틀린 것은?**

① 단위면적당 입사광속이다.
② 단위는 럭스[lx]를 사용한다.
③ 광원과의 거리에 비례한다.
④ 기호는 보통 $E$를 사용한다.

**1-4. 광원의 광도가 10[cd]인 경우 거리가 2[m] 떨어진 곳의 조도는 몇 [lx]인가?**

① 2.5
② 5
③ 20
④ 40

|해설|

**1-1**

광속의 시간 적분은 광량이다.

**1-4**

$$E = \frac{I}{r^2} = \frac{10}{2^2} = 2.5[\text{lx}]$$

정답 1-1 ③ 1-2 ③ 1-3 ③ 1-4 ①

---

**핵심이론 02 | 전조등(헤드라이트)**

① 전조등의 개념
 ㉠ 밤에 주행할 때 앞을 환하게 비추기 위해 설치된 전등
 ㉡ 전조등은 백색 또는 황색이어야 하며, 기계몸체 중심선을 기준으로 좌우대칭이어야 한다.
② 전조등에는 실드 빔형과 세미 실드 빔형이 있다.
 ㉠ 실드 빔
  • 1개의 전구(반사경, 렌즈, 필라멘트)가 일체형으로 되어 있다.
  • 수명이 길고 렌즈가 흐려지지 않으나 가격이 비싸다.
  • 사용에 따르는 광도의 변화가 적다.
  • 필라멘트가 끊어지면 전조등 전체를 교환해야 한다.
 ㉡ 세미 실드 빔
  • 반사경과 렌즈는 일체형이고, 필라멘트는 별개로 되어 있다.
  • 반사경이 흐려지기 쉽다.
  • 필라멘트가 끊어지면 전구만 교환한다.
③ 전조등 구성요소
 ㉠ 전조등 회로는 퓨즈, 라이트 스위치, 디머(Dimmer) 스위치 등으로 구성되어 있다.
 ㉡ 양쪽의 전조등은 하이 빔과 로 빔이 각각 병렬로 접속되어 있다.
 ㉢ 전조등 스위치는 2단으로 작동하며, 스위치를 움직이면 내부의 접점이 미끄럼 운동하여 전원과 접속하게 되어 있다.
 ㉣ 디머 스위치는 라이트 빔을 하이 빔과 로 빔으로 바꾸는 스위치이다.
④ 기타 주요사항
 ㉠ 조준받침 : 모든 유형의 전조등 빔을 조정할 때 사용된다.

ⓛ 농업용 트랙터에서 전기회로가 주로 접지되는 곳 : 프레임

ⓒ 농업용 트랙터 전조등에 주로 사용되는 전구 : 12[V], 25[W]

---

### 10년간 자주 출제된 문제

**2-1. 다음 중 전조등 전기회로의 주요구성이 아닌 것은?**

① 퓨 즈
② 전조등 스위치
③ 디머 스위치
④ 방향지시등 스위치

**2-2. 다음 중 헤드라이트(전조등)의 구성요소가 아닌 것은?**

① 반사경
② 로 및 하이 빔 필라멘트
③ 램프
④ 단속기

**2-3. 모든 유형의 전조등 빔을 조정할 때 사용되는 것은?**

① 연결가닥
② 조준받침
③ 필라멘트
④ 앵 커

**2-4. 다음 중 농업용 트랙터에서 전기회로가 주로 접지되는 곳은?**

① 프레임
② 엔 진
③ 뒤 차축
④ 발전기

**2-5. 다음 중 농업용 트랙터 전조등에 주로 사용되는 전구는?**

① 3[V], 12[W]
② 5[V], 15[W]
③ 12[V], 25[W]
④ 18[V], 60[W]

|해설|

**2-1**
전조등 회로는 퓨즈, 라이트 스위치, 디머 스위치(Dimmer Switch) 등으로 구성되어 있다.

**2-2**
전조등은 야간에 안전하게 주행하기 위해 전방을 조명하는 램프로서 렌즈, 반사경, 필라멘트의 3요소로 구성되어 있다.

정답 2-1 ④  2-2 ④  2-3 ②  2-4 ①  2-5 ③

---

## 핵심이론 03 | 후미등, 브레이크등, 방향지시등

① 후미등

ⓐ 후미등은 적색이어야 하며 기계몸체 중심선을 기준으로 좌우대칭이어야 한다.

ⓑ 후미등은 라이트 스위치에 의해 점멸된다.

② 브레이크등

ⓐ 제동등은 적색이어야 하며 다른 등화와 겸용하는 경우에는 그보다 광도가 높아야 한다.

ⓑ 브레이크등은 브레이크 스위치에 의해 점멸된다.

ⓒ 브레이크등은 주·야간 모두 점등되며, 후미등의 3배 이상의 광도를 가지고 있다.

ⓓ 브레이크등과 후미등은 각각 병렬로 접속되어 있다.

③ 방향지시등, 기타

ⓐ 방향지시등은 황색 또는 황색 계열이어야 하며 점멸하거나 광도가 증감하는 구조이어야 한다.

ⓑ 퓨즈에 과전류가 흐르면 연결부가 끊어진다.

ⓒ 퓨즈 블링크 : 과전류가 흐를 때 단선되도록 한 전선의 일종이다.

※ 등화장치의 종류

• 전조등 : 일몰 시(야간에) 안전주행을 위한 조명
• 안개등 : 안개 속에서 안전주행을 위한 조명
• 후진등 : 중장비가 후진할 때 점등되는 조명등
• 실내등 : 실내의 조명
• 계기등 : 야간에 계기판의 조명을 위한 등
• 방향지시등 : 차량의 좌·우회전을 표시
• 제동등 : 발로 브레이크를 걸고 있음을 표시
• 차고등 : 차의 높이를 표시
• 주차등 : 주차 중임을 표시
• 차폭등 : 차의 폭을 표시
• 미 등 : 차의 후면을 표시
• 번호등 : 번호판의 조명
• 유압등 : 유압이 규정 이하로 내려가면 점등
• 충전등 : 축전지가 충전되지 않으면 점등
• 연료등 : 연료가 규정 이하로 내려가면 점등

**3-1. 후미등 및 브레이크등에 관한 설명으로 틀린 것은?**

① 후미등은 라이트 스위치에 의해 점멸된다.
② 브레이크등은 브레이크 스위치에 의해 점멸된다.
③ 브레이크등은 주·야간 모두 점등되며, 후미등의 3배 이상의 광도를 가지고 있다.
④ 브레이크등과 후미등은 각각 직렬로 접속되어 있다.

**3-2. 퓨즈에 과전류가 흐르면 어떤 현상이 일어나는가?**

① 연결이 좋아진다.
② 연결이 나빠진다.
③ 연결부가 끊어진다.
④ 아무런 관계가 없다.

**3-3. 다음 중 퓨즈 블링크의 설명으로 옳은 것은?**

① 아주 미세한 전류가 흐르는 데 사용한다.
② 여러 개의 퓨즈를 한군데로 모아서 연결한 것이다.
③ 전류가 역류하는 것을 방지하는 것이다.
④ 과전류가 흐를 때 단선되도록 한 전선의 일종이다.

|해설|

**3-2**
퓨즈는 전기장치에 과전류가 흐를 때 끊어져서 전기를 차단하여 사고를 방지하는 부품이다.

**3-3**
퓨즈 블링크는 회로에 과전류가 흐를 때 녹아서 끊어지도록 제작된 작은 지름의 짧은 전선이다.

정답 3-1 ④ 3-2 ③ 3-3 ④

## 핵심이론 04 | 등화장치의 고장원인

① 전조등의 조도가 부족한 원인
　㉠ 전구의 설치 위치가 바르지 않았을 때
　㉡ 축전지의 방전
　㉢ 전구의 장기간 사용에 따른 열화
　㉣ 렌즈 안팎에 물방울이 부착되었을 경우
　㉤ 전조등 설치부 스프링의 피로
　㉥ 반사경이 흐려졌을 때
　㉦ 접지의 불량
　※ 야간운행 중 전조등이 점차로 어두워지는 주원인 :
　　축전지의 충전량이 부족한 경우

② 전조등의 불이 켜지지 않을 때 점검해야 할 사항
　㉠ 배선이 잘못 연결되어 있는지 점검
　㉡ 퓨즈의 절단 여부와 접속상태를 점검
　㉢ 회로배선 중 고열 부분에 접속되어 있는 부분이 있는지 점검
　㉣ 각 접속 부분에 녹이 슬었거나 진동으로 단자볼트가 풀려 있는지 점검

③ 좌우 방향지시등의 점멸이 느린 경우의 원인
　㉠ 전구의 용량이 규정용량보다 작을 경우
　　※ 전구의 용량이 규정보다 크면 점멸이 빨라진다.
　㉡ 축전지 용량이 저하되었을 때(방전)
　㉢ 플래시 유닛에 결함이 있을 경우
　㉣ 전구의 접지가 불량할 때
　㉤ 퓨즈와 배선의 접촉이 불량할 때

④ 좌우 방향지시등의 점멸횟수가 다르거나 한쪽만 작동될 때 원인
　㉠ 전구의 용량이 다를 때
　㉡ 접지가 불량할 때
　㉢ 전구 하나가 단선되었을 때

⑤ 전구의 수명
　㉠ 수명은 점등시간에 반비례한다.
　㉡ 필라멘트가 단선될 때까지의 시간이다.

ⓒ 필라멘트의 성질과 굵기에 영향을 받는다.

ⓔ 형광등은 백열전구에 비해 주위 온도의 영향을 받는다.

---

**10년간 자주 출제된 문제**

**4-1. 경운기의 야간운행 중 전조등이 점차로 어두워지는 경우의 주원인은?**

① 라이트 스위치의 작동이 원활하지 않고 접촉 불량인 경우
② 필라멘트가 단선되었거나 회로가 차단되는 경우
③ 전기 배선이나 퓨즈 홀더가 헐거운 경우
④ 축전지의 충전량이 부족한 경우

**4-2. 전조등의 조도가 부족한 원인으로 틀린 것은?**

① 접지의 불량
② 축전지의 방전
③ 굵은 배선 사용
④ 장기사용에 의한 전구의 열화

**4-3. 전조등의 불이 켜지지 않을 때 점검해야 할 사항이 아닌 것은?**

① 배선이 너무 길게 되어 있는지 점검
② 퓨즈의 절단 여부와 접속상태를 점검
③ 회로배선 중 고열 부분에 접속되어 있는 부분이 있는지 점검
④ 각 접속 부분에 녹이 슬었거나 진동으로 단자볼트가 풀려 있는지 점검

**4-4. 방향지시기 회로에서 지시등의 점멸이 느릴 때의 원인으로 틀린 것은?**

① 축전지가 방전되었다.
② 전구의 용량이 규정값보다 크다.
③ 전구의 접지가 불량하다.
④ 퓨즈와 배선의 접촉이 불량하다.

|해설|

**4-4**
전구의 용량이 규정값보다 작을 경우에 점멸이 느리다.

정답 4-1 ④  4-2 ③  4-3 ①  4-4 ②

---

**핵심이론 01 | 전기계기의 종류**

① 측정계기의 종류

ⓐ 전류테스터 : 전류량 측정

ⓑ 저항측정기 : 저항값 측정

ⓒ 메가테스터 : 절연저항 측정(절연저항의 단위는 $[M\Omega]$)

ⓓ 멀티테스터 : 전압 및 저항 측정

ⓔ 오실로스코프 : 시간에 따른 입력전압의 변화를 화면에 출력하는 장치

ⓕ 태코미터(회전속도계) : 고속으로 회전하는 물체의 순간회전속도 측정

ⓖ 램프시험기 : 통전시험, 배선, 퓨즈 등의 단선 유무를 검사

② 전기 측정용 계기의 특징

ⓐ 아날로그형, 디지털형으로 구분된다.

ⓑ 계기는 직류용, 교류용, 직류·교류 겸용으로 구분된다.

ⓒ 수직형, 수평형, 경사형은 사용 위치에 주의한다.

ⓓ 계기의 정밀도에는 급수가 있다.

ⓔ 고전압 측정 시에는 고전압 전용 측정계기를 이용하여 측정한다.

ⓕ 직류를 측정할 때는 (+), (−)의 극성에 주의한다.

ⓖ 전류계는 저항부하에 대하여 직렬접속한다.

ⓗ 계기 사용 시는 최대 측정범위를 초과해서 사용하지 말아야 한다.

ⓘ 축전지 전원 결선 시는 합선되지 않도록 유의해야 한다.

ⓙ 절연된 전극이 접지되지 않도록 하여야 한다.

※ 분류기 : 전류계의 측정범위를 넓히고자 전류계에 병렬로 접속하는 일종의 저항기

※ 배율기 : 전압계의 측정범위를 넓히고자 전압계에 직렬로 연결하는 저항기

**1-1. 전압계를 사용하는 방법에 대한 설명으로 잘못된 것은?**

① 직류전압 측정 시 전압계의 (+)단자와 (−)단자의 극성을 정확히 연결한다.

② 전압계의 다이얼을 낮은 전압 위치에 놓고 측정한 후 점차 높은 전압 위치에 놓는다.

③ 측정하고자 하는 부하와 병렬로 연결한다.

④ 측정범위에 알맞은 전압계를 선택한다.

**1-2. 다음 중 전기 측정용 계기의 설명 중 잘못된 것은?**

① 계기는 직류용, 교류용, 직류·교류 겸용으로 구분된다.

② 아날로그형, 디지털형으로 구분된다.

③ 계기의 정밀도에는 급수가 있다.

④ 고전압은 분류기를 이용하여 측정한다.

**1-3. 다음 중 전기 지시형 계기를 사용하는 경우 사용방법이 올바른 것은?**

① 일반적으로 위치에 대한 오차는 크게 문제가 되지 않는다.

② 수직형, 수평형, 경사형은 사용 위치에 주의한다.

③ 눈금판의 계기의 자세는 편의대로 사용한다.

④ 플러그가 없어도 직접 교류 전원에 연결할 수 있다.

**1-4. 다음 중 램프시험기로 측정할 수 있는 시험은?**

① 전압측정 시험      ② 전류측정 시험

③ 통전 시험      ④ 절연 시험

|해설|

**1-1**

만일 측정하려는 전압의 크기 정도를 알지 못할 경우 가장 큰 눈금위치로 돌려 놓는다.

**1-2**

고전압 측정 시에는 고전압 전용 측정계기를 이용하여 측정한다.

**정답** 1-1 ②   1-2 ④   1-3 ②   1-4 ③

---

**핵심이론 02 │ 회로시험기(멀티테스터)**

① 회로시험기의 개념

ㄱ 회로시험기는 저항(통전 및 절연 시험 포함), 직류전류, 전압(직류, 교류), 인덕턴스, 콘덴서, 전압비[dB] 등을 측정한다.

ㄴ 눈금판, 지침, 0[Ω], 조정기, 전환스위치, 측정단자, 리드선 등으로 구성되었다.

ㄷ 전환스위치 둘레에는 저항, 전류, 직류전압, 교류전압 등의 측정범위가 표시되어 있다.

ㄹ 디지털형 회로시험기와 아날로그형 회로시험기가 있다.

※ 측정값의 오차 = 측정값 − 참값

② 회로시험기의 측정범위

| 종 류 | 측정범위 |
|---|---|
| DC V | • 1-2.5-10-50-250-500-1,000[V]<br>• 내부저항 : 2.5[V] 이하 10[kΩ/V], 10[V] 이상 4[kΩ/V]) |
| AC V | 10-50-250-1,000[V](내부저항 : 4[kΩ/V]) |
| DC A | 0.1-2.5-25-250[mA] |
| OHMS | R-100, R-1,000, R-10,000[Ω] |
| $\mu$F 또는 H | 0.001~0.3[$\mu$F], 20~1,000[H](AC V 10[V] 범위) |
| dB | −10~+22[dBm] |

**2-1. 다음 중 회로시험기(테스터)로 측정할 수 없는 것은?**

① 직류 전류[A]      ② 직류 전압[V]

③ 저항[Ω]      ④ 전력[W]

**2-2. 다음 중 측정값의 오차를 나타내는 것은?**

① 측정값 + 참값      ② 측정값 − 참값

③ 보정률 + 참값      ④ 보정률 − 참값

**정답** 2-1 ④   2-2 ②

① 디지털형 회로시험기

    ㉠ 아날로그, 디지털 겸용도 있다.

    ㉡ 개인 측정 오차의 범위가 좁다.

    ㉢ 측정값은 숫자값으로 표시된다.

    ㉣ 비교기, 발진기, 증폭기 등으로 구성된다.

② 아날로그형 회로시험기의 사용법

    ㉠ 저항, 직류 전압, 전류 및 교류 전원을 측정할 수 있다.

    ㉡ 트랜지스터, 다이오드의 절연저항을 측정할 수 있다.

    ㉢ L과 C값을 측정할 수 있다.

    ㉣ 직류 측정 시 (+), (−) 단자의 극성에 유의한다.

    ㉤ 측정 단자의 흑색 리드를 (−)에 접속하고, 적색 리드를 이용하여 측정한다.

    ㉥ 계기 눈금 최댓값은 250[V]이다.

    ㉦ 2[V] 이하의 전압도 측정할 수 있다.

③ 아날로그형 회로시험기로 직류 전류 측정법

    ㉠ 전압 측정과는 달리 직렬접속한다.

    ㉡ 회로상의 측정은 시험점을 끊고 측정한다.

    ㉢ 적색 리드를 (+), 흑색 리드는 (−)에 접속한다.

    ㉣ 측정 전류의 크기에 따라 측정 레인지(렌지)를 변화시킬 필요가 있다.

### 10년간 자주 출제된 문제

**3-1. 디지털 회로시험기의 설명으로 틀린 것은?**

① 아날로그, 디지털 겸용도 있다.

② 개인 측정 오차의 범위가 넓다.

③ 측정값은 숫자값으로 표시된다.

④ 비교기, 발진기, 증폭기 등으로 구성된다.

**3-2. 아날로그형 회로시험기의 사용법 설명 중 잘못된 것은?**

① 저항, 직류 전압, 전류 및 교류 전원을 측정할 수 있다.

② 트랜지스터, 다이오드의 절연저항을 측정할 수 있다.

③ L과 C값은 측정할 수 없다.

④ 직류 측정 시 (+), (−) 단자의 극성에 유의한다.

**3-3. 일반적인 아날로그 회로시험기로 직류 전압을 측정할 경우의 설명으로 옳은 것은?**

① 측정 단자의 흑색 리드를 (+)에 접속한다.

② 측정 단자의 흑색 리드를 (−)에 접속하고, 적색 리드를 이용하여 측정한다.

③ 계기 눈금 최댓값은 50[V]이다.

④ 2[V] 이하의 전압은 측정할 수 없다.

**3-4. 아날로그형 회로시험기로 직류 전류를 측정하는 경우이다. 틀린 것은?**

① 전압 측정과는 달리 직렬접속한다.

② 회로상의 측정은 시험점을 끊고 측정한다.

③ 적색 리드를 (+), 흑색 리드는 (−)에 접속한다.

④ 측정 전류의 크기에 따라 측정 레인지를 변화시킬 필요가 없다.

│해설│

**3-1**

**디지털 회로시험기** : 측정하는 전기량을 숫자로 표시하여 쉽게 측정할 수 있다.

**3-2**

회로시험기(Multimeter 또는 Multi Tester)는 기본적으로 전압, 전류, 저항의 측정 기능을 제공하며 일부 제품들은 추가로 오실로스코프 기능이나 L, C값을 측정하는 기능 등을 포함한 멀티미터를 판매한다.

**3-3**

① 회로 시험기의 적색 리드는 (+) 단자에, 흑색 리드는 (−) 단자에 연결한다.

③ 계기 눈금 최댓값은 250[V]이다.

④ 2[V] 이하의 전압도 측정할 수 있다.

**3-4**

아날로그 및 디지털 멀티테스터를 사용하여 전류를 측정하고자 할 때에는 측정 레인지를 DC [mA]나 DC [A]로 선택하여야 한다.

**정답** 3-1 ②   3-2 ③   3-3 ②   3-4 ④

① 전압계를 사용하는 방법

  ㉠ 측정범위에 알맞은 전압계를 선택한다.

  ㉡ 전환스위치를 직류 또는 교류전압의 측정범위에 놓는다.

  ㉢ 측정하고자 하는 저항부하와 병렬로 연결한다.

  ㉣ 직류전압 측정 시 전압계의 (+) 단자와 (−) 단자의 극성을 정확히 연결한다.

  ㉤ 측정범위를 예상할 수 없을 경우에는 가장 큰 측정범위에 전환스위치를 놓는다.

  ㉥ 직류 : (+)쪽에는 적색리드선을 대고, (−)쪽에는 흑색 리드선을 댄 후 눈금판에서 눈금을 읽는다.

  ㉦ 교류 : 측정하려는 교류전압의 양단자에 리드선을 대고 읽는다.

② 전류와 관련된 법칙

  ㉠ 비오−사바르의 법칙

    • 전류에 의한 자장의 세기를 결정한다.

    • 전류에 의해 발생되는 자장의 크기는 전류의 크기와 전류가 흐르고 있는 도체와 고찰하려는 점까지의 거리에 의해 결정된다. 이러한 관계를 비오−사바르의 법칙이라 한다.

    $$\Delta H = \frac{I \cdot \Delta l}{4\pi r^2} \cdot \sin\theta \, [\text{A/m}]$$

  ㉡ 줄의 법칙

    • 전류의 발열작용과 관계가 있다.

    • 전류에 의해서 매초 발생하는 열량은 전류의 제곱과 저항의 곱에 비례한다.

    $$H = 0.24 I^2 Rt \, [\text{cal}]$$

---

**4-1. 전압계를 사용하는 방법에 대한 설명으로 잘못된 것은?**

① 직류전압 측정 시 전압계의 (+) 단자와 (−) 단자의 극성을 정확히 연결한다.

② 전압계의 다이얼을 낮은 전압 위치에 놓고 측정 후 점차 높은 전압 위치에 놓는다.

③ 측정하고자 하는 부하와 병렬로 연결한다.

④ 측정범위에 알맞은 전압계를 선택한다.

**4-2. 전압계와 전류계에 대한 설명으로 틀린 것은?**

① 직류를 측정할 때는 (+), (−)의 극성에 주의한다.

② 전압계는 저항부하에 대하여 병렬 접속한다.

③ 전류계는 저항부하에 대하여 직렬 접속한다.

④ 전압계와 전류계 모두 저항부하에 대하여 직렬 접속한다.

**4-3. 비오−사바르의 법칙은 어떤 관계를 나타낸 것인가?**

① 전위와 전장의 세기

② 전류와 자장의 세기

③ 기전력과 자속의 밀도

④ 전류와 자속의 기전력

**4-4. 전류의 발열작용과 관계가 있는 것은 어느 것인가?**

① 옴의 법칙

② 키르히호프의 법칙

③ 줄의 법칙

④ 플레밍의 법칙

| 해설 |

**4-1**

만일 측정하려는 전압의 크기 정도를 알지 못할 경우 가장 큰 눈금위치로 돌려 놓는다.

**4-2**

전류계는 측정하고자 하는 저항이나 부하와 직렬로 연결하고, 전압계는 측정하고자 하는 저항이나 부하의 양단에 병렬로 연결한다.

**정답** 4-1 ② 4-2 ④ 4-3 ② 4-4 ③

## 제1절 안전기준

### 핵심이론 01 안전관리의 정의 및 목적

① 안전관리의 정의
- ㉠ 산업현장에서 각종 재해로부터 인간의 생명과 재산을 보호하기 위한 계획적이고, 체계적인 제반활동을 말한다.
- ㉡ 안전관리는 통제, 재해예방, 사고방지, 공정관리, 안전사고, 안전표지, 시공관리, 기계의 자동화 등이 관계가 있다.

② 안전관리의 목적
- ㉠ 인도주의가 바탕이 된 인간존중(안전제일 이념)
- ㉡ 기업의 경제적 손실 예방(재해로 인한 인적 및 재산적 손실의 예방)
- ㉢ 생산성 및 품질의 향상(안전태도 개선 및 안전동기 부여)
- ㉣ 대외여론 개선으로 신뢰성 향상(노사협력의 경영태세 완성)
- ㉤ 사회복지의 증진(경제성의 향상)

③ 안전준수의 이점
- ㉠ 직장(기업)의 신뢰도를 높여 준다.
- ㉡ 기업의 이직률이 감소된다.
- ㉢ 고유기술이 축적되어 품질이 향상되고 생산 효율을 높인다.
- ㉣ 상하 동료 간 인간관계가 개선된다.
- ㉤ 회사 내 규율과 안전수칙이 준수되어 질서유지가 실현된다.
- ㉥ 기업의 투자 경비를 절감(재산보호)할 수 있다.
- ㉦ 인간의 생명을 보호한다.

**1-1.** 재해로부터 인간의 생명과 재산을 보호하기 위한 계획적이고, 체계적인 제반활동을 무엇이라고 하는가?
① 안전사고율
② 안전표지
③ 안전사고
④ 안전관리

**1-2.** 다음 중 안전관리의 목적으로 거리가 먼 것은?
① 생산성을 향상시킨다.
② 경제성을 향상시킨다.
③ 기업 경비가 증가된다.
④ 사회복지를 증진시킨다.

**1-3.** 안전관리의 기본이념은 인명존중에 있으며, 안전관리목적을 실현시키는 것이다. 이에 해당되지 않는 것은?
① 사회복지의 증진
② 인적 재산손실 예방
③ 작업환경 개선
④ 경제성의 향상

**1-4.** 안전에 대한 관심과 이해가 인식되고 유지됨으로써 얻을 수 있는 이점이 아닌 것은?
① 기업의 신뢰도를 높여 준다.
② 기업의 이직률이 감소된다.
③ 고유기술이 축적되어 품질이 향상된다.
④ 기업의 투자 경비를 확대해 나갈 수 있다.

**1-5.** 작업장에서 안전수칙을 준수하여 얻을 수 있는 것 중 틀린 것은?
① 인간의 생명을 보호한다.
② 기업의 경비를 절감시킨다.
③ 기업의 재산을 보호한다.
④ 천인율을 증가시킨다.

정답 1-1 ④ 1-2 ③ 1-3 ③ 1-4 ④ 1-5 ④

① 산업안전 일반

   ㉠ 안전제일에서 가장 먼저 선행되어야 할 이념 : 인명존중

   ㉡ 안전수칙 : 산업안전에서 근로자가 안전하게 작업을 할 수 있는 세부 작업행동지침

   ㉢ 안전관리의 가장 중요한 업무 : 사고발생 가능성의 제거

   ㉣ 산업재해 : 생산활동 중 신체장애와 유해물질에 의한 중독 등으로 작업성 질환에 걸려 나타나는 장애

   ㉤ 산업안전의 의미 : 사고, 위험이 없는 상태, 직업병이 발생되지 않는 것을 말한다.

   ㉥ 산업안전을 통한 기대효과 : 근로자와 기업의 발전 도모

② 산업안전보건상 근로자의 의무사항

   ㉠ 위험상황 발생 시 작업 중지 및 대피

   ㉡ 보호구 착용

   ㉢ 안전규칙의 준수

---

## 10년간 자주 출제된 문제

**2-1. 산업안전 업무의 중요성과 가장 거리가 먼 것은?**

① 기업경영의 이득에 이바지한다.
② 경비를 절약할 수 있다.
③ 생산작업능률을 향상시킨다.
④ 작업자의 안전에는 큰 영향이 없다.

**2-2. 안전작업의 중요성으로 가장 거리가 먼 것은?**

① 위험으로부터 보호되어 재해방지
② 작업의 능률 저하방지
③ 동료나 시설 장비의 재해방지
④ 관리자나 사용자의 재산보호

**2-3. 안전작업이 필요한 가장 큰 이유는?**

① 공구관리 철저
② 다량생산
③ 좋은 제품을 생산
④ 인명피해 예방

**2-4. 안전작업이 필요한 이유에 해당되지 않는 것은?**

① 인명피해를 예방할 수 있다.
② 생산품 불량이 감소될 수 있다.
③ 산업설비의 손실을 감소할 수 있다.
④ 생산재의 손실이 증가할 수 있다.

**2-5. 다음 중 안전관리의 3단계에 속하지 않는 것은?**

① 계 획        ② 실 시
③ 보 상        ④ 평 가

**2-6. 다음 중 재해조사의 주된 목적은?**

① 벌을 주기 위해
② 예산을 증액시키기 위해
③ 인원을 충원하기 위해
④ 같은 종류의 사고가 반복되지 않도록 하기 위해

정답 2-1 ④  2-2 ④  2-3 ④  2-4 ④  2-5 ③  2-6 ④

① 기계의 안전사고 요인

ㄱ 인적 요인 : 운전자 부주의, 운전미숙, 교통법규 미준수 등

ㄴ 기계적 요인 : 기계 자체가 갖추어야 할 최소한의 구조·규격 및 성능의 결함

ㄷ 환경적 요인 : 소음, 진동, 안전표시 및 게시판 미비, 급경사, 좁은 도로 등

② 재해발생의 기본원인(4M)

ㄱ 인적 요인(Man Factor)

- 심리적 원인 : 망각, 고민, 집착, 착오, 억측판단, 생략행위

- 생리적 원인 : 피로, 수면부족, 음주, 고령, 신체기능 저하

- 직장 내 원인 : 직장의 인간관계, 리더십 부족, 대화부족, 팀워크 결여

ㄴ 설비적 요인(Machine Factor)

- 기계설비의 설계상 결함(안전개념 미흡)

- 방호장치의 불량(인간공학적 배려 부족)

- 표준화 미흡

- 정비·점검 미흡

ㄷ 작업적 요인(Media Factor)

- 작업정보의 부적절

- 작업자세, 작업방법의 부적절, 작업동작의 결함

- 작업공간 부족, 작업환경 부적합

ㄹ 관리적 요인(Management Factor)

- 관리 조직의 결함

- 규정, 매뉴얼 미비치·불철저

- 교육·훈련 부족

- 적성배치 불충분, 건강관리의 불량

- 부하 직원에 대한 지도·감독 결여

③ 사고발생이 많이 일어날 수 있는 원인에 대한 순서 : 불안전행위 > 불안전조건 > 불가항력

④ 사고의 직접원인

| 불안전한 상태(물적원인) | 불안전한 행동(인적원인) |
| --- | --- |
| • 물 자체 결함<br>• 안전방호장치 결함<br>• 복장, 보호구의 결함<br>• 물의 배치, 작업장소 결함<br>• 작업환경의 결함<br>• 생산공정의 결함<br>• 경계표시, 설비의 결함 | • 위험장소 접근<br>• 안전장치의 기능 제거<br>• 복장, 보호구의 잘못 사용<br>• 기계기구 잘못 사용<br>• 운전 중인 기계장치의 손질<br>• 불안전한 속도 조작<br>• 위험물 취급 부주의<br>• 불안전한 상태 방치<br>• 불안전한 자세 동작<br>• 감독 및 연락 불충분 |

⑤ 간접원인

ㄱ 교육적·기술적 원인(개인적 결함)

ㄴ 관리적 원인(사회적 환경, 유전적 요인)

⑥ 재해의 복합발생 요인

ㄱ 환경의 결함 : 환기, 조명, 온도, 습도, 소음 및 진동

ㄴ 시설의 결함 : 구조불량, 강도불량, 노화, 정비불량, 방호미비

ㄷ 사람의 결함 : 지시부족, 지도무시, 미숙련, 과로, 태만

---

**10년간 자주 출제된 문제**

**3-1. 사고의 직접원인으로 가장 적합한 것은?**

① 유전적인 요소　　　　② 성격 결함
③ 사회적 환경요인　　　④ 불안전한 행동 및 상태

**3-2. 산업재해의 직접원인 설명 중 옳지 않은 것은?**

① 산업재해 물적 요인은 불안전한 조명, 불안전한 환경, 방호장치의 결함 등이 있다.
② 재해의 간접원인에는 기술적, 교육적, 신체적 원인이 있다.
③ 사고를 많이 발생시키는 원인은 불안전행위 > 불가항력 > 불안전조건 순서이다.
④ 산업재해의 직접원인 중 인적 불안전행위에는 작업복의 부적당, 작업태도 불안전, 위험한 장소의 출입 등이 있다.

**3-3.** 다음 설명 중 재해의 특징이 아닌 것은?

① 모든 재해는 사전에 방지할 수 있다.
② 모든 재해의 발생에는 원인이 존재한다.
③ 모든 재해는 대책 선정이 가능하다.
④ 모든 재해는 인적·물적 손상이 반드시 동시에 일어난다.

**3-4.** 농업기계의 안전사고 요인이 아닌 것은?

① 기계적 요소 　　　　② 환경적 요소
③ 미적 요소 　　　　　④ 인적 요소

**3-5.** 소음, 진동, 안전표시 및 게시판 미비로 인하여 일어나는 농기계 안전사고의 요인은?

① 인간적 요인 　　　　② 기계적 요인
③ 환경적 요인 　　　　④ 인간적·기계적 요인

**3-6.** 다음 중 사고 및 재해에 있어 가장 큰 원인이 되는 것은?

① 천재지변 　　　　　② 작업자의 부주의
③ 안전교육의 부재 　　④ 장비 및 공구의 방치

**3-7.** 재해원인에 대한 분류 중 직접원인에 해당하는 것은?

① 기술적 원인 　　　　② 교육적 원인
③ 인적 원인 　　　　　④ 관리적 원인

**3-8.** 다음 중 불안전한 상태에 해당하지 않는 것은?

① 작업장 환기 불량 　　② 안전장치 해체
③ 위험한 물질의 방치 　④ 기계의 정비 불량

**3-9.** 산업재해는 직접원인과 간접원인으로 구분되는데, 다음 중 직접원인 중 인적 불안전 행위가 아닌 것은?

① 부적당한 속도로 장치를 운전
② 가동 중인 장치 정비
③ 보강 보호구 미착용
④ 기계공구 결함

**3-10.** 산업재해가 발생되는 직접원인은 불안전 상태와 불안전 행동으로 크게 나눈다. 다음 중에서 불안전한 행동에 해당되지 않는 것은?

① 위험장소 접근
② 보호구의 잘못된 사용
③ 안전보호장치의 결함
④ 기계기구의 잘못 사용

**3-11.** 사고의 요인 중 인간의 결함으로 일어나는 것은?

① 설계상의 결함 　　　② 공작상의 결함
③ 인성의 결함 　　　　④ 지나친 소음

**3-12.** 재해의 원인별 분류에서 인적 원인에 해당되는 것은?

① 빈약한 정비
② 작업장소의 밀집
③ 부적당한 속도로 장치를 운전
④ 지나친 소음

**3-13.** 안전사고가 발생하는 요인으로서 다음과 같은 것을 들 수 있다. 이 중 심리적 요인으로 생각되는 것은?

① 신경계통의 이상 　　② 감 정
③ 극도의 피로감 　　　④ 육체적 능력의 효과

|해설|

**3-3**
재해란 사고의 결과로서 발생한 현상이고, 사고란 정상이 아닌 위험한 사건을 의미한다.
※ 재해예방대책 4원칙
　• 예방가능의 원칙 : 천재지변을 제외한 모든 인재는 예방이 가능하다.
　• 손실우연의 원칙 : 사고의 결과로 생긴 손실의 유무 또는 손실의 대소는 사고 당시의 조건에 따라 우연적으로 발생한다.
　• 원인연계의 원칙 : 사고에는 반드시 원인이 있고 원인은 대부분 복합적 연계원인이다.
　• 대책선정의 원칙 : 사고의 원인이나 불안전 요소가 발견되면 반드시 대책을 선정·실시되어야 한다.

**3-9**
기계공구 결함은 불안전 상태(물적 원인)에 속한다.

**3-10**
안전보호장치의 결함은 불안전 상태(물적 원인)에 속한다.

**정답** 3-1 ④　3-2 ③　3-3 ④　3-4 ③　3-5 ③　3-6 ②　3-7 ③　3-8 ②
　　　　3-9 ④　3-10 ③　3-11 ③　3-12 ③　3-13 ②

① 주요 용어정리

　　㉠ 재해란 안전사고의 결과로 일어난 인명과 재산의 손실을 말한다.

　　㉡ 안전관리란 재해로부터 인간의 생명과 재산을 보호하기 위한 계획적이고 체계적인 활동을 말한다.

　　㉢ 사상(私傷)이란 어느 특정인에게 주는 피해 중에서 기관이나 타인과의 계약에 의하지 않고 자신의 업무수행 중에 입은 상해로서 의료 및 그밖에 보상을 청구할 수 없는 상해이다.

　　㉣ 안전사고란 고의성 없는 불안전한 행동이나 조건이 선행되어 일을 저해하거나 능률을 저하시키며 직간접적으로 인명이나 재산의 손실을 가져올 수 있는 사고이다.

② 재해형태별 분류

　　㉠ 전도 : 사람이 평면상으로 넘어졌을 때를 말한다.

　　㉡ 협착 : 물건에 끼워진 상태, 말려든 상태

　　㉢ 추락 : 높은 곳에서 떨어지거나 계단 등에서 굴러 떨어지는 경우

　　㉣ 충돌 : 사람이 정지물에 부딪친 경우

　　㉤ 낙하 : 떨어지는 물체에 맞는 경우

　　㉥ 비래 : 날아온 물체에 맞는 경우

　　㉦ 붕괴, 도괴 : 적재물, 비계, 건축물이 무너지는 경우

　　㉧ 절단 : 장치, 구조물 등이 잘려 분리되는 경우

　　㉨ 과다동작 : 무거운 물건 들기, 몸을 비틀어 작업하는 경우

　　㉩ 감전 : 전기에 접촉하거나 방전 때문에 충격을 받는 경우

　　㉪ 폭발 : 압력이 갑자기 증대하거나 개방되어 폭음을 일으키며 터지는 경우

　　㉫ 파열 : 용기나 방비가 외력에 부서지는 경우

　　㉬ 화재 : 불이 난 경우

**4-1. 다음 용어에 관한 설명 중 틀린 것은?**

① 재해란 안전사고의 결과로 일어난 인명과 재산의 손실을 말한다.
② 안전관리란 재해로부터 인간의 생명과 재산을 보호하기 위한 계획적이고 체계적인 활동을 말한다.
③ 사상(私傷)이란 어느 특정인에게 주는 피해 중에서 과실이나 타인과의 계약에 의하여 업무수행 중 입은 상해이다.
④ 안전사고란 고의성 없는 불안전한 행동이나 조건이 선행되어 일을 저해하거나 능률을 저하시키며 직간접적으로 인명이나 재산의 손실을 가져올 수 있는 사고이다.

**4-2. 사고의 종류에 대한 설명 중 틀린 것은?**

① 충돌현상 : 사람이 정지물에 부딪힌 경우
② 추락현상 : 사람이 건축물, 기계 등에서 떨어지는 경우
③ 협착현상 : 사람이 미끄러짐에 의해 넘어지는 경우
④ 폭발현상 : 압력의 급격한 발생 또는 개방으로 폭음을 수반한 팽창이 일어난 경우

**4-3. 다음 상해의 발생형태 중 사람이 평면상으로 넘어지는 것을 무엇이라고 하는가?**

① 추 락　　　　　　② 전 도
③ 비 래　　　　　　④ 붕 괴

정답 4-1 ③　4-2 ③　4-3 ②

① 사고와 부상의 종류

  ㉠ 중상해 : 부상으로 인하여 2주 이상의 노동손실을 가져온 상해 정도

  ㉡ 경상해 : 부상으로 인하여 1일 이상 14일 미만의 노동손실을 가져온 상해 정도

  ㉢ 경미상해 : 부상으로 8시간 이하의 휴무 또는 작업에 종사하면서 치료를 받는 상해 정도

② 산업재해의 통상적인 분류 중 통계적 분류

  ㉠ 사망 : 업무로 인해서 목숨을 잃게 되는 경우

  ㉡ 중상해 : 부상으로 인하여 2주 이상의 노동상실을 가져온 상해 정도

  ㉢ 경상해 : 부상으로 1일 이상 7일 이하의 노동상실을 가져온 상해 정도

  ㉣ 무상해 사고 : 응급처치 이하의 상처로 작업에 종사하면서 치료를 받는 상해 정도

③ ILO의 근로 불능 상해의 종류

  ㉠ 사망 : 안전사고로 사망하거나 혹은 입은 사고의 결과로 생명을 잃는 것

  ㉡ 영구 전노동 불능 상해 : 부상 결과로 노동기능을 완전히 상실한 상해 정도(신체장애등급 1~3급에 해당)

  ㉢ 영구 일부 노동 불능 상해 : 부상의 결과로 신체의 일부가 영구적으로 노동기능을 상실한 상해 정도(신체장애등급 4~14급에 해당)

  ㉣ 일시 전노동 불능 상해 : 의사의 진단으로 일정 기간 정규노동에 종사할 수 없는 상해 정도(완치 후 노동력 회복)

  ㉤ 일시 일부 노동 불능 상해 : 의사의 진단으로 일정 기간 정규노동에 종사할 수 없으나 휴무상태가 아닌 일시 가벼운 노동에 종사할 수 있는 상해 정도

  ㉥ 응급 조치 상해 : 응급처치 또는 자가치료(1일 미만)를 받고 정상작업에 임할 수 있는 상해 정도

---

**10년간 자주 출제된 문제**

부상으로 인하여 1~14일 미만의 노동손실을 초래한 상태를 무엇이라고 하는가?

① 중상해      ② 경상해

③ 경미상해      ④ 초경미상해

정답 ②

① 강도율 : 연간 총근로시간에서 1,000시간당 근로손실 일수를 말한다.

$$강도율 = \frac{근로손실일수}{연간\ 총근로시간} \times 1,000$$

② 도수율 : 연간 총근로시간에서 100만 시간당 재해발생 건수를 말한다.

$$도수율 = \frac{재해발생건수}{연간\ 총근로시간} \times 1,000,000$$

③ 연천인율 : 근로자 1,000명을 기준으로 한 재해발생건 수의 비율이다.

$$연천인율 = \frac{연간\ 재해자수}{연평균근로자수} \times 1,000$$

---

**10년간 자주 출제된 문제**

**6-1.** 산업재해로 인한 작업능력의 손실을 나타내는 척도를 무 엇이라 하는가?

① 연천인율        ② 강도율
③ 천인율         ④ 도수율

**6-2.** 근로시간 1,000시간당의 재해로 인하여 손실된 노동 손 실 일수를 나타낸 것은?

① 천인율         ② 도수율
③ 강도율         ④ 연천인율

**6-3.** 다음 중 재해율 산정에 있어 강도율의 일반적인 산출 공 식은?

① 강도율 = (근로손실일수 / 연근로시간수)×1,000
② 강도율 = (연근로시간수×근로손실일수)×1,000
③ 강도율 = (연근로시간수 / 근로손실일수)×1,000
④ 강도율 = (근로손실일수×연근로시간수) / 1,000

**6-4.** 다음 중 도수율은 어느 것인가?

① $\frac{재해발생건수}{연근로시간수} \times 1,000,000$  ② $\frac{재해발생건수}{근로자수} \times 10,000$

③ $\frac{근로손실일수}{연근로시간수} \times 1,000$  ④ $\frac{재해자수}{평균근로자수} \times 1,000$

**정답** 6-1 ②  6-2 ③  6-3 ①  6-4 ①

---

① 하인리히 재해사고 발생 5단계
   ㉠ 사회적 환경 및 유전적 요소(선천적 결함)
   ㉡ 개인적인 결함(인간의 결함)
   ㉢ 불안전한 행동 및 불안전한 상태(물리적·기계적 위험)
   ㉣ 사고(화재나 폭발, 유해물질 노출 발생)
   ㉤ 재해(사고로 인한 인명·재산 피해)
② 하인리히의 사고방지 대책 5단계
   ㉠ 제1단계 : 안전조직
   ㉡ 제2단계 : 사실의 발견
   • 사실의 확인 : 사람, 물건, 관리, 재해 발생경과
   • 조치사항 : 자료수집, 작업공정 분석 및 위험 확 인, 점검, 검사 및 조사
   ㉢ 제3단계 : 분석평가
   ㉣ 제4단계 : 시정책의 선정
   ㉤ 제5단계 : 시정책의 적용(3E-교육, 기술, 규제)
③ 재해 발생과정에서 하인리히 연쇄반응이론의 발생순서
   사회적 환경과 선천적 결함 → 개인적 결함 → 불안전 행동 → 사고 → 재해

**7-1. 하인리히의 재해 발생과정을 열거하였다. 맞는 것은?**

① 개인적 결함–불안전 행동–사회적·선천적 결함–재해–사고
② 사회적·선천적 결함–개인적 결함–불안전 행동–사고–재해
③ 재해–사회적·선천적 결함–개인적 결함–사고–불안전 행동
④ 불안전 행동–개인적 결함–사회적·선천적 결함–사고–재해

**7-2. 사고예방 대책 5단계를 순서대로 나열한 것 중 옳은 것은?**

① 조직–사실의 발견–분석–시정책의 선정–시정책의 적용
② 조직–사실의 발견–시정책의 선정–분석–시정책의 적용
③ 조직–사실의 발견–시정책의 적용–시정책의 선정–분석
④ 조직–시정책의 적용–시정책의 선정–사실의 발견–분석

**7-3. 하인리히의 안전사고 예방대책 5단계에 해당되지 않는 것은?**

① 분 석　　　　　　② 적 용
③ 조 직　　　　　　④ 환 경

**정답** 7-1 ②　7-2 ①　7-3 ④

---

**핵심이론 08 | 재해 발생 시 조치**

① 재해 : 사고의 결과로 인하여 인간이 입는 인명피해와 재산상의 손실
② 재해 발생 시 조치 순서 : 운전 정지 → 피해자 구조 → 응급처치 → 2차 재해 방지
③ 응급처치 실시자의 준수 사항
　㉠ 의식 확인이 불가능하여도 생사를 임의로 판정하지 않는다.
　㉡ 원칙적으로 의약품의 사용은 피한다.
　㉢ 정확한 방법으로 응급처치를 한 후에 반드시 의사의 치료를 받도록 한다.
　㉣ 환자 관찰순서 : 의식상태 → 호흡상태 → 출혈상태 → 구토여부 → 기타 골절 및 통증여부
④ 화상을 입었을 때 응급조치 : 빨리 찬물에 담갔다가 아연화연고를 바른다.

**8-1. 사고로 인하여 위급한 환자가 발생하였다. 의사의 치료를 받기 전까지 응급처치를 실시할 때 응급처치 실시자의 준수사항으로 가장 거리가 먼 것은?**

① 사고현장 조사를 실시한다.
② 원칙적으로 의약품의 사용은 피한다.
③ 의식 확인이 불가능하여도 생사를 임의로 판정하지 않는다.
④ 정확한 방법으로 응급처치를 한 후 반드시 의사의 치료를 받도록 한다.

**8-2. 다음은 재해가 발생하였을 때 조치요령이다. 조치 순서로 맞는 것은?**

| ㉠ 운전 정지 | ㉡ 2차 재해 방지 |
| --- | --- |
| ㉢ 피해자 구조 | ㉣ 응급처치 |

① ㉠ → ㉢ → ㉡ → ㉣
② ㉠ → ㉢ → ㉣ → ㉡
③ ㉢ → ㉣ → ㉠ → ㉡
④ ㉢ → ㉣ → ㉡ → ㉠

**정답** 8-1 ①　8-2 ②

## 핵심이론 09 | 안전관리의 조직

① 직계형

　㉠ 안전관리의 조직형태 중 안전관리 업무담당자가 없고, 모든 안전관리 업무가 생산라인을 따라 이루어지며, 안전에 관한 전문지식 및 기술축적이 없고 100명 내외의 종업원을 가진 소규모기업에서 채택

　㉡ 장단점

| 장 점 | • 안전에 대한 지시 및 전달이 신속하다.<br>• 명령계통이 간단명료하다. |
|---|---|
| 단 점 | • 안전에 대한 전문적인 지식 및 기술축적이 미흡하다.<br>• 안전정보 및 신기술 개발이 어렵다. |

② 참모형

　㉠ 500~1,000명인 사업체에 적용

　㉡ 장단점

| 장 점 | • 안전에 대한 지식 및 기술축적이 용이하다.<br>• 경영자에게 조언, 지도, 자문을 할 수 있다. |
|---|---|
| 단 점 | • 생산부서와 마찰이 일어나기 쉽다.<br>• 생산부서는 안전에 대한 책임과 권한이 없다. |

③ 직계 · 참모형(복합형)

　㉠ 직계형과 참모형의 혼합형으로 1,000명 이상인 대기업에 적용

　㉡ 안전보건 업무를 전담하는 참모진을 별도로 두고 생산라인에는 그 부서의 장으로 하여금 계획된 생산라인의 안전관리조직을 통해서 시행하게 하는 방식

　㉢ 장단점

| 장 점 | • 안전에 대한 지식 및 기술축적이 가능하다.<br>• 안전지시 및 전달이 신속 · 정확하다. |
|---|---|
| 단 점 | 소규모 사업장에는 적용이 어렵다. |

**9-1.** 다음 중 안전관리조직의 형태에 속하지 않는 것은?

① 감독형　　　　　　② 직계형
③ 참모형　　　　　　④ 복합형

**9-2.** 안전의 계획에서 실시에 이르기까지 모든 것을 생산계통에 따라서 시달되어 안전에 대한 지시 및 전달이 신속 · 정확하여 소규모기업에서 활용되는 조직은?

① 직계식 조직　　　　② 참모식 조직
③ 직계 · 참모식 조직　　④ 병렬식 조직

**9-3.** 주로 100인 미만 사업장에 적합하며, 안전지시와 조치가 비교적 빠르게 전달될 수 있는 안전관리조직은?

① 직계형(Line Type)
② 수평형(Horizontal Type)
③ 참모형(Staff Type)
④ 직계 · 참모형(Staff-line Type)

**9-4.** 모든 작업자가 안전 업무에 직접 참여하고, 안전에 관한 지식, 기술 등의 개발이 가능하며, 안전 업무의 지시 전달이 신속 정확하고, 1,000명 이상의 기업에 적용되는 안전관리의 조직은?

① 직계식 조직　　　　② 참모식 조직
③ 수평식 조직　　　　④ 직계 · 참모식 조직

**9-5.** 참모식 안전관리조직의 설명으로 올바르지 못한 것은?

① 300명 정도의 기업 규모에서 적용된다.
② 안전관리자 스스로 생산라인에서 안전 업무를 추진한다.
③ 안전에 관한 지식과 기술개발, 축적이 가능하다.
④ 안전과 생산을 별개로 취급하기 쉽다.

**정답** 9-1 ①　9-2 ①　9-3 ①　9-4 ④　9-5 ②

## 핵심이론 10 | 안전보건 관리책임자가 총괄관리해야 할 사항(산업안전보건법 제15조)

① 사업장의 산업재해 예방계획의 수립에 관한 사항
② 안전보건관리규정의 작성 및 변경에 관한 사항
③ 안전보건교육에 관한 사항
④ 작업환경 측정 등 작업환경의 점검 및 개선에 관한 사항
⑤ 근로자의 건강진단 등 건강관리에 관한 사항
⑥ 산업재해의 원인 조사 및 재발 방지대책 수립에 관한 사항
⑦ 산업재해에 관한 통계의 기록 및 유지에 관한 사항
⑧ 안전장치 및 보호구 구입 시 적격품 여부 확인에 관한 사항
⑨ 그 밖에 근로자의 유해·위험 방지조치에 관한 사항으로서 고용노동부령으로 정하는 사항

### 10년간 자주 출제된 문제

**안전보건 관리책임자가 총괄관리해야 할 사항으로 가장 거리가 먼 것은?**
① 작업환경의 점검 및 개선
② 근로자의 안전보건교육
③ 작업에서 발생한 산업재해에 관한 응급조치
④ 산업재해의 원인 조사 및 재발 방지대책 수립

**정답 ③**

## 핵심이론 11 | 안전관리자의 업무(산업안전보건법 시행령 제18조)

① 산업안전보건위원회 또는 안전 및 보건에 관한 노사협의체에서 심의·의결한 업무와 해당 사업장의 안전보건관리규정 및 취업규칙에서 정한 업무
② 위험성평가에 관한 보좌 및 지도·조언
③ 안전인증대상 기계 등과 자율안전확인대상 기계 등 구입 시 적격품의 선정에 관한 보좌 및 지도·조언
④ 해당 사업장 안전교육계획의 수립 및 안전교육 실시에 관한 보좌 및 지도·조언
⑤ 사업장 순회점검, 지도 및 조치 건의
⑥ 산업재해 발생의 원인 조사·분석 및 재발 방지를 위한 기술적 보좌 및 지도·조언
⑦ 산업재해에 관한 통계의 유지·관리·분석을 위한 보좌 및 지도·조언
⑧ 법 또는 법에 따른 명령으로 정한 안전에 관한 사항의 이행에 관한 보좌 및 지도·조언
⑨ 업무수행 내용의 기록·유지
⑩ 그 밖에 안전에 관한 사항으로서 고용노동부장관이 정하는 사항

### 10년간 자주 출제된 문제

**11-1. 안전관리자의 직무가 아닌 것은?**
① 사업장 순회점검·지도 및 조치의 건의
② 안전교육 계획의 수립 및 실시
③ 안전에 관한 전반적인 책임
④ 산업재해 발생의 원인 조사 및 분석

**11-2. 다음 중 자동차 전문수리업을 운영할 경우 안전관리자를 1명 이상을 두어야 하는 상시근로자의 인원기준으로 옳은 것은?**
① 5명 이상
② 10명 이상
③ 25명 이상
④ 50명 이상

**11-2**

안전관리자를 두어야 하는 사업의 종류, 사업장의 상시근로자 수,
안전관리자의 수 및 선임방법(산업안전보건법 시행령 별표 3 참고)

| 사업의 종류 | 사업장의 상시근로자 수당<br>안전관리자의 수 및 선임방법 |
|---|---|
| 1. 토사석 광업<br>2. 식료품 제조업, 음료 제조업<br>3. 섬유제품 제조업(의복 제외)<br>4. 목재 및 나무제품 제조업<br>(가구 제외)<br>5. 펄프, 종이 및 종이제품 제<br>조업<br>6. 코크스, 연탄 및 석유정제<br>품 제조업<br>7. 화학물질 및 화학제품 제<br>조업(의약품 제외)<br>8. 의료용 물질 및 의약품 제<br>조업<br>9. 고무 및 플라스틱제품 제<br>조업 | • 상시근로자 50명 이상 500명<br>미만일 때 1명 이상 선임한다.<br>– 선임방법 : 별표 4 제1호, 제<br>2호, 제4호, 제5호, 제6호<br>(상시근로자 300명 미만인<br>사업장만 해당), 제7호(이<br>표 27.에 따른 사업만 해<br>당), 제7호의2(상시근로자<br>300명 미만인 사업장만 해<br>당) 및 제8호 중 어느 하나<br>에 해당하는 사람을 선임해<br>야 한다. |
| 10. 비금속 광물제품 제조업<br>11. 1차 금속 제조업<br>12. 금속가공제품 제조업(기<br>계 및 가구 제외)<br>13. 전자부품, 컴퓨터, 영상,<br>음향 및 통신장비 제조업<br>14. 의료, 정밀, 광학기기 및<br>시계 제조업<br>15. 전기장비 제조업<br>16. 기타 기계 및 장비 제조업<br>17. 자동차 및 트레일러 제<br>조업<br>18. 기타 운송장비 제조업<br>19. 가구 제조업<br>20. 기타 제품 제조업<br>21. 산업용 기계 및 장비 수<br>리업<br>22. 서적, 잡지 및 기타 인쇄<br>물 출판업<br>23. 폐기물 수집, 운반, 처리<br>및 원료 재생업<br>24. 환경 정화 및 복원업<br>25. 자동차 종합 수리업, 자동<br>차 전문 수리업<br>26. 발전업<br>27. 운수 및 창고업 | • 상시근로자 500명 이상일 때<br>2명 이상 선임한다.<br>– 선임방법 : 별표 4 제1호부<br>터 제5호까지, 제7호(이 표<br>27.에 따른 사업으로서 상<br>시근로자 1천명 미만인 사<br>업장만 해당), 제8호 중 어<br>느 하나에 해당하는 사람을<br>선임해야 한다. 다만, 별표<br>4 제1호, 제2호(국가기술자<br>격법에 따른 산업안전산업<br>기사의 자격을 취득한 사람<br>은 제외) 및 제4호 중 어느<br>하나에 해당하는 사람이 1<br>명 이상 포함되어야 한다. |
| 28. 농업, 임업 및 어업<br>29. 2.부터 21.까지의 사업을<br>제외한 제조업<br>30. 전기, 가스, 증기 및 공<br>기조절 공급업(발전업은<br>제외)<br>31. 수도, 하수 및 폐기물 처<br>리, 원료 재생업(23. 및<br>24.에 해당하는 사업은<br>제외)<br>32. 도매 및 소매업<br>33. 숙박 및 음식점업<br>34. 영상·오디오 기록물 제<br>작 및 배급업<br>35. 라디오 방송업 및 텔레비<br>전 방송업<br>36. 우편 및 통신업 | • 상시근로자 50명 이상 1천명<br>미만일 때 1명 이상 선임한다.<br>다만, 37.의 사업(부동산 관리<br>업은 제외)과 40.의 사업의 경<br>우에는 상시근로자 100명 이<br>상 1천명 미만으로 한다.<br>– 선임방법 : 별표 4 제1호, 제<br>2호, 제3호(이 표 28, 30.부<br>터 46.까지의 사업만 해당),<br>제4호, 제5호, 제6호(상시<br>근로자 300명 미만인 사업<br>장만 해당), 제7호(이 표 36.<br>에 따른 사업만 해당), 제7<br>호의2(상시근로자 300명<br>미만인 사업장만 해당) 및<br>제8호 중 어느 하나에 해당<br>하는 사람을 선임해야 한다. |
| 37. 부동산업<br>38. 임대업(부동산 제외)<br>39. 연구개발업<br>40. 사진처리업<br>41. 사업시설 관리 및 조경 서<br>비스업<br>42. 청소년 수련시설 운영업<br>43. 보건업<br>44. 예술, 스포츠 및 여가 관<br>련 서비스업<br>45. 개인 및 소비용품수리업<br>(25.에 해당하는 사업은<br>제외)<br>46. 기타 개인 서비스업<br>47. 공공행정(청소, 시설관리,<br>조리 등 현업업무에 종사<br>하는 사람으로서 고용노<br>동부장관이 정하여 고시<br>하는 사람으로 한정)<br>48. 교육서비스업 중 초등·<br>중등·고등 교육기관, 특<br>수학교·외국인학교 및<br>대안학교(청소, 시설관리,<br>조리 등 현업업무에 종사<br>하는 사람으로서 고용노<br>동부장관이 정하여 고시<br>하는 사람으로 한정) | • 상시근로자 1천명 이상일 때<br>2명 이상 선임한다.<br>– 선임방법 : 별표 4 제1호부<br>터 제5호까지 또는 제8호<br>부터 제10호까지에 해당하<br>는 사람을 선임해야 한다.<br>다만, 별표 4 제1호, 제2호,<br>제4호 및 제5호 중 어느 하<br>나에 해당하는 사람이 1명<br>이상 포함되어야 한다. |

정답 11-1 ③  11-2 ④

## 핵심이론 12 | 안전교육

① 안전교육 : 교육이라는 수단을 통하여 일상생활에서 개인 및 집단의 안전에 필요한 지식, 기능, 태도 등을 이해시키고, 자신과 타인의 생명을 존중하며, 안전하고 건강한 생활을 영위할 수 있는 습관을 형성시키는 것이다.

② 안전교육의 목적

    ㉠ 능률적인 표준작업을 숙달시킨다.

    ㉡ 위험에 대처하는 능력을 기른다.

    ㉢ 사고에 주의하는 안전한 태도로 작업에 임하게 한다.

③ 안전교육의 기본원칙

    ㉠ 동기부여가 중요함

    ㉡ 반복에 의한 습관화 진행

    ㉢ 피교육자 중심 교육

    ㉣ 쉬운 부분에서 어려운 부분으로 진행함

    ㉤ 인상의 강화

    ㉥ 오감의 활용

    ㉦ 한 번에 하나씩

    ㉧ 기능적인 이해를 도움

④ 안전교육 요령 : 상대방의 의견을 들어보고, 상대방을 이해·납득시키며, 교육자가 시범을 보이고, 상벌적용 등으로 행동수정을 하는 것 등이다.

---

### 10년간 자주 출제된 문제

**12-1. 안전교육의 기본원칙이 아닌 것은?**

① 동기 부여
② 반복식 교육
③ 피교육자 위주의 교육
④ 어려운 것에서 쉬운 것으로

**12-2. 다음 중 안전교육 요령 중에서 잘못된 사항은?**

① 상대방에게 일방적으로 지시한다.
② 상대방을 이해·납득시킨다.
③ 태도에 대한 평가를 한다.
④ 스스로 모범을 보인다.

**12-3. 다음 중 안전교육 내용으로 적합하지 못한 것은?**

① 안전생활태도에 관한 사항
② 재해의 발생원인 및 대처에 관한 사항
③ 산업재해 보상과 보험금 지급에 관한 사항
④ 안전복장 및 보호구의 착용방법에 관한 사항

**정답** 12-1 ④ 12-2 ① 12-3 ③

① 안전표지의 목적
  ㉠ 사람들에게 현존 또는 잠재적인 위험을 경고하기 위하여
  ㉡ 위험을 확인하기 위하여
  ㉢ 위험의 성격을 설명하기 위하여
  ㉣ 위험으로부터 일어날 수 있는 잠재적인 손상의 결과를 설명하기 위하여
  ㉤ 사람들에게 위험을 피할 수 있는 방법을 알려 주기 위하여

② 안전보건표지의 색채, 색도기준 및 용도(산업안전보건법 시행규칙 별표 8)

| 색 채 | 색도기준 | 용 도 | 사용 예 |
|---|---|---|---|
| 빨간색 | 7.5R 4/14 | 금 지 | 정지신호, 소화설비 및 그 장소, 유해행위의 금지 |
| | | 경 고 | 화학물질 취급장소에서의 유해·위험경고 |
| 노란색 | 5Y 8.5/12 | 경 고 | 화학물질 취급장소에서의 유해·위험 경고 이외의 위험 경고, 주의표지 또는 기계방호물 |
| 파란색 | 2.5PB 4/10 | 지 시 | 특정 행위의 지시 및 사실의 고지 |
| 녹 색 | 2.5G 4/10 | 안 내 | 비상구 및 피난소, 사람 또는 차량의 통행표지 |
| 흰 색 | N9.5 | | 파란색 또는 녹색에 대한 보조색 |
| 검은색 | N0.5 | | 문자 및 빨간색 또는 노란색에 대한 보조색 |

### 10년간 자주 출제된 문제

**13-1. 공장 내 안전표지를 부착하는 이유는?**
① 능률적인 작업을 유도하기 위하여
② 인간심리의 활성화 촉진
③ 인간행동의 변화 통제
④ 공장 내 환경정비 목적

**13-2. 다음 중 농업용 트랙터에 부착하는 안전표지의 목적과 가장 거리가 먼 것은?**
① 위험을 확인하기 위하여
② 위험의 정도 및 취급요령을 설명하기 위하여
③ 현존 또는 잠재적인 위험을 경고하기 위하여
④ 위험을 피할 수 있는 방법을 알려 주기 위하여

**13-3. 안전에 관계되는 위험한 장소나 위험물 안전표지 등에 사용되는 색깔은 어느 것인가?**
① 빨간색                    ② 녹 색
③ 노란색                    ④ 흰 색

**13-4. 안전보건표지의 색채에 따른 용도가 잘못 짝지어진 것은?**
① 녹색 – 안내              ② 노란색 – 경고
③ 검은색 – 지시            ④ 빨간색 – 금지

**13-5. 다음 중 안전보건표지의 색체와 의미가 잘못 연결된 것은?**
① 녹색 – 안내              ② 빨간색 – 금지
③ 노란색 – 경고            ④ 파란색 – 긴급위험

**13-6. 안전보건표지의 색채표시로 틀린 것은?**
① 녹색 – 비상구 및 피난소
② 파란색 – 사실의 고지
③ 빨간색 – 위험경고, 정지신호
④ 노란색 – 특정 행위의 지시

**13-7. 작업현장의 안전표지에 사용되는 색채 중 비상구 및 피난소, 사람의 통행표지는?**
① 빨간색                    ② 노란색
③ 파란색                    ④ 녹 색

|해설|
13-1
사업장의 유해·위험한 시설 및 장소에는 근로자의 안전보건의식 고취를 위하여 경고, 지시, 안내, 금지 등의 안전보건표지를 부착하여야 한다.

**정답** 13-1 ③  13-2 ②  13-3 ①  13-4 ③  13-5 ④  13-6 ④  13-7 ④

안전보건표지의 종류(산업안전보건법 시행규칙 별표 6)

① 금지표지

| 출입금지 | 보행금지 | 차량통행금지 |
|---|---|---|
| | | |
| 사용금지 | 탑승금지 | 금 연 |
| | | |
| 화기금지 | 물체이동금지 | |
| | | |

② 경고표지

| 인화성물질 경고 | 산화성물질 경고 | 폭발성물질 경고 |
|---|---|---|
| | | |
| 급성독성물질 경고 | 부식성물질 경고 | 방사성물질 경고 |
| | | |
| 고압전기경고 | 매달린물체 경고 | 낙하물 경고 |
| | | |
| 고온 경고 | 저온 경고 | 몸균형 상실 경고 |
| | | |

| 레이저광선 경고 | 발암성·변이원성·생식독성·전신독성·호흡기과민성물질 경고 | 위험장소 경고 |
|---|---|---|
| | | |

③ 지시표지

| 보안경 착용 | 방독마스크 착용 | 방진마스크 착용 |
|---|---|---|
| | | |
| 보안면 착용 | 안전모 착용 | 귀마개 착용 |
| | | |
| 안전화 착용 | 안전장갑 착용 | 안전복 착용 |
| | | |

④ 안내표지

| 녹십자표지 | 응급구호표지 | 들 것 |
|---|---|---|
| | | |
| 세안장치 | 비상용 기구 | 비상구 |
| | 비상용 기구 | |
| 좌측 비상구 | 우측 비상구 | |
| | | |

| 10년간 자주 출제된 문제 |

**14-1.** 산업안전보건법에 의거하여 안전보건표지의 종류로 가장 거리가 먼 것은?

① 경고표지      ② 안내표지
③ 방향표지      ④ 금지표지

**14-2.** 그림은 무엇을 나타내는 표시인가?

① 출입금지      ② 보행금지
③ 사용금지      ④ 탑승금지

**14-3.** 다음 그림의 안전보건표지는 무엇을 나타내는가?

① 위험장소 경고      ② 고압전기 경고
③ 유해물질 경고      ④ 독극물 경고

**정답** 14-1 ③  14-2 ①  14-3 ①

---

| 제2절 | 기계 및 기기에 대한 안전 |

### 핵심이론 01 | 농업기계의 안전

① 점검 : 기계(설비)의 설계사양 및 적용코드에 따라 사용조건에서 적합한 성능유지 여부를 확인하기 위해 일정 주기마다 실시하는 자체검사 및 시험

② 정 비
   ㉠ 기기의 성능점검 결과 이상의 징후 시 또는 허용범위를 벗어난 결함 및 고장이 있을 경우에 실시
   ㉡ 기기의 성능을 지속적으로 유지하기 위하여 이상이나 결함을 제거하는 수정 또는 교체작업

③ 정비의 목적 : 농업활동에 쓰이는 기계에 의한 사고를 미연에 방지하고 기계수명 연장과 성능을 유지하여 농기계의 효율적인 이용을 위함이다.

| 10년간 자주 출제된 문제 |

농기계의 성능을 유지하기 위한 정비목적으로 가장 거리가 먼 것은?

① 사전 봉사      ② 사고 방지
③ 성능 유지      ④ 기계수명 연장

**정답** ①

## 핵심이론 02 | 안전점검의 종류

① 정기점검(계획점검) : 일정 시간마다 정기적으로 실시하는 점검으로 법적 기준 또는 사내 안전규정에 따라 해당 책임자가 실시하는 점검이다.

② 수시점검(일상점검) : 매일 작업 전, 작업 중 또는 작업 후에 일상적으로 실시하는 점검을 말하며 작업자, 작업책임자, 관리감독자가 실시하고 사업주의 안전순찰도 넓은 의미에서 포함된다.

③ 특별점검 : 기계·기구 또는 설비의 신설·변경 또는 고장 수리 등으로 비정기적인 특정 점검을 말하며 기술책임자가 실시한다.

④ 임시점검 : 정기점검 실시 후 다음 점검기일 이전에 임시로 실시하는 점검의 형태로 기계·기구 또는 설비의 이상 발견 시에 임시로 점검하는 점검을 임시점검이라 한다.

### 10년간 자주 출제된 문제

**2-1. 농업기계 안전점검의 종류로 가장 거리가 먼 것은?**

① 별도점검　　　　　　② 정기점검
③ 수시점검　　　　　　④ 특별점검

**2-2. 사내 안전규정에 따라 해당 책임자가 일정 시간마다 정기적으로 실시하는 안전점검은?**

① 임시점검　　　　　　② 수시점검
③ 특별점검　　　　　　④ 정기점검

**2-3. 농기계의 효율 향상을 위하여 실시하는 예방정비의 종류가 아닌 것은?**

① 매일 정비　　　　　　② 매주 정비
③ 농한기 정비　　　　　④ 고장수리 정비

|해설|

**2-3**
**예방정비**
기기별로 제작자가 추천한 정비주기 또는 정비이력에 따라 사전에 정해진 정비주기에 따라 행하는 정기정비
※ 고장정비 : 기기의 제 기능 발휘 불가, 고장 시 수행

**정답** 2-1 ①　2-2 ④　2-3 ④

## 핵심이론 03 | 농업기계의 점검 및 정비

① 농업기계의 기본 점검사항
　㉠ 각부의 죔상태, 누유 및 누수 확인
　㉡ 연료의 양, 냉각수 점검
　㉢ 엔진오일의 점검
　㉣ 공기청정기, 연료여과기, 조속 레버 작동상태 점검
　㉤ 기관이 공회전할 때의 마찰음, 진동음 등의 발생 유무 점검

② 농작업 시 농기계 사고 예방
　㉠ 평소 점검과 정비를 생활화하고 농기계 안전수칙을 잘 지켜야 한다.
　㉡ 농기계의 사용방법과 주의사항 등을 충분히 숙지한 후 작업하고, 부품은 시기에 맞춰 제때 교체한다.
　㉢ 작업복은 농기계에 말려들어 가지 않도록 소매나 바지가 늘어지는 옷은 피하고, 신발은 가급적 미끄럼방지 처리가 된 안전화가 좋다.
　㉣ 농기계를 운행할 때 좁은 곳, 내리막, 경사로 등에서는 속도를 줄여 천천히 이동하고, 보호난간이 없거나 길 가장자리에 풀이 많은 곳에서는 도로 안쪽을 이용한다.
　㉤ 농기계로 도로를 다닐 때는 반드시 교통법규를 지키며, 야간교통사고 예방을 위해 농기계 뒷면에 야광 반사판 같은 등화장치를 붙이고, 흙과 같은 이물질로 가려지지 않도록 관리한다.
　㉥ 음주 후 농기계 조작은 침착성과 판단력을 저하시키고 위급상황에서 신속한 반응을 어렵게 하여 대형사고를 유발시킨다.

**3-1. 농기계의 매일점검 사항에 해당되는 것은?**

① 연료 및 윤활유 점검  ② 밸브의 간극 조정
③ 기화기의 청소  ④ 소음기 청소

**3-2. 농기계 사용 시 사고를 예방하는 방법으로 옳은 것은?**

① 매년 한 번씩 기계의 점검과 정비를 게을리하지 말 것
② 기계의 성능과 자기 기술을 초월하여 사용할 것
③ 항상 완전한 상태의 기계를 사용할 것
④ 생산가격을 충분히 알아 둘 것

정답 3-1 ①  3-2 ③

## 핵심이론 04 | 트랙터 점검사항

① 트랙터 시동 전 점검

㉠ 연료, 냉각수, 엔진오일

㉡ 누수 및 누유

㉢ 타이어 공기압

㉣ 바퀴의 정렬상태 등

② 트랙터 시동 후 점검

㉠ 계기판 점검

㉡ 기어 변속상태, 핸들유격, 유압 작동상태 등

③ 트랙터 주행 중 점검 : 브레이크장치

④ 트랙터 50시간 점검사항

㉠ 타이어 공기압, 에어클리너 청소 또는 교환(건식의 경우)

㉡ 팬벨트 장력 조정, 클러치 페달 유격 조정

㉢ 라디에이터 방진망 청소, 최초 엔진오일 및 필터 교환

㉣ 최초 미션오일(유압오일) 교환

⑤ 트랙터 100시간마다 사용 후 점검사항

㉠ 엔진오일 교환 및 필터 교환

㉡ 에어클리너오일 교환 또는 청소(습식의 경우)

㉢ 연료필터 세척

⑥ 트랙터 300시간마다 점검사항

㉠ 에어클리너 청소 또는 교환(건식의 경우)

㉡ 연료필터 엘리먼트 교환

㉢ 토인 점검

㉣ 앞 차축 오일 유면 점검 및 교환

㉤ 브레이크계통 점검

㉥ 미션오일(유압오일) 유면 점검 및 교환

㉦ 본체 및 작업기의 각종 작동유 오일 유면 점검, 파워스티어링 오일 교환

⑦ 트랙터 600시간 점검사항

㉠ 밸브간극 점검 및 조정

㉡ 연료분사노즐 테스터 및 필요시 노즐 교환

ⓒ 연료분사노즐에 부속된 구리패킹 및 단열재패킹 교환

⑧ 트랙터 1,200시간 점검사항(1년 정도 사용 후)
　ⓐ 미션오일(유압오일) 및 필터 교환
　ⓑ 변속기 기어오일 교환
　ⓒ 연료탱크 세척
　ⓓ 각종 작업기의 유압유 및 기어오일 교환
　ⓔ 앞 차축 오일 교환

⑨ 트랙터 2,400시간 점검사항(2년 정도 사용 후)
　ⓐ 냉각수 교환(부동액 50[%] 희석)
　ⓑ 라디에이터 내부 청소
　ⓒ 라디에이터 호스 점검 및 교환
　ⓓ 연료분사시기 조정
　ⓔ 엔진 공회전속도(rpm) 조절

⑩ 트랙터의 취급방법
　ⓐ 트랙터는 왼쪽(클러치 페달 쪽)으로 타고 내려야 한다.
　ⓑ 시동 : 10초 이내에 시동이 되지 않으면, 약 30초 경과 후 다시 시동(배터리의 과방전 방지 및 시동 전동기의 보호를 위해)
　ⓒ 운전자 외에 탑승을 금지한다.
　ⓓ 트랙터의 주행속도를 변속할 때에는 완전히 정지한 후 변속해야 한다.
　ⓔ 트랙터로 도로를 주행할 때에는 좌우 브레이크 페달을 연결한다.
　ⓕ 트랙터로 내리막길을 운전할 때 클러치를 끊거나 변속 레버를 중립에 놓지 않는다.

**4-1. 트랙터의 포장작업 시 유의사항으로 틀린 것은?**
① 급발진, 급정지를 하지 않는다.
② PTO회전 시 청소 및 손질을 금지한다.
③ 작업기 부착 시 엔진 시동상태에서 한다.
④ 작업기를 들어 올린 채 방치하면 안 된다.

**4-2. 다음 중 트랙터의 운전상태에서 확인하여야 하는 사항으로 가장 적절한 것은?**
① PTO축의 캡
② 클러치의 작동상태
③ 타이어의 공기압력
④ 기관냉각수의 수면

**4-3. 트랙터 운전 중 안전사항에 대한 설명으로 틀린 것은?**
① 트랙터에는 운전자, 보조자 최대 2명만 탑승해야 한다.
② 트랙터는 전복될 수 있으므로 항상 안전속도를 지켜야 한다.
③ 트레일러에 큰 하중을 싣고 운행할 때 급정거를 해서는 안 된다.
④ 회전 또는 브레이크 사용 시에는 속도를 줄여야 한다.

**4-4. 트랙터의 취급방법으로 틀린 것은?**
① 엔진이 정지된 상태에서 연료를 보급한다.
② 운전 전 일상점검을 한다.
③ 도로 주행 시 좌우 브레이크 페달을 분리하고 주행한다.
④ 급회전 시 속도를 줄여 회전한다.

| 해설 |

**4-1**
작업기를 부착할 때는 기관을 정지한다.

**4-2**
**주행장치 점검시기**

| 개 소 | 점검시기 | | | 점검내용 |
| --- | --- | --- | --- | --- |
| | 작업 전 | 작업 중 | 작업 후 | |
| PTO축의 캡 | ○ | | | PTO를 사용치 않을 때는 캡을 끼워 둔다. |
| 클러치의 작동상태 | | ○ | | 조작하여 양호한가 또는 좌우가 동일한가 확인한다. |
| 타이어의 공기압력 | ○ | | | 앞바퀴, 뒷바퀴의 공기압이 적당한가 확인한다. |
| 기관냉각수의 수면 | ○ | | | 규정량의 유무를 점검한다. |

정답 4-1 ③ 4-2 ② 4-3 ① 4-4 ③

① 작업 전

　㉠ 긴급상황에 대비하여 작업기의 동력 차단방법, 엔진 정지방법 등을 알아둔다.

　㉡ 적절한 복장 및 보호구를 착용한다. 옷단, 소맷자락이 조여진 작업복을 착용하고 필요에 따라 헬멧, 장갑, 안전화, 보호안경, 귀마개, 기타 보호구를 착용한다. 단, 기계에 말려들어 갈 우려가 있는 작업을 할 때에는 장갑은 착용하지 않는다.

　㉢ 몸 상태가 나쁠 때는 운전하지 않고, 피로를 느낄 때에는 충분한 휴식을 취한다.

　㉣ 운전하기 전에 반드시 점검하고, 이상이 있는 경우에는 정비할 때까지 사용하지 않는다.

② 운전조작

　㉠ 작동 전에는 각 조절장치의 기능과 역할에 대해 충분히 알아 둔다.

　㉡ 엔진시동 시 사전에 주위를 잘 확인하고, 각종 레버가 중립 또는 정지 위치에 있는지를 확인한다.

　㉢ 넘어질 우려가 있으므로 급선회하지 않으며, 급경사지나 언덕길에서는 변속조작을 하지 않는다.

　㉣ 넘어질 우려가 있으므로 높이 차가 있는 논밭으로 출입하거나 논두렁을 넘을 때는 직각으로 하고, 높이차가 큰 경우에는 디딤판을 사용한다.

　㉤ 화재의 우려가 있으므로 연료를 보급할 때는 엔진을 정지시킨 다음 엔진이 식은 후 급유한다.

　㉥ 비닐하우스 등 실내에서는 엔진 배출가스에 의한 일산화탄소 중독 우려가 있으므로 충분히 환기하면서 작업을 한다.

　㉦ 작업기의 착탈은 평탄하고 충분한 강도를 가진 단단한 바닥 위, 주위에 공간적 여유가 있는 장소에서 한다.

　㉧ 트레일러에 과다한 짐을 적재하지 않는다.

　㉨ 농로의 가장자리로 주행하지 않는다.

　㉩ 야간주행 시에는 등화장치를 점등하고, 등화장치가 파손되거나 가려진 채로 운행하지 않도록 한다.

　㉪ 작업 후에는 엔진을 정지시킨 상태에서 점검・정비를 실시한다.

　㉫ 깨끗이 세척하여 기름칠을 한 후 비를 피할 수 있고 바람이 잘 통하는 곳에 보관한다.

---

**10년간 자주 출제된 문제**

**5-1.** 동력 경운기의 작업별 사고빈도가 가장 높은 작업은?

① 양수 작업　　　　② 방제 작업
③ 운반 작업　　　　④ 경운 작업

**5-2.** 동력 경운기의 사고발생빈도가 가장 높은 원인은?

① 설계 결함　　　　② 정비 불량
③ 안전지식 부족　　④ 운전 미숙

**5-3.** 경운기로 야간에 도로를 운행할 때의 안전사항으로 적당하지 않은 것은?

① 속도는 규정을 준수하여 주행한다.
② 트레일러 후미에 있는 반사경을 잘 닦아 빛의 반사가 잘되도록 한다.
③ 되도록 검은색의 작업복을 착용한다.
④ 주행 전에 라이트계통을 잘 정비한다.

**|해설|**

**5-1**
농작업 사고의 약 80[%]가 경운기・트랙터 운행 중에 발생하며, 사고 중 대부분은 운반・이동 중에 발생한다.
※ 농사로(농촌진흥청) 농업기술길잡이156_농업기계 안전이용 기술 참고

**5-2**
농업기계의 사고원인은 운전자의 부주의, 운전 미숙, 불안전 복장, 음주운전 등과 같은 인적 요인이 대부분을 차지하고, 이외에 열악한 작업장소, 작업시간, 악천후 등 환경적인 요인이나 기타 고장 및 작동 불량, 안전장치 미부착, 기계 결함과 같은 기계적 요인에 의해 발생한다.

**5-3**
차량 전조등에 식별이 용이한 밝은색 작업복을 착용한다.

**정답** 5-1 ③　5-2 ④　5-3 ③

① 운반 작업 시
　　㉠ 주행속도는 15[km/h] 이하로 운행할 것
　　㉡ 적재중량은 1,000[kg] 이하를 유지할 것
　　㉢ 경사지를 상승·하강할 때는 도중에 변속조작은 절대로 하지 말 것
　　㉣ 핸들의 높이는 운전자가 자유자재로 운전할 수 있도록 조정하여야 한다.
　　㉤ 타이어의 좌우 공기압은 같게 유지시켜야 한다.
　　㉥ 차폭은 최대로 넓어야 한다.
　　㉦ 브레이크 사용 시 경운기 트레일러의 브레이크를 주로 사용하며, 급히 정지할 시는 경운기 본체의 주브레이크와 동시에 사용한다.
　　㉧ 운전 중에는 절대로 핸들에서 손을 떼거나 운전석을 이탈하지 말아야 한다.

② 작업 시 동력 경운기 조작상의 주의사항
　　㉠ 지형에 알맞은 선회조작을 실시할 것
　　㉡ 직진 경운 중에는 조향클러치는 사용하지 말 것
　　㉢ 작업목적에 적합한 차속 유지와 로터리날 회전수를 조정할 것
　　㉣ 철차륜으로 도로 주행은 위험하므로 주의할 것
　　㉤ 로터리 작업 중 후진할 때는 반드시 경운레버를 중립의 위치에 놓고 조작할 것
　　㉥ 포장의 경사를 상승할 때에는 반드시 전진하고 경사를 하강할 때는 후진할 것
　　㉦ 고속주행 시 조향클러치는 원칙적으로 사용하지 말아야 하고, 경사지를 내려갈 때는 클러치의 작동이 평지에서와 반대로 작동하므로 주의할 것

③ 경운 작업 시 주의사항
　　㉠ 엔진조작은 부하변동에 대하여 적합한 작업을 실시하되 항상 상용마력 범위 내에서 조작할 것
　　㉡ 작업기 부착상태 및 경운날의 고정상태를 확인할 것
　　㉢ 기계조작은 작업조건에 적합한 전진속도, 경심, 경운날의 방향에 주의할 것
　　㉣ 로터리 작업 중 후진할 때는 반드시 경운변속레버를 중립의 위치에 놓을 것

---

**10년간 자주 출제된 문제**

**6-1. 동력 경운기의 운전 중 안전사항으로 잘못된 것은?**
① 오르막길에서는 차간거리를 여유 있게 둔다.
② 내리막길에서는 차간거리를 길게 잡는다.
③ 커브 길에서는 급제동을 하지 말아야 한다.
④ 내리막길에서는 반드시 조향클러치를 사용하여 조향한다.

**6-2. 동력 경운기로 운반작업 시 안전운행사항으로 틀린 것은?**
① 고속에서 방향전환을 피할 것
② 가능한 주행속도는 15[km/h] 이하로 운행할 것
③ 급경사지에서 조향클러치 레버를 조향 반대방향으로 잡을 것
④ 경사지를 이동할 때는 도중에 변속조작을 하지 말 것

**6-3. 농기계의 안전사항으로 적합하지 않은 것은?**
① 동력 경운기 운반작업 시 차폭은 최대로 좁히고, 타이어의 공기압은 좌우가 같도록 한다.
② 양수기에서 벨트의 교환은 엔진 정지상태에서 실시한다.
③ 콤바인 포장작업 시 손으로 탈곡작업만 할 경우 공급체인에 주의해야 한다.
④ 이앙기의 점검 정비는 클러치를 끊고 실시한다.

**6-4. 동력 경운기 조작 시 안전사항으로 틀린 것은?**
① 직진주행 중에는 조향클러치를 사용하지 말 것
② 로터리 작업 중 후진할 때는 경운 변속레버를 중립에 둘 것
③ 경사진 작업장을 오를 때 기어변속을 빠르게 실시할 것
④ 고속주행 시에는 원칙적으로 조향클러치 사용을 삼갈 것

**6-5. 다음 중 동력 경운기의 취급사항으로 올바르지 못한 것은?**
① 후진 시 고속은 절대로 피해야 한다.
② 시동 전 변속레버를 중립 위치로 한다.
③ 로터리 작업 시 경운날의 회전을 멈춘 다음 실시한다.
④ 작업기 부착 후 경사지에서 내려올 때에는 전진운전을 한다.

**6-6. 동력 경운기의 엔진풀리와 주클러치에 V벨트를 걸 때 옳은 방법은?**

① 엔진이 정지된 상태에서 건다.
② 엔진이 저속으로 회전하는 상태에서 건다.
③ 주클러치 레버로 동력을 단속하고 건다.
④ 주클러치 레버를 브레이크 상태까지 잡아당긴 후 건다.

**6-7. 다음 중 V벨트의 종류가 아닌 것은?**

① A형                      ② B형
③ M형                      ④ N형

|해설|

**6-7**
단면의 크기에 따라서 M, A, B, C, D, E의 6종류가 있다.

**정답** 6-1 ④  6-2 ③  6-3 ①  6-4 ③  6-5 ④  6-6 ①  6-7 ④

---

**핵심이론 07 | 동력 살분무기의 안전작업**

① 시동로프를 당겨 시동할 때 뒤편에 사람이 있는지를 확인할 것
② 방독마스크를 착용하고 작업할 것
③ 농약 살포 시 항상 바람을 등지고 작업할 것
④ 과열된 엔진에 손이 닿으면 화상을 입으므로 주의할 것
⑤ 농약 살포 시 음주를 피할 것
⑥ 작업 중에는 담배를 피우거나 음식을 먹지 않도록 할 것
⑦ 연료를 보급할 때는 화재의 우려가 있으므로 엔진이 식은 후 급유할 것

**다음 중 동력 살분무기의 안전작업으로 적절하지 못한 것은?**

① 방독마스크를 착용하고 작업할 것
② 시동로프로 시동 시 뒤에 사람이 없어야 할 것
③ 농약 살포 시 항상 바람을 안고 작업할 것
④ 농약 살포 시 음주를 피할 것

**정답** ③

## 핵심이론 08 | 스피드 스프레이어(SS기)의 안전작업

① 분무작업은 약액이 흔들려 기체가 불안정해지기 쉬우
   므로 가급적 저속으로 주행한다.
② 야간 및 비가 오는 날에는 운전을 자제한다.
③ 점검 및 정비 시 떼어낸 덮개 등은 점검 및 정비 완료
   후 모두 다시 부착한다.
④ 작업자는 기계적 위험과 화학적 위험을 동시에 방호할
   수 있는 복장을 선택한다.
⑤ 요철이 심한 노면을 주행할 때는 속도를 낮추며 경사
   지를 주행할 때는 변속조작을 하지 않는다.
⑥ 높이 차가 있는 포장으로의 출입이나 논둑 등을 타고
   넘을 때에는 전도될 우려가 있으므로 직각으로 하며,
   높이 차가 클 경우 디딤판을 사용한다.
⑦ 주차할 때는 평탄지를 선택하여 승강부를 낮추고 엔
   진을 정지시킨 다음 주차 브레이크를 걸고 키를 빼 둔
   다. 어쩔 수 없이 경사지에 방제기를 주차할 때는 돌
   등을 바퀴 밑에 대어 놓아 굴러가지 않도록 한다. 또
   한 타기 쉬운 볏짚이나 마른 풀 위에 방제기를 세워
   두지 않는다.
⑧ 붐 스프레이어의 경우 이동 시 붐은 접어 둔다. 스피드
   스프레이어는 이동 중 송풍기를 회전시키지 않도록
   한다.

## 핵심이론 09 | 콤바인 사용 시 주의사항

① 운전 조작요령을 숙달시킨 후에 운전해야 한다.
② 탈곡기 내부 확인은 엔진을 정지시킨 후 한다.
③ 오르막 길에서는 변속레버 조작을 금한다.
④ 급유 또는 주유 시에는 엔진의 시동을 정지한다.
⑤ 포장 이동 시 운반용 차량으로 한다.
⑥ 예취부가 내려오지 않게 조치한다.
⑦ 짚이나 검불이 막혔을 때 엔진 정지 후 제거한다.
⑧ 콤바인 등 각종 농기계 조작 때는 가급적이면 장갑 착용을 피하는 것이 좋다. 기계를 만질 때 장갑을 착용하면 맨손보다 감각이 떨어져 사고위험이 높아진다.
⑨ 콤바인으로 경사지를 갈 때에는 전진 상승, 후진 하강으로 주행한다.
⑩ 콤바인을 보관할 때에는 탈곡부와 곡물이송부를 철저히 청소한다(쥐 피해 방지).
⑪ 콤바인 각부의 조절 및 정비 시 안전사항
  ㉠ 차체도장 부분이 손상되지 않도록 한다.
  ㉡ 체인 및 벨트를 너무 죄지 않도록 한다.
  ㉢ 정비할 때는 기관을 정지시킨 상태에서 정비한다.
  ㉣ 체인, 벨트 및 커터날에 함부로 손을 대지 말아야 한다.

① 운반대 위에는 사람이 타지 말 것
② 미는 운반차에 화물을 실을 때에는 앞을 볼 수 있는 시야를 확보할 것
③ 운반차의 출입구는 운반차의 출입에 지장이 없는 크기로 할 것
④ 운반차에 물건을 쌓을 때 될 수 있는 대로 중심이 아래가 되도록 쌓을 것
⑤ 규정중량 이상은 적재하지 말 것
⑥ 운반기계의 동요로 파괴의 우려가 있는 짐은 반드시 로프로 묶을 것
⑦ 물건 적재 시 무거운 것을 밑에 두고, 가벼운 것을 위에 놓을 것

**10-1.** 트레일러에 물건을 실을 때 무거운 물건의 중심위치는 다음 중 어느 위치에 있어야 안전한가?

① 상 부
② 하 부
③ 뒷부분
④ 앞부분

**10-2.** 운반기계에 의한 운반 작업 시 안전수칙으로 틀린 것은?

① 운반대 위에는 사람이 타지 말 것
② 미는 운반차에 화물을 실을 때에는 앞을 볼 수 있는 시야를 확보할 것
③ 운반차의 출입구는 운반차의 출입에 지장이 없는 크기로 할 것
④ 운반차에 물건을 쌓을 때 될 수 있는 대로 중심이 위로 되도록 쌓을 것

**10-3.** 농업기계 안전관리 중 운반기계의 안전수칙으로 틀린 것은?

① 규정중량 이상은 적재하지 않는다.
② 부피가 큰 것을 적재할 때 앞을 보지 못할 정도로 쌓아 올리면 안 된다.
③ 물건이 움직이지 않도록 로프로 반드시 묶는다.
④ 물건 적재 시 가벼운 것을 밑에 두고, 무거운 것을 위에 놓는다.

**10-4.** 기계를 달아 올리는 데 쓰이는 볼트는?

① 스테이볼트
② T볼트
③ 전단볼트
④ 아이볼트

|해설|

**10-4**
**아이볼트** : 기계를 달아 올리는 데 쓰이는 볼트로 주로 기계설비 등 큰 중량물을 크레인으로 들어 올리거나 이동할 때 사용하는 걸기용 용구이다.

정답 10-1 ②  10-2 ④  10-3 ④  10-4 ④

① 이음매가 있는 것
② 와이어로프의 한 꼬임[스트랜드(Strand)를 말한다]에서 끊어진 소선[필러(Pillar)선은 제외]의 수가 10[%] 이상(비자전로프의 경우에는 끊어진 소선의 수가 와이어로프 호칭지름의 6배 길이 이내에서 4개 이상이거나 호칭지름 30배 길이 이내에서 8개 이상)인 것
③ 지름의 감소가 공칭지름의 7[%]를 초과하는 것
④ 꼬인 것
⑤ 심하게 변형되거나 부식된 것
⑥ 열과 전기충격에 의해 손상된 것

### 10년간 자주 출제된 문제

화물을 인양하기 위해 사용되는 와이어로프 중 사용을 하여서는 아니 되는 것은?
① 두 개를 연결한 것
② 킹크가 발생하지 않은 것
③ 지름의 감소가 공칭지름의 5[%] 정도인 것
④ 한 꼬임에서 끊어진 소선(素線)의 수가 7[%] 정도인 것

정답 ①

① 기름걸레는 정해진 용기에 넣어 화재를 방지하여야 한다.
② 몸에 묻은 먼지나 기타의 물질은 입으로 불어서 털지 않는다.
③ 바닥에 파쇠철 등은 잘 청소하여 지정된 용기에 담는다.
④ 철분 등을 입으로 불거나 손으로 털어서는 안 된다.
⑤ 스위치를 OFF 시킬 때 손, 발, 공구 등으로 정지시켜서는 안 된다.
⑥ 운전 중에는 기계로부터 이탈하지 않도록 한다.
⑦ 기계로부터 이탈할 경우에는 기계를 정지시켜야 한다.
⑧ 기계 사용 중에 정지된 경우에는 스위치를 OFF 시켜야 한다.
⑨ 고장의 수리, 청소, 조정을 할 때에는 동력을 차단하고 표시를 하여야 한다.
⑩ 기계에 주유를 할 때에는 운전을 정지시킨 상태에서 오일 건을 사용하여 주유하여야 한다.

### 10년간 자주 출제된 문제

농업기계 정비작업 중 옳지 않은 것은?
① 흡연은 정해진 장소에서 한다.
② 쓰고 남은 기름은 하수구에 버린다.
③ 기름걸레는 정해진 용기에 보관한다.
④ 전등갓은 연소하기 쉬운 것은 사용하지 않는다.

정답 ②

## 제3절  공구에 대한 안전

### | 핵심이론 01 |  수공구의 안전

① 수공구 사용 시 안전수칙
  ⊙ 사용 전에 충분한 사용법을 숙지하고 익히도록 한다.
  ⓛ KS 품질규격에 맞는 것을 사용한다.
  ⓒ 무리한 힘이나 충격을 가하지 않아야 한다.
  ⓔ 손이나 공구에 묻은 기름, 물 등을 닦아 사용한다.
  ⓜ 수공구는 손에 잘 잡고 떨어지지 않게 작업한다.
  ⓗ 공구는 기계나 재료 등의 위에 올려놓지 않는다.
  ⓢ 정확한 힘으로 조여야 할 때는 토크렌치를 사용한다.
  ⓞ 공구는 목적 이외의 용도로 사용하지 않는다.
  ⓩ 작업에 적합한 수공구를 이용한다.
  ⓧ 사용 전에 이상 유무를 반드시 확인한다.
  ⓚ 예리한 공구 등을 주머니에 넣고 작업을 하여서는 안 된다.
  ⓣ 공구를 전달할 경우 던지지 않는다.
  ⓟ 주위를 정리 정돈한다.

② 수공구의 보관 및 관리
  ⊙ 공구함을 준비하여 종류와 크기별로 수량을 파악하여 보관한다.
  ⓛ 사용한 수공구는 방치하지 말고 소정의 장소에 보관한다.
  ⓒ 날이 있거나 뾰족한 물건은 위험하므로 뚜껑을 씌워둔다.
  ⓔ 수분과 습기는 숫돌을 깨뜨리거나 부서뜨릴 수 있으므로 습기가 없는 곳에 보관한다.
  ⓜ 사용한 공구는 면 걸레로 깨끗이 닦아서 보관한다.
  ⓗ 파손공구는 교환하고 청결한 상태에서 보관한다.
  ⓢ 기계의 청소나 손질은 운전을 정지시킨 후 실시한다.

③ 쇠톱을 사용할 때 주의해야 할 사항
  ⊙ 톱날은 전체를 사용한다.
  ⓛ 톱날은 밀 때 절삭되도록 조립한다.
  ⓒ 공작물 재질이 강할수록 톱니수가 많은 것을 사용한다.
  ⓔ 조일 때 너무 팽팽하거나 느슨하면 부러지거나 부착구멍부위가 파손되므로 주의한다.
  ⓜ 손 등의 보호를 위하여 쇠톱날이 재료의 표면에서 미끄러지지 않도록 한다.
  ⓗ 한 손은 프레임을 잡고 다른 손은 손잡이를 잡은 다음 일정한 압력으로 고르게 전진행정을 하여야 한다.

**1-1. 일반 수공구 사용 시 주의사항으로 틀린 것은?**

① 용도 이외에는 사용하지 않는다.
② 사용 후에는 정해진 장소에 보관한다.
③ 수공구는 손에 꼭 잡고 떨어지지 않게 작업한다.
④ 볼트 및 너트의 조임에 파이프렌치를 사용한다.

**1-2. 다음 중 공구 사용으로 발생되는 재해를 막기 위한 방법이 아닌 것은?**

① 결함이 없는 공구 사용
② 작업에 적당한 공구를 선택 사용
③ 공구의 올바른 취급과 사용
④ 공구는 임의의 것을 사용

**1-3. 쇠톱을 사용할 때 주의해야 할 사항으로 가장 거리가 먼 것은?**

① 톱날은 전체를 사용한다.
② 톱날은 밀 때 절삭되도록 조립한다.
③ 톱날은 느슨한 상태에서 사용한다.
④ 공작물 재질이 강할수록 톱니수가 많은 것을 사용한다.

**1-4. 다음 중 수공구에 의한 재해 예방을 위한 일반적인 유의사항이 아닌 것은?**

① 사용 전에 이상 유무를 반드시 점검한다.
② 무리한 힘으로 공구를 취급하지 않는다.
③ 사용 전에 충분한 사용법을 숙지하고 익히도록 한다.
④ 공구를 사용하고 나면 찾기 쉬운 곳 아무 곳에나 놔둔다.

**1-5. 다음 중 공구 사용 후의 정리 정돈방법으로 가장 적합한 것은?**

① 지정된 공구상자에 보관한다.
② 작업장 재료창고 입구에 보관한다.
③ 통풍이 좋은 임의의 장소에 보관한다.
④ 햇빛이 잘 드는 외부장소에 보관한다.

|해설|

**1-1**
볼트 및 너트의 조임에 스패너를 사용한다.

정답 1-1 ④  1-2 ④  1-3 ③  1-4 ④  1-5 ①

---

**핵심이론 02 │ 정 작업 시 안전사항**

① 정의 머리에 기름이 묻어 있으면 깨끗이 닦아서 사용한다.
② 정 잡은 손의 힘을 뺀다.
③ 정 작업 시에는 보안경을 착용하여 눈을 보호하여야 한다.
④ 쪼아내기 작업은 방진안경을 착용한다.
⑤ 열처리한 재료는 정으로 타격하지 않는다.
⑥ 정 작업은 작업자와 마주 보고 일을 하면 사고의 우려가 있다.
⑦ 정 머리를 해머로 때릴 때에는 손이 다치는 일이 없도록 주의한다.
⑧ 정 작업을 할 때의 시선은 항상 날 끝부분을 주시하여야 한다.
⑨ 정은 사용 후 기름걸레로 깨끗이 닦은 다음 보관하여야 한다.
⑩ 정의 머리가 찌그러진 것은 수정한 후 사용하여야 한다.

※ 줄 작업 시 유의사항
  • 작업을 할 때에는 반드시 손잡이를 끼워서 사용하여야 한다.
  • 줄 작업을 할 때에는 오일을 발라서는 안 된다.
  • 새 줄은 연한 재료로부터 단단한 재료의 순으로 사용하여야 한다.
  • 줄 작업한 면에는 손을 대어서는 안 된다.
  • 절삭칩 제거는 입으로 불지 말고 브러시나 긁기봉을 사용한다.

## 10년간 자주 출제된 문제

**2-1. 정 작업 중 안전사항으로 틀린 것은?**

① 정의 머리 부분에 기름이 묻지 않도록 한다.
② 정 잡은 손의 힘을 뺀다.
③ 쪼아내기 작업은 방진안경을 착용한다.
④ 열처리한 재료는 반드시 정으로 작업한다.

**2-2. 다음 중 수공구 작업의 주의사항으로 알맞은 것은?**

① 줄 작업 시 절삭 칩을 입으로 불어낸다.
② 해머 작업은 반드시 장갑을 끼고 한다.
③ 해머자루는 반드시 쐐기를 박아서 사용한다.
④ 정 작업은 마주보면서 작업해야 안전하다.

**정답 2-1 ④  2-2 ③**

## 핵심이론 03 │ 해머 작업에서의 안전수칙

① 장갑을 끼고 해머 작업을 하지 말 것
② 해머 작업 중에는 수시로 해머 상태(자루의 헐거움)를 점검할 것
③ 해머로 공동작업을 할 때에는 호흡을 맞출 것
④ 열처리된 재료는 해머 작업을 하지 말 것
⑤ 해머로 타격할 때에는 처음과 마지막에는 힘을 많이 가하지 말 것
⑥ 타격가공하려는 곳에 시선을 고정시킬 것
⑦ 해머의 타격면에 기름을 바르지 말 것
⑧ 해머로 녹슨 것을 때릴 때에는 반드시 보안경을 쓸 것
⑨ 대형해머로 작업할 때에는 자기 역량에 알맞은 것을 사용할 것
⑩ 타격면이 찌그러진 것은 사용하지 말 것
⑪ 손잡이가 튼튼한 것을 사용할 것
⑫ 작업 전에 주위를 살필 것
⑬ 기름 묻은 손으로 작업하지 말 것
⑭ 해머를 사용하여 상향(上向)작업을 할 때에는 반드시 보호안경을 착용할 것

## 10년간 자주 출제된 문제

**3-1. 해머 작업 시 주의사항으로 가장 거리가 먼 것은?**

① 기름 묻은 손이나 장갑을 끼고 사용하지 말 것
② 연한 비철제 해머는 딱딱한 철 표면을 때리는 데 사용할 것
③ 크기에 관계없이 처음부터 세게 칠 것
④ 해머자루에 반드시 쐐기를 박아서 사용할 것

**3-2. 해머 작업 시 안전사항으로 틀린 것은?**

① 해머 작업 시 장갑을 끼고 할 것
② 작업에 맞는 무게의 해머를 선택할 것
③ 해머 작업 시 기름 묻은 손으로 작업하지 말 것
④ 해머로 녹슨 것을 때릴 때는 반드시 보안경을 쓸 것

**정답 3-1 ③  3-2 ①**

① 스패너의 입은 너트의 치수에 맞는 것을 사용해야 한다.

② 스패너의 자루에 파이프를 이어서 사용해서는 안 된다.

③ 스패너 등을 해머 대신에 써서는 안 된다.

④ 볼트, 너트를 풀거나 조일 때 규격에 맞는 것을 사용한다.

⑤ 렌치를 잡아당길 수 있는 위치에서 작업하도록 한다.

⑥ 파이프렌치는 한쪽 방향으로만 힘을 가하여 사용한다.

⑦ 파이프렌치를 사용할 때는 정지상태를 확실히 해야 한다.

⑧ 렌치는 몸 쪽으로 당기면서 볼트, 너트를 풀거나 조인다.

⑨ 공구핸들에 묻은 기름은 잘 닦아서 사용한다.

⑩ 녹이 생긴 볼트나 너트에는 오일을 넣어 스며들게 한 다음 돌린다.

⑪ 지렛대용으로 사용하지 않는다.

⑫ 장시간 보관할 때에는 방청제를 바르고 건조한 곳에 보관한다.

⑬ 스패너와 너트가 맞지 않을 때 쐐기를 넣어 사용해서는 안 된다.

⑭ 조정렌치는 고정조가 있는 부분으로 힘을 가하여 사용한다.

⑮ 파이프렌치는 반드시 둥근 물체에만 사용한다.

**4-1. 스패너나 렌치 작업으로 올바르지 못한 것은?**

① 스패너 사용은 앞으로 당겨 사용한다.
② 큰 힘이 요구될 때 렌치자루에 파이프를 끼워 사용한다.
③ 파이프렌치는 둥근 물체에 사용한다.
④ 너트에 꼭 맞는 것을 사용한다.

**4-2. 스패너 사용에 대한 설명 중 틀린 것은?**

① 자세는 몸의 균형을 잡아야 한다.
② 스패너의 입은 너트의 치수에 맞는 것을 사용한다.
③ 스패너를 해머 대신 사용하지 않는다.
④ 스패너로 너트를 풀 때 조금씩 밀어서 푼다.

**4-3. 다음은 스패너 작업이다. 바르지 못한 것은?**

① 스패너를 해머 대용으로 사용한다.
② 스패너는 볼트나 너트의 크기에 맞는 것을 사용해야 한다.
③ 스패너 입이 변형된 것은 사용하지 않는다.
④ 스패너에 파이프 등을 끼워서 사용해서는 안 된다.

**정답** 4-1 ② 4-2 ④ 4-3 ①

## 핵심이론 05 | 각종 렌치의 사용법

① 토크렌치
- ㉠ 볼트 등을 조일 때 조이는 힘을 측정하기 위하여 쓰는 렌치이다.
- ㉡ 볼트, 너트, 작은 나사 등의 조임에 필요한 토크를 주기 위한 체결용 공구이다.
- ㉢ 사용법 : 오른손은 렌치 끝을 잡고 돌리고, 왼손은 지지점을 눌러 게이지 눈금을 확인한다.
- ㉣ 실린더 헤드 등 면적이 넓은 부분에서 볼트는 중심에서 외측을 향하여 토크렌치로 대각선으로 조인다.

② 조정렌치
- ㉠ 멍키렌치라고도 호칭하며 제한된 범위 내에서 어떠한 규격의 볼트나 너트에도 사용할 수 있다.
- ㉡ 볼트머리나 너트에 꼭 끼워서 잡아당기며 작업을 한다.

③ 오픈렌치
- ㉠ 연료파이프 피팅작업에 사용한다.
- ㉡ 디젤기관의 예방정비 시 고압파이프 연결 부분에서 연료가 샐 때 사용한다.

④ 소켓렌치
- ㉠ 다양한 크기의 소켓을 바꾸어 가며 작업할 수 있도록 만든 렌치이다.
- ㉡ 큰 힘으로 조일 때 사용한다.
- ㉢ 오픈렌치와 규격이 동일하다.
- ㉣ 사용 중 잘 미끄러지지 않는다.
- ㉤ 볼트와 너트는 가능한 소켓렌치로 작업한다.

⑤ 복스렌치
- ㉠ 공구의 끝부분이 볼트나 너트를 완전히 감싸게 되어 있는 형태의 렌치를 말한다.
- ㉡ 6각 볼트·너트를 조이고 풀 때 가장 적합한 공구이다.
- ㉢ 볼트머리나 너트 주위를 완전히 감싸기 때문에 사용 중 미끄러질 위험성이 작다.

※ 엘(L)렌치 : 6각형 봉을 L자 모양으로 구부려서 만든 렌치이다.

### 10년간 자주 출제된 문제

**5-1. 토크렌치의 가장 올바른 사용법은?**
① 렌치 끝을 한 손으로 잡고 돌리면서 눈은 게이지 눈금을 확인한다.
② 렌치 끝을 양손으로 잡고 돌리면서 눈은 게이지 눈금을 확인한다.
③ 왼손은 렌치 중간 지점을 잡고 돌리며 오른손은 지지점을 누르고 게이지 눈금을 확인한다.
④ 오른손은 렌치 끝을 잡고 돌리며 왼손은 지지점을 누르고 눈은 게이지 눈금을 확인한다.

**5-2. 실린더 헤드 볼트를 조일 때 마지막으로 사용하는 공구는?**
① 토크렌치
② 소켓렌치
③ 오픈엔드렌치(스패너)
④ 조정렌치(멍키)

**5-3. 복스렌치가 오픈엔드렌치보다 비교적 많이 사용되는 이유로 옳은 것은?**
① 두 개를 한 번에 조일 수 있다.
② 마모율이 작고 가격이 저렴하다.
③ 다양한 볼트, 너트의 크기를 사용할 수 있다.
④ 볼트와 너트 주위를 감싸 힘의 균형 때문에 미끄러지지 않는다.

**5-4. 6각 볼트·너트를 조이고 풀 때 가장 적합한 공구는?**
① 바이스
② 플라이어
③ 드라이버
④ 복스렌치

**5-5. 볼트나 너트를 조이고 풀 때 사항으로 틀린 것은?**
① 규정토크를 2~3회 나누어 조인다.
② 볼트와 너트는 규정토크로 조인다.
③ 토크렌치를 사용한다.
④ 규정 이상의 토크로 조이면 나사부가 손상된다.

|해설|

**5-3**
복스렌치는 6각 볼트·너트를 조이고 풀 때 가장 적합한 공구이고 오픈엔드렌치는 볼트나 너트를 감싸는 부분의 양쪽이 열려 있어 연료 파이프의 피팅(Fitting) 및 브레이크 파이프의 피팅 등을 풀거나 조일 때 사용하는 렌치이다.

**정답** 5-1 ④  5-2 ①  5-3 ④  5-4 ④  5-5 ③

① 감전사고에 주의한다. 특히 물이 묻은 손으로 작업해서는 안 된다.
② 전선코드의 취급을 안전하게 한다.
③ 회전하는 공구는 적정 회전수로 사용하여 과부하가 걸리지 않도록 한다.
④ 공기밸브 작동 시 서서히 열고 닫는다.
⑤ 컴프레서의 압축된 공기의 물 빼기를 할 때는 저압상태에서 배수플러그를 조심스럽게 푼다.
⑥ 공압공구 사용 시 무색 보안경을 착용한다.
⑦ 공압공구 사용 중 고무호스가 꺾이지 않도록 주의한다.
⑧ 호스는 공기압력을 견딜 수 있는 것을 사용한다.
⑨ 공기압축기의 활동부는 윤활유 상태를 점검한다.
※ 벨트 취급에 대한 안전 사항
  • 벨트 교환 시 회전을 완전히 멈춘 상태에서 한다.
  • 벨트의 회전이 완전히 멈춘 상태에서 손으로 잡아야 한다.
  • 벨트의 적당한 장력을 유지하도록 한다.
  • 벨트에 기름이 묻지 않도록 한다.

---

**10년간 자주 출제된 문제**

**6-1. 동력전달장치에서 재해가 가장 많은 것은?**
① 차 축
② 암
③ 벨 트
④ 커플링

**6-2. 에어 컴프레서의 설치 시 준수해야 할 안전사항으로 틀린 것은?**
① 벽에서 30[cm] 이상 떨어지지 않게 설치할 것
② 실온이 40[℃] 이상 되는 고온장소에 설치하지 말 것
③ 타 기계설비와의 이격거리는 1.5[m] 이상 유지할 것
④ 급유 및 점검 등이 용이한 장소에 설치할 것

**6-3. 공압공구를 사용할 때의 주의사항으로 가장 거리가 먼 것은?**
① 공압공구 사용 시 차광안경을 착용한다.
② 사용 중 고무호스가 꺾이지 않도록 주의한다.
③ 호스는 공기압력을 견딜 수 있는 것을 사용한다.
④ 공기압축기의 활동부는 윤활유 상태를 점검한다.

|해설|

**6-1**
벨트는 회전 부위에서 노출되어 있어 재해발생률이 높다. 차축, 암, 커플링은 대부분 케이스 내부에 있다.

**6-2**
건축물의 벽면에 근접하여 설치할 경우는 벽에서 30[cm] 이상 떨어져 있어야 한다.

**6-3**
공압공구 사용 시 무색 보안경을 착용한다.

**정답** 6-1 ③  6-2 ①  6-3 ①

## 핵심이론 07 | 그라인더(연삭기) 작업 시 주의사항

① 날이 있는 공구를 다룰 때에는 다치지 않도록 한다.
② 숫돌 바퀴의 측면을 이용하여 공작물을 연삭해서는 안 된다(소형 숫돌은 측압에 약하므로 측면사용을 금지할 것).
③ 연삭 작업 중에는 반드시 보안경을 착용하여야 한다.
④ 숫돌 바퀴의 정면에 서지 말고 정면에서 약간 벗어난 곳에 서서 연삭 작업을 하여야 한다.
⑤ 숫돌 커버를 벗겨 놓고 사용하지 않는다.
⑥ 숫돌차와 받침대 사이의 간격은 3[mm] 이하로 한다.
⑦ 숫돌차를 끼우기 전에 외관을 점검하고 균열검사를 한다.
⑧ 숫돌 교환 후 사용 전 3분 정도의 시운전을 한다.
⑨ 회전속도는 규정속도를 넘지 않도록 한다.
⑩ 작업 중 진동이 심하면 즉시 작업을 중지해야 한다.
※ 연삭기 작업 시 발생할 수 있는 사고
  • 회전하는 연삭숫돌의 파손
  • 비산하는 입자
  • 작업자의 옷자락 및 손이 말려 들어감
  • 작업복 등이 말려드는 위험이 주로 존재하는 기계 및 기구 : 회전축, 커플링, 벨트
※ 회전부분(기어, 벨트, 체인) 등은 신체의 접촉을 방지하기 위하여 반드시 커버를 씌어둔다.

### 10년간 자주 출제된 문제

**7-1. 다음 중 그라인더 작업 시 주의사항으로 틀린 것은?**
① 회전속도는 규정속도를 넘지 않도록 한다.
② 작업을 할 때는 반드시 보호안경을 착용한다.
③ 작업 중 진동이 심하면 즉시 작업을 중지해야 한다.
④ 공구연삭 시 받침대와 숫돌 사이의 틈새는 5[mm] 이상이 되도록 한다.

**7-2. 그라인더 작업 시 주의사항 중 틀린 것은?**
① 작업을 할 때는 반드시 보호안경을 사용한다.
② 숫돌의 측면을 사용하면 좋은 가공면을 얻을 수 있다.
③ 회전속도는 규정 이상으로 내지 않도록 한다.
④ 작업 중 진동이 심하면 즉시 작업을 중지해야 한다.

**7-3. 동력기계인 그라인더 연삭작업 안전수칙으로 옳은 것은?**
① 숫돌차를 교환하기 전에 외관을 점검하고 균열을 검사할 것
② 숫돌차와 받침대 사이의 간격은 10[mm] 이하로 할 것
③ 숫돌을 교환한 후 사용 전 20분 정도 시운전을 할 것
④ 시동 전 보안경은 착용하지 말 것

**7-4. 연삭숫돌 작업 중 숫돌이 파손되는 원인이 아닌 것은?**
① 숫돌과 공작물 재질이 맞지 않을 때
② 숫돌 커버가 없을 때
③ 숫돌 측면에 대고 작업할 때
④ 숫돌 회전수가 규정 이상일 때

**7-5. 그라인더의 숫돌에 커버를 설치하는 주된 목적은?**
① 숫돌의 떨림을 방지하기 위해서
② 분진이 나는 것을 방지하기 위해서
③ 그라인더 숫돌의 보호를 위해서
④ 숫돌의 파괴 시 그 조각이 튀어 나오는 것을 방지하기 위해서

**7-6. 회전 중에 파괴될 위험성이 있는 연삭숫돌의 조치방법은?**
① 회전방지장치를 설치한다.
② 반발예방장치를 설치한다.
③ 복개장치를 설치한다.
④ 역회전장치를 설치한다.

**7-7. 수직 휴대용 연삭기에 허용되는 덮개 최대 노출각도는?**
① 60°
② 120°
③ 180°
④ 240°

**7-8. 회전 중인 연삭숫돌에 덮개를 설치해야 하는 직경의 크기 한도는?**
① 5[cm] 이상
② 10[cm] 이상
③ 15[cm] 이상
④ 20[cm] 이상

**정답** 7-1 ④  7-2 ②  7-3 ①  7-4 ②  7-5 ④  7-6 ③  7-7 ③  7-8 ①

① 가공 중에는 얼굴을 기계 가까이 대지 않는다. 밀링 작업 중에는 보호안경을 착용해야 한다.
② 절삭공구 교환 시에는 너트를 확실히 체결하고, 1분간 공 회전시켜 커터의 이상 유무를 점검한다.
③ 공작물 설치 시 절삭공구의 회전을 정지시킨다.
④ 테이블의 좌우로 이동하는 기계의 양단에는 재료나 가공품을 쌓아 놓지 않는다.
⑤ 상하 이송용 핸들은 사용 후 반드시 벗겨 놓는다.
⑥ 절삭공구에 절삭유를 주유 시에는 커터 위부터 주유한다.
⑦ 방호가드를 설치하고, 올바른 설치상태를 확인한다.
⑧ 절삭 중에는 테이블에 손 등을 올려놓지 않는다.
⑨ 회전하는 커터에 손을 대지 않는다.
⑩ 절삭유 노즐이 커터에 부딪치지 않도록 한다.
⑪ 칩이 비산하는 재료는 커터부분에 커버를 부착한다.

### 10년간 자주 출제된 문제

**8-1. 밀링 작업 방법으로 옳지 않은 것은?**
① 밀링 작업 중에는 보호안경을 착용해야 한다.
② 상하좌우 이송장치의 핸들을 사용한 후 완전히 조여 준다.
③ 회전하는 커터에 손을 대지 않는다.
④ 절삭유 노즐이 커터에 부딪치지 않도록 한다.

**8-2. 밀링 작업 시 안전수칙으로 틀린 것은?**
① 상하 이송용 핸들은 사용 후 반드시 벗겨 두어야 한다.
② 칩은 가늘고 예리하며 부상을 입히기 쉬우므로 반드시 장갑을 끼고 작업을 한다.
③ 칩이 비산하는 재료는 커터부분에 커버를 부착한다.
④ 가공 중에는 얼굴을 기계 가까이 대지 않는다.

|해설|

**8-2**
작업에서 생기는 칩은 가늘고 예리하며 비래 시 부상을 입기 쉬우므로 보안경을 쓰고, 장갑은 말려들 위험이 있으므로 끼지 않는다.

정답 8-1 ② 8-2 ②

① 상의의 옷자락은 안으로 넣고, 소맷자락을 묶을 때는 끈을 사용하지 않는다.
② 쇠 부스러기를 털어낼 경우에는 브러시로 하며, 맨손 또는 면장갑을 착용한 채로 털지 않는다. 특히 스핀들 내면이나 부시를 청소할 때는 기계를 정지시키고 브러시 또는 막대에 천을 씌워서 사용한다.
③ 쇠 부스러기의 비산 시 보안경을 쓰고 방호판을 설치하여 사용한다.
④ 회전 중에 가공품을 직접 만지지 않는다.
⑤ 가공물의 설치는 반드시 스위치를 끊고 바이트를 충분히 뗀 다음에 한다.
⑥ 돌리개는 적당한 크기의 것을 선택하고, 심압대 스핀들이 지나치게 나오지 않도록 한다.
⑦ 공작물의 설치가 끝나면 척, 렌치류는 곧 떼어 놓는다.
⑧ 편심된 가공물의 설치 시 균형추를 부착시킨다.
⑨ 기계 위에 공구나 재료를 올려놓지 않는다.
⑩ 이송을 걸어 둔 채 기계를 정지시키지 않는다.
⑪ 기계의 타력회전을 손이나 공구로 멈추지 않는다.
※ 선반의 안전장치
   • 보호가드(Guard)
   • 칩(Chip) 비산방지 및 칩 브레이커
   • 급정지장치

**9-1.** 다음은 선반 작업 시 재해 방지에 대한 설명이다. 틀린 것은?

① 기계 위에 공구나 재료를 올려놓지 않는다.
② 이송을 걸은 채 기계를 정지시키지 않는다.
③ 기계 타력회전을 손이나 공구로 멈추지 않는다.
④ 절삭 중이거나 회전 중에 공작물을 측정한다.

**9-2.** 선반 작업의 안전한 작업방법으로 잘못 설명된 것은?

① 정전 시 스위치를 끈다.
② 운전 중 장비청소는 금지한다.
③ 장갑을 착용하지 않는다.
④ 절삭작업할 때는 기계 곁을 떠나도 된다.

**9-3.** 선반 작업의 안전한 작업방법으로 잘못 설명된 것은?

① 정전 시 스위치를 끈다.
② 운전 중 장비청소는 금지한다.
③ 절삭 작업 시에는 장갑을 착용한다.
④ 절삭 작업할 때는 기계 곁을 떠나지 않는다.

**9-4.** 기계 가공작업 시 갑자기 정전이 되었을 때의 조치 중 틀린 것은?

① 스위치를 끈다.
② 퓨즈를 검사한다.
③ 스위치를 끄지 않고 그대로 둔다.
④ 공작물에서 공구를 떼어 놓는다.

|해설|

**9-1**
치수를 측정할 때는 선반을 멈추고 측정한다.

정답 9-1 ④  9-2 ④  9-3 ③  9-4 ③

---

## 핵심이론 **10** │ 드릴 및 리머 작업 시 유의사항

① 드릴의 탈부착은 회전이 완전히 멈춘 다음 행한다.
② 균열이 있는 드릴은 사용하지 않는다.
③ 구멍을 맨 처음 뚫을 때는 작은 힘으로 천천히 뚫는다.
④ 드릴은 날이 예리하기 때문에 손이 다치지 않도록 주의하여 취급한다.
⑤ 드릴은 고속회전하므로 장갑을 끼고 작업을 해서는 안 된다.
⑥ 드릴 작업 중 바이스나 고정장치에서 재료가 회전하지 않도록 단단히 고정하여야 한다.
⑦ 머리가 긴 사람은 안전모를 쓰고 소맷자락이 넓은 상의는 착용하지 않는다.
⑧ 칩(쇳가루)은 브러시로 털고 회전 중에 걸레나 입으로 불지 않는다.
⑨ 뚫린 구멍에 손가락을 넣지 않는다.
⑩ 기계 리머를 사용하는 경우에는 회전 부분에 의해 손을 다치지 않도록 주의한다.
⑪ 공작물을 단단히 고정시켜 따라 돌지 않게 한다.

**10-1. 드릴 작업의 안전수칙 중 올바르지 못한 것은?**

① 안전을 위해서 장갑을 끼고 작업한다.
② 머리가 긴 사람은 안전모를 쓴다.
③ 작업 중 쇳가루를 입으로 불어서는 안 된다.
④ 공작물을 단단히 고정시켜 따라 돌지 않게 한다.

**10-2. 다음 중 드릴 작업 시 일감이 드릴과 같이 회전하여 사고가 발생하기 가장 쉬운 때는?**

① 처음 시작할 때
② 절삭저항이 작을 때
③ 구멍을 중간 정도 뚫었을 때
④ 구멍이 거의 다 뚫렸을 때

**10-3. 전기드릴의 작업방법으로 틀린 것은?**

① 드릴의 탈부착은 회전이 완전히 멈춘 다음 행한다.
② 균열이 있는 드릴은 사용하지 않는다.
③ 작업 중 쇳가루는 불면서 작업한다.
④ 구멍을 맨 처음 뚫을 때는 작은 힘으로 천천히 뚫는다.

**10-4. 드릴 작업에서 구멍이 완전히 관통되었는가의 확인방법으로 알맞지 않은 것은?**

① 철사를 넣어 본다.
② 막대기를 넣어 본다.
③ 손가락을 넣어 본다.
④ 빛에 비추어 본다.

|해설|

**10-4**
드릴날 끝이 가공물을 관통하였는지 손으로 확인해서는 안 된다.

**정답** 10-1 ①　10-2 ④　10-3 ③　10-4 ③

---

**핵심이론 01 │ 연소의 개념**

① 연소의 3요소 : 가연물(연료), 점화원, 산소(공기)
② 점화원이 될 수 없는 것 : 기화열, 융해열, 흡착열 등
　※ 점화원 : 가연물과 산소에 연소(산화)반응을 일으킬 수 있는 활성화 에너지를 공급해 주는 것
③ 물질의 위험성을 나타내는 성질
　㉠ 인화점, 발화점, 착화점이 낮을수록
　㉡ 증발열, 비열, 표면장력이 작을수록
　㉢ 온도가 높을수록
　㉣ 압력이 클수록
　㉤ 연소범위가 넓을수록
　㉥ 연소속도, 증기압, 연소열이 클수록

**1-1. 연소의 3요소에 해당되지 않는 것은?**

① 가연물
② 연쇄반응
③ 점화원
④ 산 소

**1-2. 다음 중 점화원이 될 수 없는 것은?**

① 정전기
② 기화열
③ 전기불꽃
④ 못을 박을 때 튀는 불꽃

**1-3. 연소가 잘되는 조건으로 틀린 것은?**

① 발열량이 큰 것일수록 연소가 잘된다.
② 산화도가 작은 것일수록 연소가 잘된다.
③ 산소농도가 높은 것일수록 연소가 잘된다.
④ 건조도가 좋은 것일수록 연소가 잘된다.

**1-4. 연소에 관한 설명으로 틀린 것은?**

① 인화점이 낮을수록 착화점이 낮다.
② 인화점이 높을수록 위험성이 크다.
③ 연소범위가 넓을수록 위험성이 크다.
④ 착화온도가 낮을수록 위험성이 크다.

|해설|

**1-3**
산소와 접촉이 잘될수록 연소가 잘된다.

정답 1-1 ② 1-2 ② 1-3 ② 1-4 ②

---

**핵심이론 02 | 자연발화**

① 자연발화의 조건(4가지)
 ㉠ 발열량이 클 것
 ㉡ 열전도율이 작을 것
 ㉢ 주위의 온도가 높을 것
 ㉣ 표면적이 넓을 것
② 자연발화의 방지법(4가지)
 ㉠ 습도가 높은 것을 피할 것
 ㉡ 저장실의 온도를 낮출 것
 ㉢ 통풍을 잘 시킬 것
 ㉣ 퇴적 및 수납할 때 열이 쌓이지 않게 할 것
③ 자연발화의 영향요인
 ㉠ 수분 : 습도가 높으면 자연발화가 잘 일어난다.
 ㉡ 열전도율 : 열전도율이 크면 열이 축적되지 않기 때문에 자연발화가 일어나기 어렵다.
 ㉢ 열의 축적 : 열의 축적이 많으면 잘 일어난다.
 ㉣ 발열량 : 발열량이 크면 자연발화가 잘 일어난다.
 ㉤ 공기의 유동 : 통풍을 잘 시켜야 한다.
 ㉥ 퇴적방법 : 퇴적 및 수납 시 열이 쌓이지 않게 한다.

**다음 중 자연발화의 방지법과 가장 거리가 먼 것은?**

① 습도가 낮은 곳에 저장한다.
② 저장실의 온도 상승을 방지한다.
③ 해당 물질의 표면적이 넓은 것을 모아 저장한다.
④ 통풍이나 저장법을 고려하여 열 축적을 방지한다.

정답 ③

① 화재의 종류
  ㉠ A급 : 일반화재
  ㉡ B급 : 유류화재
  ㉢ C급 : 전기화재
  ㉣ D급 : 금속화재
② 화재의 종류에 따른 화재표시색상 및 소화기의 종류
  ㉠ A급화재(일반화재)-백색-포말 소화기, 물 소화기
  ㉡ B급화재(유류화재)-황색-분말 소화기
  ㉢ C급화재(전기화재)-청색-분말 소화기, 탄산가스 소화기
  ㉣ D급화재(금속화재)-무색-마른 모래, 소석회, 탄산수소염류, 금속화재용 소화분말 등

### 10년간 자주 출제된 문제

**3-1. 다음 중 화재의 분류가 바르게 짝지어진 것은?**

① B급화재 – 전기화재
② C급화재 – 가연성금속화재
③ A급화재 – 일반가연물화재
④ D급화재 – 유류화재

**3-2. 가스화재는 어떠한 화재에 포함시켜 취급하고 있는가?**

① 일반화재          ② 유류화재
③ 전기화재          ④ 금속화재

**3-3. 전기에 의한 화재의 진화작업 시 사용해야 할 소화기 중 가장 적합한 것은?**

① 탄산가스 소화기      ② 산, 알칼리 소화기
③ 포말 소화기          ④ 물 소화기

**3-4. 다음 소화기 중 B, C급 화재에 사용되는 것은?**

① 포말 소화기          ② 분말 소화기
③ 산, 알칼리 소화기      ④ 물 소화기

**정답** 3-1 ③   3-2 ②   3-3 ①   3-4 ②

① 인화성 물품을 취급하는 작업장에서는 라이터를 소지하지 않는다.
② 가연물은 불연성 커버로 덮고 물을 뿌리고 작업한다.
③ 용접 및 절단은 원칙적으로 가연물에서 격리된 실외에서 한다.
④ 작업 중에는 소화기를 준비하여야 한다.
⑤ 용접 및 절단은 인화성 물질이나 가연물 부근에서 절대로 하지 않는다.
⑥ 소화기는 눈에 잘 띄는 장소 및 발화장소에서 이용하기 쉬운 장소에 틀을 만들어 배치하고, 정기적으로 점검하여 언제나 유효하도록 유지한다.
⑦ 비상구의 전후에 장해가 되는 물품을 쌓아 두면 안된다.
⑧ 비상구 부근의 조명이 충분한지 잘 점검한다.
※ 최적의 공연비 : 이론적으로 완전연소가 가능한 공연비, 즉 공기가 완전히 연소하기 위하여 이론상으로 과하거나 부족하지 않은 공기와 연료의 최적 비율을 말한다.

### 10년간 자주 출제된 문제

**4-1. 소화기 사용 시 주의사항으로 틀린 것은?**

① 골고루 소화해야 한다.
② 바람을 등지고 소화해야 한다.
③ 소화기는 큰 화재에만 사용한다.
④ 발화점 부위 가까이 접근한 후 사용한다.

**4-2. 최적의 공연비란?**

① 이론적으로 완전연소가 가능한 공연비
② 연소가능 범위의 공연비
③ 희박한 공연비
④ 농후한 공연비

|해설|

4-1
초기 화재상황에서 소화기의 위력은 절대적이다.

**정답** 4-1 ③   4-2 ①

## 핵심이론 05 | 전기화재

① 전기화재의 원인 : 단락(합선), 과전류, 누전, 절연 불량, 불꽃방전(스파크), 접속부 과열 등

※ 전기화재를 일으키는 원인 중 비중이 가장 큰 것은 단락(합선)이다.

② 전기 안전작업

　㉠ 정전기가 발생하는 부분은 접지한다.

　㉡ 물기가 있는 손으로 전기 스위치를 조작하지 않는다.

　㉢ 전기장치 수리는 담당자가 아니면 하지 않는다.

　㉣ 변전실 고전압의 스위치를 조작할 때는 절연판 위에서 한다.

---

### 10년간 자주 출제된 문제

**5-1. 전기화재의 원인이 아닌 것은?**

① 단락에 의한 발화
② 과전류에 의한 발화
③ 정전기에 의한 발화
④ 단선에 의한 발화

**5-2. 전기화재를 일으키는 원인 중 비중이 가장 큰 것은?**

① 과전류　　　　② 단락(합선)
③ 지 락　　　　 ④ 절연불량

**5-3. 전기 안전작업 중 틀린 것은?**

① 정전기가 발생하는 부분은 접지한다.
② 물기가 있는 손으로 전기 스위치를 조작하여도 무방하다.
③ 전기장치 수리는 담당자가 아니면 하지 않는다.
④ 변전실 고전압의 스위치를 조작할 때는 절연판 위에서 한다.

|정답| 5-1 ④　5-2 ②　5-3 ②

---

## 핵심이론 06 | 감전사고 발생 시 조치사항

① 감전자 구출 : 전원을 차단하거나 접촉된 충전부에서 감전자를 분리하여 안전지역으로 대피

② 감전자 상태 확인

　㉠ 큰소리로 소리치거나 볼을 두드려서 의식 확인

　㉡ 입, 코에 손을 대어 호흡 확인

　㉢ 손목이나 목 옆의 동맥을 짚어 맥박 확인

　㉣ 추락 시에는 출혈이나 골절 유무를 확인

　㉤ 의식불명이나 심장정지 시에는 즉시 응급조치를 실시

③ 응급조치

　㉠ 기도 확보 : 바르게 눕힌 상태에서 턱을 당기고 머리를 젖혀 기도를 확보한 후 입속의 이물질 제거 및 혀를 꺼냄

　㉡ 인공호흡 : 매분 12~15회, 30분 이상 지속

　　※ 인공호흡 소생률 : 1분-95[%], 3분-75[%], 4분-50[%], 5분-25[%] → 4분 이내에 최대한 빨리 인공호흡을 시작하는 것이 중요

　㉢ 심장마사지 : 심장이 정지한 경우에는 2명이 인공호흡과 심장마사지를 동시 진행(심폐소생술)

　　※ 심장마사지 : 기관 내 삽관 시 마사지 5회 후 인공호흡 1회를 교대로 시행하며 분당 100회 속도로 흉골 사이를 압박한다.

　㉣ 회복자세 : 감전자가 편안하도록 머리와 목을 펴고 사지는 약간 굽힌 자세

④ 감전자 구출 후 구급대에 지원요청을 하고, 주변의 안전을 확보하여 2차 재해를 예방

**10년간 자주 출제된 문제**

**6-1. 감전사고로 인한 의식불명의 환자에게 적절한 응급조치는 어느 것인가?**

① 전원을 차단하고, 인공호흡을 한다.
② 전원을 차단하고, 찬물을 준다.
③ 전원을 차단하고, 온수를 준다.
④ 전기충격을 가한다.

**6-2. 감전사고 발생 시 조치사항으로 적당하지 않은 것은?**

① 귀밑에 소리를 내어 감전자의 의식상태를 확인한다.
② 우선 손으로 감전자의 심장박동을 확인한다.
③ 감전자를 위험지역으로부터 이탈시킨다.
④ 전원을 차단한다.

**정답** 6-1 ① 6-2 ②

---

**핵심이론 07 | 아크용접기의 감전 방지**

① 교류아크용접기 : 금속전극(피복용접봉)과 모재의 사이에서 아크를 내어 모재의 일부를 녹임과 동시에, 전극봉 자체도 선단부터 녹아 떨어져 모재와 융합하여 용접하는 장치이다.

② 감전사고 방지대책
　㉠ 자동전격방지장치의 사용
　㉡ 절연용접봉 홀더의 사용
　㉢ 적정한 케이블의 사용
　㉣ 2차 측 공통선의 연결
　㉤ 절연장갑의 사용
　㉥ 용접기의 외함은 반드시 접지

※ 자동전격방지장치 : 용접작업 시에만 주회로를 형성하고 그 외에는 출력 측의 2차 무부하 전압을 저하시키는 장치로, 아크발생을 정지시켰을 때 0.1초 이내에 용접기의 출력 측 무부하 전압을 자동적으로 25[V] 이하의 안전전압으로 강하시키는 장치이다.

※ 절연용접봉 홀더 사용 : 아크용접기의 감전위험성은 2차 무부하 상태일 때 홀더 등 충전부에 접촉하는 경우 감전 위험성이 높아지므로 절연홀더를 사용한다.

**10년간 자주 출제된 문제**

**7-1. 아크용접기의 감전 방지를 위해 사용되는 장치는?**

① 중성점 접지
② 2차 권선방지기
③ 리밋 스위치
④ 전격방지기

**7-2. 교류아크용접기의 감전 방지를 위한 것이 아닌 것은?**

① 1차 측 무부하 전압이 낮은 용접기 사용
② 자동전격방지장치 설치
③ 절연용접봉 홀더 사용
④ 절연장갑 사용

**정답** 7-1 ④ 7-2 ①

## 핵심이론 08 | 전기용접 작업 시 유의사항

① 기름이 밴 작업복이나 앞치마는 인화될 우려가 있으므로 세탁된 것과 바꿔 입는다.
② 주머니에 인화되기 쉬운 것과 위험한 것은 넣지 않는다.
③ 작업화 밑바닥에 정을 박은 것은 신지 않는다.
④ 슬래그를 제거할 때에는 방진안경을 착용한다.
⑤ 슬래그 제거는 상대편에 사람이 없고 부스러기가 날아가지 않도록 해머로 두드린다.
⑥ 감전 방지 누전차단기 등을 미리 점검한다.
⑦ 적정전류로 작업한다.
⑧ 환기장치를 완전히 한 곳에서 작업한다.
⑨ 작업을 중지할 때에는 전원 스위치를 끄고 전극 클램프를 풀어 둔다.
⑩ 용접 작업 시 차광안경(차광도 6~7°)을 사용한다.
⑪ 홀더는 항상 파손되지 않은 것을 사용하며 몸에 닿지 않게 한다.
⑫ 우천 시 옥외작업을 하지 않는다.
⑬ 벗겨진 코드 선은 사용하지 않는다.

① 가스화재를 일으키는 가연물질 : 메테인(메탄), 에테인 (에탄), 프로페인(프로판), 뷰테인(부탄), 수소, 아세틸렌가스

② 배기가스의 유해성분 : 일산화탄소($CO$), 탄화수소, 질소산화물($NO_2$), 매연, 황산화물($SO_2$)

③ 각종 가스용기의 도색구분(고압가스 안전관리법 시행규칙 별표 24)

| 가스의 종류 | 도색구분 | 가스의 종류 | 도색구분 |
|---|---|---|---|
| 산 소 | 녹 색 | 아세틸렌 | 황 색 |
| 수 소 | 주황색 | 액화염소 | 갈 색 |
| 액화탄산가스 | 청 색 | 액화암모니아 | 백 색 |
| 액화석유가스 (LPG) | 밝은 회색 | 그밖의 가스 | 회 색 |

### 10년간 자주 출제된 문제

**9-1. 가스화재를 일으키는 가연물질로만 되어 있는 것은?**

① 에탄, 프로판, 부탄, 등유, 가솔린
② 에탄, 메탄, 부탄, 가솔린, 경유
③ 메탄, 에탄, 프로판, 부탄, 수소
④ 에탄, 중유, 부탄, 펜탄, 가솔린

**9-2. 인화성 물질이 아닌 것은?**

① 질소가스
② 프로판가스
③ 메탄가스
④ 아세틸렌가스

**9-3. 다음 중 인화성 가스에 해당하지 않는 것은?**

① 수 소
② 산 소
③ 메 탄
④ 아세틸렌

**9-4. 농용 엔진(가솔린) 작동 시 발생하는 배기가스에 포함된 가스 중 인체에 가장 피해가 적은 것은?**

① $CO_2$
② $CO$
③ $NO_2$
④ $SO_2$

**9-5. 다음 중 가스용기 표시에서 가스별 표시색깔이 바르지 않은 것은?**

① 산소 : 녹색
② 아세틸렌 : 황색
③ 수소 : 갈색
④ 액화 탄산가스 : 청색

**9-6. 다음 고압가스 용기 중 수소가스 용기의 색깔은?**

① 녹 색
② 주황색
③ 백 색
④ 황 색

**9-7. 일반적으로 가스용접 시 아세틸렌 용접기에서 사용하는 아세틸렌 고무호스의 색깔은?**

① 백 색
② 적 색
③ 회 색
④ 청 색

|해설|

**9-2**
질소는 불연성이고 안정성이 뛰어나긴 하나 밀폐된 공간에서 사용 시 질식의 우려가 있다.

**9-3**
산소는 연소를 도와주는 조연성 가스이다.

**9-7**
용접기용 호스(관)
•산소 : 흑색, 녹색
•아세틸렌 : 황색, 적색

**정답** 9-1 ③  9-2 ①  9-3 ②  9-4 ①  9-5 ③  9-6 ②  9-7 ②

## 핵심이론 10 | 가스용접에서의 안전수칙

① 가스 누설은 비눗물로 점검하고 깨끗이 닦아 줄 것
② 가스용접 불빛을 맨눈으로 보지 않도록 하고, 작업할 때는 보안경을 낄 것
③ 밸브의 개폐는 서서히 할 것
④ 작업을 중단하거나 마치고 작업장소를 떠날 경우에는 가스 등의 공급구의 밸브나 콕을 잠글 것
⑤ 용기 취급 시 주의사항
   ㉠ 직사광선을 피하고, 통풍이나 환기가 충분한 장소에 저장할 것
   ㉡ 용기의 온도를 40[℃] 이하로 유지할 것
   ㉢ 사용 전 또는 사용 중인 용기와 그 밖의 용기를 정확히 구별하여 보관할 것
   ㉣ 산소 사용 후 용기가 비어 있을 때는 반드시 밸브를 잠가 둘 것
   ㉤ 가연성 물질이 있는 곳에 용기를 보관하지 말 것
   ㉥ 산소병 내에 다른 가스를 혼합하지 말 것
   ㉦ 기름이 묻은 손이나 장갑을 착용하고 취급하지 말 것
   ㉧ 용기의 밸브가 얼었을 경우 따뜻한 물로 녹일 것
   ㉨ 용기에 충돌, 충격을 가하지 말 것
   ㉩ 산소용기의 운반 시 밸브를 닫고 캡을 씌워서 이동할 것
   ㉪ 저장 또는 사용 중의 용기는 항상 세워둘 것

**10-1. 가스용접에서 안전수칙에 어긋나는 것은?**

① 가스 누설은 비눗물로 점검하고 깨끗이 닦아 준다.
② 가스용접 불빛을 맨눈으로 보지 않도록 하고, 작업할 때는 보안경을 끼고 작업하도록 한다.
③ 산소용기를 운반할 때는 밸브를 열고 캡을 씌워서 이동한다.
④ 가스용기에 화기를 가하지 않는다.

**10-2. 가스용접 작업의 안전사항으로 적당하지 않은 것은?**

① 아세틸렌 누설검사는 비눗물을 사용하여 검사한다.
② 산소병은 직사광선이 드는 곳에 60[℃] 이하로 보관한다.
③ 아세틸렌용기는 충격을 가하지 말고 신중히 취급하여야 한다.
④ 산소병은 뉘어 놓지 않는다.

**10-3. 아세틸렌 접촉 부분에 구리의 함유량이 70[%] 이상인 구리합금을 사용하면 안 되는 이유는?**

① 아세틸렌이 부식되므로
② 아세틸렌이 구리를 부식시키므로
③ 폭발성이 있는 화합물을 생성하므로
④ 구리가 가열되므로

**10-4. 다음 중 가스용접에 있어 준수하여야 하는 안전수칙으로 틀린 것은?**

① 밸브의 개폐는 서서히 할 것
② 용기의 온도를 40[℃] 이하로 유지할 것
③ 용해아세틸렌의 용기는 항상 안전을 위해서 뉘어서 보관할 것
④ 작업을 중단하거나 마치고 작업장소를 떠날 경우에는 가스 등의 공급구의 밸브나 콕을 잠글 것

**10-5. 금속의 용접·용단 또는 가열에 사용되는 가스 등의 용기를 취급하는 방법으로 적합하지 않은 것은?**

① 운반하는 경우에는 캡을 씌울 것
② 통풍이나 환기가 충분한 장소에 저장할 것
③ 용기의 온도를 40[℃] 이상으로 유지할 것
④ 사용 전 또는 사용 중인 용기와 그 밖의 용기를 정확히 구별하여 보관할 것

**10-6. 산소용접기를 취급할 때 주의사항에 위배되는 것은?**

① 산소 사용 후 용기가 비어 있을 때는 반드시 밸브를 잠가 둘 것
② 항상 기름을 칠하여 밸브조작이 잘되도록 할 것
③ 밸브의 개폐는 천천히 할 것
④ 용기는 항상 40[℃] 이하로 유지할 것

|해설|

**10-4**

**아세틸렌용기 관리**

• 반드시 똑바로 세워서 보관 → 용기 전도 시 아세톤이 아세틸렌 가스와 함께 분출되어 위험
• 화기 주변이나 온도가 높은 장소에 보관 금지 → 용기 상부의 가용안전밸브 손상 위험

**정답** 10-1 ③  10-2 ②  10-3 ③  10-4 ③  10-5 ③  10-6 ②

---

**핵심이론 11 | 인화성 유해위험물에 대한 공통적인 성질**

① 매우 인화되기 쉽다.
② 착화온도가 낮은 것은 위험하다.
③ 물보다 가볍고 물에 녹기 어렵다.
④ 발생된 가스는 대부분 공기보다 무겁다.
⑤ 발생된 가스는 공기와 약간 혼합되어도 연소의 우려가 있다.

**11-1. 다음 중 인화성 유해위험물에 대한 공통적인 성질을 설명한 것으로 틀린 것은?**

① 착화온도가 낮은 것은 위험하다.
② 물보다 가볍고 물에 녹기 어렵다.
③ 발생된 가스는 대부분 공기보다 가볍다.
④ 발생된 가스는 공기와 약간 혼합되어도 연소의 우려가 있다.

**11-2. 부품의 세척 작업 중 알칼리성이나 산성의 세척유가 눈에 들어갔을 경우에 가장 좋은 응급조치방법은?**

① 먼저 바람 부는 쪽을 향해 눈을 크게 뜨고 눈물을 흘린다.
② 먼저 산성 세척유로 중화시킨다.
③ 먼저 붕산수를 넣어 중화시킨다.
④ 먼저 흐르는 수돗물로 씻어 낸다.

**정답** 11-1 ③  11-2 ④

## 핵심이론 12 | 유류의 안전

① 유류화재 시 조치사항

  ㉠ 분말소화기를 사용한다.

  ㉡ 모래를 뿌린다.

  ㉢ 가마니를 덮는다.

  ㉣ 주수 소화를 하게 되면 유류가 물과 섞이지 않기 때문에 유류 표면이 분산되어 화재면(연소면)을 확대시킬 우려가 있어 매우 위험하다.

② 농업기계용 엔진 고장 방지를 위해 사용하는 윤활유 취급

  ㉠ 기계에 알맞은 윤활유를 사용한다.

  ㉡ 산화 안전성이 우수한 오일을 사용한다.

  ㉢ 계절에 따른 적정 점도의 윤활유를 사용한다.

  ㉣ 엔진 오일량은 적정한 양(규정량)을 채워 넣어 준다.

  ㉤ 급유, 점검주기는 기종이나 운전조건에 따라 매일, 매주, 매월, 3개월, 6개월, 1년 단위의 정기적인 주기로 통일하여 구분한다.

③ 연료 탱크를 수리할 때 가장 주의해야 할 사항 : 가솔린 및 가솔린 증기가 없도록 한다. 즉, 탱크 내의 연료를 비우고, 내부의 연료증발가스를 완전히 제거해야 한다.

### 10년간 자주 출제된 문제

**12-1. 유류화재 시의 조치사항으로 맞지 않는 것은?**

① 분말소화기를 사용한다.   ② 모래를 뿌린다.

③ 가마니를 덮는다.       ④ 물을 부어 끈다.

**12-2. 농업기계는 휘발유, 경유 등의 연료를 사용한다. 유류 취급 안전에 관련하여 가장 적합한 설명은?**

① 모든 연료를 드럼통으로 구입하여 사용하고 드럼통으로 보관한다.

② 연료를 알맞게 구입하여 모두 사용하거나 사용하다 남은 연료는 화재 위험이 없는 곳에 별도 보관한다.

③ 등유나 경유는 화재 위험이 없으므로 아무 곳에 보관하여도 된다.

④ 화재 위험이 많은 휘발유는 주유소에 가서 기계에 직접 주유하고, 경유는 별도 용기에 구입 보관한다.

**12-3. 농업기계용 엔진 고장 방지를 위해 사용하는 윤활유에 대한 설명으로 틀린 것은?**

① 기계에 알맞은 윤활유를 사용한다.

② 산화 안전성이 우수한 오일을 사용한다.

③ 계절에 따른 적정점도의 윤활유를 사용한다.

④ 엔진오일량은 규정량보다 조금 많게 채워 넣어 준다.

**12-4. 농업기계용 엔진 고장을 미연에 방지하고 안전사고를 예방하기 위하여 윤활유를 사용해야 하는데, 다음 중 잘못된 것은?**

① 기계에 알맞은 윤활유 사용

② 적정한 양의 윤활유 주유

③ 계절에 따른 적정점도의 윤활유 사용

④ 윤활유는 1년에 한 번씩 교환

**12-5. 동력 경운기를 변속기 내 윤활유 없이 주행을 했을 때, 발생하는 고장에 대한 설명으로 틀린 것은?**

① 소음이 크게 발생된다.

② 베어링과 기어류가 과열된다.

③ 주행이 점차 어려워진다.

④ 변속기 회전력이 증가된다.

**12-6. 연료탱크를 수리할 때 가장 주의해야 할 사항은?**

① 가솔린 및 가솔린 증기가 없도록 한다.

② 탱크의 찌그러짐을 편다.

③ 연료계의 배선을 푼다.

④ 수분을 없앤다.

|해설|

**12-3**

엔진 오일량이 규정량보다 많거나 적으면 엔진에 나쁜 영향을 미친다.

**12-4**

급유, 점검주기는 기종이나 운전조건에 의해 여러 가지로 다르지만 조사 데이터에 의해 매일, 매주, 매월, 3개월, 6개월, 1년 단위의 정기적인 주기로 통일하여 구분한다.

정답 12-1 ④  12-2 ②  12-3 ④  12-4 ④  12-5 ④  12-6 ①

## 핵심이론 01 | 작업복장 및 작업안전

① 작업장에서의 작업복 착용

    ㉠ 규격에 적합하고, 몸에 맞는 것을 입는다.

    ㉡ 작업의 종류에 따라 정해진 작업복을 착용한다.

    ㉢ 기름 등 이물질이 묻은 작업복은 입지 않는다.

    ㉣ 수건은 허리춤 또는 목에 감지 않는다.

② 작업장 내 정리 정돈

    ㉠ 자기 주위는 자기가 정리 정돈한다.

    ㉡ 작업장 주위 안전사항은 항상 확인하여야 한다.

    ㉢ 작업장의 제반 규칙을 준수한다.

    ㉣ 인화물은 격리시켜 사용한다.

    ㉤ 작업장 바닥은 넘어지거나 미끄러질 위험이 있으므로 기름을 칠한 걸레로 닦지 않는다.

    ㉥ 공구는 항상 정해진 위치에 나열하여 놓는다.

    ㉦ 소화기구나 비상구 근처에는 물건을 놓지 않는다.

    ㉧ 쓰고 남은 기름은 전문처리업자에게 의뢰하여 처리한다.

    ㉨ 기름걸레는 정해진 용기에 보관한다.

    ㉩ 전등갓은 연소하기 쉬운 것을 사용하지 않는다.

③ 작업장에서의 태도

    ㉠ 안전한 작업장 환경 조성을 위해 노력한다.

    ㉡ 자신의 안전과 동료의 안전을 고려한다.

    ㉢ 안전작업방법을 준수한다.

    ㉣ 공구, 자재 등 물품을 던지지 않는다.

    ㉤ 흡연은 정해진 장소에서 한다.

---

### 10년간 자주 출제된 문제

**1-1. 정비작업복에 대한 일반수칙으로 틀린 것은?**

① 몸에 맞는 것을 입는다.

② 수건을 허리춤에 차고 작업한다.

③ 기름이 밴 정비복을 입지 않는다.

④ 상의의 옷자락이 밖으로 나오지 않게 한다.

**1-2. 작업장 내 정리 정돈에 대한 설명으로 틀린 것은?**

① 자기 주위는 자기가 정리 정돈한다.

② 작업장 바닥은 기름을 칠한 걸레로 닦는다.

③ 공구는 항상 정해진 위치에 나열하여 놓는다.

④ 소화기구나 비상구 근처에는 물건을 놓지 않는다.

**1-3. 작업장의 안전사항 중 잘못된 것은?**

① 작업장 주위 안전사항은 항상 확인하여야 한다.

② 작업장의 제반 규칙을 준수한다.

③ 공구 및 장구의 정돈은 필요시에만 한다.

④ 인화물은 격리시켜 사용한다.

**1-4. 작업장에서의 태도로 틀린 것은?**

① 안전한 작업장 환경 조성을 위해 노력한다.

② 자신의 안전과 동료의 안전을 고려한다.

③ 안전작업방법을 준수한다.

④ 효율을 위해 멀리 있는 작업자에게 공구를 던져 준다.

|해설|

**1-2**

작업장 바닥은 넘어지거나 미끄러질 위험이 없도록 안전하고 청결한 상태로 유지하여야 한다.

**1-3**

공구는 항상 정해진 위치에 나열하여 놓는다.

**1-4**

공구, 자재 등 물품을 던지지 않는다.

정답 1-1 ② 1-2 ② 1-3 ③ 1-4 ④

## 핵심이론 02 | 작업장의 조명기준

① 작업장의 조도(산업안전보건기준에 관한 규칙 제8조)
사업주는 근로자가 상시 작업하는 장소의 작업면 조도(照度)를 다음의 기준에 맞도록 하여야 한다. 다만, 갱내(坑內) 작업장과 감광재료(感光材料)를 취급하는 작업장은 그러하지 아니하다.
  ㉠ 초정밀작업 : 750[lx] 이상
  ㉡ 정밀작업 : 300[lx] 이상
  ㉢ 보통작업 : 150[lx] 이상
  ㉣ 그 밖의 작업 : 75[lx] 이상

---

**10년간 자주 출제된 문제**

**2-1. 다음 중 산업안전보건기준에 관한 규칙에서 규정한 작업장의 조명기준으로 틀린 것은?**
① 초정밀작업 : 750[lx] 이상
② 정밀작업 : 300[lx] 이상
③ 보통작업 : 100[lx] 이상
④ 그 밖의 작업 : 75[lx] 이상

**2-2. 다음 중 가장 강한 조도를 필요로 하는 것은?**
① 저속작업, 정교한 끝맺음작업
② 포장 및 출하작업
③ 자동기계작업 및 운전작업
④ 정밀연마, 조정 및 조립

**2-3. 농업기계의 정비 시 상시적으로 정밀한 작업을 하는 장소의 작업면 조도기준으로 옳은 것은?**
① 50[lx] 이상          ② 100[lx] 이상
③ 150[lx] 이상          ④ 300[lx] 이상

정답 2-1 ③  2-2 ④  2-3 ④

---

## 핵심이론 03 | 보호구

① 안전인증대상 보호구(산업안전보건법 시행령 제74조)
  ㉠ 추락 및 감전 위험방지용 안전모, 안전화, 안전장갑, 안전대
  ㉡ 방진마스크, 방독마스크, 송기마스크
  ㉢ 전동식 호흡보호구, 보호복
  ㉣ 차광(遮光) 및 비산물(飛散物) 위험방지용 보안경
  ㉤ 용접용 보안면, 방음용 귀마개 또는 귀덮개

② 보호구의 구비조건
  ㉠ 착용이 간편할 것
  ㉡ 작업에 방해가 안 될 것
  ㉢ 위험·유해요소에 대한 방호성능이 충분할 것
  ㉣ 재료의 품질이 양호할 것
  ㉤ 구조와 끝마무리가 양호할 것
  ㉥ 외양과 외관이 양호할 것

③ 보호구 선택 시 주의사항
  ㉠ 사용목적에 적합해야 한다.
  ㉡ 품질이 좋아야 한다.
  ㉢ 쓰기 쉽고, 손질하기 쉬워야 한다.
  ㉣ 사용자에게 잘 맞아야 한다.

**3-1. 다음은 검정대상 보호구이다. 해당하지 않는 것은?**

① 안전양말
② 안전장갑
③ 보안경
④ 안전모

**3-2. 보호구가 갖추어야 할 구비조건 중 거리가 먼 것은?**

① 구조가 복잡할 것
② 착용이 간편할 것
③ 재료의 품질이 우수할 것
④ 작업에 방해가 되지 않을 것

**3-3. 다음 중 보호구를 선정할 때 일반적인 주의사항으로 틀린 것은?**

① 내구성이 좋아야 한다.
② 신체의 노출이 많도록 한다.
③ 해당 작업에 적합하여야 한다.
④ 작업 중 활동에 저항을 주지 말아야 한다.

정답 3-1 ① 3-2 ① 3-3 ②

## 핵심이론 04 | 작업별 보호구(산업안전보건기준에 관한 규칙 제32조)

① 안전모 : 물체가 떨어지거나 날아올 위험 또는 근로자가 추락할 위험이 있는 작업
   ㉠ 추락에 의한 위험방지
   ㉡ 머리 부위 감전에 의한 위험방지
   ㉢ 물체의 낙하 또는 비래에 의한 위험방지
② 안전대(安全帶) : 높이 또는 깊이 2[m] 이상의 추락할 위험이 있는 장소에서 하는 작업
③ 안전화 : 물체의 낙하·충격, 물체에의 끼임, 감전 또는 정전기의 대전(帶電)에 의한 위험이 있는 작업
④ 보안경 : 물체가 흩날릴 위험이 있는 작업
⑤ 보안면 : 용접 시 불꽃이나 물체가 흩날릴 위험이 있는 작업
⑥ 절연용 보호구 : 감전의 위험이 있는 작업
⑦ 방열복 : 고열에 의한 화상 등의 위험이 있는 작업
⑧ 방진마스크 : 선창 등에서 분진(粉塵)이 심하게 발생하는 하역작업
⑨ 방한모·방한복·방한화·방한장갑 : −18[℃] 이하인 급냉동 어창에서 하는 하역작업

**4-1. 작업조건에 따른 작업과 보호구의 관계로 옳지 않는 것은?**

① 물체가 떨어지거나 날아올 위험-안전모
② 물체의 낙하, 충격, 물체에의 끼임 등의 위험이 있는 작업-안전화
③ 용접 시 불꽃 또는 물체가 날아 흩어질 위험이 있는 작업-방진마스크
④ 감전의 위험이 있는 작업-절연용 보호구

**4-2. 다음 중 안전모의 주요 역할과 가장 거리가 먼 것은?**

① 추락에 의한 위험방지
② 유해광선으로부터 위험방지
③ 머리 부위 감전에 의한 위험방지
④ 물체의 낙하 또는 비래에 의한 위험방지

**4-3. 안전모나 안전대의 용도 설명으로 적합한 것은?**

① 신호기
② 작업능률 가속용
③ 추락재해 방지용
④ 구급용구

**4-4. 안전화는 인체의 어느 부위의 보호를 목적으로 하는가?**

① 손
② 무 릎
③ 가 슴
④ 발

**4-5. 전기아크용접 시 적절한 보호구를 모두 고른 것은?**

> ㉠ 용접헬멧  ㉡ 가죽장갑
> ㉢ 가죽웃옷  ㉣ 안전화
> ㉤ 토치 라이터

① ㉠, ㉡, ㉤
② ㉠, ㉡, ㉢
③ ㉡, ㉢, ㉣, ㉤
④ ㉠, ㉡, ㉢, ㉣

**4-6. 다음 중 반드시 앞치마를 사용하여야 하는 작업은?**

① 목공작업
② 전기용접작업
③ 선반작업
④ 드릴작업

|해설|

**4-2**
②는 보안경의 역할이다.

**4-4**
**안전화** : 낙하물에서 발을 보호하는 목적으로 앞부리, 밑 부분에 금속 등의 보강재가 들어 있다.

**4-5**
**전기아크용접 보호구** : 용접헬멧, 용접장갑, 보안경, 가죽소재 앞치마, 보안면, 방진마스크, 안전화 등

**정답** 4-1 ③  4-2 ②  4-3 ③  4-4 ④  4-5 ④  4-6 ②

---

**핵심이론 05 | 보안경**

① 보안경의 구비조건

  ㉠ 그 모양에 따라 특정한 위험에 대해서 적절한 보호를 할 수 있을 것
  ㉡ 착용했을 때 편안할 것
  ㉢ 견고하게 고정되어 착용자가 움직이더라도 쉽게 탈락 또는 움직이지 않을 것
  ㉣ 내구성이 있을 것
  ㉤ 충분히 소독되어 있을 것
  ㉥ 세척이 쉬울 것

② 보안경의 각 부분에 사용하는 재료의 구비조건(렌즈 및 플레이트는 제외)

  ㉠ 강도 및 탄성 등이 용도에 대하여 적절할 것
  ㉡ 피부에 접촉하는 부분에 사용하는 재료는 피부에 해로운 영향을 주지 않을 것
  ㉢ 금속부에는 적절한 방청처리를 하고, 내식성이 있을 것
  ㉣ 내습성, 내열성 및 난연성이 있을 것

③ 차광안경의 구비조건

  ㉠ 취급이 간단하고 쉽게 파손되지 않을 것
  ㉡ 착용하였을 때 심한 불쾌감을 주지 않을 것
  ㉢ 착용자의 행동을 심하게 저해하지 않을 것
  ㉣ 사용자에게 베이는 상처나 찰과상을 줄 우려가 있는 예각 또는 요철이 없을 것
  ㉤ 차광안경의 각 부분은 쉽게 교환할 수 있을 것

④ 차광안경의 구비 조건

  ㉠ 커버렌즈, 커버플레이트는 가시광선을 적당히 투과하여야 한다(89[%] 이상 통과).
  ㉡ 자외선 및 적외선은 허용치 이하로 약화시켜야 한다.
  ㉢ 아이캡(Eye Cap)형에서는 시계 105° 이상으로 통기성의 구조를 갖추어야 한다.
  ㉣ 필터렌즈, 필터플레이트 색은 무채색 또는 황적색, 황색, 녹색, 청색 등의 색이어야 한다.

**5-1. 귀마개를 착용하지 않았을 때 청력장애가 일어날 수 있는 가능성이 가장 높은 작업은?**

① 단조작업                    ② 압연작업

③ 전단작업                    ④ 주조작업

**5-2. 안전보호구를 연결한 것이다. 가장 옳은 것은?**

① 차광안경 – 목공기계작업

② 보안경 – 그라인더작업

③ 장갑 – 밀링작업

④ 방독마스크 – 산소 결핍 시

**5-3. 다음 중 보호안경을 착용해야 할 작업으로 가장 적당한 것은?**

① 기화기를 차에서 뗄 때

② 변속기를 차에서 뗄 때

③ 장마철 노상운전을 할 때

④ 배전기를 차에서 뗄 때

**5-4. 차광안경의 구비조건 중 틀린 것은?**

① 사용자에게 상처를 줄 예각과 요철이 없을 것

② 착용 시 심한 불쾌감을 주지 않을 것

③ 취급이 간편하고 쉽게 파손되지 않을 것

④ 눈의 보호를 위해 커버렌즈의 가시광선 투과는 차단되어야 할 것

**5-5. 보안경의 구비조건으로 틀린 것은?**

① 가격이 고가일 것

② 착용할 때 편안할 것

③ 유해·위험요소에 대한 방호가 완전할 것

④ 내구성이 있을 것

**5-6. 드릴작업 시 보안경 착용은?**

① 항상 반드시 착용한다.

② 저속 시에만 착용한다.

③ 고속 시에만 착용한다.

④ 목공작업에만 착용한다.

**5-7. 다음 중 방진안경을 착용해야 하는 작업이 아닌 것은?**

① 선반작업                    ② 용접작업

③ 목공기계작업                ④ 밀링작업

|해설|

**5-1**

단조작업은 금속을 해머로 두들기거나 프레스로 눌러서 필요한 형체로 만드는 금속가공작업이다.

**정답** 5-1 ① 5-2 ② 5-3 ② 5-4 ④ 5-5 ① 5-6 ① 5-7 ②

① 호흡용 보호구의 종류

　㉠ 방진마스크 : 분진, 미스트 및 흄이 호흡기를 통하여 인체에 유입되는 것을 방지하기 위한 것으로 채광·채석작업, 연삭작업, 연마작업, 방직작업, 용접작업 등 분진 또는 흄(Fume) 발생작업에서 사용

　㉡ 방독마스크 : 유해가스, 증기 등이 호흡기를 통하여 인체에 유입되는 것을 방지하기 위하여 사용
　　※ 방독마스크는 산소농도 18[%] 미만인 장소에서는 사용을 금지한다.

　㉢ 송기마스크 : 신선한 공기 또는 공기원(공기압축기, 압축공기관, 고압공기용기 등)을 사용하여 공기를 호스를 통하여 송기함으로써 산소결핍으로 인한 위험을 방지하기 위하여 사용

② 호흡용 보호구의 선정기준

　㉠ 가벼울 것
　㉡ 사용이 간편할 것
　㉢ 착용감이 좋을 것
　㉣ 흡기나 배기저항이 작아 호흡하기에 편할 것
　㉤ 시야가 넓을 것
　㉥ 보안경 착용이 용이할 것
　㉦ 대화가 가능할 것
　㉧ 안면부가 부드러울 것
　㉨ 위생적일 것
　㉩ 보관이 편리할 것
　㉪ 세척이 편리할 것
　㉫ 보수가 간편할 것
　㉬ 머리끈 조절이 용이할 것
　㉭ 얼굴 체형에 맞게 밀착이 잘될 것
　㉮ 검정기관의 성능검정을 받은 것일 것

③ 호흡용 보호구를 선정할 때 고려사항

　㉠ 작업장소의 산소결핍 여부
　㉡ 작업장소에서 발생하는 오염물질의 성상(입자상 또는 가스상 물질) 및 농도
　㉢ 작업 또는 조작의 특성, 작업기간 및 활동내용
　㉣ 신선한 공기가 있는 안전구역과 호흡위험구역의 위치
　㉤ 각종 형식의 호흡용 보호구의 특성, 기능, 능력 및 한계
　㉥ 사용자의 선호도 수용 여부
　㉦ 기타 보호구 착용 여부

④ 방진마스크의 구비조건

　㉠ 여과효율이 좋을 것
　㉡ 흡·배기저항이 작을 것
　㉢ 사용적(유효공간)이 작을 것
　㉣ 중량이 가벼울 것
　㉤ 시야가 넓을 것(하방시야 60° 이상)
　㉥ 안면밀착성이 좋을 것
　㉦ 피부접촉 부위의 고무질이 좋을 것
　㉧ 사용 후 손질이 간단할 것

---

**10년간 자주 출제된 문제**

**6-1. 호흡용 보호구의 종류가 아닌 것은?**

① 방진마스크　　　　② 방독마스크
③ 흡입마스크　　　　④ 송기마스크

**6-2. 분진이 호흡기를 통하여 인체에 유입되는 것을 방지하기 위한 것은?**

① 송기마스크　　　　② 방진마스크
③ 방독마스크　　　　④ 보안면

**6-3. 방진마스크의 구비조건이 아닌 것은?**

① 여과효율이 좋을 것
② 안면밀착성이 좋을 것
③ 중량이 가벼울 것
④ 시야가 좁을 것

**6-4. 산소마스크를 착용하여야 하는 공기 중 산소농도로 맞는 것은?**

① 산소농도가 22[%] 이상일 때
② 산소농도가 20[%] 이상일 때
③ 산소농도가 16[%] 이하일 때
④ 산소농도가 20[%] 이하일 때

|해설|

6-1
**기능별 호흡용 보호구의 종류(KOSHA GUIDE H-82-2020 '호흡보호구의 선정·사용 및 관리에 관한 지침' 참고)**

| 분류 | 공기정화식 | | 공기공급식 | |
|---|---|---|---|---|
| 종류 | 비전동식 | 전동식 | 송기식 | 자급식 |
| 안면부 등의 형태 | 전면형, 반면형 | 전면형, 반면형 | 전면형, 반면형, 페이스실드, 후드 | 전면형 |
| 보호구 명칭 | 방진마스크, 방독마스크, 겸용 방독마스크 (방진+방독) | 전동기부착 방진마스크, 방독마스크, 겸용 방독마스크 (방진+방독) | 호스 마스크, 에어라인 마스크, 복합식 에어라인 마스크 | 공기호흡기 (개방식), 산소호흡기 (폐쇄식) |

6-4
산소농도가 16[%] 이하로 저하된 공기를 호흡하게 되면 몸속에 산소가 부족하게 되어 호흡 및 맥박의 증가, 구토, 두통 등의 증상이 나타나고, 10[%] 이하가 되면 의식상실, 경련, 혈압강화, 맥박수 감소를 초래하여 질식사망하게 된다.

정답 6-1 ③　6-2 ②　6-3 ④　6-4 ③

---

**핵심이론 07 | 직업병 등**

① 분진에서 오는 직업병 : 진폐증, 규폐증, 결막염, 폐수종, 납중독, 피부염 등
② 열환경에서 오는 직업병 : 열중증(고온)
③ 소음에서 오는 직업병 : 난청
④ 소음의 단위 : [dB]
⑤ 장갑을 착용하는 작업 : 용접 작업, 전기 작업, 화학물질 취급 작업, 줄 작업
⑥ 장갑을 끼고 작업할 수 없는 작업 : 선반 작업, 해머 작업, 그라인더 작업, 드릴 작업, 농기계 정비 작업

**7-1. 다음 중 분진에서 오는 직업병이 아닌 것은?**

① 진폐증　　　　② 열중증
③ 결막염　　　　④ 폐수종

**7-2. 다음 중 분진에서 오는 직업병이 아닌 것은?**

① 규폐증　　　　② 난 청
③ 납중독　　　　④ 피부염

**7-3. 소음의 단위로 알맞은 것은?**

① [lx]　　　　② [ppm]
③ [kcal]　　　④ [dB]

**7-4. 다음 중 보호구를 착용하지 않고 작업을 할 수 있는 것은?**

① 유해물을 취급하는 업무
② 유해방사선을 쪼이는 업무
③ 보일러수위계를 점검하는 업무
④ 증기가 발산되는 장소에서 행하는 업무

**7-5. 다음 중 장갑을 반드시 착용하고 작업을 하는 것은?**

① 선반 작업　　　② 해머 작업
③ 용접 작업　　　④ 그라인더 작업

**7-6. 장갑을 끼고 작업을 해도 안전하게 할 수 있는 작업은?**

① 선반 작업　　　② 드릴 작업
③ 줄 작업　　　　④ 해머 작업

**7-7. 다음 중 일반적으로 장갑을 끼고 작업할 수 없는 작업은?**

① 전기 작업
② 드릴 작업
③ 용접 작업
④ 화학물질 취급 작업

**7-8. 농기계 정비작업장에서 착용해서는 안 되는 것은?**

① 작업모
② 장 갑
③ 작업복
④ 슬리퍼

|해설|

7-1
고온환경에서의 부적응과 허용한계를 초과할 때에 발생하는 급성의 장해를 열중증이라고 총칭한다.

7-2
난청은 소음에서 오는 직업병이다.

**정답** 7-1 ② 7-2 ② 7-3 ④ 7-4 ③ 7-5 ③ 7-6 ③ 7-7 ② 7-8 ②

## 핵심이론 08 | 보호구의 관리 및 사용방법

① 광선을 피하고 통풍이 잘되는 장소에 보관할 것
② 부식성·유해성·인화성 액체, 기름, 산 등과 혼합하여 보관하지 말 것
③ 발열성 물질을 보관하는 주변에 가까이 두지 말 것
④ 땀으로 오염된 경우에 세척하고 건조하여 변형되지 않도록 할 것
⑤ 모래, 진흙 등이 묻은 경우에는 깨끗이 씻고 그늘에서 건조할 것

**8-1. 보호구의 관리 및 사용방법으로 틀린 것은?**

① 상시 사용할 수 있도록 관리한다.
② 청결하고 습기가 없는 장소에 보관·유지시켜야 한다.
③ 방진마스크의 필터 등을 상시 교환할 충분한 양을 비치하여야 한다.
④ 보호구는 공동사용하므로 개인전용 보호구는 지급하지 않는다.

**8-2. 보호구의 관리로 부적당한 것은?**

① 서늘한 곳에 보관할 것
② 산, 기름 등에 넣어 변질을 막을 것
③ 발열성 물질을 보관하는 주변에 두지 말 것
④ 모래, 땀, 진흙 등으로 오염된 경우는 세척 후 말려서 보관할 것

|해설|

8-1
사업주는 보호구를 공동사용하여 근로자에게 질병이 감염될 우려가 있는 경우 개인전용 보호구를 지급하고 질병 감염을 예방하기 위한 조치를 하여야 한다(산업안전보건기준에 관한 규칙 제34조).

**정답** 8-1 ④ 8-2 ②

## 핵심이론 01 | 트랙터의 안전수칙

① 밀폐된 실내에서 가동을 금지한다.
② 도로 주행 시 교통법규를 철저히 지킨다.
③ 경사지를 내려갈 때 변속을 중립 위치에 두고 운전을 하지 않는다.
④ 운전 중 오일표시등, 충전표시등에 불이 켜져 있지 않아야 정상이다.
⑤ 도로 주행 시 좌우 브레이크를 연결하여 사용한다.
⑥ 작업기를 부착할 때는 기관을 정지한다.
⑦ 승차인원은 1명으로 한다.
⑧ 정지 시 주차 브레이크를 건다.
⑨ 정지 시 작업기를 지면에 내려놓는다.
⑩ 정지 시 주·부 변속레버를 중립 위치로 한다.

**1-1. 농용 트랙터의 안전수칙에 해당하지 않은 것은?**

① 밀폐된 실내에서 가동을 금지한다.
② 도로 주행 시 교통법규를 철저히 지킨다.
③ 경사지를 내려갈 때 변속을 중립 위치에 두고 운전을 하지 않는다.
④ 운전 중에 오일표시등, 충전표시등에 불이 켜져 있어야 정상이다.

**1-2. 다음 중 트랙터의 운전조작 시 정지요령 안전수칙으로 틀린 것은?**

① 엔진 회전수를 올린다.
② 주차 브레이크를 건다.
③ 작업기를 지면에 내려놓는다.
④ 주·부 변속레버를 중립 위치로 한다.

**1-3. 트랙터로 도로를 주행할 때 지켜야 할 사항으로 옳은 것은?**

① 차동잠금장치를 고정하여 주행한다.
② 좌우 브레이크 페달을 연결하여 주행한다.
③ 내리막길에선 브레이크를 자주 사용한다.
④ 주행 중 클러치 페달에 발을 올려놓아 반클러치 상태로 주행한다.

**1-4. 트랙터 운행 시 주의사항으로 틀린 것은?**

① 승차인원은 1명으로 한다.
② 내리막길 주행 시 변속레버는 중립으로 하지 않는다.
③ 도로 주행 시 좌우 브레이크를 분리하여 사용한다.
④ 작업기를 부착할 때는 기관을 정지한다.

|해설|

**1-1**
운전 중 오일표시등, 충전표시등에 불이 켜져 있으면 문제가 발생한 것이다.

**1-2**
엔진 회전수를 낮춘다.

**1-4**
좌우 브레이크를 연결하여 주행한다.

정답 1-1 ④ 1-2 ① 1-3 ② 1-4 ③

① 컨베이어의 주요안전수칙
  ㉠ 컨베이어의 운전속도를 조작하지 않는다.
  ㉡ 운반물을 컨베이어에 싣기 전에 적당한 크기인가를 확인한다.
  ㉢ 운반물이 한쪽으로 치우치지 않도록 적재한다.
  ㉣ 운반물 낙하의 위험성을 확인하고 적재한다.
  ㉤ 사용목적 이외의 목적으로 사용하지 않는다.
  ㉥ 작업장, 통로의 정리 정돈 및 청소를 한다.
  ㉦ 컨베이어의 운전은 담당자 이외에는 운전하지 않는다.

② 컨베이어 작업 시작 전 필수점검사항
  ㉠ 원동기 및 풀리 기능의 이상 유무
  ㉡ 비상정지장치 기능의 이상 유무
  ㉢ 원동기·회전축·기어 및 풀리 등의 덮개 또는 울 등의 이상 유무
  ㉣ 이탈 등의 방지장치 기능의 이상 유무

---

**10년간 자주 출제된 문제**

**2-1. 컨베이어 사용 시 안전수칙으로 틀린 것은?**
① 컨베이어의 운반속도를 필요에 따라 임의로 조작할 것
② 운반물이 한쪽으로 치우치지 않도록 적재할 것
③ 운반물 낙하의 위험성을 확인하고 적재할 것
④ 운반물을 컨베이어에 싣기 전에 적당한 크기인지 확인할 것

**2-2. 컨베이어 작업 시작 전 필수점검 사항으로 틀린 것은?**
① 컨베이어 건널다리의 설치 유무
② 비상정지장치 기능의 이상 유무
③ 이탈 방지장치 기능의 이상 유무
④ 낙하물에 의한 위험 방지장치의 설치 유무

**정답** 2-1 ① 2-2 ①

---

사업주는 사다리식 통로 등을 설치하는 경우 다음의 사항을 준수하여야 한다.
① 견고한 구조로 할 것
② 심한 손상·부식 등이 없는 재료를 사용할 것
③ 발판의 간격은 일정하게 할 것
④ 발판과 벽과의 사이는 15[cm] 이상의 간격을 유지할 것
⑤ 폭은 30[cm] 이상으로 할 것
⑥ 사다리가 넘어지거나 미끄러지는 것을 방지하기 위한 조치를 할 것
⑦ 사다리의 상단은 걸쳐 놓은 지점으로부터 60[cm] 이상 올라가도록 할 것
⑧ 사다리식 통로의 길이가 10[m] 이상인 경우에는 5[m] 이내마다 계단참을 설치할 것
⑨ 사다리식 통로의 기울기는 75° 이하로 할 것. 다만, 고정식 사다리식 통로의 기울기는 90° 이하로 하고, 그 높이가 7[m] 이상인 경우에는 다음 구분에 따른 조치를 할 것
  ㉠ 등받이울이 있어도 근로자 이동에 지장이 없는 경우 : 바닥으로부터 높이가 2.5[m] 되는 지점부터 등받이울을 설치할 것
  ㉡ 등받이울이 있으면 근로자가 이동이 곤란한 경우 : 한국산업표준에서 정하는 기준에 적합한 개인용 추락 방지 시스템을 설치하고 근로자로 하여금 한국산업표준에서 정하는 기준에 적합한 전신안전대를 사용하도록 할 것
⑩ 접이식 사다리 기둥은 사용 시 접혀지거나 펼쳐지지 않도록 철물 등을 사용하여 견고하게 조치할 것
※ 기계와 기계 사이 또는 기계와 다른 설비와의 사이에 설치하는 통로의 너비 : 80[cm] 이상

**3-1. 안전작업에 관한 사항 중 틀린 것은?**

① 사다리기둥과 수평면 각도는 75° 이하로 한다.

② 해머 작업하기 전에 반드시 주위를 살핀다.

③ 숫돌 작업은 정면을 피해서 작업한다.

④ 운반통로는 가능한 곡선을 선택한다.

**3-2. 사다리식 통로의 설치 요령 중 옳지 않은 것은?**

① 이동식 사다리식 통로의 기울기는 75° 이하로 할 것

② 발판과 벽과의 사이는 15[cm] 이상의 간격을 유지할 것

③ 발판의 간격은 위로 올라갈수록 좁게 할 것

④ 사다리가 넘어지거나 미끄러지는 것을 방지하기 위한 조치를 할 것

**3-3. 기계와 기계 사이 또는 기계와 다른 설비와의 사이에 설치하는 통로의 너비는 적어도 몇 [cm] 이상이어야 하는가?**

① 40[cm]                  ② 60[cm]

③ 70[cm]                  ④ 80[cm]

|해설|

**3-1**

운반경로는 지그재그를 없애고 되도록이면 직선으로 하여 운반 거리를 최소화한다.

**3-2**

발판의 간격은 일정하게 할 것

정답 3-1 ④  3-2 ③  3-3 ④

---

**핵심이론 04 | 운반 작업 시 지켜야 할 사항**

① 운반 작업은 가능한 장비를 사용하는 것이 좋다.

② 인력으로 운반 시 무리한 자세로 장시간 취급하지 않도록 한다.

③ 인력으로 운반 시 보조구(벨트, 운반대, 운반멜대 등)를 사용하되 몸에서 가깝게 하고, 허리 위치에서 하중이 걸리게 한다.

④ 드럼통과 봄베 등을 굴려서 운반해서는 안 된다.

⑤ 공동운반에서는 서로 협조를 하여 작업한다.

⑥ 긴 물건은 앞쪽을 위로 올린다.

⑦ 무리한 몸가짐으로 물건을 들지 않는다.

⑧ 정밀한 물품을 쌓을 때는 상자에 넣도록 한다.

⑨ 기름이 묻은 장갑을 끼고 하지 않는다.

⑩ 등은 반드시 편 상태에서 몸에 가까이 물건을 들어 올리고 내린다.

⑪ 2인 이상이 작업할 때 힘센 사람과 약한 사람과의 균형을 잡는다.

⑫ 약하고 가벼운 것을 위에, 무거운 것을 밑에 쌓는다.

⑬ 운전차에 물건을 실을 때 무거운 물건의 중심 위치는 하부에 오도록 적재한다.

⑭ 허리를 똑바로 펴고 다리를 굽혀 물건을 힘차게 들어 올린다.

※ 작업자가 작업안전상 꼭 알아두어야 할 사항 : 안전 규칙 및 수칙, 1인당 작업량, 기계기구의 성능

**4-1. 무거운 짐을 이동할 때 적당하지 않은 것은?**

① 힘겨우면 기계를 이용한다.
② 기름이 묻은 장갑을 끼고 한다.
③ 지렛대를 이용한다.
④ 2인 이상이 작업할 때는 힘센 사람과 약한 사람과의 균형을 잡는다.

**4-2. 물품을 운반할 때 주의할 사항으로 틀린 것은?**

① 가벼운 화물은 규정보다 많이 적재하여도 된다.
② 안전사고 예방에 가장 유의한다.
③ 정밀한 물품을 쌓을 때는 상자에 넣도록 한다.
④ 약하고 가벼운 것을 위에, 무거운 것을 밑에 쌓는다.

**4-3. 운반 작업 시 지켜야 할 사항으로 맞는 것은?**

① 운반 작업은 장비를 사용하기보다 가능한 많은 인력을 동원하여 하는 것이 좋다.
② 인력으로 운반 시 무리한 자세로 장시간 취급하지 않도록 한다.
③ 인력으로 운반 시 보조구를 사용하되 몸에서 멀리 떨어지게 하고, 가슴 위치에서 하중이 걸리게 한다.
④ 통로 및 인도에 가까운 곳에서는 빠른 속도로 벗어나는 것이 좋다.

**4-4. 무거운 물건을 들 때 안전하지 못한 방법은?**

① 다리를 똑바로 펴고 허리를 굽혀 물건을 힘차게 들어 올린다.
② 허리를 똑바로 펴고 다리를 굽혀 물건을 힘차게 들어 올린다.
③ 혼자 들기 어려운 것은 다른 사람의 조력을 받거나 운반기계를 이용한다.
④ 들어 올린 물체는 몸에 가급적 가까이 접근시켜 균형을 잡는다.

**4-5. 다음 중 운반 작업에서 물건을 들 때, 움직일 때, 내려놓을 때의 안전사항으로 알맞지 않은 것은?**

① 등은 반드시 편 상태에서 물건을 들어 올리고 내린다.
② 짐을 들 때 반드시 몸에서 멀리해서 든다.
③ 물건을 나를 때는 몸을 반듯이 편다.
④ 가능하면 벨트, 운반대, 운반멜대 등과 같은 보조구를 사용한다.

|해설|

**4-1**
기름 묻은 장갑을 끼고 무거운 물건을 들면 미끄러져 사고를 유발할 수 있다.

**4-4**
머리와 허리는 그대로 두고 무릎을 굽힌 다음 물건을 들고 서서히 일어나는 것이 좋다.

**4-5**
물건이 몸에서 너무 떨어지면 허리에 큰 부담을 주므로 들어 올린 물체는 몸에 가급적 가까이 접근시켜 균형을 잡는다.

**정답** 4-1 ② 4-2 ① 4-3 ② 4-4 ① 4-5 ②

## 핵심이론 05 | 기타 운반차를 이용한 운반 작업 등

① 여러 가지 물건을 쌓을 때는 무거운 것은 밑에 가벼운 것은 위에 쌓는다.

② 긴 화물을 쌓았을 때는 위험하므로 끝에 위험표시를 하고 천천히 운반한다.

③ 운송 중인 화물에 올라타거나 운반차에 편승하지 않아야 한다.

④ 출입구, 교차로, 커브에 이르면 운반차의 취급에 주의한다.

⑤ 안전작업을 위하여 시간을 재촉하지 않는다.

⑥ 지게차는 운전자 이외의 근로자를 탑승시키지 않는다.

⑦ 지게차로 화물 운반 시 포크의 높이는 지면으로부터 20~30[cm]를 유지한다.

⑧ 이앙기는 농로면이 나쁜 곳에서는 차량을 이용하여 운반한다.

⑨ 콤바인으로 도로 주행 시 디바이더에 범퍼를 부착한다.

⑩ 부득이하게 내리막길에서 동력 경운기의 조향 클러치를 사용할 때에는 평지에서와 반대로 하거나 조향 클러치를 사용하지 않고 핸들만으로 운전한다.

⑪ 체인블록을 사용 시 외부 검사를 잘하여 변형마모 손상을 점검한다.

---

**5-1. 운반차를 이용한 운반 작업이다. 옳지 않은 것은?**

① 여러 가지 물건을 쌓을 때는 무거운 것은 밑에 가벼운 것은 위에 쌓는다.

② 긴 화물을 쌓았을 때는 위험하므로 끝에 흰색으로 표시하고 빠르게 운반한다.

③ 운송 중인 화물에 올라타거나 운반차에 편승하지 않아야 한다.

④ 출입구, 교차로, 커브에 이르면 운반차의 취급에 주의한다.

**5-2. 농산물 운반용 지게차 운전자의 준수사항으로 맞지 않는 것은?**

① 운전 중 급선회를 피한다.

② 물건을 높이 들어 올린 상태로 주행한다.

③ 운전자 이외의 근로자를 탑승시키지 않는다.

④ 안전작업을 위하여 시간을 재촉하지 않는다.

**5-3. 각종 농기계의 도로 주행 시 유의사항으로 틀린 것은?**

① 트랙터로 도로 주행 시 좌우 브레이크를 연결한다.

② 이앙기는 농로면이 나쁜 곳에서는 차량을 이용하여 운반한다.

③ 콤바인으로 도로 주행 시 디바이더에 범퍼를 부착한다.

④ 부득이하게 내리막길에서 동력 경운기의 조향 클러치를 사용할 때에는 평지에서와 같이 사용한다.

정답 5-1 ② 5-2 ② 5-3 ④

교육이란 사람이 학교에서 배운 것을 잊어버린 후에 남은 것을 말한다.

– 알버트 아인슈타인 –

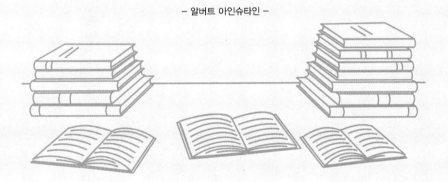

| CHAPTER 01 | 농기계정비기능사 과년도 + 최근 기출복원문제 | ✔ 회독 CHECK  1  2  3 |
| CHAPTER 02 | 농기계운전기능사 과년도 + 최근 기출복원문제 | ✔ 회독 CHECK  1  2  3 |

# 과년도+최근
# 기출복원문제

#기출유형 확인     #상세한 해설     #최종점검 테스트

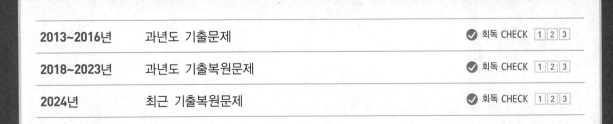

| 2013~2016년 | 과년도 기출문제 | 회독 CHECK 1 2 3 |
| 2018~2023년 | 과년도 기출복원문제 | 회독 CHECK 1 2 3 |
| 2024년 | 최근 기출복원문제 | 회독 CHECK 1 2 3 |

CHAPTER

# 01

# 농기계정비기능사
# 과년도+최근
# 기출복원문제

**01** 다음 중 경운기의 조향 클러치를 나타내는 말이 아닌 것은?

① 맞물림 클러치

② 도그(Dog) 클러치

③ 사이드(Side) 클러치

④ 마찰 클러치

**해설**
조향장치를 조향 클러치 또는 사이드 클러치라고 하며, 맞물림 클러치가 많이 사용되고 있다.

**02** 승용 트랙터 토인 측정 전 준비작업에서 맞지 않는 것은?

① 적차 상태에서 측정한다.

② 타이어 공기압력을 규정압력으로 한다.

③ 조향장치 각부 볼 조인트와 링키지의 마모를 점검한다.

④ 앞바퀴 베어링 유격을 점검하고, 필요시 허브너트를 조여 수정한다.

**03** 디젤기관과 가솔린기관을 비교하였을 때 옳은 것은?

① 디젤기관의 압축비가 더 낮다.

② 가솔린기관의 소음이 더 심하다.

③ 디젤기관의 열효율이 더 높다.

④ 같은 출력일 때 가솔린기관이 더 무겁다.

**해설**
디젤엔진과 가솔린엔진의 비교

| 항 목 | 디젤엔진 | 가솔린엔진 |
|---|---|---|
| 압축비 | 16~23 : 1(공기만) | 7~10 : 1(혼합기) |
| 열효율 | 32~38[%] | 25~32[%] |
| 출력당 중량 | 5~8[kg/cm²] | 3.5~4[kg/cm²] |
| 장 점 | • 연료소비율이 작고 열효율이 높다.<br>• 연료의 인화점이 높아서 화재의 위험성이 적다.<br>• 전기점화장치가 없어 고장률이 낮다.<br>• 저질연료를 쓰므로 연료비가 싸다.<br>• 배기가스는 유독성이 적다. | • 회전수를 많이 높일 수 있다.<br>• 마력당 무게가 작다.<br>• 진동, 소음이 적다.<br>• 시동이 용이하다.<br>• 보수와 정비가 용이하며 부속품 값이 싸다. |

**04** 트랙터에서 변속기어의 요구특성으로 볼 수 없는 것은?

① 높은 응력에 견딤

② 압축계면응력에 견딤

③ 피로저항이 작음

④ 표면경도가 높음

**05** 클러치 분해 점검사항이 아닌 것은?

① 런 아웃
② 마멸상태
③ 스프링 장력
④ 자재 이음

**06** 바퀴형 트랙터의 동력전달순서를 올바르게 나열한 것은?

① 엔진 – 주행 변속장치 – 주클러치 – 최종 감속장치(차동장치 포함) – 차축
② 엔진 – 주클러치 – 주행 변속장치 – 차축 – 최종 감속장치(차동장치 포함)
③ 엔진 – 주클러치 – 주행 변속장치 – 최종 감속장치(차동장치 포함) – 차축
④ 엔진 – 주행 변속장치 – 주클러치 – 차축 – 최종 감속장치(차동장치 포함)

**07** 다음 중 농용 트랙터에서 작업기의 부착장치와 관련 없는 것은?

① 상부 링크
② 하부 링크
③ 리프팅 로드
④ 드래그 링크

**해설**
**3점 연결장치**
트랙터의 후부에 작업기의 3점을 2개의 하부 링크와 1개의 상부 링크에 연결하는 것이다. 2개의 하부 링크는 좌우의 뒷차축 케이스에 피벗으로 고정되어 있으며 유압장치에 의하여 승강작용을 할 수 있도록 리프팅 암에 리프팅 로드로 연결되어 있다.

**08** 보행관리기로 비닐피복작업을 할 때 배토판은 디스크 차륜보다 몇 [mm] 위쪽에 오도록 조정하는가?

① 10[mm]
② 20[mm]
③ 30[mm]
④ 40[mm]

**09** 비중이 0.72, 발열량이 10,500[kcal/kg]인 연료를 사용하여 20분간 사용하였더니 연료소비량이 5[L]였다. 이 기관의 연료마력(HP)은?

① 80[HP]
② 180[HP]
③ 280[HP]
④ 380[HP]

**해설**
$$연료마력 = \frac{60\,C \times W}{632.3t} = \frac{C \times W}{10.5t}$$
$$= \frac{10,500 \times (0.72 \times 5)}{10.5 \times 20}$$
$$= 180[HP]$$

(1[PS] = 632.3[kcal/h], $C$ : 연료의 저위발열량[kcal/kg], $W$ : 연료의 무게[kg], $t$ : 측정시간[분])

**10** 일반적으로 트랙터 차동잠금장치를 사용하지 않는 경우는?

① 진흙 포장작업할 때

② 일반도로를 주행할 때

③ 한쪽 구동륜에서 슬립이 발생할 때

④ 한쪽 구동륜의 추진력이 약해 움직일 수 없을 때

**해설**

차동잠금장치는 습지와 같이 토양의 추진력이 약한 농경지에서 사용한다.

**11** 경운작업은 토양을 작물이 생육하는 데 알맞은 상태로 만들어 주기 위한 것이다. 다음 설명 중 경운작업의 목적과 효과에 부합되지 않는 것은?

① 종자의 파종이나 모종을 이식하기 위한 묘상을 준비한다.

② 토양의 구조와 성질을 개량하여 물과 공기의 보유량을 늘려 준다.

③ 잡초의 발생과 생육을 억제시킨다.

④ 토양을 단단하게 하여 잡초 뿌리의 성장을 억제한다.

**해설**

경운·정지작업은 토양의 구조를 부드럽게 바꾸어 파종과 이식 등을 순조롭게 하고 발아 및 뿌리의 영양 흡수를 양호하게 하는 토양환경 조성작업이다.

경운·정지의 목적

• 알맞은 토양구조 조성

• 잡초를 제거하고 솎아내어 생육을 촉진

• 작물의 잔류물을 매몰

• 작물의 재식, 관개, 배수 및 수확 작업 등에 알맞은 토양표면 조성

• 토양 침식 방지

• 미생물의 활동 증진

• 농약 및 기름의 효과를 균일하게 하고 증대

**12** 피스톤의 구비조건으로 적당한 것은 무엇인가?

① 열전도가 되지 않을 것

② 열팽창률이 클 것

③ 고온·고압에 잘 견딜 것

④ 중량이 무거울 것

**해설**

피스톤의 구비조건

• 열전도율이 커야 한다.

• 방열효과가 좋아야 한다.

• 열팽창이 작아야 한다.

• 고온·고압에 견뎌야 한다.

• 가볍고 강도가 커야 한다.

• 내식성이 커야 한다.

**13** 농용 트랙터 동력취출축의 구동방식이 아닌 것은?

① 변속기 구동형     ② 상시 회전형

③ 위치 제어형       ④ 독립형

**해설**

동력을 전달하는 방식에는 변속기 구동형, 상시 회전형, 속도 비례형, 독립형이 있다.

**14** 트랙터 유압펌프에 주로 사용되는 것은?

① 기어펌프          ② 플런저펌프

③ 피스톤펌프        ④ 진공펌프

**해설**

유압펌프는 기관에 의해 작동되며 유압실린더에 고압의 오일을 공급하여 유압을 발생시키는 장치로서, 트랙터에서는 기어펌프가 널리 사용된다.

**15** 밸브의 편마모 방지를 위한 내용으로 가장 옳은 것은?

① 밸브와 로커 암의 틈새가 적을 때
② 밸브와 로커 암의 틈새가 클 때
③ 밸브 스프링의 장력이 클 때
④ 밸브 태핏에 옵셋효과가 일어날 때

**16** 보행이앙기에서 사용되는 묘취구 게이지는 어떤 조절을 할 때 사용하는가?

① 심음 폭
② 심음 깊이
③ 가로 이송량
④ 세로 이송량

**17** 동력 분무기에서 공기의 팽창성과 압축성을 이용하여 노즐로 배출되는 약액의 양을 일정하게 유지시켜 주는 장치는?

① 플런저
② 공기실
③ 노즐 핸들
④ 압력조절장치

> **해설**
> 공기실은 왕복펌프에 의한 송출량의 불균일을 보완하는 기능을 한다.

**18** 피스톤 링의 플러터(Flutter) 현상에 관한 설명 중 틀린 것은?

① 피스톤의 작동위치 변화에 따른 링의 떨림 현상이다.
② 피스톤 온도가 낮아진다.
③ 실린더 벽의 마모를 초래한다.
④ 블로 바이 가스(Blow-by Gas) 증가로 인해 엔진 출력이 감소한다.

> **해설**
> 내연기관 피스톤 링의 플러터(Flutter) 현상이 기관에 미치는 영향과 대책
> • 플러터 현상 : 기관의 회전속도 증가에 따라 피스톤이 상사점에서 하사점으로 바뀌거나, 하사점에서 상사점으로 바뀔 때 발생하는 떨림현상으로 인해 피스톤 링의 관성력과 마찰력의 방향이 변화되면서 링 홈으로부터 가스가 누출되어 면압이 저하되는 것
> • 플러터 현상 발생 시 문제점
>   – 엔진출력 저하
>   – 링 및 실린더 마모 촉진
>   – 열전도 저하로 피스톤 온도 상승
>   – 슬러지 발생에 따른 윤활 부분에 퇴적물 침전
>   – 오일 소모량 증가
>   – 블로 바이 가스 증가
> • 방지책
>   – 피스톤 링의 장력을 증가시켜 면압 증대
>   – 링의 중량을 가볍게 하여 관성력을 감소시키고, 엔드 캡 부근의 면압 분포를 증대

**19** 국내에서 주로 사용되고 있는 원판쟁기에 대한 설명으로 틀린 것은?

① 트랙터 견인 구동형이며, 트랙터 3점 링크 부착형이 많다.
② 1차 경운과 2차 경운에 주로 사용한다.
③ 습지 경운에 적합하다.
④ 단열형과 2차 경운에 주로 사용한다.

> **해설**
> 원판쟁기는 디스크원판을 견인 또는 견인 구동시켜 맨땅을 갈아엎는 경운작업기이다.

**20** 다음 중 순환식 곡물건조기의 주요 구성요소가 아닌 것은?

① 건조실
② 응축기
③ 템퍼링실
④ 송풍기

해설
순환식 건조기의 주요 구성요소
건조실, 템퍼링 탱크, 곡물 순환용 승강기와 스크루 컨베이어, 가열기 및 송풍기로 구성되어 있다.

**21** 우리나라에서 일반적으로 사용하고 있는 동력 경운기 변속기는 어떠한 형식을 사용하고 있는가?

① 선택 미끄럼 기어 물림식
② 선택 유성치차 물림식
③ 기어 동기 물림식
④ 유체 컨버터 물림식

해설
동력 경운기는 동력 전달효율을 높이고 큰 동력을 전달하는 데 적합한 선택 미끄럼 기어식 변속기를 사용한다.

**22** 기관에서 커넥팅 로드를 구성하는 요소가 아닌 것은?

① 소단부
② 헤드부
③ 대단부
④ 섕크(Shank)부

해설
커넥팅 로드의 구조
• 소단부 : 커넥팅 로드의 위쪽 구멍 부분으로 피스톤과 연결되는 피스톤핀이 설치되는 곳이다.
• 대단부 : 커넥팅 로드의 아랫부분으로 크랭크축과 연결되는 부분이다.
• 섕크(Shank) 또는 아이빔(I-beam) : 커넥팅 로드의 소단부와 대단부를 연결하는 부분이다.
• 커넥팅 로드 베어링 : 크랭크 핀과 접동하는 베어링이다.

**23** 5[HP]는 약 몇 [W]인가?

① 3,730
② 4,850
③ 746
④ 2,239

해설
1[HP] = 746[W]
5 × 746 = 3,730[W]

**24** 동력 경운기의 제동장치에 관한 설명으로 틀린 것은?

① 마찰력으로 제동된다.
② 내부확장식 브레이크이다.
③ 브레이크와 주클러치는 레버가 다르다.
④ 브레이크 드럼에는 오일이 채워져 있다.

해설
브레이크 레버와 주클러치 레버는 연동으로 작동하도록 연결되어 있어 주클러치 레버를 끝까지 당기면 동력전달이 차단된 후 브레이크가 작동한다.

**25** 브레이크 재료의 구비조건으로 옳지 않은 것은?

① 마찰계수가 클 것

② 내열성이 클 것

③ 제동효과가 클 것

④ 마멸성이 클 것

**26** 콤바인의 급치와 수망의 간극이 기준치 이상 넓어졌을 때 나타나는 현상은?

① 미탈곡으로 인한 손실 증가

② 낟알 손상 증가

③ 수망 손상 증가

④ 급치 손상 증가

해설

수망과 급치의 간격이 넓으면 벼알이 잘 털리지 않아 손실이 생기고, 간격이 좁으면 탈곡실이 막히거나 벼알이 부서지게 된다.

**27** 동력 경운기의 동력전달체계가 올바른 것은?

① 엔진 → 주축 케이스 → 주클러치 → 조향장치 → 변속장치 → 차축

② 엔진 → 주축 케이스 → 조향장치 → 변속장치 → 차축

③ 엔진 → 주클러치 → 변속장치 → 조향장치 → 차축

④ 엔진 → 주클러치 → 조향장치 → 변속장치 → 차축

해설

동력전달장치

기관 → 주클러치 → 변속기 → ┌→ 조향 클러치 → 차 축
                              └→ PTO축 → 구동작업기

**28** 가솔린기관의 총배기량이 1,200[cc]이고, 연소실 체적이 200[cc]라면, 이 기관의 압축비는 얼마인가?

① 7 : 1      ② 8 : 1

③ 9 : 1      ④ 10 : 1

해설

$$압축비(\varepsilon) = 1 + \frac{행정\ 체적}{연소실\ 체적}$$

$$= 1 + \frac{1,200}{200} = 7$$

**29** 내연기관에서 오일희석(Oil Dilution) 현상이 발생하는 원인이 아닌 것은?

① 시동 불량

② 초크밸브를 닫지 않을 때

③ 연료의 기화 불량

④ 고속으로 장시간 운전

해설

오일희석(Oil Dilution)

엔진오일 중에 연료의 가솔린이 혼입되고, 엔진오일이 묽어지는 현상으로, 냉각수 온도가 낮으면, 실린더와 피스톤의 틈새를 통해서 가솔린이 오일 팬 내에 들어가기 쉽고, 오일희석의 주원인이 된다. 또한 엔진오일의 온도를 높게 설정하면, 엔진오일 내 가솔린의 증발이 활발해지고 오일희석은 완화된다.

**30** 다음 보기는 기관의 수랭식 냉각장치에서 냉각수의 흐름을 나타낸 것이다. 괄호 안에 해당되는 것은?

┌─보기─────────────────────────┐
실린더 블록 → 실린더 헤드 → (      ) → 라디에이 터 상부호스 → 라디에이터 코어 → 라디에이터 하부 호스 → 워터펌프 → 실린더 블록
└──────────────────────────────┘

① 점화 플러그
② 수온조절기
③ 연료분사노즐
④ 실린더 헤드 커버

**31** 시동전동기의 극수는 브러시수의 몇 배인가?

① 1           ② 2
③ 3           ④ 1/2

**32** 동일한 저항을 가진 두 개의 도선을 병렬로 연결할 때의 합성저항은?

① 한 도선저항과 같다.
② 한 도선저항 2배로 된다.
③ 한 도선저항 1/2로 된다.
④ 한 도선저항 2/3로 된다.

**해설**
**병렬연결의 합성저항**

$$R = \frac{1}{\frac{1}{R_1} + \frac{1}{R_1}} = \frac{1}{\frac{2}{R_1}} = \frac{R_1}{2}$$

**33** 3상 유도전동기의 출력(kW)을 나타낸 것은?

① $\sqrt{3}$ /1,000 × 전압 × 저항 × 역률 × 효율
② $\sqrt{3}$ /1,000 × 전류 × 저항 × 역률 × 효율
③ $\sqrt{3}$ /1,000 × 전압 × 전류 × 역률 × 효율
④ $\sqrt{3}$ /1,000 × 전력 × 저항 × 역률 × 효율

**34** DC발전기의 전기자에 발생된 전류는?

① 직 류        ② 맥 류
③ 분 류        ④ 교 류

**해설**
교류발전기와 직류발전기에 발생하는 전류는 모두 교류이지만 직류발전기는 기계적으로 정류과정을 거치는 반면, 교류발전기는 다이오드를 이용하여 전기·전자적으로 정류를 하는 차이점이 있다.

**35** 그로울러 테스터로 점검할 수 있는 시험으로 옳지 않은 것은?

① 단락시험  ② 단선시험
③ 부하시험  ④ 접지시험

해설
그로울러 테스터(시험기)로 점검할 수 있는 시험
• 전기자 코일의 단락시험
• 전기자 코일의 단선(개회로)시험
• 전기자 코일의 접지시험

**36** 축전지의 용량은 무엇에 따라 결정되는가?

① 극판의 크기, 극판의 수 및 전해액의 양
② 극판의 수, 극판의 크기 및 셀의 수
③ 극판의 수, 전해액의 비중 및 셀의 수
④ 극판의 수, 셀의 수 및 발전기의 충전능력

해설
축전지의 용량을 결정하는 요소
• 극판의 크기, 극판의 형상 및 극판의 수
• 전해액의 비중, 전해액의 온도 및 전해액의 양
• 격리판의 재질, 격리판의 형상 및 크기

**37** 전기물리량 측정의 단위가 잘못 연결된 것은?

① 전류 : [A]
② 전압 : [V]
③ 저항 : [Ω]
④ 전력 : [Wh]

해설
• 전력 : [W]
• 전력량 : [Wh], [kWh]

**38** 충전회로에서 레귤레이터의 주역할은?

① 교류를 고전압으로 바꾸어 준다.
② 직류를 교류로 바꾸어 준다.
③ 기관의 동력으로부터 교류 전류를 발생시킨다.
④ 충전에 필요한 일정한 전압을 유지시켜 준다.

해설
레귤레이터 역할
• 교류를 직류로 바꾸어서 충전될 수 있게 해 준다.
• 충전에 필요한 일정한 전압을 유지시켜 준다.

**39** 다실린더 기관의 점화장치 중에서 순간적으로 10,000[V] 정도 이상의 높은 전압을 유기하는 것은?

① 1차 코일  ② 2차 코일
③ 콘덴서  ④ 축전지

해설
점화코일 내부에는 1차 코일과 2차 코일이 들어 있다. 한 번에 1~2만 볼트씩 만들기 어려우므로 1차 코일에서 수천 볼트, 다시 2차 코일에서 수만 볼트로 전압을 상승시켜 준다.

**40** 그림에서 $I_4$의 전류값은?

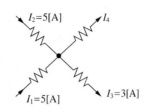

① 7[A]　　　　② 5[A]
③ 4[A]　　　　④ 2[A]

**키르히호프의 제1법칙**
전기회로의 한 점에서의 유입전류의 전체 합은 유출전류 전체의 합과 같다.
$I_1 + I_2 = I_3 + I_4$
$5 + 5 = 3 + I_4$
$\therefore I_4 = 7[A]$

**41** 농기계의 점화장치에 단속기를 두는 주된 이유는?

① 농기계에 사용하는 전류가 직류이기 때문에
② 점화코일의 과열을 방지하기 위하여
③ 점화 타이밍을 정확히 맞추기 위하여
④ 캠각을 변화시켜 주기 위해서

직류를 교류로 만들어 주기 위해 단속기를 장착하여 회로를 개폐하는 것이다.

**42** 다음 중 자석의 성질로 옳은 것은?

① 같은 극끼리는 서로 흡인한다.
② 극이 다르면 반발한다.
③ 극이 같으면 반발한다.
④ 자석 상호 간은 관계가 없다.

자석의 같은 극성은 반발력, 다른 극성은 흡인력이 작용한다.

**43** 100[V], 500[W]의 전열기를 80[V]에서 사용하면 소비전력은?

① 245[W]　　　　② 320[W]
③ 400[W]　　　　④ 600[W]

**소비전력**
$$P = VI = I^2 R = \frac{V^2}{R} [W]$$
$$500 = \frac{(100)^2}{R}$$
$$R = 20[\Omega]$$
$$P = \frac{(80)^2}{20} = 320[W]$$

**44** 12[V]의 납축전지에 15[W]의 전구 1개를 연결할 때 흐르는 전류는?

① 0.8[A]　　　　② 1.25[A]
③ 12.5[A]　　　　④ 18.75[A]

전력(W) $= I \times V$
$15 = I \times 12$
$\therefore I = 1.25[A]$

**45** 납축전지의 방전 시 화학작용을 옳게 나타낸 것은?

① $PbO_2 \rightarrow PbSO_4$ : 양극판

② $Pb \rightarrow PbSO_4$ : 양극판

③ $2H_2SO_4 \rightarrow PbSO_4$ : 전해액

④ $2H_2SO_4 \rightarrow 2H_2$ : 전해액

해설
방전 중의 화학작용

| 양극판 | 전해액 | 음극판 | 양극판 | 전해액 | 음극판 |
|---|---|---|---|---|---|
| $PbO_2$ + | $2H_2SO_4$ + | $Pb$ | → $PbSO_4$ + | $2H_2O$ + | $PbSO_4$ |
| 과산화납 | 묽은 황산 | 해면 상납 | 황산납 | 물 | 황산납 |

**46** 안전·보건표지의 종류가 아닌 것은?

① 금지표지      ② 경고표지

③ 예고표지      ④ 지시표지

해설
산업안전보건법에 의거한 안전보건표지의 종류
금지표지, 경고표지, 지시표지, 안내표지

**47** 선반작업의 안전한 작업방법으로 잘못 설명된 것은?

① 정전 시 스위치를 끈다.

② 운전 중 장비청소는 금지한다.

③ 절삭작업 시에는 장갑을 착용한다.

④ 절삭작업할 때는 기계 옆을 떠나지 않는다.

해설
절삭작업 시에는 장갑을 착용하지 않는다.

**48** 다음 중 수공구의 안전사고 예방과 관계없는 것은?

① 수공구의 성능을 잘 알고 규정된 공구를 사용한다.

② 급유상태를 확인한다.

③ 높은 장소에서 작업할 때는 안전감시자를 두고 위험을 타인에게 알려야 한다.

④ 사용 후 점검·정비하여 소정의 장소에 개수를 파악하여 보관한다.

해설
②번은 안전사고 예방과 관련이 없다.
손잡이 또는 사용 부분에 기름기가 묻으면 위험하므로 꼭 건조된 걸레로 닦은 후 사용해야 한다.

**49** 작업장에서 안전수칙을 준수하여 얻을 수 있는 것 중 틀린 것은?

① 인간의 생명을 보호한다.

② 기업의 경비를 절감시킨다.

③ 기업의 재산을 보호한다.

④ 천인율을 증가시킨다.

해설
연천인율은 1년간 평균 근로자수에 대하여 평균 1,000명당 몇 건의 재해가 발생했는가를 나타내는 것이다.

**50** 에어 컴프레서 설치 시 준수해야 할 안전사항으로 틀린 것은?

① 벽에서 30[cm] 이상 떨어지지 않게 설치할 것

② 실온이 40[℃] 이상 되는 고온장소에 설치하지 말 것

③ 타 기계설비와의 이격거리는 1.5[m] 이상 유지할 것

④ 급유 및 점검 등이 용이한 장소에 설치할 것

해설
에어 컴프레서를 건축물의 벽면에 근접하여 설치할 때 벽에서 30[cm] 이상 떨어져 있어야 한다.

**51** 농용 엔진(가솔린) 작동 시 발생하는 배기가스에 포함된 가스 중 인체에 가장 피해가 적은 것은?

① $CO_2$      ② $CO$

③ $NO_2$      ④ $SO_2$

해설
배기가스의 유해성분 : 일산화탄소($CO$), 탄화수소, 질소산화물($NO_X$), 황산화물($SO_X$), 매연 등

**52** 양수기를 가동시킨 후의 안전사항 중 옳지 않은 것은?

① 축 받침의 발열상태를 확인한다.

② 각종 볼트, 너트의 풀림상태를 확인하고, 윤활 부분에 충분히 급유한다.

③ 발열온도를 60[℃] 이하로 유지시킨다.

④ 소음이 발생하면 즉시 엔진을 정지시킨다.

해설
②는 양수기의 가동 전 안전점검 사항이다.

**53** 중량물의 기계운반작업에서 체인블록을 사용할 때 주의사항이다. 옳지 않은 것은?

① 외부검사를 잘하여 변형마모 손상을 점검한다.
② 앵커 체인의 기준에 준한 체인을 사용한다.
③ 균열이 있는 것은 사용하지 않는다.
④ 폐기의 한도는 연신율 25[%]이다.

**해설**
훅의 입구(Hook Mouth) 간격이 제조자가 제공하는 제품사양서 기준으로 10[%] 이상 벌어진 것은 폐기한다.

**54** 다음은 스패너작업이다. 바르지 못한 것은?

① 스패너를 해머 대용으로 사용한다.
② 스패너는 볼트나 너트의 크기에 맞는 것을 사용해야 한다.
③ 스패너 입이 변형된 것은 사용하지 않는다.
④ 스패너에 파이프 등을 끼워서 사용해서는 안된다.

**해설**
스패너를 해머 대신 사용하지 않는다.

**55** 재해를 일으키는 불안전한 동작이 일어나는 원인이다. 틀린 것은?

① 감각기능이 정상을 이탈하였을 때
② 올바른 판단에 필요한 지식이 풍부할 때
③ 착각을 일으키기 쉬운 외부조건이 많을 때
④ 의식동작을 필요로 할 때까지 무의식동작을 행할 때

**56** 연삭숫돌을 설치하기 전에 일반적으로 무엇을 검사하여 설치하는가?

① 입 도          ② 크 기
③ 기 공          ④ 균 열

**해설**
숫돌바퀴의 균열상태를 확인한다.

**57** 안전보호구를 연결한 것이다. 가장 옳은 것은?

① 차광안경 : 목공기계 작업

② 보안경 : 그라인더 작업

③ 장갑 : 밀링 작업

④ 방독마스크 : 산소결핍 시

**58** 다음 중 소음의 단위는 무엇인가?

① [lx]

② [dB]

③ [ppm]

④ [rpm]

**59** 다음 중 콤바인 도로주행 및 포장작업 시 안전사항으로 잘못된 것은?

① 포장 이동 시 운반용 차량으로 한다.

② 예취부가 내려오지 않게 조치한다.

③ 짚이나 검불이 막혔을 때 엔진 정지 후 제거한다.

④ 포장작업 시 반드시 손장갑을 끼고 한다.

> **해설**
> 콤바인 등 각종 농기계를 조작할 때는 가급적이면 장갑 착용을 피하는 것이 좋다. 기계를 만질 때 장갑을 착용하면 맨손보다는 감각이 떨어져 사고위험이 높아진다.

**60** 다음 상해의 발생형태 중 사람이 평면상으로 넘어지는 것을 무엇이라고 하는가?

① 추 락          ② 전 도

③ 비 래          ④ 붕 괴

> **해설**
> **재해형태별 분류**
> • 전도 : 사람이 평면상으로 넘어진 경우
> • 협착 : 물건에 끼워진 상태, 말려든 상태
> • 추락 : 높은 곳에서 떨어지거나 계단 등에서 굴러 떨어지는 경우
> • 충돌 : 사람이 정지물에 부딪친 경우
> • 낙하 : 떨어지는 물체에 맞는 경우
> • 비래 : 날아온 물체에 맞는 경우
> • 붕괴, 도괴 : 적재물, 비계, 건축물이 무너지는 경우
> • 절단 : 장치, 구조물 등이 잘려 분리되는 경우
> • 과다동작 : 무거운 물건을 들거나 몸을 비틀어 작업하는 경우
> • 감전 : 전기에 접촉하거나 방전 때문에 충격을 받는 경우
> • 폭발 : 압력이 갑자기 증대하거나 개방되어 폭음을 일으키며 터지는 경우
> • 파열 : 용기나 방비가 외력에 의해 부서지는 경우
> • 화재 : 불이 난 경우

**01** 다음 중 직접분사식의 장점으로 옳은 것은?

① 발화점이 낮은 연료를 사용하면 노크가 일어나지 않는다.

② 연소압력이 낮으므로 분사압력도 낮게 하여도 된다.

③ 실린더 헤드 구조가 간단하므로 열에 대한 변형이 적다.

④ 핀틀형 노즐을 사용하므로 고장이 적고 분사압력도 낮다.

**해설**

직접분사식 장단점

| | |
|---|---|
| 장 점 | • 연소실의 구조가 간단하고 열효율이 좋으며 연료 소비량이 적다.<br>• 실린더 헤드의 구조가 간단하고 열에 대한 변형이 적다.<br>• 냉각손실이 작기 때문에 시동이 쉬워 예열플러그를 사용하지 않아도 된다. |
| 단 점 | • 연소의 압력과 압력상승률이 크기 때문에 소음이 크다.<br>• 공기와 연료의 원활한 혼합을 위해서 연료 분사압력이 높아야 하기 때문에 분사펌프와 분사노즐의 수명이 짧다.<br>• 다공형 분사노즐을 사용하여야 하며, 노즐상태가 조금만 달라도 엔진성능에 영향을 줄 수 있다.<br>• 질소산화물 발생이 많으며 디젤노크도 일으키기 쉽다.<br>• 엔진의 부하, 회전속도 및 사용연료의 변화에 대하여 민감하다. |

**02** 동력 경운기에 부착하는 작업기 풀리의 지름이 21[cm]이고, 기관의 회전속도가 200[rpm]이며, 작업기의 회전속도가 850[rpm]일 때 기관 풀리의 지름[cm]은 약 얼마인가?

① 89.3  ② 0.11

③ 49.41  ④ 80.95

**해설**

풀리의 구동비 $= \dfrac{\text{피동풀리의 회전수}}{\text{구동풀리의 회전수}} = \dfrac{\text{구동풀리의 직경}}{\text{피동풀리의 직경}}$

$= \dfrac{200}{850} = \dfrac{21}{x}$

∴ 기관 풀리의 직경 $x = 89.25$[cm]

**03** 클러치판 점검 시 클러치 페이싱에 오일이 부착되는 원인이 아닌 것은?

① 크랭크축 또는 구동축 오일 실의 불량 시

② 실린더 및 피스톤 마모로 오일 상승 시

③ 기관 또는 변속기에 너무 많은 오일 보급 시

④ 릴리스 베어링에서 그리스 누설 시

**04** 트랙터 배속 턴(Quick Turn) 기능을 잘못 설명한 것은?

① 회전반경 최소

② 선회 시 흙 밀림 방지

③ 작업 시 편의성 향상

④ 작업 중 배속 턴 작동과 별도로 펀브레이크 작동

**05** 다음 중 기관의 밸브 점검항목으로 가장 적합하지 않은 것은?

① 밸브의 크기
② 면의 접촉 상태
③ 마멸 및 소손
④ 밸브 마진 두께

**06** 동력 경운기의 변속 레버가 들어가지 않을 때 고장 원인에 해당되는 것은?

① 엔진오일이 많을 때
② 엔진오일이 부족할 때
③ 주변속 레버가 굽었을 때
④ 클러치 마찰판이 탔거나 압력 스프링이 약할 때

**07** 다음 중 트랙터 기관에서 라디에이터 캡을 열어 보 았더니 냉각수에 기름이 떠 있을 경우 그 원인으로 가장 적합한 것은?

① 연료필터 불량
② 엔진오일 펌프 파손
③ 헤드 개스킷의 파손
④ 피스톤 링 불량

**08** 콤바인 전처리부의 끌어올림 체인 고장 시 고쳐야 할 내용 설명으로 틀린 것은?

① 러그가 마모되면 뒤집어 끼운다.
② 체인을 교환할 때에는 러그의 편차가 10~30 [mm] 이내로 맞춘다.
③ 텐션스토퍼 장착 시에는 스토퍼의 길이가 18[mm] 이하로 조립한다.
④ 자동텐션 방식일 경우에는 스프링 길이가 기준치 가 되도록 조정한다.

**09** 다음 중 실린더 마모량 측정 시 필요한 측정 게이지 로 가장 적합하지 않은 것은?

① 틈새 게이지
② 텔레스코핑 게이지
③ 외측 마이크로미터
④ 실린더 보어 게이지

**해설**
실린더 헤드나 블록의 평면도 점검은 직각자(또는 곧은 자)와 필러 (틈새) 게이지를 사용한다.

**10** 다음 중 가솔린기관의 압축압력을 측정하는 작업으로 틀린 것은?

① 기관을 작동온도로 한다.
② 공기청정기를 떼어 낸다.
③ 압축압력계를 점화 플러그 구멍에 설치한다.
④ 초크밸브는 열어 두고, 스로틀밸브는 닫아 준다.

**해설**
스로틀밸브를 완전 개방하여 기관으로 충분한 양의 공기가 공급되도록 한다.

**11** 다음 중 경운기 브레이크 링의 외경 측정방법을 옳게 표시한 것은?

① 브레이크 링의 절개부 틈새는 8[mm]가 되도록 하고 측정한다.
② 브레이크 링의 절개부 틈새가 외부의 힘이 없이 자연스럽게 벌어져 있는 상태에서 측정한다.
③ 브레이크 링의 절개부 틈새를 붙여서 측정한다.
④ 브레이크 링의 절개부 틈새가 붙었을 때와 틈새가 벌어져 있을 때를 각각 측정한 후 틈새를 계산한다.

**12** 다음 중 동력 경운기에서 가장 많이 사용되는 조향 클러치 형식은?

① 유압식 클러치
② 맞물림 클러치
③ 다판식 클러치
④ 원판마찰식 클러치

**13** 다음 중 브레이크 페달을 밟아도 정차하지 않는 이유로 가장 적합하지 않은 것은?

① 라이닝과 드럼의 압착상태 불량
② 라이닝 재질 불량 및 오일 부착
③ 브레이크 파이프의 막힘
④ 타이어 공기압의 부족

**해설**
주행 중 제동이 잘되지 않는다면 브레이크의 압력이 형성되지 않거나 압력이 형성되었다고 하더라도 그 압력이 어디에선가 새는 것이다.

**14** 트랙터의 축간거리가 2.5[m]이고, 바깥 바퀴의 조향각이 30°이다. 이때 최소 회전반경은 얼마인가?

① 4.3[m]
② 5.1[m]
③ 6.5[m]
④ 7.5[m]

**해설**
최소 회전반경 $= \dfrac{L(축간거리)}{(\sin값)} + r$(바퀴 접지면 중심과 킹핀과의 거리)

$R = \dfrac{L(m)}{\sin\alpha} + r$

$\sin 30° = 0.5$이므로

$R = \dfrac{2.5[m]}{0.5} = 5[m]$

**15** 압축비가 9인 실린더의 행정 체적이 640[cc]이다. 연소실 체적은 얼마인가?

① 70[cc]　　　　② 80[cc]

③ 90[cc]　　　　④ 100[cc]

해설

연소실 체적 = $\dfrac{\text{행정 체적}}{(\text{압축비} - 1)}$

$= \dfrac{640}{(9 - 1)} = 80[cc]$

**16** 다목적 관리기 점화플러그는 수시로 분해하여 전극 부위의 그을음을 청소하고, 간격을 점검하여야 한다. 다음 중 다목적 관리기의 점화플러그 간극으로 옳은 것은?

① 0.01~0.02[mm]　② 0.1~0.2[mm]

③ 0.3~0.4[mm]　　④ 0.6~0.8[mm]

해설

**간 극**
• 유연연료 : 0.6~0.8[mm]
• 무연연료 : 1.0~1.1[mm]
• 농용기관 : 약 0.8~1.1[mm]

**17** 트랙터를 이용한 땅속작물 수확기를 선정하기 위해 필요한 사항이 아닌 것은?

① 수확하고자 하는 작물의 종류를 알아야 한다.
② 이랑의 폭을 알아야 한다.
③ 트랙터의 마력을 알아야 한다.
④ 최종운반거리를 알아야 한다.

**18** 동력 경운기 주클러치의 고장원인 중 틀린 것은?

① 클러치판이 새것일 때
② 마찰판에 기름이 묻었을 때
③ 클러치 간극이 맞지 않을 때
④ 압력 스프링이 절손 혹은 쇠약할 때

**19** 다음 중 동력 분무기의 V패킹 교환·정비 시 안쪽과 바깥쪽에 발라 주어야 하는 물질로 가장 적당한 것은?

① 엔진오일
② 기어오일
③ 그리스
④ 물 또는 부동액

해설

그리스는 반고체상태이므로 이동 부분이나 진동이 심한 부위에도 잘 부착되어 윤활작용을 한다.

**20** 다음 중 건조와 저장을 동시에 할 수 있는 건조기는?

① 벌크건조기
② 순환식 건조기
③ 태양열 건조기
④ 원형 빈(Bin) 건조기

해설
원형 빈 건조장치는 건조와 저장을 겸할 수 있는 시설로서 우리나라에서는 미곡 종합처리장에서 사용하고 있다.

**21** 기어가 서로 물릴 때 원추형 마찰 클러치에 의하여 상호 회전속도를 일치시킨 후 기어를 맞물리게 하여 고속회전 중에도 변속이 용이한 변속기는?

① 상시 물림식 변속기
② 동기 물림식 변속기
③ 선택 물림식 변속기
④ 미끄럼 물림식 변속기

**22** 동력 경운기용 트레일러의 브레이크 페달 유격( ㉠ ) 및 드럼과 라이닝의 간격( ㉡ )으로 가장 적합한 것은?

① ㉠ 20~30[mm], ㉡ 2[mm]
② ㉠ 10~20[mm], ㉡ 2[mm]
③ ㉠ 10~20[mm], ㉡ 0.2~0.6[mm]
④ ㉠ 20~30[mm], ㉡ 0.2~0.6[mm]

**23** 트랙터에서 동력취출장치(PTO) 축(6홈 스플라인)의 국제표준 회전속도는 얼마인가?

① 340[rpm]
② 540[rpm]
③ 1,000[rpm]
④ 1,540[rpm]

해설
PTO 회전수 540[rpm]이 스플라인 6홈이고, 1,000[rpm]은 21개 홈의 스플라인축을 사용한다.

**24** 다음 중 농용 트랙터 유압장치를 이용하여 작업기를 들어 올린 후 내리려고 할 때 작업기가 내려가지 않는 이유와 가장 거리가 먼 것은?

① 유압제어밸브의 고장
② 유압실린더의 파손
③ 리프트축 회동부의 유착
④ 흡입파이프에 공기 유입

해설
오일 흡입파이프에 공기 유입 시 유압승강장치가 떨린다.

**25** 다음 중 로터리의 경운날 조립형태에 대한 설명으로 틀린 것은?

① 경운날은 보통형, 작두형과 L자형 등이 있다.
② 경운날은 왼쪽 날과 오른쪽 날로 구분된다.
③ 플랜지 형태의 경운날 조립은 플랜지의 좌측에만 조립한다.
④ 경운날의 전체적인 조립유형은 나선형 방향으로 되어 있다.

**해설**
왼쪽 플랜지의 끝에서 흐름방향으로 각 플랜지 왼쪽 날을 부착한 다음 오른쪽 날을 조립한다.

**26** 경운기가 주행 중 변속기의 기어가 빠지는 원인으로 가장 타당한 것은?

① 변속기어의 이상마모와 물림 불량
② 기어오일이 부족할 때
③ 클러치판의 고착
④ 기어 시프트의 마모 과대

**해설**
**경운기 주행 중 변속기의 기어가 빠지는 원인**
• 로킹볼 및 스프링 마모
• 각 기어의 마모나 파손
• 변속포크 불량 시

**27** 크랭크축을 V블록과 다이얼 인디케이터로 측정하여 다이얼게이지에 0.08[mm]를 나타내면 실제 크랭크축의 휨은 어느 정도인가?

① 0.08[mm]  ② 0.03[mm]
③ 0.04[mm]  ④ 0.09[mm]

**해설**
$0.08 \div 2 = 0.04$[mm]
**휨 점검**
크랭크축 앞뒤 메인 저널을 V블록 위에 올려놓고 다이얼게이지의 스핀들을 중앙 메인 저널에 설치한 후 천천히 크랭크축을 회전시키면서 다이얼게이지의 눈금을 읽는다. 이때 최댓값과 최솟값 차의 1/2이 크랭크축 휨값이다.

**28** 다음 중 4조식 이앙기로 작업할 때 결주가 생기는 원인이 아닌 것은?

① 주간 간격이 좁다.
② 파종량이 불균일하다.
③ 분리침이 마모되었다.
④ 세로이송 롤러가 작동불량이다.

**해설**
**결주에 영향을 끼치는 요인**
육묘의 수분상태, 식부장치의 타이밍, 포장조건, 종이송·횡이송 장치, 분리침의 마모, 파종량의 불균일 등

**29** 다음 중 연소실에 윤활유가 올라와 연소할 때의 배기가스의 색은?

① 청 색  ② 백 색
③ 무 색  ④ 흑 색

**해설**
오일이 연소실로 유입되어 희석되고 백색 배기가스가 발생된다.

254 ■ PART 02 과년도 + 최근 기출복원문제

25 ③  26 ①  27 ③  28 ①  29 ②  **정답**

**30** 다음 중 습지에서와 같이 토양의 추진력이 약한 곳이나 차륜의 슬립이 심한 곳에서 사용할 수 있도록 트랙터 내 장착된 장치는?

① 유성기어장치
② 유압변속장치
③ 차동잠금장치
④ 동력취출장치

**31** 다음 중 광도의 단위로 옳은 것은?

① lm
② lx
③ cd
④ W

해설
측정단위

| 구 분 | 정 의 | 기 호 | 단 위 |
|---|---|---|---|
| 조 도 | 단위면적당 빛의 도달 정도 | $E$ | [lx] |
| 광 도 | 빛의 강도 | $I$ | [cd] |
| 광 속 | 광원에 의해 초[sec]당 방출되는 가시광의 전체량 | $F$ | [lm] |
| 휘 도 | 어떤 방향으로부터 본 물체의 밝기 | $L$ | [cd/m²], [nt] |
| 램프 효율 | 소모하는 전기에너지가 빛으로 전환되는 효율성 | $h$ | [lm/W] |

**32** 코일에 흐르는 전류를 변화시키면 코일에 그 변화를 방해하는 방향으로 기전력이 발생되는 작용은?

① 정전작용
② 상호유도작용
③ 전자유도작용
④ 승압작용

**33** 저항 $R_1$, $R_2$, $R_3$를 병렬접속시켰을 때 합성저항은?

① $R = \dfrac{1}{\dfrac{1}{R_1} + \dfrac{1}{R_2} + \dfrac{1}{R_3}}$

② $R = R_1 + R_2 + R_3$

③ $R = \dfrac{R_1 + R_2 + R_3}{R_1 R_2 R_3}$

④ $R = \dfrac{1}{R_1 + R_2 + R_3}$

**34** 변압기의 1차 권수가 80회, 2차 권수가 320회일 때, 2차 측의 전압이 100[V]이면 1차 측의 전압은 몇 [V]인가?

① 15
② 25
③ 50
④ 100

해설
$80 : 320 = x : 100$
$320x = 80 \times 100$
$\therefore x = 25$

**35** 시동전동기에 대한 설명으로 틀린 것은?

① 정지된 기관을 기동시키기 위한 전동기이다.

② 오버러닝 클러치가 회전축에 설치되어 있다.

③ 시동전동기는 엔진 동작 후에도 엔진과 맞물려 회전한다.

④ 시동전동기는 시동할 때 매우 큰 전류가 흐른다.

**36** 전기적 에너지를 받아서 기계적 에너지로 바꾸는 것은?

① 전동기　　　　② 정류기

③ 변압기　　　　④ 발전기

> **해설**
> 전동기는 전류가 흐르는 도체가 자기장 속에서 받는 힘을 이용하여 전기에너지를 기계에너지로 바꾸는 장치로, 일반적으로 모터(Motor)라고 한다.

**37** 다음 중 시동전동기가 작동하지 않는 이유와 가장 거리가 먼 것은?

① 축전지가 방전되었다.

② 시동전동기의 스위치가 불량하다.

③ 시동전동기의 피니언이 링 기어에 물리었다.

④ 기화기에 연료가 꽉 차 있다.

> **해설**
> 기동전동기의 회전력이 저하되는 경우는 배터리의 방전뿐만 아니라 기동전동기 내부의 고장, 즉 베어링, 전기자, 브러시 등의 마모와 오버러닝 클러치 등 축의 휨으로 회전력이 저하되는 것으로 교환이 필요하다.

**38** 100[V]의 전압에서 1[A]의 전류가 흐르는 전구를 10시간 사용하였다면 전구에서 소비되는 전력량 [Wh]은?

① 60,000　　　　② 1,000

③ 100　　　　④ 10

> **해설**
> 소비전력량(Wh)은 소비전력(Watt)에 시간(Hour)을 곱한 것이다.
> 소비전력 $P = VI = 100 \times 1 = 100[W]$
> 소비전력량 $= 100 \times 10[h] = 1,000[Wh]$

**39** 직류 직권전동기의 설명 중 적합하지 않은 것은?

① 기동회전력이 크다.

② 회전속도의 변화가 비교적 크다.

③ 회전력은 전기자전류와 계자자속의 곱에 비례한다.

④ 직류 직권전동기에 발생하는 역기전력은 속도에 반비례한다.

> **해설**
> 직류 직권전동기에 발생하는 역기전력은 속도에 비례하고, 전기자 전류는 역기전력에 반비례한다.
> 역기전력
> $E_0 = V - I_a R_a = k\phi N$로 속도에 비례한다.
> ($k$ : 기계상수 $= \dfrac{pz}{60a}$, $\phi$ : 극당 자속수, $N$ : 회전속도)

**40** 다음 중 퓨즈 블링크의 설명으로 옳은 것은?

① 아주 미세한 전류가 흐르는 데 사용한다.

② 여러 개의 퓨즈를 한군데로 모아서 연결한 것
이다.

③ 전류가 역류하는 것을 방지하는 것이다.

④ 과전류가 흐를 때 단선되도록 한 전선의 일종
이다.

해설
퓨즈 블링크는 회로에 과전류가 흐를 때 녹아서 끊어지도록 제작된
작은 지름의 짧은 전선이다.

**41** 다음 그림과 같은 회로에서 전류 $I$는?

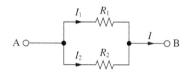

① $I = I_1 R_1 + I_2 R_2$  ② $I = \dfrac{I_1}{R_1} + \dfrac{I_2}{R_2}$

③ $I = I_1 + I_2$  ④ $I = I_1 - I_2$

**42** 전압계를 사용하는 방법에 대한 설명으로 잘못된
것은?

① 직류전압 측정 시 전압계의 (+)단자와 (−)단자의
극성을 정확히 연결한다.

② 전압계의 다이얼을 낮은 전압 위치에 놓고 측정
후 점차 높은 전압 위치에 놓는다.

③ 측정하고자 하는 부하와 병렬로 연결한다.

④ 측정범위에 알맞은 전압계를 선택한다.

해설
측정하려는 전압의 크기 정도를 알지 못할 경우 가장 큰 눈금
위치로 돌려 놓는다.

**43** 동선의 단면적을 2배, 길이를 2배로 했을 때 전기
저항의 변화는?

① 1/4로 된다.

② 1/2로 된다.

③ 변하지 않는다.

④ 2배가 된다.

해설
저항은 길이에 비례하고 단면적에 반비례한다.

$$R = p\frac{L}{A}$$

2배씩 해 주었을 때 $R = p\dfrac{2L}{2A}$ 이므로 저항의 변화는 없다.

**44** 단속기 접점 간극이 규정보다 클 때 옳은 것은?

① 점화시기가 빨라진다.

② 캠각이 커진다.

③ 점화코일에 흐르는 1차 전류가 많아진다.

④ 점화시기가 늦어진다.

해설
**단속기 접점**

| 접점 간극이 작으면 | 접점 간극이 크면 |
| --- | --- |
| • 점화시기가 늦어진다. | • 점화시기가 빨라진다. |
| • 1차 전류가 커진다. | • 1차 전류가 작아진다. |
| • 점화코일이 발열한다. | • 고속에서 실화된다. |
| • 접점이 소손된다. | |

**45** 일반적인 전동기의 장점이 아닌 것은?

① 기동운전이 용이하다.

② 소음 및 진동이 작다.

③ 고장이 적다.

④ 전선으로 전기를 유도하므로 이동작업에 편리하다.

**해설**
이동작업에서는 긴 전선을 필요로 하기 때문에 사용할 수 없는 경우가 있다.

**46** 모든 작업자가 안전업무에 직접 참여하고, 안전에 관한 지식·기술 등의 개발이 가능하며, 안전업무의 지시 전달이 신속·정확하고, 1,000명 이상의 기업에 적용되는 안전관리의 조직은?

① 직계식 조직

② 참모식 조직

③ 수평식 조직

④ 직계·참모식 조직

**47** 다음 중 가장 강한 조도를 필요로 하는 것은?

① 저속작업, 정교한 끝맺음 작업

② 포장 및 출하작업

③ 자동기계작업 및 운전작업

④ 정밀연마, 조정 및 조립

**해설**
**조도(산업안전보건기준에 관한 규칙 제8조)**
사업주는 근로자가 상시 작업하는 장소의 작업면 조도(照度)를 다음의 기준에 맞도록 하여야 한다. 다만, 갱내(坑內) 작업장과 감광재료(感光材料)를 취급하는 작업장은 그러하지 아니하다.
• 초정밀작업 : 750[lx] 이상
• 정밀작업 : 300[lx] 이상
• 보통작업 : 150[lx] 이상
• 그 밖의 작업 : 75[lx] 이상

**48** 원동기 운전 중 주의사항으로 보통 25시간마다 점검해야 되는 것은?

① 흡·배기밸브의 카본 제거

② 연료 및 윤활유의 유무 확인

③ 기화기 청소

④ 공기청정기 청소

**49** 작업조건에 따른 작업과 보호구의 관계로 옳지 않는 것은?

① 물체가 떨어지거나 날아올 위험 : 안전모
② 물체의 낙하, 충격, 물체에의 끼임 등의 위험이 있는 작업 : 작업화
③ 용접 시 불꽃 또는 물체가 날아 흩어질 위험이 있는 작업 : 방진마스크
④ 감전의 위험이 있는 작업 : 절연용 보호구

**해설**
용접 시 불꽃 또는 물체가 날아 흩어질 위험이 있는 작업에는 보안면을 착용한다.

**50** 다음 고압가스용기 중 수소가스용기의 색깔은?

① 녹 색　　② 주황색
③ 백 색　　④ 황 색

**해설**
각종 가스용기의 도색 구분(고압가스 안전관리법 시행규칙 별표 24)

| 가스의 종류 | 도색 구분 | 가스의 종류 | 도색 구분 |
|---|---|---|---|
| 산 소 | 녹 색 | 아세틸렌 | 황 색 |
| 수 소 | 주황색 | 액화 염소 | 갈 색 |
| 액화 탄산가스 | 청 색 | 액화 암모니아 | 백 색 |
| LPG (액화 석유가스) | 밝은 회색 | 그밖의 가스 | 회 색 |

**51** 트랙터에 로터리 작업기 탈·부착방법의 안전사항 중 옳은 방법은?

① 작업기의 탈·부착은 15° 이내 경사지에서 실시한다.
② 작업기의 탈·부착은 반드시 3인 이상이 해야 한다.
③ 작업기는 평지에서 부착 후 수평 조절을 해야 한다.
④ 작업기의 탈·부착은 기체 본체를 완전히 후진하여 상부 링크부터 연결한다.

**해설**
트랙터와 로터리를 평탄한 곳에 위치시킨다.

**52** 재해로부터 인간의 생명과 재산을 보호하기 위한 계획적이고, 체계적인 활동을 무엇이라고 하는가?

① 안전사고
② 안전관리
③ 재해 방지
④ 재산관리

**53** 부품의 세척작업 중 알칼리성이나 산성의 세척유가 눈에 들어갔을 경우에 가장 좋은 응급조치방법은?

① 먼저 바람 부는 쪽을 향해 눈을 크게 뜨고 눈물을 흘린다.

② 먼저 산성 세척유로 중화시킨다.

③ 먼저 붕산수를 넣어 중화시킨다.

④ 먼저 흐르는 수돗물로 씻어낸다.

**54** 스피드 스프레이어(SS기)의 재해 예방대책으로 볼 수 없는 것은?

① 분무작업은 고속으로 주행하면서 한다.

② 야간 및 비가 오는 날에는 운전을 자제한다.

③ 점검 및 정비 시 떼어 낸 덮개 등은 점검 및 정비 완료 후 모두 다시 부착한다.

④ 작업자는 기계적 위험과 화학적 위험을 동시에 방호할 수 있는 복장을 선택한다.

**해설**
약액이 흔들려 기체가 불안정해지기 쉬우므로 가급적 저속으로 주행한다.

**55** 드릴작업 시 보안경 착용은?

① 항상 반드시 착용한다.

② 저속 시에만 착용한다.

③ 고속 시에만 착용한다.

④ 목공작업 시에만 착용한다.

**56** 근로시간 1,000시간당의 재해로 인하여 손실된 노동손실 일수를 나타낸 것은?

① 천인율

② 도수율

③ 강도율

④ 연천인율

**해설**
$$강도율 = \frac{근로손실일수}{연간\ 총근로시간} \times 1,000$$

**57** 전기에 의한 화재의 진화작업 시 사용해야 할 소화기 중 가장 적합한 것은?

① 탄산가스 소화기

② 산, 알칼리 소화기

③ 포말 소화기

④ 물 소화기

**해설**

화재의 종류에 따른 화재표시색상 및 소화기의 종류
• A급 화재(일반화재) – 백색 – 포말 소화기, 물 소화기
• B급 화재(유류화재) – 황색 – 분말 소화기
• C급 화재(전기화재) – 청색 – 분말 소화기, 탄산가스 소화기
• D급 화재(금속화재) – 무색 – 마른 모래, 소석회, 탄산수소염류, 금속화재용 소화 분말 등

**58** 다음의 안전색채 중에서 '주의'에 대한 색은?

① 빨 강        ② 초 록

③ 노 랑        ④ 파 랑

**해설**

안전보건표지의 색채, 색도기준 및 용도(산업안전보건법 시행규칙 별표 8)

| 색 채 | 색도기준 | 용 도 | 사용 예 |
|---|---|---|---|
| 빨간색 | 7.5R 4/14 | 금 지 | 정지신호, 소화설비 및 그 장소, 유해행위의 금지 |
| | | 경 고 | 화학물질 취급장소에서의 유해·위험 경고 |
| 노란색 | 5Y 8.5/12 | 경 고 | 화학물질 취급장소에서의 유해·위험 경고 이외의 위험 경고, 주의 표지 또는 기계방호물 |
| 파란색 | 2.5PB 4/10 | 지 시 | 특정 행위의 지시 및 사실의 고지 |
| 녹 색 | 2.5G 4/10 | 안 내 | 비상구 및 피난소, 사람 또는 차량의 통행표지 |
| 흰 색 | N9.5 | | 파란색 또는 녹색에 대한 보조색 |
| 검은색 | N0.5 | | 문자 및 빨간색 또는 노란색에 대한 보조색 |

**59** 실린더 헤드 볼트를 조일 때 마지막으로 사용하는 공구는?

① 토크 렌치

② 소켓 렌치

③ 오픈엔드 렌치(스패너)

④ 조정 렌치(몽키)

**해설**

헤드 볼트를 조일 시에는 토크 렌치를 사용한다.

**60** 다음 중 인화성 유해위험물에 대한 공통적인 성질을 설명한 것으로 틀린 것은?

① 착화온도가 낮은 것은 위험하다.

② 물보다 가볍고 물에 녹기 어렵다.

③ 발생된 가스는 대부분 공기보다 가볍다.

④ 발생된 가스는 공기와 약간 혼합되어도 연소의 우려가 있다.

**해설**

인화성 유해위험물에서 발생된 가스는 대부분 공기보다 무겁다.

## 01 단상 유도전동기의 출력을 나타낸 것은?

① 전압 × 저항 × 역률 × 효율

② 전압 × 전류 × 역률 × 효율

③ 전류 × 저항 × 역률 × 효율

④ 전력 × 전류 × 역률 × 효율

## 02 직류 직권전동기의 특성으로 틀린 것은?

① 무부하 상태에서도 운전이 가능하다.

② 부하가 작아지면 회전력이 감소된다.

③ 부하를 크게 하면 흐르는 전류는 커진다.

④ 전동기에 부하가 걸렸을 때에는 회전력이 크다.

**해설**

직류 직권전동기 특성 중 무부하 운전 시 속도가 무한대가 되어 위험하다.

※ 전동기에서 무부하란 전류가 흐르지 않는 상태가 아니라 전동기축에 아무것도 연결하지 않은 상태를 의미한다.

## 03 전기에너지를 기계에너지로 바꾸어 주는 것은?

① 전동기            ② 발전기

③ 정류기            ④ 변압기

**해설**

전동기는 전류가 흐르는 도체가 자기장 속에서 받는 힘을 이용하여 전기에너지를 기계에너지로 바꾸는 장치로, 일반적으로 모터(Motor)라고 한다.

## 04 농용 트랙터에 탑재되어 있는 축전지를 분리할 때 준수해야 할 사항으로 옳은 것은?

① 양 케이블(+극, −극)을 함께 푼다.

② 접지 터미널을 먼저 푼다.

③ 절연되어 있는 케이블(+극)을 먼저 푼다.

④ 벤트 플러그를 열고 떼어 낸다.

**해설**

분리 순서 : (−)측을 먼저 분리하고 (+)측을 나중에 분리한다.

## 05 트랙터용 AC발전기에서 3상 전파정류에 사용되는 다이오드의 수는?

① 1개            ② 3개

③ 4개            ④ 6개

**해설**

**3상 전파정류회로**

6개의 다이오드를 브리지 모양으로 연결하여 3상 교류발전기의 출력단자에 접속한 것인데, 교류발전기는 이 방식으로 3상 교류를 정류하고 있다. 이 방식으로 정류된 전류는 맥동이 매우 적은 직류이다.

정답 1 ② 2 ① 3 ① 4 ② 5 ④

**06** 납축전지의 용량에 대한 설명으로 옳은 것은?

① 음극판 단면적에 비례하고 양극판 크기에 반비례한다.

② 양극판의 크기에 비례하고 음극판의 단면적에 반비례한다.

③ 극판의 표면적에 비례한다.

④ 극판의 표면적에 반비례한다.

**해설**

축전기의 전기용량 $C$의 크기는 전극의 면적 $A$에 비례하고, 전극 사이의 거리 $d$에 반비례한다.

$$C = \varepsilon \frac{A}{d}$$

**07** 다음 용어에 대한 단위가 틀린 것은?

① 전류 : [A]

② 전압 : [V]

③ 전력량 : [W]

④ 저항 : [Ω]

**해설**

• 전력 : [W]

• 전력량 : [Wh], [kWh]

**08** 100[V], 500[W]의 전열기를 90[V]에서 사용하면 소비전력[W]은?

① 245    ② 320

③ 405    ④ 500

**해설**

소비전력 $P = VI = I^2R = \dfrac{V^2}{R}$ [W]

$500[W] = \dfrac{(100)^2}{R}$

$R = 20[\Omega]$

$P = \dfrac{(90)^2}{20} = 405[W]$

**09** 동일한 저항을 가진 세 개의 도선을 병렬로 연결할 때의 합성저항은?

① 한 도선저항과 같다.

② 한 도선저항의 3배로 된다.

③ 한 도선저항의 1/2로 된다.

④ 한 도선저항의 1/3로 된다.

**해설**

병렬연결의 합성저항

$$R = \frac{1}{\dfrac{1}{R_1} + \dfrac{1}{R_1} + \dfrac{1}{R_1}} = \frac{1}{\dfrac{3}{R_1}} = \frac{R_1}{3}$$

**10** 다음 그림과 같은 회로의 합성저항[Ω]은?

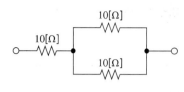

① 100  ② 50

③ 30  ④ 15

> **해설**
> $$R = 10 + \cfrac{1}{\cfrac{1}{10} + \cfrac{1}{10}} = 15[\Omega]$$

**11** 아날로그형 회로시험기로 직류 전류를 측정하는 경우이다. 틀린 것은?

① 전압 측정과는 달리 직렬접속한다.

② 회로상의 측정은 시험점을 끊고 측정한다.

③ 적색 리드는 (+), 흑색 리드는 (−)에 접속한다.

④ 측정전류의 크기에 따라 측정 레인지를 변화시킬 필요가 없다.

> **해설**
> 아날로그 및 디지털 멀티테스터를 사용하여 전류를 측정하고자 할 때에는 측정 레인지를 DC mA나 DC A로 선택하여야 한다.

**12** 다음 중 점화플러그 시험에 속하지 않는 것은?

① 기밀시험  ② 용량시험

③ 불꽃시험  ④ 절연시험

> **해설**
> 점화플러그 시험에는 기밀시험, 불꽃시험, 절연시험이 있다.

**13** 전조등의 불이 켜지지 않을 때 점검해야 할 사항이 아닌 것은?

① 배선이 너무 길게 되어 있는지 점검한다.

② 퓨즈의 절단 여부 상태와 접속 상태를 점검한다.

③ 회로배선 중 고열 부분에 접속되고 있는 부분이 있는지 점검한다.

④ 각 접속 부분에 녹이 슬었거나 진동으로 단자볼트가 풀려 있는지 점검한다.

**14** 50[Ω]의 저항에 100[V]의 전압을 가하면 흐르는 전류[A]는?

① 50  ② 4

③ 2  ④ 0.5

> **해설**
> $$I = \frac{V}{R} = \frac{100}{50} = 2[A]$$
> ($V$ : 전압, $I$ : 전류, $R$ : 저항)

**15** 충·방전 시 화학반응식을 올바르게 나타낸 것은?

① 충전 시 $PbO_2 + 2H_2SO_4 + Pb \leftarrow PbSO_4 + 2H_2O + PbSO_4$

② 방전 시 $PbO + 2H_2SO_4 + Pb \leftarrow PbO_2 + 2H_2O + PbSO_4$

③ 충전 시 $PbO_2 + 2H_2SO_4 + Pb \rightarrow PbSO_2 + 2H + PbSO_2$

④ 방전 시 $PbO + 2H_2SO_4 + Pb \rightarrow PbSO_4 + 2H_2SO_4 + PbSO_4$

**해설**

충전 및 방전

| 양극판 | | 전해액 | | 음극판 | | 양극판 | | 전해액 | | 음극판 |
|---|---|---|---|---|---|---|---|---|---|---|
| $PbO_2$ | + | $2H_2SO_4$ | + | $Pb$ | $\underset{충전}{\overset{방전}{\rightleftarrows}}$ | $PbSO_4$ | + | $2H_2O$ | + | $PbSO_4$ |
| 과산화납 | | 묽은 황산 | | 해면상납 | | 황산납 | | 물 | | 황산납 |

**16** 다음 중 넓은 과수원 방제를 가장 능률적으로 할 수 있는 방제기는?

① 연무기
② 동력 분무기
③ 파이프 더스터
④ 스피드 스프레이어

**17** 다음 중 시비기의 주요부가 탱크, 펌프, 흡입장치, 살포장치, 주행장치 등으로 구성되어 있는 것은?

① 퇴비 살포기
② 분말 시비기
③ 분뇨 살포기
④ 브로드캐스터

**18** 트랙터의 운전 중 클러치 사용방법으로 가장 올바른 것은?

① 변속기를 조작할 때는 클러치를 사용하지 않는다.
② 길고 급한 비탈길에서는 클러치를 끊고 내려간다.
③ 운전 중에는 언제나 클러치 페달 위에 발을 올려 놓는다.
④ 반클러치는 클러치판을 상하게 하기 때문에 특히 필요한 경우를 제외하고는 사용을 자제하여야 한다.

**해설**
① 트랙터의 변속은 반드시 클러치 페달을 밟고 변속 레버의 위치를 바꾼다.
② 내리막길에서는 주변속을 중립으로 하거나 클러치를 끊지 않는다.
③ 주행 중에는 브레이크나 클러치 페달에 발을 올려놓지 않는다.

**19** 다음 중 일반적으로 트랙터의 동력취출축으로 많이 사용하는 축은?

① 중공축
② 크랭크축
③ 스플라인축
④ 플렉시블축

**해설**
트랙터의 PTO축을 연결하는 기계요소는 스플라인축이다.

**20** 다음 중 건조기 안전 사용요령으로 틀린 것은?

① 전원전압을 반드시 확인한다.
② 연료 호스 또는 파이프의 막힘, 연결부의 누유 상태를 수시로 점검한다.
③ 인화성 물질을 멀리하고, 만일의 경우에 대비하여 소화기를 설치한다.
④ 운전 중에 덮개를 열어 회전하는 부분이 원활하게 돌아가는지 확인한다.

**해설**
회전 부분(기어, 벨트, 체인) 등은 위험하므로 반드시 커버를 씌워 둔다.

**21** 트랙터에서 앞바퀴를 조립할 때, 조종성이 확실하고 안정하게 하기 위해서는 앞바퀴가 옆으로 미끄러지거나 흔들려서는 안 된다. 앞바퀴는 앞쪽에서 볼 때 아래쪽이 안쪽으로 적당한 각도로 기울어지도록 설치하는데 이것을 무엇이라 하는가?

① 캠버(Camber)
② 캐스터(Caster)
③ 토인(Toe-in)
④ 킹핀(Kingpin)의 각

**해설**
② 캐스터(Caster) : 차량을 옆에서 보았을 때 수직선에 대해 조향 축이 앞 또는 뒤로 기운(각도) 상태
③ 토인(Toe-in) : 자동차 바퀴를 위에서 보았을 때 앞부분이 뒷부분보다 좁아져 있는 상태를 말하며, 앞바퀴를 평행하게 회전시키고 바퀴가 옆으로 미끄러지는 것을 방지한다.
④ 킹핀(Kingpin)의 각 : 앞바퀴를 앞쪽에서 보았을 때, 킹핀의 윗부분이 안쪽으로 경사지게 설치된 것이며, 킹핀의 축 중심과 노면에 대한 수직선이 이루는 각

**22** 다음 중 기어식 변속기의 종류가 아닌 것은?

① 미끄럼식
② 상시 물림식
③ 동기 물림식
④ 토크 컨버터식

**해설**
**변속기의 종류**
• 미끄럼 물림식 변속기
• 동기 물림식 변속기
• 상시 물림식 변속기
• 자동 변속기 : 유단 변속기와 무단 변속기가 있다.

**23** 다음 중 트랙터용 로터리를 부착할 때, 점검 · 조정 사항이 아닌 것은?

① 히치부 점검 · 조정
② 3점 링크 점검 · 조정
③ 유압 작동레버 점검 · 조정
④ 로터리 날 배열 점검 · 조정

**해설**
로터리와 같은 구동형 작업기는 변속기 몸체 옆에 있는 PTO축과 로터리 구동축을 커플링 등으로 연결시켜 구동한다.

**24** 다음 중 기관의 피스톤 핀 연결방법에 관한 설명으로 옳은 것은?

① 전부동식 : 핀을 피스톤 보스에 고정한다.
② 고정식 : 핀을 스냅 링으로 고정한다.
③ 요동식 : 핀을 피스톤 보스에 고정한다.
④ 반부동식 : 핀을 커넥팅 로드 소단부에 고정한다.

**해설**
핀의 고정방식에 따라 고정식, 반부동식, 전부동식으로 분류한다.
• 고정식 : 피스톤 보스부에 피스톤 핀을 고정하고 커넥팅 로드 소단부에 구리 부싱을 삽입한 방식이다.
• 반부동식 : 커넥팅 로드 소단부에 클램프에 피스톤 핀을 볼트로 고정시키는 방식이다.
• 전부동식 : 피스톤 핀이 커넥팅 로드나 피스톤 보스부에 고정되지 않고 자유롭게 회전하며 핀의 양끝에 스냅 링을 설치한 방식이다.

**25** 다음 중 동력 경운기의 엔진 동력을 클러치로 전달하는 동력 전달수단으로서 가장 알맞은 것은?

① 평벨트           ② 유성기어
③ V벨트            ④ 베벨기어

**해설**
기관의 동력은 전달축까지 V벨트에 의하여 전달된다.

**26** 수랭식 냉각장치의 라디에이터 신품용량이 20[L]이고, 코어의 막힘률이 20[%]이면 실제로 얼마의 물이 주입되는가?

① 12[L]            ② 14[L]
③ 16[L]            ④ 18[L]

**해설**
$$코어막힘률 = \frac{신품\ 주수량 - 구품\ 주수량}{신품\ 주수량} \times 100$$

$$20[\%] = \frac{20 - x}{20} \times 100[L]$$

∴ 구품 주수량 $x = 16[L]$

**27** 다음 중 가솔린기관의 기화기에서 스로틀밸브의 역할로 옳은 것은?

① 공기의 양을 조절한다.
② 연료의 유면을 조절한다.
③ 혼합기의 양을 조절한다.
④ 공기의 유속을 빠르게 조절한다.

**해설**
**기화기에서 스로틀밸브의 역할**
흡입되는 혼합기체의 양을 조절하는 밸브로 기관의 출력을 조정한다.

**28** 농용 트랙터로 쟁기작업 시 경사지나 얕은 작업일 때, 테일 피스는 어떻게 조정하는가?

① 끝을 낮춘다.
② 끝을 높인다.
③ 끝을 그대로 둔다.
④ 끝을 운전자가 편리한 대로 둔다.

**해설**
**테일 피스(Tail Piece, 연장 볏)**
쟁기작업 시 경사지나 얕은 작업을 할 때 테일 피스의 끝을 낮춘다.

**29** 다음 중 전기시동식 경운기의 축전지 정격전압은 얼마인가?

① DC 6[V]
② DC 12[V]
③ DC 30[V]
④ DC 36[V]

**30** 다음 중 일반적으로 동력 경운기 기관의 정격 회전수는?

① 1,200[rpm]
② 2,200[rpm]
③ 3,200[rpm]
④ 4,200[rpm]

**31** 다음 중 조향 핸들을 한 바퀴 돌렸을 때 피트먼 암이 30° 움직였다면, 이때 조향 기어비는 얼마인가?

① 2 : 1         ② 12 : 1
③ 22 : 1        ④ 32 : 1

**해설**
• 조향 기어비는 조향 핸들이 움직인 양과 피트먼 암이 움직인 양의 비로 표시한다.
• 1회전(360°)으로 피트먼 암이 30° 움직였다면 $\frac{360°}{30°} = 12$이므로 감속비는 12 : 1이다.

**32** 동력 경운기의 밸브스프링의 자유높이 100[mm]에 대하여 몇 [%] 이상 줄게 되면 스프링을 교환해야 하는가?

① 0.3          ② 3
③ 7            ④ 10

**해설**
**밸브스프링의 점검항목 및 점검기준**
• 직각도 : 스프링 자유고의 3[%] 이하일 것
• 자유고 : 스프링 규정자유고의 3[%] 이하일 것
• 스프링 장력 : 스프링 규정장력의 15[%] 이하일 것

**33** 다음 중 동력 경운기 조향 클러치의 가장 적당한 유격은?

① 1.0~2.0[mm]

② 3.0~4.0[mm]

③ 4.0~5.0[mm]

④ 5.0~6.0[mm]

**34** 다음 중 일반적인 동력 경운기의 브레이크 형식은?

① 블록 브레이크

② 원판 브레이크

③ 밴드 브레이크

④ 내부확장식 브레이크

해설

동력 경운기는 주로 습식 내부확장식 마찰 브레이크를 많이 사용하고 있다.

**35** 농기계 디젤기관의 압축압력을 측정하였더니 33.6 [kgf/cm$^2$]가 나왔다. 규정압축압력의 몇 [%]인가?(단, 규정 압축압력 48[kgf/cm$^2$]이다)

① 50[%]  ② 60[%]

③ 70[%]  ④ 80[%]

해설

$33.6 \div 48 \times 100 = 70[\%]$

**36** 다음 중 커넥팅 로드의 대단부 베어링이 헐거워졌을 경우 나타나는 결과에 해당하는 것은?

① 유압이 높아진다.

② 노킹이 잘 일어난다.

③ 엔진소음이 심해진다.

④ 크랭크 케이스의 블로 바이가 심해진다.

해설

간극이 너무 작으면 엔진 작동 시 열팽창에 의해 소결되기 쉬우며, 너무 크면 엔진소음을 유발하게 된다.

**37** 다음 중 유압조절밸브의 스프링 장력을 세게 하면 유압은 어떻게 되는가?

① 높아진다.

② 낮아진다.

③ 변화가 없다.

④ 높아졌다가 낮아진다.

**38** 다음 중 콤바인 예취칼날의 가장 알맞은 간격은?

① 0.01~0.05[mm]

② 0.1~0.5[mm]

③ 1~5[mm]

④ 10~15[mm]

해설
예취칼날을 조립할 때에는 칼날의 틈새를 0~0.7[mm]로 조정해야 한다.

**39** 다음 중 트랙터에 장착되어 있는 차동잠금장치를 사용할 농경지로서 가장 적합한 곳은?

① 가뭄으로 인한 건답 농경지

② 바퀴의 침하가 심하지 않은 농경지

③ 차륜의 슬립이 심하지 않은 농경지

④ 습지에서와 같이 토양의 추진력이 약한 농경지

**40** 다음 중 디젤기관에서 공기빼기 장소가 아닌 것은?

① 연료공급펌프

② 연료탱크의 드레인 플러그

③ 분사펌프의 블리딩 스크루

④ 연료여과기의 오버플로 파이프

해설
공기빼기 순서 : 공급펌프 → 연료여과기 → 분사펌프

**41** 수도 이앙기에서 평당 주수 조절은 무엇을 조절하는가?

① 유압 조절

② 주간거리 조절

③ 플로트 조절

④ 횡이송과 종이송 조절

해설
기계이앙작업에서 조간거리는 30[cm]로 일정하므로 평당 주(포기)수는 조절할 수 없고, 주간거리인 포기 사이는 주간 조절 레버의 조작에 의해서 조절된다.

**42** 다음 중 유압 브레이크 구조에서 브레이크슈를 드럼에 압착하는 장치는?

① 휠 실린더

② 마스터 실린더

③ 리턴 스프링

④ 브레이크 라이닝

**43** 다음 중 다목적 관리기의 기관성능을 나타내는 요소와 가장 거리가 먼 것은?

① 견인력
② 연료소비율
③ 정격출력
④ 최대출력

**44** 트랙터 유압장치 중 위치제어 레버와 견인력제어 레버에 대한 설명으로 옳은 것은?

① 위치제어 레버는 쟁기작업, 견인력제어 레버는 로터리작업에 주로 사용한다.
② 위치제어 레버는 작업기의 속도제어, 견인력제어 레버는 작업기의 상승 및 하강제어에 사용한다.
③ 위치제어 레버는 작업기의 부하제어, 견인력제어 레버는 작업기의 상승 및 하강제어에 사용한다.
④ 위치제어 레버는 로터리작업, 견인력제어 레버는 쟁기작업에 주로 사용한다.

**45** 다음 중 동력 경운기의 주클러치가 잘 끊어지지 않을 경우의 조정방법으로 가장 올바른 것은?

① 클러치 캠의 높이를 높인다.
② 주클러치 링 케이지(연결 로드)의 길이를 조금 길게 해 준다.
③ 클러치 스프링 조정너트를 이용하여 클러치 스프링의 설치길이를 줄인다.
④ 클러치 스프링 조정너트를 이용하여 클러치 스프링의 설치길이를 길게 한다.

**46** 농기계 사용 시 사고를 예방하는 방법으로 옳은 것은?

① 매년 한 번씩 기계의 점검과 정비를 게을리하지 말 것
② 기계의 성능과 자기 기술을 초월하여 사용할 것
③ 항상 완전한 상태의 기계를 사용할 것
④ 생산가격을 충분히 알아 둘 것

**해설**
농작업 전후에는 반드시 점검·정비를 한다.

**47** 농업기계의 안전사항으로 틀린 것은?

① 과열된 엔진에 손이 닿으면 화상을 입으니 주의한다.
② 운반작업은 적재량에 준수한다.
③ 트랙터 정차 시 주차 브레이크를 사용한다.
④ 동력 경운기 운전 시 경사지를 오를 때는 기어변속을 신속하게 처리한다.

**해설**
경사지를 상승·하강할 때는 도중에 변속조작을 절대 하지 말아야 한다.

**48** 동력기계인 그라인더 연삭작업 안전수칙으로 옳은 것은?

① 숫돌차를 교환하기 전에 외관을 점검하고 균열을 검사할 것
② 숫돌차와 받침대 사이의 간격은 10[mm] 이하로 할 것
③ 숫돌을 교환한 후 사용 전 20분 정도 시운전을 할 것
④ 시동 전 보안경은 착용하지 말 것

**해설**
② 숫돌차와 받침대 사이의 간격은 3[mm] 이하로 한다.
③ 숫돌을 교환한 후 사용 전 3분 이상 시운전한다.
④ 시동 전 보안경을 착용한다.

**49** 보호구의 관리 및 사용방법으로 틀린 것은?

① 상시 사용할 수 있도록 관리한다.
② 청결하고 습기가 없는 장소에 보관·유지시켜야 한다.
③ 방진마스크의 필터 등은 상시 교환할 충분한 양을 비치하여야 한다.
④ 보호구는 공동사용하므로 개인전용 보호구는 지급하지 않는다.

**해설**
사업주는 보호구를 공동사용하여 근로자에게 질병이 감염될 우려가 있는 경우 개인전용 보호구를 지급하고 질병 감염을 예방하기 위한 조치를 하여야 한다.

**50** 재해원인에 대한 분류 중 직접원인에 해당하는 것은?

① 기술적 원인　　② 교육적 원인
③ 인적 원인　　④ 관리적 원인

**해설**
**사고의 원인**

| | |
|---|---|
| **직접원인(1차 원인)** | 불안전 상태(물적 원인) |
| | 불안전 행동(인적 원인) |
| | 천재지변 |
| **간접원인** | 교육적 원인 |
| | 기술적 원인 |
| | 관리적 원인 |

**51** 사고의 종류에 대한 설명 중 틀린 것은?

① 충돌현상 : 사람이 정지물에 부딪힌 경우
② 추락현상 : 사람이 건축물, 기계 등에서 떨어지는 경우
③ 협착현상 : 사람이 미끄러짐에 의해 넘어지는 경우
④ 폭발현상 : 압력의 급격한 발생 또는 개방으로 폭음을 수반한 팽창이 일어난 경우

**해설**
**재해 형태별 분류**
• 전도 : 사람이 평면상으로 넘어지는 경우
• 협착 : 물건에 끼워진 상태, 말려든 상태
• 추락 : 높은 곳에서 떨어지거나 계단 등에서 굴러 떨어지는 경우
• 충돌 : 사람이 정지물에 부딪친 경우
• 낙하 : 떨어지는 물체에 맞는 경우
• 비래 : 날아온 물체에 맞는 경우
• 붕괴, 도괴 : 적재물, 비계, 건축물이 무너지는 경우
• 절단 : 장치, 구조물 등이 잘려 분리되는 경우
• 과다동작 : 무거운 물건을 들거나 몸을 비틀어 작업하는 경우
• 감전 : 전기에 접촉하거나 방전 때문에 충격을 받는 경우
• 폭발 : 압력이 갑자기 증대하거나 개방되어 폭음을 일으키며 터지는 경우
• 파열 : 용기나 방비가 외력에 의해 부서지는 경우
• 화재 : 불이 난 경우

**52** 농업기계 안전관리 중 운반기계의 안전수칙으로 틀린 것은?

① 규정중량 이상은 적재하지 않는다.
② 부피가 큰 것을 적재할 때 앞을 보지 못할 정도로 쌓아 올리면 안 된다.
③ 물건이 움직이지 않도록 로프로 반드시 묶는다.
④ 물건 적재 시 가벼운 것을 밑에 두고, 무거운 것을 위에 놓는다.

**해설**
물건 적재 시 무거운 것을 밑에 두고, 가벼운 것을 위에 놓는다.

**53** 다음 중 방진안경을 착용해야 하는 작업이 아닌 것은?

① 선반작업
② 용접작업
③ 목공기계작업
④ 밀링작업

**해설**
• 방진안경은 파편이 발생되는 작업 시 반드시 착용한다.
• 차광안경은 용접작업 시 발생되는 자외선 및 적외선으로부터 눈을 보호하기 위하여 착용한다.

**54** 수직 휴대용 연삭기의 허용되는 덮개 최대 노출 각도는?

① 60°
② 120°
③ 180°
④ 240°

**55** 농업기계의 보관·관리방법으로 틀린 것은?

① 기계 사용 후 세척하고 기름칠하여 보관한다.
② 보관장소는 건조한 장소를 선택한다.
③ 장기보관 시 사용설명서에 제시된 부위에 주유한다.
④ 장기보관 시 공기타이어의 공기압력을 낮춘다.

**해설**
장기보관 시 바퀴 공기압은 평소보다 높게 한다.

**56** 기계 정지상태 시의 점검사항이 아닌 것은?

① 급유상태
② 힘이 걸린 부분의 흠집, 손상의 이상 유무
③ 방호장치, 동력전달장치의 점검
④ 기어의 맞물림상태

**57** 인간활동의 근원은 일을 함으로써 물건의 가치증진을 통한 인간생활의 풍요로움을 추구하는 행위이다. 다음 중 물건을 운반하는 노동에 해당하는 것은?

① 소유가치 이전의 증진
② 시간적 효용의 증진
③ 장소적 효용의 증진
④ 형태적 효용의 증진

**해설**
**장소적 효용**
장소적 효용은 거리적 효용이라고도 한다. 중간상들이 생산지와 소비지 간의 거리적 격차를 '운송'이라는 활동을 해 줌으로써 줄여주는 역할을 의미한다.

**58** 전동공구 사용에 대한 안전수칙 중 틀린 것은?

① 감전사고에 주의한다.
② 회전하는 공구의 과부하에는 신경을 쓰지 않는다.
③ 전선코드의 취급을 안전하게 한다.
④ 물이 묻은 손으로 작업해서는 안 된다.

**59** 동력 살분무기 사용에 대한 안전사항으로 틀린 것은?

① 시동로프를 당겨 시동할 때 뒤편에 사람이 있는지를 확인할 것
② 방독마스크를 착용할 것
③ 농약 살포 시 항상 바람을 안고 작업할 것
④ 과열된 엔진에 손이 닿으면 화상을 입으므로 주의할 것

**해설**
농약 살포 시 바람을 등지고 살포한다.

**60** 해머작업 시 안전사항으로 틀린 것은?

① 해머작업 시 장갑을 끼고 할 것
② 작업에 맞는 무게의 해머를 선택할 것
③ 해머작업 시 기름 묻은 손으로 작업하지 말 것
④ 해머로 녹슨 것을 때릴 때는 반드시 보안경을 쓸 것

**해설**
해머작업 시 장갑을 끼지 않는다.

01 전구 또는 전선의 단선 여부를 판단할 때 회로시험기의 다이얼은 어느 위치에 놓고 점검하는가?

① 저 항
② 전 류
③ 직류전압(DC-V)
④ 교류전압(AC-V)

**해설**
**통전시험**
전환 스위치를 저항 측정범위(OHM) 중 낮은 곳으로 돌려놓고 측정한다. 통전시험은 측정하려는 두 도체의 양끝에 리드선을 가져다 대었을 때, 지침이 적당한 저항값을 가리키면 이상이 없는 것이다. 이때 지침이 0[Ω]을 가리키면 단락, 지침이 전혀 움직이지 않으면 전선이나 저항이 단선된 상태이다.

02 1.5[V]의 전위차로 3[A]의 전류가 1시간 동안 흐를 경우 이는 몇 [J]에 해당되는가?

① 4.5
② 270
③ 3,600
④ 16,200

**해설**
$W = Pt[\text{W} \cdot \text{sec}] = VIt = 1.5 \times 3 \times 60 \times 60 = 16,200[\text{J}]$

03 회로에 흐르는 전류 $I$는 몇 [mA]인가?

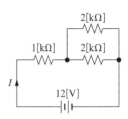

① 2
② 4
③ 6
④ 8

**해설**
합성저항 $R = 1 + \dfrac{1}{\dfrac{1}{2} + \dfrac{1}{2}} = 2[\text{k}\Omega] = 2,000[\Omega]$

전류 $I = \dfrac{V}{R} = \dfrac{12}{2,000} = 0.006[\text{A}] = 6[\text{mA}]$

04 직류 직권전동기의 설명으로 틀린 것은?

① 기동회전력이 크다.
② 회전속도의 변화가 비교적 작다.
③ 회전력이 클 때 회전속도가 작다.
④ 회전력은 전기자전류와 계자의 세기와의 곱에 비례한다.

**해설**
회전속도의 변화가 비교적 크다.

**05** 납축전지에 대한 설명으로 틀린 것은?

① Ah당 단가가 낮다.

② 충·방전전압의 차이가 작다.

③ 공칭단자전압은 2.0[V/셀]이다.

④ 충전된 전지의 양극은 Pb, 음극은 $PbO_2$이다.

**충전 중의 화학작용**

| 양극판 | 전해액 | 음극판 | 양극판 | 전해액 | 음극판 |
|---|---|---|---|---|---|
| $PbSO_4$ + | $2H_2O$ + | $PbSO_4$ → | $PbO_2$ + | $2H_2SO_4$ + | Pb |
| 황산납 | 물 | 황산납 | 과산화납 | 묽은황산 | 해면상납 |

**06** 점화시기 조정에 대한 설명으로 틀린 것은?

① 단속기를 회전시켜 조정한다.

② IG란 표시는 점화시기를 나타낸다.

③ 고정접점의 나사를 풀고 고정접점을 이동시켜 조정한다.

④ 점화시기를 조정하기 전에 단속기 접점 간극을 먼저 조정해야 한다.

**07** 축전지의 용량 산정요소가 아닌 것은?

① 방전전류　　　② 방전시간

③ 축전지 구조　　④ 부하 특성

**축전지 용량 산정요소**

• 보수율 : 사용연수 경과 및 사용조건에 따라 용량이 변화되므로 보통 0.8을 적용한다.

• 방전시간 : 예상부하의 최대 사용시간

• 방전전류 : 축전지가 부담할 부하용량에 의한 방전전류
　방전전류($I$) = 부하용량(VA)/정격전압(V)

• 용량환산계수 : 방전시간, 허용 최저 전압 및 최저 축전지온도 등을 고려한 계수

**08** 기동전동기에 대한 시험과 관계없는 것은?

① 누설시험　　　② 회전력시험

③ 저항시험　　　④ 무부하시험

누설시험은 콘덴서의 절연도를 측정할 수 있는 시험으로 적합하다.

**09** 단기통 점화장치에 속하지 않는 것은?

① 단속기 포인트

② 콘덴서

③ 점화 플러그

④ 회전로터

접점식 점화장치는 축전지, 점화 스위치, 접점 단속기, 점화 코일, 배전기, 고압 코드, 점화 플러그 등으로 구성되어 있다.

**10** 20[℃]에서 완전 충전된 납축전지의 전해액 비중으로 옳은 것은?

① 1.260　　　　② 2.240
③ 3.210　　　　④ 4.110

전해액의 비중은 20[℃]일 때 1.260~1.280이어야 한다.

**11** 헤드라이트의 3요소는?

① 필라멘트, 반사경, 렌즈
② 필라멘트, 반사경, 스위치
③ 필라멘트, 축전기, 스위치
④ 필라멘트, 확산기, 스위치

전조등(헤드라이트)은 야간에 안전하게 주행하기 위해 전방을 조명하는 램프로서 렌즈, 반사경, 필라멘트의 3요소로 구성되어 있다.

**12** 12[V] 전지에 15[W] 전구 1개를 연결할 때 흐르는 전류[A]는?

① 0.8　　　　② 1.25
③ 12.5　　　　④ 18.75

전력 $= I \times V$
$15 = I \times 12$
∴ $I = 1.25$[A]

**13** 회로시험기 사용 시 영점 조정이란?

① 저항의 측정범위를 설정하는 것
② 측정전압이 최대 눈금을 지시할 수 있는지 점검하는 것
③ 저항 측정 시 사전에 무부하 상태에서 0[Ω]을 지시하도록 조정하는 것
④ 저항, 전압, 전류의 값이 옴의 법칙에 의거 계산된 값이 옳은지 사전에 점검하는 것

**14** 전기저항은 물질의 길이, 단면적, 온도 등에 따라 변화하며 재질에 따라 고유한 값을 갖는 이를 무엇이라 하는가?

① 절연저항
② 접촉저항
③ 내부저항
④ 고유저항

**15** 어떤 전선의 길이를 A배, 단면적을 B배로 하면 전기저항은?

① $\left(\dfrac{B}{A}\right)$배로 된다.

② $(A \times B)$배로 된다.

③ $\left(\dfrac{A}{B}\right)$배로 된다.

④ $\left(\dfrac{A \times B}{2}\right)$배로 된다.

**해설**

저항 $R = \rho \dfrac{L}{A} \rightarrow R = \dfrac{A}{B}$

($\rho$ : 물질의 저항률, $A$ : 단면적, $L$ : 길이)

**16** 피스톤 행정이 80[mm]이고 회전수가 1,600[rpm]인 기관의 피스톤 평균속도는?

① 4.27[m/sec]

② 5.27[m/sec]

③ 6.27[m/sec]

④ 7.27[m/sec]

**해설**

$V_m = \dfrac{2nl}{60}$ [m/sec]

$= \dfrac{2 \times 1,600 \times 0.080}{60} \fallingdotseq 4.27$ [m/sec]

($V_m$ : 피스톤의 평균속도, $n$ : 회전수, $l$ : 피스톤 행정(m))

**17** 바퀴형 트랙터의 동력전달순서를 올바르게 나열한 것은?

① 엔진 – 주행변속장치 – 주클러치 – 최종감속장치(차동장치 포함) – 차축

② 엔진 – 주클러치 – 주행변속장치 – 차축 – 최종감속장치(차동장치 포함)

③ 엔진 – 주클러치 – 주행변속장치 – 최종감속장치(차동장치 포함) – 차축

④ 엔진 – 주행변속장치 – 주클러치 – 차축 – 최종감속장치(차동장치 포함)

**18** 동력 경운기 브레이크에서 브레이크 링과 드럼 간극의 적정기준값과 사용한계값은?

① 기준값 : 0.2~0.6[mm], 한계값 : 10[mm]

② 기준값 : 1~2[mm], 한계값 : 6[mm]

③ 기준값 : 1~2[mm], 한계값 : 3[mm]

④ 기준값 : 0.2~0.6[mm], 한계값 : 2[mm]

**19** 파종기에 시비기를 장착하여 종자파종과 시비작업을 동시에 할 수 있는 것은?

① 산파기　　　　② 살포기

③ 구절기　　　　④ 조파기

**해설**

조파기는 보리, 밀, 콩 또는 목초 종자의 파종에 사용되며, 일정한 깊이와 간격으로 시비장치를 붙여 파종과 동시에 시비작업도 할 수 있다.

**20** 농업용으로 주로 이용되는 교류전동기의 특징으로 틀린 것은?

① 진동 또는 소음 등이 작다.
② 과부하작업 시 내연기관보다 적합하다.
③ 다른 동력원에 비하여 구조가 간단하고 소형이다.
④ 건조기, 도정기 등 실내에서 작업하는 농업기계에 널리 이용된다.

**23** 트랙터 유압 구성장치 중 유체에 압력을 가해 고압의 유체 흐름을 형성시키는 구성요소는?

① 액추에이터
② 제어밸브
③ 유압 펌프
④ 유압 실린더

해설
유압 펌프는 기관에 의해 작동되며 유압 실린더에 고압의 오일을 공급하여 유압을 발생시키는 장치로, 트랙터에서는 기어펌프가 널리 사용된다.

**21** 동력 분무기의 여수에서 기포가 나오는 원인 중 틀린 것은?

① 스트레이너가 약액 위에 떠 있다.
② 흡입호스가 꼬여 있다.
③ 흡입호스 패킹이 절단되었다.
④ 실린더 취부너트가 풀어졌다.

해설
스트레이너가 약액 위에 떠 있는 경우는 공기가 흡입되었을 때이다.

**22** 동력 경운기 왼쪽의 차축 고정볼트는 풀림 방지를 위해 어떤 나사를 사용하는가?

① 두줄나사
② 사각나사
③ 왼나사
④ 오른나사

**24** 가솔린기관이 이상폭발을 할 때 그 원인이 아닌 것은?

① 점화시기가 빠를 때
② 배기밸브의 작동 불량
③ 흡입밸브의 작동 불량
④ 연료분사노즐 성능 저하

**25** 트랙터에 부착된 차동고정장치를 사용할 때로 틀린 것은?

① 일반도로에서 쟁기를 부착하고 주행할 때
② 습지에서 한쪽 바퀴가 슬립하고 있을 때
③ 쟁기작업 중 차륜이 슬립하거나 견인력이 떨어질 때
④ 포장지 출입 시 한쪽 바퀴가 슬립하거나 트랙터가 진행되지 못할 때

해설
트랙터에 부착된 차동고정장치는 차의 구동바퀴가 공전하는 것을 막기 위한 장치이다.

**26** 관리기에서 주요 케이블의 유격을 조정 후 주유해야 하는 부분으로 가장 거리가 먼 것은?

① V벨트
② 텐션 암
③ 주클러치 와이어
④ 핸들 상하좌우 조정 와이어

**27** 기어가 서로 물릴 때 원추형 마찰 클러치에 의해서 상호 회전속도를 일치시킨 후 기어를 맞물리게 하는 방식으로 기어변속이 쉽고, 변속 시 소음이 없으며, 고속회전 중에도 변속이 가능한 농용 트랙터의 기어변속기는?

① 동기 물림식 기어 변속기
② 미끄럼 물림식 변속기
③ 상시 물림식 기어 변속기
④ 정유압식 변속기

**28** 기관의 압축비를 높게 하면 나타나는 현상은?

① 연료소비율이 커진다.
② 열효율은 좋아지나 출력이 떨어진다.
③ 디젤기관은 기계적 손실이 적어진다.
④ 너무 높으면 가솔린기관은 노킹이 발생한다.

해설
압축비를 높게 하는 것은 디젤기관의 노킹방지법이다.

**29** 트랙터에 2련 쟁기를 부착하고 지면에서 전련이 들렸을 때의 수평 조정방법으로 알맞은 것은?

① 하부 링크를 짧게 조정한다.
② 하부 링크를 길게 조정한다.
③ 상부 링크를 짧게 조정한다.
④ 상부 링크를 길게 조정한다.

**30** 트랙터용 디스크 브레이크에 대한 설명으로 틀린 것은?

① 일반적으로 뒷차축과 차동장치 연결부에 장착되어 있다.
② 디스크의 수는 단판이나 3판이 많이 이용된다.
③ 트랙터는 대부분 습식 브레이크를 장착하고 있다.
④ 습식 브레이크는 무논 작업 시 물이 잘 들어간다.

**해설**
제동장치는 차동장치축에 설치하고, 이물질이 들어가지 않도록 밀폐식으로 되어 있다.

**31** 동력 경운기에서 주클러치 레버의 유격이 너무 작을 때 나타나는 현상은?

① 동력이 완전히 끊기지 않는다.
② 마찰판의 마모가 심해진다.
③ 변속 시 마찰음이 발생한다.
④ V벨트의 마모가 빨라진다.

**32** 동력 경운기 조향 클러치 레버의 자유 움직임(유격)으로 적당한 것은?

① 1~2[mm]
② 4~5[mm]
③ 7~8[mm]
④ 10~12[mm]

**해설**
조향 클러치의 유격은 1~2[mm]가 되도록 조정너트로 조정한다.

**33** 농용 트랙터의 3점 히치는 동력취출축 출력의 크기에 따라 4개의 카테고리로 구분된다. 동력취출축 출력이 51[kW]이라면 몇 번 카테고리에 해당되는가?

① Ⅰ
② Ⅱ
③ Ⅲ
④ Ⅳ

**34** 트랙터의 주행장치 중 앞바퀴 정렬이 아닌 것은?

① 캠 버
② 토 인
③ 캐스터
④ 섹 션

**해설**
**앞바퀴 정렬** : 토인, 캠버, 캐스터, 킹핀 경사각으로 이루어진다.

**35** 냉각장치에서 라디에이터 코어의 막힘률(%) 계산식으로 알맞은 것은?

① {(신품 주수량 − 검사품 주수량) ÷ 신품 주수량} × 100

② {(신품 주수량 + 검사품 주수량) ÷ 검사품 주수량} × 100

③ {(검사품 주수량 + 신품 주수량) ÷ 신품 주수량} × 100

④ {(검사품 주수량 − 신품 주수량) ÷ 검사품 주수량} × 100

**36** 겨울철 트랙터의 연료여과기에 물이 자주 생기는 이유로 가장 적당한 것은?

① 사용 후 연료탱크 연료를 가득 채우지 않을 때
② 연료 고압파이프로 공기가 투입될 때
③ 연료에 유황성분이 많아서
④ 연료필터가 불량해서

**37** 트랙터의 동력취출장치 형식 중 독립형식에 대한 설명으로 옳은 것은?

① 트랙터 주행과 정지 등의 조건에 따라 동력취출축으로 동력을 전달하거나 차단할 수 없다.
② 트랙터 정지 시에는 동력취출축으로 동력을 전달하거나 차단할 수 없다.
③ 트랙터 주행과 정지에 관계없이 동력취출축으로 동력을 전달하거나 차단할 수 있다.
④ 트랙터 주행 시에는 동력취출축으로 동력을 전달하거나 차단할 수 없다.

**해설**
**동력취출 방식**
• 독립형 : 주클러치 앞에서 동력을 취출하며 PTO클러치를 가지고 있다. 굴착, 굴취, 로터리 경운 등 큰 회전력을 요하는 작업기의 구동에 적합하다.
• 속도 비례형 : 주행속도에 비례하는 PTO회전속도를 얻을 수 있다. 파종, 이식 등의 작업기 구동에 적합하다.
• 상시 회전형 : 주행속도와 관계없이 독자적인 PTO회전속도를 얻을 수 있고, 동력은 주클러치나 2단 클러치로 단속한다.
• 변속기 구동형 : 변속기의 부축을 경유하여 동력이 전달되는 간단한 구조이나, 주클러치를 끊으면 PTO축도 멈추기 때문에 불편하다.

**38** 다음 중 디젤연료 착화촉매제로 가장 거리가 먼 것은?

① 질산에틸
② 초산에틸
③ 아초산아밀
④ 글리세린

**해설**
**디젤연료의 발화촉진제** : 질산에틸, 초산에틸, 아초산에틸, 초산아밀, 아초산아밀 등의 $NO_2$ 또는 $NO_3$기의 화합물을 사용한다.

**39** 열풍건조기에 의한 건조 시 건조과정으로 옳은 것은?

① 건조 → 순환 → 템퍼링
② 순환 → 템퍼링 → 건조
③ 건조 → 뜨임 → 순환
④ 순환 → 건조 → 뜨임

**40** 엔진오일을 교환할 때 주의사항으로 가장 거리가 먼 것은?

① 같은 제품을 사용해야 한다.
② 재생오일을 사용해서는 안 된다.
③ 엔진이 차가운 상태에서 교환한다.
④ 적기에 교환해 주어야 한다.

**해설**
엔진오일 교환은 엔진이 따뜻한 상태에서 배유 플러그를 풀고 오일을 빼낸 후 새 오일필터와 지정된 오일을 규정량 주입하여 준다.

**41** 벼 보행 이앙기의 식부본수 및 식부깊이 조절에 대한 설명 중 틀린 것은?

① 묘 탱크 전판을 위로 올리면 식부본수는 적어진다.
② 스윙 핸들로써 식부깊이를 조절한다.
③ 연한 토양에는 식부깊이를 낮게 조정한다.
④ 플로트를 표준 위치보다 높게 하면 식부는 깊어진다.

**42** 콤바인의 급치와 수망의 간극이 기준치 이상 넓어졌을 때 나타나는 현상은?

① 미탈곡으로 인한 손실 증가
② 낟알 손상 증가
③ 수망 손상 증가
④ 급치 손상 증가

**해설**
수망과 급치의 간격이 넓으면 벼알이 잘 털리지 않아 손실이 생기고, 간격이 좁으면 탈곡실이 막히거나 벼알이 부서지게 된다.

**43** 동력 경운기의 기어 변속이 되지 않을 때 원인으로 가장 거리가 먼 것은?

① 시프트의 포크가 파손됨
② 클러치 레버가 유격이 너무 큼
③ 기어오일이 규정량보다 많음
④ 변속 레버와 시프트 포크의 접속이 불량함

**44** 크랭크 핀의 오일 간극이 작을 때 일어나는 현상은?

① 기름압력이 저하된다.
② 소결이 일어난다.
③ 연료 소비가 크다.
④ 윤활유 소비가 증대된다.

해설
간극이 너무 작으면 엔진 작동 시 열팽창에 의해 소결되기 쉬우며, 너무 크면 엔진소음을 유발하게 된다.

**45** 다음 중 트랙터의 보텀 플라우 경폭 조정은 어느 것으로 하는가?

① 콜 터
② 크로스 샤프트
③ 스크레이퍼
④ 상부 링크

**46** 가솔린기관과 디젤기관의 겨울철 장기보관을 위한 연료의 주입 및 배출에 관한 설명으로 옳은 것은?

① 가솔린기관은 가득 채우고, 디젤기관은 모두 배출시킨다.
② 가솔린기관은 모두 배출시키고, 디젤기관은 가득 채운다.
③ 가솔린기관, 디젤기관 모두 가득 채운다.
④ 가솔린기관, 디젤기관 모두 배출시킨다.

**47** 트랙터의 안전작업으로 적당하지 않은 것은?

① 운전석을 이탈하지 않는다.
② 좌우 브레이크 유격은 같아야 한다.
③ 고속운전 시에는 급하게 회전한다.
④ 도로 주행 시 브레이크 좌우 페달을 연결한다.

**48** 전기드릴 작업 시 주의사항으로 틀린 것은?

① 드릴 날의 규격이 작은 것은 고속으로 사용하고 큰 것은 저속으로 사용한다.
② 드릴 척에는 오일을 주유하지 않는다.
③ 큰 구멍을 뚫을 때는 작은 드릴로 구멍을 뚫은 후 큰 드릴로 완성한다.
④ 작업이 끝날 때까지 처음과 같은 힘으로 작업하도록 한다.

해설
구멍을 맨 처음 뚫을 때는 작은 힘으로 천천히 뚫는다.

**49** 그라인더 작업 시 틀린 것은?

① 작업 시 보호안경을 착용한다.

② 안전 커버를 분리하면 안 된다.

③ 숫돌의 균열상태를 확인한다.

④ 이동식 그라인더를 고정식으로 사용한다.

**51** 안전관리의 기본적 조직과 관계없는 것은?

① 직계 · 참모식 조직

② 참모식 조직

③ 연대식 조직

④ 직계식 조직

**해설**

**안전관리조직의 형태**

• 직계형

• 참모형

• 직계 · 참모형(복합형)

**50** 공구 사용 후 정리 정돈방법으로 가장 적합한 것은?

① 지정된 공구상자에 보관한다.

② 작업장 재료창고 입구에 보관한다.

③ 통풍이 좋은 임의의 장소에 보관한다.

④ 햇빛이 잘 드는 외부장소에 보관한다.

**52** 드릴 작업 시 안전사항 중 틀린 것은?

① 옷깃이 척이나 드릴에 물리지 않게 한다.

② 재료가 움직일 염려가 있을 때에는 재표 밑에 나무판으로 밀착한다.

③ 드릴링 중 회전을 정지하고자 할 때에는 손으로 약하게 잡는다.

④ 뚫린 구멍에는 손가락을 넣지 않는다.

**해설**

드릴링 작업은 적합하게 중심을 잡은 후에 실시하고, 드릴을 구멍에 맞추거나 스핀들의 속도를 낮추기 위해 드릴 날을 손으로 잡아서는 안 되며, 조정이나 보수를 위해 손으로 잡아야 할 경우에는 충분히 냉각시킨 후 작업한다.

**53** 운반기계의 안전수칙으로 틀린 것은?

① 운반기계의 규정용량은 조금 초과하여 사용하여도 상관없다.

② 무거운 물건을 상승시킨 채 오랫동안 방치하지 않는다.

③ 구르기 쉬운 짐은 반드시 로프로 묶는다.

④ 무거운 것은 밑에, 가벼운 것은 위에 쌓는다.

**해설**
운반구에는 적재용량을 초과한 적재 및 탑승을 금지한다.

**54** 다음 중 작업환경의 구성요소로 가장 거리가 먼 것은?

① 조 명        ② 소 음

③ 연 락        ④ 채 광

**해설**
노동환경에 영향을 주는 인자로서는 채광·조명, 온도, 습도, 환기, 소음, 진동, 방수, 분진, 유해가스, 피난설비 등이 있다.

**55** 산업안전보건법상 근로자가 상시 작업하는 장소의 작업면 조도의 연결로 틀린 것은?

① 초정밀작업 : 400[lx] 이상

② 정밀작업 : 300[lx] 이상

③ 보통작업 : 150[lx] 이상

④ 그 밖의 작업 : 75[lx] 이상

**해설**
**조도(산업안전보건기준에 관한 규칙 제8조)**
사업주는 근로자가 상시 작업하는 장소의 작업면 조도(照度)를 다음의 기준에 맞도록 하여야 한다. 다만, 갱내(坑內) 작업장과 감광재료(感光材料)를 취급하는 작업장은 그러하지 아니하다.
• 초정밀작업 : 750[lx] 이상
• 정밀작업 : 300[lx] 이상
• 보통작업 : 150[lx] 이상
• 그 밖의 작업 : 75[lx] 이상

**56** 농용 엔진(가솔린) 작동 시 발생하는 배기가스에 포함된 가스 중 인체에 가장 피해가 적은 것은?

① $CO_2$        ② $CO$

③ $NO_2$        ④ $SO_2$

**해설**
**배기가스의 유해성분** : 일산화탄소($CO$), 탄화수소, 질소산화물($NO_X$), 매연, 황산화물($SO_X$)
※ 배기가스성분의 대부분을 차지하는 것은 질소와 수증기, 이산화탄소이다. 이들은 독성이 없다.

**57** 전기용접의 안전사항으로 틀린 것은?

① 환기장치가 없는 곳에서 작업할 것
② 신체를 노출시키지 말 것
③ 적정전류로 작업할 것
④ 벗겨진 코드 선은 사용하지 말 것

**해설**
밀폐장소에서의 작업은 작업 전에 공기 질이 좋았더라도 유독성 오염물질의 누적, 불활성이나 질식성 가스로 인한 산소결핍, 산소 과잉 발생으로 인한 폭발 가능성 등이 생길 수 있다.

**58** 보호구의 구비조건으로 틀린 것은?

① 착용이 간편할 것
② 작업에 방해되지 않을 것
③ 착용하기 쉽도록 크기가 클 것
④ 겉모양과 표면이 섬세하며 외관이 좋을 것

**해설**
**보호구의 구비조건**
• 착용이 간편할 것
• 작업에 방해가 안 될 것
• 위험·유해요소에 대한 방호성능이 충분할 것
• 재료의 품질이 양호할 것
• 구조와 끝마무리가 양호할 것
• 외양과 외관이 양호할 것

**59** 콤바인 취급조작 시 주의사항으로 틀린 것은?

① 주행 전 미리 분할기 덮개를 부착한다.
② 급발진, 급선회는 절대로 금지하고, 도로나 농로의 요철이 심할 때에는 반드시 저속운행한다.
③ 작업 중 체인, 벨트, 예취 날 등에 손을 넣지 말아야 하고, 짚이나 검불이 막혔을 때에는 엔진을 정지한 후 제거한다.
④ 이동 시 운반용 차량으로 이동하고, 싣고 내릴 때의 방향 전환은 조향 클러치로만 한다.

**60** 하인리히의 도미노이론에 의한 사고 발생 5단계에 해당되지 않는 것은?

① 사 고
② 재 해
③ 주위환경
④ 사회적·유전적 요소

**해설**
**하인리히 재해사고 발생 5단계**
• 사회적 환경 및 유전적 요소(선천적 결함)
• 개인적인 결함(인간의 결함)
• 불안전한 행동 및 불안전한 상태(물리적·기계적 위험)
• 사고(화재나 폭발, 유해물질 노출 발생)
• 재해(사고로 인한 인명·재산 피해)

# 2018년 제1회 과년도 기출복원문제

※ 2018년부터는 CBT(컴퓨터 기반 시험)로 진행되어 수험자의 기억에 의해 문제를 복원하였습니다. 실제 시행문제와 일부 상이할 수 있음을 알려드립니다.

**01** 원유를 정제할 때 200~370[℃] 정도에서 기화하고, 비중이 0.84~0.88, 인화점이 40~85[℃], 발화점이 300[℃] 정도이며, 현재 농업용 디젤기관의 연료로 가장 널리 사용되는 것은?

① 등 유　　② 중 유
③ 경 유　　④ 휘발유

해설
현재 농업용 디젤기관은 모두 경유를 사용한다.

**02** 디젤기관의 노크 발생을 억제하는 성질과 가장 관계 깊은 것은?

① 점 성　　② 세탄값
③ 기화성　　④ 옥탄값

해설
세탄가는 디젤 노크에 견디는 성질, 즉 착화성을 나타내는 척도이고, 옥탄가는 가솔린 노크에 견디는 성질을 나타내는 척도이다.

**03** 동력 경운기를 운전할 때 조향 클러치를 잡으면 반대방향으로 주행하는 경우는?

① 좌회전할 때
② 우회전할 때
③ 후진할 때
④ 언덕을 내려갈 때

해설
내리막길에서 조향 클러치 레버를 잡으면 급선회 및 반대방향으로 조향되어 대단히 위험하므로 핸들만으로 조종하는 것이 안전하다.

**04** 관리기에 사용되는 클러치는?

① 마찰 클러치
② 조향 클러치
③ 유체 클러치
④ V벨트 클러치

해설
관리기는 V벨트 텐션(장력) 클러치를 사용한다.

**05** 트랙터 유압 펌프에 주로 사용되는 것은?

① 기어 펌프
② 플런저 펌프
③ 피스톤 펌프
④ 진공 펌프

해설
트랙터에서는 기어 펌프가 널리 사용된다.

**06** 트랙터의 브레이크 페달을 밟아도 제동이 되지 않을 때 점검사항이 아닌 것은?

① 페달 유격 조사
② 라이닝과 브레이크 드럼 간격 조사
③ 라이닝 마모 점검
④ 오일의 점도 점검

**해설**

브레이크 페달을 밟아도 제동이 잘되지 않을 때

| 원 인 | 대 책 |
|---|---|
| • 페달 유격 과다 | • 유격을 조정한다. |
| • 라이닝과 브레이크 드럼 사이의 간격 불량 | • 조정 또는 수정한다. |
| • 라이닝의 마멸 또는 소손 | • 교환한다. |

**07** 동력 경운기에서 맞물림 클러치를 택한 이유를 가장 바르게 설명한 것은?

① 회전력 증대
② 주행속도 증가
③ 선회를 용이하게 함
④ 변속기어 파손 방지

**해설**

맞물림 클러치는 연약토양에서 바퀴가 빠져 방향을 바꾸기 어려울 때 편리하다.

**08** 다음 중 자탈형 콤바인의 구성요소가 아닌 것은?

① 예취부
② 전처리부
③ 반송부
④ 제현부

**해설**

구성은 전처리부, 예취부, 반송부, 탈곡부, 선별부, 곡물처리부, 짚처리부, 자동제어장치 및 안전장치 등으로 되어 있다.

**09** 정미기 운전 시 쌀겨 제거가 원활하지 못한 경우 원인은 무엇인가?

① 금망 마모
② 베어링 마모
③ 풍량 부족
④ 투입구 파손

**해설**

풍량 부족으로 겨 제거가 좋지 않으므로 풍량을 조절한다.

**10** 현미기에서 고무롤러를 교환한 후 반드시 점검해야 하는 것은?

① 기어수
② 회전차율
③ 베어링 수명
④ 고무롤러 두께

**해설**

고무롤러를 새것으로 교체하거나 고속부와 저속부의 고무롤러를 교환한 후 회전차율을 계산하여 조절한다.

**11** 파종 시 일정한 간격으로 한 알 또는 여러 개를 몰아 심는 방식은?

① 조파식
② 산파식
③ 점파식
④ 확산식

**해설**
**파종방법**
- 줄뿌림(조파) : 곡류, 채소 등의 종자를 일정 간격의 줄에 따라 연속적으로 파종
- 점뿌림(점파) : 옥수수, 두류 등의 종자를 1개 또는 여러 개씩 일정한 간격으로 파종
- 흩어뿌림(산파) : 목초, 잔디 등의 종자를 지표면에 널리 흩어 뿌리는 파종

**12** 다음 중 유압오일의 특성이 아닌 것은?

① 방청성이 있을 것
② 점도 지수가 낮을 것
③ 내마멸성이 좋을 것
④ 전단 안전성이 좋을 것

**해설**
**유압오일의 필요 특성**
- 점도 지수가 높을 것
- 내마멸성이 좋을 것
- 산화 안전성이 좋을 것
- 전단 안전성이 좋을 것
- 소포성 및 기포 분리성이 좋을 것
- 저온 유동성이 좋을 것
- 방청성이 있을 것
- 패킹, 개스킷 등 재질에 영향을 주지 말 것
- 취급이 용이할 것

**13** 회전운동이 필요한 경우에 사용하는 유압 작동기는?

① 유압모터
② 유압펌프
③ 유압실린더
④ 축압기

**해설**
**유압용 부품의 종류**
- 압력을 발생시키고 유체를 밀어내는 장치 : 유압펌프
- 일을 하는 작동기(Actuator) : 직선운동을 하는 유압실린더와 회전운동을 하는 유압모터
- 기타 : 오일을 담는 탱크, 오일 중의 불순물을 거르는 필터, 오일을 냉각시키는 냉각기, 오일의 흐름방향이나 오일의 흐름속도 및 압력을 조정하는 밸브, 축압기, 호스 또는 관 등

**14** 양수 작업 중 발열이 심한 경우 점검할 부분이 아닌 것은?

① 주유구
② 풋밸브
③ 그리스컵
④ V벨트

**해설**
풋밸브는 처음 물을 퍼 올린 후 작업을 중지했을 때 물이 배수관으로 역류하는 것을 방지하는 밸브이다.

**15** 내연기관에서 기관오일과 냉각수를 빼는 시기에 대한 설명이다. 맞는 것은?

① 엔진오일 및 냉각수는 모두 기관이 작동되고 있을 때 뺀다.
② 엔진오일은 기관이 차가워졌을 때 빼고, 냉각수는 기관이 더워졌을 때 뺀다.
③ 엔진오일 및 냉각수는 모두 기관이 차가워졌을 때 뺀다.
④ 엔진오일 및 냉각수는 모두 기관이 식기 전에 빼야 한다.

**16** 다음 중 내연기관에서 블로 바이 현상이 발생하는 원인으로 가장 적합한 것은?

① 실린더 헤드 볼트의 풀림
② 피스톤 핀의 마모
③ 피스톤 링 절개 간극의 과다
④ 실린더 헤드의 마모

**해설**

블로 바이(Blow-by) : 기관에서 실린더 벽과 피스톤 사이의 틈새로 혼합기(가스)가 크랭크 케이스로 빠져나오는 현상

**17** 트랙터의 견인력을 증대시키는 방법이다. 아닌 것은?

① 4륜구동
② 타이어 내에 물과 염화칼슘을 주입한다.
③ 차륜 보조장치를 이용한다.
④ 공기압을 작게 한다.

**해설**

타이어의 공기압
• 공기압이 너무 높으면 미끄러짐이 커져 견인력이 감소하고, 충격에 대한 타이어의 저항력을 약화시킨다.
• 공기압이 너무 낮으면 견인성능은 향상되지만, 타이어가 파손되기 쉽고 외부에 균열을 일으키기 쉽다.

**18** 유량을 한 방향으로만 흐르게 하는 장치는?

① 체크 밸브　　　　② 오리피스
③ 릴리프 밸브　　　④ 액추에이터

**해설**

체크 밸브는 오일의 흐름방향을 제어하는 방향제어 밸브이다.

**19** 경운기 V벨트의 긴장도는 얼마 정도가 가장 적당한가?

① 0~4[mm]
② 5~10[mm]
③ 20~30[mm]
④ 45~50[mm]

**해설**

V벨트 유격 측정과 조정
V벨트 중앙 부분에 철자를 대고 10[kgf]의 힘으로 눌렀을 때 유격(처짐양)이 20~30[mm]인지 확인한다.

**20** 차동기어장치는 무엇을 이용한 것인가?

① 주크의 법칙을 이용한 것이다.
② 파스칼의 원리를 이용한 것이다.
③ 래크와 피니언의 원리를 이용한 것이다.
④ 에너지 불변의 법칙을 이용한 것이다.

**해설**

차동장치는 회전운동을 직선운동으로 바꾸는 래크와 피니언 원리를 이용하여 차량 선회 시 좌우 구동바퀴에 회전속도 차이를 주는 장치이다.

**21** 기관 분해 시 가장 먼저 해야 할 작업은 어느 것인가?

① 로커 암 분해
② 연료탱크 분해
③ 연료 차단
④ 피스톤 분해

**22** 엔진의 회전속도가 균일하지 않은 것은 어느 부품의 고장인가?

① 점화코일
② 마그넷
③ 기화기
④ 조속기

해설
**조속기(거버너, Governor)**
제어래크와 직결되어 있으며 기관의 회전속도와 부하에 따라 자동으로 제어래크를 움직여 분사량을 조정한다.

**23** 트랙터 엔진오일에 냉각수가 섞여 있으면 오일의 색깔은?

① 우유색
② 푸른색
③ 붉은색
④ 검은색

해설
**기관의 오일색깔**
• 붉은색 : 가솔린 혼입
• 우유색 : 냉각수 혼입
• 검은색 : 심한 오염
• 회색 : 연소가스의 생성물 혼입

**24** 농용 트랙터의 견인성능에 영향을 미치는 구름저항계수와 관계가 없는 것은?

① 토양의 종류
② 주행속도
③ PTO의 성능
④ 바퀴의 종류

해설
**트랙터의 견인력에 영향을 미치는 인자** : 주행속도, 차축하중, 주행장치의 종류, 토양상태, 타이어의 직경 및 공기압력 등

**25** 콤바인 수확 시 풍구에서 정상 곡립이 날릴 경우 고장원인을 점검하는 방법으로 옳지 않은 것은?

① 탈곡치를 점검한다.
② 선별장치의 조정을 한다.
③ 짚 절단 칼날을 정비한다.
④ 콤바인 탱크를 정비한다.

**26** 다음 중 플라우의 이체 구성에 해당되지 않는 것은?

① 보습(Share)
② 몰드보드(Mold Board)
③ 바닥쇠(Landside)
④ 콜터(Coulter)

이체 : 흙을 직접 절단, 파쇄 및 반전시키는 작업부로 보습(Share), 볏(Moldboard), 지측판(바닥쇠, Land Side)의 세 가지 주요부로 구성된다.

**27** 디젤기관에서 노킹이 유발된다. 방지책으로 맞지 않는 것은?

① 세탄가가 높은 연료를 사용한다.
② 분사시기를 조정한다.
③ 노즐의 분무상태를 검사 후 불량하면 수리한다.
④ 압축압력을 낮춘다.

압축비를 높여 실린더 내의 압력과 온도를 상승시킨다.

**28** 3점 링크 히치에서 하부링크의 좌우 흔들림을 제어하는 것은?

① 상부링크　　② 리프트 암
③ 하부링크　　④ 체크체인

로터리를 트랙터에 부착하고 좌우 흔들림은 체크체인으로 조정한다.

**29** 저온에서의 시동성과 고속운행이 많은 경우에 가장 좋은 윤활유는?

① SAE 40
② SAE 20W
③ SAE 10W/30
④ SAE 0W-50

SAE 5W/30이라고 표시되어 있는 제품의 경우 앞부분의 5W는 저온에서의 점도규격을 말하며, 뒷부분의 30은 고온에서의 점도규격을 말한다. 즉, W 앞에 있는 숫자가 작으면 작을수록 영하의 저온에서 오일이 묽고, 뒷부분의 숫자가 크면 클수록 고온(100°)에서 오일이 뻑뻑함을 의미한다. 엔진오일의 특성상 추운 겨울에 시동 전에는 오일이 묽어야 시동성이 좋아지고, 엔진이 시동된 후에는 엔진의 온도가 고온으로 올라가므로 오일이 고온에서 너무 묽어지지 않아야 엔진의 운동부위에 적당한 윤활막을 형성시켜주게 된다. 따라서 10W/30보다는 5W/300이, 5W/30보다는 0W/50이 점도특성이 우수하다고 할 수 있으며, 가격도 비싸지게 된다.

**30** 다음 중 윤활유의 작용이 아닌 것은?

① 냉각작용
② 부식작용
③ 세척작용
④ 마멸 방지작용

윤활유는 윤활작용(마찰 감소 및 마멸 방지), 냉각작용, 밀봉작용, 방청작용, 청정작용, 압력분산작용, 소음방지작용 등의 기능을 수행한다.

**31** 1쿨롱[C]의 전기가 저장되는 콘덴서의 용량은?

① 1[V]　　　　② 1[A]

③ 1[Ω]　　　　④ 1[F]

**32** 3상 유도전동기의 기동법이 아닌 것은?

① 기동보상기법

② 리액터기동법

③ 전전압기동법

④ X-Δ 기동법

**해설**

**Y-Δ기동법** : 기동할 때는 Y결선으로 하고, 정격속도에 이르면 Δ결선으로 바꾸는 기동법

**33** 권선의 절연성이 저하되어 회로 일부분이 서로 접촉한 상태는 무엇인가?

① 단 선　　　　② 접 지

③ 단 락　　　　④ 방 전

**해설**

단락은 회로의 일부분이 서로 접촉하여 별도의 회로를 구성한 상태로 주로 권선의 절연성이 떨어진 경우 이와 같은 현상이 발생한다.

**34** 납축전지에서 전해액이 자연감소되었을 때 보충액으로 가장 적합한 것은?

① 묽은 황산

② 묽은 염산

③ 증류수

④ 수돗물

**해설**

전해액을 점검하여 액량이 규정값(극판 위 10~13[mm])보다 부족할 때는 증류수를 보충한다.

**35** 트랙터의 전기장치 중 교류발전기의 부품이 아닌 것은?

① 예열 플러그

② 브러시

③ 회전자

④ 스테이터

**해설**

3상 교류발전기는 고정자(스테이터), 회전자(로터), 정류 다이오드, 브러시 등으로 구성되어 있다.

**36** 직류발전기의 3가지 주요 구성요소가 아닌 것은?

① 전기자　　　　② 계 자
③ 정류자　　　　④ 베어링

해설
**직류발전기의 구성품** : 계자코일 및 계자철심, 전기자, 정류자, 브러시 등

**37** 다음 중 점화진각장치에 대한 설명으로 옳은 것은?

① 기관의 회전속도와 부하에 따라 점화시기를 조정한다.
② 고압의 전류를 점화순서에 따라 점화 플러그에 분배한다.
③ 발전기에서 발생된 기전력을 축전지에 충전시킨다.
④ 접점이 소손되는 것을 방지한다.

**38** 아날로그형 회로시험기로 직류 전류를 측정하는 경우 적합하지 않은 것은?

① 전압 측정과는 달리 직렬접속한다.
② 적색 리드는 (+), 흑색 리드는 (−)에 접속한다.
③ 회로상의 측정은 시험 점을 끊고 측정한다.
④ 측정 전류의 크기에 따라 측정 레인지를 변화시킬 필요가 없다.

해설
아날로그 및 디지털 멀티테스터를 사용하여 전류를 측정하고자 할 때에는 측정 레인지를 DC mA나 DC A로 선택하여야 한다.

**39** 전기자축 끝에 설치되어 전기자에 전류를 흐르게 하고 또 흘러나오게 하는 것을 무엇이라고 하는가?

① 축베어링
② 단 자
③ 링
④ 정류자

**40** 다음 중 점화 플러그에 요구되는 특징으로 틀린 것은?

① 급격한 온도변화에 견딜 것
② 고온, 고압에 충분히 견딜 것
③ 고전압에 대한 충분한 도전성을 가질 것
④ 사용조건의 변화에 따르는 오손, 과열, 소손 등에 견딜 것

해설
고전압에 대한 충분한 절연성을 가질 것

**41** 병렬회로에서 저항을 모를 때 전압을 무엇으로 나누면 분기회로의 저항을 구할 수 있는가?

① 분기회로의 전류
② 분기회로의 컨덕턴스
③ 분기회로의 전압강화
④ 전 력

**해설**
병렬회로의 전압은 같으므로 각 분기회로로 흐르는 전류는 병렬회로의 저항에 반비례한다.

**42** 트랜지스터의 역할은?

① 전류를 증폭시킨다.
② 전압을 승압시킨다.
③ 전류의 역류를 방지한다.
④ 직류를 교류로 변환시킨다.

**해설**
트랜지스터는 전류를 증폭하는 역할과 전류의 흐름을 단속하는 스위치 또는 계전기(Relay) 역할을 한다.

**43** 다음 중 전해액을 만들 때 사용할 용기로 가장 적당한 것은?

① 질그릇
② 철제용기
③ 구리합금용기
④ 알루미늄용기

**해설**
전해액 혼합 시 절연체인 용기(질그릇)를 사용한다.

**44** 다음 중 동력경운기의 단속기 접점 틈새로 가장 적당한 것은?

① 0.15[mm]
② 0.35[mm]
③ 0.85[mm]
④ 10.15[mm]

**해설**
접점 간극은 기관에 따라 다르나 대략 0.3~0.5[mm] 정도이다.

**45** 발전기의 유도기전력의 방향을 알기 위한 법칙은?

① 렌츠의 법칙
② 플레밍의 오른손 법칙
③ 비오-사바르의 법칙
④ 플레밍의 왼손법칙

**해설**
**플레밍의 오른손 법칙**
도체가 운동하여 자속을 끊었을 때 기전력의 방향을 알 수 있는 법칙(발전기의 원리)

**46** 유류화재의 소화에 쓰이는 것은?

① 펌프 소화기

② 분말 소화기

③ 산화알칼리

④ 사염화탄소

**해설**

**화재의 종류에 따른 소화기의 종류**

• A급화재(일반화재) : 포말 소화기, 물 소화기

• B급화재(유류화재) : 분말 소화기

• C급화재(전기화재) : 분말 소화기, 탄산가스 소화기

• D급화재(금속화재) : 마른 모래, 소석회, 탄산수소염류, 금속화
  재용 소화분말 등

**47** 농업기계 사고유형 중 가장 많이 발생하는 것은?

① 충 돌　　　　② 추 락

③ 전 도　　　　④ 타 격

**해설**

사고유형별로 전도, 타격, 추락, 충돌, 끼임, 물림, 접촉 순으로
빈도가 높다.

※ 전도 : 사람이 평면상으로 넘어졌을 때를 말한다.

**48** 다음 중 안전관리조직으로 대규모 기업에 적합한
것은?

① 참모식 조직

② 직계식 조직

③ 상향식 직계 조직

④ 직계 · 참모식 조직

**해설**

**직계 · 참모식 조직**

직계형과 참모형의 혼합형으로 종업원이 1,000명 이상인 대기업
에 적용

**49** 전기류 화재의 원인이 아닌 것은?

① 단락에 의한 발화

② 과전류에 의한 발화

③ 정전기에 의한 발화

④ 단선에 의한 발화

**해설**

**전기화재의 원인** : 단락(합선), 과전류, 누전, 절연 불량, 불꽃방전
(스파크), 접속부 과열 등

**50** 보호구의 구비조건과 거리가 먼 것은?

① 겉모양과 표면이 섬세하며 외관이 좋을 것

② 보호구의 원재료 품질이 양호할 것

③ 유해위험요소에 대한 방호성능이 충분할 것

④ 보호구는 착용이 복잡할 것

**해설**

보호구는 착용이 간편해야 한다.

**51** 방독마스크를 사용할 수 없는 조건은?

① 산소의 농도가 16[%] 이하인 장소
② 산소의 농도가 18[%] 이상인 장소
③ 산소의 농도가 20[%] 이상인 장소
④ 산소의 농도가 21[%] 이상인 장소

해설
방독마스크는 산소농도 18[%] 미만인 장소에서 사용을 금지한다.

**52** 동력 경운기 운반 작업 시 주의사항으로 틀린 것은?

① 주행속도는 15[km/h] 이하로 운행할 것
② 브레이크 및 타이어 공기압을 점검할 것
③ 적재중량은 2,500[kg] 이상을 유지할 것
④ 경사지를 상승·하강할 때는 변속조작은 하지 말 것

해설
운반작업 시 적재중량은 1,000[kg] 이하로 유지하여야 한다.

**53** 정 작업 안전사항으로 틀린 것은?

① 정의 머리 부분에 기름이 묻지 않도록 한다.
② 정 잡은 손의 힘을 뺀다.
③ 쪼아내기 작업은 방진안경을 착용한다.
④ 열처리한 재료는 반드시 정으로 작업한다.

해설
열처리한 재료는 정으로 타격하지 않는다.

**54** 연삭숫돌을 설치하기 전에 무엇을 검사하는가?

① 입 도
② 크 기
③ 기 공
④ 균 열

해설
숫돌차를 끼우기 전에 외관을 점검하고 균열을 검사한다.

**55** 연삭숫돌을 고정할 때 주의할 사항이 아닌 것은?

① 숫돌차는 정확히 평행하도록 끼운다.
② 나무해머로 숫돌차를 가볍게 두드려 상처의 유무를 확인한다.
③ 플랜지와 숫돌 사이에 종이나 고무를 끼운 후 숫돌을 고정한다.
④ 숫돌차에 붙어 있는 두꺼운 종이를 떼어낸 후 고정한다.

해설
숫돌차에 붙은 종이를 그대로 고정한다.

51 ① 52 ③ 53 ④ 54 ④ 55 ④ 정답

**56** 안전표시 중 응급치료소, 응급처리용 장비를 표시하는 색깔은?

① 적 색
② 백 색
③ 녹 색
④ 흑 색

안전보건표지의 색도기준 및 용도(산업안전보건법 시행규칙 별표 8)

| 색 채 | 용 도 | 사용례 |
|---|---|---|
| 빨간색 | 금 지 | 정지신호, 소화설비 및 그 장소, 유해행위의 금지 |
| | 경 고 | 화학물질 취급장소에서의 유해·위험 경고 |
| 노란색 | 경 고 | 화학물질 취급장소에서의 유해·위험 경고 이외의 위험 경고, 주의표지 또는 기계방호물 |
| 파란색 | 지 시 | 특정 행위의 지시 및 사실의 고지 |
| 녹 색 | 안 내 | 비상구 및 피난소, 사람 또는 차량의 통행표지 |
| 흰 색 | | 파란색 또는 녹색에 대한 보조색 |
| 검은색 | | 문자 및 빨간색 또는 노란색에 대한 보조색 |

**57** 트랙터의 운전 조작 시 정지요령 안전수칙으로 잘못된 것은?

① 엔진회전수를 올린다.
② 클러치 페달을 밟는다.
③ 주·부변속 레버를 중립 위치로 한다.
④ 주차 브레이크를 건다.

기관의 회전수를 낮추고 클러치 페달을 밟는다.

**58** 사고방지 5단계에 속하지 않는 것은?

① 사회적인 요소
② 사실의 발견
③ 분 석
④ 시정책의 적용

하인리히의 사고방지대책 5단계
• 제1단계 : 안전조직
• 제2단계 : 사실의 발견
  – 사실의 확인 : 사람, 물건, 관리, 재해 발생 경과
  – 조치사항 : 자료수집, 작업공정 분석 및 위험 확인, 점검, 검사 및 조사
• 제3단계 : 분석평가
• 제4단계 : 시정책의 선정
• 제5단계 : 시정책의 적용(3E-교육, 기술, 규제)

**59** 전기용접의 안전사항으로 적당하지 않은 것은?

① 환기장치가 없는 곳에서 작업할 것
② 신체를 노출시키지 말 것
③ 적정 전류로 작업할 것
④ 벗겨진 코드 선은 사용하지 말 것

환기장치를 완전히 한 곳에서 작업한다.

**60** 연소의 3요소에 해당되지 않는 것은?

① 가연물
② 연쇄반응
③ 열 또는 점화원
④ 산 소

연소의 3요소 : 가연물(연료), 점화원, 산소(공기)

**01** 직류 직권전동기의 특성으로 틀린 것은?

① 무부하 상태에서도 운전이 가능하다.

② 부하가 작아지면 회전력이 감소된다.

③ 부하를 크게 하면 흐르는 전류는 커진다.

④ 전동기에 부하가 걸렸을 때에는 회전력이 크다.

**해설**
직류 직권전동기 특성 중 무부하 운전 시 속도가 무한대가 되어 위험하다.

※ 전동기에서 무부하란 전류가 흐르지 않는 상태가 아니라 전동기축에 아무것도 연결하지 않은 상태를 의미한다.

**02** 트랙터기관 윤활장치에서 유압이 낮아지는 원인이 아닌 것은?

① 베어링의 오일 간극이 클 때

② 윤활유의 점도가 낮을 때

③ 유압조절밸브 스프링 장력이 약할 때

④ 유압회로의 일부가 막혔을 때

**해설**
엔진오일 유압이 낮아지는 원인
• 오일펌프가 마모되었을 때
• 오일펌프의 흡입구가 막혔을 때
• 유압조절밸브의 밀착이 불량할 때
• 유압조절밸브의 스프링 장력이 약할 때
• 오일라인이 파손되었을 때
• 마찰부의 베어링 간극이 클 때
• 오일 점도가 너무 떨어졌을 때
• 오일라인에 공기가 유입되거나 베이퍼 로크 현상이 발생했을 때
• 오일펌프의 개스킷이 파손되었을 때

**03** 경운기에 주로 사용되고 있는 조향 클러치의 형식은?

① 원판 클러치    ② 원추 클러치

③ 물림 클러치    ④ 유압 클러치

**04** 동력 경운기의 V벨트 긴장도를 조절하는 부품명은?

① 플라이휠    ② 기화기

③ 텐션 풀리    ④ 작업 풀리

**해설**
V벨트 조절
• 엔진 고정볼트를 풀어 엔진을 전후로 당겨 조작하는 방법
• 텐션 풀리의 조작에 의하여 조작하는 방법

**05** 농용 기관의 라디에이터 과열원인으로 거리가 먼 것은?

① 라디에이터 코어 일부가 막힘

② 밸브 간극이 맞지 않음

③ 냉각수가 부족함

④ 팬 벨트 파손

**해설**
수랭식 기관의 과열원인
• 냉각수가 부족하다.
• 수온조절기의 작동이 불량하다.
• 수온조절기가 닫힌 상태로 고장이 났다.
• 라이에이터 코어가 20[%] 이상 막혔다.
• 팬 벨트가 마모 또는 이완되었다(벨트의 장력이 부족하다).
• 물 펌프의 작동이 불량하다.
• 냉각수 통로가 막혔다.
• 냉각장치 내부에 물때가 쌓였다.

1 ① 2 ④ 3 ③ 4 ③ 5 ② **정답**

**06** 디젤기관의 노킹방지책이 아닌 것은?

① 세탄가가 높은 연료를 사용한다.
② 연소실의 온도를 높인다.
③ 흡입공기의 온도를 높인다.
④ 압축비를 낮춘다.

**해설**
디젤엔진 노킹방지대책
• 착화성이 좋은(세탄가가 높은, 발화성이 좋은) 연료를 사용한다.
• 압축비를 높여 실린더 내의 압력과 온도를 상승시킨다.
• 흡입공기의 온도를 상승시킨다.
• 냉각수 온도를 높여 연소실 온도를 상승시킨다.
• 연소실 내에서 공기와류를 일으키게 한다.
• 착화지연기간을 단축시킨다.
• 착화지연기간 중 연료의 분사량을 조절한다.

**07** 다음 중 기동 전동기에 대한 시험과 관계없는 것은?

① 저항시험
② 회전력시험
③ 누설시험
④ 무부하시험

**해설**
기동 전동기의 시험항목
• 저항시험
• 회전력시험
• 무부하시험

**08** 농용 트랙터의 안전수칙에 해당하지 않는 것은?

① 밀폐된 실내에서 가동을 금지한다.
② 도로 주행 시 교통법규를 철저히 지킨다.
③ 경사지를 내려갈 때 변속을 중립 위치에 두고 운전을 하지 않는다.
④ 운전 중에 오일표시등, 충전표시등에 불이 켜져 있어야 정상이다.

**해설**
운전 중에 오일표시등, 충전표시등에 불이 켜져 있으면 문제가 발생한 것이다.

**09** 납땜작업 도중 염산이 몸에 묻으면 어떻게 응급조치를 해야 하는가?

① 황산을 바른다.
② 물로 빨리 세척한다.
③ 손으로 문지른다.
④ 그냥 두어도 상관없다.

**10** 수공구의 사용 전 안전취급에 관한 사항에 해당하지 않는 것은?

① 해당 작업에 적합한 공구인가?
② 결함이 없는 공구인가?
③ 기름이 묻어 있지 않는 공구인가?
④ 땅바닥에 보관한 공구인가?

**11** 다음 중 사고예방대책의 기본원리 5단계에 해당하지 않는 것은?

① 작업책임자의 지정
② 사실의 발견
③ 안전관리조직의 편성
④ 시정책의 선정

**하인리히의 사고방지대책 5단계**
• 제1단계 : 안전조직
• 제2단계 : 사실의 발견
  – 사실의 확인 : 사람, 물건, 관리, 재해 발생경과
  – 조치사항 : 자료수집, 작업공정 분석 및 위험 확인, 점검, 검사 및 조사
• 제3단계 : 분석평가
• 제4단계 : 시정책의 선정
• 제5단계 : 시정책의 적용(3E : 교육, 기술, 규제)

**12** 전기 안전작업 중 틀린 것은?

① 정전기가 발생하는 부분은 접지한다.
② 물기가 있는 손으로 전기 스위치를 조작하여도 무방하다.
③ 전기장치 수리는 담당자가 아니면 하지 않는다.
④ 변전실 고전압의 스위치를 조작할 때는 절연판 위에서 한다.

고압의 전류가 흐르고 있으므로 전기조작 및 관련 부분 등은 물기가 닿지 않도록 주의하며 물이 묻은 손으로 만지거나 습기 찬 곳에 전기기구를 두지 않는다.

**13** 사다리식 통로의 설치요령 중 옳지 않은 것은?

① 이동식 사다리식 통로의 기울기는 75° 이하로 할 것
② 발판과 벽과의 사이는 15[cm] 이상의 간격을 유지할 것
③ 발판의 간격은 위로 올라갈수록 좁게 할 것
④ 사다리가 넘어지거나 미끄러지는 것을 방지하기 위한 조치를 할 것

**사다리식 통로 등의 구조(산업안전보건기준에 관한 규칙 제24조)**
사업주는 사다리식 통로 등을 설치하는 경우 다음의 사항을 준수하여야 한다.
• 견고한 구조로 할 것
• 심한 손상·부식 등이 없는 재료를 사용할 것
• 발판의 간격은 일정하게 할 것
• 발판과 벽과의 사이는 15[cm] 이상의 간격을 유지할 것
• 폭은 30[cm] 이상으로 할 것
• 사다리가 넘어지거나 미끄러지는 것을 방지하기 위한 조치를 할 것
• 사다리의 상단은 걸쳐 놓은 지점으로부터 60[cm] 이상 올라가도록 할 것
• 사다리식 통로의 길이가 10[m] 이상인 경우에는 5[m] 이내마다 계단참을 설치할 것
• 사다리식 통로의 기울기는 75° 이하로 할 것. 다만, 고정식 사다리식 통로의 기울기는 90° 이하로 하고, 그 높이가 7[m] 이상인 경우에는 다음 구분에 따른 조치를 할 것
  – 등받이울이 있어도 근로자 이동에 지장이 없는 경우 : 바닥으로부터 높이가 2.5[m] 되는 지점부터 등받이울을 설치할 것
  – 등받이울이 있으면 근로자가 이동이 곤란한 경우 : 한국산업표준에서 정하는 기준에 적합한 개인용 추락 방지 시스템을 설치하고 근로자로 하여금 한국산업표준에서 정하는 기준에 적합한 전신안전대를 사용하도록 할 것
• 접이식 사다리기둥은 사용 시 접혀지거나 펼쳐지지 않도록 철물 등을 사용하여 견고하게 조치할 것

**14** 비중이 0.72, 발열량이 10,500[kcal/kg]인 연료를 20분간 사용하였더니 연료소비량이 5[L]였다. 이 기관의 연료마력(HP)은?

① 80[HP]　　② 180[HP]
③ 280[HP]　　④ 380[HP]

> **해설**
> 연료마력 $= \dfrac{60C \times W}{632.3t} = \dfrac{C \times W}{10.5t}$
> $= \dfrac{10,500 \times (0.72 \times 5)}{10.5 \times 20}$
> $= 180[HP]$
> (1[PS] = 632.3[kcal/h], $C$ : 연료의 저위발열량[kcal/kg], $W$ : 연료의 무게[kg], $t$ : 측정시간[분])

**15** 경운작업은 토양을 작물이 생육하는 데 알맞은 상태로 만들어 주기 위한 것이다. 다음 설명 중 경운작업의 목적과 효과에 부합되지 않는 것은?

① 종자의 파종이나 모종을 이식하기 위한 묘상을 준비한다.
② 토양의 구조와 성질을 개량하여 물과 공기의 보유량을 늘려 준다.
③ 잡초의 발생과 생육을 억제시킨다.
④ 토양을 단단하게 하여 잡초 뿌리의 성장을 억제한다.

> **해설**
> 경운·정지작업은 토양의 구조를 부드럽게 바꾸어 파종과 이식 등을 순조롭게 하고 발아 및 뿌리의 영양 흡수를 양호하게 하는 토양환경 조성작업이다.
> **경운·정지의 목적**
> • 알맞은 토양구조 조성
> • 잡초를 제거하고 솎아 내어 생육을 촉진
> • 작물의 잔류물을 매몰

**16** 밸브의 편마모 방지를 위한 내용으로 가장 옳은 것은?

① 밸브와 로커 암의 틈새가 작을 때
② 밸브와 로커 암의 틈새가 클 때
③ 밸브 스프링의 장력이 클 때
④ 밸브 태핏에 옵셋 효과가 일어날 때

**17** 동력 분무기에서 공기의 팽창성과 압축성을 이용하여 노즐로 배출되는 약액의 양을 일정하게 유지시켜 주는 장치는?

① 플런저
② 공기실
③ 노즐 핸들
④ 압력조절장치

> **해설**
> 공기실은 왕복펌프에 의한 송출량의 불균일을 보완하는 기능을 한다.

**18** 국내에서 주로 사용되고 있는 원판쟁기에 대한 설명으로 틀린 것은?

① 트랙터 견인 구동형이며, 트랙터 3점 링크 부착형이 많다.
② 1차 경운과 2차 경운에 주로 사용한다.
③ 습지경운에 적합하다.
④ 단열형과 2차 경운에 주로 사용한다.

> **해설**
> 원판쟁기는 디스크원판을 견인 또는 견인 구동시켜 맨땅을 갈아엎는 경운작업기이다.

**19** 다음 중 순환식 곡물건조기의 주요 구성요소가 아닌 것은?

① 건조실

② 응축기

③ 템퍼링실

④ 송풍기

**순환식 건조기의 주요 구성요소**
건조실, 템퍼링 탱크, 곡물 순환용 승강기와 스크루 컨베이어, 가열기 및 송풍기로 구성되어 있다.

**20** 동력 경운기의 제동장치에 관한 설명으로 틀린 것은?

① 마찰력으로 제동된다.

② 내부확장식 브레이크이다.

③ 브레이크와 주클러치는 레버가 다르다.

④ 브레이크 드럼에는 오일이 채워져 있다.

브레이크 레버와 주클러치 레버는 연동으로 작동하도록 연결되어 있어 주클러치 레버를 끝까지 당기면 동력전달이 차단된 후 브레이크가 작동한다.

**21** 내연기관에서 오일희석(Oil Dilution) 현상이 발생하는 원인이 아닌 것은?

① 시동 불량

② 초크밸브를 닫지 않음

③ 연료의 기화 불량

④ 고속으로 장시간 운전

**오일희석(Oil Dilution)**
엔진오일 중에 연료의 가솔린이 혼입되고, 엔진오일이 묽어지는 현상으로, 냉각수 온도가 낮으면, 실린더와 피스톤의 틈새를 통해서 가솔린이 오일 팬 내에 들어가기 쉽고, 오일희석의 주원인이 된다. 엔진오일의 온도를 높게 설정하면, 엔진오일 내 가솔린의 증발이 활발해지고 오일희석은 완화된다.

**22** 시동전동기의 극수는 브러시수의 몇 배인가?

① 1

② 2

③ 3

④ 1/2

**23** 충전회로에서 레귤레이터의 주역할은?

① 교류를 고전압으로 바꾸어 준다.

② 직류를 교류로 바꾸어 준다.

③ 기관의 동력으로부터 교류 전류를 발생시킨다.

④ 충전에 필요한 일정한 전압을 유지시켜 준다.

**해설**

**레귤레이터 역할**

• 교류를 직류로 바꾸어서 충전될 수 있게 해 준다.

• 충전에 필요한 일정한 전압을 유지시켜 준다.

**24** 12[V]의 납축전지에 15[W]의 전구 1개를 연결할 때 흐르는 전류는?

① 0.8[A]          ② 1.25[A]

③ 12.5[A]         ④ 18.75[A]

**해설**

전력[W] $= I \times V$

$15 = I \times 12$

$\therefore I = 1.25[A]$

**25** 중량물의 기계운반작업에서 체인블록을 사용할 때 주의사항이다. 옳지 않은 것은?

① 외부검사를 잘하여 변형마모 손상을 점검한다.

② 앵커 체인의 기준에 준한 체인을 사용한다.

③ 균열이 있는 것은 사용하지 않는다.

④ 폐기의 한도는 연신율 25[%]이다.

**해설**

훅의 입구(Hook Mouth) 간격이 제조자가 제공하는 제품사양서 기준으로 10[%] 이상 벌어진 것은 폐기한다.

**26** 다음 상해의 발생형태 중 사람이 평면상으로 넘어지는 것을 무엇이라고 하는가?

① 추 락          ② 전 도

③ 비 래          ④ 붕 괴

**해설**

**재해형태별 분류**

• 전도 : 사람이 평면상으로 넘어진 경우

• 협착 : 물건에 끼워진 상태, 말려든 상태

• 추락 : 높은 곳에서 떨어지거나 계단 등에서 굴러 떨어지는 경우

• 충돌 : 사람이 정지물에 부딪친 경우

• 낙하 : 떨어지는 물체에 맞는 경우

• 비래 : 날아온 물체에 맞는 경우

• 붕괴, 도괴 : 적재물, 비계, 건축물이 무너지는 경우

• 절단 : 장치, 구조물 등이 잘려 분리되는 경우

• 과다동작 : 무거운 물건을 들거나 몸을 비틀어 작업하는 경우

• 감전 : 전기에 접촉하거나 방전 때문에 충격을 받는 경우

• 폭발 : 압력이 갑자기 증대하거나 개방되어 폭음을 일으키며 터지는 경우

• 파열 : 용기나 방비가 외력에 의해 부서지는 경우

• 화재 : 불이 난 경우

**27** 다음 중 직접분사식의 장점으로 옳은 것은?

① 발화점이 낮은 연료를 사용하면 노크가 일어나지 않는다.

② 연소압력이 낮으므로 분사압력도 낮게 하여도 된다.

③ 실린더 헤드 구조가 간단하므로 열에 대한 변형이 작다.

④ 핀틀형 노즐을 사용하므로 고장이 적고 분사압력도 낮다.

**직접분사식 장단점**

| 장 점 | • 연소실의 구조가 간단하고 열효율이 좋으며 연료 소비량이 적다.<br>• 실린더 헤드의 구조가 간단하고 열에 대한 변형이 적다.<br>• 냉각손실이 작기 때문에 시동이 쉬워 예열플러그를 사용하지 않아도 된다. |
|---|---|
| 단 점 | • 연소의 압력과 압력상승률이 크기 때문에 소음이 크다.<br>• 공기와 연료의 원활한 혼합을 위해서 연료 분사압력이 높아야 하기 때문에 분사펌프와 분사노즐의 수명이 짧다.<br>• 다공형 분사노즐을 사용하여야 하며, 노즐상태가 조금만 달라도 엔진성능에 영향을 줄 수 있다.<br>• 질소산화물 발생이 많으며 디젤노크도 일으키기 쉽다.<br>• 엔진의 부하, 회전속도 및 사용연료의 변화에 대하여 민감하다. |

**28** 트랙터 배속 턴(Quick Turn) 기능을 잘못 설명한 것은?

① 회전반경 최소

② 선회 시 흙 밀림 방지

③ 작업 시 편의성 향상

④ 작업 중 배속 턴 작동과 별도로 편브레이크 작동

**29** 동력 경운기에 부착하는 작업기 풀리의 지름이 21[cm]이고, 기관의 회전속도가 200[rpm]이며, 작업기의 회전속도가 850[rpm]일 때 기관 풀리의 지름(cm)은 약 얼마인가?

① 89.3        ② 0.11

③ 49.41       ④ 80.95

해설

$$풀리의\ 구동비 = \frac{피동풀리의\ 회전수}{구동풀리의\ 회전수} = \frac{피동풀리의\ 직경}{구동풀리의\ 직경}$$

$$= \frac{200}{850} = \frac{21}{x}$$

∴ 기관 풀리의 직경 $x = 89.25[cm]$

**30** 다음 중 가솔린기관의 압축압력을 측정하는 작업으로 틀린 것은?

① 기관을 작동온도로 한다.

② 공기청정기를 떼어 낸다.

③ 압축압력계를 점화 플러그 구멍에 설치한다.

④ 초크밸브는 열어 두고, 스로틀밸브는 닫아 준다.

해설

스로틀밸브를 완전히 열어 기관으로 충분한 양의 공기가 공급되도록 한다.

**31** 다음 중 경운기 브레이크 링의 외경 측정방법을 옳게 표시한 것은?

① 브레이크 링의 절개부 틈새는 8[mm]가 되도록 하고 측정한다.

② 브레이크 링의 절개부 틈새가 외부의 힘이 없이 자연스럽게 벌어져 있는 상태에서 측정한다.

③ 브레이크 링의 절개부 틈새를 붙여서 측정한다.

④ 브레이크 링의 절개부 틈새가 붙었을 때와 틈새가 벌어져 있을 때를 각각 측정한 후 틈새를 계산한다.

**32** 다음 중 브레이크 페달을 밟아도 정차하지 않는 이유로 가장 적합하지 않은 것은?

① 라이닝과 드럼의 압착상태 불량
② 라이닝 재질 불량 및 오일 부착
③ 브레이크 파이프의 막힘
④ 타이어 공기압의 부족

**해설**
주행 중 제동이 잘되지 않는다면 브레이크의 압력이 형성되지 않거나 압력이 형성되었다고 하더라도 그 압력이 어디에선가 새는 것이다.

**33** 다음 중 로터리의 경운날 조립형태에 대한 설명으로 틀린 것은?

① 경운날은 보통형, 작두형과 L자형 등이 있다.
② 경운날은 왼쪽 날과 오른쪽 날로 구분된다.
③ 플랜지 형태의 경운날 조립은 플랜지의 좌측에만 조립한다.
④ 경운날의 전체적인 조립유형은 나선형 방향으로 되어 있다.

**해설**
왼쪽 플랜지의 끝에서 흐름방향으로 각 플랜지 왼쪽 날을 부착한 다음 오른쪽 날을 조립한다.

**34** 다음 중 4조식 이앙기로 작업할 때 결주가 생기는 원인이 아닌 것은?

① 주간 간격이 좁다.
② 파종량이 불균일하다.
③ 분리침이 마모되었다.
④ 세로이송 롤러가 작동불량이다.

**해설**
**결주에 영향을 끼치는 요인**
육묘의 수분상태, 식부장치의 타이밍, 포장조건, 종이송 · 횡이송 장치, 분리침의 마모, 파종량의 불균일 등

**35** 일반적인 전동기의 장점이 아닌 것은?

① 기동운전이 용이하다.
② 소음 및 진동이 작다.
③ 고장이 적다.
④ 전선으로 전기를 유도하므로 이동작업에 편리하다.

**해설**
이동작업에서는 긴 전선을 필요로 하기 때문에 사용할 수 없는 경우가 있다.

**36** 단속기 접점 간극이 규정보다 클 때 옳은 것은?

① 점화시기가 빨라진다.
② 캠각이 커진다.
③ 점화코일에 흐르는 1차 전류가 많아진다.
④ 점화시기가 늦어진다.

**해설**
**단속기 접점**

| 접점 간극이 작으면 | 접점 간극이 크면 |
| --- | --- |
| • 점화시기가 늦어진다. | • 점화시기가 빨라진다. |
| • 1차 전류가 커진다. | • 1차 전류가 작아진다. |
| • 점화코일이 발열한다. | • 고속에서 실화된다. |
| • 접점이 소손된다. | |

**37** 모든 작업자가 안전업무에 직접 참여하고, 안전에 관한 지식·기술 등의 개발이 가능하며, 안전업무의 지시 전달이 신속·정확하고, 1,000명 이상의 기업에 적용되는 안전관리의 조직은?

① 직계식 조직  ② 참모식 조직
③ 수평식 조직  ④ 직계·참모식 조직

**38** 다음 고압가스용기 중 수소가스용기의 색깔은?

① 녹 색  ② 주황색
③ 백 색  ④ 황 색

**해설**

**각종 가스용기의 도색 구분(고압가스 안전관리법 시행규칙 별표 24)**

| 가스의 종류 | 도색 구분 | 가스의 종류 | 도색 구분 |
|---|---|---|---|
| 산 소 | 녹 색 | 아세틸렌 | 황 색 |
| 수 소 | 주황색 | 액화 염소 | 갈 색 |
| 액화 탄산가스 | 청 색 | 액화 암모니아 | 백 색 |
| LPG (액화 석유가스) | 밝은 회색 | 그밖의 가스 | 회 색 |

**39** 트랙터에 로터리 작업기 탈·부착방법의 안전사항 중 옳은 방법은?

① 작업기의 탈·부착은 15° 이내 경사지에서 실시한다.
② 작업기의 탈·부착은 반드시 3인 이상이 해야 한다.
③ 작업기는 평지에서 부착 후 수평 조절을 해야 한다.
④ 작업기의 탈·부착은 기체 본체를 완전히 후진하여 상부 링크부터 연결한다.

**해설**

트랙터와 로터리를 평탄한 곳에 위치시킨다.

**40** 재해로부터 인간의 생명과 재산을 보호하기 위한 계획적이고, 체계적인 활동을 무엇이라고 하는가?

① 안전사고  ② 안전관리
③ 재해 방지  ④ 재산관리

**41** 전기에 의한 화재의 진화작업 시 사용해야 할 소화기 중 가장 적합한 것은?

① 탄산가스 소화기
② 산, 알칼리 소화기
③ 포말 소화기
④ 물 소화기

**해설**

**화재의 종류에 따른 화재표시색상 및 소화기의 종류**
• A급 화재(일반화재) – 백색 – 포말 소화기, 물 소화기
• B급 화재(유류화재) – 황색 – 분말 소화기
• C급 화재(전기화재) – 청색 – 분말 소화기, 탄산가스 소화기
• D급 화재(금속화재) – 무색 – 마른 모래, 소석회, 탄산수소염류, 금속화재용 소화 분말 등

**42** 실린더 헤드 볼트를 조일 때 마지막으로 사용하는 공구는?

① 토크 렌치
② 소켓 렌치
③ 오픈엔드 렌치(스패너)
④ 조정 렌치(몽키)

해설
헤드 볼트를 조일 시에는 토크 렌치를 사용한다.

**43** 다음 중 인화성 유해위험물에 대한 공통적인 성질을 설명한 것으로 틀린 것은?

① 착화온도가 낮은 것은 위험하다.
② 물보다 가볍고 물에 녹기 어렵다.
③ 발생된 가스는 대부분 공기보다 가볍다.
④ 발생된 가스는 공기와 약간 혼합되어도 연소의 우려가 있다.

해설
인화성 유해위험물에서 발생된 가스는 대부분 공기보다 무겁다.

**44** 단상 유도전동기의 출력을 나타낸 것은?

① 전압 × 저항 × 역률 × 효율
② 전압 × 전류 × 역률 × 효율
③ 전류 × 저항 × 역률 × 효율
④ 전력 × 전류 × 역률 × 효율

**45** 아날로그형 회로시험기로 직류 전류를 측정하는 경우이다. 틀린 것은?

① 전압 측정과는 달리 직렬접속한다.
② 회로상의 측정은 시험점을 끊고 측정한다.
③ 적색 리드는 (+), 흑색 리드는 (−)에 접속한다.
④ 측정전류의 크기에 따라 측정 레인지를 변화시킬 필요가 없다.

해설
아날로그 및 디지털 멀티테스터를 사용하여 전류를 측정하고자 할 때에는 측정 레인지를 DC mA나 DC A로 선택하여야 한다.

**46** 전조등의 불이 켜지지 않을 때 점검해야 할 사항이 아닌 것은?

① 배선이 너무 길게 되어 있는지 점검한다.
② 퓨즈의 절단 여부 상태와 접속 상태를 점검한다.
③ 회로배선 중 고열 부분에 접속되고 있는 부분이 있는지 점검한다.
④ 각 접속 부분에 녹이 슬었거나 진동으로 단자볼트가 풀려 있는지 점검한다.

**47** 트랙터의 운전 중 클러치 사용방법으로 가장 올바른 것은?

① 변속기를 조작할 때는 클러치를 사용하지 않는다.
② 길고 급한 비탈길에서는 클러치를 끊고 내려간다.
③ 운전 중에는 언제나 클러치 페달 위에 발을 올려놓는다.
④ 반클러치는 클러치판을 상하게 하기 때문에 특히 필요한 경우를 제외하고는 사용을 자제하여야 한다.

해설
① 트랙터의 변속은 반드시 클러치 페달을 밟고 변속 레버의 위치를 바꾼다.
② 내리막길에서는 주변속을 중립으로 하거나 클러치를 끊지 않는다.
③ 주행 중에는 브레이크나 클러치 페달에 발을 올려놓지 않는다.

**48** 다음 중 트랙터용 로터리를 부착할 때, 점검·조정 사항이 아닌 것은?

① 히치부 점검·조정
② 3점 링크 점검·조정
③ 유압 작동레버 점검·조정
④ 로터리 날 배열 점검·조정

해설
로터리와 같은 구동형 작업기는 변속기 몸체 옆에 있는 PTO축과 로터리 구동축을 커플링 등으로 연결시켜 구동한다.

**49** 다음 중 기관의 피스톤 핀 연결방법에 관한 설명으로 옳은 것은?

① 전부동식 : 핀을 피스톤 보스에 고정한다.
② 고정식 : 핀을 스냅 링으로 고정한다.
③ 요동식 : 핀을 피스톤 보스에 고정한다.
④ 반부동식 : 핀을 커넥팅 로드 소단부에 고정한다.

해설
핀의 고정방식에 따라 고정식, 반부동식, 전부동식으로 분류한다.
• 고정식 : 피스톤 보스부에 피스톤 핀을 고정하고 커넥팅 로드 소단부에 구리 부싱을 삽입한 방식이다.
• 반부동식 : 커넥팅 로드 소단부에 클램프와 볼트로 피스톤 핀을 고정시키는 방식이다.
• 전부동식 : 피스톤 핀이 커넥팅 로드나 피스톤 보스부에 고정되지 않고 자유롭게 회전하며 핀의 양 끝에 스냅 링을 설치한 방식이다.

**50** 다음 중 전기시동식 경운기의 축전지 정격전압은 얼마인가?

① DC 6[V]
② DC 12[V]
③ DC 30[V]
④ DC 36[V]

47 ④  48 ①  49 ④  50 ②  **정답**

**51** 수랭식 냉각장치의 라디에이터 신품용량이 20[L]이고, 코어의 막힘률이 20[%]이면 실제로 얼마의 물이 주입되는가?

① 12[L]　　　　② 14[L]

③ 16[L]　　　　④ 18[L]

**해설**

$$코어막힘률 = \frac{신품\ 주수량 - 구품\ 주수량}{신품\ 주수량} \times 100$$

$$20[\%] = \frac{20 - x}{20} \times 100$$

∴ 구품 주수량 $x = 16[L]$

**52** 다음 중 가솔린기관의 기화기에서 스로틀밸브의 역할로 옳은 것은?

① 공기의 양을 조절한다.

② 연료의 유면을 조절한다.

③ 혼합기의 양을 조절한다.

④ 공기의 유속을 빠르게 조절한다.

**해설**

**기화기에서 스로틀밸브의 역할**
흡입되는 혼합기체의 양을 조절하는 밸브로 기관의 출력을 조정한다.

**53** 다음 중 커넥팅 로드의 대단부 베어링이 헐거워졌을 경우 나타나는 결과에 해당하는 것은?

① 유압이 높아진다.

② 노킹이 잘 일어난다.

③ 엔진소음이 심해진다.

④ 크랭크 케이스의 블로 바이가 심해진다.

**해설**

간극이 너무 작으면 엔진 작동 시 열팽창에 의해 소결되기 쉬우며, 너무 크면 엔진소음을 유발하게 된다.

**54** 다음 중 디젤기관에서 공기빼기 장소가 아닌 것은?

① 연료공급펌프

② 연료탱크의 드레인 플러그

③ 분사펌프의 블리딩 스크루

④ 연료여과기의 오버플로 파이프

**해설**

**공기빼기 순서** : 공급펌프 → 연료여과기 → 분사펌프

**55** 농기계 사용 시 사고를 예방하는 방법으로 옳은 것은?

① 매년 한 번씩 기계의 점검과 정비를 게을리하지 말 것

② 기계의 성능과 자기 기술을 초월하여 사용할 것

③ 항상 완전한 상태의 기계를 사용할 것

④ 생산가격을 충분히 알아 둘 것

**해설**

농작업 전후에는 반드시 점검 · 정비를 한다.

**56** 재해원인에 대한 분류 중 직접원인에 해당하는 것은?

① 기술적 원인
② 교육적 원인
③ 인적 원인
④ 관리적 원인

> **해설**
> **사고의 원인**

| 직접원인(1차 원인) | 불안전 상태(물적 원인) |
|---|---|
| | 불안전 행동(인적 원인) |
| | 천재지변 |
| 간접원인 | 교육적 원인 |
| | 기술적 원인 |
| | 관리적 원인 |

**57** 보호구의 관리 및 사용방법으로 틀린 것은?

① 상시 사용할 수 있도록 관리한다.
② 청결하고 습기가 없는 장소에 보관·유지시켜야 한다.
③ 방진마스크의 필터 등은 상시 교환할 충분한 양을 비치하여야 한다.
④ 보호구는 공용이므로 개인전용 보호구는 지급하지 않는다.

> **해설**
> 사업주는 보호구를 공용하여 근로자에게 질병이 감염될 우려가 있는 경우 개인전용 보호구를 지급하고 질병 감염을 예방하기 위한 조치를 하여야 한다.

**58** 농업기계 안전관리 중 운반기계의 안전수칙으로 틀린 것은?

① 규정중량 이상은 적재하지 않는다.
② 부피가 큰 것을 적재할 때 앞을 보지 못할 정도로 쌓아 올리면 안 된다.
③ 물건이 움직이지 않도록 로프로 반드시 묶는다.
④ 물건 적재 시 가벼운 것을 밑에 두고, 무거운 것을 위에 놓는다.

> **해설**
> 물건 적재 시 무거운 것을 밑에 두고, 가벼운 것을 위에 놓는다.

**59** 다음 중 방진안경을 착용해야 하는 작업이 아닌 것은?

① 선반작업
② 용접작업
③ 목공기계작업
④ 밀링작업

> **해설**
> • 방진안경은 파편이 발생되는 작업 시 반드시 착용한다.
> • 차광안경은 용접작업 시 발생되는 자외선 및 적외선으로부터 눈을 보호하기 위하여 착용한다.

**60** 농업기계의 보관·관리방법으로 틀린 것은?

① 기계 사용 후 세척하고 기름칠하여 보관한다.
② 보관장소는 건조한 장소를 선택한다.
③ 장기보관 시 사용설명서에 제시된 부위에 주유한다.
④ 장기보관 시 공기타이어의 공기압력을 낮춘다.

> **해설**
> 장기보관 시 바퀴 공기압은 평소보다 높게 한다.

## 01 디젤기관이 장착된 콤바인의 연료여과기를 교환 후 반드시 해야 하는 것은?

① 밸브 간극 조정
② 공기 빼기
③ 감압량 조절
④ 토인 조정

**해설**
디젤엔진에서는 연료라인에 공기가 들어와서 기포가 섞여 있으면, 연료펌프나 연료분사노즐에 악영향을 미친다. 연료필터 교환 시 연료에 공기가 유입되므로 연료여과기를 교환 후 반드시 공기 빼기를 한다.

## 02 트랙터를 이용한 땅속작물 수확기를 선정하기 위해 필요한 사항이 아닌 것은?

① 수확하고자 하는 작물의 종류를 알아야 한다.
② 이랑의 폭을 알아야 한다.
③ 트랙터의 마력을 알아야 한다.
④ 최종운반거리를 알아야 한다.

## 03 다음 중 건조와 저장을 동시에 할 수 있는 건조기는?

① 벌크건조기
② 순환식 건조기
③ 태양열 건조기
④ 원형 빈(Bin) 건조기

**해설**
원형 빈 건조장치 : 건조와 저장을 겸할 수 있는 시설로서 우리나라에서는 미곡 종합처리장에서 사용하고 있다.

## 04 가솔린기관의 총배기량이 1,400[cc]이고, 연소실체적이 200[cc]라면, 이 기관의 압축비는 얼마인가?

① 7 : 1
② 8 : 1
③ 9 : 1
④ 10 : 1

**해설**
$$압축비(\varepsilon) = 1 + \frac{행정체적}{연소실체적}$$
$$= 1 + \frac{1,400}{200} = 8$$

**05** 타이어의 이상마모의 원인이 아닌 것은?

① 과대한 토인
② 과도한 브레이크 유격
③ 과대한 캠버
④ 캐스터의 부정확

과도한 브레이크 유격 시 페달을 밟아도 제동이 잘되지 않는다.

**06** 충전기식 점화장치에서 축전기(콘덴서)가 하는 역할 중 옳지 않은 것은?

① 접점 사이의 불꽃을 흡수하여 접점의 소손을 방지한다.
② 1차 전류 차단시간을 단축하여 2차 전압을 높인다.
③ 접점이 닫혔을 때에는 접점이 열릴 때 흡수한 전하를 방출하여 1차 전류의 회복을 빠르게 한다.
④ 불꽃방전을 일으켜 압축된 혼합기에 점화를 시킨다.

점화코일에서 유도된 고전압을 불꽃방전을 일으켜 압축된 혼합기에 점화시키는 것은 점화플러그이다.

**07** 접촉저항은 면적이 증가되거나 압력이 커지면 어떻게 변하는가?

① 감소된다.
② 변하지 않는다.
③ 증가된다.
④ 증가할 수도 있고, 감소할 수도 있다.

접촉저항은 두 전기도체가 접촉하고 있는 면의 전기저항으로 접촉압력과 전류가 증가하면 감소한다.

**08** 광원의 광도가 10[cd]인 경우 거리가 2[m] 떨어진 곳의 조도는 몇 [lx]인가?

① 2.5
② 5
③ 20
④ 40

$$E = \frac{I}{r^2} = \frac{10}{(2)^2} = 2.5[\text{lx}]$$

**09** 트랙터에서 축전지 배선을 분리할 때와 연결할 때 적합한 방법은?

① 분리할 때는 ( + ) 측을 먼저 분리하고, 연결할 때는 ( − ) 측을 먼저 연결한다.
② 분리할 때는 ( − ) 측을 먼저 분리하고, 연결할 때는 ( + ) 측을 먼저 연결한다.
③ 분리할 때는 ( − ) 측을 먼저 분리하고, 연결할 때도 ( − ) 측을 먼저 연결한다.
④ 분리할 때는 ( + ) 측을 먼저 분리하고, 연결할 때도 ( + ) 측을 먼저 연결한다.

**10** 다음 중 보통작업에 적합한 이상적인 조명도로 알맞은 것은?

① 50[lx] 이상

② 90[lx] 이상

③ 1,201[lx] 이상

④ 150[lx] 이상

해설

**조도(산업안전보건기준에 관한 규칙 제8조)**

사업주는 근로자가 상시 작업하는 장소의 작업면 조도(照度)를 다음의 기준에 맞도록 하여야 한다. 다만, 갱내(坑內) 작업장과 감광재료(感光材料)를 취급하는 작업장은 그러하지 아니하다.

• 초정밀작업 : 750[lx] 이상
• 정밀작업 : 300[lx] 이상
• 보통작업 : 150[lx] 이상
• 그 밖의 작업 : 75[lx] 이상

**11** 콤바인 보관 및 관리 시 주의사항으로 옳지 않은 것은?

① 예취 날을 청소하고 오일을 급유한다.

② 습하지 않고 통풍이 잘되는 곳에 보관한다.

③ 급동을 분해하여 별도로 보관한다.

④ 급동 커버를 열고 급실 내의 잔여물을 완전히 제거한다.

해설

**콤바인 작업을 마치고 장기간 보관할 경우**

• 콤바인 내부를 깨끗이 청소해야 한다. 콤바인 내부에 곡물과 검불 등이 남아 있으면 쥐의 서식처를 제공하는 것과 같으므로 충분히 공회전시켜 잔유물을 완전히 제거해야 한다.
• 궤도, 체인, 기체 외부의 흙과 먼지를 깨끗이 제거한 후 각 부위에 윤활유를 충분히 주유한 후에 가능하면 통풍이 잘되고 건조한 보관창고에 보관해야 한다.

**12** 무거운 물건을 들 때 안전하지 못한 방법은?

① 다리를 똑바로 펴고 허리를 굽혀 물건을 힘차게 들어 올린다.

② 허리를 똑바로 펴고 다리를 굽혀 물건을 힘차게 들어 올린다.

③ 혼자 들기 어려운 것은 다른 사람의 조력을 받거나 운반기계를 이용한다.

④ 들어 올린 물체는 몸에 가급적 가까이 접근시켜 균형을 잡는다.

해설

머리와 허리는 그대로 두고 무릎을 굽힌 다음 물건을 들고 서서히 일어나는 것이 좋다.

**13** 다음 중 화재의 분류가 바르게 짝지어진 것은?

① A급 화재 : 일반화재

② B급 화재 : 전기화재

③ C급 화재 : 금속화재

④ D급 화재 : 유류화재

해설

**화재의 종류**

• A급 : 일반화재
• B급 : 유류화재
• C급 : 전기화재
• D급 : 금속화재

**14** 트랙터 배속 턴(Quick Turn) 기능을 잘못 설명한 것은?

① 회전반경을 최소화하기 위한 장치이다.
② 좁은 경작지에서 방향전환을 쉽게 한다.
③ 흙 밀림현상을 방지한다.
④ 배속 턴 기능은 고속에서 작동된다.

**해설**
배속 턴 장치는 고속일 때 작동되지 않는다.

**15** 일반적으로 트랙터 후륜 차축의 뒷면에 돌출되어 로터베이터, 모어, 비료살포기 등 구동형 작업기에 동력을 전달하는 장치는 무엇인가?

① 동력취출장치
② 토크 컨버터
③ 차동장치
④ 클러치

**16** 다음 중 가동 전동기에 대한 시험과 관계없는 것은?

① 저항시험
② 회전력시험
③ 누설시험
④ 무부하시험

**해설**
**가동 전동기의 시험항목**
• 저항시험
• 회전력시험
• 무부하시험

**17** 트랙터의 배터리 전압이 24[V]가 필요할 때 6[V] 배터리 4개를 연결시키는 방법은?

① 직렬연결
② 병렬연결
③ 직·병렬연결
④ 좌우 병렬연결

**18** 연소의 3요소에 해당되지 않는 것은?

① 가연물
② 연쇄반응
③ 열 또는 점화원
④ 산 소

**해설**
**연소의 3요소** : 가연물(연료), 점화원, 산소(공기)

**19** 다음 중 직류발전기의 구성요소에서 회전하면서 자속을 끊어 기전력을 유도하는 것은?

① 전기자
② 계 자
③ 정류자
④ 브러시

**20** 농용 트랙터의 안전수칙에 해당하지 않는 것은?

① 밀폐된 실내에서 가동을 금지한다.
② 도로 주행 시 교통법규를 철저히 지킨다.
③ 경사지를 내려갈 때 변속을 중립 위치에 두고 운전을 하지 않는다.
④ 운전 중에 오일표시등, 충전표시등에 불이 켜져 있어야 정상이다.

**해설**
운전 중에 오일표시등, 충전표시등에 불이 켜져 있으면 문제가 발생한 것이다.

**21** 수공구의 사용 전 안전취급에 관한 사항에 해당하지 않는 것은?

① 작업에 적합한 공구
② 결함이 없는 공구
③ 기름이 묻어 있지 않는 공구
④ 땅바닥에 보관한 공구

**22** 다음 중 분진에서 오는 직업병이 아닌 것은?

① 진폐증
② 열중증
③ 결막염
④ 폐수종

**해설**
고온환경에서의 부적응과 허용한계를 초과할 때 발증하는 급성 장해를 열중증이라고 총칭한다.

**23** 다음 중 경운기의 조향 클러치를 나타내는 말이 아닌 것은?

① 맞물림 클러치
② 도그(Dog) 클러치
③ 사이드(Side) 클러치
④ 마찰 클러치

**해설**
조향장치를 조향 클러치 또는 사이드 클러치라고 하며, 맞물림 클러치가 많이 사용되고 있다.

**24** 일반적으로 트랙터 차동잠금장치를 사용하지 않는 경우는?

① 진흙 포장작업할 때
② 일반도로를 주행할 때
③ 한쪽 구동륜에서 슬립이 발생할 때
④ 한쪽 구동륜의 추진력이 약해 움직일 수 없을 때

**해설**
차동잠금장치는 습지에서와 같이 토양의 추진력이 약한 농경지에서 사용한다.

**25** 경운작업은 토양을 작물이 생육하는 데 알맞은 상태로 만들어 주기 위한 것이다. 다음 설명 중 경운작업의 목적과 효과에 부합되지 않는 것은?

① 종자의 파종이나 모종을 이식하기 위한 묘상을 준비한다.
② 토양의 구조와 성질을 개량하여 물과 공기의 보유량을 늘려 준다.
③ 잡초의 발생과 생육을 억제시킨다.
④ 토양을 단단하게 하여 잡초 뿌리의 성장을 억제한다.

**해설**
경운·정지작업은 토양의 구조를 부드럽게 바꾸어 파종과 이식 등을 순조롭게 하고 발아 및 뿌리의 영양 흡수를 양호하게 하는 토양환경 조성작업이다.
**경운·정지의 목적**
• 알맞은 토양구조 조성
• 잡초를 제거하고 솎아 내어 생육을 촉진
• 작물의 잔류물을 매몰
• 작물의 재식, 관개, 배수 및 수확작업 등에 알맞은 토양표면 조성
• 토양침식 방지
• 미생물의 활동 증진
• 농약 및 기름의 효과를 균일하게 하고 증대

**26** 국내에서 주로 사용되고 있는 원판쟁기에 대한 설명으로 틀린 것은?

① 트랙터 견인 구동형이며, 트랙터 3점 링크 부착형이 많다.
② 1차 경운과 2차 경운에 주로 사용한다.
③ 습지경운에 적합하다.
④ 단열형과 2차 경운에 주로 사용한다.

**해설**
원판쟁기는 디스크원판을 견인 또는 견인 구동시켜 맨땅을 갈아엎는 경운작업기이다.

**27** 동력 경운기의 제동장치에 관한 설명으로 틀린 것은?

① 마찰력으로 제동된다.
② 내부확장식 브레이크이다.
③ 브레이크와 주클러치는 레버가 다르다.
④ 브레이크 드럼에는 오일이 채워져 있다.

**해설**
브레이크 레버와 주클러치 레버는 연동으로 작동하도록 연결되어 있어 주클러치 레버를 끝까지 당기면 동력전달이 차단된 후 브레이크가 작동한다.

**28** 내연기관에서 오일희석(Oil Dilution) 현상이 발생하는 원인이 아닌 것은?

① 시동 불량

② 초크밸브를 닫지 않을 때

③ 연료의 기화 불량

④ 고속으로 장시간 운전

**오일희석(Oil Dilution)**
엔진오일 중에 연료의 가솔린이 혼입되고, 엔진오일이 묽어지는 현상으로, 냉각수 온도가 낮으면, 실린더와 피스톤의 틈새를 통해서 가솔린이 오일 팬 내에 들어가기 쉽고, 오일희석의 주원인이 된다. 엔진오일의 온도를 높게 설정하면, 엔진오일 내 가솔린의 증발이 활발해지고 오일희석은 완화된다.

**29** 충전회로에서 레귤레이터의 주역할은?

① 교류를 고전압으로 바꾸어 준다.

② 직류를 교류로 바꾸어 준다.

③ 기관의 동력으로부터 교류전류를 발생시킨다.

④ 충전에 필요한 일정한 전압을 유지시켜 준다.

**레귤레이터 역할**
• 교류를 직류로 바꾸어서 충전될 수 있게 해 준다.
• 충전에 필요한 일정한 전압을 유지시켜 준다.

**30** 농용 엔진(가솔린) 작동 시 발생하는 배기가스에 포함된 가스 중 인체에 가장 피해가 적은 것은?

① $CO_2$      ② $CO$

③ $NO_2$      ④ $SO_2$

**배기가스의 유해성분** : 일산화탄소($CO$), 탄화수소, 질소산화물($NO_x$), 황산화물($SO_x$), 매연 등

**31** 그림에서 $I_4$의 전류값은?

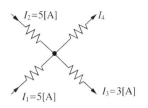

① 7[A]      ② 5[A]

③ 4[A]      ④ 2[A]

**키르히호프의 제1법칙**
전기회로의 한 점에서의 유입전류의 전체 합은 유출전류 전체의 합과 같다.
$$I_1 + I_2 = I_3 + I_4$$
$$5 + 5 = 3 + I_4$$
$$\therefore \ I_4 = 7[A]$$

**32** 다음 중 자석의 성질로 옳은 것은?

① 같은 극끼리는 서로 흡인한다.

② 극이 다르면 반발한다.

③ 극이 같으면 반발한다.

④ 자석 상호 간은 관계가 없다.

자석의 같은 극성은 반발력, 다른 극성은 흡인력이 작용한다.

**33** 재해를 일으키는 불안전한 동작이 일어나는 원인이다. 틀린 것은?

① 감각기능이 정상을 이탈하였을 때
② 올바른 판단에 필요한 지식이 풍부할 때
③ 착각을 일으키기 쉬운 외부조건이 많을 때
④ 의식동작을 필요로 할 때까지 무의식동작을 행할 때

**34** 다음 상해의 발생형태 중 사람이 평면상으로 넘어지는 것을 무엇이라고 하는가?

① 추 락          ② 전 도
③ 비 래          ④ 붕 괴

해설

재해형태별 분류
• 전도 : 사람이 평면상으로 넘어진 경우
• 협착 : 물건에 끼워진 상태, 말려든 상태
• 추락 : 높은 곳에서 떨어지거나 계단 등에서 굴러떨어지는 경우
• 충돌 : 사람이 정지물에 부딪친 경우
• 낙하 : 떨어지는 물체에 맞는 경우
• 비래 : 날아온 물체에 맞는 경우
• 붕괴, 도괴 : 적재물, 비계, 건축물이 무너지는 경우
• 절단 : 장치, 구조물 등이 잘려 분리되는 경우
• 과다동작 : 무거운 물건을 들거나 몸을 비틀어 작업하는 경우
• 감전 : 전기에 접촉하거나 방전 때문에 충격을 받는 경우
• 폭발 : 압력이 갑자기 증대하거나 개방되어 폭음을 일으키며 터지는 경우
• 파열 : 용기나 방비가 외력에 의해 부서지는 경우
• 화재 : 불이 난 경우

**35** 다음 중 경운기 브레이크 링의 외경 측정방법을 옳게 표시한 것은?

① 브레이크 링의 절개부 틈새는 8[mm]가 되도록 하고 측정한다.
② 브레이크 링의 절개부 틈새가 외부의 힘이 없이 자연스럽게 벌어져 있는 상태에서 측정한다.
③ 브레이크 링의 절개부 틈새를 붙여서 측정한다.
④ 브레이크 링의 절개부 틈새가 붙었을 때와 틈새가 벌어져 있을 때를 각각 측정한 후 틈새를 계산한다.

**36** 트랙터의 축간거리가 2.5[m]이고, 바깥쪽 바퀴의 조향각이 30°이다. 이때 최소회전반경은 얼마인가?

① 4.3[m]          ② 5.1[m]
③ 6.5[m]          ④ 7.5[m]

해설

최소회전반경 : $R = \dfrac{L}{\sin\alpha} + r$

여기서, $R$ : 최소회전반경
　　　　$L$ : 축간거리(m)
　　　　$r$ : 바퀴 접지면 중심과 킹핀과의 거리(m)

$\sin 30° = 0.50$이므로,
$R = \dfrac{2.5[\text{m}]}{0.5} = 5[\text{m}]$이다.

**37** 경운기가 주행 중 변속기의 기어가 빠지는 원인으로 가장 타당한 것은?

① 변속기어의 이상마모와 물림 불량
② 기어오일이 부족할 때
③ 클러치판의 고착
④ 기어 시프트의 마모 과대

해설

**경운기 주행 중 변속기의 기어가 빠지는 원인**
• 로킹 볼 및 스프링 마모
• 각 기어의 마모나 파손
• 변속포크 불량 시

**38** 다음 중 4조식 이앙기로 작업할 때 결주가 생기는 원인이 아닌 것은?

① 주간 간격이 좁다.
② 파종량이 불균일하다.
③ 분리침이 마모되었다.
④ 세로이송 롤러가 작동불량이다.

해설

**결주에 영향을 끼치는 요인**
육묘의 수분상태, 식부장치의 타이밍, 포장조건, 종·횡이송장치, 분리침의 마모, 파종량의 불균일 등

**39** 다음 중 시동전동기가 작동하지 않는 이유와 가장 거리가 먼 것은?

① 축전지가 방전되었다.
② 시동전동기의 스위치가 불량하다.
③ 시동전동기의 피니언이 링 기어에 물리었다.
④ 기화기에 연료가 꽉 차 있다.

해설

기동전동기의 회전력이 저하되는 경우는 배터리의 방전뿐만 아니라 기동전동기 내부의 고장, 즉 베어링, 전기자, 브러시 등의 마모와 오버러닝 클러치 등 축의 휨으로 회전력이 저하되는 것으로 교환이 필요하다.

**40** 단속기 접점 간극이 규정보다 클 때 옳은 것은?

① 점화시기가 빨라진다.
② 캠각이 커진다.
③ 점화코일에 흐르는 1차 전류가 많아진다.
④ 점화시기가 늦어진다.

해설

**단속기 접점**

| 접점 간극이 작을 때 | 접점 간극이 클 때 |
| --- | --- |
| • 점화시기가 늦어진다.<br>• 1차 전류가 커진다.<br>• 점화코일이 발열한다.<br>• 접점이 소손된다. | • 점화시기가 빨라진다.<br>• 1차 전류가 작아진다.<br>• 고속에서 실화된다. |

**41** 다음 중 인화성 유해위험물에 대한 공통적인 성질을 설명한 것으로 틀린 것은?

① 착화온도가 낮은 것은 위험하다.
② 물보다 가볍고 물에 녹기 어렵다.
③ 발생된 가스는 대부분 공기보다 가볍다.
④ 발생된 가스는 공기와 약간 혼합되어도 연소의 우려가 있다.

해설
인화성 유해위험물에서 발생된 가스는 대부분 공기보다 무겁다.

**42** 전기에너지를 기계에너지로 바꾸어 주는 것은?

① 전동기          ② 발전기
③ 정류기          ④ 변압기

해설
전동기는 전류가 흐르는 도체가 자기장 속에서 받는 힘을 이용하여 전기에너지를 기계에너지로 바꾸는 장치로, 일반적으로 모터(Motor)라고 한다.

**43** 다음 그림과 같은 회로의 합성저항[Ω]은?

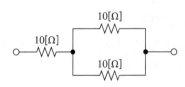

① 100          ② 50
③ 30          ④ 15

해설
$$R = 10 + \cfrac{1}{\cfrac{1}{10} + \cfrac{1}{10}} = 15[\Omega]$$

**44** 다음 중 점화플러그 시험에 속하지 않는 것은?

① 기밀시험
② 용량시험
③ 불꽃시험
④ 절연시험

해설
점화플러그 시험에는 기밀시험, 불꽃시험, 절연시험이 있다.

**45** 다음 중 넓은 과수원 방제를 가장 능률적으로 할 수 있는 방제기는?

① 연무기
② 동력 분무기
③ 파이프 더스터
④ 스피드 스프레이어

**46** 다음 중 기관의 피스톤 핀 연결방법에 관한 설명으로 옳은 것은?

① 전부동식 : 핀을 피스톤 보스에 고정한다.
② 고정식 : 핀을 스냅 링으로 고정한다.
③ 요동식 : 핀을 피스톤 보스에 고정한다.
④ 반부동식 : 핀을 커넥팅 로드 소단부에 고정한다.

**해설**
핀의 고정방식에 따라 고정식, 반부동식, 전부동식으로 분류한다.
• 고정식 : 피스톤 보스부에 피스톤 핀을 고정하고 커넥팅 로드 소단부에 구리 부싱을 삽입한 방식이다.
• 반부동식 : 커넥팅 로드 소단부에 클램프에 피스톤 핀을 볼트로 고정시키는 방식이다.
• 전부동식 : 피스톤 핀이 커넥팅 로드나 피스톤 보스부에 고정되지 않고 자유롭게 회전하며 핀의 양 끝에 스냅 링을 설치한 방식이다.

**47** 다음 중 기어식 변속기의 종류가 아닌 것은?

① 미끄럼식
② 상시 물림식
③ 동기 물림식
④ 토크 컨버터식

**해설**
변속기의 종류
• 미끄럼 물림식 변속기
• 동기 물림식 변속기
• 상시 물림식 변속기
• 자동변속기 : 유단변속기, 무단변속기

**48** 다음 중 가솔린기관의 기화기에서 스로틀밸브의 역할로 옳은 것은?

① 공기의 양을 조절한다.
② 연료의 유면을 조절한다.
③ 혼합기의 양을 조절한다.
④ 공기의 유속을 빠르게 조절한다.

**해설**
기화기에서 스로틀밸브의 역할
흡입되는 혼합기체의 양을 조절하는 밸브로 기관의 출력을 조정한다.

**49** 다음 중 콤바인 예취칼날의 가장 알맞은 간격은?

① 0.01~0.05[mm]
② 0.1~0.5[mm]
③ 1~5[mm]
④ 10~15[mm]

**해설**
예취칼날을 조립할 때에는 칼날의 틈새를 0~0.7[mm]로 조정해야 한다.

**50** 농기계 사용 시 사고를 예방하는 방법으로 옳은 것은?

① 기계의 점검과 정비를 매년 한 번씩 할 것
② 기계의 성능과 자기 기술을 초월하여 사용할 것
③ 항상 완전한 상태의 기계를 사용할 것
④ 생산가격을 충분히 알아 둘 것

**해설**
농작업 전후에는 반드시 점검·정비를 한다.

**51** 재해원인에 대한 분류 중 직접원인에 해당하는 것은?

① 기술적 원인
② 교육적 원인
③ 인적 원인
④ 관리적 원인

**해설**

사고의 원인

| 직접원인(1차 원인) | 불안전 상태(물적 원인) |
|---|---|
| | 불안전 행동(인적 원인) |
| | 천재지변 |
| 간접원인 | 교육적 원인 |
| | 기술적 원인 |
| | 관리적 원인 |

**52** 내연기관의 공기와 연료의 혼합비가 완전연소할 때 배기가스의 색깔은?

① 검은색
② 무 색
③ 청 색
④ 엷은 황색

**해설**

배기가스 색깔은 완전연소 및 정상일 때는 무색이다.

**53** 다음 중 예열 플러그가 단선되기 쉬운 원인으로 가장 적합한 것은?

① 예열시간이 너무 길다.
② 배터리의 전압이 너무 낮다.
③ 스위치가 불량하여 접촉이 잘 안 된다.
④ 배기가스의 온도가 너무 높다.

**해설**

예열 플러그의 단선원인
• 연소열 및 과대전류의 흐름
• 기관 과열 시
• 장시간 예열 시
• 운전 중 작동 시
• 예열 플러그 설치 시 조임 불량

**54** 전자유도 현상에 의해서 코일에 생기는 유도기전력의 방향을 나타내는 법칙은?

① 렌츠의 법칙
② 키르히호프의 법칙
③ 쿨롱의 법칙
④ 뉴턴의 법칙

**해설**

렌츠의 법칙
유도기전력은 자신의 발생 원인이 되는 자속의 변화를 방해하려는 방향으로 발생한다.

**55** 2행정 사이클 엔진에 대한 설명으로 맞는 것은?

① 크랭크축이 1회전 시 1회의 동력행정을 갖는다.
② 크랭크축이 2회전 시 1회의 동력행정을 갖는다.
③ 크랭크축이 3회전 시 1회의 동력행정을 갖는다.
④ 크랭크축이 4회전 시 1회의 동력행정을 갖는다.

**해설**

2행정 사이클 기관은 크랭크축 1회전(피스톤은 상승과 하강의 2행정뿐임)으로 1사이클을 완료하는 것이며, 흡입 및 배기를 위한 독립된 행정이 없다.

**56** 트랙터 PTO축에 동력을 전달하는 방식이 아닌 것은?

① 변속기 구동형

② 상시 회전형

③ 속도 반비례형

④ 독립형

트랙터 PTO축에 동력을 전달하는 방식에는 변속기 구동형, 상시 회전형, 속도 비례형, 독립형이 있다.

**58** 클러치를 분해하여 점검할 것과 관계없는 것은?

① 스프링의 장력

② 디스크에 오일 부착 여부

③ 릴리스 레버의 높이

④ 클러치 페달의 유격

클러치 페달을 가볍게 손으로 눌러 유격(저항을 느낄 때까지의 움직임)을 점검한다.

**59** 다음 오일 중 가장 점도가 낮은 것은?

① SAE 5W

② SAE 10W

③ SAE 25

④ SAE 40

**57** 농기계 디젤기관의 압축압력을 측정하였더니 33.6 [kgf/cm$^2$]가 나왔다. 규정압축압력의 몇 [%]인가?(단, 규정압축압력 48[kgf/cm$^2$]이다)

① 50[%]

② 60[%]

③ 70[%]

④ 80[%]

$33.6 \div 48 \times 100 = 70[\%]$

**60** 다음 중 점화플러그에서 불꽃이 튀지 않을 경우에 점검대상으로 가장 관계가 없는 것은?

① 스톱 버튼의 전기회로

② 고압 코드

③ 단속기 접점

④ 실린더 내부 압축압력

점화플러그가 고장 나면 실린더 내부에 점화불꽃을 발생시키지 못해 엔진 시동이 걸리지 않는다.

## 01 다음 중 일반적으로 트랙터의 동력취출축으로 많이 사용하는 축은?

① 중공축
② 크랭크축
③ 스플라인축
④ 플렉시블축

**해설**
트랙터의 PTO축을 연결하는 기계요소는 스플라인축이다.

## 02 동력 분무기의 여수에서 기포가 나오는 원인 중 틀린 것은?

① 스트레이너가 약액 위에 떠 있다.
② 흡입호스가 꼬여 있다.
③ 흡입호스 패킹이 절단되었다.
④ 실린더 취부너트가 풀어졌다.

**해설**
스트레이너가 약액 위에 떠 있는 경우는 공기가 흡입되었을 때이다.

## 03 동력 경운기 V벨트의 긴장도는 얼마 정도가 가장 적당한가?

① 0~4[mm]
② 5~10[mm]
③ 20~30[mm]
④ 45~50[mm]

**해설**
**V벨트 유격 측정과 조정**
V벨트 중앙 부분에 철자를 대고 10[kgf]의 힘으로 눌렀을 때 유격(처짐양)이 20~30[mm]인지 확인한다.

## 04 동력 경운기의 V벨트 긴장도를 조절하는 부품명은?

① 플라이휠
② 텐션 풀리
③ 작업 풀리
④ 기화기

**해설**
**V벨트 조절**
• 엔진 고정볼트를 풀어 엔진을 전후로 당겨 조작하는 방법
• 텐션 풀리의 조작에 의하여 조작하는 방법

## 05 피스톤의 구비조건으로 옳지 않은 것은 무엇인가?

① 열팽창이 작을 것
② 열전도율이 클 것
③ 고온・고압에 잘 견딜 것
④ 내식성이 작을 것

**해설**
**피스톤의 구비조건**
• 열전도율이 커야 한다.
• 방열효과가 좋아야 한다.
• 열팽창이 작아야 한다.
• 고온・고압에 견뎌야 한다.
• 가볍고 강도가 커야 한다.
• 내식성이 커야 한다.

1 ③ 2 ① 3 ③ 4 ② 5 ④ **정답**

**06** 다음 중 변속장치 형식에서 회전하는 상태에서 기어의 물림이 용이하도록 주속도를 맞추어 물리는 방식은?

① 섭동 물림식
② 상시 물림식
③ 동기 물림식
④ 위성 기어식

해설
**동기 물림식 변속기의 특징**
• 원추형 마찰 클러치를 이용한다.
• 동기장치가 설치되어 있다.
• 고속회전 중에도 변속이 용이하다.
• 기어 변속이 쉽고, 변속 시 소음이 없다.
• 회전하는 상태에서 기어의 물림이 용이하도록 주속도를 맞추어 물리는 방식이다.

**07** 트랙터에서 유압식 3점 링크 히치의 유압제어밸브에서 오일의 역류를 방지하는 것은?

① 제어 스풀
② 피드백 레버
③ 언로드밸브
④ 체크밸브

해설
체크밸브는 오일 흐름의 방향을 제어하는 방향제어밸브로 유압제어밸브에서 오일의 역류를 방지한다.

**08** 트랙터의 배터리 전압이 18[V]가 필요할 때 6[V] 배터리 3개를 연결시키는 방법은?

① 직렬연결
② 병렬연결
③ 직병렬연결
④ 좌우 병렬연결

**09** 바퀴형 트랙터의 동력전달순서를 올바르게 나열한 것은?

① 엔진 – 주행 변속장치 – 주클러치 – 최종 감속장치(차동장치 포함) – 차축
② 엔진 – 주클러치 – 주행 변속장치 – 차축 – 최종 감속장치(차동장치 포함)
③ 엔진 – 주클러치 – 주행 변속장치 – 최종 감속장치(차동장치 포함) – 차축
④ 엔진 – 주행 변속장치 – 주클러치 – 차축 – 최종 감속장치(차동장치 포함)

**10** 동력 경운기에 부착하는 작업기 풀리의 지름이 17 [cm]이고, 기관의 회전속도가 300[rpm]이며, 작업기의 회전속도가 950[rpm]일 때 기관 풀리의 지름[cm]은 약 얼마인가?

① 46.5[cm]  
② 53.8[cm]  
③ 60.2[cm]  
④ 74.4[cm]

**해설**

풀리의 구동비 $= \dfrac{\text{피동풀리의 회전수}}{\text{구동풀리의 회전수}} = \dfrac{\text{구동풀리의 직경}}{\text{피동풀리의 직경}}$

$= \dfrac{300}{950} = \dfrac{17}{x}$

∴ 기관 풀리의 직경 $x ≒ 53.8$[cm]

**11** 피스톤 링의 플러터(Flutter) 현상에 관한 설명 중 틀린 것은?

① 피스톤의 작동위치 변화에 따른 링의 떨림 현상이다.  
② 피스톤 온도가 낮아진다.  
③ 실린더 벽의 마모를 초래한다.  
④ 블로 바이 가스(Blow-by Gas) 증가로 인해 엔진 출력이 감소한다.

**해설**

**내연기관 피스톤 링의 플러터(Flutter) 현상이 기관에 미치는 영향과 대책**

• 플러터 현상 : 기관의 회전속도 증가에 따라 피스톤이 상사점에서 하사점으로 바뀌거나, 하사점에서 상사점으로 바뀔 때 발생하는 떨림 현상으로 인해 피스톤 링의 관성력과 마찰력의 방향이 변화되면서 링 홈으로부터 가스가 누출되어 면압이 저하되는 것  
• 플러터 현상 발생 시 문제점  
– 엔진출력 저하  
– 링 및 실린더 마모 촉진  
– 열전도 저하로 피스톤 온도 상승  
– 슬러지 발생에 따른 윤활 부분에 퇴적물 침전  
– 오일소모량 증가  
– 블로 바이 가스 증가  
• 방지책  
– 피스톤 링의 장력을 증가시켜 면압 증대  
– 링의 중량을 가볍게 하여 관성력을 감소시키고, 엔드 캡 부근의 면압 분포를 증대

**12** 트랙터에서 앞바퀴를 조립할 때, 조종성이 확실하고 안정하게 하기 위해서는 앞바퀴가 옆으로 미끄러지거나 흔들려서는 안 된다. 앞바퀴는 앞쪽에서 볼 때 아래쪽이 안쪽으로 적당한 각도로 기울어지도록 설치하는데 이것을 무엇이라 하는가?

① 캠버(Camber)  
② 캐스터(Caster)  
③ 토인(Toe-in)  
④ 킹핀(Kingpin)의 각

**해설**

② 캐스터(Caster) : 차량을 옆에서 보았을 때 수직선에 대해 조향축이 앞 또는 뒤로 기운(각도) 상태  
③ 토인(Toe-in) : 자동차 바퀴를 위에서 보았을 때 앞부분이 뒷부분보다 좁아져 있는 상태를 말하며, 앞바퀴를 평행하게 회전시키고 바퀴가 옆으로 미끄러지는 것을 방지한다.  
④ 킹핀(Kingpin)의 각 : 앞바퀴를 앞쪽에서 보았을 때, 킹핀의 윗부분이 안쪽으로 경사지게 설치된 것이며, 킹핀의 축 중심과 노면에 대한 수직선이 이루는 각

**13** 파종 시 한 알 또는 여러 개를 몰아 일정한 간격으로 심는 방식은?

① 조파식  
② 산파식  
③ 점파식  
④ 확산식

**해설**

**파종방법**

• 줄뿌림(조파식) : 곡류, 채소 등의 종자를 일정 간격의 줄에 따라 연속적으로 파종  
• 점뿌림(점파식) : 옥수수, 두류 등의 종자를 1개 또는 여러 개씩 일정한 간격으로 파종  
• 흩어뿌림(산파식) : 목초, 잔디 등의 종자를 지표면에 널리 흩어 뿌리는 파종

**14** 트랙터 엔진오일에 가솔린이 섞여 있으면 오일의 색깔은?

① 우유색      ② 붉은색

③ 푸른색      ④ 검은색

해설
**기관의 오일색깔**
- 붉은색 : 가솔린 혼입
- 우유색 : 냉각수 혼입
- 검은색 : 심한 오염
- 회색 : 연소가스의 생성물 혼입

**15** 다음 중 납축전지에 넣는 전해액으로 옳은 것은?

① 묽은 염산액

② 묽은 황산액

③ 묽은 초산액

④ 절연시험

해설
전해액은 황산을 증류수로 희석시킨 무색무취의 묽은 황산이다.

**16** 축전지의 용량은 무엇에 따라 결정되는가?

① 극판의 크기, 극판의 수 및 전해액의 양

② 극판의 수, 극판의 크기 및 셀의 수

③ 극판의 수, 전해액의 비중 및 셀의 수

④ 극판의 수, 셀의 수 및 발전기의 충전능력

해설
축전지의 용량은 다음과 같은 요소에 의해서 좌우된다.
- 극판의 크기, 극판의 형상 및 극판의 수
- 전해액의 비중, 전해액의 온도 및 전해액의 양
- 격리판의 재질, 격리판의 형상 및 크기

**17** 다음 중 콤바인 예취칼날의 가장 알맞은 간격은?

① 0.01~0.05[mm]

② 0.1~0.5[mm]

③ 1~5[mm]

④ 10~15[mm]

해설
예취칼날을 조립할 때에는 칼날의 틈새를 0~0.7[mm]로 조정해야 한다.

**18** 트랙터의 브레이크 페달을 밟아도 제동이 되지 않을 때 점검사항이 아닌 것은?

① 페달 유격 조사

② 라이닝과 브레이크 드럼 간격 조사

③ 라이닝 마모 점검

④ 오일의 점도 점검

해설
**브레이크 페달을 밟아도 제동이 잘되지 않을 때**

| 원 인 | 대 책 |
|---|---|
| • 페달 유격 과다 | • 유격을 조정한다. |
| • 라이닝과 브레이크 드럼 사이의 간격 불량 | • 조정 또는 수정한다. |
| • 라이닝의 마멸 또는 소손 | • 교환한다. |

**19** 다음 중 작업환경의 구성요소로 가장 거리가 먼 것은?

① 조 명
② 소 음
③ 연 락
④ 채 광

해설
노동환경에 영향을 주는 인자로는 채광·조명, 온도, 습도, 환기, 소음, 진동, 방수, 분진, 유해가스, 피난설비 등이 있다.

**20** 지름 5[cm] 이상을 갖는 회전 중인 연삭숫돌의 파괴에 대비하여 필요한 방호장치는?

① 받침대
② 과부하 방지장치
③ 덮 개
④ 프레임

해설
**연삭숫돌의 덮개 등(산업안전보건기준에 관한 규칙 제122조)**
사업주는 회전 중인 연삭숫돌(지름이 5[cm] 이상인 것으로 한정)이 근로자에게 위험을 미칠 우려가 있는 경우에 그 부위에 덮개를 설치하여야 한다.

**21** 기관 압축압력시험 결과 규정압력보다 높을 경우 어떻게 정비해야 하는가?

① 밸브 연마
② 피스톤 링 교환
③ 실린더 라이너 교환
④ 연소실 카본 제거

해설
**압축압력 측정결과**
• 정상 : 규정압력에 대하여 90~100[%] 이내이며 각 실린더 간 압력차 10[%] 미만인 경우
• 양호 : 규정압력의 70~90[%] 또는 100~110[%] 이내인 경우
• 불 량
 – 규정압력에 대하여 10[%] 이상 초과 시 : 연소실 내의 카본 퇴적에 의한 압력 상승
 – 규정압력에 대하여 70[%] 미만 시 : 기관의 해체정비를 요하는 경우
 – 습식 압축압력 측정 시 압축압력의 뚜렷한 상승 시 : 실린더 벽 및 피스톤 링의 마멸 상태
 – 규정값보다 낮고 습식시험에서도 압력이 상승하지 않을 시 : 밸브 밀착 불량
 – 인접 실린더의 압축압력이 비슷하게 낮고 습식시험을 하여도 압력이 상승하지 않을 시 : 헤드 개스킷 불량 또는 실린더 헤드 변형 상태

**22** 다음 그림에서 합성저항 $R$의 크기는?

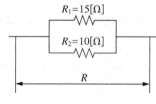

$R_1 = 15[\Omega]$
$R_2 = 10[\Omega]$
$R$

① 6[Ω]  ② 10[Ω]
③ 12[Ω]  ④ 15[Ω]

해설
$$R = \frac{1}{\frac{1}{15} + \frac{1}{10}} = 6[\Omega]$$

**23** 다음 중 축전지 전해액의 액량은 극판 위 몇 [mm]가 적당하며, 부족 시 보충액으로 적합한 것은?

① 극판 위 13~15[mm], 액이 부족할 시 전해액 보충
② 극판 위 13~15[mm], 액이 부족할 시 묽은 황산 보충
③ 극판 위 10~13[mm], 액이 부족할 시 질산 보충
④ 극판 위 10~13[mm], 액이 부족할 시 증류수 보충

해설
조 충
• 증류수 및 전해액을 보충해 주는 것이다.
• 조충량 : 극판보다 10~13[mm] 높게 보충한다.
• 조충이 부족하면 양극판이 노출되어 부식을 초래한다.

**24** 다음 고압가스용기 중 수소가스용기의 색깔은?

① 녹 색          ② 주황색
③ 백 색          ④ 갈 색

해설
각종 가스용기의 도색 구분(고압가스 안전관리법 시행규칙 별표 24)

| 가스의 종류 | 도색 구분 | 가스의 종류 | 도색 구분 |
|---|---|---|---|
| 산 소 | 녹 색 | 아세틸렌 | 황 색 |
| 수 소 | 주황색 | 액화 염소 | 갈 색 |
| 액화 탄산가스 | 청 색 | 액화 암모니아 | 백 색 |
| LPG (액화 석유가스) | 밝은 회색 | 그밖의 가스 | 회 색 |

**25** 4사이클 4기통 기관의 점화순서가 1-3-4-2이다. 4번 실린더가 압축행정을 하고 있을 때, 다음 중 맞는 것은?

① 2번 실린더 배기행정
② 2번 실린더 흡입행정
③ 3번 실린더 배기행정
④ 3번 실린더 흡입행정

해설
• 원을 그린 후 4등분하여 흡입, 압축, 폭발(동력), 배기를 시계방향으로 적는다.
• 주어진 보기에 4번이 압축이라고 했으므로 압축에 4번을 적고, 점화 순서를 시계 반대방향으로 적는다. 즉, 압축(4)-흡입(2)-배기(1)-폭발(3)이므로 2번 실린더는 흡입행정이다.

[4실린더 엔진 점화순서와 행정]

**26** 물의 운동에너지를 압력에너지로 변화시키기 위해 원심펌프의 일종인 터빈펌프에 설치되어 있는 것은?

① 풋밸브          ② 임펠러
③ 라이너 링        ④ 안내날개

해설
터빈펌프
안내날개가 있어 임펠러 회전운동 시 물을 일정하게 유도하여 속도에너지를 효과적으로 압력에너지로 변환시킬 수 있다. 즉, 안내날개로 인하여 난류가 생기는 것을 감소시키므로 물의 압력이 증가한다. 따라서 터빈펌프는 저유량, 고양정 펌프의 특성을 가진다.

**27** 가솔린기관의 노크의 원인으로 옳지 않은 것은?

① 혼합비가 희박할 경우

② 엔진에 과부하가 걸렸을 경우

③ 점화시기가 느릴 경우

④ 엔진이 과열되었을 경우

> **해설**
> ③ 점화시기가 빠를 경우이다.

**28** 트랙터의 전기장치 중 교류발전기의 부품이 아닌 것은?

① 예열 플러그  ② 브러시

③ 회전자  ④ 스테이터

> **해설**
> 3상 교류발전기는 고정자(스테이터), 회전자(로터), 정류 다이오드, 브러시 등으로 구성되어 있다.

**29** 다음 상해의 발생형태 중 사람이 평면상으로 넘어지는 것을 무엇이라고 하는가?

① 추 락  ② 전 도

③ 비 래  ④ 붕 괴

> **해설**
> **재해형태별 분류**
> • 전도 : 사람이 평면상으로 넘어진 경우
> • 협착 : 물건에 끼워진 상태, 말려든 상태
> • 추락 : 높은 곳에서 떨어지거나 계단 등에서 굴러 떨어지는 경우
> • 충돌 : 사람이 정지물에 부딪친 경우
> • 낙하 : 떨어지는 물체에 맞는 경우
> • 비래 : 날아온 물체에 맞는 경우
> • 붕괴, 도괴 : 적재물, 비계, 건축물이 무너지는 경우
> • 절단 : 장치, 구조물 등이 잘려 분리되는 경우
> • 과다동작 : 무거운 물건을 들거나 몸을 비틀어 작업하는 경우
> • 감전 : 전기에 접촉하거나 방전 때문에 충격을 받는 경우
> • 폭발 : 압력이 갑자기 증대하거나 개방되어 폭음을 일으키며 터지는 경우
> • 파열 : 용기나 방비가 외력에 의해 부서지는 경우
> • 화재 : 불이 난 경우

**30** 디젤기관과 가솔린기관을 비교하였을 때 옳은 것은?

① 디젤기관의 압축비가 더 낮다.

② 가솔린기관의 소음이 더 심하다.

③ 디젤기관의 열효율이 더 높다.

④ 같은 출력일 때 가솔린기관이 더 무겁다.

> **해설**
> **디젤엔진과 가솔린엔진의 비교**
>
> | 항 목 | 디젤엔진 | 가솔린엔진 |
> |---|---|---|
> | 압축비 | 16~23 : 1(공기만) | 7~10 : 1(혼합기) |
> | 열효율 | 32~38[%] | 25~32[%] |
> | 출력당 중량 | 5~8[kg/cm$^2$] | 3.5~4[kg/cm$^2$] |
> | 장 점 | • 연료소비율이 작고 열효율이 높다.<br>• 연료의 인화점이 높아서 화재의 위험성이 적다.<br>• 전기점화장치가 없어 고장률이 낮다.<br>• 저질연료를 쓰므로 연료비가 싸다.<br>• 배기가스는 유독성이 적다. | • 회전수를 많이 높일 수 있다.<br>• 마력당 무게가 작다.<br>• 진동, 소음이 적다.<br>• 시동이 용이하다.<br>• 보수와 정비가 용이하며 부속품 값이 싸다. |

**31** 다음 건조기 중 빈(Bin)이라고 불리는 용기에 곡물을 채우고, 구멍이 많이 뚫린 철판 밑으로부터 곡물이 변질되지 않을 정도의 소량의 공기를 통풍시켜 저장하면서 서서히 건조시키는 것은?

① 열풍 건조기  ② 입형 건조기

③ 평형 건조기  ④ 저장형 건조기

> **해설**
> **원형 빈(Bin) 건조기**
> 곡물을 철판으로 만든 원통형의 빈(Bin)에 채우고, 송풍기가 외부의 공기를 빈 내의 곡물 층 사이로 불어 넣음으로써 건조가 이루어진다. 이때 외부의 공기가 건조하기에 좋은 상태이면 가열하지 않고 그대로 상온 통풍 건조방식으로 사용하고, 온도가 낮고 습도가 높으면 가열한 공기를 불어 넣어 건조한다. 빈 내의 곡물을 균일하게 건조시키기 위해서 빈 내의 곡물을 순환시키는 것과 상하로 섞어 주는 것이 있다.

**32** 다음 중 화재의 분류가 바르게 짝지어진 것은?

① B급 화재 : 전기화재

② C급 화재 : 가연성 금속화재

③ A급 화재 : 일반 가연물화재

④ D급 화재 : 유류화재

**해설**
**화재의 종류**
- A급 : 일반화재
- B급 : 유류화재
- C급 : 전기화재
- D급 : 금속화재

**33** 소음작업이란 하루 8시간 작업을 기준으로 몇 [dB] 이상의 소음이 발생하는 작업인가?

① 75[dB]      ② 85[dB]

③ 95[dB]      ④ 105[dB]

**해설**
**소음작업의 정의(산업안전보건기준에 관한 규칙 제512조)**
- 소음작업 : 1일 8시간 작업을 기준으로 85[dB] 이상의 소음이 발생하는 작업
- 강렬한 소음작업
  - 90[dB] 이상의 소음이 1일 8시간 이상 발생하는 작업
  - 95[dB] 이상의 소음이 1일 4시간 이상 발생하는 작업
  - 100[dB] 이상의 소음이 1일 2시간 이상 발생하는 작업
  - 105[dB] 이상의 소음이 1일 1시간 이상 발생하는 작업
  - 110[dB] 이상의 소음이 1일 30분 이상 발생하는 작업
  - 115[dB] 이상의 소음이 1일 15분 이상 발생하는 작업
- 충격소음작업 : 소음이 1초 이상의 간격으로 발생하는 작업
  - 120[dB]을 초과하는 소음이 1일 1만회 이상 발생하는 작업
  - 130[dB]을 초과하는 소음이 1일 1천회 이상 발생하는 작업
  - 140[dB]을 초과하는 소음이 1일 1백회 이상 발생하는 작업

**34** 콤바인의 급치와 수망의 간극이 기준치 이상 넓어졌을 때 나타나는 현상은?

① 미탈곡으로 인한 손실 증가

② 낟알 손상 증가

③ 수망 손상 증가

④ 급치 손상 증가

**해설**
수망과 급치의 간격이 넓으면 벼알이 잘 털리지 않아 손실이 생기고, 간격이 좁으면 탈곡실이 막히거나 벼알이 부서지게 된다.

**35** 원판 플라우 작업의 토양조건으로 적합한 것으로 옳지 않은 것은?

① 점성이 크고 경반이 얕은 토양

② 돌이나 뿌리가 적은 부드러운 토양

③ 깊이갈이가 필요한 토양

④ 건조하고 단단한 토양

**해설**
**원판 플라우 작업에 적합한 토양조건**
- 심경이 필요한 토양
- 점성이 크고 경반이 얕은 토양
- 거칠고 돌이나 뿌리가 많은 토양
- 보습으로는 토양 침투가 어려운 건조하고 단단한 토양
- 쟁기로는 반전이 매우 어려운 부식토양이나 잔류물이 많은 토양

**36** 다목적 관리기 점화플러그는 수시로 분해하여 전극 부위의 그을음을 청소하고, 간격을 점검하여야 한다. 다음 중 다목적 관리기의 점화플러그 간극으로 옳은 것은?

① 0.01~0.02[mm]

② 0.1~0.2[mm]

③ 0.3~0.4[mm]

④ 0.6~0.8[mm]

**37** 다음 중 수공구의 안전사고 예방과 관계없는 것은?

① 수공구의 성능을 잘 알고 규정된 공구를 사용한다.

② 급유상태를 확인한다.

③ 높은 장소에서 작업할 때는 안전감시자를 두고 위험을 타인에게 알려야 한다.

④ 사용 후 점검·정비하여 소정의 장소에 개수를 파악하여 보관한다.

해설
②번은 안전사고 예방과 관련이 없다.

**38** 납 축전지의 특징으로 옳지 않은 것은?

① 용량[Ah]당 단가가 높다.

② 전해액의 비중으로 충·방전의 상태를 알 수 있다.

③ 양극 터미널이 음극 터미널보다 굵다.

④ 충·방전 전압 차이가 작다.

해설
① 용량[Ah]당 단가가 낮다.

**39** 와이어로프의 사용금지 기준으로 옳지 않은 것은?

① 심하게 변형되거나 부식된 것

② 이음매가 있는 것

③ 지름의 감소가 공칭지름의 4[%]를 초과하는 것

④ 꼬인 것

해설
**와이어로프 사용금지 기준(산업안전보건기준에 관한 규칙 제63조)**
• 이음매가 있는 것
• 와이어로프의 한 꼬임[스트랜드(Strand)를 말한다]에서 끊어진 소선(素線)[필러(Pillar)선은 제외)]의 수가 10[%] 이상(비자전로프의 경우에는 끊어진 소선의 수가 와이어로프 호칭지름의 6배 길이 이내에서 4개 이상이거나 호칭지름 30배 길이 이내에서 8개 이상)인 것
• 지름의 감소가 공칭지름의 7[%]를 초과하는 것
• 꼬인 것
• 심하게 변형되거나 부식된 것
• 열과 전기충격에 의해 손상된 것

**40** 다음 중 로터리의 경운날 조립형태에 대한 설명으로 틀린 것은?

① 경운날은 보통형, 작두형과 L자형 등이 있다.

② 경운날은 왼쪽 날과 오른쪽 날로 구분된다.

③ 플랜지 형태의 경운날 조립은 플랜지의 좌측에만 조립한다.

④ 경운날의 전체적인 조립유형은 나선형 방향으로 되어 있다.

해설
왼쪽 플랜지의 끝에서 흐름방향으로 각 플랜지 왼쪽 날을 부착한 다음 오른쪽 날을 조립한다.

**41** 변압기의 1차 권수가 120회, 2차 권수가 480회일 때, 2차 측의 전압이 100[V]이면 1차 측의 전압은 몇 [V]인가?

① 15　　　　　　② 25

③ 50　　　　　　④ 100

**해설**
$120 : 480 = x : 100$
$480x = 120 \times 100$
$\therefore x = 25[V]$

**42** 피스톤과 크랭크축을 연결한 기관으로 피스톤이 받은 에너지를 크랭크축에 전달해 주는 장비는?

① 플라이휠　　　② 캠 축
③ 실린더　　　　④ 커넥팅 로드

**43** 트랙터기관 윤활장치에서 유압이 낮아지는 원인이 아닌 것은?

① 오일라인이 파손되었을 때
② 베어링의 오일 간극이 클 때
③ 유압조절밸브 스프링 장력이 강할 때
④ 윤활유의 점도가 낮을 때

**해설**
**엔진오일 유압이 낮아지는 원인**
• 유압조절밸브의 스프링 장력이 약할 때
• 오일펌프가 마모되었을 때
• 오일펌프의 흡입구가 막혔을 때
• 유압조절밸브의 밀착이 불량할 때
• 오일라인이 파손되었을 때
• 마찰부의 베어링 간극이 클 때
• 오일 점도가 너무 떨어졌을 때
• 오일라인에 공기가 유입되거나 베이퍼 로크 현상이 발생했을 때
• 오일펌프의 개스킷이 파손되었을 때

**44** 다음 중 3상 유도전동기의 출력을 나타내는 식으로 옳은 것은?

① $\sqrt{3}/1{,}000 \times$ 전압 × 저항 × 역률 × 효율
② $\sqrt{3}/1{,}000 \times$ 전류 × 저항 × 역률 × 효율
③ $\sqrt{3}/1{,}000 \times$ 전압 × 전류 × 역률 × 효율
④ $\sqrt{3}/1{,}000 \times$ 전력 × 저항 × 역률 × 효율

**해설**
**출 력**
• 단상 유도전동기의 출력 : 출력[kW] = 전압 × 전류 × 역률 × 효율
• 3상 유도전동기의 출력 : 출력[kW] = $\sqrt{3}/1{,}000 \times$ 전압 × 전류 × 역률 × 효율
• 직류전동기의 입력과 출력을 직접 측정하는 효율(실측효율) : 효율 = 출력/입력 × 100[%]

**45** 직류전동기의 종류로 옳지 않은 것은?

① 타여자전동기
② 권선형 유도전동기
③ 분권전동기
④ 직권전동기

**해설**
**직류전동기의 종류**
• 직권전동기
• 분권전동기
• 복권전동기
• 타여자전동기

**46** 전자유도 현상에 의해서 코일에 생기는 유도기전력의 방향을 나타내는 법칙은?

① 렌츠의 법칙  ② 키르히호프의 법칙

③ 쿨롱의 법칙  ④ 뉴턴의 법칙

**렌츠의 법칙**
유도기전력은 자신의 발생 원인이 되는 자속의 변화를 방해하려는 방향으로 발생한다.

**47** 농업기계 안전점검의 종류로 가장 거리가 먼 것은?

① 특별점검  ② 정기점검

③ 수시점검  ④ 별도점검

① 특별점검 : 기계·기구 또는 설비의 신설·변경 또는 고장수리 등으로 비정기적인 특정 점검을 말하며 기술책임자가 실시한다.
② 정기점검 : 계획점검, 일정 시간마다 정기적으로 실시하는 점검으로 법적 기준 또는 사내 안전규정에 따라 해당 책임자가 실시하는 점검
③ 수시점검 : 일상점검, 매일 작업 전, 작업 또는 작업 후에 일상적으로 실시하는 점검을 말하며 작업자, 작업책임자, 관리감독자가 실시하고 사업주의 안전순찰도 넓은 의미에서 포함된다.

**48** 해머 사용 시 주의사항이 아닌 것은?

① 쐐기를 박아서 자루가 단단한 것을 사용한다.
② 기름이 묻은 손으로 자루를 잡지 않는다.
③ 타격면이 닳아 경사진 것은 사용하지 않는다.
④ 처음에는 크게 휘두르고, 차차 작게 휘두른다.

처음부터 크게 휘두르지 말고 목표에 잘 맞게 시작한 후 차차 크게 휘두른다.

**49** 다음 중 엔진이 고속으로 회전할 때 밸브의 작동횟수와 밸브스프링의 고유진동수가 공진하면서 밸브스프링이 캠의 작동과 상관없이 진동을 일으키는 현상을 의미하는 용어는?

① 밸브 오버 랩(Valve Overlap)

② 블로 다운(Blow Down)

③ 베이퍼 로크(Vapor Lock)

④ 밸브 서징(Valve Surging)

① 밸브 오버 랩(Valve Overlap) : 가스흐름의 관성을 유효하게 이용하기 위하여 흡·배기밸브를 동시에 열어주는 시기를 의미
② 블로 다운(Blow Down) : 2행정 기관에서 배기행정 초기에 배기가스가 자체 압력으로 배출되는 현상
③ 베이퍼 로크(Vapor Lock) : 연료파이프나 연료펌프에서 가솔린이 증발해서 유압식 브레이크 등의 장치에 문제를 일으키는 현상

**50** 수랭식 냉각장치의 냉각수의 흐름으로 옳은 것은?

① 실린더 블록 → 수온조절기(정온기) → 실린더 헤드 → 라디에이터 하부호스 → 라디에이터 코어 → 라디에이터 상부호스 → 워터 펌프 → 실린더 블록

② 실린더 블록 → 실린더 헤드 → 수온조절기(정온기) → 라디에이터 상부호스 → 라디에이터 코어 → 라디에이터 하부호스 → 워터 펌프 → 실린더 블록

③ 실린더 블록 → 실린더 헤드 → 워터 펌프 → 라디에이터 상부호스 → 라디에이터 코어 → 라디에이터 하부호스 → 수온조절기(정온기) → 실린더 블록

④ 실린더 블록 → 수온조절기(정온기) → 라디에이터 상부호스 → 실린더 헤드 → 라디에이터 코어 → 라디에이터 하부호스 → 워터 펌프 → 실린더 블록

**51** 잇수가 15개인 기어가 75개인 기어를 구동한다. 구동기어의 회전수가 2,000[rpm]이라면 피동기어의 회전수는 몇 [rpm]인가?

① 100[rpm]  ② 200[rpm]
③ 300[rpm]  ④ 400[rpm]

**해설**

$$기어의 구동비 = \frac{피동기어의 회전수}{구동기어의 회전수} = \frac{구동기어의 잇수}{피동기어의 잇수}$$

$$= \frac{피동기어의 회전수}{2,000} = \frac{15}{75}$$

$$∴ 피동기어의 회전수 = \frac{15 \times 2,000}{75} = 400[rpm]$$

**52** 다음 중 재해율 산정에 있어 강도율의 일반적인 산출 공식은?

① 강도율 = (근로손실일수 / 연근로시간수) × 1,000
② 강도율 = (연근로시간수 × 근로손실일수) × 1,000
③ 강도율 = (연근로시간수 / 근로손실일수) × 1,000
④ 강도율 = (근로손실일수 × 연근로시간수) / 1,000

**53** 연소의 3요소에 해당되지 않는 것은?

① 가연물
② 연쇄반응
③ 열 또는 점화원
④ 산 소

**해설**

**연소의 3요소** : 가연물(연료), 점화원, 산소(공기)

**54** 아날로그형 회로시험기로 직류 전류를 측정하는 경우이다. 틀린 것은?

① 전압 측정과는 달리 직렬접속한다.
② 회로상의 측정은 시험점을 끊고 측정한다.
③ 적색 리드는 (+), 흑색 리드는(−)에 접속한다.
④ 측정전류의 크기에 따라 측정 레인지를 변화시킬 필요가 없다.

**해설**

아날로그 및 디지털 멀티테스터를 사용하여 전류를 측정하고자 할 때에는 측정 레인지를 DC mA나 DC A로 선택하여야 한다.

**55** 다음 중 자탈형 콤바인의 구성요소가 아닌 것은?

① 예취부
② 전처리부
③ 반송부
④ 제현부

**해설**

구성은 전처리부, 예취부, 반송부, 탈곡부, 선별부, 곡물처리부, 짚처리부, 자동제어장치 및 안전장치 등으로 되어 있다.

**56** 조파용 파종기에서 구절기가 하는 일은?

① 배출장치에서 나온 종자를 지면까지 유도한다.
② 파종된 종자를 덮고, 눌러 주는 장치이다.
③ 적당한 깊이의 파종 골을 만든다.
④ 일정량의 종자를 배출하는 장치이다.

해설
①은 종자관, ②는 복토진압장치, ④는 종자배출장치를 말한다.

**57** 엔진의 회전속도가 균일하지 않은 것은 어느 부품의 고장인가?

① 점화코일          ② 마그넷
③ 기화기            ④ 조속기

해설
조속기(거버너, Governor)
제어래크와 직결되어 있으며 기관의 회전속도와 부하에 따라 자동으로 제어래크를 움직여 분사량을 조정한다.

**58** 다음 중 플라우의 이체 구성에 해당되지 않는 것은?

① 보습(Share)
② 몰드보드(Mold Board)
③ 바닥쇠(Landside)
④ 콜터(Coulter)

해설
이체 : 흙을 직접 절단, 파쇄 및 반전시키는 작업부로 보습(Share), 볏(Mold Board), 지측판(바닥쇠, Landside)의 세 가지 주요부로 구성된다.

**59** 중량물의 기계운반작업에서 체인블록을 사용할 때 주의사항이다. 옳지 않은 것은?

① 폐기의 한도는 연신율 25[%]이다.
② 앵커 체인의 기준에 준한 체인을 사용한다.
③ 균열이 있는 것은 사용하지 않는다.
④ 외부검사를 잘하여 변형마모 손상을 점검한다.

해설
훅의 입구(Hook Mouth) 간격이 제조자가 제공하는 제품사양서 기준으로 10[%] 이상 벌어진 것은 폐기한다.

**60** 하인리히의 도미노이론에 의한 사고 발생 5단계에 해당되지 않는 것은?

① 사 고
② 재 해
③ 주위환경
④ 사회적·유전적 요소

해설
하인리히 재해사고 발생 5단계
• 사회적 환경 및 유전적 요소(선천적 결함)
• 개인적인 결함(인간의 결함)
• 불안전한 행동 및 불안전한 상태(물리적·기계적 위험)
• 사고(화재나 폭발, 유해물질 노출 발생)
• 재해(사고로 인한 인명·재산 피해)

## 01 피스톤 간극에 관한 설명으로 옳은 것은?

① 피스톤 간극은 압축압력, 전체 출력과 관계없다.
② 피스톤 간극이 크면 압축압력이 증가한다.
③ 피스톤 간극이 작으면 마멸이 발생할 수 있다.
④ 피스톤 간극이 커도 교환하지 않는다.

**해설**
피스톤 간극이 작으면 피스톤이 실린더 벽과 접촉하여 마찰열이 발생하므로 소손되기 쉽다.

## 02 조파기에서 파종골을 만드는 장치는?

① 진압바퀴          ② 종자판
③ 배종장치          ④ 구절기

**해설**
**조파기의 구조**
• 종자통 : 종자를 넣는 통이다.
• 종자배출장치 : 일정량의 종자를 배출하는 장치이다.
• 종자관 : 배출장치에서 나온 종자를 지면(고랑)까지 유도한다.
• 구절기 : 적당한 깊이의 파종골(고랑)을 만든다.
• 복토진압장치 : 파종된 종자를 덮고(복토), 눌러(진압) 주는 장치로 복토기와 진압바퀴 등으로 구성된다.

## 03 동력 경운기에서 변속기에 윤활유 없이 주행했을 때 발생할 수 있는 고장이 아닌 것은?

① 베어링과 기어류가 과열된다.
② 변속기 회전력이 증가한다.
③ 주행이 점차 어려워진다.
④ 소음이 크게 발생한다.

## 04 트랙터의 차동잠금장치를 사용할 농경지로 가장 적당한 것은?

① 바퀴 침하가 심하지 않은 농경지
② 습지와 같이 토양의 추진력이 약한 농경지
③ 차륜 슬립이 심하지 않은 농경지
④ 가뭄으로 인한 건답 농경지

**해설**
**차동잠금장치**
차동장치의 작동을 중지시켜 두 바퀴가 똑같이 회전하도록 하여 구동력을 전달하는 장치로, 습지와 같이 토양의 추진력이 약한 곳이나 차륜의 슬립이 심한 곳에서 사용한다.

## 05 크랭크축의 휨을 알기 위해 V블록과 다이얼 인디케이터로 측정한 후 다이얼 게이지의 지침을 확인했더니 0.24[mm]였다면, 실제 휨은?

① 0.06[mm]          ② 0.12[mm]
③ 0.24[mm]          ④ 0.48[mm]

**해설**
$0.24 \div 2 = 0.12$[mm]
**휨 점검**
크랭크축 앞뒤 메인 저널을 V블록 위에 올려놓고 다이얼 게이지의 스핀들을 중앙 메인 저널에 설치한 후 천천히 크랭크축을 회전시키면서 다이얼 게이지의 눈금을 읽는다. 이때 최댓값과 최솟값 차의 1/2이 크랭크축 휨값이다.

**06** 디젤연료의 착화촉매제가 아닌 것은?

① 아초산아밀　　② 초산에틸

③ 글리세린　　　④ 질산에틸

**해설**

**디젤연료의 발화촉진제** : 질산에틸, 초산에틸, 아초산에틸, 초산아밀, 아초산아밀 등의 $NO_2$ 또는 $NO_3$기의 화합물을 사용한다.

**07** 부상으로 1일 이상 14일 미만의 노동손실이 초래된 상해는?

① 경상해　　　② 경미상해

③ 중상해　　　④ 초경미상해

**해설**

**산업재해의 분류상 사고와 부상의 종류**

• 중상해 : 부상으로 인하여 2주 이상의 노동손실을 가져온 상해 정도
• 경상해 : 부상으로 인하여 1일 이상 14일 미만의 노동손실을 가져온 상해 정도
• 경미상해 : 부상으로 8시간 이하의 휴무 또는 작업에 종사하면서 치료를 받는 상해 정도

**08** 회전작업 중 연삭기 숫돌이 깨질 우려가 있을 때 알맞은 조치방법은?

① 회전방지장치를 설치한다.
② 복개장치를 설치한다.
③ 역회전장치를 설치한다.
④ 반발예방장치를 설치한다.

**해설**

숫돌이 깨졌을 때 그 조각이 튀어나오는 것을 방지하기 위해서 복개장치(덮개)를 설치한다.

**09** 방진마스크의 구비조건으로 적절하지 않은 것은?

① 안면 밀착성이 좋을 것
② 여과 효율이 좋을 것
③ 시야가 좁을 것
④ 중량이 가벼울 것

**해설**

**방진마스크의 구비조건**

• 여과 효율이 좋을 것
• 흡배기 저항이 작을 것
• 사용적(유효 공간)이 작을 것
• 중량이 가벼울 것
• 시야가 넓을 것(하방 시야 60° 이상)
• 안면 밀착성이 좋을 것
• 피부 접촉 부위의 고무 질이 좋을 것
• 사용 후 손질이 간단할 것

**10** 발화원이 될 수 없는 것은?

① 못을 박을 때 튀는 불꽃
② 기화열
③ 전기불꽃
④ 정전기

**해설**

**점화원이 될 수 없는 것** : 기화열, 융해열, 흡착열 등

**11** 그라인더 작업 시 주의사항으로 틀린 것은?

① 회전속도는 규정속도 이하로 한다.
② 좋은 가공면을 얻기 위해 숫돌의 측면을 사용한다.
③ 작업할 때는 반드시 보안경을 착용한다.
④ 작업 중 진동이 심하면 즉시 작업을 중지한다.

**해설**
② 사업주는 측면을 사용하는 것을 목적으로 하지 않는 연삭숫돌을 사용하는 경우 측면을 사용하도록 해서는 아니 된다(산업안전보건기준에 관한 규칙 제122조).

**12** 트랙터 기관 윤활장치에서 유압이 낮아지는 원인이 아닌 것은?

① 유압조절밸브의 스프링 장력이 약할 때
② 윤활유의 점도가 낮을 때
③ 유압조절밸브의 밀착이 불량할 때
④ 유압회로의 일부가 막혔을 때

**해설**
엔진오일 유압이 낮아지는 원인
• 오일펌프가 마모되었을 때
• 오일펌프의 흡입구가 막혔을 때
• 유압조절밸브의 밀착이 불량할 때
• 유압조절밸브의 스프링 장력이 약할 때
• 오일라인이 파손되었을 때
• 마찰부의 베어링 간극이 클 때
• 오일 점도가 너무 떨어졌을 때
• 오일라인에 공기가 유입되거나 베이퍼 로크 현상이 발생했을 때
• 오일펌프의 개스킷이 파손되었을 때

**13** 동력 경운기의 작업조건에 따른 윤거(Tread) 조절 방법이 아닌 것은?

① 차륜의 허브로 차축을 섭동하는 방법
② 조향 클러치의 스프링을 교체하는 방법
③ 조절 칼라를 차축에 교체하는 방법
④ 좌우 차륜을 서로 교체하는 방법

**14** 퓨즈에 과전류가 흐르면 발생하는 현상은?

① 연결이 나빠진다.
② 아무 변화가 없다.
③ 연결부가 끊어진다.
④ 연결이 좋아진다.

**해설**
퓨즈는 전기장치에 과전류가 흐르면 끊어져서 전기를 차단하여 사고를 방지하는 부품이다.

**15** 전조등의 3요소는?

① 전구, 반사경, 렌즈
② 전구, 반사경, 스위치
③ 전구, 축전기, 스위치
④ 전구, 확산기, 스위치

**해설**
전조등(헤드라이트)은 야간에 안전하게 주행하기 위해 전방을 조명하는 램프로서 렌즈, 반사경, 전구로 구성되어 있다.

**16** 다음 회로의 합성저항[Ω]은?

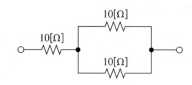

① 60         ② 45

③ 30         ④ 15

**해설**

$$R = 10 + \cfrac{1}{\cfrac{1}{10} + \cfrac{1}{10}} = 15[\Omega]$$

**17** 납 축전지의 방전 중 화학작용식을 옳게 나타낸 것은?

양극판 전해액 음극판 양극판 전해액 음극판

① $PbO_2 + 2H_2SO_4 + Pb \rightarrow PbSO_4 + 2H_2O + PbSO_4$

② $PbO_2 + 3H_2SO_4 + Pb \rightarrow PbSO_4 + 2H_2O + PbSO_4$

③ $PbO_2 + 2H_2SO_4 + Pb \rightarrow PbSO_4 + 3H_2O + PbSO_4$

④ $PbO_2 + 3H_2SO_4 + Pb \rightarrow PbSO_4 + 3H_2O + PbSO_4$

**해설**

**방전 중의 화학작용**

| 양극판 | 전해액 | 음극판 | 양극판 | 전해액 | 음극판 |
|---|---|---|---|---|---|
| $PbO_2$ | + $2H_2SO_4$ + | Pb | → $PbSO_4$ + | $2H_2O$ + | $PbSO_4$ |
| 과산화납 | 묽은 황산 | 해면상납 | 황산납 | 물 | 황산납 |

**18** 코일에 흐르는 전류를 변화시키면 코일에 그 변화를 방해하는 방향으로 기전력이 발생되는 작용은?

① 상호유도작용      ② 정전작용

③ 전자유도작용      ④ 승압작용

**해설**

• 상호유도작용 : 두 코일을 가까이하여 한쪽 코일의 전력을 다른 쪽 코일에 전달하는 작용
• 승압작용 : 전압을 높이는 작용

**19** 시동전동기가 작동하지 않는 이유가 아닌 것은?

① 시동전동기의 스위치가 불량이다.

② 시동전동기의 피니언이 링 기어에 물렸다.

③ 축전지가 방전되었다.

④ 기화기에 연료가 꽉 차 있다.

**해설**

**전동기가 기동하지 않는 이유**
• 터미널의 이완
• 단선, 과부하
• 커넥션의 접촉 불량
• 축전지의 방전
• 전동기의 스위치 불량
• 전동기의 피니언이 링 기어에 물림, 베어링 이상

**20** 근로시간 1,000시간당의 재해로 인하여 손실된 근로손실일수를 나타낸 것은?

① 연천인율      ② 천인율

③ 강도율      ④ 도수율

**해설**

$$강도율 = \frac{근로손실일수}{연간 총근로시간} \times 1,000$$

**21** 트랙터 앞바퀴 정렬과 거리가 먼 것은?

① 캠버 측정

② 킹핀 경사각 측정

③ 토인 측정

④ 핸들의 상하 유동 측정

**해설**
트랙터 앞바퀴 정렬은 토인, 캠버, 캐스터, 킹핀 경사각으로 이루어진다.

**22** 트랙터의 배터리 전압으로 20[V]가 필요할 때 5[V] 배터리 4개를 연결시키는 방법은?

① 직렬연결

② 직병렬연결

③ 병렬연결

④ 좌우 병렬연결

**해설**
배터리 4개를 직렬로 연결하면 전압이 4배가 되고, 병렬로 연결하면 용량이 4배가 된다.

**23** 트랙터 유압펌프에 주로 사용되는 것은?

① 기어펌프

② 진공펌프

③ 피스톤펌프

④ 플런저펌프

**해설**
유압펌프는 유압실린더에 고압의 오일을 공급하여 유압을 발생시키는 장치로 기관에 의해 작동한다. 트랙터에는 기어펌프가 널리 사용된다.

**24** 모든 작업자가 안전업무에 직접 참여하고, 안전에 관한 지식·기술 등의 개발이 가능하며, 안전업무의 지시 전달이 신속·정확하고, 1,000명 이상의 기업에 적용되는 안전관리의 조직은?

① 직계식 조직

② 수평식 조직

③ 참모식 조직

④ 직계·참모식 조직

**해설**
안전관리의 조직 형태
• 직계형 : 안전관리 업무담당자가 없고, 모든 안전관리 업무가 생산라인을 따라 이루어지며, 안전에 관한 전문지식 및 기술 축적이 없고, 100명 내외의 종업원을 가진 소규모 기업에서 채택하는 형태이다.
• 참모형 : 500~1,000명인 사업체에 적용하는 형태이다.
• 직계·참모형(복합형) : 직계형과 참모형의 혼합형으로 안전보건 업무를 전담하는 참모진을 별도로 두고, 생산라인에는 그 부서의 장으로 하여금 계획된 생산라인의 안전관리조직을 통해서 시행하게 하는 방식이다. 1,000명 이상인 대기업에 적용하는 형태이다.

**25** 동력 살분무기를 사용할 때의 안전사항으로 틀린 것은?

① 시동로프를 당겨 시동할 때 뒤에 사람이 있는지 확인할 것

② 방독마스크를 착용할 것

③ 농약을 살포할 때는 항상 바람을 안고 작업할 것

④ 손이 과열된 엔진에 닿아 화상을 입지 않게 주의할 것

**해설**
농약을 살포할 때는 바람을 등진다.

**26** 직류 직권전동기의 설명으로 틀린 것은?

① 회전력이 클 때 회전속도가 작다.

② 회전속도의 변화가 비교적 작다.

③ 기동회전력이 크다.

④ 회전력은 전기자전류와 계자의 세기와의 곱에 비례한다.

**해설**
직권전동기의 회전속도는 전동기에 걸리는 부하가 클수록 낮아지고 작아질수록 높아지며, 무부하가 되면 무한대가 된다.

**27** 피스톤 행정이 160[mm]이고, 회전수가 1,600[rpm]인 기관에서 피스톤의 평균속도는?

① 8.53[m/sec]

② 7.53[m/sec]

③ 5.27[m/sec]

④ 4.27[m/sec]

**해설**
$$V_m = \frac{2nl}{60} \, [\text{m/sec}]$$
$$= \frac{2 \times 1,600 \times 0.160}{60} \fallingdotseq 8.53 \, [\text{m/sec}]$$
여기서, $V_m$ : 피스톤의 평균속도
$\quad\quad n$ : 회전수
$\quad\quad l$ : 피스톤 행정[m]

**28** 디젤기관의 노크 발생을 억제하는 성질과 가장 관계가 깊은 것은?

① 옥테인값

② 세테인값

③ 기화성

④ 점 성

**해설**
세테인값(세탄가)은 디젤 노크에 견디는 성질(착화성)을 나타내는 척도이고, 옥테인값(옥탄가)은 가솔린 노크에 견디는 성질을 나타내는 척도이다.

**29** 점화플러그에 요구되는 특징이 아닌 것은?

① 사용조건의 변화에 따른 오손, 과열, 소손 등에 견뎌야 한다.

② 고온, 고압에 충분히 견뎌야 한다.

③ 고전압에 대한 충분한 도전성이 있어야 한다.

④ 급격한 온도 변화에 견뎌야 한다.

**해설**
점화플러그는 고전압에 대한 충분한 절연성이 있어야 한다.

**30** 점화플러그 시험방법이 아닌 것은?

① 기밀시험

② 단속시험

③ 절연시험

④ 불꽃시험

**해설**
점화플러그 시험에는 기밀시험, 불꽃시험, 절연시험이 있다.

**31** 가솔린기관의 기화기에서 스로틀밸브의 역할은?

① 공기의 유속을 빠르게 한다.
② 연료의 유면을 조절한다.
③ 혼합기의 양을 조절한다.
④ 산소의 양을 조절한다.

**해설**
기화기에서 스로틀밸브는 흡입되는 혼합기체의 양을 조절하여 기관의 출력을 조정한다.

**32** 농기계에서 축전지 전압이 높을 때 발전기로 흐르는 전류를 차단하고 역류를 방지하는 것은?

① 전류 조정기
② 배전기
③ 전압 조정기
④ 컷아웃 릴레이

**해설**
농기계의 직류발전기에서 역류 방지 기능을 하는 것은 컷아웃 릴레이이다.

**33** 로터리의 기능 및 구조에 대한 설명으로 틀린 것은?

① PTO에서 경운 축까지의 동력전달방식은 사이드 드라이브 방식(측방 구동식)밖에 없다.
② 경운기, 트랙터 등에 장착하여 사용한다.
③ 토양을 경운·쇄토시키는 작업기이다.
④ PTO의 동력을 이용하여 구동한다.

**해설**
PTO(동력취출장치)에서 경운 축까지의 동력전달방식에는 중앙 구동식, 측방 구동식, 분할 구동식 등이 있다.

**34** 브레이크 페달을 밟아도 제동이 잘되지 않는 원인이 아닌 것은?

① 페달 유격이 과하다.
② 라이닝이 마멸 또는 소손되었다.
③ 라이닝과 브레이크 드럼 사이의 간격이 불량하다.
④ 유압식 브레이크에서 휠 실린더 유압이 강하다.

**해설**
유압식 브레이크에서 휠 실린더의 유압이 약하면 제동이 잘되지 않는다.

**35** 트랙터의 유압장치 오일의 점검 및 조치사항으로 틀린 것은?

① 주유구 캡의 먼지를 깨끗이 닦은 다음 뚜껑을 연다.
② 기관을 작동한 후에 유압 조절 레버를 몇 번 작동해 본다.
③ 오일을 측정했을 때 오일이 적으면 필요한 만큼 보충한다.
④ 유압장치에 오일이 부족하면 엔진오일과 기어오일을 혼합하여 주입한다.

**해설**
반드시 현재 사용하고 있는 오일과 같은 종류의 오일로 보충해야 한다.

**36** 6기통 엔진에서 1-5-3-6-2-4의 점화 순서일 때 1번 실린더가 배기행정 초기이면 3번 실린더의 행정은?

① 폭발 초기　　　　② 압축 말기
③ 배기 말기　　　　④ 흡입 초기

• 원을 그린 후 4등분하여 시계방향으로 흡입, 압축, 폭발(동력), 배기를 순서대로 적는다.
• 각 행정을 다시 3칸으로 나누고 시계방향으로 초, 중, 말을 적는다.
• 1번 실린더가 배기행정 초라면 배기 칸의 초에 1번을 적은 다음 시계 반대방향으로 한 칸씩 건너뛰며 점화 순서대로 번호를 적는다.

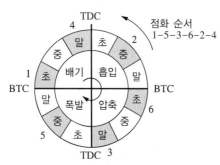

[6기통 엔진 점화 순서와 행정]

**37** 디젤기관의 실린더가 마모되지 않았고, 착화시기가 정확한데도 엔진의 출력이 떨어지는 이유로 가장 적절한 것은?

① 연접봉의 동력전달작용이 불량하다.
② 플라이휠(Flywheel)이 불량하다.
③ 크랭크케이스가 불량하다.
④ 피스톤링(Piston Ring)이 고착되었다.

차량은 일정 기간이 지나면 엔진 흡기 시스템과 연소실, 배기계통에 카본이 쌓여 차의 성능이 저하되고, 소음 및 진동이 심해진다. 특히 실린더 블록과 피스톤링 사이에 카본이 쌓이면 피스톤링이 고착되어 실린더 블록의 내벽을 심하게 마모시키며, 압축압력이 떨어져 나중에는 보링을 해야 될 수준에 이르게 된다.

**38** 단기통 디젤엔진의 연료분사시기가 2° 늦을 때 정비방법은?

① 분사펌프 설치부의 동판 0.2[mm] 1장을 빼낸다.
② 분사펌프의 플런저 스프링을 짧은 것으로 교환한다.
③ 분사펌프 설치부의 동판 2[mm] 1장을 빼낸다.
④ 분사노즐의 압력을 규정보다 높게 한다.

디젤기관의 연료분사시기를 조정하려면 연료분사펌프와 기관 몸체의 조립면에 위치한 분사시기 조정심의 두께를 조정한다. 조정심이 0.1[mm] 얇아지면 약 1° 빨라진다.

**39** 총배기량이 1,000[cc]이고, 연소실 체적이 200[cc]인 가솔린기관의 압축비는?

① 4 : 1　　　　② 6 : 1
③ 8 : 1　　　　④ 10 : 1

$$압축비(\varepsilon) = 1 + \frac{행정\ 체적}{연소실\ 체적}$$
$$= 1 + \frac{1,000}{200} = 6$$

**40** 기관 압축압력시험 결과 규정압력보다 높을 때의 정비방법은?

① 실린더 라이너를 교환한다.
② 피스톤링을 교환한다.
③ 밸브를 연마한다.
④ 연소실의 카본을 제거한다.

**압축압력 측정 결과의 이상과 원인**
• 규정압력을 10[%] 이상 초과할 때 : 연소실 내의 카본이 퇴적되어 압력이 상승했다.
• 습식 압축압력 측정 시 압축압력이 뚜렷하게 상승했을 때 : 실린더 벽 및 피스톤링이 마멸되었다.
• 규정값보다 낮고 습식시험에서도 압력이 상승하지 않을 때 : 밸브의 밀착이 불량하다.
• 인접 실린더의 압축압력이 비슷하게 낮고 습식시험을 하여도 압력이 상승하지 않을 때 : 헤드 개스킷이 불량하거나 실린더 헤드가 변형되었다.
※ 규정압력의 70[%] 미만일 때는 기관의 해체정비가 필요하다.

**41** 동력 분무기에서 약액을 흡수하지 못하여 분무작업이 곤란할 때의 고장원인이 아닌 것은?

① 흡입, 토출밸브의 고착
② 흡입호스의 막힘
③ 패킹의 마멸
④ 여수호스의 기포 발생

**약액의 흡입 불량 또는 불능의 원인과 조치사항**

| 원 인 | 조 치 |
|---|---|
| 흡입호스의 손상으로 공기 흡입 | 호스 교환 |
| 흡입밸브가 고착되어 작동 불량 | 청 소 |
| 흡입, 토출밸브 마모 | 교 환 |
| 흡입호스의 조립 불량 및 패킹 누락 | 패킹 끼운 후 재조립 |
| V패킹의 마모로 공기 흡입 | V패킹 교체 |

**42** 곡물건조기 버너의 점검내용으로 틀린 것은?

① 버너의 송풍기 날개 이상 유무 점검
② 전극봉 간격이 5~10[mm]인지를 점검
③ 노즐의 분사 상태 점검
④ 컨트롤램프의 점화램프 점등 여부 점검

**버너의 점검**
• 컨트롤램프의 점화램프에 불이 켜져 있는지 확인한다.
• 버너의 송풍기 날개가 걸리지 않는지 확인한다.
• 전극봉 간격(2~3[mm]가 정상)을 점검한다.
• 노즐의 분사 상태를 점검한다.

**43** 농용 트랙터가 언덕을 올라갈 때 주클러치가 미끄러지는 원인으로 틀린 것은?

① 클러치판에 오일이 부착됨
② 클러치판이 심하게 마모됨
③ 클러치 페달의 유격이 과대함
④ 클러치 스프링의 장력이 작음

**클러치가 미끄러지는 원인**
• 클러치 페달의 유격이 너무 작다.
• 클러치 스프링의 장력이 작다.
• 클러치 페이싱이 마모 · 소손되었거나 변질 · 경화되었다.
• 클러치 페이싱에 오일이 묻었다.
• 압력판 및 플라이휠의 마찰면이 불량하다.

**44** 기관회전력의 변동을 최소화시켜 주는 장치는?

① 스로틀밸브

② 플라이휠

③ 클러치 압력판

④ 커넥팅 로드

**플라이휠(Flywheel)**
크랭크축의 뒤쪽에 설치하는 무거운 원판형 바퀴로서 볼트로 플랜지에 고정시킨다. 플라이휠은 폭발행정에서 얻은 에너지를 흡수해 일시저장했다가 흡입, 압축, 배기행정 때 저장한 에너지를 이용해 크랭크축의 주기적인 변동을 작게 하고, 원활하게 회전하도록 하는 역할을 한다.

**45** 물의 운동에너지를 압력에너지로 변화시키기 위해 원심펌프의 일종인 터빈펌프에 설치되는 것은?

① 라이너 링

② 풋밸브

③ 임펠러

④ 안내날개

**터빈펌프와 안내날개**
안내날개는 임펠러 회전운동 시 물을 일정하게 유도하여 속도에너지를 효과적으로 압력에너지로 변환하게 한다. 즉, 안내날개 때문에 난류의 발생이 감소하여 물의 압력이 증가한다. 따라서 터빈펌프는 저유량, 고양정 펌프의 특성을 가진다.

**46** 원판 플라우의 특징이 아닌 것은?

① 동력 소모가 크다.

② 나무뿌리가 많은 경지 작업에 유리하다.

③ 마르고 단단한 땅 작업에 우수하다.

④ 원판 각도를 조절하여 여러 토양조건에서도 작업이 가능하다.

**원판 플라우 작업에 적합한 토양조건**
• 심경이 필요한 토양
• 점성이 크고 경반이 얇은 토양
• 거칠고 돌이나 뿌리가 많은 토양
• 보습으로는 토양 침투가 어려운 건조하고 단단한 토양
• 쟁기로는 반전이 매우 어려운 부식토양이나 잔류물이 많은 토양

**47** 변압기의 1차 권수가 80회, 2차 권수가 320회일 때, 2차 측의 전압이 80[V]이면 1차 측의 전압은 몇 [V]인가?

① 40 ② 20

③ 80 ④ 60

$80 : 320 = x : 80$
$320x = 80 \times 80$
$\therefore x = 20$

**48** 플레밍의 왼손법칙에서 왼손 중지가 가리키는 방향은?

① 기전력의 방향이다. ② 자기장의 방향이다.

③ 힘의 방향이다. ④ 전류의 방향이다.

**플레밍의 왼손법칙**
• 엄지는 자기장에서 받는 힘($F$)의 방향
• 검지는 자기장($B$)의 방향
• 중지는 전류($I$)의 방향

**49** 콘덴서의 역할이 아닌 것은?

① 접점이 닫혀 있을 때는 축적된 전하를 방출하여 1차 전류의 회복을 빠르게 한다.
② 1차 전류의 차단시간을 단축하여 2차 전압을 낮춘다.
③ 접점 사이의 불꽃방전을 방지한다.
④ 접점 사이에서 발생되는 불꽃을 흡수하여 접점의 소손을 막는다.

**해설**
1차 전류의 차단시간을 단축하여 2차 전압을 높인다.

**50** 광원의 광도가 20[cd]인 경우 거리가 2[m] 떨어진 곳의 조도는 몇 [lx]인가?

① 5 ② 20
③ 10 ④ 40

**해설**
$$E = \frac{I}{r^2} = \frac{20}{2^2} = 5[lx]$$
여기서, $E$ : 조도
$I$ : 광도
$r$ : 거리

**51** 점화플러그에서 불꽃이 튀지 않을 때 점검대상이 아닌 것은?

① 단속기 접점
② 고압 코드
③ 스톱 버튼의 전기회로
④ 실린더 내부 압축압력

**해설**
점화플러그가 고장 나면 실린더 내부에 점화 불꽃을 발생시키지 못해 엔진 시동이 걸리지 않으므로 피스톤도 압축되지 않는다.

**52** 농업기계에 사용하는 휘발유, 경유 등 유류 취급안 전에 관련한 설명으로 옳은 것은?

① 등유나 경유는 화재 위험이 없으므로 아무 데나 보관하여도 된다.
② 연료를 알맞게 구입하여 가능한 한 모두 사용하고, 사용하다 남은 연료는 화재 위험이 없는 곳에 따로 보관한다.
③ 화재 위험이 많은 휘발유는 주유소에 가서 기계에 직접 주유하고, 경유는 별도 용기에 구입·보관한다.
④ 모든 연료는 드럼통으로 구입하여 사용하고 드럼통에 보관한다.

**53** 콤바인 보관 및 관리 시 주의사항으로 옳지 않은 것은?

① 습하지 않고 통풍이 잘되는 곳에 보관한다.
② 예취날을 청소하고 오일을 급유한다.
③ 급동을 분해하여 별도로 보관한다.
④ 급동 커버를 열고 급실 내의 잔여물을 완전히 제거한다.

**해설**
**콤바인 작업 후 장기간 보관 시 유의사항**
• 콤바인 내부에 곡물과 검불 등이 남아 있으면 쥐 등의 서식처를 제공하게 되므로 충분히 공회전시켜 잔여물을 완전히 제거하고 깨끗이 청소한다.
• 궤도, 체인, 기체 외부의 흙과 먼지를 깨끗이 제거하고 각 부위에 윤활유를 충분히 주유한 후에 통풍이 잘되고 건조한 보관 창고에 보관한다.

**54** 교류 아크용접기의 감전 방지를 위한 방법이 아닌 것은?

① 1차 측 무부하 전압이 낮은 용접기 사용
② 절연장갑 사용
③ 절연용접봉 홀더 사용
④ 자동전격방지장치 설치

**해설**
**감전사고 방지대책**
• 자동전격방지장치의 사용
• 절연용접봉 홀더의 사용
• 적정한 케이블의 사용
• 2차 측 공통선의 연결
• 절연장갑의 사용
• 케이블 커넥터, 용접기 단자와 케이블의 접속, 접지 등

**55** 무거운 물건을 들 때 잘못된 방법은?

① 다리를 똑바로 펴고 허리를 굽혀 물건을 힘차게 들어 올린다.
② 혼자 들기 어려운 것은 다른 사람과 같이 들거나 운반기계를 이용한다.
③ 들어 올린 물체는 몸에 가까이 붙여 균형을 잡는다.
④ 허리를 똑바로 펴고 다리를 굽혀 물건을 천천히 들어 올린다.

**해설**
머리와 허리는 그대로 두고 무릎을 굽힌 다음 물건을 들고 서서히 일어나는 것이 좋다.

**56** 수공구 작업 시 주의사항으로 옳은 것은?

① 정 작업은 마주 보면서 해야 안전하다.
② 해머 작업은 반드시 장갑을 끼고 한다.
③ 해머 자루는 반드시 쐐기를 박아서 사용한다.
④ 줄 작업 시 절삭 칩은 입으로 불어 낸다.

**해설**
① 정 작업은 작업자와 마주 보고 하면 사고의 우려가 있다.
② 해머 작업을 할 때는 장갑을 끼지 않는다.
④ 칩을 제거할 때는 브러시나 긁기봉을 사용한다.

53 ③  54 ①  55 ①  56 ③  **정답**

**57** 분진 때문에 생기는 직업병이 아닌 것은?

① 납중독      ② 난 청
③ 결막염      ④ 규폐증

**해설**
난청은 소음 때문에 생기는 직업병이다.

**58** 살포 농약의 사용약제가 분제 형태인 방제기는?

① 살립기      ② 연무기
③ 미스트기      ④ 살분기

**해설**
④ 살분기 : 분제 농약을 송풍기의 바람에 실어 살포하는 방제기이다.
① 살립기 : 입제나 분립제를 살포하는 기기로 입상비료, 배토사 살포용이다.
② 연무기 : 약제를 연기와 같은 안개 모양의 입자로 만들어 공중에 넓게 확산시켜 뿌리는 방제기이다.
③ 미스트기 : 액제를 분무기보다 더욱 미세한 입자로 만들어 뿌릴 수 있는 방제기이다.

**59** 빈(Bin)이라고 하는 용기에 곡물을 채우고, 구멍이 많이 뚫린 철판 밑으로부터 곡물이 변질되지 않을 정도의 소량의 공기를 통풍시켜 저장하면서 서서히 건조시키는 건조기는?

① 평형 건조기
② 입형 건조기
③ 열풍 건조기
④ 저장형 건조기

**해설**
원형 빈(Bin) 건조기
건조와 저장을 겸하는 건조기로, 곡물을 철판으로 만든 원통형의 빈(Bin)에 채우고, 송풍기가 외부의 공기를 빈 내의 곡물 층 사이로 불어 넣음으로써 건조가 이루어진다. 이때 외부의 공기가 건조하기 좋은 상태이면 가열하지 않고 그대로 상온 통풍 건조방식으로 사용하고, 온도가 낮고 습도가 높으면 가열한 공기를 불어 넣어 건조한다. 빈 내의 곡물을 균일하게 건조시키기 위해서 빈 내의 곡물을 순환시키는 것과 상하로 섞어 주는 것이 있다.

**60** 트랙터의 차동장치에서 선회 시 오른쪽과 왼쪽 바퀴의 관계식으로 맞는 것은?(단, $N$ : 링 기어 회전속도, $L$ : 왼쪽 바퀴 회전수, $R$ : 오른쪽 바퀴 회전수)

① $N = L + R$
② $N = (L + R)/2$
③ $N = L \times R$
④ $N = 2/(L + R)$

**해설**
차동장치
트랙터가 선회할 때 바깥쪽 바퀴가 안쪽 바퀴보다 더 빠르게 회전하여 원활한 선회가 이루어지게 하는 장치이다.

**01** 아크용접 시 감전 방지 장치로 옳은 것은?

① 리밋 스위치

② 자동전격방지장치

③ 중성점 접지

④ 2차 권선방지기

> **해설**
> 아크용접기의 감전 방지를 위해 사용되는 장치
> • 자동전격방지장치
> • 절연용접봉 홀더
> • 절연장갑

**02** Y−△ 결선 기동 방식으로 기동할 때 가장 적합한 것은?

① 3상 농형 유도전동기

② 3상 권선형 유도전동기

③ 단상 유도전동기

④ 직류전동기

> **해설**
> 농형 유도전동기의 기동
> • 전전압기동법 : 정격전압을 직접 가하여 기동하는 방법
>   예 5[kW] 정도까지의 소형 전동기
> • Y−△기동법 : 기동할 때는 Y결선으로 하고, 정격속도에 이르면 △결선으로 바꾸는 기동법
>   예 5~15[kW] 전동기
> • 기동보상기법 : 단권 3상 변압기를 사용하여 기동전압을 떨어뜨려 기동전류를 제한하는 기동법
>   예 15[kW] 이상의 농형 전동기
> • 리액터기동법 : 전동기의 1차 측에 리액터(일종의 교류저항)를 넣어서 기동 시 전동기의 전압을 리액터 전압강하분만큼 낮추어서 기동하는 방법
>   예 중·대용량 전동기

**03** 대형 트랙터의 유압제어 방식 중 드래프트 방식을 적용하는 작업으로 가장 적절한 것은?

① 쟁기 작업

② 파종 작업

③ 로터리 작업

④ 경운 작업

> **해설**
> 견인력제어(드래프트 컨트롤) 레버는 주로 플라우(쟁기) 작업에 사용된다.

**04** 디젤 단기통 엔진에서 실린더 안지름이 92[mm]이고, 행정이 95[mm]일 때 배기량은?

① 452[cc]

② 632[cc]

③ 655[cc]

④ 683[cc]

1 ② 2 ① 3 ① 4 ② **정답**

**05** 다음 중 동력 살분무기의 리드밸브 점검 기준으로 가장 적절한 것은?

① 리드판과 몸체 사이의 간격을 적당히 유지한다.
② 리드판과 몸체를 밀착시킨다.
③ 리드판 끝부분을 45° 정도로 굽힌다.
④ 리드판 끝부분을 15° 정도로 굽힌다.

**06** 팬벨트 점검 시 장력을 조정하는 방법으로 옳은 것은?

① 오일펌프 풀리를 조정한다.
② 발전기를 움직이며 조정한다.
③ 워터펌프를 조정한다.
④ 윤활유를 조정한다.

**07** 다음 중 안전관리 조직 유형으로 옳지 않은 것은?

① 참모형  ② 직계형
③ 복합형  ④ 감독형

> **해설**
> **안전관리조직의 형태**
> • 직계형
> • 참모형
> • 직계 · 참모형(복합형)

**08** 다음 중 도수율을 나타내는 공식으로 옳은 것은?

① $\dfrac{\text{근로손실일수}}{\text{연간 총근로시간}} \times 1,000$

② $\dfrac{\text{재해발생건수}}{\text{연간 총근로시간}} \times 1,000,000$

③ $\dfrac{\text{재해발생건수}}{\text{연간 총근로시간}} \times 1,000$

④ $\dfrac{\text{근로손실일수}}{\text{연간 총근로시간}} \times 1,000,000$

> **해설**
> **산업재해 척도**
> • 강도율 $= \dfrac{\text{근로손실일수}}{\text{연간 총근로시간}} \times 1,000$
> • 도수율 $= \dfrac{\text{재해발생건수}}{\text{연간 총근로시간}} \times 1,000,000$
> • 연천인율 $= \dfrac{\text{연간 재해자수}}{\text{연평균 근로자수}} \times 1,000$

**09** 경운날의 종류가 아닌 것은?

① C자형  ② 나사형
③ 작두형  ④ A자형

> **해설**
> **경운날의 종류**
> 보통형(C자형), L자형, 작두형, 나사형, 꽃잎형 등

**10** 용량이 100[Ah]인 납축전지가 양호한 상태일 때, 방전전류가 300[A]라면 작동시간은?

① 20분      ② 1시간

③ 30분      ④ 10분

**해설**

용량[Ah] = 방전전류[A] × 방전시간[h]

100 = 300 × h

∴ 방전시간 = 1/3[h] = 20분

**11** 100[Ω] 저항 4개를 연결할 때 가장 낮은 합성저항은?

① 25[Ω]      ② 50[Ω]

③ 200[Ω]      ④ 75[Ω]

**해설**

모두 병렬로 연결했을 때 합성저항이 가장 작다. 크기가 같은 저항 4개를 병렬로 연결했을 때 합성저항은 $R_p = \dfrac{100}{4} = 25[\Omega]$ 이다.

**12** 저온에서의 시동성과 고속운행이 많은 경우에 가장 좋은 윤활유는?

① SAE 40      ② SAE 20W

③ SAE 10W/30      ④ SAE 0W/50

**해설**

SAE 5W/30이라고 표시된 제품의 경우 앞부분의 5W는 저온에서의 점도규격이고, 뒷부분의 30은 고온에서의 점도규격이다. 즉, W 앞에 있는 숫자가 작으면 작을수록 영하의 저온에서 오일이 묽고, 뒷부분의 숫자가 크면 클수록 고온(100℃)에서 오일이 뻑뻑함을 의미한다. 엔진오일의 특성상 추운 겨울에는 시동 전에 오일이 묽어야 시동성이 좋아지고, 엔진이 시동된 후에는 엔진의 온도가 고온으로 올라가므로 오일이 고온에서 너무 묽어지지 않아야 엔진의 운동 부위에 적당한 윤활막이 형성된다. 따라서 10W/30보다는 5W/30이, 5W/30보다는 0W/50이 점도특성이 우수하다.

**13** 일반적으로 트랙터 차동잠금장치를 사용하지 않는 경우는?

① 진흙 포장작업할 때

② 일반도로를 주행할 때

③ 한쪽 구동륜에서 슬립이 발생할 때

④ 한쪽 구동륜의 추진력이 약해 움직일 수 없을 때

**14** 겨울철 트랙터의 연료여과기에 물이 자주 생기는 이유로 가장 적당한 것은?

① 사용 후 연료탱크 연료를 가득 채우지 않을 때

② 연료 고압파이프로 공기가 투입될 때

③ 연료에 유황성분이 많아서

④ 연료필터가 불량해서

**15** 실린더의 왕복직선운동을 회전운동으로 바꾸어 주는 장치는?

① 크랭크축      ② 캠 축

③ 플라이휠      ④ 피스톤

**16** 열풍건조기에서 건조 후 수분 분포가 나중에 정상화되는 현상은?

① 워터링
② 템퍼링
③ 노멀라이징
④ 어닐링

템퍼링은 건조기를 1회 통과한 곡물을 밀폐된 용기에 일정 시간 동안 저장하면 곡립 내부의 수분이 표면으로 확산되어 균형을 이루고 온도도 균일하게 되는 과정이다.

**18** 농용 트랙터가 언덕을 올라갈 때 주클러치가 미끄러지는 원인으로 틀린 것은?

① 클러치판에 오일이 부착됨
② 클러치판이 심하게 마모됨
③ 클러치 페달의 유격이 과대함
④ 클러치 스프링의 장력이 작음

**클러치가 미끄러지는 원인**
• 클러치 페달의 유격이 너무 작다.
• 클러치 스프링의 장력이 작다.
• 클러치 페이싱이 마모·소손되었거나 변질·경화되었다.
• 클러치 페이싱에 오일이 묻었다.
• 압력판 및 플라이휠의 마찰면이 불량하다.

**17** 콘덴서의 역할이 아닌 것은?

① 접점이 닫혀 있을 때 축적된 전하를 방출하여 1차 전류의 회복을 빠르게 한다.
② 1차 전류의 차단시간을 단축하여 2차 전압을 낮춘다.
③ 접점 사이의 불꽃방전을 방지한다.
④ 접점 사이에서 발생되는 불꽃을 흡수하여 접점의 소손을 막는다.

콘덴서는 1차 전류의 차단시간을 단축하여 2차 전압을 높인다.

**19** 다음 회로의 A–B 간 합성저항은?

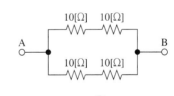

① 10
② 15
③ 20
④ 25

$$R = \cfrac{1}{\cfrac{1}{(10+10)} + \cfrac{1}{(10+10)}} = \frac{20}{2} = 10[\Omega]$$

**20** 다음 중 다목적 관리기의 점화플러그 간극으로 옳은 것은?

① 0.1~0.2[mm]  ② 0.3~0.4[mm]
③ 0.6~0.8[mm]  ④ 1.5~1.7[mm]

**해설**
간 극
• 유연연료 : 0.6~0.8[mm]
• 무연연료 : 1.0~1.1[mm]
• 농용기관 : 약 0.8~1.1[mm]

**21** 가솔린기관에서 연소실 체적이 200[cc]이고 압축비가 10 : 1일 때, 이 기관의 총배기량은?

① 900[cc]  ② 1,200[cc]
③ 1,800[cc]  ④ 3,600[cc]

**해설**

$$압축비(\varepsilon) = 1 + \frac{행정\ 체적}{연소실\ 체적}$$

$$10 = 1 + \frac{행정\ 체적(총배기량)}{200}$$

∴ 총배기량 = 1,800[cc]

**22** 다음 중 디젤기관에서 공기빼기 장소가 아닌 것은?

① 연료공급펌프
② 연료탱크의 드레인 플러그
③ 분사펌프의 블리딩 스크루
④ 연료여과기의 오버플로 파이프

**해설**
**공기빼기 순서** : 공급펌프 → 연료여과기 → 분사펌프

**23** 기어가 서로 물릴 때 원추형 마찰 클러치에 의해서 상호 회전속도를 일치시킨 후 기어를 맞물리게 하는 방식으로, 기어변속이 쉽고 변속 시 소음이 없으며, 고속회전 중에도 변속이 가능한 농용 트랙터의 기어변속기는?

① 동기 물림식 기어 변속기
② 미끄럼 물림식 변속기
③ 상시 물림식 기어 변속기
④ 정유압식 변속기

**24** 수직 휴대용 연삭기에서 허용되는 덮개 최대 노출 각도는?

① 60°
② 120°
③ 180°
④ 240°

**25** 사고의 종류에 대한 설명 중 틀린 것은?

① 충돌현상 : 사람이 정지물에 부딪힌 경우

② 협착현상 : 사람이 미끄러짐에 의해 넘어지는 경우

③ 폭발현상 : 압력의 급격한 발생 또는 개방으로 폭음을 수반한 팽창이 일어난 경우

④ 추락현상 : 사람이 건축물, 기계 등에서 떨어지는 경우

**해설**

**재해 형태별 분류**

• 전도 : 사람이 평면상으로 넘어지는 경우
• 협착 : 물건에 끼워진 상태, 말려든 상태
• 추락 : 높은 곳에서 떨어지거나 계단 등에서 굴러 떨어지는 경우
• 충돌 : 사람이 정지물에 부딪힌 경우
• 낙하 : 떨어지는 물체에 맞는 경우
• 비래 : 날아온 물체에 맞는 경우
• 붕괴, 도괴 : 적재물, 비계, 건축물이 무너지는 경우
• 절단 : 장치, 구조물 등이 잘려 분리되는 경우
• 과다동작 : 무거운 물건을 들거나 몸을 비틀어 작업하는 경우
• 감전 : 전기에 접촉하거나 방전 때문에 충격을 받는 경우
• 폭발 : 압력이 갑자기 증대하거나 개방되어 폭음을 일으키며 터지는 경우
• 파열 : 용기나 방비가 외력에 의해 부서지는 경우
• 화재 : 불이 난 경우

**26** 다음 중 동력 경운기 조향 클러치의 가장 적당한 유격은?

① 1.0~2.0[mm]

② 3.0~4.0[mm]

③ 4.0~5.0[mm]

④ 5.0~6.0[mm]

**27** 다음 중 시비기의 주요부가 탱크, 펌프, 흡입장치, 살포장치, 주행장치 등으로 구성된 것은?

① 액비 살포기

② 분말 시비기

③ 분뇨 살포기

④ 석회 살포기

**28** 트랙터에서 동력취출장치(PTO) 축(6홈 스플라인)의 국제표준 회전속도는 얼마인가?

① 340[rpm]

② 540[rpm]

③ 1,000[rpm]

④ 1,540[rpm]

**해설**

PTO 회전수 540[rpm]이 스플라인 6홈이고, 1,000[rpm]은 21개 홈의 스플라인축을 사용한다.

**29** 클러치판 점검 시 클러치 페이싱에 오일이 부착되는 원인이 아닌 것은?

① 크랭크축 또는 구동축 오일 실의 불량 시

② 실린더 및 피스톤 마모로 오일 상승 시

③ 기관 또는 변속기에 너무 많은 오일 보급 시

④ 릴리스 베어링에서 그리스 누설 시

**30** 다음 중 소음의 단위는?

① [lx]　　　　　② [dB]

③ [ppm]　　　　④ [rpm]

**31** 동력 전달효율을 높이고 큰 동력을 전달하는 데 적합하여 우리나라에서 많이 사용하는 형식의 변속기는?

① 선택 미끄럼 기어 물림식 변속기

② 선택 유성치차 물림식 변속기

③ 기어 동기 물림식 변속기

④ 유체 컨버터 물림식 변속기

해설
동력 경운기는 동력 전달효율을 높이고 큰 동력을 전달하는 데 적합한 선택 미끄럼 기어식 변속기를 사용한다.

**32** 방제기 종류 중 살포 농약의 사용약제를 분제 형태로 사용하는 것은?

① 미스트기　　　② 연무기

③ 살립기　　　　④ 살분기

해설
① 미스트기 : 액제를 분무기보다 더욱 미세한 입자로 만들어 뿌리는 방제기이다.
② 연무기 : 약제를 연기와 같은 안개 모양의 입자로 만들어 공중에 넓게 확산시켜 뿌리는 방제기이다.
③ 살립기 : 입제나 분립제를 살포하는 기기로 입상비료, 배토사 살포 전용으로 사용한다.

**33** 관리기 기관의 무접점 점화장치의 진단방법이 틀린 것은?

① 측정 전에 각 리드선의 접속을 확인한다.

② 전기회로 테스터로 각 저항을 측정한다.

③ 측정 시 테스터의 ⊕, ⊖ 단자의 접촉에 주의한다.

④ 콘덴서 측정 시 방전이 되기 전에 측정한다.

해설
콘덴서를 측정할 때에는 한 번 방전시킨 후 측정한다.

**34** 기관에서 실린더 벽과 피스톤 사이의 틈새로 혼합기(가스)가 크랭크 케이스로 빠져나오는 현상은?

① 블로 다운　　　② 블로 백

③ 블로 바이　　　④ 베이퍼 로크

해설
① 블로 다운(Blow Down) : 2행정 기관에서 배기행정 초기에 배기가스가 자체 압력으로 배출되는 현상
② 블로 백(Blow Back) : 압축 및 폭발행정에서 가스가 밸브와 밸브시트 사이로 누출되는 현상
④ 베이퍼 로크(Vapor Lock) : 연료 파이프나 연료펌프에서 가솔린이 증발해서 유압식 브레이크 등의 장치에 문제를 일으키는 현상

**35** 디젤기관에 사용하는 과급기의 역할은?

① 출력의 증대
② 윤활성의 증대
③ 냉각효율의 증대
④ 배기의 정화

**해설**
터보차저(Turbo Charger, 과급기)는 공기량을 증대시키기 위해 흡기 밀도를 대기압으로 가압하여 실린더 내에 공급시켜 기관의 충전효율을 높이고 평균 유효압력을 높여 출력을 증대시킨다.

**36** 동력 경운기에서 V벨트의 긴장도를 조절하는 부품은?

① 플라이휠　　② 기화기
③ 텐션 풀리　　④ 작업 풀리

**해설**
**V벨트 조절**
• 엔진 고정볼트를 풀어 엔진을 전후로 당겨 조작하는 방법
• 텐션 풀리의 조작에 의하여 조작하는 방법

**37** 다음 중 동력 경운기의 작업조건에 따른 윤거(Tread) 조절방법에 해당되지 않는 것은?

① 차륜의 허브로 차축을 섭동하는 방법
② 조향 클러치의 스프링을 교체하는 방법
③ 조절 칼라를 차축에 교체하는 방법
④ 좌우 차륜을 서로 교체하는 방법

**38** 디젤기관의 연료분사노즐의 종류에 속하지 않는 것은?

① 단공형 노즐
② 핀틀형 노즐
③ 상시형 노즐
④ 스로틀형 노즐

**해설**
**분사노즐의 종류**
• 개방형 노즐
• 밀폐형 노즐 : 구멍형(단공형과 다공형), 핀틀형, 스로틀형

**39** 트랙터 배속 턴(Quick Turn)의 기능에 대한 설명으로 옳지 않은 것은?

① 회전반경을 최소화하기 위한 장치이다.
② 좁은 경작지에서 방향 전환을 쉽게 한다.
③ 흙 밀림현상을 방지한다.
④ 배속 턴 기능은 고속에서 작동된다.

**해설**
배속 턴 장치는 고속일 때 작동되지 않는다.

**40** 기관의 성능곡선도상에 표현되지 않는 것은?

① 기관 출력

② 피스톤 평균속도

③ 기관 토크

④ 연료소비율

**41** 트랙터에서 토인을 조정하는 것은?

① 앞바퀴 타이어

② 핸 들

③ 타이로드

④ 허브 베어링

**42** 농기계 디젤기관의 압축압력을 측정하였더니 33.6 [kgf/cm²]이었다. 규정압축압력의 몇 [%]인가? (단, 규정 압축압력 48[kgf/cm²]이다)

① 50[%]   ② 60[%]

③ 70[%]   ④ 80[%]

**43** 트랙터의 견인력에 영향을 미치는 인자가 아닌 것은?

① 중 량   ② 주행장치 종류

③ 토양 상태   ④ PTO 회전수

**44** 디젤기관의 노킹방지책이 아닌 것은?

① 세탄가가 높은 연료를 사용한다.

② 연소실의 온도를 높인다.

③ 흡입공기의 온도를 높인다.

④ 압축비를 낮춘다.

**45** 다음 중 축전지 케이블 단자(터미널) 청소에 가장 적당한 것은?

① 탄산가스      ② 그리스
③ 전해액      ④ 탄산수소나트륨

**해설**
축전지 커버와 케이스의 청소는 탄산수소나트륨과 물 또는 암모니아수로 한다.

**46** 퓨즈에 과전류가 흐를 때 나타나는 현상은?

① 연결이 좋아진다.
② 연결이 나빠진다.
③ 연결부가 끊어진다.
④ 아무 관계가 없다.

**해설**
퓨즈는 전기장치에 과전류가 흐를 때 연결부가 끊어져서 전기를 차단하여 사고를 방지하는 부품이다.

**47** 점 광원으로부터 충분한 거리로 떨어진 빛과 수직한 면의 조도와의 관계는?

① 거리에 비례
② 거리에 반비례
③ 거리의 제곱에 비례
④ 거리의 제곱에 반비례

**해설**
발광조도는 광원으로부터의 거리의 제곱에 반비례한다.

**48** 농용 트랙터의 안전수칙에 해당하지 않는 것은?

① 밀폐된 실내에서 가동을 금지한다.
② 도로 주행 시 교통법규를 철저히 지킨다.
③ 경사지를 내려갈 때 변속을 중립 위치에 두고 운전을 하지 않는다.
④ 운전 중 오일표시등, 충전표시등에 불이 켜져 있어야 정상이다.

**49** 다음 중 분진에서 오는 직업병이 아닌 것은?

① 진폐증      ② 열중증
③ 결막염      ④ 폐수종

**해설**
고온환경에서의 부적응과 허용한계를 초과할 때에 발증하는 급성의 장해를 열중증이라고 총칭한다.

**50** 정비 작업복에 대한 일반수칙으로 틀린 것은?

① 몸에 맞는 것을 입는다.
② 수건을 허리춤에 차고 작업한다.
③ 기름이 밴 정비복을 입지 않는다.
④ 상의의 옷자락이 밖으로 나오지 않게 한다.

**해설**
수건을 허리에 차거나 목에 걸치면 기계에 말려들기 쉽다.

**51** 축전지 형식 표기 중 'MF'의 의미는?

① 고온 시동전류

② 저온 시동전류

③ 고온 시동전압

④ 무보수 축전지

**해설**

수시로 전해액을 보충할 필요가 없는 납 축전지를 무보수(MF ; Maintenance Free) 축전지라고 한다.

**52** 다음 중 직류발전기의 부품이 아닌 것은?

① 계자코일　　② 전기자

③ 정류자　　④ 스테이터

**해설**

고정자(스테이터)는 교류발전기의 부품으로 전류가 발생한다.

**53** 트랜스미션 내부에 장치하는 동력 경운기 부품은?

① 시프트 포크

② 주클러치 레버

③ 경운변속 레버

④ 주변속 레버

**해설**

동력 경운기 변속기 내부에 설치하는 장치 : PTO축, 조향포크(시프트 포크), 조향 클러치

**54** 트랙터에서 브레이크 페달이 발판에 닿는 원인으로 가장 적당한 것은?

① 마스터 실린더의 파손

② 연료의 부족

③ 축전지의 고장

④ 클러치 조정이 불량

**55** 건조의 3대 요인이 아닌 것은?

① 온 도　　② 습 도

③ 바 람　　④ 비 중

**56** 다음 안전보건표지의 의미는?

① 방진마스크 착용

② 위험장소 경고

③ 사용금지

④ 고압전기 경고

**해설**

안전보건표지의 종류(산업안전보건법 시행규칙 별표 6)

| 방진마스크 착용 | 사용금지 | 고압전기 경고 |
|---|---|---|
|  |  |  |

**57** 다음 중 트랙터 운행 시의 주의사항으로 틀린 것은?

① 승차 인원은 운전자 1명으로 한다.
② 내리막길 주행 시 변속레버는 중립으로 하지 않는다.
③ 도로 주행 시 좌우 브레이크를 분리하여 사용한다.
④ 작업기를 부착할 때는 기관을 정지한다.

**해설**
트랙터의 취급방법
• 트랙터는 왼쪽(클러치 페달 쪽)으로 타고 내려야 한다.
• 시동 시 10초 이내에 시동이 되지 않으면, 배터리의 과방전 방지 및 시동 전동기의 보호를 위해 약 30초 경과 후 다시 시동한다.
• 운전자 외에 탑승을 금지한다.
• 트랙터의 주행속도를 변속할 때에는 완전히 정지한 후 변속해야 한다.
• 트랙터로 도로를 주행할 때에는 좌우 브레이크 페달을 연결한다.
• 트랙터로 내리막길을 운전할 때 클러치를 끊거나 변속레버를 중립에 놓지 않는다.

**58** 3점 링크 히치식 작업기 연결 장치에서 작업기의 전후 기울기를 조절하는 것은?

① 상부링크
② 좌측 하부링크
③ 우측 하부링크
④ 체크체인

**59** 농용 트랙터 유압장치를 이용하여 작업기를 들어올린 후 내리려고 할 때 작업기가 내려가지 않는 이유가 아닌 것은?

① 유압 제어 밸브의 고장
② 유압 실린더 파손
③ 리프트축 회동부의 유착
④ 흡입 파이프에서 공기 유입

**해설**
오일 흡입 파이프에 공기가 유입되면 유압승강장치가 떨린다.

**60** 다음 중 화재의 분류가 바르게 짝지어진 것은?

① A급 화재 : 일반화재
② B급 화재 : 전기화재
③ C급 화재 : 금속화재
④ D급 화재 : 유류화재

**해설**
화재의 종류
• A급 화재 : 일반화재
• B급 화재 : 유류화재
• C급 화재 : 전기화재
• D급 화재 : 금속화재

**01** 전압이 24[V]이고 저항 3[Ω], 4[Ω], 5[Ω]이 직렬 연결일 때 흐르는 전류[A]는?

① 1  ② 2
③ 3  ④ 4

**해설**
옴의 법칙

전류$(I) = \dfrac{전압(V)}{저항(R)} = \dfrac{24}{12} = 2$

**02** 전기용접 작업 시 유의사항으로 옳지 않은 것은?

① 환기장치가 없는 곳에서 작업할 것
② 신체를 노출시키지 말 것
③ 적정전류로 작업할 것
④ 벗겨진 코드 선은 사용하지 말 것

**해설**
밀폐장소에서의 작업은 작업 전에 공기 질이 좋았더라도 유독성 오염물질의 누적, 불활성이나 질식성 가스로 인한 산소결핍, 산소 과잉 발생으로 인한 폭발 가능성 등이 생길 수 있다.

**03** 해머 사용 시 주의사항이 아닌 것은?

① 쐐기를 박아서 자루가 단단한 것을 사용한다.
② 기름이 묻은 손으로 자루를 잡지 않는다.
③ 타격면이 닳아 경사진 것은 사용하지 않는다.
④ 처음에는 크게 휘두르고, 차차 작게 휘두른다.

**해설**
처음부터 크게 휘두르지 말고 목표에 맞게 시작한 후 차차 크게 휘두른다.

**04** 스패너 작업 시 주의사항으로 옳지 않은 것은?

① 스패너를 해머 대용으로 사용한다.
② 스패너는 볼트나 너트의 크기에 맞는 것을 사용해야 한다.
③ 스패너 입이 변형된 것은 사용하지 않는다.
④ 스패너에 파이프 등을 끼워서 사용해서는 안 된다.

**해설**
스패너를 해머 대신 사용하지 않는다.

**05** 전기드릴 작업 시 주의사항으로 옳지 않은 것은?

① 드릴 날의 규격이 작은 것은 고속으로 사용하고 큰 것은 저속으로 사용한다.
② 드릴 척에는 오일을 주유하지 않는다.
③ 큰 구멍을 뚫을 때는 작은 드릴로 구멍을 뚫은 후 큰 드릴로 완성한다.
④ 작업이 끝날 때까지 처음과 같은 힘으로 작업하도록 한다.

**해설**
구멍을 맨 처음 뚫을 때는 작은 힘으로 천천히 뚫는다.

정답 1 ② 2 ① 3 ④ 4 ① 5 ④

**06** 다음 중 직접분사식의 장점으로 옳은 것은?

① 발화점이 낮은 연료를 사용하면 노크가 일어나지 않는다.

② 연소압력이 낮으므로 분사압력도 낮게 하여도 된다.

③ 실린더 헤드 구조가 간단하므로 열에 대한 변형이 적다.

④ 핀틀형 노즐을 사용하므로 고장이 적고 분사압력도 낮다.

**해설**

직접분사식 장단점

| 장 점 | • 연소실의 구조가 간단하고 열효율이 좋아 연료소비량이 적다.<br>• 실린더 헤드의 구조가 간단하고 열에 대한 변형이 적다.<br>• 냉각손실이 작기 때문에 시동이 쉬워 예열플러그를 사용하지 않아도 된다. |
|---|---|
| 단 점 | • 연소의 압력과 압력상승률이 크기 때문에 소음이 크다.<br>• 공기와 연료의 원활한 혼합을 위해서 연료 분사압력이 높아야 하기 때문에 분사펌프와 분사노즐의 수명이 짧다.<br>• 다공형 분사노즐을 사용하여야 하며, 노즐상태가 조금만 달라도 엔진성능에 영향을 줄 수 있다.<br>• 질소산화물 발생이 많으며 디젤노크도 일으키기 쉽다.<br>• 엔진의 부하, 회전속도 및 사용연료의 변화에 대하여 민감하다. |

**07** 경운날의 종류가 아닌 것은?

① C자형  ② 나사형
③ 작두형  ④ A자형

**해설**

경운날의 종류
보통형(C자형), L자형, 작두형, 나사형, 꽃잎형 등

**08** 로터리의 경운날 조립형태에 대한 설명으로 옳지 않은 것은?

① 경운날은 보통형, 작두형과 L자형 등이 있다.

② 경운날은 왼쪽 날과 오른쪽 날로 구분된다.

③ 플랜지 형태의 경운날 조립은 플랜지의 좌측에만 조립한다.

④ 경운날의 전체적인 조립유형은 나선형 방향으로 되어 있다.

**해설**

플랜지 형태의 경운날을 조립할 때는 각 플랜지의 왼쪽 날을 부착한 다음 오른쪽 날을 조립한다.

**09** 동력 경운기에서 변속기에 윤활유 없이 주행했을 때 발생할 수 있는 고장이 아닌 것은?

① 베어링과 기어류가 과열된다.

② 변속기 회전력이 증가한다.

③ 주행이 점차 어려워진다.

④ 소음이 크게 발생한다.

**해설**

윤활유가 부족하거나 점도가 저하되면, 동력 경운기의 변속기에서 소리가 난다.

**10** 동력 경운기의 V벨트 긴장도를 조절하는 부품명은?

① 플라이휠  ② 기화기
③ 텐션 풀리  ④ 작업 풀리

**해설**

동력 경운기의 V벨트 조절
• 엔진 고정볼트를 풀어 엔진을 전후로 당겨 조작하는 방법
• 텐션 풀리의 조작에 의하여 조작하는 방법

**11** 다음 중 브레이크 페달을 밟아도 정차하지 않는 이유로 가장 적합하지 않은 것은?

① 라이닝과 드럼의 압착상태 불량
② 라이닝 재질 불량 및 오일 부착
③ 브레이크 파이프의 막힘
④ 타이어 공기압의 부족

**해설**
브레이크 작동 불량의 원인
• 라이닝과 드럼의 압착상태 불량
• 라이닝 재질 불량 및 오일 부착
• 브레이크 파이프의 막힘
• 브레이크 캠축 손상
• 브레이크 링의 마멸
• 브레이크 드럼의 마멸

**12** 다음 그림과 같은 회로에서 전류 $I$는?

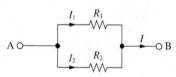

① $I = I_1 R_1 + I_2 R_2$

② $I = \dfrac{I_1}{R_1} + \dfrac{I_2}{R_2}$

③ $I = I_1 + I_2$

④ $I = I_1 - I_2$

**13** 전기물리량 측정의 단위가 잘못 연결된 것은?

① 전류 : [A]          ② 전압 : [V]
③ 저항 : [Ω]          ④ 전력 : [Wh]

**해설**

| 구 분 | 기 호 | 단 위 |
|-------|-------|-------|
| 전 력 | $P$ | *[W](와트) |
| 전력량 | *$W$ | [J](줄), [Wh](와트시), [kWh](킬로와트시)<br>※ 1[Wh] = 3,600[J] |

\* 표시 혼돈 주의 요망

**14** 피스톤 간극에 관한 설명으로 옳은 것은?

① 피스톤 간극은 압축압력, 전체 출력과 관계없다.
② 피스톤 간극이 크면 압축압력이 증가한다.
③ 피스톤 간극이 작으면 마멸이 발생할 수 있다.
④ 피스톤 간극이 커도 교환하지 않는다.

**해설**
피스톤 간극이 작으면 피스톤이 실린더 벽과 접촉하여 마찰열이 발생하므로 소손되기 쉽다.

**15** 점 광원으로부터 충분한 거리로 떨어진 빛과 수직한 면의 조도와의 관계는?

① 거리에 비례
② 거리에 반비례
③ 거리의 제곱에 비례
④ 거리의 제곱에 반비례

**해설**
발광조도는 광원으로부터의 거리의 제곱에 반비례하는 특성을 가지고 있다.

**16** 압축비가 9인 실린더의 행정 체적이 640[cc]이다. 연소실 체적은 얼마인가?

① 70[cc]       ② 80[cc]

③ 90[cc]       ④ 100[cc]

**해설**

$$연소실\ 체적 = \frac{행정\ 체적}{(압축비 - 1)}$$
$$= \frac{640}{(9-1)}$$
$$= 80[cc]$$

**17** 가솔린기관에서 연소실 체적이 200[cc]이고 압축비가 10 : 1일 때, 이 기관의 총배기량은?

① 900[cc]       ② 1,200[cc]

③ 1,800[cc]       ④ 3,600[cc]

**해설**

$$압축비(\varepsilon) = 1 + \frac{행정\ 체적}{연소실\ 체적}$$
$$10 = 1 + \frac{행정\ 체적(총배기량)}{200}$$
$$\therefore\ 총배기량 = 1,800[cc]$$

**18** 가솔린기관의 총배기량이 1,200[cc]이고 연소실 체적이 200[cc]라면 이 기관의 압축비는 얼마인가?

① 7 : 1       ② 8 : 1

③ 9 : 1       ④ 10 : 1

**해설**

$$압축비(\varepsilon) = 1 + \frac{행정\ 체적(총배기량)}{연소실\ 체적}$$
$$= 1 + \frac{1,200}{200}$$
$$= 7$$

**19** 운반기계의 안전수칙으로 옳지 않은 것은?

① 운반기계의 규정용량은 조금 초과하여 사용하여도 상관없다.

② 운반대 위에는 사람이 타지 말아야 한다.

③ 구르기 쉬운 짐은 반드시 로프로 묶는다.

④ 무거운 것은 밑에, 가벼운 것은 위에 쌓는다.

**해설**

운반구에는 적재용량을 초과한 적재 및 탑승을 금지한다.

**20** 다음 중 클러치판 점검 시 클러치 페이싱에 오일이 부착되는 원인이 아닌 것은?

① 크랭크축 또는 구동축 오일 실의 불량 시

② 실린더 및 피스톤 마모로 오일 상승 시

③ 기관 또는 변속기에 너무 많은 오일 보급 시

④ 릴리스 베어링에서 그리스 누설 시

**21** 다음 중 조향 핸들을 한 바퀴 돌렸을 때 피트먼 암이 30° 움직였다면, 이때 조향 기어비는 얼마인가?

① 2 : 1      ② 12 : 1

③ 22 : 1      ④ 32 : 1

**해설**

조향 기어비
- 조향 핸들이 움직인 양과 피트먼 암이 움직인 양의 비로 표시한다.
- 1회전(360°)으로 피트먼 암이 30° 움직였다면 $\frac{360°}{30°} = 120$이므로 감속비는 12 : 1이다.

**22** 다음 중 동력 경운기 조향 클러치의 가장 적당한 유격은?

① 1.0~2.0[mm]      ② 3.0~4.0[mm]

③ 4.0~5.0[mm]      ④ 5.0~6.0[mm]

**23** 열풍건조기에 의한 건조 시 건조과정으로 옳은 것은?

① 건조 → 순환 → 템퍼링

② 순환 → 템퍼링 → 건조

③ 건조 → 뜨임 → 순환

④ 순환 → 건조 → 뜨임

**24** 트랙터에서 동력취출장치(PTO) 축(6홈 스플라인)의 국제표준 회전속도는 얼마인가?

① 340[rpm]

② 540[rpm]

③ 1,000[rpm]

④ 1,540[rpm]

**해설**

PTO 회전수 540[rpm]이 스플라인 6홈이고, 1,000[rpm]은 21개 홈의 스플라인축을 사용한다.

**25** 전자유도 현상에 의해서 코일에 생기는 유도기전력의 방향을 나타내는 법칙은?

① 렌츠의 법칙

② 키르히호프의 법칙

③ 쿨롱의 법칙

④ 뉴턴의 법칙

**해설**

렌츠의 법칙 : 유도기전력은 자신의 발생 원인이 되는 자속의 변화를 방해하려는 방향으로 발생한다.

**26** 다음 중 시비기의 주요부가 탱크, 펌프, 흡입장치, 살포장치, 주행장치 등으로 구성되어 있는 것은?

① 퇴비 살포기
② 분말 시비기
③ 분뇨 살포기
④ 브로드캐스터

**27** 안전관리의 기본 조직과 관련이 없는 것은?

① 직계·참모식 조직
② 참모식 조직
③ 연대식 조직
④ 직계식 조직

해설
안전관리조직의 형태
• 직계형
• 참모형
• 직계·참모형(복합형)

**28** 농용 트랙터의 3점 히치는 동력취출축 출력의 크기에 따라 4개의 카테고리로 구분된다. 동력취출축 출력이 51[kW]이라면 몇 번 카테고리에 해당되는가?

① Ⅰ  ② Ⅱ
③ Ⅲ  ④ Ⅳ

해설
농용 트랙터 3점 히치는 동력취출축의 출력에 따라 4개의 카테고리로 구분되고, 각 카테고리는 모양은 같지만 크기에 따라 구별되는데, 예를 들어 PTO축의 출력이 48[kW](65[PS]) 이하는 카테고리 Ⅰ번, 51[kW](70[PS])는 Ⅱ번이다.

**29** 다음 중 4조식 이앙기로 작업할 때 결주가 생기는 원인이 아닌 것은?

① 주간 간격이 좁다.
② 파종량이 불균일하다.
③ 분리침이 마모되었다.
④ 세로이송 롤러가 작동불량이다.

해설
결주에 영향을 끼치는 요인 : 육묘의 수분상태, 식부장치의 타이밍, 포장조건, 종횡이송장치, 분리침의 마모, 파종량의 불균일 등

**30** 트랙터의 주행장치 중 앞바퀴 정렬이 아닌 것은?

① 캠 버
② 토 인
③ 캐스터
④ 석 션

해설
트랙터의 앞바퀴 정렬
킹핀경사각(5~11°), 캐스터각(2~3°), 캠버각(1~2°), 토인(2~8[mm])으로 이루어진다.

**31** 다음 중 점화플러그 시험방법에 속하지 않는 것은?

① 기밀시험

② 용량시험

③ 불꽃시험

④ 절연시험

점화플러그 시험방법에는 기밀시험, 불꽃시험, 절연시험이 있다.

**33** 산업안전보건법상 근로자가 상시 작업하는 장소의 작업면 조도의 연결로 옳지 않은 것은?

① 초정밀작업 : 400[lx] 이상

② 정밀작업 : 300[lx] 이상

③ 보통작업 : 150[lx] 이상

④ 그 밖의 작업 : 75[lx] 이상

조도(산업안전보건기준에 관한 규칙 제8조)
사업주는 근로자가 상시 작업하는 장소의 작업면 조도(照度)를 다음의 기준에 맞도록 하여야 한다. 다만, 갱내(坑內) 작업장과 감광재료(感光材料)를 취급하는 작업장은 그러하지 아니하다.
• 초정밀작업 : 750[lx] 이상
• 정밀작업 : 300[lx] 이상
• 보통작업 : 150[lx] 이상
• 그 밖의 작업 : 75[lx] 이상

**34** 팬벨트 점검 시 장력을 조정하는 방법으로 옳은 것은?

① 오일펌프 풀리를 조정한다.

② 발전기를 움직이며 조정한다.

③ 워터펌프를 조정한다.

④ 윤활유를 조정한다.

**32** 다음 중 광도의 단위로 옳은 것은?

① [lm]      ② [lx]

③ [cd]      ④ [W]

측광단위

| 구 분 | 정 의 | 기 호 | 단 위 |
|---|---|---|---|
| 조 도 | 단위면적당 빛의 도달 정도 | $E$ | [lx] |
| 광 도 | 빛의 강도 | $I$ | [cd] |
| 광 속 | 광원에 의해 초[sec]당 방출되는 가시광의 전체량 | $F$ | [lm] |
| 휘 도 | 어떤 방향으로부터 본 물체의 밝기 | $L$ | [cd/m²], [nt] |
| 램프 효율 | 소모하는 전기에너지가 빛으로 전환되는 효율성 | $h$ | [lm/W] |

**35** 다음 중 가솔린기관의 압축압력을 측정하는 작업으로 옳지 않은 것은?

① 기관을 작동온도로 한다.

② 공기청정기를 떼어 낸다.

③ 압축압력계를 점화 플러그 구멍에 설치한다.

④ 초크밸브는 열어 두고, 스로틀밸브는 닫아 준다.

스로틀밸브를 완전히 열어 기관으로 충분한 양의 공기가 공급되도록 한다.

**36** 다음 중 동력경운기의 단속기 접점 간극으로 가장 적당한 것은?

① 0.15[mm]

② 0.35[mm]

③ 0.85[mm]

④ 10.15[mm]

단속기 접점 간극은 기관에 따라 다르나 대략 0.3~0.5[mm] 정도이다.

**37** 다음 중 방진안경을 착용해야 하는 작업으로 가장 적합하지 않은 것은?

① 선반작업

② 용접작업

③ 목공기계작업

④ 밀링작업

해설
• 방진안경은 파편이 발생되는 작업 시 반드시 착용한다.
• 차광안경은 용접작업 시 발생되는 자외선 및 적외선으로부터 눈을 보호하기 위하여 착용한다.

**38** 다음 중 피스톤의 구비조건으로 옳지 않은 것은?

① 열팽창이 작을 것

② 열전도율이 클 것

③ 고온·고압에 잘 견딜 것

④ 내식성이 작을 것

해설
**피스톤의 구비조건**
• 내식성이 커야 한다.
• 열전도율이 커야 한다.
• 방열효과가 좋아야 한다.
• 열팽창이 작아야 한다.
• 고온·고압에 견뎌야 한다.
• 가볍고 강도가 커야 한다.

**39** 근로시간 1,000시간당의 재해로 인하여 손실된 노동손실 일수를 나타낸 것은?

① 천인율

② 도수율

③ 강도율

④ 연천인율

해설
• 강도율 $= \dfrac{\text{근로손실일수}}{\text{연간 총근로시간}} \times 1,000$

• 도수율 $= \dfrac{\text{재해발생건수}}{\text{연간 총근로시간}} \times 1,000,000$

• 연천인율 $= \dfrac{\text{연간 재해자수}}{\text{연평균 근로자수}} \times 1,000$

**40** 콤바인의 급치와 수망의 간극이 기준치 이상 넓어졌을 때 나타나는 현상은?

① 미탈곡으로 인한 손실 증가

② 낟알 손상 증가

③ 수망 손상 증가

④ 급치 손상 증가

해설
수망과 급치의 간격이 넓으면 벼알이 잘 털리지 않아 손실이 생기고, 간격이 좁으면 탈곡실이 막히거나 벼알이 부서지게 된다.

**41** 납 축전지의 용량에 대한 설명으로 옳은 것은?

① 음극판 단면적에 비례하고, 양극판 크기에 반비례 한다.

② 양극판의 크기에 비례하고, 음극판의 단면적에 반비례한다.

③ 극판의 표면적에 비례한다.

④ 극판의 표면적에 반비례한다.

> **해설**
> 축전기의 전기용량 $C$의 크기는 전극의 면적 $A$에 비례하고, 전극 사이의 거리 $d$에 반비례한다.
>
> $$C = \varepsilon \frac{A}{d}$$

**42** 방진마스크의 구비조건이 아닌 것은?

① 사용 후 손질이 간단할 것

② 흡배기 저항이 작을 것

③ 중량이 가벼울 것

④ 시야가 좁을 것

> **해설**
> 방진마스크의 구비조건
> • 여과효율이 좋을 것
> • 흡배기 저항이 작을 것
> • 사용적(유효공간)이 작을 것
> • 중량이 가벼울 것
> • 시야가 넓을 것(하방시야 60° 이상)
> • 안면밀착성이 좋을 것
> • 피부 접촉부위의 고무질이 좋을 것
> • 사용 후 손질이 간단할 것

**43** 하인리히의 도미노이론에 의한 사고 발생 5단계에 해당되지 않는 것은?

① 사 고

② 재 해

③ 주위환경

④ 사회적 · 유전적 요소

> **해설**
> 하인리히 재해사고 발생 5단계
> • 사회적 환경 및 유전적 요소(선천적 결함)
> • 개인적인 결함(인간의 결함)
> • 불안전한 행동 및 불안전한 상태(물리적 · 기계적 위험)
> • 사고(화재나 폭발, 유해물질 노출 발생)
> • 재해(사고로 인한 인명 · 재산 피해)

**44** 납 축전지에서 전해액이 자연감소되었을 때 보충액으로 가장 적합한 것은?

① 묽은 황산

② 묽은 염산

③ 증류수

④ 수돗물

> **해설**
> 전해액을 점검하여 액량이 규정값(극판 위 10~13[mm])보다 부족할 때는 증류수를 보충한다.

**45** 안전보호구를 연결한 것 중 가장 올바른 것은?

① 차광안경 - 목공기계 작업

② 보안경 - 그라인더 작업

③ 장갑 - 해머 작업

④ 방독마스크 - 산소 결핍 시

**46** 직류발전기의 주요 구성요소가 아닌 것은?

① 전기자
② 계 자
③ 정류자
④ 베어링

**47** 트랙터의 안전수칙에 해당하지 않는 것은?

① 밀폐된 실내에서 가동을 금지한다.
② 도로 주행 시 교통법규를 철저히 지킨다.
③ 경사지를 내려갈 때 변속을 중립 위치에 두고 운전을 하지 않는다.
④ 운전 중에 오일표시등, 충전표시등에 불이 켜져 있어야 정상이다.

**48** 중량물의 기계운반작업에서 체인블록을 사용할 때 주의사항으로 옳지 않은 것은?

① 폐기의 한도는 연신율 25[%]이다.
② 앵커 체인의 기준에 준한 체인을 사용한다.
③ 균열이 있는 것은 사용하지 않는다.
④ 외부검사를 잘하여 변형마모 손상을 점검한다.

**49** 조파용 파종기에서 구절기가 하는 일은?

① 배출장치에서 나온 종자를 지면까지 유도한다.
② 파종된 종자를 덮고, 눌러 주는 장치이다.
③ 적당한 깊이의 파종 골을 만든다.
④ 일정량의 종자를 배출하는 장치이다.

**50** 엔진의 회전속도가 균일하지 않은 것은 어느 부품의 고장인가?

① 점화코일
② 마그넷
③ 기화기
④ 조속기

**51** 다음 중 플라우의 이체 구성에 해당되지 않는 것은?

① 보습(Share)

② 몰드보드(Mold Board)

③ 바닥쇠(Landside)

④ 콜터(Coulter)

**해설**
이체 : 흙을 직접 절단, 파쇄 및 반전시키는 작업부로 보습(Share), 볏(Mold Board), 지측판(바닥쇠, Landside)의 세 가지 주요부로 구성된다.

**52** 아날로그형 회로시험기로 직류 전류를 측정하는 경우로 옳지 않은 것은?

① 전압 측정과는 달리 직렬접속한다.

② 회로상의 측정은 시험점을 끊고 측정한다.

③ 적색 리드는 (+), 흑색 리드는(−)에 접속한다.

④ 측정 전류의 크기에 따라 측정 레인지를 변화시킬 필요가 없다.

**해설**
아날로그 및 디지털 멀티테스터를 사용하여 전류를 측정하고자 할 때에는 측정 레인지를 DC[mA]나 DC[A]로 선택하여야 한다.

**53** 연소의 3요소에 해당하지 않는 것은?

① 가연물

② 연쇄반응

③ 열 또는 점화원

④ 산 소

**해설**
연소의 3요소 : 가연물(연료), 점화원, 산소(공기)

**54** 빈(Bin)이라고 하는 용기에 곡물을 채우고, 구멍이 많이 뚫린 철판 밑으로부터 곡물이 변질되지 않을 정도의 소량의 공기를 통풍시켜 저장하면서 서서히 건조시키는 건조기는?

① 평형 건조기

② 입형 건조기

③ 열풍 건조기

④ 저장형 건조기

**해설**
원형 빈(Bin) 건조기
건조와 저장을 겸하는 건조기로, 곡물을 철판으로 만든 원통형의 빈(Bin)에 채우고, 송풍기가 외부의 공기를 빈 내의 곡물 층 사이로 불어 넣음으로써 건조가 이루어진다. 이때 외부의 공기가 건조하기 좋은 상태이면 가열하지 않고 그대로 상온 통풍 건조방식으로 사용하고, 온도가 낮고 습도가 높으면 가열한 공기를 불어 넣어 건조한다. 빈 내의 곡물을 균일하게 건조시키기 위해서 빈 내의 곡물을 순환시키는 것과 상하로 섞어 주는 것이 있다.

**55** 살포 농약의 사용약제가 분제 형태이며 송풍기의 바람에 실어 살포하는 방제기로 알맞은 것은?

① 살립기

② 연무기

③ 미스트기

④ 살분기

**해설**
④ 살분기 : 분제 농약을 송풍기의 바람에 실어 살포하는 방제기이다.
① 살립기 : 입제나 분립제를 살포하는 기기로 입상비료, 배토사 살포용이다.
② 연무기 : 약제를 연기와 같은 안개 모양의 입자로 만들어 공중에 넓게 확산시켜 뿌리는 방제기이다.
③ 미스트기 : 액제를 분무기보다 더욱 미세한 입자로 만들어 뿌릴 수 있는 방제기이다.

**56** 농업기계에 사용하는 휘발유, 경유 등 유류 취급안전에 관련한 설명으로 옳은 것은?

① 등유나 경유는 화재 위험이 없으므로 아무 데나 보관하여도 된다.
② 연료를 알맞게 구입하여 가능한 한 모두 사용하고, 사용하다 남은 연료는 화재 위험이 없는 곳에 따로 보관한다.
③ 화재 위험이 많은 휘발유는 주유소에 가서 기계에 직접 주유하고, 경유는 별도 용기에 구입·보관한다.
④ 모든 연료는 드럼통으로 구입하여 사용하고 드럼통에 보관한다.

**57** 콘덴서의 역할이 아닌 것은?

① 접점이 닫혀 있을 때는 축적된 전하를 방출하여 1차 전류의 회복을 빠르게 한다.
② 1차 전류의 차단시간을 단축하여 2차 전압을 낮춘다.
③ 접점 사이의 불꽃방전을 방지한다.
④ 접점 사이에서 발생되는 불꽃을 흡수하여 접점의 소손을 막는다.

> **해설**
> 1차 전류의 차단시간을 단축하여 2차 전압을 높인다.

**58** 트랙터의 차동장치에서 선회 시 오른쪽과 왼쪽 바퀴의 관계식으로 맞는 것은?(단, $N$ : 링 기어 회전속도, $L$ : 왼쪽 바퀴 회전수, $R$ : 오른쪽 바퀴 회전수)

① $N = L + R$
② $N = (L+R)/2$
③ $N = L \times R$
④ $N = 2/(L+R)$

> **해설**
> **차동장치** : 트랙터가 선회할 때 바깥쪽 바퀴가 안쪽 바퀴보다 더 빠르게 회전하여 원활한 선회가 이루어지게 하는 장치이다.

**59** 농기계 디젤기관의 압축압력을 측정하였더니 33.6 $[kgf/cm^2]$가 나왔다. 규정압축압력의 몇 [%]인가? (단, 규정압축압력은 48$[kgf/cm^2]$이다)

① 50[%]
② 60[%]
③ 70[%]
④ 80[%]

> **해설**
> $33.6 \div 48 \times 100 = 70[\%]$

**60** 농업기계의 보관·관리방법으로 옳지 않은 것은?

① 기계는 사용 후 세척하고 기름칠하여 보관한다.
② 보관장소는 건조한 장소를 선택한다.
③ 장기보관 시 사용설명서에 제시된 부위에 주유한다.
④ 장기보관 시 타이어의 공기압력을 낮춘다.

> **해설**
> 장기보관 시 타이어 공기압은 평소보다 높게 한다.

| 2013~2016년 | 과년도 기출문제 | ✔ 회독 CHECK 1 2 3 |
| 2018~2023년 | 과년도 기출복원문제 | ✔ 회독 CHECK 1 2 3 |
| 2024년 | 최근 기출복원문제 | ✔ 회독 CHECK 1 2 3 |

CHAPTER

# 02

# 농기계운전기능사
# 과년도+최근
# 기출복원문제

**01** 다음 중 커터바 모어라고도 하며 콤바인이나 바인더에 사용하는 것은?

① 로터리 모어

② 왕복 모어

③ 플레일 모어

④ 회전 모어

**해설**

모어 : 목초를 베는 데 사용하는 기계

• 왕복식 모어 : 커터바 모어라고도 하며 절단 날이 좌우로 왕복운동하면서 예취(콤바인)

• 회전형 모어 : 드럼형·디스크형 로터리 모어(우리나라에서 주로 사용)

• 플레일 모어 : 회전하는 수평축에 붙어 있는 플레일 날에 의하여 목초를 때려서 절단

**02** 관리기 조향 클러치의 적정 유격으로 가장 적합한 것은?

① 1~2[mm]

② 6~8[mm]

③ 12~14[mm]

④ 15~17[mm]

**해설**

조향 클러치의 유격은 1~2[mm]가 되도록 조정너트로 조정한다.

**03** 농용기관의 장기간 보관 시 조치사항 중 맞지 않는 것은?

① 흡·배기밸브는 완전히 열린 상태로 보관한다.

② 기관, 트랜스미션 케이스의 윤활유를 점검·보충한다.

③ 냉각수를 완전히 비워 둔다.

④ 가솔린기관의 연료를 완전히 비워 둔다.

**해설**

흡·배기밸브는 완전히 닫힌 상태로 보관한다.

**04** 다목적 관리기에서 PTO축과 작업기 구동축을 연결시키는 것은?

① V벨트

② 커플링

③ 체인 케이스

④ 변속기어

**05** 트랙터로 농작업 중 차동고정장치(Differential Lock)를 사용해서는 안 될 때는?

① 쟁기작업 시 바퀴가 고랑에 미끄러졌을 때

② 선회하면서 로터리 작업할 때

③ 거친 포장이나 진흙 포장에서 주행이 곤란할 때

④ 미끄러운 포장에서 한쪽 바퀴가 헛돌 때

**해설**

선회하면서 로터리 작업할 때는 차동장치를 사용한다.

**06** 횡류 연속식 건조기의 최대 소요기간은?

① 2일　　　　　② 3일

③ 4일　　　　　④ 5일

**07** 베일러에서 끌어올림 장치로 걷어 올려진 건초는 무엇에 의해 베일 체임버로 이송되는가?

① 픽업타인　　　② 오 거

③ 트와인노터　　④ 니 들

**해설**
플런저 베일러의 작동원리
지면과 접촉되지 않게 조절할 수 있도록 된 픽업장치로 초지의 건초를 걷어 올리면 이송오거에 의하여 베일 체임버로 이송된다. 베일 체임버로 이송된 건초는 왕복운동을 하는 플런저에 의하여 압축되는데, 압축밀도는 체임버 내에 있는 인장바(Tension Bar)에 의하여 조절된다. 또한 베일길이 측정 휠에 의하여 베일의 길이가 조절되고 베일이 일정한 길이로 성형되면 결속장치에 의하여 결속되는데, 이때 결속끈이 풀리지 않게 해 주는 매듭장치(Twine Knotter)가 있다.

**08** 세단하고 불어 올리는 장치를 가진 본체가 있고, 앞부분의 어태치먼트를 교환함으로써 용도가 넓어질 수 있는 목초수확기계는 무엇인가?

① 플레일형 목초수확기

② 헤이레이크 목초수확기

③ 모어바형 목초수확기

④ 헤이베일러 목초수확기

**해설**
모어바형 목초수확기
모어로 목초를 예취한 후 커터헤드로 절단하며, 헤드의 종류에는 예취목적으로 사용하는 목초용 글라스 헤드와 옥수수용 콘헤드 등이 있고, 모어로 예취하여 바닥에 깔려 있는 목초를 걷어 올리는 역할을 하는 윈드로 픽업이 있다.

**09** 콤바인에서 사용되는 오일로 점도가 가장 낮은 것은?

① 엔진오일

② 미션오일

③ 베어링오일

④ 그리스

**해설**
점도가 높은 순서
그리스 > 미션오일 > 엔진오일 > 스핀들유(미싱오일) > 스핀들유(이발용)

**10** 농업기계화의 장점이라고 할 수 없는 것은?

① 작업능률의 향상

② 노동생산성의 향상

③ 힘든 노동으로부터의 해방

④ 노임 및 투자비의 증가

**해설**
농업기계화의 최대 장점은 토지생산율과 노동생산율 및 자원이용률을 대폭 높일 수 있는 것으로서 농업기계화로 농민들은 전통적인 농업 생산방식과 고강도의 체력노동에서 해방될 수 있다.

**11** 농업기계를 구입하고자 할 때에 우선 검토해야 할 사항이 아닌 것은?

① 지방의 기후
② 기체의 크기 결정
③ 취급성과 안락성
④ 애프터서비스의 난이도

**12** 트랙터 로터리 작업 중 후진 시 주의사항은?

① 고속에서 후진한다.
② 작업기를 그대로 땅에 놓은 상태에서 후진을 해야 안전하다.
③ 로터리의 동력을 끊은 상태에서 후진한다.
④ 후진 시에 뒷부분은 신경 쓰지 않아도 무방하다.

해설
로터리에 전달되는 동력을 차단한다.

**13** 콤바인 조향 방식이 아닌 것은?

① 브레이크턴 방식
② 전자조향 방식
③ 급선회 방식
④ 완선회 방식

해설
**콤바인 조향 방식**
브레이크턴 방식, 급선회(스핀턴) 방식, 완선회(소프트턴) 방식

**14** 기관오일을 보충하거나 교환할 때의 주의사항 중 옳지 않은 것은?

① 기관에 알맞은 오일을 선택한다.
② 동일 등급의 오일을 사용한다.
③ 경비 절감을 위하여 재생오일을 사용한다.
④ 단번에 다량의 오일을 넣지 않고, 몇 번에 나누어 오일 양을 점검하면서 주입한다.

**15** 겨울철에 경운기를 시동할 때는 시동 버튼을 누르고 시동해야 하는 이유는?

① 연료의 안개화를 위하여
② 연료에 공기량을 보충해 주기 위하여
③ 연료공급량을 많게 하여 시동을 용이하게 하기 위하여
④ 흡입공기의 온도가 낮으므로 연료공급량을 줄여 시동을 용이하게 하기 위하여

**16** 다음 중 바퀴형 트랙터의 견인계수가 가장 큰 곳은?

① 목초지
② 건조한 점토
③ 사질 토양
④ 건조한 가는 모래

**해설**
견인계수

| 토양조건 | 견인계수 |
|---|---|
| 콘크리트 길 | 0.66 |
| 건조한 식토 | 0.55 |
| 사양토 | 0.50 |
| 건조한 모래자갈 | 0.36 |
| 자갈길 | 0.36 |

**17** 물을 양수기로 양수하고 가압하여 송수하며, 자동적으로 분사관을 회전시켜 살수하는 것은?

① 버티컬 펌프
② 동력 살분무기
③ 스프링클러
④ 스피드 스프레이어

**18** 폭발행정 때 얻은 에너지를 저축하였다가 압축, 배기, 흡입 등의 행정 시에 공급하여 회전을 원활하게 하고 맥동을 감소시키는 역할을 하는 것은?

① 조속기(Governor)
② 기화기(Carburetter)
③ 플라이휠(Flywheel)
④ 배기다기관(Muffler)

**해설**
플라이휠(Flywheel)은 크랭크축의 뒤쪽에 설치하는 무거운 원판형 바퀴로서 볼트로 플랜지에 고정시킨다. 이 플라이휠은 폭발행정에서 얻은 에너지를 흡수해 일시저장했다가 다른 행정, 즉 흡입, 압축, 배기행정 때 저장한 에너지를 이용해 크랭크축의 주기적인 변동을 작게 하고, 원활하게 회전하도록 하는 역할을 한다.

**19** 이앙기에서 모가 심어지는 개수(묘취량)를 조절하는 데 이용되는 부위는?

① 플로트 높이
② 주간 조절
③ 탑재판의 높낮이
④ 조향 클러치

**20** 예취기 작업 시 옳지 않은 방법은?

① 시작 전 각부의 볼트·너트의 풀림, 날 고정볼트의 조임 상태를 확인한다.
② 장시간 작업 시 6시간 30분 정도 휴식한다.
③ 기관을 시동한 뒤 2~3분 공회전 후 작업을 한다.
④ 장기간 보관할 때 금속 날 등에 오일을 칠하여 보관한다.

**해설**
진동장애, 청각장애 등에 의한 사고를 대비하기 위해 예취기와 기계톱 작업은 10분 이내로 하고, 충분한 휴식시간을 가진 후 작업을 실시하며, 하루 2시간을 넘지 않도록 해야 한다.

**21** 이앙기 작업에서 3.3[m²]당 주수를 80~85로 하려면 조간거리가 30[cm]일 때 주간거리는?

① 9[cm]  ② 13[cm]
③ 17[cm]  ④ 21[cm]

**해설**
식부부의 심는 조간은 30[cm]로 고정이며, 주간은 11~16[cm]로 조절할 수 있다.

**22** 동력 살분무기의 파이프 더스터(다공호스)를 이용하여 분제를 뿌리는데 기계와 멀리 떨어진 파이프 더스터의 끝으로 배출되는 분제의 양이 많다. 다음 중 고르게 배출하도록 하기 위한 방법으로 가장 적당한 것은?

① 엔진의 속도를 빠르게 한다.
② 엔진의 속도를 낮춘다.
③ 밸브를 약간 닫아 배출되는 분제의 양을 줄인다.
④ 밸브를 약간 열어 배출되는 분제의 양을 늘린다.

**해설**
기관의 회전속도가 필요 이상으로 빨라 송풍량이 많으면 분제가 파이프 더스터의 끝에서 많이 배출되고, 회전속도가 느리면 기체 가까운 쪽에서 많이 배출되므로, 약제가 골고루 뿌려지려면 기관의 회전속도를 알맞게 조절해야 한다.

**23** 동력 경운기 작업기 연결에서 동력취출축(PTO)에 연결하는 작업기는?

① 동력 분무기
② 쟁 기
③ 트레일러
④ 로터리

**해설**
로터리와 같은 구동형 작업기는 변속기 몸체 옆에 있는 PTO축과 로터리 구동축을 커플링 등으로 연결시켜 구동한다.
※ 동력 분무기는 PTO축에 풀리를 부착하여 사용하고, 쟁기·트레일러는 히치에 연결하여 사용한다.

**24** 동력 경운기 데켈형 분사펌프에서만 볼 수 있는 부품은?

① 스모크셋 장치
② 레귤레이터 스핀들
③ 초크밸브
④ 래 크

**해설**
데켈형(Deckel Type)은 소형 단기통 실린더기관에 이용되는 형식으로 연료를 압송하는 플런저 펌프와 토출밸브 및 압송량을 조절하는 연료조절기구 등으로 되어 있다. 기관의 회전으로 플런저의 끝에 부착된 캠이 플런저를 밀어 주어 연료를 압송하게 된다. 이때의 연료압력으로 토출밸브가 열려 연료가 분사밸브로 보내진다. 기관의 회전속도 및 출력의 변화를 위한 분사량의 조절은 조속기에 연결된 레귤레이터 스핀들에 의하여 연료를 연료의 흡입구 쪽으로 누출시킴으로써 이루어진다.

**25** 배부형(배수식) 예초기에 사용하는 클러치 형식은?

① 벨트식 클러치
② 마찰식 클러치
③ 원심식 클러치
④ 밴드식 클러치

**26** 동력 경운기의 작업기가 아닌 것은?

① 로 더          ② 배토기

③ 로터리         ④ 트레일러

**해설**
로더는 트랙터의 작업기이다.

**27** 다음은 동력 분무기가 압력이 오르지 않는 원인이다. 옳지 않은 것은?

① 압력계 입구가 막힘
② 플런저의 파손
③ 공기실에 공기가 있음
④ 레귤레이터의 작동 불량

**28** 동력 분무기 운전 중 주의사항이다. 맞지 않는 것은?

① 압력조절 레버를 위로 올려 무압상태에서 엔진을 시동한다.
② 운전 초기에 이상음이 들리면 즉시 엔진을 멈추고 점검한다.
③ 압력조절 레버를 내리고 소요압력을 적당히 조절하여 사용한다.
④ 분무작업을 시작했을 때 압력이 내려가면 이상이 있으므로 엔진을 멈추고 점검한다.

**해설**
볼 밸브 호스에 연결된 밸브를 열고 분무작업을 시작하면 압력이 갑자기 내려가나 호스에 약액이 충만해지면 서서히 상용압력으로 올라간다.

**29** 다음은 경운작업 시 고랑이 고르지 않게 되는 원인이다. 틀린 것은?

① 디스크 콜터의 조정이 불량하다.
② 플라우의 조우 수평이 불량하다.
③ 트랙터의 바퀴 중심이 안 맞는다.
④ 보습의 마멸이 균일하다.

**30** 가솔린기관에서 압축된 혼합기는 무엇에 의해 점화되는가?

① 분사노즐
② 압축가스
③ 점화 플러그
④ 분사펌프

**해설**
점화 플러그는 점화 코일에서 발생된 고전압을 받아 연소실 내에서 불꽃방전에 의해 혼합기를 점화시킨다.

**31** 농업기계용 전조등 전기회로의 주요 구성품이 아닌 것은?

① 퓨 즈
② 전조등 스위치
③ 디머 스위치
④ 콤비네이션 스위치

해설
전조등 회로는 퓨즈, 라이트 스위치, 디머 스위치(Dimmer Switch) 등으로 구성되어 있다.

**32** 어떤 전선의 길이를 A배, 단면적을 B배로 하면 전기저항은?

① $\left(\dfrac{B}{A}\right)$배로 된다.
② $(A \times B)$배로 된다.
③ $\left(\dfrac{A}{B}\right)$배로 된다.
④ $\left(\dfrac{A \times B}{2}\right)$배로 된다.

해설
저항 $R = \rho \dfrac{L}{A} \rightarrow R = \dfrac{A}{B}$
($\rho$ : 물질의 저항률, $A$ : 단면적, $L$ : 길이)

**33** 1[A]의 전류를 흐르게 하는 데 2[V]의 전압이 필요하다. 이 도체의 저항은?

① 1[Ω]
② 2[Ω]
③ 3[Ω]
④ 4[Ω]

해설
$R = \dfrac{V}{I}$ ($V$ : 전압, $I$ : 전류, $R$ : 저항)
$R = \dfrac{2}{1} = 2[Ω]$

**34** 축전기의 큰 전류방전을 막기 위하여 시동전동기는 몇 초 이상 연속하여 사용하지 않아야 하는가?

① 10~20초
② 30~40초
③ 40~50초
④ 50~60초

해설
최대 연속사용시간은 30초, 연속사용시간 10초이다.

**35** 60[Hz]용 3상 유도전동기의 극수가 4극이다. 이 전동기의 동기속도는?

① 900[rpm]
② 1,200[rpm]
③ 1,800[rpm]
④ 3,600[rpm]

해설
동기속도 $N_s = \dfrac{120f}{P} = \dfrac{120 \times 60}{4} = 1,800[\text{rpm}]$

31 ④  32 ③  33 ②  34 ①  35 ③  정답

**36** 축전지의 용량이 240[Ah]라면, 이 축전지에 부하를 연결하여 12[A]의 전류를 흘리면 몇 시간 동안 사용이 가능한가?

① 10시간　　　　② 20시간

③ 30시간　　　　④ 40시간

**해설**

용량(Ah) = 방전전류(A) × 방전시간(h)

240 = 12 × h

∴ h = 20시간

**37** 전자유도작용에 의하여 그 자속의 변화를 방해하는 방향으로 자신의 회로에 기전력이 유기되어 전류의 방향을 방해하려고 하는 현상은?

① 자기유도작용

② 상호유도작용

③ 정전작용

④ 자기작용

**38** 2[V]의 기전력으로 20[J]의 일을 할 때 이동한 전기량은?

① 0.1C　　　　② 10C

③ 20C　　　　④ 240C

**해설**

$V(전압) = \dfrac{W(전력량)}{Q(전기량)} \rightarrow 2 = \dfrac{20}{Q}$

∴ $Q = 10[C]$

**39** 단속기 내 축전기(콘덴서)의 역할과 관계없는 것은?

① 1차 전류의 차단시간을 단축하여 2차 전압을 높인다.

② 점화 2차 코일에 발생하는 유도전류를 흡수한다.

③ 접점 사이에 발생되는 불꽃을 흡수하여 접점의 소손을 막는다.

④ 축전전하를 방출하여 1차 전류의 회복이 속히 이루어지도록 한다.

**40** $R_1$, $R_2$의 저항을 병렬로 접속할 때 합성저항은?

① $R_1 + R_2$　　　　② $\dfrac{R_1 + R_2}{R_1 \times R_2}$

③ $\dfrac{R_1 \times R_2}{R_1 + R_2}$　　　　④ $\dfrac{1}{R_1 + R_2}$

**41** 다음 중 발전기와 가장 관계가 깊은 법칙은?

① 플레밍의 왼손법칙
② 플레밍의 오른손법칙
③ 옴의 법칙
④ 오른손 엄지손가락의 법칙

> **해설**
> 플레밍의 왼손법칙을 이용한 것은 전동기이고, 오른손법칙을 이용한 것은 발전기이다.

**42** 단기통 실린더의 전기불꽃 발생 점화장치로 이용되는 것은?

① 마그넷발전기
② 축전기
③ 동기발전기
④ 전동발전기

**43** 다음 중 방전된 축전기에 충전이 잘되지 않는 원인으로 적합하지 않은 것은?

① 전압조정기의 조정 설정이 높다.
② 조정기 접점이 오손되었다.
③ 배선 또는 연결이 불량하다.
④ 발전기가 불량하다.

> **해설**
> 전압조정기의 조정 설정이 낮을 때 충전이 잘되지 않는다.

**44** 다음 중 디지털 회로시험기의 설명으로 틀린 것은?

① 비교기, 발진기, 증폭기 등으로 구성된다.
② 개인 측정오차가 없다.
③ 아날로그, 디지털 겸용도 있다.
④ 측정값은 지침의 지싯값이다.

> **해설**
> 측정값은 숫자값으로 표시된다.

**45** 단상 유도전동기 중 고정자에 주권선 외에 보조권선(기동권선)을 두어 회전자장을 만들어 기동하고, 가속되면 주권선만으로 운전하는 기동기는?

① 콘덴서 기동형
② 흡인 기동형
③ 반발 기동형
④ 분상 기동형

**46** 산업안전관리의 의의에 해당되지 않는 것은?

① 인적·물적인 재해 예방
② 근로자의 생명과 신체 보전
③ 근로자의 생활 유지·발전
④ 공공사회의 질서 유지

해설
**산업안전관리의 의의**
산업안전관리는 인적·물적인 재해를 방지하여 근로자의 생명과
신체를 보전함으로써 근로자의 생활을 유지·발전시키고 사회에
공헌하기 위한 인사관리의 일환이다.

**47** 작업장에서의 안전보호구 착용상태를 설명한 것이
다. 옳은 것은?

① 안전화 대신 슬리퍼를 착용해도 된다.
② 귀마개 대신 이어폰을 사용한다.
③ 날씨가 더우면 분진이 많아도 분진 마스크를 하
지 않아도 된다.
④ 낙하위험 작업장에서 안전모를 착용한다.

**48** 간접접촉에 의한 감전 방지방법이 아닌 것은?

① 보호절연
② 보호접지
③ 설치장소의 제한
④ 사고회로의 신속한 차단

해설
간접접촉으로 인한 감전을 방지하기 위해서는 보호절연, 보호접
지, 사고회로의 신속한 차단, 회로의 전기적 격리, 안전전압 이하의
기기 사용 등의 방법이 있다.

**49** 다음 중 작업환경의 구성요소가 아닌 것은?

① 조 명  ② 소 음
③ 연 락  ④ 채 광

해설
**작업환경**
온도·습도, 조명 및 채광, 소음, 색채, 환경 정리, 안전설비

**50** 보링의 종류에 해당되지 않는 것은?

① 수세식 보링
② 타격식 보링
③ 충격식 보링
④ 회전식 보링

해설
**보링의 종류** : 오거 보링, 수세식 보링, 회전식 보링, 충격식 보링

**51** 해머 작업 시 안전수칙에 위반되는 것은?

① 녹슨 것을 때릴 때는 반드시 보안경을 착용할 것
② 손잡이는 쐐기를 박아서 튼튼하게 공정한 것을 사용할 것
③ 마지막 작업 시 힘을 강하게 할 것
④ 작업 시는 장갑을 끼지 말 것

해설
해머로 타격할 때에는 처음과 마지막에는 힘을 많이 가하지 말아야 한다.

**52** 지게차의 안전운행조건으로 잘못된 것은?

① 포크 위에 사람을 태워 약간의 전·후진은 안전하다.
② 운전원 외의 어떠한 자도 절대 승차시키지 않는다.
③ 경사진 위험한 곳에 장비주차를 하면 안 된다.
④ 주행 시 포크는 반드시 내리고 운전한다.

해설
포크를 이용하여 사람을 싣거나 들어 올리지 않아야 한다.

**53** 프레스(Press) 작업 중 안전에 가장 중요한 점검은?

① 펀치의 점검
② 다이의 점검
③ 동력의 점검
④ 클러치의 점검

**54** 동력 경운기로 운반작업 시 안전 운행사항으로 틀린 것은?

① 주행속도는 15[km/h] 이하로 운행할 것
② 적재중량은 500[kg] 이하로 할 것
③ 급경사지에서 조향 클러치를 조향 반대방향으로 잡을 것
④ 경사지를 이동할 때는 도중에 변속 조작을 하지 말 것

해설
조향 클러치를 사용하지 않고 핸들만으로 운전한다.

**55** 수공구 취급에 대한 안전수칙 중 잘못된 것은?

① 줄작업 시 절삭 칩은 입으로 불지 않는다.
② 해머 자루에는 쐐기를 박아 사용한다.
③ 정 작업 시 정의 머리 부분에 기름이 묻지 않도록 한다.
④ 작업 중 바이스를 조여 줄 필요는 없다.

해설
사용한 후에는 바이스를 가볍게 조여 둔다.

51 ③  52 ①  53 ④  54 ③  55 ④  정답

**56** 연소용기의 가스누설 검사에 가장 적합한 것은?

① 순수한 물
② 성냥불
③ 아세톤
④ 비눗물

**57** 동력 경운기 관련 재해를 예방하기 위한 주의사항으로 올바른 것은?

① 정비를 위해 커버를 분리할 때 엔진 정지 후 안전하게 분리한다.
② 엔진이 뜨거운 동안에 급유 및 주유를 실시하여 시간의 낭비를 막는다.
③ 작업자가 많고 이동거리가 멀 경우 경운기 트레일러에 사람을 태워 이동한다.
④ 타이어는 취급설명서에 기재된 공기압 이상으로 주입하여 과적에도 문제가 없도록 한다.

**58** 재해 빈발 발생자에 대한 대책 중 가장 적당한 것은?

① 업무를 바꾸어 준다.
② 강경한 행정조치를 취한다.
③ 휴가를 주어 심신의 피로를 풀어 준다.
④ 권고사직시킨다.

**59** 안전사고의 개념에 해당되지 않는 사고는?

① 교통사고
② 화재사고
③ 작업 중 기계에 의한 사고
④ 폭풍우에 의한 가옥 도괴사고

해설
안전사고란 안전교육의 미비 또는 부주의로 일어나는 사고를 말한다. 안전사고의 유형에는 가정 안전사고, 학교 안전사고, 교통 안전사고, 야외 안전사고 등이 있다.

**60** 독성 농약이 피부에 묻었을 때 응급처리방법으로 올바른 것은?

① 물을 많이 마시게 한다.
② 비눗물로 깨끗이 씻는다.
③ 그냥 눈을 감는다.
④ 인공호흡을 한다.

**01** 동력 이앙기에서 모의 식부깊이를 일정하게 하는 것은?

① 이앙 암
② 안내봉
③ 플로트
④ 모 탑재대

**해설**
플로트는 논 표면을 수평으로 정지하고 이앙깊이를 조절하는 장치이다.

**02** 동력 살분무기의 약제 살포방법으로 적절하지 않은 것은?

① 전진법
② 후진법
③ 횡보법
④ 지그재그법

**해설**
**동력 살분무기의 살포작업방법**
• 앞으로 나가며 분관을 흔드는 전진법
• 독성이 높은 약제 살포 시 뒤로 물러나면서 뿌리는 후진법
• 측면에서 바람이 불 때 옆으로 가며 뿌리는 횡보법

**03** 기계의 구입가격이 600만원, 폐기가격이 60만원, 내구연한이 10년인 경우 직선법에 의한 이 기계의 감가상각비는?

① 54,000(원/년)
② 540,000(원/년)
③ 660,000(원/년)
④ 3,600,000(원/년)

**해설**
$$감가상각비 = \frac{6,000,000 - 600,000}{10} = 540,000원/년$$

**04** 내연기관의 총배기량을 구하는 공식은?

① 압축비 × 실린더수
② 실린더의 단면적 × 행정 × 실린더수
③ 실린더의 지름 × 행정 × 압축비
④ 실린더의 단면적 × 압축비 × 실린더수

**05** 동력 살분무기를 이용하여 방제작업하기에 적당한 시기는?

① 바람이 없는 날
② 바람이 있는 날 아침
③ 바람이 없는 날 비오기 전
④ 바람이 없는 날 해 지기 전

**해설**
바람이 없는 날 해 지기 전이 식물과 땅의 온도가 낮아 증발량이 적을 때이므로 방제작업하기에 적당한 시기이다.

**06** 4기통 직렬형 기관의 점화순서는?

① 1 - 3 - 2 - 4
② 1 - 4 - 2 - 3
③ 1 - 4 - 3 - 2
④ 1 - 2 - 4 - 3

**해설**
4기통 내연기관의 점화순서
• 좌수식 : 1 - 2 - 4 - 3
• 우수식 : 1 - 3 - 4 - 2

**07** 보시형 디젤기관의 연료분사량을 조절하기 위해 조정하는 것은?

① 타이 로드 길이
② 진각장치의 회전수
③ 연료분사펌프 플런저 각도
④ 노즐의 분사각

**해설**
연료분사펌프에는 보시형과 데켈형이 있으며, 차이는 연료량 조절 방식이다.
• 보시형 : 조속기 레버 → 피니언 → 컨트롤 랙 → 플런저와 플런저 배럴 사이의 틈으로 연료 유입
• 데켈형 : 조속기 레버 → 레귤레이터 밸브에서 연료 유입 → 플런저

**08** 플라우 경운작업 시 경심을 깊게 하려 할 때 조치방법으로 옳은 것은?

① 상부 링크를 조여 준다.
② 상부 링크를 풀어 준다.
③ 리프팅 로드를 늘려 준다.
④ 체크 체인을 조여 준다.

**해설**
쟁기의 경심 조절방법
• 상부 링크로 조절하는 방법
 – 경심이 깊을 때는 상부 링크를 풀어 준다.
 – 경심이 얕을 때는 상부 링크를 조여 준다.
• 미륜으로 조절하는 방법
 – 미륜을 내리면 경심이 얕아진다.
 – 미륜을 올리면 경심이 깊어진다.

**09** 건조의 3대 요인에 속하지 않는 것은?

① 공기의 온도
② 대상물의 크기
③ 습 도
④ 풍량(바람의 세기)

**해설**
건조에 영향을 주는 요인은 건조용 공기의 온도, 습도, 공기의 양(풍량)이며, 이를 건조의 3대 요인이라고 한다.

**10** 콤바인 작업 시 급동의 회전이 낮을 때의 증상 중 틀린 것은?

① 선별 불량
② 탈부미 증가
③ 막 힘
④ 능률 저하

**콤바인 작업 시**
• 회전속도가 높으면 : 곡물의 손상률과 포장손실 증가
• 회전속도가 낮으면 : 탈곡능률 저하, 선별상태 불량, 작업 중 막힐 우려

**11** 포장에서 목초 베일러의 작업 시 선회방법으로 옳은 것은?

① PTO 동력을 차단하고, 큰 원으로 회전한다.
② PTO 동력을 연결하고, 큰 원으로 회전한다.
③ PTO 동력을 차단하고, 작은 원으로 회전한다.
④ PTO 동력을 연결하고, 작은 원으로 회전한다.

**12** 콤바인 선별부에서 곡물과 검불이 혼합된 미처리물은 어디로 모여지는가?

① 1번구
② 2번구
③ 배진구
④ 탈곡부

**선별부** : 선별 결과 곡물은 1번구로 떨어지고, 검불은 기체 밖으로 배출되며, 곡물과 검불이 혼합된 미처리물은 2번구에 모아져 탈곡통이나 처리통으로 되돌려져 다시 선별된다.

**13** 예취된 목초를 짓눌러 건조를 빠르게 하기 위한 기계는?

① 헤이 레이크
② 헤이 컨디셔너
③ 헤이 테더
④ 헤이 베일러

① 헤이 레이크 : 예취한 후 포장에 널려진 목초를 베일러 작업이 쉽도록 모아 주거나 건조를 하기 위하여 펼쳐 주는 작업기
③ 헤이 테더 : 예취된 목초의 건조를 빨리 진행시키기 위해 목초를 반전 또는 확산시키는 데 사용하는 기계
④ 헤이 베일러 : 말린 목초나 볏짚을 일정한 용적으로 압축하여 묶는 기계

**14** 고속분무기에서 분두의 최대 살포각도로 적절한 것은?

① 30°
② 45°
③ 90°
④ 180°

살포 분무각은 180° 이상으로서 전면을 일시에 살포할 수 있는 것과 90° 정도의 범위에 한쪽만 살포하는 경우 또는 45° 정도만 살포할 수 있는 경우도 있다.

**15** 농업기계의 이용비용 중에서 변동비에 해당되는 것은?

① 차고비
② 연료비
③ 감가상각비
④ 투자에 대한 이자

**해설**
변동비는 농업기계를 사용함으로써 발생하는 비용으로 사용시간에 따라 증가하며, 사용하지 않으면 변동비는 발생하지 않는다. 연료비, 윤활유비, 노임, 수리 등이 있다.

**16** 파종기의 부품이 아닌 것은?

① 식부장치
② 종자배출장치
③ 구절기
④ 복토진압장치

**해설**
**조파기의 구조**
• 종자를 넣는 종자통
• 종자를 일정한 양으로 배출하는 종자배출장치
• 종자를 고랑으로 유도하는 종자관
• 고랑을 만드는 구절기
• 파종한 다음 종자에 복토하고 진압하는 복토기와 진압바퀴 등

**17** 트랙터에 장착된 로터리의 좌우 수평조절은 무엇으로 하는가?

① 톱링크
② 레벨링 박스
③ 좌측 로어 링크
④ 미 륜

**해설**
**좌우 높낮이 조정**
• 트랙터의 양쪽 뒤 차축과 작업기의 위 프레임이 서로 나란히 유지되게 하면 된다.
• 레벨 핸들을 돌려 우측 로어(Lower) 링크 길이로 조정한다.
• 좌우 높낮이가 맞지 않으면 좌우 경심이 차이가 난다.

**18** 기관 사용 전 난기운전을 실시하는 이유가 아닌 것은?

① 윤활유가 각부에 순환되도록 하기 위하여
② 기계에 따뜻한 열을 주기 위하여
③ 변속기의 이상 유무를 확인하기 위하여
④ 기관의 고장 여부를 확인하기 위하여

**19** 동력 살분무기의 가솔린과 윤활유의 혼합비율로 가장 적절한 것은?

① 5 : 1
② 10 : 1
③ 20 : 1
④ 30 : 1

**해설**
**2사이클 엔진의 연료 혼합비율**
가솔린 : 오일 = 25 : 1 또는 20 : 1

**20** 트랙터의 로터베이터 장착요령에 대한 설명으로 틀린 것은?

① 하부 링크에서 상부 링크 순으로 링크 홀더에 끼운다.

② 기관을 정지시키고, 주차브레이크를 건다.

③ 상부 링크와 로터베이터의 마스트를 핀에 끼워 연결한다.

④ 유니버설 조인트 연결 시 로터베이터 쪽 연결 후 PTO쪽을 연결한다.

**해설**
**장착방법**
• 유니버설 조인트의 한쪽(스플라인축)을 먼저 PTO축에 삽입하여 장착시킨다.
• 다른 한쪽을 로터베이터의 입력축에 깊이 삽입한 후 서서히 빼면 자동적으로 입력축 홈의 고정위치에 맞는다.
• 트랙터 PTO축 쪽으로 조인트를 서서히 분리하고 고정 핀이 확실히 고정되도록 한다.

**21** 콤바인을 시동 후 이동이나 작업하기 전에 먼저 해야 할 조치는?

① 예취 클러치를 넣는다.

② 픽업장치 및 예취부를 지면에서 약간 떨어지도록 한다.

③ 탈곡 클러치를 넣는다.

④ 변속 레버를 넣는다.

**해설**
파워 스티어링 레버로 예취부의 높이를 분할기의 끝이 지면으로부터 2[cm] 정도를 유지하도록 낮춘다.

**22** 살수장치인 스프링클러 관개에 대한 설명 중 틀린 것은?

① 물방울이 미세하므로 땅이 굳어지지 않는다.

② 물을 균일하게 뿌려 주므로 물의 양이 절약된다.

③ 농약을 섞어 함께 사용할 수 있다.

④ 바람의 영향을 적게 받는다.

**해설**
**살수관수의 장단점**

| | |
|---|---|
| 장점 | • 비료와 농약을 섞어 뿌릴 수 있다.<br>• 잎에 묻은 흙이나 먼지를 씻어 낼 수 있다.<br>• 물방울이 미세하여 땅이 굳어지지 않는다.<br>• 경사지에서도 사용할 수 있으며, 토양의 침식이 적다.<br>• 물을 균일하게 뿌려 주므로 물의 양이 20~30[%] 절약된다. |
| 단점 | • 침투성이 좋지 못한 흙의 경우에는 지표에 고여 증발되는 손실이 발생한다.<br>• 작물의 잎이 많은 경우에는 물이 땅에 떨어지지 않고 잎에 묻어 증발하는 손실이 많다.<br>• 수압이나 바람에 따라 살수상태가 변화된다. |

**23** 경운기 보관관리 요령 중 틀린 것은?

① 변속 레버는 저속 위치로 보관한다.

② 본체와 작업기를 깨끗이 닦아서 보관한다.

③ 작동부나 나사부에 윤활유나 그리스를 바른 후 보관한다.

④ 통풍이 잘되는 실내에 보관한다.

**해설**
각 변속 레버는 중립에 놓고, 주클러치 레버는 연결 위치에 놓는다.

**24** 동력 경운기의 로터리 경운작업 시 변속에 관한 설명 중 틀린 것은?

① 주클러치 레버는 끊김 위치로 한 다음 변속한다.

② 후진할 때에는 반드시 경운 변속 레버를 중립에 놓고 실시한다.

③ 부변속 레버가 경운 변속 위치에 놓여 있더라도 후진 변속이 된다.

④ 부변속 레버가 고속 위치에 놓여 있을 때는 경운 변속이 되지 않는다.

해설
부변속 레버(경운 변속 레버)가 '굵게' 또는 '잘게' 위치에 있을 때에는 주변속 레버가 '후진' 위치에 들어가지 않는다.

**25** 관리기의 특징으로 틀린 것은?

① 핸들은 조작 레버에 의해 원터치 조작으로 상하 좌우로 간단하고 용이하게 조작할 수 있다.

② 변속기와 로터리는 분리식이므로 각종 부속장치의 교체가 용이하다.

③ 경심 깊이 조절은 앞바퀴로 상하 조절하므로 중경제초, 심경, 복토작업이 용이하다.

④ 기체의 무게중심으로 인해 경사지에서는 작업이 불가능하다.

해설
관리기는 무게중심이 낮아 경사지 작업에도 용이하다.

**26** 기관의 연료소비율을 나타내는 단위로 가장 적절하지 않은 것은?

① km/L ② L/min

③ g/PS·h ④ g/kW·h

해설
**연료소비율 단위**
km/L, g/MW·s, g/kW·h, g/PS·h, lbm/hp·h
※ 유량 단위 : L/min

**27** 승용 이앙기의 차동고정장치를 사용하는 경우로 틀린 것은?

① 경사지를 오를 때

② 논두렁을 넘을 때

③ 한쪽 바퀴가 슬립할 때

④ 가장자리에서 선회할 때

**28** 경운기 텐션베어링을 위한 오일 중 가장 적절한 것은?

① 모터오일

② 기어오일

③ 기계오일

④ 주유하지 않음

**29** 기화기식 가솔린기관을 시동할 때 농후한 혼합기를 만드는 데 사용되는 장치는?

① 초크밸브
② 에어 블리더
③ 조속기
④ 스로틀 밸브

**해설**

보통 운전 시에는 초크밸브가 수직상태이지만 초크밸브가 작동되면 수평상태가 되어 공기의 유입을 거의 차단하며, 이 상태에서 기관을 크랭크하면 초크밸브의 아래쪽에 강한 진공이 생겨 메인노즐에서 다량의 연료가 유출되어 시동에 필요한 농후한 혼합비를 만든다.

**30** 트랙터의 작업 전 엔진 보닛을 열고 점검하는 사항으로 거리가 먼 것은?

① 엔진오일량
② 냉각수량
③ 팬 벨트 장력
④ 미션오일량

**해설**

**트랙터 시동 전 점검**
• 연료, 냉각수, 엔진오일
• 팬 벨트 장력
• 누수 및 누유
• 타이어 공기압
• 바퀴의 정렬상태 등

**31** 다음 중 측정값의 오차를 나타내는 것은?

① 측정값 + 참값
② 측정값 − 참값
③ 보정률 + 참값
④ 보정률 − 참값

**32** 3상 농형 유도전동기의 회전방향을 변경시키는 방법으로 옳은 것은?

① 회전자의 결선을 변경한다.
② 시동을 끈 후 다시 시동한다.
③ 입력전원 3선 중 2선을 바꾸어 결선한다.
④ 입력전원 3선을 순차적으로 모두 바꾸어 결선한다.

**해설**

**각종 전동기의 회전방향을 바꾸는 방법**
• 직류전동기에서는 전기자(電機子)에 가하는 전압을 반대로 하면 전기자 전류의 방향이 바뀌어져 반대방향으로 회전한다.
• 직류분권식이나 복권식, 직권식의 경우는 단순히 전원의 +, −를 반대로 바꾸어 연결하는 것으로는 자기장의 전류가 모두 반전(反轉)하기 때문에 회전방향이 변경되지 않는다. 이 경우에는 전기자나 계자권선의 어느 한쪽만의 접속을 바꾸도록 하지 않으면 안 된다.
• 단상 유도 또는 동기전동기에서는 주권선이나 보조권선 어느 한쪽의 접속을 반대로 하면 된다.
• 3상 유도 또는 동기전동기를 역전시키려면 3가닥 선(線) 중에서 임의의 2가닥 선의 접속을 바꾸어 접속하면 된다. 이렇게 하면 회전자기장의 방향이 반대로 되고 회전자도 반대방향으로 회전한다.

**33** 다음 중 전기 관련 단위로 옳지 않은 것은?

① 전류 : [A]
② 저항 : [Ω]
③ 전력량 : [kWh]
④ 정전용량 : [H]

**해설**

정전용량값은 $C$로 표시하고, 단위는 패럿(F)이다.

**34** 전압계와 전류계에 대한 설명으로 틀린 것은?

① 직류를 측정할 때는 (+), (−)의 극성에 주의한다.
② 전압계는 저항부하에 대하여 병렬접속한다.
③ 전류계는 저항부하에 대하여 직렬접속한다.
④ 전압계와 전류계 모두 저항부하에 대하여 직렬
   접속한다.

**해설**
전류계는 측정하고자 하는 저항이나 부하와 직렬로 연결하고, 전압계는 측정하고자 하는 저항이나 부하의 양단에 병렬로 연결한다.

**35** 다음 중 교류발전기에서 발생한 교류전압을 직류전압으로 정류하는 데 사용되는 것은?

① 슬립링
② 다이오드
③ 계자 릴레이
④ 전류조정기

**해설**
**교류발전기와 직류발전기의 비교**

| 기능(역할) | 교류(AC)발전기 | 직류(DC)발전기 |
|---|---|---|
| 전류 발생 | 고정자(스테이터) | 전기자(아마추어) |
| 정류작용 (AC → DC) | 실리콘 다이오드 | 정류자, 러시 |
| 역류 방지 | 실리콘 다이오드 | 컷아웃 릴레이 |
| 여자 형성 | 로 터 | 계자 코일, 계자 철심 |
| 여자 방식 | 타여자식(외부전원) | 자여자식(잔류자기) |

**36** 다음 중 점화 플러그에 요구되는 특징으로 틀린 것은?

① 급격한 온도 변화에 견딜 것
② 고온, 고압에 충분히 견딜 것
③ 고전압에 대한 충분한 도전성을 가질 것
④ 사용조건의 변화에 따르는 오손, 과열 및 소손
   등에 견딜 것

**해설**
**점화 플러그에 요구되는 특성**
• 급격한 온도 변화에 견딜 수 있어야 한다.
• 고온, 고압에서 기밀이 유지되어야 한다.
• 고전압에 대한 절연성이 있어야 한다.
• 사용조건 변화에 따르는 오손, 과열, 소손 등에 견딜 수 있어야
  한다.

**37** 기동전동기의 취급 시 주의사항으로 틀린 것은?

① 오랜 시간 연속해서 사용해도 무방하다.
② 기동전동기를 설치부에 확실하게 조여야 한다.
③ 전선의 굵기가 규정 이하의 것을 사용해서는 안
   된다.
④ 엔진이 시동된 다음에는 키 스위치를 시동으로
   돌려서는 안 된다.

**해설**
오랜 시간 연속으로 사용하면 안 된다. 최대 연속사용시간은 30초, 연속 사용시간은 10초이다.

**38** 조도에 대한 설명 중 틀린 것은?

① 단위면적당 입사광속이다.

② 단위는 럭스(lx)를 사용한다.

③ 광원과의 거리에 비례한다.

④ 기호는 보통 E를 사용한다.

**해설**

$lx = \dfrac{lm}{m^2}$ 조도는 거리의 제곱에 반비례한다.

**39** 0.1[mA]는 다음 중 어느 것과 같은가?

① $10^{-1}[A]$　　② $10^{-3}[A]$

③ $10^{-4}[A]$　　④ $10^{-5}[A]$

**해설**

m(밀리, milli)는 1/1,000을 나타내는 보조단위

| Milliampere[mA] | Ampere[A] |
|---|---|
| 0.1[mA] | 0.0001[A] |
| 1[mA] | 0.001[A] |
| 2[mA] | 0.002[A] |
| 3[mA] | 0.003[A] |
| 5[mA] | 0.005[A] |
| 10[mA] | 0.01[A] |
| 20[mA] | 0.02[A] |
| 50[mA] | 0.05[A] |
| 100[mA] | 0.1[A] |
| 1,000[mA] | 1[A] |

**40** 교류발전기에서 전류가 발생하는 곳은?

① 계자 코일　　② 회전자

③ 정류자　　④ 고정자

**41** 고유저항이 작은 물질부터 순서대로 배열된 것은?

① 은, 동, 알루미늄, 니켈

② 은, 동, 니켈, 알루미늄

③ 동, 은, 니켈, 알루미늄

④ 동, 은, 알루미늄, 니켈

**해설**

**각종 금속의 도전율과 고유저항값**

| 금속의 종류 | 도전율(%) | 저항률 ($\mu\Omega \cdot cm$) | 표준연동을 1로 할 때의 저항률의 비 |
|---|---|---|---|
| 은 | 106 | 1.62 | 0.94 |
| 표준연동 | 100 | 1.7241 | 1.00 |
| 금 | 71.8 | 2.4 | 1.39 |
| 알루미늄(軟) | 62.7 | 2.75 | 1.60 |
| 텅스텐 | 31.3 | 5.5 | 3.19 |
| 아 연 | 29.2 | 5.9 | 3.42 |
| 니켈(軟) | 23.8 | 7.24 | 4.20 |
| 철(純) | 17.6 | 9.8 | 5.68 |
| 철(鋼) | 17.2~0.62 | 10~20 | 5.80~11.6 |
| 백 금 | 16.3 | 10.6 | 6.15 |
| 주 석 | 15.1 | 11.4 | 6.61 |
| 연(납) | 8.21 | 21 | 12.20 |
| 니크롬 | 1.58 | 109 | 63.20 |
| 황동(놋쇠) | 24.6~34.5 | 5~7 | 2.90~4.06 |
| 청 동 | 9.58~13.3 | 13~18 | 7.54~10 |

**42** 70[Ah] 용량의 축전지를 7[A]로 계속 사용하면 몇 시간 동안 사용할 수 있는가?

① 1시간　　　　　② 10시간

③ 77시간　　　　　④ 490시간

**해설**
용량(Ah) = 방전전류(A) × 방전시간(h)
70 = 7 × h
∴ h = 10시간

**43** 납축전지에서 완전 충전된 상태의 양극판은?

① Pb　　　　　② $PbO_2$

③ $PbSO_4$　　　　　④ $H_2SO_4$

**해설**
충전 중의 화학작용

| 양극판 | | 전해액 | | 음극판 | | 양극판 | | 전해액 | | 음극판 |
|---|---|---|---|---|---|---|---|---|---|---|
| $PbSO_4$ | + | $2H_2O$ | + | $PbSO_4$ | → | $PbO_2$ | + | $2H_2SO_4$ | + | Pb |
| 황산납 | | 물 | | 황산납 | | 과산화납 | | 묽은황산 | | 해면상납 |

**44** 120[Ω]의 저항 4개를 연결하여 얻을 수 있는 가장 적은 저항값은?

① 30[Ω]　　　　　② 20[Ω]

③ 12[Ω]　　　　　④ 6[Ω]

**해설**
모두 병렬접속 시 최소합성저항을 얻을 수 있다.
∴ $R_o = \dfrac{R}{\eta} = \dfrac{120}{4} = 30$

**45** 축전지의 전해액 보충 시 가장 적합한 것은?

① 증류수　　　　　② 수돗물

③ 바닷물　　　　　④ 강 물

**46** 농업기계용 엔진 고장 방지를 위해 사용하는 윤활유에 대한 설명으로 틀린 것은?

① 기계에 알맞은 윤활유를 사용한다.

② 산화 안전성이 우수한 오일을 사용한다.

③ 계절에 따른 적정점도의 윤활유를 사용한다.

④ 엔진오일량은 규정량보다 조금 많게 채워 넣어 준다.

**해설**
엔진오일량은 규정량보다 많거나 적으면 엔진에 나쁜 영향을 미친다.

**47** 트랙터 운전 중 안전사항에 대한 설명으로 틀린 것은?

① 트랙터에는 운전자, 보조자 최대 2명만 탑승해야 한다.
② 트랙터는 전복될 수 있으므로 항상 안전속도를 지켜야 한다.
③ 트레일러에 큰 하중을 싣고 운행할 때 급정거를 해서는 안 된다.
④ 회전 또는 브레이크 사용 시에는 속도를 줄여야 한다.

**해설**
운전자 외에는 절대 탑승하지 않는다(별도의 좌석이 있는 경우는 제외).

**48** 하인리히의 안전사고 예방대책 5단계에 해당되지 않는 것은?

① 분 석　　② 적 용
③ 조 직　　④ 환 경

**해설**
**하인리히의 사고방지 대책 5단계**
• 제1단계 : 안전조직
• 제2단계 : 사실의 발견
　– 사실의 확인 : 사람, 물건, 관리, 재해 발생경과
　– 조치사항 : 자료 수집, 작업공정 분석 및 위험 확인, 점검검사 및 조사
• 제3단계 : 분석평가
• 제4단계 : 시정책의 선정
• 제5단계 : 시정책의 적용(3E : 교육, 기술, 규제)

**49** 안전관리의 조직형태 중 안전관리업무 담당자가 없고, 모든 안전관리업무가 생산라인을 따라 이루어지며, 안전에 관한 전문지식 및 기술 축적이 없고 100명 내외의 종업원을 가진 소규모 기업에서 채택되고 있는 것은?

① 직계식 조직
② 참모식 조직
③ 수평식 조직
④ 직계·참모식 조직

**50** 운반작업 시 안전사항으로 틀린 것은?

① 등은 반듯이 편 상태에서 물건을 들어 올리고 내린다.
② 짐을 들 때 반드시 몸에서 멀리해서 든다.
③ 물건을 나를 때는 몸은 반듯이 편다.
④ 가능하면 벨트, 운반대, 운반멜대 등과 같은 보조구를 사용한다.

**해설**
물건이 몸에서 너무 떨어지면 허리에 큰 부담을 주므로 들어 올린 물체는 몸에 가급적 가까이 접근시켜 균형을 잡는다.

**51** 트랙터의 취급방법으로 틀린 것은?

① 엔진이 정지된 상태에서 연료를 보급한다.
② 운전 전 일상점검을 한다.
③ 도로 주행 시 좌우 브레이크 페달을 분리하고 주행한다.
④ 급회전 시 속도를 줄여 회전한다.

**해설**
도로 주행 시 좌우 브레이크 페달을 연결하고 주행한다.

**52** 납땜 작업 시 염산이 몸에 묻었을 때의 조치방법 중 옳은 것은?

① 압축공기로 세게 불어낸다.

② 자연바람으로 건조시킨다.

③ 물로 빨리 세척한다.

④ 헝겊으로 닦는다.

**53** 다음은 선반 작업 시 재해 방지에 대한 설명이다. 틀린 것은?

① 기계 위에 공구나 재료를 올려놓지 않는다.

② 이송을 걸은 채 기계를 정지시키지 않는다.

③ 기계타력회전을 손이나 공구로 멈추지 않는다.

④ 절삭 중이거나 회전 중에 공작물을 측정한다.

**해설**
치수를 측정할 때는 선반을 멈추고 측정한다.

**54** 공구 작업에 대한 설명으로 틀린 것은?

① 스패너는 앞으로 당겨 사용한다.

② 큰 힘이 요구될 때 렌치 자루에 파이프를 끼워 사용한다.

③ 파이프 렌치는 둥근 물체에 사용한다.

④ 너트에 꼭 맞는 것을 사용한다.

**해설**
공구 손잡이가 짧을 때는 파이프를 연결하여 사용해서는 안 된다.

**55** 기계가공 작업 시 갑자기 정전되었을 때의 조치 중 틀린 것은?

① 스위치를 끈다.

② 퓨즈를 검사한다.

③ 스위치를 끄지 않고 그대로 둔다.

④ 공작물에서 공구를 떼어 놓는다.

**해설**
정전 시 스위치를 끈다.

**56** 연소의 3요소에 해당되지 않는 것은?

① 가연물

② 연쇄반응

③ 점화원

④ 산 소

**해설**
**연소의 3요소** : 가연물(연료), 점화원, 산소(공기)

**57** 소음, 진동, 안전표시 및 게시판 미비로 인하여 일어나는 농기계 안전사고의 요인은?

① 인간적 요인
② 기계적 요인
③ 환경적 요인
④ 인간·기계적 요인

**59** 차광안경의 구비조건 중 틀린 것은?

① 사용자에게 상처를 줄 예각과 요철이 없을 것
② 착용 시 심한 불쾌감을 주지 않을 것
③ 취급이 간편하고 쉽게 파손되지 않을 것
④ 눈의 보호를 위해 커버렌즈의 가시광선 투과는 차단되어야 할 것

**해설**
커버렌즈, 커버플레이트는 가시광선을 적당히 투과하여야 한다 (89[%] 이상 통과).

**58** 기계를 달아 올리는 데 쓰이는 볼트는?

① 스테이볼트
② T볼트
③ 전단볼트
④ 아이볼트

**해설**
**아이볼트**
주로 기계설비 등 큰 중량물을 크레인으로 들어 올리거나 이동할 때 사용하는 걸기용 용구이다.

**60** 해머 작업 시 주의사항으로 가장 거리가 먼 것은?

① 기름 묻은 손이나 장갑을 끼고 사용하지 말 것
② 연한 비철제 해머는 딱딱한 철 표면을 때리는 데 사용할 것
③ 크기에 관계없이 처음부터 세게 칠 것
④ 해머 자루에 반드시 쐐기를 박아서 사용할 것

**해설**
해머로 타격할 때에는 처음과 마지막에는 힘을 많이 가하지 말아야 한다.

**01** 이앙기의 조간거리는 보통 얼마로 고정되어 있는가?

① 10[cm]  ② 20[cm]
③ 30[cm]  ④ 40[cm]

**해설**
식부부의 심는 조간은 30[cm]로 고정이며, 주간은 11~16[cm]로 조절할 수 있다.

**02** 예취기용 혼합유 제조 시 엔진오일 1[L]에 대하여 휘발유 양을 어느 정도 희석하는 것이 좋은가?

① 10[L]  ② 20[L]
③ 30[L]  ④ 40[L]

**해설**
2사이클 엔진의 연료 혼합비율
가솔린 : 오일 = 25 : 1 또는 20 : 1

**03** 농산물 건조에서 평형함수율은?

① 곡물 종류에 따른 최적 수분함량
② 일정한 상태의 공기 중에 곡물을 놓았을 때 곡물이 갖게 되는 함수율
③ 수확시기에 적합한 수분함량
④ 곡물 종류에 따른 곡물마다의 고유의 함수율

**04** 트랙터의 조향 핸들이 무거울 때 점검사항으로 가장 거리가 먼 것은?

① 토인 점검
② 타이어 공기압 점검
③ 조향기어박스 오일상태 점검
④ 클러치 릴리스 베어링 점검

**해설**
클러치 릴리스 베어링은 클러치를 단속하는 측압 베어링이다.

**05** 부동액의 원료로 널리 사용되고 있는 것은?

① 에틸렌글리콜
② 글리세린
③ 알코올
④ 아세톤

**해설**
**부동액** : 에틸렌글리콜, 글리세린, 메탄올

**06** 동력 분무기로 약액 살포 중 레귤레이터를 오른쪽으로 돌리면 어떻게 되는가?

① 연료가 적게 든다.

② 엔진의 부하가 작아진다.

③ 분무압력이 올라간다.

④ 분무압력이 내려간다.

**07** 공학단위인 1마력(PS)은 몇 [kW]인가?

① 약 0.5[kW]

② 약 0.735[kW]

③ 약 0.935[kW]

④ 약 1.25[kW]

> **해설**
> 1[PS](마력) = 735[W](0.735[kW])

**08** 콤바인 작업 중 경보음이 발생하는 상황이 아닌 것은?

① 탈곡부가 과부하 상태이다.

② 급실이나 나선 컨베이어 등이 막혀 있다.

③ 짚 반송체인이나 짚 절단부가 막혀 있다.

④ 미탈곡 이삭이 나온다.

> **해설**
> 미탈곡 이삭은 콤바인의 급치와 수망의 간극이 기준치 이상 넓어졌을 때 나타나는 현상이다.
> **콤바인 작업 중 경보음이 발생하는 상황**
> • 1번구나 2번구가 막히는 경우
> • 볏짚 처리부가 막히는 경우
> • 탈곡부에 과부하가 걸리는 경우
> • 곡물탱크가 가득 찰 경우 등

**09** 다목적 관리기가 할 수 없는 작업은?

① 이앙작업

② 탈곡작업

③ 농약 살포

④ 로터리작업

> **해설**
> 관리기는 경운, 정지, 중경 제초, 구굴, 휴립(두둑 만들기), 비닐 피복, 소독 분무 등 여러 가지 작업을 할 수 있다.
> ※ 9번은 자격검정 시행기관에서 가답안으로 답항 ②를 제시하였지만, 문제 의견 수렴을 거친 후 결정한 확정답안에서 답항 ①, ②를 중복답안으로 결정한 문제입니다(중복답안은 하나만 선택하여도 정답으로 처리됩니다).

**10** 트랙터 작업기 부착장치 중 작업기 좌우 기울기를 조절할 수 있는 것은?

① 오른쪽 레벨링 박스

② 왼쪽 레벨링 박스

③ 상부 링크

④ 체크 체인

**11** 이앙기에서 식부본수는 무엇으로 조절하는가?

① 횡·종 이송 조절

② 주간거리 조절

③ 유압 와이어 조절

④ 플로트 조절

**12** 파종기 중 조파기의 구조에 해당되지 않는 것은?

① 복토기      ② 식부 암

③ 진압바퀴      ④ 종자배출장치

해설
**조파기의 구조**
- 종자를 넣는 종자통
- 종자를 일정한 양으로 배출하는 종자배출장치
- 종자를 고랑으로 유도하는 종자관
- 고랑을 만드는 구절기
- 파종한 다음 종자에 복토하고 진압하는 복토기와 진압바퀴 등

**13** 디젤기관의 압축압력은 보통 얼마인가?

① 35~45[kg/cm$^2$]

② 35~45[kg/mm$^2$]

③ 35~45[psi]

④ 35~45[lbs]

해설
**압축압력**

| 디젤엔진 | 가솔린엔진 |
| --- | --- |
| 30~45[kg/cm$^2$] | 7~11[kg/cm$^2$] |

**14** 트랙터에서 동력취출장치(PTO)를 이용하지 않는 작업은?

① 모어작업

② 로터리 경운작업

③ 트레일러 견인작업

④ 탈곡정치작업

해설
**트랙터 동력취출장치(PTO)**
트랙터 장치 가운데 로터베이터, 모어, 베일러, 양수기 등 구동형 작업기에 동력을 전달하기 위한 장치이다.

**15** 농기계는 시간이 경과함에 따라 기계의 가치가 감소하는데 이것을 나타내는 용어는?

① 변동비

② 고정비

③ 감가상각비

④ 이용비용

**16** 베일의 무게가 350~450[kg] 정도로 크기가 커서 대규모 초지에 적합한 베일러는?

① 원형 베일러
② 사각 베일러
③ 삼각 베일러
④ 플런저 베일러

**17** 다음 중 불꽃점화기관에 속하지 않는 것은?

① 가스기관
② 석유기관
③ 가솔린기관
④ 디젤기관

**해설**
디젤기관은 압축착화기관에 속한다.

**18** 작업하는 계절이 끝난 연간 사용시간이 짧은 농업기계의 장기 보관방법이 아닌 것은?

① 냉각수 폐기
② 그리스 주입
③ 소모성 부품 교환
④ 축전지 충전 후 장착

**해설**
배터리는 별도 보관하고, 장착한 채 보관할 때는 (−) 단자를 떼어둔다.

**19** 자탈형 콤바인의 예취 날로 주로 사용되는 것은?

① 자동 칼날
② 원형 톱날
③ 왕복형 날
④ 겹침 칼날

**해설**
**왕복형 날** : 구조가 복잡하고, 소음이 많으며, 무거운 단점이 있으나 작물이 깨끗하게 잘 잘리고, 예취 폭이 넓고 조절이 자유로우며, 마모된 부분을 쉽게 교체할 수 있고, 내구력이 강한 장점 때문에 곡물예취기에는 대부분 왕복형 날이 사용된다.

**20** 콤바인 오토리프트 장치의 설명 중 옳은 것은?

① 예취부 후진 시 예취부를 자동 하강시키는 장치
② 기체의 모든 방향을 수평으로 유지하는 장치
③ 예취부에 작물이 없을 경우 예취부를 자동 상승시키는 장치
④ 예취부와 피드 체인의 클러치가 작동되어 이송을 중지시키는 장치

16 ① 17 ④ 18 ④ 19 ③ 20 ③ **정답**

**21** 동력 경운기의 쟁기작업 경운방법으로 가장 거리가 먼 것은?

① 순차경법

② 안쪽 제침경법

③ 식부경법

④ 바깥쪽 제침경법

**쟁기작업 경운방법**
• 왕복경법 : 순차경법, 안쪽 제침왕복경법, 바깥쪽 제침왕복경법
• 회경법 : 바깥쪽 제침회경법, 안쪽 제침회경법

**22** 기관에서 피스톤의 측압이 가장 큰 행정은?

① 흡기행정

② 압축행정

③ 폭발행정

④ 배기행정

피스톤의 측압은 폭발행정(동력행정)에서 가장 크다.

**23** 동력 살분무기 살포방법의 설명 중 틀린 것은?

① 분관 사용 시 바람을 맞으며 전진한다.

② 분관을 좌우로 흔들면서 전진한다.

③ 분관을 좌우로 흔들면서 후진한다.

④ 분관을 좌우로 흔들면서 옆으로 간다.

어떤 방법을 사용하더라도 뿌린 약제가 작업자 쪽으로 오지 않도록 반드시 바람을 등지고 작업해야 한다.

**24** 몰드보드 플라우의 구조에서 날 끝이 흙 속으로 파고들며 수평 절단하는 것은?

① 보 습          ② 바닥쇠

③ 발토판          ④ 빔

**몰드보드 플라우의 구조**
• 보습 : 흙을 수평으로 절단하여 이를 발토판까지 끌어 올리는 부분이다.
• 몰드보드(발토판) : 보습의 위쪽에 연결되어 보습에서 절단된 흙을 위로 이동시켜 반전·파쇄시키는 기능을 한다.
• 바닥쇠(지측판) : 이체의 밑부분으로 경심·경폭의 안정과 진행 방향을 유지시켜 주는 작용을 한다.
• 콜터 : 플라우의 앞쪽에 설치되며, 흙을 미리 수직으로 절단하여 보습의 절삭작용을 도와주고, 역조와 역벽을 가지런히 해 준다.
• 앞쟁기 : 보통 이체와 콜터 사이에 설치되는 작은 플라우로, 이체에 앞서 토양 위의 잔류물을 역구 쪽에 몰아 매몰을 도와주고 표토를 얕게 갈아 준다.

**25** 건초를 운반하거나 저장에 편리하도록 일정한 용적으로 압착하여 묶는 작업기는?

① 레이크          ② 모 어

③ 베일러          ④ 디스크 하로우

① 레이크 : 예취한 후 포장에 널려진 목초를 베일러 작업이 쉽도록 모아 주거나 건조를 하기 위하여 펼쳐 주는 작업기
② 모 어 : 목초를 베는 데 사용하는 기계
④ 디스크 하로우 : 굵은 흙덩이를 잘게 부숨과 동시에 표면을 수평으로 고르는 작업기

**26** 동력 살분무기에 일반적으로 사용되는 기관은?

① 4행정 사이클 공랭식
② 4행정 사이클 수랭식
③ 2행정 사이클 공랭식
④ 2행정 사이클 수랭식

해설
동력 살분무기의 기관은 공랭식 단기통 2행정 가솔린기관을 사용한다.

**27** 다목적 관리기에서 주변속 레버의 변속단수로 옳은 것은?

① 전진 1단, 후진 1단
② 전진 1단, 후진 2단
③ 전진 2단, 후진 1단
④ 전진 2단, 후진 2단

해설
변속 레버는 전진 2단, 후진 2단으로 변속되며, 경운속도는 연결체인 케이스를 전후로 교체하여 고속과 저속으로 변속할 수 있도록 되어 있다.

**28** 미세한 입자를 강한 송풍기로 불어 먼 거리까지 살포하는 방제기로 주로 과수원에서 많이 사용되는 것은?

① 스피드 스프레이어
② 동력 살분무기
③ 동력 분무기
④ 붐 스프레이어

해설
스피드 스프레이어는 과일나무 사이로 운행하면서 강력한 송풍기의 바람을 이용하여 방제하는 능률이 높은 송풍 살포방식의 과수전용 방제기이다.

**29** 동력 경운기용 트레일러 운반작업 시 운전방법으로 옳은 것은?

① 언덕길 주행 중에 변속을 한다.
② 주행속도를 20[km/h] 이상으로 한다.
③ 제동할 때는 트레일러 브레이크만 사용한다.
④ 내리막길에서는 핸들만으로 조종한다.

해설
내리막길에서는 조향 클러치를 사용하지 않고 핸들만으로 운전한다.

**30** 동력 경운기의 조향장치에 맞물림 클러치를 택한 이유로 옳은 것은?

① 농작업 시 선회를 용이하게 한다.
② 비탈길에서의 주행을 용이하게 한다.
③ 트레일러 견인을 용이하게 한다.
④ 도로주행 시 고속운전을 용이하게 한다.

해설
동력 경운기의 조향 클러치는 맞물림 클러치 방식을 채택하고 있다. 그 이유는 연약 토양에서 바퀴가 빠져 방향을 바꾸기 어려울 때 편리하기 때문이다.

**31** 어떤 도체를 $t$ 초 동안에 $Q$ [C]의 전기량이 이동하면 이때 흐르는 전류 $I$[A]는?

① $I = t/Q$   ② $I = Q/t$

③ $I = Qt$   ④ $I = Q/t^2$

**32** 전구의 수명에 대한 설명으로 틀린 것은?

① 수명은 점등시간에 반비례한다.

② 필라멘트가 단선될 때까지의 시간이다.

③ 필라멘트의 성질과 굵기에 영향을 받는다.

④ 고온에서 주위온도의 영향을 전혀 받지 않는다.

> **해설**
> 형광등은 백열전구에 비해 주위온도의 영향을 받는다.

**33** 20시간 동안 계속해서 2[A]를 공급하는 축전지의 용량은 몇 [Ah]인가?

① 10   ② 20

③ 40   ④ 60

> **해설**
> 용량(Ah) = 방전전류(A) × 방전시간(h)
> Ah = 2 × 20
> ∴ Ah = 40

**34** 다음 그림과 같이 10[Ω] 저항 4개를 연결하였을 때 A–B 간의 합성저항은 몇 [Ω]인가?

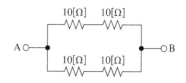

① 10   ② 15

③ 20   ④ 25

> **해설**
> $$R = \cfrac{1}{\cfrac{1}{(10+10)} + \cfrac{1}{(10+10)}} = \frac{20}{2} = 10[\Omega]$$

**35** 3상 유도전동기의 슬립[%]을 구하는 공식으로 옳은 것은?

① (동기속도 + 전부하속도)/동기속도 × 100

② (동기속도 + 전부하속도)/부하속도 × 100

③ (동기속도 − 전부하속도)/동기속도 × 100

④ (동기속도 − 전부하속도)/부하속도 × 100

> **해설**
> 슬립은 동기속도에 대한 상대속도($n_s - n$)의 비이다.

**36** 플레밍의 왼손법칙에서 중지의 방향은 무엇을 나타내는가?

① 힘의 방향
② 자기장의 방향
③ 기전력의 방향
④ 전류의 방향

**플레밍의 왼손법칙**
• 엄지는 자기장에서 받는 힘($F$)의 방향
• 검지는 자기장($B$)의 방향
• 중지는 전류($I$)의 방향

**37** 다음 그림과 같은 회로에서 B전구의 저항은 A전구 저항의 몇 배인가?

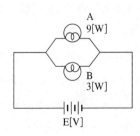

① 1/3배
② 2배
③ 3배
④ 6배

**38** 트랙터에서 축전지 배선을 분리할 때와 연결할 때 적합한 방법은?

① 분리할 때 +측을 먼저 분리하고, 연결할 때는 −측을 먼저 연결한다.
② 분리할 때 −측을 먼저 분리하고, 연결할 때는 +측을 먼저 연결한다.
③ 분리할 때 −측을 먼저 분리하고, 연결할 때도 −측을 먼저 연결한다.
④ 분리할 때 +측을 먼저 분리하고, 연결할 때도 +측을 먼저 연결한다.

**39** 10[$\mu$F]의 콘덴서를 2,000[V]로 충전하면 축적되는 에너지는 몇 [J]인가?

① 10
② 20
③ 30
④ 40

$W = \dfrac{1}{2}CV^2$(여기서, $C$ = 정전용량[F], $V$ = 전압[V])

$W = \dfrac{1}{2} \times (10 \times 10^{-6}) \times (2 \times 10^3)^2 = 20$

**40** 5[$\Omega$]의 저항이 3개, 7[$\Omega$]의 저항이 5개, 100[$\Omega$]의 저항이 1개 있다. 이들을 모두 직렬로 접속할 때 합성저항은 몇 [$\Omega$]인가?

① 150
② 200
③ 250
④ 300

$5 \times 3 + 7 \times 5 + 100 \times 1 = 150[\Omega]$

**41** 디지털 회로시험기의 설명으로 틀린 것은?

① 아날로그, 디지털 겸용도 있다.
② 개인 측정오차의 범위가 넓다.
③ 측정값은 숫자값으로 표시된다.
④ 비교기, 발진기, 증폭기 등으로 구성된다.

**42** 농용 트랙터의 12[V] 발전기에서 발전전류가 30[A] 흐른다면 이때의 저항은 몇 [Ω]인가?

① 0.4          ② 0.5
③ 2.0          ④ 3.0

**43** 유도전동기의 일종이며, 권선형 유도전동기에 비하여 회전기의 구조가 간단하고, 취급이 용이하며, 운전 시 성능이 뛰어난 장점이 있는 전동기는?

① 농형 유도전동기
② 아트킨손형 전동기
③ 반발 유도전동기
④ 시라게 전동기

**44** 축전지 셀을 여러 대 직렬로 연결하였을 때의 설명으로 옳은 것은?

① 효율이 증대된다.
② 전압이 높아진다.
③ 전류용량이 증대된다.
④ 전압과 사용전류가 커진다.

**45** 점화시기를 점검할 때 사용되는 시험기는?

① 멀티테스터
② 압축압력계
③ 태코미터
④ 타이밍 라이트

**46** 운반기계의 안전을 위한 주의사항이 아닌 것은?

① 여러 가지 물건을 적재할 때 가벼운 것은 밑에,
   무거운 것은 위에 쌓는다.
② 규정중량 이상은 적재하지 않는다.
③ 부피가 큰 것을 쌓아 올릴 때 시야 확보에 주의하
   여야 한다.
④ 운반기계의 동요로 파괴의 우려가 있는 짐은 반
   드시 로프로 묶는다.

**해설**
여러 가지 물건을 적재할 때 무거운 것은 밑에, 가벼운 것은 위에
쌓는다.

**47** 안전교육의 기본원칙이 아닌 것은?

① 동기 부여
② 반복식 교육
③ 피교육자 위주의 교육
④ 어려운 것에서 쉬운 것으로

**해설**
**안전교육의 기본원칙**
• 동기부여가 중요하다.
• 반복에 의한 습관화 진행
• 피교육자 중심 교육
• 쉬운 부분에서 어려운 부분으로 진행
• 인상의 강화
• 오감의 활용
• 한 번에 하나씩
• 기능적인 이해를 돕는다.

**48** 연소가 잘되는 조건으로 틀린 것은?

① 발열량이 큰 것일수록 연소가 잘된다.
② 산화되기 어려운 것일수록 연소가 잘된다.
③ 산소농도가 높을수록 연소가 잘된다.
④ 건조도가 좋은 것일수록 연소가 잘된다.

**해설**
산소와 접촉이 잘될수록 연소가 잘된다.

**49** 그라인더 작업 시 주의사항으로 틀린 것은?

① 연삭 시 숫돌차와 받침대 간격은 항상 10[mm]
   이상 유지할 것
② 연마작업 시 보호안경을 착용할 것
③ 작업 전에 숫돌의 균열 유무를 확인할 것
④ 반드시 규정속도를 유지할 것

**해설**
숫돌과 받침대 간격은 3[mm] 이하로 작업한다.

**50** 호흡용 보호구의 종류가 아닌 것은?

① 방진마스크
② 방독마스크
③ 흡입마스크
④ 송기마스크

**해설**
**호흡용 보호구** : 방진마스크, 방독마스크, 송기마스크

**51** 재해방지의 3단계에 해당하지 않는 것은?

① 교육훈련
② 기술 개선
③ 불안전한 행위
④ 강요 실행 혹은 독려

**52** 그라인더의 숫돌에 커버를 설치하는 주된 목적은?

① 숫돌의 떨림을 방지하기 위해서
② 분진이 나는 것을 방지하기 위해서
③ 그라인더 숫돌의 보호를 위해서
④ 숫돌의 파괴 시 그 조각이 튀어 나오는 것을 방지하기 위해서

**53** 안전보건 관리책임자가 총괄관리해야 할 사항으로 가장 거리가 먼 것은?

① 작업환경의 점검 및 개선
② 근로자의 안전·보건교육
③ 작업에서 발생한 산업재해에 관한 응급조치
④ 산업재해의 원인 조사 및 재발 방지대책 수립

해설
**안전보건관리책임자가 총괄하여 관리하여야 하는 사항(산업안전보건법 제15조)**
• 사업장의 산업재해 예방계획의 수립에 관한 사항
• 안전보건관리규정의 작성 및 변경에 관한 사항
• 안전보건교육에 관한 사항
• 작업환경 측정 등 작업환경의 점검 및 개선에 관한 사항
• 근로자의 건강진단 등 건강관리에 관한 사항
• 산업재해의 원인 조사 및 재발 방지대책 수립에 관한 사항
• 산업재해에 관한 통계의 기록 및 유지에 관한 사항
• 안전장치 및 보호구 구입 시의 적격품 여부 확인에 관한 사항
• 그 밖에 근로자의 유해·위험 방지조치에 관한 사항으로서 고용노동부령으로 정하는 사항

**54** 농기계의 장기 보관방법으로 적절하지 않은 것은?

① 벨트나 체인은 따로 분리하여 보관한다.
② 도장되어 있지 않은 부분은 기름을 발라둔다.
③ 보관장소는 되도록 채광이 잘 드는 곳을 택한다.
④ 실린더 내에 기관오일을 주유하고 피스톤을 압축 상사점에 놓는다.

해설
보관장소는 건조한 장소를 선택한다.

**55** 산업재해로 인한 작업능력의 손실을 나타내는 척도를 무엇이라 하는가?

① 인천인율　　② 강도율
③ 천인율　　　④ 도수율

해설
**강도율** : 연간 총근로시간에서 1,000시간당 근로손실일수를 말한다.

$$\frac{근로손실일수}{연간\ 총근로시간} \times 1,000$$

**56** 공압공구를 사용할 때의 주의사항으로 가장 거리가 먼 것은?

① 공압공구 사용 시 차광안경을 착용한다.
② 사용 중 고무호스가 꺾이지 않도록 주의한다.
③ 호스는 공기압력을 견딜 수 있는 것을 사용한다.
④ 공기압축기의 활동부의 윤활유 상태를 점검한다.

해설
공압공구 사용 시 무색 보안경을 착용한다.

**57** 안전작업의 중요성으로 가장 거리가 먼 것은?

① 위험으로부터 보호되어 재해 방지
② 작업능률의 저하 방지
③ 동료나 시설장비의 재해 방지
④ 관리자나 사용자의 재산 보호

**58** 보안경의 구비조건으로 틀린 것은?

① 가격이 고가일 것
② 착용할 때 편안할 것
③ 유해·위험요소에 대한 방호가 완전할 것
④ 내구성이 있을 것

해설
**보안경의 구비조건**
• 그 모양에 따라 특정한 위험에 대해서 적절한 보호를 할 수 있을 것
• 착용했을 때 편안할 것
• 견고하게 고정되어 착용자가 움직이더라도 쉽게 탈락 또는 움직이지 않을 것
• 내구성이 있을 것
• 충분히 소독되어 있을 것
• 세척이 쉬울 것

**59** 농용 트랙터의 작업 전 점검사항으로 틀린 것은?

① 연료호스의 손상이나 누유가 없는지 확인한다.
② 타이어에 상처가 나거나 리그가 모두 마모된 경우에는 교체한다.
③ 도로 주행 시에는 좌우 브레이크 페달 연결고리를 해체한다.
④ 점검 및 정비를 위해 떼어낸 덮개는 모두 다시 부착한다.

해설
도로 주행 시 좌우 브레이크 페달을 연결하고 주행한다.

**60** 다음 중 반드시 앞치마를 사용하여야 하는 작업은?

① 목공작업
② 전기용접작업
③ 선반작업
④ 드릴작업

해설
절연용 보호구(전기용 고무장갑, 전기용 안전모, 전기용 고무소매 등)는 감전의 위험이 있는 작업에 사용하여야 한다.

정답 56 ① 57 ④ 58 ① 59 ③ 60 ②

## 01 다음 중 트랙터의 운전 중 점검해야 할 사항으로 가장 적절한 것은?

① 냉각수량
② 냉각수의 온도
③ 배터리의 전해액면
④ 타이어 공기압

**해설**
주행 중에는 오일 압력계, 냉각수 온도계, 회전 및 속도계, 전류계를 살핀다.

## 02 주행 중 트랙터를 급정지시키고자 할 때는 어떻게 하여야 하는가?

① 클러치 페달만 밟는다.
② 주변속 기어부터 뽑는다.
③ 클러치 페달을 밟은 후 브레이크 페달을 밟는다.
④ 클러치 페달과 브레이크 페달을 동시에 밟는다.

## 03 베일러에서 끌어올림장치로 올려진 건초는 무엇에 의해 베일 체임버로 이송되는가?

① 픽업타인
② 오 거
③ 트와인노터
④ 니 들

**해설**
플런저 베일러의 작동원리
지면과 접촉되지 않게 조절할 수 있도록 된 픽업장치로 초지의 건초를 걷어 올리면 이송오거에 의하여 베일 체임버로 이송된다. 베일 체임버로 이송된 건초는 왕복운동을 하는 플런저에 의하여 압축되는데, 압축밀도는 체임버 내에 있는 인장바(Tension Bar)에 의하여 조절된다. 또한 베일길이 측정 휠에 의하여 베일의 길이가 조절되고 베일이 일정한 길이로 성형되면 결속장치에 의하여 결속되는데, 이때 결속끈이 풀리지 않게 해 주는 매듭장치(Twine Knotter)가 있다.

## 04 이앙기의 장기보관 시 조치사항으로 틀린 것은?

① 사용설명서에 따라 시효가 지난 오일은 교환한다.
② 각부 주유 개소에 주유한다.
③ 점화 플러그 구멍에 새 오일을 넣고 공회전 후 압축 위치로 보관한다.
④ 연료탱크 및 기화기의 잔존연료는 명년도를 위하여 그대로 둔다.

**해설**
이앙기의 보관방법
• 본체를 청소하고 주유 개소에 주유한다.
• 오일은 교환하고, 연료탱크 및 기화기의 연료는 완전히 빼낸다.
• 실린더 내부 및 밸브의 산화 방지를 위해 점화 플러그 구멍에 새 오일을 약간 넣고 10회 이상 공회전시킨 다음, 시동 로프를 천천히 잡아당겨 압축 위치에서 정지시킨다.
• 식부 날 부분에 녹 방지를 위해 오일을 칠한다.
• 먼지나 습기가 적고, 직사광선이 비치지 않는 곳에 보관한다.

**05** 동력 분무기의 압력 조절에 관한 사항으로 옳은 것은?

① 조압 핸들은 반시계 방향으로 돌리면 압력이 올라간다.
② 압력 조절이 완료되면 로크너트를 고정한다.
③ 레귤레이터 핸들을 위로 젖히면 게이지에 압력이 걸린다.
④ 압력 조절의 최고한계값은 약 $20[kg/cm^2]$이다.

**해설**
동력 분무기의 구조와 작동원리는 동력으로 작동되는 것 외에 압력조절 장치가 부착되어 있고 압력조절나사로 가감하며 조절밸브와 밸브시트와의 간격을 변화시켜 물량을 조절하여 압력과 분무량을 조절할 수 있다.

**06** 농업기계의 이용비용을 절감하기 위한 대책으로 가장 거리가 먼 것은?

① 기계의 능률을 최대한 이용한다.
② 내구연한을 길게 하여 감가상각비를 줄인다.
③ 기계의 유지관리를 제대로 하여 수리비를 줄인다.
④ 윤활유 비용을 줄이기 위해 주유기간을 길게 한다.

**07** 다음 중 압축점화기관이 시동이 되지 않을 때 가장 먼저 점검해야 하는 것은?

① 기화기
② 연료량
③ 밸브 간극
④ 분사노즐

**08** 다음 중 이앙기의 바퀴가 지나간 자국을 없애 주고 흙의 표면을 평탄하게 해 주는 것은?

① 플로트
② 모 멈추개
③ 유압 레버
④ 가늠자 조작 레버

**해설**
플로트는 이앙기에서 모가 일정한 깊이로 심어지게 하고 기체 침하를 방지하는 구성요소이다.

**09** 다음 중 바퀴형 트랙터의 견인계수가 가장 큰 곳은?

① 목초지
② 건조한 아스팔트
③ 사질 토양
④ 건조한 가는 모래

**해설**
견인계수

| 토양조건 | 견인계수 |
|---|---|
| 콘크리트 길 | 0.66 |
| 건조한 식토 | 0.55 |
| 사양토 | 0.50 |
| 건조한 모래자갈 | 0.36 |
| 자갈길 | 0.36 |

5 ② 6 ④ 7 ② 8 ① 9 ② **정답**

**10** 콤바인 엔진의 시동방법에 관한 설명으로 틀린 것은?

① 주변속, 부변속 레버를 중립으로 한다.

② 예취, 탈곡 클러치 레버를 연결 위치로 한다.

③ 예열램프가 소등되면 메인 스위치로 시동한다.

④ 충전램프, 엔진오일램프의 소등을 확인 후 시동한다.

**해설**
예취, 탈곡 클러치 레버를 끊김 위치로 한다.

**11** 조파기의 구성장치가 아닌 것은?

① 쇄토기      ② 구절기

③ 복토기      ④ 종자관

**해설**
조파기의 구조
- 종자를 넣는 종자통
- 종자를 일정한 양으로 배출하는 종자배출장치
- 종자를 고랑으로 유도하는 종자관
- 고랑을 만드는 구절기
- 파종한 다음 종자에 복토하고 진압하는 복토기와 진압바퀴 등으로 구성

**12** 콤바인 경보장치 중 기체에 이상이 발생하거나 비정상적인 작업상태일 때 램프가 점등되는데, 여기에 해당되지 않은 것은?

① 충전장치 고장

② 2번구 막힘

③ 짚 배출 막힘

④ 수평제어 고장

**해설**
자동수평제어(UFO)장치가 고장 시

| 원 인 | 조치사항 |
|---|---|
| 퓨즈 끊어짐 | 퓨즈 점검 · 교환 |
| 솔레노이드 작동 불량 | 절환 솔레노이드, 방향 솔레노이드 점검 |
| 리밋 스위치 좌우에 이물질이 끼여 있음 | 이물질 제거 |

**13** 동력 경운기의 주클러치와 가장 거리가 먼 것은?

① V벨트 클러치

② 건식 다판 클러치

③ 유압 클러치

④ 마찰 클러치

**14** 다목적 관리기의 농작업에서 후진하면서 작업해야 하는 것은?

① 예초기 작업

② 절단파쇄기 작업

③ 휴립피복기 작업

④ 중경제초기 작업

다목적 관리기의 농작업에서 후진하면서 작업해야 하는 작업은 휴립 작업(두둑 성형), 피복 작업이다.

**15** 이앙기에서 평당 주수 조절은 무엇으로 하는가?

① 횡 이송과 종 이송 조절

② 주간거리 조절

③ 플로트 조절

④ 유압 조절

기계이앙작업에서 평당 주(포기)수 조절은 조간거리는 30[cm]로 일정하므로 조절할 수 없고, 주간거리인 포기 사이는 주간 조절 레버의 조작에 의해서 조절된다.

**16** 트랙터 플라우 작업 시 견인부하를 일정하게 하는 장치는?

① 견인제어 장치 　　② 위치제어 장치

③ 차동제어 장치 　　④ 3점지지 장치

작업기에 작용하는 견인 저항력을 검출하여 일정 수준 이상이나 이하가 되면 유압제어 밸브를 작동하여 작업기를 승강시켜 일정한 견인력이 작용하도록 한다. 주로 견인 작업기는 플라우(쟁기) 작업에 사용된다.

**17** 다음 중 일반적인 관리기의 부속 작업기만으로 짝 지어진 것이 아닌 것은?

① 중경제초기, 휴립피복기

② 제초기, 배토기

③ 구굴기, 복토기

④ 절단파쇄기, 점파기

**관리기용 작업기의 종류**
중경제초기(로터리), 구굴기(골을 내거나 북주는 작업기), 제초기, 휴립기(두둑 성형 작업기), 비닐피복기(두둑에 비닐을 씌우는 작업기), 쟁기, 예취기, 복토기, 심경로터리, 옥수수 예취기, 잔가지 파쇄기, 굴취기, 배토기(골 내는 기계), 휴립피복기 등

**18** 동력 살분무기에서 저속은 잘되나 고속이 잘 안되며 공기 청정기로 연료가 나올 때의 고장은?

① 미스트 발생부 고장

② 노즐 고장

③ 임펠러 고장

④ 리드밸브 고장

**19** 로터리를 트랙터에 부착하고 좌우 흔들림을 조정하려고 한다. 무엇을 조정하여야 하는가?

① 리프팅 암
② 체크 체인
③ 상부 링크
④ 리프팅 로드

**해설**
트랙터와 로터리의 중심을 맞춘 후 체크 체인으로 2.0~2.5[cm] 정도 좌우로 일정량이 흔들리게 조정한다.

**20** 건조와 함수율에 관한 설명으로 옳은 것은?

① 곡물은 건조용 공기의 온도가 너무 낮으면 동할이 발생한다.
② 곡물은 건조용 공기의 평형함수율 이상으로 건조할 수 없다.
③ 농산물 함수율은 보통 건량기준 함수율을 말한다.
④ 건조용 공기의 풍량이 많으면 건조가 늦어진다.

**21** 동력 살분문기의 파이더 더스터(다공호스)를 이용하여 분제를 뿌리는데 기계와 멀리 떨어진 파이프 더스트의 끝쪽으로 배출되는 분제의 양이 많다. 다음 중 고르게 배출되도록 하기 위한 방법으로 가장 적당한 것은?

① 엔진의 속도를 낮춘다.
② 엔진의 속도를 빠르게 한다.
③ 밸브를 약간 닫아 배출되는 분제의 양을 줄인다.
④ 밸브를 약간 열어 배출되는 분제의 양을 늘린다.

**해설**
기관의 회전속도가 필요 이상으로 빨라 송풍량이 많으면 분제가 파이프 더스터의 끝에서 많이 배출되고, 회전속도가 느리면 기체 가까운 쪽에서 많이 배출되므로, 약제가 골고루 뿌려지려면 기관의 회전속도를 알맞게 조절해야 한다.

**22** 농기계의 성능을 유지하기 위한 정비목적으로 가장 거리가 먼 것은?

① 사전 봉사
② 사고 방지
③ 성능 유지
④ 기계수명 연장

**해설**
**정비목적**
농업활동에 쓰이는 기계에 의한 사고를 미연에 방지하고 기계수명 연장과 농기계의 효율적인 이용을 위함이다.

**23** 최적의 공연비란?

① 이론적으로 완전연소 가능한 공연비
② 연소 가능 범위의 공연비
③ 희박한 공연비
④ 농후한 공연비

**해설**
공기가 완전히 연소하기 위하여 이론상으로 과하거나 부족하지 않은 공기와 연료의 최적 비율을 최적(이론) 공연비라고 한다.

**24** 폭발순서가 1-3-4-2인 4행정 기관 트랙터의 1번 실린더가 흡입행정일 때 3번 실린더의 행정은?

① 압축행정　　　② 흡입행정
③ 배기행정　　　④ 팽창행정

해설
- 원을 그린 후 4등분하여 흡입, 압축, 폭발(동력), 배기를 시계방향으로 적는다.
- 주어진 보기에 1번이 흡입이라고 했으므로 흡입에 1번을 적고, 점화순서를 시계 반대방향으로 적는다. 즉, 압축(2)-흡입(1)-배기(3)-폭발(4)이므로 3번 실린더는 배기행정이다.

**25** 트랙터 로터리 작업 중 후진 시 주의해야 할 사항으로 옳은 것은?

① 고속으로 후진을 한다.
② 작업기를 그대로 땅에 놓은 상태에서 후진을 해야 안전하다.
③ 로터리의 동력을 끊은 상태에서 후진한다.
④ 후진 시에 뒷부분은 신경 쓰지 않아도 무방하다.

해설
로터리에 전달되는 동력을 차단한다.

**26** 목초를 압축하며 건조하는 작업기는?

① 헤이 베일러
② 헤이 레이크
③ 헤이 컨디셔너
④ 덤프 레이크

해설
헤이 컨디셔너는 예취된 목초를 짓눌러 건조를 빠르게 하기 위한 기계이다.

**27** 동력 분무기에서 약액이 일정하게 분사되게 유지해 주는 것은?

① 펌프와 실린더
② 공기실
③ 노 즐
④ 밸 브

해설
공기실은 왕복펌프에 의한 송출량의 불균일을 보완하는 기능을 한다.

**28** 다음 중 이앙기에서 독립 브레이크를 사용하여야 할 때는?

① 도로 주행 중
② 모판을 실었을 때
③ 작업 중 선회할 때
④ 위급상황이 발생했을 때

24 ③　25 ③　26 ③　27 ②　28 ③　**정답**

**29** 동력 경운기용 쟁기를 장착할 때 좌우로 어느 정도 움직일 수 있게 조절해야 하는가?

① 5°　　　　　　② 15°

③ 25°　　　　　　④ 35°

**30** 자갈이 많고 지면이 고르지 못한 곳에서 잡초를 예취할 때 적합한 예취 날은?

① 톱날형 날　　　　② 꽃잎형 날

③ 4도형 날　　　　④ 합성수지 날

**31** 다음 중 반자성체에 속하는 것은?

① 철　　　　　　② 니켈

③ 탄소　　　　　④ 알루미늄

**32** 절연물의 저항은 가하는 전압과 흐르는 전류의 비를 나타낸 것으로 절연물의 전기저항을 무엇이라 하는가?

① 절연저항

② 도체저항

③ 부하저항

④ 피복저항

**33** 그로울러 시험기로 시험할 수 없는 것은?

① 코일의 단락

② 코일의 접지

③ 코일의 단선

④ 코일의 저항

**34** 220[V], 60[Hz], 3상 6극 유도전동기의 실제 회전수는 1,080[rpm]이었다. 이때의 슬립은?

① 5[%]  ② 10[%]

③ 15[%]  ④ 20[%]

해설

동기속도 $N_s = \dfrac{120f}{P} = \dfrac{120 \times 60}{6} = 1,200$[rpm]

슬립 $S = \dfrac{n_s - n}{n_s} = \dfrac{(1,200 - 1,080)}{1,200} \times 100 = 10$[%]

**35** 도전율이 높은 순서대로 나열한 것은?

① 금 → 은 → 철 → 구리

② 은 → 구리 → 금 → 철

③ 금 → 구리 → 은 → 철

④ 철 → 금 → 구리 → 은

해설

**각종 금속의 도전율과 고유저항값**

| 금속의 종류 | 도전율(%) | 저항률<br>($\mu\Omega \cdot$ cm) | 표준연동을<br>1로 할 때의<br>저항률의 비 |
|---|---|---|---|
| 은 | 106 | 1.62 | 0.94 |
| 표준연동 | 100 | 1.7241 | 1.00 |
| 금 | 71.8 | 2.4 | 1.39 |
| 알루미늄(軟) | 62.7 | 2.75 | 1.60 |
| 텅스텐 | 31.3 | 5.5 | 3.19 |
| 아 연 | 29.2 | 5.9 | 3.42 |
| 니켈(軟) | 23.8 | 7.24 | 4.20 |
| 철(純) | 17.6 | 9.8 | 5.68 |
| 철(鋼) | 17.2~0.62 | 10~20 | 5.80~11.6 |
| 백 금 | 16.3 | 10.6 | 6.15 |
| 주 석 | 15.1 | 11.4 | 6.61 |
| 연(납) | 8.21 | 21 | 12.20 |
| 니크롬 | 1.58 | 109 | 63.20 |
| 황동(놋쇠) | 24.6~34.5 | 5~7 | 2.90~4.06 |
| 청 동 | 9.58~13.3 | 13~18 | 7.54~10 |

※ 도전율 : 저항률(고유저항)($\Omega$m)의 역수를 말한다.

**36** 점화 코일을 일명 무슨 코일이라고 하는가?

① 자기 코일  ② 유도 코일

③ 자석 코일  ④ 철심 코일

해설

점화 코일은 축전지식 점화장치로 점화 플러그의 불꽃을 발생하는 유도 코일이다.

**37** 납축전기 전해액의 비중은 온도 1[℃]당 얼마씩 변화하는가?

① 0.007  ② 0.005

③ 0.0004  ④ 0.0007

해설

전해액의 변화량은 1[℃]에 대해 0.0007이다.

**38** 납축전지 점화방식에는 1차와 2차의 회로구조로 되어 있는데 1차 회로의 순서로 옳은 것은?

① 축전지 → 스위치 → 2차 코일 → 단속기 → 콘덴서

② 축전지 → 콘덴서 → 스위치 → 1차 코일 → 단속기

③ 축전지 → 스위치 → 1차 코일 → 콘덴서 → 단속기

④ 축전지 → 콘덴서 → 스위치 → 단속기 → 1차 코일

**39** 직류전압 $E$[V], 저항 $R$[Ω]인 회로에 전류 $I$[A]가 흐를 때 $R$에서 소비되는 전력이 $P$[W]이다. 설명으로 틀린 것은?

① $I$가 일정하면 $P$는 $R$에 반비례한다.

② $I$가 일정하면 $P$는 $E$에 비례한다.

③ $R$이 일정하면 $P$는 $E^2$에 비례한다.

④ $R$이 일정하면 $P$는 $I^2$에 비례한다.

**해설**
**전력의 계산식**
• 전압과 전류를 알고 있을 경우 : $P = EI$
• 전압과 저항을 알고 있을 경우 : $P = \dfrac{E^2}{R}$
• 전류와 저항을 알고 있을 경우 : $P = I^2 R$

**40** 전조등의 조도가 부족한 원인으로 틀린 것은?

① 접지의 불량

② 축전지의 방전

③ 굵은 배선 사용

④ 장기사용에 의한 전구의 열화

**해설**
**전조등의 조도가 부족한 원인**
• 전구의 설치 위치가 바르지 않았을 때
• 축전지의 방전
• 전구의 장기간 사용에 따른 열화
• 렌즈 안팎에 물방울이 부착되었을 경우
• 전조등 설치부 스프링의 피로
• 반사경이 흐려졌을 때

**41** 콘덴서(축전기) 내의 구성요소로 옳은 것은?

① 황산, 증류수, 철

② 금속박지, 운모, 파라핀

③ 알루미늄, 석영, 아연

④ 은박지, 구리, 철

**42** 점화 플러그의 실화 및 불꽃이 약해지는 원인으로 적합하지 않은 것은?

① 자기청정온도의 저하

② 전극 부위에 탄소 부착

③ 열값이 작은 플러그의 사용

④ 열방산 통로가 긴 점화 플러그의 사용

**43** 전선의 전기저항은 단면적이 증가하면 어떻게 되는가?

① 증가한다.

② 감소한다.

③ 단면적에는 관계가 없다.

④ 단면적을 변화시킬 때는 항상 증가한다.

**해설**
도체의 저항은 그 길이에 비례하고 단면적에 반비례한다.

**44** 전류의 3가지 작용과 관계없는 것은?

① 발열작용
② 자기작용
③ 기계작용
④ 화학작용

**46** 다음 중 도수율은 어느 것인가?

① $\dfrac{\text{재해발생건수}}{\text{연근로시간수}} \times 1,000,000$

② $\dfrac{\text{재해발생건수}}{\text{근로자수}} \times 10,000$

③ $\dfrac{\text{근로손실일수}}{\text{연근로시간수}} \times 1,000$

④ $\dfrac{\text{재해자수}}{\text{평균근로자수}} \times 1,000$

**45** 연소에 관한 설명으로 틀린 것은?

① 인화점이 낮을수록 착화점이 낮다.
② 인화점이 높을수록 위험성이 크다.
③ 연소범위가 넓을수록 위험성이 크다.
④ 착화온도가 낮을수록 위험성이 크다.

**47** 12[V], 50[Ah]의 축전지 4개를 다음 그림과 같이 접속시켰을 때 A-B 간의 용량은 몇 [Ah]인가?

① 50
② 100
③ 150
④ 200

**48** 작업장 내 정리 정돈에 대한 설명으로 틀린 것은?

① 자기 주위는 자기가 정리 정돈한다.
② 작업장 바닥은 기름을 칠한 걸레로 닦는다.
③ 공구는 항상 정해진 위치에 나열하여 놓는다.
④ 소화기구나 비상구 근처에는 물건을 놓지 않는다.

**해설**
작업장 바닥은 넘어지거나 미끄러질 위험이 없도록 안전하고 청결한 상태로 유지하여야 한다.

**49** 트랙터의 포장작업 시 유의사항으로 틀린 것은?

① 급발진, 급정지를 하지 않는다.
② PTO 회전 시 청소 및 손질을 금지한다.
③ 작업기 부착 시 엔진 시동상태에서 한다.
④ 작업기를 들어 올린 채 방치하면 안 된다.

**해설**
작업기를 부착할 때는 기관을 정지한다.

**50** 안전관리조직으로 대규모 기업에 가장 적합한 것은?

① 참모식 조직
② 직계식 조직
③ 상향식 직계조직
④ 직계・참모식 조직

**해설**
**직계・참모식 조직**
모든 작업자가 안전 업무에 직접 참여하고, 안전에 관한 지식・기술 등의 개발이 가능하며, 안전업무의 지시・전달이 신속・정확하고, 1,000명 이상의 기업에 적용되는 안전관리의 조직이다.

**51** 회전 중에 파괴될 위험성이 있는 연삭숫돌의 조치 방법은?

① 회전방지장치를 설치한다.
② 반발예방장치를 설치한다.
③ 복개장치를 설치한다.
④ 역회전장치를 설치한다.

**52** 다음 중 점화원이 될 수 없는 것은?

① 정전기
② 기화열
③ 전기불꽃
④ 못을 박을 때 튀는 불꽃

**해설**
**점화원이 될 수 없는 것** : 기화열, 융해열, 흡착열 등
※ 점화원 : 가연물과 산소에 연소(산화)반응을 일으킬 수 있는 활성화 에너지를 공급해 주는 것

**53** 작업장에서의 태도로 틀린 것은?

① 작업장 환경의 조성을 위해 노력한다.

② 자신의 안전과 동료의 안전을 고려한다.

③ 안전작업방법을 준수한다.

④ 멀리 있는 공구는 효율을 위해 던져 준다.

**해설**
공구, 자재 등의 물품은 던지지 않는다.

**54** 분진이 호흡기를 통하여 인체에 유입되는 것을 방지하기 위한 것은?

① 송기마스크

② 방진마스크

③ 방독마스크

④ 보안면

**해설**
방진마스크는 채광·채석작업, 연삭작업, 연마작업, 방직작업, 용접작업 등 분진 또는 흄 발생작업에서 사용한다.

**55** 동력 경운기로 운반작업 시 안전 운행사항으로 틀린 것은?

① 고속에서 방향전환을 피할 것

② 가능한 주행속도는 15[km/h] 이하로 운행할 것

③ 급경사지에서 조향 클러치 레버를 조향 반대방향으로 잡을 것

④ 경사지를 이동할 때는 도중에 변속조작을 하지 말 것

**해설**
고속주행 시 조향 클러치는 원칙적으로 사용하지 말 것이며, 경사지에 내려갈 때는 클러치의 작동이 평지에서와 반대로 작동하므로 되도록이면 조향 클러치를 사용하지 않고 핸들만으로 운전한다.

**56** 양수기의 가동 중 안전 점검사항으로 틀린 것은?

① 축 받침의 발열상태를 확인한다.

② 각종 볼트, 너트의 풀림상태를 확인하고, 윤활 부분에 충분한 급유를 한다.

③ 축 받침부의 발열온도를 약 60[℃] 이하로 유지시킨다.

④ 소음이 발생하면 즉시 엔진을 정지시킨다.

**57** 소음의 단위로 알맞은 것은?

① lx

② ppm

③ kcal

④ dB

**58** 컨베이어 사용 시 안전수칙으로 틀린 것은?

① 컨베이어의 운반속도를 필요에 따라 임의로 조작할 것

② 운반물이 한쪽으로 치우치지 않도록 적재할 것

③ 운반물 낙하의 위험성을 확인하고 적재할 것

④ 운반물을 컨베이어에 싣기 전에 적당한 크기인지 확인할 것

**해설**
**컨베이어의 주요 안전수칙**
• 컨베이어의 운전속도를 조작하지 않는다.
• 운반물을 컨베이어에 싣기 전에 적당한 크기인가를 확인한다.
• 운반물이 한쪽으로 치우치지 않도록 적재한다.
• 운반물 낙하의 위험성을 확인하고 적재한다.
• 사용목적 이외의 목적으로 사용하지 않는다.
• 작업장, 통로의 정리 정돈 및 청소를 한다.
• 컨베이어의 운전은 담당자 이외에는 운전하지 않는다.

**59** 다음 중 보호장갑, 보안경, 방호용 앞치마를 반드시 착용하여야 하는 작업은?

① 밀링작업

② 용접작업

③ 선반작업

④ 연삭작업

**60** 산업재해는 직접원인과 간접원인으로 구분되는데, 다음 중 직접원인 중 인적 불안전 행위가 아닌 것은?

① 부적당한 속도로 장치를 운전한다.

② 가동 중인 장치 정비

③ 보강보호구 미착용

④ 기계공구 결함

**해설**
기계공구 결함은 불안전 상태(물적 원인)에 속한다.

## 01 곡물의 건량기준 함수율(%)을 나타내는 산출식은?

① (시료의 무게/시료의 총무게)×100

② (시료에 포함된 수분의 무게/시료의 수분 무게)×100

③ (시료에 포함된 수분의 무게/건조 후 시료의 무게)×100

④ (시료의 총무게/시료에 포함된 수분의 무게)×100

## 02 동력 살분무기의 윤활 공급방식으로 가장 적합한 것은?

① 비산식                    ② 압송식

③ 비산압송식                ④ 혼합유식

**해설**
동력 살분무기는 엔진이 소형이면서 고출력과 고속을 필요로 하는 방식이라서 연료 혼합방식이 적합하다.

## 03 동력 경운기에 로터리를 부착하여 작업할 때 유의사항으로 틀린 것은?

① 감긴 흙과 풀은 기관을 정지한 후 제거한다.

② 후진을 할 때 경운날에 접촉되지 않도록 한다.

③ 회전이 빠르면 경운결이 거칠고 느리면 곱게 된다.

④ 알맞은 경심이 유지되도록 조절 레버를 풀어 미륜의 높낮이를 조절한다.

**해설**
회전이 빠르면 경운결이 곱고 느리면 거칠게 된다.

## 04 콤바인을 좌우로 선회할 때 사용하는 것은?

① 주변속 레버

② 파워 스트어링 레버

③ 예취 클러치

④ 부변속 레버

**해설**
파워 스티어링 레버는 콤바인을 좌우로 선회할 때나 예취부의 상하 조정에 사용한다.

## 05 다음 중 농업기계의 운전, 점검 및 보관방법으로 옳은 것은?

① 시동을 켜고 엔진오일의 양과 냉각수를 점검하였다.

② 트랙터에 승차할 때 오른쪽(브레이크 페달 쪽)으로 승차하였다.

③ 가솔린기관은 연료를 모두 빼고, 디젤기관은 가득 채운 후 장기보관하였다.

④ 작업 도중 연료를 공급할 때에 기관을 저속 공회전하여 연료를 보충하였다.

**정답** 1 ③ 2 ④ 3 ③ 4 ② 5 ③

**06** 대형 4륜 트랙터용 로터베이터에 사용되는 경운날은?

① 작두형 날  ② 특수 날
③ 보통 날  ④ L자형 날

**해설**
동력 경운기에는 작두형 날을 사용하며, 트랙터에는 주로 L자형 날을 많이 사용한다.

**07** 2사이클 가솔린기관에서 연료와 오일의 혼합비로 적당한 것은?

① 5 : 1  ② 20 : 1
③ 30 : 1  ④ 40 : 1

**해설**
2사이클 엔진의 연료 혼합비율
가솔린 : 오일 = 25 : 1 또는 20 : 1

**08** 농기계의 효율 향상을 위하여 실시하는 예방정비의 종류가 아닌 것은?

① 매일정비  ② 매주정비
③ 농한기정비  ④ 고장수리정비

**해설**
예방정비
기기별로 제작자가 추천한 정비주기 또는 정비이력에 따라 사전에 정해진 정비주기에 따라 행하는 정기정비
※ 고장정비 : 기기의 제 기능 발휘 불가 시 또는 고장 시 수행

**09** 작물의 길이를 감지하여 탈곡통으로 들어가는 벼를 일정하게 공급해 주는 장치는?

① 자동공급깊이장치
② 자동수평제어장치
③ 짚배출경보장치
④ 디바이더장치

**10** 디젤기관의 노크 방지법으로 적절하지 않는 것은?

① 발화성이 좋은 연료를 사용한다.
② 압축비를 낮게 해야 한다.
③ 실린더 내의 온도와 압력을 높인다.
④ 착화지연기간 중 연료의 분사량을 조절한다.

**해설**
압축비를 높여 실린더 내의 압력과 온도를 상승시킨다.

**11** 분무기 노즐 중 분무각도와 거리를 조절할 수 있는 것은?

① 스피드 노즐형　　② 환상형

③ 직선형　　　　　　④ 철포형

해설
**노즐의 종류**
- Y형이나 직선형 : 채소나 화훼의 방제에 널리 사용
- 환형 : 약액이 퍼지는 각도가 넓으므로 과수나 수목 방제에 사용
- 철포형 : 손잡이로 약액의 도달거리를 조절할 수 있어 과수나 수목의 방제에 사용
- 스피드형 : 거리가 다른 3~4개의 노즐로 구성되어 먼 곳과 가까운 곳 동시에 뿌릴 수 있음, 수도작에 사용
- 장관 다두형 : 붐이라고 하는 긴 파이프에 여러 개의 노즐을 부착시킨 것으로, 작물 위를 지나가며 방제하는 데 사용

**12** 트랙터 토인은 무엇으로 조정하는가?

① 너클 암　　　　　② 와 셔

③ 드래그 링크　　　④ 타이로드

해설
타이로드 길이로 토인을 조정한다.

**13** 주행하면서 농작물을 예취하고 탈곡을 함께하는 기계는?

① 예취기　　　　　② 리 퍼

③ 콤바인　　　　　④ 모 어

해설
콤바인은 벼, 보리, 밀 등의 작물을 포장하여 이동하면서 예취, 탈곡, 선별작업을 동시에 수행하는 종합수확기이다.

**14** 4행정 사이클의 디젤기관은?

① 피스톤이 1/2회 왕복운동에 한 번 착화 팽창한다.

② 피스톤이 1회 왕복운동에 한 번 착화 팽창한다.

③ 피스톤이 2회 왕복운동에 한 번 착화 팽창한다.

④ 피스톤이 4회 왕복운동에 한 번 착화 팽창한다.

해설
②는 2행정 사이클을 말한다.

**15** 물을 양수기로 송수하며 자동적으로 분사관을 회전시켜 살수하는 장치는?

① 버티컬

② 다이어프램

③ 스프링클러

④ 변형날개펌프

**16** 벼, 맥류, 채소 등의 종자를 일정한 간격의 줄에 따라 연속하여 뿌리는 파종방법은?

① 흩어 뿌림　　　　② 줄 뿌림
③ 점 뿌림　　　　　④ 산 파

**해설**
**파종방법**
- 곡류, 채소 등의 종자를 일정 간격의 줄에 따라 연속적으로 뿌리는 줄 뿌림
- 옥수수, 두류 등의 종자를 1개 또는 여러 개씩 일정한 간격으로 파종하는 점 뿌림
- 목초, 잔디 등의 종자를 지표면에 널리 흩어 뿌리는 흩어 뿌림

**17** 어떤 농업기계를 400만원에 구입해 10년 동안 사용한 후에 50만원에 폐기하였다면 연간 감가상각비는?

① 35,000원　　　　② 50,000원
③ 350,000원　　　④ 500,000원

**해설**
$$감가상각비 = \frac{4,000,000 - 500,000}{10} = 350,000원$$

**18** 트랙터와 플라우의 장착방법 중 3점 링크 히치식에 대한 설명으로 틀린 것은?

① 선회반지름이 짧고, 새머리가 작아진다.
② 플라우의 중량 전이로 견인력이 감소된다.
③ 운반 및 선회가 쉽다.
④ 견인식 플라우와 같은 바퀴가 필요 없다.

**해설**
중량 전이로 견인력이 증가한다.

**19** 공랭식 기관을 탑재한 이앙기의 일상점검 사항과 가장 거리가 먼 것은?

① 각 부의 볼트, 너트의 이완상태 점검
② 엔진오일량 및 누유 점검
③ 냉각수량 점검
④ 연료량 점검

**해설**
기관을 냉각시키는 방법에는 공기로 기관의 외부를 냉각시키는 공랭식과 냉각수를 사용하여 기관의 내부를 냉각시키는 수랭식이 있다.

**20** 일반적으로 모어의 규격은 무엇으로 나타내는가?

① 작업속도
② 기계 무게
③ 예취 날의 구조
④ 예취 폭

**21** 승용 이앙기가 논에 빠져 한쪽 바퀴에 슬립이 생길 때 사용하는 장치는?

① 브레이크 페달
② 차동고정장치 페달
③ 클러치 페달
④ 변속기

해설
차동고정장치 페달을 밟으면 차동장치를 작동 못하게 하여, 빠진 논에서 쉽게 빠져나올 수 있다.

**22** 관리기 조향 클러치의 적정 유격으로 가장 적합한 것은?

① 1~2[mm]
② 6~8[mm]
③ 12~14[mm]
④ 20~22[mm]

해설
조향 클러치의 유격은 1~2[mm]가 되도록 조정너트로 조정한다.

**23** 기관오일의 SAE 번호가 의미하는 것은?

① 점 도
② 비 중
③ 유동성
④ 건 성

해설
윤활유의 점도 크기를 SAE로 표시한다.

**24** 동력 분무기에서 흡수량이 불량한 원인으로 가장 거리가 먼 것은?

① 흡입호스의 파손
② V패킹의 마모
③ 토출호스 너트의 풀림
④ 흡입밸브의 고장

**25** 압력 142[psi]는 약 몇 [kgf/cm²]인가?

① 1      ② 5
③ 8      ④ 10

해설
$$142[\text{lbf/in}^2(\text{psi})] = \frac{142 \times 0.4536}{(2.54)^2} \fallingdotseq 10[\text{kgf/cm}^2]$$

※ 1[lbf] = 0.4536[kgf], 1[inch] = 2.54[cm]

**26** 몰드보드 플라우에서 날 끝이 흙 속으로 파고들어 수평 절단을 하는 부분의 명칭은?

① 지측판
② 빔
③ 보 습
④ 브레이스

해설
**몰드보드 플라우의 구조**
- 보습 : 흙을 수평으로 절단하여 이를 발토판까지 끌어 올리는 부분이다.
- 몰드보드(발토판) : 보습의 위쪽에 연결되어 보습에서 절단된 흙을 위로 이동시켜 반전·파쇄시키는 기능을 한다.
- 바닥쇠(지측판) : 이체의 밑부분으로 경심·경폭의 안정과 진행방향을 유지시켜 주는 작용을 한다.
- 콜터 : 플라우의 앞쪽에 설치되며, 흙을 미리 수직으로 절단하여 보습의 절삭작용을 도와주고, 역조와 역벽을 가지런히 해 준다.
- 앞쟁기 : 보통 이체와 콜터 사이에 설치되는 작은 플라우로, 이체에 앞서 토양 위의 잔류물을 역구 쪽에 몰아 매몰을 도와주고 표토를 얕게 갈아 준다.

**27** 관리기 조향장치 조작에 관한 설명 중 틀린 것은?

① 핸들의 높이를 조절할 수 있다.
② 핸들의 각도를 조절할 수 있다.
③ 조향 클러치는 건식 다판 클러치이다.
④ 핸들을 180° 회전시킬 수 있다.

해설
조향 클러치는 동력 경운기에서 사용하는 맞물림 클러치이다.

**28** 동력 살분무기의 살포작업방법으로 가장 거리가 먼 것은?

① 전진법
② 후진법
③ 횡보법
④ 전후진 조합법

해설
**동력 살분무기의 살포작업방법**
- 앞으로 나가며 분관을 흔드는 전진법
- 독성이 높은 약제 살포 시 뒤로 물러나면서 뿌리는 후진법
- 측면에서 바람이 불 때 옆으로 가며 뿌리는 횡보법

**29** 다음 중 말린 목초나 볏짚을 일정한 용적으로 압축하여 묶는 기계는?

① 헤이 테더
② 헤이 베일러
③ 헤이 레이크
④ 헤이 컨디셔너

해설
① 헤이 테더 : 예취된 목초의 건조를 빨리 진행시키기 위해 목초를 반전 또는 확산시키는 데 사용하는 기계
③ 헤이 레이크 : 예취한 후 포장에 널려진 목초를 베일러 작업이 쉽도록 모아 주거나 건조를 하기 위하여 펼쳐 주는 작업기
④ 헤이 컨디셔너 : 건조를 촉진하기 위해 예취한 목초를 압쇄하는 데 사용하는 기계

**30** 승용 산파 이앙기에 사용되는 장치로 가장 거리가 먼 것은?

① 유압 클러치　　　② 주클러치
③ 식부 클러치　　　④ 예취 클러치

해설
예취 클러치는 콤바인에서 사용되는 장치이다.

**31** 전압계를 사용하는 방법으로 틀린 것은?

① 측정범위의 전압계를 선택한다.
② 측정하려는 부하와 병렬로 연결한다.
③ (+), (−)단자는 전원 극성과 동일하게 접속한다.
④ 전압계의 다이얼은 낮은 위치에 놓고 측정 후 점차 높은 전압 위치로 조정한다.

해설
측정하려는 전압의 크기 정도를 알지 못할 경우 가장 큰 눈금 위치로 돌려놓는다.

**32** 납축전지의 사용상 주의사항으로 틀린 것은?

① 낮은 온도에서 용량이 증대되고 충전이 쉽다.
② 방전종지전압은 규정된 범위 내에서 사용한다.
③ 장기간 방치할 경우는 월 1회 정도 보충전을 한다.
④ 50[%] 이상 방전된 경우는 110~120[%] 정도 보충전을 한다.

해설
온도가 낮으면 용량도 감소한다.

**33** 경음기가 작동하지 않을 때 고장원인으로 가장 거리가 먼 것은?

① 퓨즈 단선
② 경음기 릴레이 불량
③ 얇은 경음기 진동판
④ 접점의 접촉 불량 및 접지 불량

해설
전기적인 원인을 찾는다.

**34** 직류전동기에서 코일의 반회전마다 전류의 방향을 바꾸는 장치는?

① 계 자
② 브러시와 정류자
③ 브러시
④ 전기자와 풀링 코일

**35** 전류가 흐르는 도체가 자장에서 받는 힘의 방향을 나타내는 법칙은?

① 렌츠의 법칙
② 플레밍의 왼손법칙
③ 플레밍의 오른손법칙
④ 앙페르의 오른나사법칙

**36** 농기계의 점화장치에 단속기를 두는 주된 이유는?

① 캠각을 변화시켜 주기 위해서
② 점화 코일의 과열을 방지하기 위하여
③ 점화 타이밍을 정확히 맞추기 위해서
④ 농기계에 사용하는 전류가 직류이기 때문에

**37** 1[Wh]는 몇 [J]인가?

① 1
② 100
③ 3,600
④ $3.6 \times 10^6$

**38** 교류발전기의 장력이 부족하면?

① 다이오드가 손상된다.
② 슬립링이 빨리 마모된다.
③ 전기자 코일에 과전류가 흐른다.
④ 슬립링과 접촉이 불량해져 출력이 저하된다.

**39** 1,800[rpm] 농용 엔진에서 연소속도가 1/360초일 때 크랭크축의 회전각은?

① 10°
② 20°
③ 30°
④ 40°

**40** 납축전지의 방전종지전압은 1셀(cell)당 몇 [V]일 때인가?

① 1.25   ② 1.45

③ 1.75   ④ 2.00

**41** 트랙터용 12[V] 발전기의 발전전류가 30[A]이면 이 발전기의 저항[Ω]은?

① 0.5   ② 0.4

③ 0.3   ④ 0.2

**42** 충전기식 점화장치에서 축전기(콘덴서)가 하는 역할로 틀린 것은?

① 불꽃방전을 일으켜 압축된 혼합기에 점화를 시킨다.

② 1차 전류 차단시간을 단축하여 2차 전압을 높인다.

③ 접점 사이의 불꽃을 흡수하여 접점의 소손을 방지한다.

④ 접점이 닫혔을 때에는 접점이 열릴 때 흡수한 전하를 방출하여 1차 전류의 회복을 빠르게 한다.

**43** 점화 불량의 원인으로 틀린 것은?

① 자연점화가 일어났을 때

② 마그넷에 물이나 기름이 묻었을 때

③ 고압코드가 손상 또는 절단되었을 때

④ 점화 플러그의 불꽃간격이 부적당할 때

**44** 저항 $R_1$, $R_2$, $R_3$를 직렬로 연결시킬 때 합성저항은?

① $R_1 + R_2 + R_3$

② $\dfrac{R_1 + R_2 + R_3}{R_1 R_2 R_3}$

③ $\dfrac{1}{R_1} + \dfrac{1}{R_2} + \dfrac{1}{R_3}$

④ $\dfrac{R_1 R_2 R_3}{R_1 + R_2 + R_3}$

**45** 콘덴서에 대한 설명으로 옳은 것은?

① +전하만 충전할 수 있다.

② 질이 좋은 부도체로 구성되어 있다.

③ 도체와 부도체가 연이어 감겨져 있다.

④ 전하량은 극판 간격을 크게 하면 커진다.

**46** 안전관리의 목적으로 가장 거리가 먼 것은?

① 사회복지의 증진

② 인적·재산적 손실의 예방

③ 작업환경의 개선

④ 경제성의 향상

**해설**

안전관리의 목적

• 인도주의가 바탕이 된 인간존중(안전제일 이념)

• 기업의 경제적 손실 예방(재해로 인한 인적 및 재산적 손실의 예방)

• 생산성 및 품질의 향상(안전태도 개선 및 안전동기 부여)

• 대외여론 개선으로 신뢰성 향상(노사협력의 경영태세 완성)

• 사회복지의 증진(경제성의 향상)

**47** 인화성 물질이 아닌 것은?

① 질소가스

② 프로판가스

③ 메탄가스

④ 아세틸렌가스

**해설**

질소는 불연성이고 안정성이 뛰어나긴 하나 밀폐된 공간에서 사용 시 질식의 우려가 있다.

**48** 다음 중 보호안경을 착용해야 할 작업으로 가장 적당한 것은?

① 기화기를 차에서 뗄 때

② 변속기를 차에서 뗄 때

③ 장마철 노상운전을 할 때

④ 배전기를 차에서 뗄 때

**49** 산업안전업무의 중요성과 가장 거리가 먼 것은?

① 기업경영의 이득에 이바지한다.

② 경비를 절약할 수 있다.

③ 생산작업 능률을 향상시킨다.

④ 작업자의 안전에는 큰 영향이 없다.

**50** 밀링작업 시 안전수칙으로 틀린 것은?

① 상하 이송용 핸들은 사용 후 반드시 빼 두어야 한다.

② 칩은 가늘고 예리하며 부상을 입히기 쉬우므로 반드시 장갑을 끼고 작업을 한다.

③ 칩이 비산하는 재료는 커터 부분에 커버를 부착한다.

④ 가공 중에는 얼굴을 기계 가까이 대지 않는다.

**해설**
작업에서 생기는 칩은 가늘고 예리하며 비래 시 부상을 입기 쉬우므로 보안경을 쓰고, 장갑은 위험하므로 끼지 않는다.

**51** 감전사고로 의식불명의 환자에게 적절한 응급조치는 어느 것인가?

① 전원을 차단하고, 인공호흡을 시킨다.

② 전원을 차단하고, 찬물을 준다.

③ 전원을 차단하고, 온수를 준다.

④ 전기충격을 가한다.

**해설**
• 감전자 구출 : 전원을 차단하거나 접촉된 충전부에서 감전자를 분리하여 안전지역으로 대피
• 감전자 상태 확인
  – 큰소리로 소리치거나 볼을 두드려서 의식 확인
  – 입, 코에 손을 대어 호흡 확인
  – 손목이나 목 옆의 동맥을 짚어 맥박 확인
  – 추락 시에는 출혈이나 골절 유무를 확인
  – 의식불명이나 심장정지 시에는 즉시 응급조치를 실시
• 응급조치
  – 기도 확보 : 바르게 눕힌 상태에서 턱을 당기고 머리를 젖혀 기도를 확보한 후 입속의 이물질 제거 및 혀를 꺼냄
  – 인공호흡 : 매분 12~15회, 30분 이상 지속
    ※ 인공호흡 소생률 : 1분-95[%], 3분-75[%], 4분-50[%], 5분-25[%] → 4분 이내에 최대한 빨리 인공호흡을 시작하는 것이 중요
  – 심장마사지 : 심장이 정지한 경우에는 2명이 인공호흡과 심장마사지를 동시 진행(심폐소생술)
    ※ 심장마사지 : 기관 내 삽관 시 마사지 5회 후 인공호흡 1회를 교대로 시행하며 분당 100회 속도로 흉골 사이를 압박한다.
  – 회복자세 : 감전자가 편안하도록 머리와 목을 펴고 사지는 약간 굽힌 자세
• 감전자 구출 후 구급대에 지원요청을 하고, 주변의 안전을 확보하여 2차 재해를 예방

**52** 탭작업 시 주의사항으로 틀린 것은?

① 반드시 작업물과 수직을 유지한다.

② 절삭오일을 주유한다.

③ 볼트의 깊이보다 깊게 깎는다.

④ 압력을 느끼면서 천천히 계속적으로 탭 핸들을 돌린다.

**53** 다음 중 재해조사의 주된 목적은?

① 벌을 주기 위해

② 예산을 증액시키기 위해

③ 인원을 충원하기 위해

④ 같은 종류의 사고가 반복되지 않도록 하기 위해

**해설**
재해조사의 주된 목적은 동종재해의 재발 방지이다.

**54** 마그넷 취급방법에 있어서 주의하여야 할 사항 중 옳은 것은?

① 운전 중 마그넷 뚜껑을 열어도 별 지장이 없다.

② 마그넷은 습한 장소에 보관한다.

③ 마그넷의 접점 부위에 기름이 끼어도 상관없다.

④ 자석을 강하게 때리거나 진동시키지 말아야 한다.

**해설**
① 운전 중 마그넷 뚜껑을 열면 안 된다.
② 마그넷 보관장소는 건조한 곳이라야 한다.
③ 마그넷은 항상 깨끗하게 유지하여야 한다.

**55** 기계와 기계 사이 또는 기계와 다른 설비와의 사이에 설치하는 통로의 너비는 적어도 몇 [cm] 이상이어야 하는가?

① 40[cm]　　　② 60[cm]

③ 70[cm]　　　④ 80[cm]

**해설**
기계와 기계 사이 또는 기계와 다른 설비와의 사이에 설치하는 통로의 너비는 적어도 80[cm] 이상이어야 한다.

**56** 농업기계 안전점검의 종류로 가장 거리가 먼 것은?

① 별도점검

② 정기점검

③ 수시점검

④ 특별점검

**해설**
**안전점검의 종류** : 정기점검, 수시점검, 특별점검, 임시점검

**57** 연료탱크를 수리할 때 가장 주의해야 할 사항은?

① 가솔린 및 가솔린 증기가 없도록 한다.
② 탱크의 찌그러짐을 편다.
③ 연료계의 배선을 푼다.
④ 수분을 없앤다.

> 해설
> 탱크 내의 연료를 비우고, 내부의 연료 증발가스를 완전히 제거해야 한다.

**58** 다음 그림은 무엇을 나타내는 표시인가?

① 출입금지 　　② 보행금지
③ 사용금지 　　④ 탑승금지

> 해설
> **안전보건표지**

| 보행금지 | 사용금지 | 탑승금지 |
|---|---|---|
| | | |

**59** 귀마개를 착용하지 않았을 때 청력장애가 일어날 수 있는 가능성이 가장 높은 작업은?

① 단조작업
② 압연작업
③ 전단작업
④ 주조작업

> 해설
> 단조작업은 금속을 해머로 두들기거나 프레스로 눌러서 필요한 형체로 만드는 금속가공작업이다.

**60** 동력 경운기의 내리막길 주행 시 조향 클러치의 작동방법으로 옳은 것은?

① 양쪽 클러치를 모두 잡는다.
② 회전하는 쪽의 클러치를 잡는다.
③ 평지에서와 같은 방법으로 운전한다.
④ 조향 클러치를 사용하지 않고 핸들만으로 운전한다.

※ 2018년부터는 CBT(컴퓨터 기반 시험)로 진행되어 수험자의 기억에 의해 문제를 복원하였습니다. 실제 시행문제와 일부 상이할 수 있음을 알려드립니다.

**01** 동력 경운기를 이용하여 경운 쇄토(로터리) 작업을 할 때, 미륜으로 조정 가능한 것은?

① 작업깊이　　　　② 두둑폭
③ 회전각도　　　　④ 작업속도

**해설**
미륜 조정 핸들은 작업깊이를 조정할 때 사용한다.

**02** 농업기계화의 효과가 아닌 것은?

① 생산비 증가
② 적기 작업
③ 중노동 탈피
④ 토지생산성 증가

**해설**
농업기계화는 어렵고 힘든 작업을 쉽고 편하고 안전하게 할 수 있게 하고, 노동생산성과 토지생산성을 향상시키며, 고품질 농산물을 저비용으로 생산하여 소득을 향상시킨다.

**03** 농업기계의 경제적 이용방법에 해당하지 않는 것은?

① 기계를 무리하게 사용하지 않는다.
② 기계를 장기간 공회전시키지 않는다.
③ 기계의 윤활유는 가급적 오래 사용한 후 교체한다.
④ 고장을 예방하기 위하여 정기점검을 철저히 한다.

**해설**
오일류와 점화장치 및 연료계통 부품 등은 제때 점검·정비하고 필요시 교환해 준다.

**04** 일정한 경심 또는 작업높이를 유지하는 데 사용되는 유압 제어장치는?

① 견인력제어
② 방향제어
③ 위치제어
④ 혼합제어

**해설**
위치제어
토양조건에 관계없이 작업기를 항상 일정한 높이에 위치하도록 함으로써 일정한 경심 또는 작업높이를 유지하는 데 응용된다.

**05** 예취된 목초의 건조를 빨리 진행시키기 위해 목초를 반전 또는 확산시키는 데 사용하는 기계는?

① 헤이 레이크
② 헤이 컨디셔너
③ 헤이 테더
④ 헤이 베일러

**06** 경운·정지 작업을 작업 목적별로 분류할 때 해당되지 않는 것은?

① 쟁기작업

② 묘상 만들기 작업

③ 쇄토작업

④ 균평작업

> **해설**
> **작업 목적에 의한 경운작업의 분류**
> 쟁기작업, 쇄토작업, 균평작업, 심토파쇄작업, 로터리 경운작업, 두둑 및 고랑 만들기 작업

**07** 산파모 이앙기의 구조 중 모를 일정한 자리에서 식부날이 분묘하도록 해 주는 부분은?

① 기 관

② 모 탑재

③ 모 이송장치

④ 모 분리장치

> **해설**
> **산파모 이앙기의 모 이송장치**
> 육묘상자의 모가 압출 암에 의하여 차례로 배출된 다음 4절 기구가 구동하는 식입포크에 의해 지표면에 심겨지도록 되어 있다.

**08** 트랙터의 앞바퀴 정렬의 점검사항이 아닌 것은?

① 토 인

② 캠버 각

③ 캐스터 각

④ 피트먼 각

> **해설**
> **앞바퀴 정렬** : 토인, 캠버, 캐스터, 킹핀 경사각으로 이루어진다.

**09** 가솔린기관에만 필요한 부품은?

① 피스톤

② 실린더

③ 기화기

④ 흡기밸브

> **해설**
> 기화기(카뷰레터)는 가솔린엔진에만 있는 장치이며, 가솔린과 공기를 적당한 비율로 혼합시켜 실린더에 보낸다.

**10** 4행정 가솔린 기관의 크랭크축이 2회전할 때 캠축의 회전수는?

① 4회전

② 3회전

③ 2회전

④ 1회전

> **해설**
> 피스톤이 2왕복운동을 하는 동안 4행정(크랭크축은 2회전)으로 1사이클을 마친다.

**11** 자탈형 콤바인의 왕복형 예취날인 경우 두 날의 적정 간극을 유지해야 하는 이유로 옳은 것은?

① 간극이 크면 왕복속도가 빨라지므로
② 간극이 크거나 작으면 벼가 잘 베어지지 않으므로
③ 간극이 너무 좁으면 칼날의 마모가 크므로
④ 간극이 너무 좁으면 잡초가 끼어 빠지지 않으므로

**12** 정백 작용에서 이용하는 원리가 아닌 것은?

① 마 찰      ② 절 삭
③ 찰 리      ④ 충 격

**해설**
정백 작용은 마찰, 찰리, 연삭 및 충격력 작용을 이용한다.

**13** 트랙터의 논밭 출입 시 주의사항으로 옳지 않은 것은?

① 브레이크 좌우 페달의 연결을 확인한다.
② 두둑에서 45° 방향으로 진행한다.
③ 올라갈 때는 작업기를 올려 전륜이 들리지 않도록 한다.
④ 전류 구동은 후진으로 두둑을 오를 경우 등판능력이 좋아진다.

**해설**
두둑을 넘을 때는 직각방향으로 진행한다.

**14** 1차 경운과 2차 경운을 동시에 수행하는 작업기는?

① 쟁 기
② 로터리
③ 원판 플라우
④ 몰드보드 플라우

**해설**
로터리는 경기 작업(1차 경운)과 쇄토 작업(2차 경운)을 동시에 수행하는 구동형 경운 작업기이다.

**15** 조작이 간편하여 노약자나 부녀자도 쉽게 사용할 수 있으며 경운, 정지, 중경, 제초 등의 작업에 이용되는 농업기계는?

① 이앙기
② 관리기
③ 트랙터
④ 동력경운기

**해설**
관리기는 구조가 간단하며 작고 가벼워 비닐하우스 안이나 과수원 등과 같이 좁고 낮은 공간에서도 작업할 수 있다.

**16** 동력 경운기의 선회가 어려운 경우 고장원인으로 가장 적당한 것은?

① 조향 와이어의 조정 불량
② 시프트 포크 파손
③ 변속 레버와 시프트 포크의 접속 불량
④ 주클러치 고장

**17** 곡류의 선별원리 중 선별기준이 아닌 것은?

① 모 양
② 비 중
③ 산 도
④ 종말속도

**해설**
**농산물 종류에 따른 선별인자기준**
• 곡류 : 낟알의 크기, 모양, 비중, 종말속도, 색, 유전율 등
• 과실류 : 낱개의 크기, 모양, 비중, 색, 유전율, 당도, 산도, 숙도 등
• 근채류와 엽채류 : 낱개의 크기 무게, 단면적, 색 등

**18** 로터리의 경운 폭이 차바퀴 폭보다 넓을 때 적절한 로터리 작업방법은?

① 연접 경운법
② 한 고랑떼기 경법
③ 안쪽 제침 회경법
④ 바깥쪽 제침 회경법

**해설**
**평면갈이**
• 경운 폭이 차바퀴 폭보다 넓을 때 : 연접 경운법
• 경운 폭이 차바퀴 폭보다 좁을 때 : 한 고랑떼기 경운법

**19** 피스톤의 구비조건이 아닌 것은?

① 열팽창률이 작을 것
② 중량이 클 것
③ 제작비가 쌀 것
④ 강도가 크고 내구력이 클 것

**해설**
피스톤은 가벼워야 한다.

**20** 병충해 방제용 스피드 스프레이어(Speed Sprayer)에 관한 설명으로 올바른 것은?

① 기계가 소형, 경량이며 구조가 간단하다.
② 노즐, 호스가 불필요하므로 취급이 간단하다.
③ 침전장치가 필요 없고, 약제의 소요량이 적다.
④ 과수원 등 넓은 면적의 병해충 방제에 이용 가능하다.

**해설**
스피드 스프레이어는 과일나무 사이로 운행하면서 강력한 송풍기의 바람을 이용하여 방제하는 능률이 높은 송풍 살포방식의 과수전용 방제기이다.

16 ① 17 ③ 18 ① 19 ② 20 ④ **정답**

**21** 쟁기의 구조가 아닌 것은?

① 이 체      ② 빔

③ 히 치      ④ PTO

> **해설**
> 쟁기의 구조는 이체, 빔, 히치, 경심 및 경폭 조절장치와 프레임, 이체 반전장치 등으로 구성되어 있다.

**22** 트랙터의 일상보관에 대한 설명으로 틀린 것은?

① 시동 키는 반드시 꽂아서 보관한다.

② 깨끗이 청소하여 보관한다.

③ 동절기에는 배터리를 분리하여 실내에 보관한다.

④ 작업기는 반드시 내려놓는다.

> **해설**
> 시동 키는 항상 빼서 보관한다.

**23** 내연기관의 공기와 연료의 혼합비가 적당하면 배기가스의 색깔은?

① 검은색      ② 무 색

③ 청백색      ④ 엷은 황색

> **해설**
> 배기가스 색깔은 완전연소 및 정상일 때는 무색이다.

**24** 목초수확용 예취기의 일반적인 규격 표시방법은?

① 예취의 폭

② 예취날의 높이

③ 예취날의 수

④ 예취기의 무게

**25** 동력 경운기에서 조향 클러치 레버를 잡으면?

① 잡은 쪽의 바퀴에 제동이 걸린다.

② 잡은 쪽의 바퀴에 더 큰 회전력이 전달된다.

③ 잡은 쪽 바퀴의 동력전달이 차단된다.

④ 잡은 쪽의 반대바퀴에 제동이 걸린다.

> **해설**
> 동력 경운기 조향장치는 무논에서 작업하는 경우에는 좌우로 움직이기가 매우 힘들기 때문에, 좌우 바퀴 중 한쪽의 동력을 끊음으로써 한쪽 바퀴에만 동력이 전달되게 하여 방향을 바꾸는 구조로 되어 있다.

**26** 농업기계의 회전능력[kgf · m]을 나타내는 것은?

① 효 율

② 연료소비율

③ 출 력

④ 토 크

**해설**
토크는 연소에 의한 힘이 크랭크축을 돌리는 힘으로 최대토크는 중간 정도의 회전수에서 나타난다.

**27** 국내에서 사용되고 있는 동력 살분무기 사용 시 적정 회전수는?

① 1,000~2,000[rpm]

② 3,000~4,000[rpm]

③ 5,000~6,000[rpm]

④ 7,000~8,000[rpm]

**해설**
기관의 회전수는 7,000~8,000[rpm] 정도로 매우 고속으로 회전한다.

**28** 미곡의 예취, 탈곡 및 선별을 동시에 하는 수확기는?

① 모 어

② 콤바인

③ 바인더

④ 자동 탈곡기

**해설**
콤바인은 벼, 보리, 밀 등의 작물을 포장에서 이동하면서 예취, 탈곡, 선별 작업을 동시에 수행하는 종합수확기이다.

**29** 다음 연삭식 정미기의 설명으로 틀린 것은?

① 도정효율이 높다.

② 쌀의 표면을 깎는 도정이다.

③ 마찰계수가 커서 싸라기 발생률이 크다.

④ 강도가 낮은 현미의 도정이 가능하다.

**해설**
압력이 낮기 때문에 싸라기 발생량은 적다.

**30** 다음 중 고무롤러 현미기의 구성이 아닌 것은?

① 호 퍼

② 회전차

③ 전동장치

④ 저속롤러

**해설**
고무롤러 현미기는 호퍼, 공급장치, 한 쌍의 고무롤러(고속롤러와 저속롤러), 고무롤러 간격 조절핸들, 고무롤러 간격을 넓히는 압축 스프링과 비상 클러치, 전동장치, 배출구 등으로 구성되어 있다.
※ 회전차(가속원판)는 충격식 현미기의 구성물이다.

**31** 단상 전동기의 극수가 4개이고 주파수가 60[Hz]일 때 동기속도는?

① 1,200[rpm]  ② 1,800[rpm]
③ 3,200[rpm]  ④ 3,600[rpm]

**해설**
동기속도

$$N_s = \frac{120f}{P} = \frac{120 \times 60}{4} = 1,800[rpm]$$

($f$ : 전원 주파수, $P$ : 전동기 극수)

**32** 단상 유도전동기의 종류가 아닌 것은?

① 분상기동형  ② 권선형
③ 반발기동형  ④ 셰이딩코일형

**해설**
3상 유도전동기에는 농형 유도전동기와 권선형 유도전동기가 있다.

**33** 다음 중 그로울러 시험기의 점검사항과 거리가 먼 것은?

① 단락시험  ② 부하시험
③ 단선시험  ④ 접지시험

**해설**
그로울러 시험기로 점검할 수 있는 시험
• 전기자 코일의 단락시험
• 전기자 코일의 단선(개회로)시험
• 전기자 코일의 접지시험

**34** 전조등에서 광도의 측정 단위는?

① 웨버(Wb)
② 데시벨(dB)
③ 칸델라(cd)
④ 럭스(lx)

**해설**
1[cd]는 광원으로부터 1[m] 떨어진 1[m²]의 면에 1[lm]의 광속이 통과할 때, 그 방향의 빛의 세기이다.

**35** 축전지의 용량은?

① 음극판 단면적에 비례하고, 양극판 크기에 반비례
② 양극판의 크기에 비례하고, 음극판의 단면적에 반비례
③ 극판의 표면적에 비례
④ 극판의 표면적에 반비례

**해설**
축전기의 전기용량 $C$의 크기는 전극의 면적 $A$에 비례하고, 전극 사이의 거리 $d$에 반비례한다.

$$C = \varepsilon \frac{A}{d}$$

**36** 다음에서 전기력이 작용하는 공간은?

① 전 계 ② 자 계
③ 전 류 ④ 전 압

해설
전기력이 작용하는 공간을 전계(전기장, 전장)라고 한다.

**37** 유도전동기의 실제 회전자의 회전속도와 동기속도와의 차이는?

① 역 률 ② 출 력
③ 슬 립 ④ 토 크

**38** 다음 중 자석의 성질에 맞는 것은?

① 극이 같으면 반발한다.
② 극이 다르면 반발한다.
③ 같은 극끼리는 서로 흡인한다.
④ 자석 상호 간은 관계가 없다.

해설
자석의 같은 극끼리는 서로 반발하고, 다른 극끼리는 끌어당긴다.

**39** 다음 중 발전기의 발생전압이 낮을 때 축전지에서 발전기로 전류의 역류를 방지해 주는 것은?

① 전압 조정기
② 전류 조정기
③ 컷아웃 릴레이
④ 계자 코일

**40** 1[A]의 전류를 흐르게 하는 데 2[V]의 전압이 필요하다. 이 도체의 저항은?

① 4[Ω] ② 3[Ω]
③ 2[Ω] ④ 1[Ω]

해설
$R = \dfrac{2}{1} = 2[\Omega]$

36 ① 37 ③ 38 ① 39 ③ 40 ③ **정답**

**41** 다음 중 브러시의 접촉이 불량할 때 소손되기 쉬운 것은?

① 계자 코일　　② 볼 베어링
③ 전기자　　　④ 정류자편

브러시는 정류자편 면에 접촉되어 전기자권선과 외부회로를 연결시켜 주는 부분이다.

**42** 광원의 광도가 200[cd]이고 거리 1[m] 되는 곳의 조도가 200[lx]일 때, 거리가 2[m]이면 몇 [lx]인가?

① 50[lx]　　　② 100[lx]
③ 200[lx]　　④ 400[lx]

$$E = \frac{I}{r^2} = \frac{200}{2^2} = 50[\text{lx}]$$

**43** 다음 중 길이 측정기가 아닌 것은?

① 각도자　　　② 한계 게이지
③ 마이크로미터　④ 다이얼 게이지

**측정용 기구**
• 길이 측정기 : 자, 버니어 캘리퍼스, 마이크로미터, 다이얼 게이지, 두께 게이지, 표준 게이지, 한계 게이지
• 각도 측정기 : 각도 게이지, 분도기, 직각자, 사인 바, 테이퍼 게이지, 만능 각도기
• 평면 측정기 : 수준기, 직각자, 정반, 서피스 게이지

**44** 납축전지의 충·방전작용에 해당되는 것은?

① 자기작용
② 화학작용
③ 물리작용
④ 확산작용

축전지를 충전 또는 방전을 하면 축전지 내부에서는 화학작용이 발생한다.

**45** 내연기관의 전기점화방식에서 불꽃을 일으키는 1차 유도전류를 일시적으로 흡수·저장하는 역할을 하는 것은?

① 진각장치
② 단속기
③ 콘덴서
④ 배전자

전기를 저장하는 장치를 축전기(콘덴서)라고 한다.

**46** 다음 중 안전사고의 정의와 거리가 먼 것은?

① 고의성에 의한 사고이다.

② 불안전한 행동이 선행된다.

③ 능률을 저하시킨다.

④ 인명이나 재산의 손실을 가져온다.

해설
안전사고란 고의성 없는 불안전한 행동이나 조건이 선행되어 일을 저해하거나 능률을 저하시키며 직간접적으로 인명이나 재산의 손실을 가져올 수 있는 사고이다.

**47** 작업장 안전사항에 대한 설명으로 틀린 것은?

① 공구와 장구는 항상 정돈해 가면서 작업한다.

② 작업하기 전에 반드시 작업계획을 세운다.

③ 타인의 시설 및 기계를 자유롭게 운전·조작한다.

④ 인화물은 격리시켜 사용한다.

해설
모든 기계는 담당자 이외는 취급을 하지 않는다.

**48** 정비 작업복에 대한 일반수칙으로 틀린 것은?

① 몸에 맞는 것을 입는다.

② 수건을 허리춤에 차고 한다.

③ 기름이 밴 장비복을 입지 않는다.

④ 상의의 옷자락이 밖으로 나오지 않게 한다.

해설
수건은 허리춤 또는 목에 감지 않는다.

**49** 가스용접에서 산소통은 직사광선을 피하여 몇 [℃] 이하에서 보관해야 하는가?

① 20          ② 40

③ 60          ④ 80

해설
산소용기의 보관온도는 40[℃] 이하로 하여야 한다.

**50** 안전보건표지의 종류가 아닌 것은?

① 금지표지

② 경고표지

③ 예고표지

④ 지시표지

해설
**안전보건표지의 종류** : 금지표지, 경고표지, 지시표지, 안내표지

**51** 농용엔진(가솔린) 작동 시 발생하는 배기가스에 포함된 가스 중 인체에 해가 없는 것은?

① $CO_2$  
② $CO$  
③ $NO_2$  
④ $SO_2$

**해설**
배기가스의 유해성분 : 일산화탄소(CO), 탄화수소, 질소산화물($NO_X$), 매연, 황산화물($SO_X$)

**52** 드릴작업 시 안전수칙으로 틀린 것은?

① 옷깃이 척이나 드릴에 물리지 않게 할 것  
② 장갑을 착용하고 작업할 것  
③ 머리카락을 단정히 하고 모자를 쓸 것  
④ 뚫린 구멍에 손가락을 넣지 말 것

**해설**
장갑을 끼고 작업할 수 없는 작업 : 선반작업, 해머작업, 그라인더작업, 드릴작업, 농기계정비

**53** 트랙터 운전 중 안전사항에 대한 설명으로 틀린 것은?

① 트랙터에는 운전자, 보조자 등 2명만 탑승해야 한다.  
② 트랙터는 전복될 수 있으므로 항상 안전속도를 지켜야 한다.  
③ 트레일러에 큰 하중을 싣고 운행할 때 급정거를 해서는 안 된다.  
④ 회전 시 또는 브레이크 사용 시 반드시 속도를 줄여야 한다.

**해설**
운전자 외에 탑승을 금지한다.

**54** 일반공구의 사용법 및 관리에 대한 설명 중 적합하지 않은 것은?

① 공구는 사용 전에 반드시 점검해야 한다.  
② 공구는 작업에 적합한 것을 사용해야 한다.  
③ 손이나 공구에 기름이 묻었을 때는 완전히 닦은 후에 사용한다.  
④ 사용 후에는 창고의 아무 곳에나 걸어 둔다.

**해설**
공구는 항상 지정된 공구상자에 보관한다.

**55** 재해원인의 분석방법 중 직접원인에 해당하는 것은?

① 기술적 원인  
② 교육적 원인  
③ 인적 원인  
④ 관리적 원인

**해설**
사고의 원인
• 직접원인 : 물적 원인, 인적 원인
• 간접원인 : 교육적·기술적·관리적 원인

**56** 콤바인 취급사항으로 잘못된 것은?

① 포장작업 시 장갑 사용을 금한다.

② 운반용 차에서 싣고 내릴 때 조향 클러치 사용을 금한다.

③ 작업 중 체인, 벨트, 예취날 등에 손을 넣지 말아야 한다.

④ 짚이나 검불이 막혔을 때는 엔진을 저속으로 한 후 제거한다.

**해설**
짚이나 검불이 막혔을 때 엔진 정지 후 제거한다.

**57** 목재, 종이류와 같은 화재의 종류로 맞는 것은?

① 유류화재　　② 금속화재

③ 일반화재　　④ 전기화재

**해설**
일반화재는 A급화재로 일반 가연성 물질의 화재이며 물이나 소화기를 이용하여 소화하는 화재이다.

**58** 관리기의 취급 및 보관 시 주의사항으로 틀린 것은?

① 연료 급유 시 엔진을 정지한다.

② 실내운전 중이나 시설하우스 내의 작업 시 환기에 주의한다.

③ 장기간 보관 시 압축하사점 위치에 둔다.

④ 전기시동식은 배터리의 (−)선을 분리한다.

**해설**
피스톤은 압축상사점 위치에 둔다.

**59** 농업기계의 이상 여부를 확인하기 위한 일상적인 관찰활동으로 가장 관계가 적은 것은?

① 도색 여부

② 소음 변화

③ 진동 변화

④ 이상 발열

**해설**
농업기계 종류별로 고장징후, 점검·정비기준이나 방법 등이 다르므로 작업자는 평소 운전 중 소음, 진동, 발열, 압력, 색깔 등 기계 작동상태를 관찰하고, 점검기구를 사용하여 정상 여부를 확인하는 등 취급설명서에 따른 점검·정비를 게을리하지 말아야 한다.

**60** 농업기계의 일반적인 보관·관리방법으로 잘못된 것은?

① 팬 벨트는 느슨하게 해 둔다.

② 물로 깨끗이 씻고, 기름칠하여 보관한다.

③ 햇볕을 받지 않도록 덮개를 씌워 보관한다.

④ 디젤기관은 연료를 모두 빼어 놓는다.

**해설**
가솔린기관은 연료를 모두 빼고, 디젤기관은 가득 채운 후 장기 보관한다.

**01** 다음 중 트랙터의 일상점검 기준에 해당하는 것은?

① 오일필터의 교환

② 배터리 비중의 점검

③ 엔진오일량의 점검

④ 밸브 간극의 조정

해설
트랙터의 일상점검
• 후드 및 사이드 커버
• 엔진오일 수준
• 라디에이터 냉각수 수준
• 에어클리너 청소
• 라디에이터, 오일로더 및 콘덴서 청소

**02** 2행정 가솔린기관을 사용하는 동력 예초기에서 연료와 엔진오일의 혼합비로 가장 적당한 것은?

① 5 : 1

② 15 : 1

③ 25 : 1

④ 35 : 1

해설
2사이클 엔진의 연료 혼합비율
가솔린 : 오일 = 25 : 1 또는 20 : 1

**03** 다음 중 공구 사용으로 발생되는 재해를 막기 위한 방법이 아닌 것은?

① 결함이 없는 공구 사용

② 작업에 적당한 공구를 선택 사용

③ 공구의 올바른 취급과 사용

④ 공구는 임의의 것을 사용

해설
사용목적에 적합한 공구를 사용한다.

**04** 산업재해가 발생되는 직접원인은 불안전 상태와 불안전 행동으로 크게 나눈다. 다음 중에서 불안전한 행동에 해당되지 않는 것은?

① 위험 장소 접근

② 보호구의 잘못 사용

③ 안전보호장치의 결함

④ 기계기구의 잘못 사용

해설
안전보호장치의 결함은 불안전 상태(물적 원인)에 속한다.

**05** 주행하면서 농작물을 예취하고 탈곡을 함께하는 기계는?

① 예취기      ② 리 커
③ 콤바인      ④ 모 위

**해설**
콤바인은 벼, 보리, 밀 등의 작물을 포장하여 이동하면서 예취, 탈곡, 선별작업을 동시에 수행하는 종합수확기이다.

**06** 조파용 파종기에서 구절기가 하는 일은?

① 배출장치에서 나온 종자를 지면까지 유도한다.
② 파종된 종자를 덮고 눌러 주는 장치이다.
③ 일정량의 종자를 배출하는 장치이다.
④ 적당한 깊이의 파종 골을 만든다.

**해설**
①은 종자관, ②는 복토진압장치, ③은 종자배출장치이다.

**07** 로터리 경운법 중 차륜 폭이 로터리 날보다 넓을 때에는 어떤 것이 좋은가?

① 한 줄 건너떼기 경운법
② 연접 왕복경운법
③ 절충경운법
④ 회경법

**해설**
**평면갈이**
• 경운 폭이 차바퀴 폭보다 넓을 때 : 연접 경운법
• 경운 폭이 차바퀴 폭보다 좁을 때 : 한 고랑떼기 경운법

**08** 벼의 총무게가 100[g]이고 수분이 20[g], 완전 건조된 무게가 80[g]이다. 습량기준 함수율은?

① 80[%]      ② 25[%]
③ 20[%]      ④ 15[%]

**해설**
습량기준 함수율 = (시료에 포함된 수분의 무게/시료의 총무게)
$$\times 100$$
$$= 20/100 \times 100$$
$$= 20[\%]$$
※ 건량기준 함수율 = (시료에 포함된 수분의 무게/건조 후 시료의 무게) × 100

**09** 베일러에서 끌어올림 장치로 걷어 올려진 건초는 무엇에 의해 베일 체임버로 이송되는가?

① 픽업타인      ② 오 거
③ 트와인노터      ④ 니 들

**해설**
**플런저 베일러의 작동원리**
지면과 접촉되지 않게 조절할 수 있도록 된 픽업장치로 초지의 건초를 걷어 올리면 이송오거에 의하여 베일 체임버로 이송된다. 베일 체임버로 이송된 건초는 왕복운동을 하는 플런저에 의하여 압축되는데, 압축밀도는 체임버 내에 있는 인장바(Tension Bar)에 의하여 조절된다. 또한 베일길이 측정 휠에 의하여 베일의 길이가 조절되고 베일이 일정한 길이로 성형되면 결속장치에 의하여 결속되는데, 이때 결속끈이 풀리지 않게 해 주는 매듭장치(Twine Knotter)가 있다.

**10** 그라인더 작업 시 주의사항으로 틀린 것은?

① 연삭 시 숫돌차와 받침대 간격은 항상 10[mm] 이상 유지할 것

② 연마작업 시 보호안경을 착용할 것

③ 작업 전에 숫돌의 균열 유무를 확인할 것

④ 반드시 규정속도를 유지할 것

해설
숫돌과 받침대 간격은 3[mm] 이하로 작업한다.

**11** 4기통 직렬형 기관의 점화순서는?

① 1 - 3 - 2 - 4

② 1 - 4 - 2 - 3

③ 1 - 4 - 3 - 2

④ 1 - 2 - 4 - 3

해설
4기통 내연기관의 점화순서
• 좌수식 : 1 - 2 - 4 - 3
• 우수식 : 1 - 3 - 4 - 2

**12** 소음, 진동, 안전표시 및 게시판 미비로 인하여 일어나는 농기계 안전사고의 요인은?

① 인간적 요인

② 기계적 요인

③ 환경적 요인

④ 인간·기계적 요인

**13** 동력 살분무기 살포방법의 설명 중 틀린 것은?

① 분관 사용 시 바람을 맞으며 전진한다.

② 분관을 좌우로 흔들면서 전진한다.

③ 분관을 좌우로 흔들면서 후진한다.

④ 분관을 좌우로 흔들면서 옆으로 간다.

해설
어떤 방법을 사용하더라도 뿌린 약제가 작업자 쪽으로 오지 않도록 반드시 바람을 등지고 작업해야 한다.

**14** 고속분무기에서 분두의 최대 살포각도로 적절한 것은?

① 30°　　　　② 45°

③ 90°　　　　④ 180°

해설
살포 분무각은 180° 이상으로서 전면을 일시에 살포할 수 있는 것과 90° 정도의 범위에 한쪽만 살포하는 경우 또는 45° 정도만 살포할 수 있는 경우도 있다.

**15** 이앙기의 장기보관 시 조치사항으로 틀린 것은?

① 사용설명서에 따라 시효가 지난 오일은 교환한다.

② 각부 주유 개소에 주유한다.

③ 점화 플러그 구멍에 새 오일을 넣고 공회전 후 압축 위치로 보관한다.

④ 연료탱크 및 기화기의 잔존연료는 명년도를 위하여 그대로 둔다.

**해설**

**이앙기의 보관방법**

• 본체를 청소하고 주유 개소에 주유한다.

• 오일은 교환하고, 연료탱크 및 기화기의 연료는 완전히 빼낸다.

• 실린더 내부 및 밸브의 산화 방지를 위해 점화 플러그 구멍에 새 오일을 약간 넣고 10회 이상 공회전시킨 다음, 시동 로프를 천천히 잡아당겨 압축 위치에서 정지시킨다.

• 식부 날 부분에 녹 방지를 위해 오일을 칠한다.

• 먼지나 습기가 적고, 직사광선이 비치지 않는 곳에 보관한다.

**16** 로터리 작업 시 후진할 때 주의사항으로 맞는 것은?

① 엔진을 정지한다.

② 로터리에 전달되는 동력을 차단한다.

③ 보조자가 뒤에서 신호한다.

④ 로터리를 지면에 내려서 후진한다.

**해설**

로터리의 동력을 끊은 상태에서 후진한다.

**17** 분진이 호흡기를 통하여 인체에 유입되는 것을 방지하기 위한 것은?

① 송기마스크　　② 방진마스크

③ 방독마스크　　④ 보안면

**해설**

방진마스크는 채광·채석작업, 연삭작업, 연마작업, 방직작업, 용접작업 등 분진 또는 흄 발생작업에서 사용한다.

**18** 하인리히의 안전사고 예방대책 5단계에 해당되지 않는 것은?

① 분 석　　　　② 적 용

③ 조 직　　　　④ 환 경

**해설**

**하인리히의 사고방지 대책 5단계**

• 제1단계 : 안전조직

• 제2단계 : 사실의 발견

　– 사실의 확인 : 사람, 물건, 관리, 재해 발생경과

　– 조치사항 : 자료 수집, 작업공정 분석 및 위험 확인, 점검검사 및 조사

• 제3단계 : 분석평가

• 제4단계 : 시정책의 선정

• 제5단계 : 시정책의 적용(3E : 교육, 기술, 규제)

**19** 농기계의 효율 향상을 위하여 실시하는 예방정비의 종류가 아닌 것은?

① 매일정비　　　② 매주정비

③ 농한기정비　　④ 고장수리정비

**해설**

**예방정비**

기기별로 제작자가 추천한 정비주기 또는 정비이력에 따라 사전에 정해진 정비주기에 따라 행하는 정기정비

※ 고장정비 : 기기의 제 기능 발휘 불가 시 또는 고장 시 수행

**20** 동력 경운기에 쟁기를 부착하여 작업할 때 타이어 공기압으로 가장 이상적인 값은?

① 0.1~0.4[kg/cm$^2$]  ② 1.1~1.4[kg/cm$^2$]

③ 2.1~2.4[kg/cm$^2$]  ④ 3.1~3.4[kg/cm$^2$]

**해설**
타이어의 공기압은 1.1~1.4[kg/cm$^2$]로 양쪽에 동일한 압력을 유지시켜준다. 그렇지 않으면 직진성이 나빠진다.

**21** 동력 이앙기에서 모의 식부깊이를 일정하게 하는 것은?

① 이앙 암          ② 안내봉
③ 플로트          ④ 모 탑재대

**해설**
플로트는 논 표면을 수평으로 정지하고 이앙깊이를 조절하는 장치이다.

**22** 동력 살분문기의 파이더 더스터(다공호스)를 이용하여 분제를 뿌리는데 기계와 멀리 떨어진 파이프 더스트의 끝 쪽으로 배출되는 분제의 양이 많다. 다음 중 고르게 배출되도록 하기 위한 방법으로 가장 적당한 것은?

① 엔진의 속도를 낮춘다.
② 엔진의 속도를 빠르게 한다.
③ 밸브를 약간 닫아 배출되는 분제의 양을 줄인다.
④ 밸브를 약간 열어 배출되는 분제의 양을 늘린다.

**해설**
기관의 회전속도가 필요 이상으로 빨라 송풍량이 많으면 분제가 파이프 더스터의 끝에서 많이 배출되고, 회전속도가 느리면 기체 가까운 쪽에서 많이 배출되므로, 약제가 골고루 뿌려지려면 기관의 회전속도를 알맞게 조절해야 한다.

**23** 기계의 구입가격이 600만원, 폐기가격이 60만원, 내구연한이 10년인 경우 직선법에 의한 이 기계의 감가상각비는?

① 54,000[원/년]

② 540,000[원/년]

③ 660,000[원/년]

④ 3,600,000[원/년]

**해설**
감가상각비 = $\dfrac{6,000,000 - 600,000}{10}$ = 540,000[원/년]

**24** 콤바인 조향 방식이 아닌 것은?

① 브레이크턴 방식
② 전자조향 방식
③ 급선회 방식
④ 완선회 방식

**해설**
**콤바인 조향 방식**
브레이크턴 방식, 급선회(스핀턴) 방식, 완선회(소프트턴) 방식

**25** 베일의 무게가 350~450[kg] 정도로 크기가 커서 대규모 초지에 적합한 베일러는?

① 원형 베일러　　② 사각 베일러

③ 삼각 베일러　　④ 플런저 베일러

**26** 동력 경운기의 시동 전 점검 및 주의사항으로 고려하지 않아도 되는 것은?

① 각부의 점검

② 윤활유 상태

③ 변속 위치 선정

④ 연료 보급

**해설**
**동력 경운기의 운전 전 점검**
• 연료, 냉각수, 각부의 윤활유량을 점검하고, 부족하면 보충한다.
• 타이어의 공기압 및 바퀴의 고정볼트 죔 상태를 점검한다.
• 주클러치, V벨트의 장력, 브레이크, 조향 클러치, 조속 레버의 작동상태를 점검하고, 필요하면 조정한다.

**27** 예취기 작업 시 옳지 않은 방법은?

① 시작 전 각부의 볼트 · 너트의 풀림, 날 고정볼트의 조임 상태를 확인한다.

② 장시간 작업 시 6시간 30분 정도 휴식한다.

③ 기관을 시동한 뒤 2~3분 공회전 후 작업을 한다.

④ 장기간 보관할 때 금속 날 등에 오일을 칠하여 보관한다.

**해설**
진동장애, 청각장애 등에 의한 사고를 대비하기 위해 예취기와 기계톱 작업은 10분 이내로 하고, 충분한 휴식시간을 가진 후 작업을 실시하며, 하루 2시간을 넘지 않도록 해야 한다.

**28** 조파기의 구성장치가 아닌 것은?

① 쇄토기　　② 구절기

③ 복토기　　④ 종자관

**해설**
**조파기의 구조**
• 종자를 넣는 종자통
• 종자를 일정한 양으로 배출하는 종자배출장치
• 종자를 고랑으로 유도하는 종자관
• 고랑을 만드는 구절기
• 파종한 다음 종자에 복토하고 진압하는 복토기와 진압바퀴 등으로 구성

**29** 3상 유도전동기의 슬립(%)을 구하는 공식으로 옳은 것은?

① (동기속도 + 전부하속도)/동기속도×100

② (동기속도 + 전부하속도)/부하속도×100

③ (동기속도 − 전부하속도)/동기속도×100

④ (동기속도 − 전부하속도)/부하속도×100

**해설**
슬립은 동기속도에 대한 상대속도($n_s - n$)의 비이다.

**30** 관리기 조향 클러치의 적정 유격으로 가장 적합한 것은?

① 1~2[mm]    ② 6~8[mm]
③ 12~14[mm]    ④ 15~17[mm]

**해설**
조향 클러치의 유격은 1~2[mm]가 되도록 조정너트로 조정한다.

**31** 안전관리조직으로 대규모 기업에 가장 적합한 것은?

① 참모식 조직
② 직계식 조직
③ 상향식 직계조직
④ 직계·참모식 조직

**해설**
**직계·참모식 조직**
모든 작업자가 안전 업무에 직접 참여하고, 안전에 관한 지식·기술 등의 개발이 가능하며, 안전업무의 지시·전달이 신속·정확하고, 1,000명 이상의 기업에 적용되는 안전관리의 조직이다.

**32** 농용 트랙터의 작업 전 점검사항으로 틀린 것은?

① 연료호스의 손상이나 누유가 없는지 확인한다.
② 타이어에 상처가 나거나 리그가 모두 마모된 경우에는 교체한다.
③ 도로 주행 시에는 좌우 브레이크 페달 연결고리를 해체한다.
④ 점검 및 정비를 위해 떼어낸 덮개는 모두 다시 부착한다.

**해설**
도로 주행 시 좌우 브레이크 페달을 연결하고 주행한다.

**33** 가솔린기관에서 압축된 혼합기는 무엇에 의해 점화되는가?

① 분사노즐
② 압축가스
③ 점화 플러그
④ 분사펌프

**해설**
점화 플러그는 점화 코일에서 발생된 고전압을 받아 연소실 내에서 불꽃방전에 의해 혼합기를 점화시킨다.

**34** 다음 중 장갑을 반드시 착용하고 작업을 하는 것은?

① 선반 작업
② 해머 작업
③ 용접 작업
④ 그라인더 작업

**35** 콤바인 작업 시 급동의 회전이 낮을 때의 증상 중 틀린 것은?

① 선별 불량　　② 탈부미 증가

③ 막 힘　　④ 능률 저하

**36** 로터리를 트랙터에 부착하고 좌우 흔들림을 조정하려고 한다. 무엇을 조정하여야 하는가?

① 리프팅 암　　② 체크 체인

③ 상부 링크　　④ 리프팅 로드

해설
트랙터와 로터리의 중심을 맞춘 후 체크 체인으로 2.0~2.5[cm] 정도 좌우로 일정량이 흔들리게 조정한다.

**37** 기동전동기의 취급 시 주의사항으로 틀린 것은?

① 오랜 시간 연속해서 사용해도 무방하다.

② 기동전동기를 설치부에 확실하게 조여야 한다.

③ 전선의 굵기가 규정 이하의 것을 사용해서는 안 된다.

④ 엔진이 시동된 다음에는 키 스위치를 시동으로 돌려서는 안 된다.

해설
오랜 시간 연속으로 사용하면 안 된다. 최대 연속사용시간은 30초, 연속사용시간은 10초이다.

**38** 구릉지에서의 목초 예취작업에 가장 적당한 모어는?

① 커터바 모어

② 전단식 모어

③ 플레일 모어

④ 로터리 모어

해설
**모어(Mower)** : 목초를 베는 데 사용하는 기계
- 왕복식 모어 : 절단 날이 좌우로 왕복운동하면서 예취(콤바인)
- 회전형 모어 : 드럼형·디스크형 로터리 모어(우리나라에서 주로 사용)
- 플레일 모어 : 회전하는 수평축에 붙어 있는 플레일(Flail) 날에 의하여 목초를 때려서 절단

**39** 기관오일의 SAE 번호가 의미하는 것은?

① 점 도

② 비 중

③ 유동성

④ 건 성

해설
윤활유의 점도 크기를 SAE로 표시한다.

**40** 플레밍의 왼손법칙에서 중지의 방향은 무엇을 나타내는가?

① 힘의 방향　　② 자기장의 방향
③ 기전력의 방향　　④ 전류의 방향

해설
**플레밍의 왼손법칙**
• 엄지는 자기장에서 받는 힘($F$)의 방향
• 검지는 자기장($B$)의 방향
• 중지는 전류($I$)의 방향

**41** 축전지의 용량이 240[Ah]라면, 이 축전지에 부하를 연결하여 12[A]의 전류를 흘리면 몇 시간 동안 사용이 가능한가?

① 10시간　　② 20시간
③ 30시간　　④ 40시간

해설
용량(Ah) = 방전전류(A) × 방전시간(h)
240 = 12 × h
∴ h = 20시간

**42** 겨울철에 경운기를 시동할 때는 시동 버튼을 누르고 시동해야 하는 이유는?

① 연료의 안개화를 위하여
② 연료에 공기량을 보충해 주기 위하여
③ 연료공급량을 많게 하여 시동을 용이하게 하기 위하여
④ 흡입공기의 온도가 낮으므로 연료공급량을 줄여 시동을 용이하게 하기 위하여

**43** 동력전달장치에서 재해가 가장 많은 것은?

① 차 축　　② 암
③ 벨 트　　④ 커플링

해설
벨트는 회전 부위에서 노출되어 있어 재해발생률이 높다. 차축, 암, 커플링은 대부분 케이스 내부에 있다.

**44** 연소에 관한 설명으로 틀린 것은?

① 인화점이 낮을수록 착화점이 낮다.
② 인화점이 높을수록 위험성이 크다.
③ 연소범위가 넓을수록 위험성이 크다.
④ 착화온도가 낮을수록 위험성이 크다.

해설
**물질의 위험성을 나타내는 성질**
• 인화점, 발화점, 착화점이 낮을수록
• 증발열, 비열, 표면장력이 작을수록
• 온도가 높을수록
• 압력이 클수록
• 연소범위가 넓을수록
• 연소속도, 증기압, 연소열이 클수록

**45** 가스 용기의 표시 색채로 옳지 않은 것은?

① 산소 : 녹색

② 아세틸렌 : 황색

③ 액화탄산가스 : 백색

④ 아르곤 : 회색

**가스 용기의 표시 색채(고압가스 안전관리법 시행규칙 별표 24)**

| 가스 종류 | 도색 구분 | 가스 종류 | 도색 구분 |
|---|---|---|---|
| 산 소 | 녹 색 | 아세틸렌 | 황 색 |
| 수 소 | 주황색 | 액화암모니아 | 백 색 |
| 액화탄산가스 | 청 색 | 아르곤 | 회 색 |
| LPG | 밝은 회색 | 그 밖의 가스 | 회 색 |

**47** 벼, 맥류, 채소 등의 종자를 일정한 간격의 줄에 따라 연속하여 뿌리는 파종방법은?

① 흩어 뿌림

② 줄 뿌림

③ 점 뿌림

④ 산 파

**파종방법**
• 곡류, 채소 등의 종자를 일정 간격의 줄에 따라 연속적으로 뿌리는 줄 뿌림
• 옥수수, 두류 등의 종자를 1개 또는 여러 개씩 일정한 간격으로 파종하는 점 뿌림
• 목초, 잔디 등의 종자를 지표면에 널리 흩어 뿌리는 흩어 뿌림

**46** 포장에서 목초 베일러의 작업 시 선회방법으로 옳은 것은?

① PTO 동력을 차단하고, 큰 원으로 회전한다.

② PTO 동력을 연결하고, 큰 원으로 회전한다.

③ PTO 동력을 차단하고, 작은 원으로 회전한다.

④ PTO 동력을 연결하고, 작은 원으로 회전한다.

**48** 간접접촉에 의한 감전 방지방법이 아닌 것은?

① 보호절연

② 보호접지

③ 설치장소의 제한

④ 사고회로의 신속한 차단

간접접촉으로 인한 감전을 방지하기 위해서는 보호절연, 보호접지, 사고회로의 신속한 차단, 회로의 전기적 격리, 안전전압 이하의 기기 사용 등의 방법이 있다.

**49** 기계를 달아 올리는 데 쓰이는 볼트는?

① 스테이볼트

② T볼트

③ 전단볼트

④ 아이볼트

해설
**아이볼트**
주로 기계설비 등 큰 중량물을 크레인으로 들어 올리거나 이동할 때 사용하는 걸기용 용구이다.

**50** 기관의 연료소비율을 나타내는 단위로 가장 적절하지 않은 것은?

① [km/L]

② [L/min]

③ [g/PS · h]

④ [g/kW · h]

해설
**연료소비율 단위**
[km/L], [g/MW · s], [g/kW · h], [g/PS · h], [lbm/hp · h]
※ 유량 단위 : [L/min]

**51** 기계와 기계 사이 또는 기계와 다른 설비와의 사이에 설치하는 통로의 너비는 적어도 몇 [cm] 이상이어야 하는가?

① 40[cm]　　② 60[cm]

③ 70[cm]　　④ 80[cm]

해설
기계와 기계 사이 또는 기계와 다른 설비와의 사이에 설치하는 통로의 너비는 적어도 80[cm] 이상이어야 한다.

**52** 전조등의 조도가 부족한 원인으로 틀린 것은?

① 접지의 불량

② 축전지의 방전

③ 굵은 배선 사용

④ 장기사용에 의한 전구의 열화

해설
**전조등의 조도가 부족한 원인**
• 전구의 설치 위치가 바르지 않았을 때
• 축전지의 방전
• 전구의 장기간 사용에 따른 열화
• 렌즈 안팎에 물방울이 부착되었을 경우
• 전조등 설치부 스프링의 피로
• 반사경이 흐려졌을 때

**53** 다음 중 교류발전기에서 발생한 교류전압을 직류 전압으로 정류하는 데 사용되는 것은?

① 슬립링
② 다이오드
③ 계자 릴레이
④ 전류조정기

**해설**

교류발전기와 직류발전기의 비교

| 기능(역할) | 교류(AC)발전기 | 직류(DC)발전기 |
|---|---|---|
| 전류 발생 | 고정자(스테이터) | 전기자(아마추어) |
| 정류작용 (AC → DC) | 실리콘 다이오드 | 정류자, 러시 |
| 역류 방지 | 실리콘 다이오드 | 컷아웃 릴레이 |
| 여자 형성 | 로터 | 계자 코일, 계자 철심 |
| 여자 방식 | 타여자식(외부전원) | 자여자식(전류자기) |

**54** 이앙기에서 모가 심어지는 개수(묘취량)를 조절하는데 이용되는 부위는?

① 플로트 높이
② 주간 조절
③ 탑재판의 높낮이
④ 조향 클러치

**55** 예취된 목초를 짓눌러 건조를 빠르게 하기 위한 기계는?

① 헤이 레이크
② 헤이 컨디셔너
③ 헤이 테더
④ 헤이 베일러

**해설**

① 헤이 레이크 : 예취한 후 포장에 널려진 목초를 베일러 작업이 쉽도록 모아 주거나 건조를 하기 위하여 펼쳐 주는 작업기
③ 헤이 테더 : 예취된 목초의 건조를 빨리 진행시키기 위해 목초를 반전 또는 확산시키는 데 사용하는 기계
④ 헤이 베일러 : 말린 목초나 볏짚을 일정한 용적으로 압축하여 묶는 기계

**56** 동력 경운기용 쟁기를 장착할 때 좌우로 어느 정도 움직일 수 있게 조절해야 하는가?

① 5°
② 15°
③ 25°
④ 35°

**해설**

감압볼트의 조정

직진성을 좋게 하기 위하여 쟁기의 중심선이 일치하도록 좌우의 감압볼트를 돌려 볼트머리가 경운기 히치박스에 닿은 상태에서 한 바퀴 정도 되돌려 쟁기가 좌우로 15° 정도 움직일 수 있도록 한다(볼트머리와 히치박스와의 틈새는 1~1.5[mm]).

**57** 트랙터의 로터베이터 장착요령에 대한 설명으로 틀린 것은?

① 하부 링크에서 상부 링크 순으로 링크 홀더에 끼운다.

② 기관을 정지시키고, 주차브레이크를 건다.

③ 상부 링크와 로터베이터의 마스트를 핀에 끼워 연결한다.

④ 유니버설 조인트 연결 시 로터베이터 쪽 연결 후 PTO쪽을 연결한다.

해설
장착방법
• 유니버설 조인트의 한쪽(스플라인축)을 먼저 PTO축에 삽입하여 장착시킨다.
• 다른 한쪽을 로터베이터의 입력축에 깊이 삽입한 후 서서히 빼면 자동적으로 입력축 홈의 고정위치에 맞는다.
• 트랙터 PTO축 쪽으로 조인트를 서서히 분리하고 고정 핀이 확실히 고정되도록 한다.

**58** 점화시기를 점검할 때 사용되는 시험기는?

① 멀티테스터

② 압축압력계

③ 태코미터

④ 타이밍 라이트

해설
타이밍 라이트
가솔린 차량 점화시기 점검용 라이트로 축전지 전원을 사용하며 1번 실린더의 점화시기를 측정한다.

**59** 동력 경운기로 운반작업 시 안전 운행사항으로 틀린 것은?

① 주행속도는 15[km/h] 이하로 운행할 것

② 적재중량은 500[kg] 이하로 할 것

③ 급경사지에서 조향 클러치를 조향 반대방향으로 잡을 것

④ 경사지를 이동할 때는 도중에 변속 조작을 하지 말 것

해설
조향 클러치를 사용하지 않고 핸들만으로 운전한다.

**60** 폭발행정 때 얻은 에너지를 저축하였다가 압축, 배기, 흡입 등의 행정 시에 공급하여 회전을 원활하게 하고 맥동을 감소시키는 역할을 하는 것은?

① 조속기(Governor)

② 기화기(Carburetter)

③ 플라이휠(Flywheel)

④ 배기다기관(Muffler)

해설
플라이휠(Flywheel)은 크랭크축의 뒤쪽에 설치하는 무거운 원판형 바퀴로서 볼트로 플랜지에 고정시킨다. 이 플라이휠은 폭발행정에서 얻은 에너지를 흡수해 일시저장했다가 다른 행정, 즉 흡입, 압축, 배기행정 때 저장한 에너지를 이용해 크랭크축의 주기적인 변동을 작게 하고, 원활하게 회전하도록 하는 역할을 한다.

**01** 겨울철 농기계 보관 시 디젤과 가솔린 연료를 어떠한 상태로 보관하여야 하는가?

① 디젤엔진과 가솔린엔진의 연료를 모두 배출시킨다.

② 디젤엔진과 가솔린엔진의 연료를 모두 가득 채운다.

③ 디젤엔진은 연료를 가득 채우고, 가솔린엔진은 연료를 모두 배출시킨다.

④ 디젤엔진은 연료를 모두 배출시키고, 가솔린엔진은 연료를 가득 채운다.

**02** 콤바인 조향 방식이 아닌 것은?

① 브레이크턴 방식　　② 전자조향 방식
③ 급선회 방식　　　　④ 완선회 방식

해설
**콤바인 조향 방식**
브레이크턴 방식, 급선회(스핀턴) 방식, 완선회(소프트턴) 방식

**03** 고속분무기에서 분두의 최대 살포각도로 적절한 것은?

① 30°　　　　　　　② 45°
③ 90°　　　　　　　④ 180°

해설
살포 분무각은 180° 이상으로 전면을 일시에 살포할 수 있는 경우와 90° 정도의 범위에서 한쪽만 살포하는 경우 또는 45° 정도만 살포할 수 있는 경우가 있다.

**04** 농기계의 효율 향상을 위하여 실시하는 예방정비의 종류가 아닌 것은?

① 매일정비　　　　② 매주정비
③ 농한기정비　　　④ 고장수리정비

해설
**예방정비**
기기별로 제작자가 추천한 정비주기 또는 정비이력에 따라 사전에 정해진 정비주기에 따라 행하는 정기정비
※ 고장정비 : 기기의 제 기능 발휘 불가 시 또는 고장 시 수행

**05** 분진이 호흡기를 통하여 인체에 유입되는 것을 방지하기 위한 것은?

① 송기마스크　　　② 방진마스크
③ 방독마스크　　　④ 보안면

해설
방진마스크는 채광·채석작업, 연삭작업, 연마작업, 방직작업, 용접작업 등 분진 또는 흄 발생작업에서 사용한다.

1 ③　2 ②　3 ④　4 ④　5 ② **정답**

**06** 기계의 구입가격이 600만원, 폐기가격이 60만원, 내구연한이 10년인 경우 직선법에 의한 이 기계의 감가상각비는?

① 54,000원/년

② 540,000원/년

③ 660,000원/년

④ 3,600,000원/년

**해설**

$$감가상각비 = \frac{6,000,000 - 600,000}{10} = 540,000원/년$$

**07** 2행정 사이클 엔진에 대한 설명으로 맞는 것은?

① 크랭크축이 1회전 시 1회의 동력행정을 갖는다.

② 크랭크축이 2회전 시 1회의 동력행정을 갖는다.

③ 크랭크축이 3회전 시 1회의 동력행정을 갖는다.

④ 크랭크축이 4회전 시 1회의 동력행정을 갖는다.

**해설**

2행정 사이클 기관은 크랭크축 1회전(피스톤은 상승과 하강의 2행정뿐임)으로 1사이클을 완료하는 것이며, 흡입 및 배기를 위한 독립된 행정이 없다.

**08** 베일러에서 끌어올림 장치로 걸어 올린 건초는 무엇에 의해 베일 체임버로 이송되는가?

① 픽업타인

② 오 거

③ 트와인노터

④ 니 들

**해설**

**플런저 베일러의 작동원리**

지면과 접촉되지 않게 조절할 수 있도록 된 픽업장치로 초지의 건초를 걸어 올리면 이송오거에 의하여 베일 체임버로 이송된다. 베일 체임버로 이송된 건초는 왕복운동을 하는 플런저에 의하여 압축되는데, 압축밀도는 체임버 내에 있는 인장 바(Tension Bar)에 의하여 조절된다. 또한 베일 길이 측정 휠에 의하여 베일의 길이가 조절되고 베일이 일정한 길이로 성형되면 결속장치에 의하여 결속되는데, 이때 결속 끈이 풀리지 않게 해 주는 매듭장치(Twine Knotter)가 있다.

**09** 전조등의 조도가 부족한 원인으로 틀린 것은?

① 접지의 불량

② 축전지의 방전

③ 굵은 배선 사용

④ 장기사용에 의한 전구의 열화

**해설**

**전조등의 조도가 부족한 원인**

• 전구의 설치 위치가 바르지 않았을 때
• 축전지의 방전
• 전구의 장기간 사용에 따른 열화
• 렌즈 안팎에 물방울이 부착되었을 경우
• 전조등 설치부 스프링의 피로
• 반사경이 흐려졌을 때

**10** 조파기의 구성장치가 아닌 것은?

① 쇄토기         ② 구절기

③ 복토기         ④ 종자관

해설

**조파기의 구조**
- 종자를 넣는 종자통
- 종자를 일정한 양으로 배출하는 종자배출장치
- 종자를 고랑으로 유도하는 종자관
- 고랑을 만드는 구절기
- 파종한 다음 종자에 복토하고 진압하는 복토기와 진압바퀴 등으로 구성

**11** 주행하면서 농작물을 예취하고 탈곡을 함께하는 기계는?

① 예취기         ② 리 커

③ 콤바인         ④ 모 위

해설

콤바인은 벼, 보리, 밀 등의 작물을 포장하여 이동하면서 예취, 탈곡, 선별작업을 동시에 수행하는 종합수확기이다.

**12** 이앙기에서 모가 심어지는 개수(묘취량)를 조절하는 데 이용되는 부위는?

① 플로트 높이
② 주간 조절
③ 탑재판의 높낮이
④ 조향 클러치

**13** 농용 트랙터의 작업 전 점검사항으로 틀린 것은?

① 연료호스의 손상이나 누유가 없는지 확인한다.
② 타이어에 상처가 나거나 리그가 모두 마모된 경우에는 교체한다.
③ 도로 주행 시에는 좌우 브레이크 페달 연결고리를 해체한다.
④ 점검 및 정비를 위해 떼어 낸 덮개는 모두 다시 부착한다.

해설

도로 주행 시 좌우 브레이크 페달을 연결하고 주행한다.

**14** 폭발행정 때 얻은 에너지를 저축하였다가 압축, 배기, 흡입 등의 행정 시에 공급하여 회전을 원활하게 하고 맥동을 감소시키는 역할을 하는 것은?

① 조속기(Governor)
② 기화기(Carburetter)
③ 플라이휠(Flywheel)
④ 배기다기관(Muffler)

해설

플라이휠(Flywheel)은 크랭크축의 뒤쪽에 설치하는 무거운 원판형 바퀴로서 볼트로 플랜지에 고정시킨다. 이 플라이휠은 폭발행정에서 얻은 에너지를 흡수해 일시 저장했다가 다른 행정, 즉 흡입, 압축, 배기행정 때 저장한 에너지를 이용해 크랭크축의 주기적인 변동을 작게 하고, 원활하게 회전하도록 하는 역할을 한다.

**15** 겨울철에 경운기를 시동할 때는 시동 버튼을 누르고 시동해야 하는 이유는?

① 연료의 안개화를 위하여

② 연료에 공기량을 보충해 주기 위하여

③ 연료공급량을 많게 하여 시동을 용이하게 하기 위하여

④ 흡입공기의 온도가 낮으므로 연료공급량을 줄여 시동을 용이하게 하기 위하여

**16** 농업기계의 이상 여부를 확인하기 위한 일상적인 관찰활동으로 가장 관계가 적은 것은?

① 도색 여부　　　② 소음 변화

③ 진동 변화　　　④ 이상 발열

**해설**
농업기계 종류별로 고장징후, 점검·정비기준이나 방법 등이 다르므로 작업자는 평소 운전 중 소음, 진동, 발열, 압력, 색깔 등 기계 작동상태를 관찰하고, 점검기구를 사용하여 정상 여부를 확인하는 등 취급설명서에 따른 점검·정비를 게을리하지 말아야 한다.

**17** 가스용접에서 산소통은 직사광선을 피하여 몇 [℃] 이하에서 보관해야 하는가?

① 20　　　　　② 40

③ 60　　　　　④ 80

**해설**
산소용기의 보관온도는 40[℃] 이하로 하여야 한다.

**18** 다음 중 안전사고의 정의와 거리가 먼 것은?

① 고의성에 의한 사고이다.

② 불안전한 행동이 선행된다.

③ 능률을 저하시킨다.

④ 인명이나 재산의 손실을 가져온다.

**해설**
안전사고란 고의성 없는 불안전한 행동이나 조건이 선행되어 일을 저해하거나 능률을 저하시키며, 직간접적으로 인명이나 재산의 손실을 가져올 수 있는 사고이다.

**19** 안전보건표지의 종류가 아닌 것은?

① 금지표지

② 경고표지

③ 예고표지

④ 지시표지

**해설**
**안전보건표지의 종류** : 금지표지, 경고표지, 지시표지, 안내표지

**20** 플레밍의 왼손법칙에서 중지의 방향은 무엇을 나타내는가?

① 힘의 방향

② 자기장의 방향

③ 기전력의 방향

④ 전류의 방향

**플레밍의 왼손법칙**
• 엄지는 자기장에서 받는 힘($F$)의 방향
• 검지는 자기장($B$)의 방향
• 중지는 전류($I$)의 방향

**21** 1[A]의 전류를 흐르게 하는 데 2[V]의 전압이 필요하다. 이 도체의 저항은?

① 4[Ω]

② 3[Ω]

③ 2[Ω]

④ 1[Ω]

$R = \dfrac{2}{1} = 2[\Omega]$

**22** 다음 중 발전기의 발생전압이 낮을 때 축전지에서 발전기로 전류의 역류를 방지해 주는 것은?

① 전압 조정기

② 전류 조정기

③ 컷아웃 릴레이

④ 계자 코일

**23** 내연기관의 전기점화방식에서 불꽃을 일으키는 1차 유도전류를 일시적으로 흡수·저장하는 역할을 하는 것은?

① 진각장치

② 단속기

③ 콘덴서

④ 배전자

전기를 저장하는 장치를 축전기(콘덴서)라고 한다.

**24** 축전지의 용량에 대한 설명으로 옳은 것은?

① 음극판 단면적에 비례하고, 양극판 크기에 반비례

② 양극판의 크기에 비례하고, 음극판의 단면적에 반비례

③ 극판의 표면적에 비례

④ 극판의 표면적에 반비례

축전기의 전기용량($C$)의 크기는 전극의 면적($A$)에 비례하고, 전극 사이의 거리($d$)에 반비례한다.

$C = \varepsilon \dfrac{A}{d}$

**25** 다음에서 전기력이 작용하는 공간은?

① 전 계　　　② 자 계
③ 전 류　　　④ 전 압

전기력이 작용하는 공간을 전계(전기장, 전장)라고 한다.

**26** 단상 전동기의 극수가 4개이고, 주파수가 60[Hz] 일 때 동기속도는?

① 1,200[rpm]

② 1,800[rpm]

③ 3,200[rpm]

④ 3,600[rpm]

동기속도

$$N_s = \frac{120f}{P} = \frac{120 \times 60}{4} = 1{,}800[\text{rpm}]$$

여기서, $f$ : 전원 주파수
　　　　$P$ : 전동기 극수

**27** 단상 유도전동기의 종류가 아닌 것은?

① 분상기동형

② 권선형

③ 반발기동형

④ 셰이딩코일형

3상 유도전동기에는 농형 유도전동기와 권선형 유도전동기가 있다.

**28** 트랙터의 일상보관에 대한 설명으로 틀린 것은?

① 시동 키는 반드시 꽂아서 보관한다.

② 깨끗이 청소하여 보관한다.

③ 동절기에는 배터리를 분리하여 실내에 보관한다.

④ 작업기는 반드시 내려놓는다.

시동 키는 항상 빼서 보관한다.

**29** 1차 경운과 2차 경운을 동시에 수행하는 작업기는?

① 쟁 기

② 로터리

③ 원판 플라우

④ 몰드보드 플라우

로터리는 경기 작업(1차 경운)과 쇄토 작업(2차 경운)을 동시에 수행하는 구동형 경운 작업기이다.

**30** 충전기식 점화장치에서 축전기(콘덴서)가 하는 역할로 틀린 것은?

① 불꽃방전을 일으켜 압축된 혼합기에 점화시킨다.
② 1차 전류 차단시간을 단축하여 2차 전압을 높인다.
③ 접점 사이의 불꽃을 흡수하여 접점의 소손을 방지한다.
④ 접점이 닫혔을 때에는 접점이 열릴 때 흡수한 전하를 방출하여 1차 전류의 회복을 빠르게 한다.

> **해설**
> 점화플러그는 점화코일에서 유도된 고전압을 불꽃방전을 일으켜 압축된 혼합기에 점화시킨다.

**31** 귀마개를 착용하지 않았을 때 청력장애가 일어날 수 있는 가능성이 가장 높은 작업은?

① 단조작업    ② 압연작업
③ 전단작업    ④ 주조작업

> **해설**
> 단조작업은 금속을 해머로 두들기거나 프레스로 눌러서 필요한 형체로 만드는 금속가공작업이다.

**32** 다음 중 전기 측정용 계기의 설명 중 잘못된 것은?

① 계기는 직류용, 교류용, 직류·교류 겸용으로 구분된다.
② 아날로그형, 디지털형으로 구분된다.
③ 계기의 정밀도에는 급수가 있다.
④ 고전압은 분류기를 이용하여 측정한다.

> **해설**
> 고전압 측정 시에는 고전압 전용 측정계기를 이용하여 측정한다.

**33** 공장 내 안전표지를 부착하는 이유는?

① 능률적인 작업을 유도하기 위하여
② 인간심리의 활성화 촉진
③ 인간행동의 변화 통제
④ 공장 내 환경정비 목적

> **해설**
> **안전보건표지의 설치·부착(산업안전보건법 제37조)**
> 사업주는 유해하거나 위험한 장소·시설·물질에 대한 경고, 비상 시에 대처하기 위한 지시·안내 또는 그 밖에 근로자의 안전 및 보건 의식을 고취하기 위한 사항 등을 그림, 기호 및 글자 등으로 나타낸 표지(안전보건표지)를 근로자가 쉽게 알아 볼 수 있도록 설치하거나 붙여야 한다.

**34** 1,800[rpm] 농용 엔진에서 연소속도가 1/360초 일 때 크랭크축의 회전각은?

① 10°    ② 20°
③ 30°    ④ 40°

> **해설**
> $$\text{크랭크축 회전각도} = \frac{360}{60} \times \text{회전수} \times \text{연소지연시간}$$
> $$= \frac{360}{60} \times 1,800 \times \frac{1}{360}$$
> $$= 30°$$

**35** 몰드보드 플라우에서 날 끝이 흙 속으로 파고들어 수평절단을 하는 부분의 명칭은?

① 지측판  ② 빔
③ 보습  ④ 브레이스

**해설**
**몰드보드 플라우의 구조**
• 보습 : 흙을 수평으로 절단하여 이를 발토판까지 끌어 올리는 부분이다.
• 몰드보드(발토판) : 보습의 위쪽에 연결되어 보습에서 절단된 흙을 위로 이동시켜 반전·파쇄시키는 기능을 한다.
• 바닥쇠(지측판) : 이체의 밑부분으로 경심·경폭의 안정과 진행방향을 유지시켜 주는 작용을 한다.
• 콜터 : 플라우의 앞쪽에 설치되며, 흙을 미리 수직으로 절단하여 보습의 절삭작용을 도와주고, 역조와 역벽을 가지런히 해 준다.
• 앞쟁기 : 보통 이체와 콜터 사이에 설치되는 작은 플라우로, 이체에 앞서 토양 위의 잔류물을 역구 쪽에 몰아 매몰을 도와주고 표토를 얕게 갈아 준다.

**36** 벼, 맥류, 채소 등의 종자를 일정한 간격의 줄에 따라 연속하여 뿌리는 파종방법은?

① 흩어 뿌림  ② 줄뿌림
③ 점뿌림  ④ 산 파

**해설**
**파종방법**
• 곡류, 채소 등의 종자를 일정 간격의 줄에 따라 연속적으로 뿌리는 줄뿌림
• 옥수수, 두류 등의 종자를 1개 또는 여러 개씩 일정한 간격으로 파종하는 점뿌림
• 목초, 잔디 등의 종자를 지표면에 널리 흩어 뿌리는 흩어 뿌림

**37** 승용 이앙기가 논에 빠져 한쪽 바퀴에 슬립이 생길 때 사용하는 장치는?

① 브레이크 페달
② 차동고정장치 페달
③ 클러치 페달
④ 변속기

**해설**
차동고정장치 페달을 밟으면 차동장치를 작동 못하게 하여, 빠진 논에서 쉽게 빠져나올 수 있다.

**38** 다음 그림은 무엇을 나타내는 표시인가?

① 출입금지  ② 보행금지
③ 사용금지  ④ 탑승금지

**해설**
**안전보건표지**

| 보행금지 | 사용금지 | 탑승금지 |
|---|---|---|
|  |  |  |

**39** 디젤기관의 노크 방지법으로 적절하지 않는 것은?

① 발화성이 좋은 연료를 사용한다.

② 압축비를 낮게 해야 한다.

③ 실린더 내의 온도와 압력을 높인다.

④ 착화지연기간 중 연료의 분사량을 조절한다.

**해설**
압축비를 높여 실린더 내의 압력과 온도를 상승시킨다.

**40** 대형 4륜 트랙터용 로터베이터에 사용되는 경운 날은?

① 작두형 날    ② 특수 날

③ 보통 날      ④ L자형 날

**해설**
동력 경운기에는 작두형 날을 사용하며, 트랙터에는 주로 L자형 날을 많이 사용한다.

**41** 다음 중 농업기계의 운전, 점검 및 보관방법으로 옳은 것은?

① 시동을 켜고 엔진오일의 양과 냉각수를 점검하였다.

② 트랙터에 승차할 때 오른쪽(브레이크 페달 쪽)으로 승차하였다.

③ 가솔린기관은 연료를 모두 빼고, 디젤기관은 가득 채운 후 장기 보관하였다.

④ 작업 도중 연료를 공급할 때에 기관을 저속 공회전하여 연료를 보충하였다.

**42** 컨베이어 사용 시 안전수칙으로 틀린 것은?

① 컨베이어의 운반속도를 필요에 따라 임의로 조작할 것

② 운반물이 한쪽으로 치우치지 않도록 적재할 것

③ 운반물 낙하의 위험성을 확인하고 적재할 것

④ 운반물을 컨베이어에 싣기 전에 적당한 크기인지 확인할 것

**해설**
**컨베이어의 주요 안전수칙**
• 컨베이어의 운전속도를 조작하지 않는다.
• 운반물을 컨베이어에 싣기 전에 적당한 크기인가를 확인한다.
• 운반물이 한쪽으로 치우치지 않도록 적재한다.
• 운반물 낙하의 위험성을 확인하고 적재한다.
• 사용목적 이외의 목적으로 사용하지 않는다.
• 작업장, 통로의 정리정돈 및 청소를 한다.
• 컨베이어의 담당자 이외에는 운전하지 않는다.

**43** 다음 중 도수율은 어느 것인가?

① $\dfrac{재해발생건수}{연근로시간수} \times 1,000,000$

② $\dfrac{재해발생건수}{근로자수} \times 10,000$

③ $\dfrac{근로손실일수}{연근로시간수} \times 1,000$

④ $\dfrac{재해자수}{평균근로자수} \times 1,000$

**해설**
**도수율** : 연간 총근로시간에서 100만시간당 재해발생건수를 말한다.

**44** 콘덴서(축전기) 내의 구성요소로 옳은 것은?

① 황산, 증류수, 철
② 금속박지, 운모, 파라핀
③ 알루미늄, 석영, 아연
④ 은박지, 구리, 철

**45** 점화코일을 일명 무슨 코일이라고 하는가?

① 자기코일
② 유도코일
③ 자석코일
④ 철심코일

해설
점화코일은 축전지식 점화장치로 점화플러그의 불꽃을 발생하는 유도코일이다.

**46** 직류전압 $E$[V], 저항 $R$[Ω]인 회로에 전류 $I$[A]가 흐를 때 $R$에서 소비되는 전력이 $P$[W]이다. 설명으로 틀린 것은?

① $I$가 일정하면 $P$는 $R$에 반비례한다.
② $I$가 일정하면 $P$는 $E$에 비례한다.
③ $R$이 일정하면 $P$는 $E^2$에 비례한다.
④ $R$이 일정하면 $P$는 $I^2$에 비례한다.

해설
**전력의 계산식**
• 전압과 전류를 알고 있을 경우 : $P = EI$
• 전압과 저항을 알고 있을 경우 : $P = \dfrac{E^2}{R}$
• 전류와 저항을 알고 있을 경우 : $P = I^2 R$

**47** 납축전지 점화방식에는 1차와 2차의 회로구조로 되어 있는데 1차 회로의 순서로 옳은 것은?

① 축전지 → 스위치 → 2차 코일 → 단속기 → 콘덴서
② 축전지 → 콘덴서 → 스위치 → 1차 코일 → 단속기
③ 축전지 → 스위치 → 1차 코일 → 콘덴서 → 단속기
④ 축전지 → 콘덴서 → 스위치 → 단속기 → 1차 코일

**48** 전조등의 조도가 부족한 원인으로 틀린 것은?

① 접지의 불량
② 축전지의 방전
③ 굵은 배선 사용
④ 장기사용에 의한 전구의 열화

해설
**전조등의 조도가 부족한 원인**
• 전구의 설치 위치가 바르지 않았을 때
• 축전지의 방전
• 전구의 장기간 사용에 따른 열화
• 렌즈 안팎에 물방울이 부착되었을 경우
• 전조등 설치부 스프링의 피로
• 반사경이 흐려졌을 때

**49** 자갈이 많고, 지면이 고르지 못한 곳에서 잡초를 예취할 때 적합한 예취 날은?

① 톱날형 날
② 꽃잎형 날
③ 4도형 날
④ 합성수지 날

**51** 최적의 공연비란?

① 이론적으로 완전연소 가능한 공연비
② 연소 가능 범위의 공연비
③ 희박한 공연비
④ 농후한 공연비

**50** 폭발순서가 1-3-4-2인 4행정 기관 트랙터의 1번 실린더가 흡입행정일 때 3번 실린더의 행정은?

① 압축행정
② 흡입행정
③ 배기행정
④ 팽창행정

**52** 다음 중 일반적인 관리기의 부속 작업기만으로 짝지어진 것이 아닌 것은?

① 중경제초기, 휴립피복기
② 제초기, 배토기
③ 구굴기, 복토기
④ 절단파쇄기, 점파기

**53** 안전작업의 중요성으로 가장 거리가 먼 것은?

① 위험으로부터 보호되어 재해 방지

② 작업능률의 저하 방지

③ 동료나 시설장비의 재해 방지

④ 관리자나 사용자의 재산 보호

**55** 동력 경운기용 트레일러 운반작업 시 운전방법으로 옳은 것은?

① 언덕길 주행 중에 변속을 한다.

② 주행속도를 20[km/h] 이상으로 한다.

③ 제동할 때는 트레일러 브레이크만 사용한다.

④ 내리막길에서는 핸들만으로 조종한다.

**해설**
내리막길에서는 조향 클러치를 사용하지 않고, 핸들만으로 운전한다.

**56** 다목적 관리기에서 주 변속레버의 변속단수로 옳은 것은?

① 전진 1단, 후진 1단

② 전진 1단, 후진 2단

③ 전진 2단, 후진 1단

④ 전진 2단, 후진 2단

**해설**
변속레버는 전진 2단, 후진 2단으로 변속되며, 경운속도는 연결체인 케이스를 전후로 교체하여 고속과 저속으로 변속할 수 있도록 되어 있다.

**54** 디지털 회로시험기의 설명으로 틀린 것은?

① 아날로그, 디지털 겸용도 있다.

② 개인 측정오차의 범위가 넓다.

③ 측정값은 숫자값으로 표시된다.

④ 비교기, 발진기, 증폭기 등으로 구성된다.

**해설**
**디지털 회로시험기** : 측정하는 전기량을 숫자로 표시하여 쉽게 측정할 수 있다.

**57** 안전관리의 기본이념은 인명존중에 있으며, 안전관리 목적을 실현시키는 것이다. 이에 해당되지 않는 것은?

① 사회복지 증진
② 인적·재산적 손실 예방
③ 작업환경 개선
④ 경제성 향상

**해설**
안전관리의 목적
• 인도주의가 바탕이 된 인간존중(안전제일 이념)
• 기업의 경제적 손실 예방(재해로 인한 인적 및 재산적 손실의 예방)
• 생산성 및 품질의 향상(안전태도 개선 및 안전 동기부여)
• 대외여론 개선으로 신뢰성 향상(노사협력의 경영태세 완성)
• 사회복지의 증진(경제성의 향상)

**58** 구릉지에서의 목초 예취작업에 가장 적당한 모어는?

① 커터 바 모어
② 전단식 모어
③ 플레일 모어
④ 로터리 모어

**59** 자탈형 콤바인 작업 시 유의해야 할 사항으로 설명이 틀린 것은?

① 수확작업 중에는 탈곡통이 항상 규정회전수로 유지될 수 있도록 조속 레버를 적절히 조작한다.
② 작업 중에 경보장치가 작동되면 즉시 동력을 끊고 기관을 정지시킨 다음 필요한 조치를 한다.
③ 높은 곳에서 낮은 곳으로 내려갈 때에는 절대로 후진으로 내려가면 안 되고 경사가 심한 곳에서는 받침대를 사용한다.
④ 기체 외부를 싸고 있는 안전 덮개를 떼어 내고 작업해서는 안 된다.

**해설**
콤바인으로 경사지를 갈 때에는 전진 상승, 후진 하강으로 주행한다.

**60** 살수관수의 특징으로 거리가 먼 것은?

① 짧은 시간에 많은 양의 물을 살수할 수 있다.
② 적은 양으로 균등하게 살수할 수 있다.
③ 비료, 농약 등을 섞어 살수할 수 있다.
④ 시설비가 비싸다.

**해설**
단시간에 적은 양의 물을 넓은 면적에 균일하게 살수할 수 있다.

## 01 70[Ah]의 용량을 가진 축전지를 7[A]로 계속 사용할 때 몇 시간이나 사용할 수 있는가?

① 10시간
② 490시간
③ 1시간
④ 49시간

**해설**

용량(Ah) = 방전전류(A) × 방전시간(h)

$70 = 7 \times h$

$\therefore h = 10$시간

## 02 피스톤 링의 3대 작용으로 틀린 것은?

① 윤활유 희석
② 기밀작용
③ 오일제어
④ 열전도

**해설**

**피스톤 링의 작용**

피스톤 상단부에 설치되어 기밀작용, 오일제어작용, 열전도작용(기관 내의 열을 외부로 전달하는 작용)을 한다.

## 03 겨울철 경운기 시동 시 시동버튼을 누르고 시동을 거는 이유로 가장 적절한 것은?

① 연료의 안개화를 위하여
② 연료 공급량을 늘려 시동을 용이하게 하기 위해서
③ 연료의 공기량을 늘리기 위해서
④ 흡입공기의 온도가 낮으므로 연료량을 적게 하여 시동을 용이하게 하기 위해서

## 04 납축전지를 충전할 때 음극판은 어떻게 되는가?

① 과산화납
② 황산납
③ 납
④ 일산화납

**해설**

**충전 중의 화학작용**

| 양극판 | 전해액 | 음극판 | | 양극판 | 전해액 | 음극판 |
|---|---|---|---|---|---|---|
| $PbSO_4$ | + $2H_2O$ | + $PbSO_4$ | → | $PbO_2$ | + $2H_2SO_4$ | + $Pb$ |
| 황산납 | 물 | 황산납 | | 과산화납 | 묽은 황산 | 해면상납 |

## 05 전기화재의 분류로 옳은 것은?

① A급화재
② B급화재
③ C급화재
④ D급화재

**해설**

**화재의 종류**

• A급 : 일반화재
• B급 : 유류화재
• C급 : 전기화재
• D급 : 금속화재

**06** 그림과 같이 접속된 회로에서 저항 $R$의 값을 나타 낸 식으로 옳은 것은?

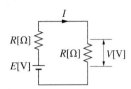

① $\dfrac{E}{E-V}r\,[\Omega]$       ② $\dfrac{V}{E-V}r\,[\Omega]$

③ $\dfrac{E-V}{V}r\,[\Omega]$       ④ $\dfrac{E-V}{E}r\,[\Omega]$

**07** 전자유도작용에 의하여 그 자속의 변화를 방해하 는 방향으로 자신의 회로에 기전력이 유기되어 전 류의 방향을 방해하려는 현상은?

① 자기유도작용
② 상호유도작용
③ 정전작용
④ 자기작용

**08** 건조의 3대 요인에 속하지 않는 것은?

① 공기의 온도
② 대상물의 크기
③ 습 도
④ 풍량(바람의 세기)

해설
건조에 영향을 주는 요인은 건조용 공기의 온도, 습도, 공기의 양(풍량)이며, 이를 건조의 3대 요인이라고 한다.

**09** 예취된 목초를 짓눌러 건조를 빠르게 하기 위한 기 계는?

① 헤이 레이크
② 헤이 컨디셔너
③ 헤이 테더
④ 헤이 베일러

해설
① 헤이 레이크 : 예취한 후 포장에 널려진 목초를 베일러 작업이 쉽도록 모아 주거나 건조를 하기 위하여 펼쳐주는 작업기
③ 헤이 테더 : 예취된 목초의 건조를 빨리 진행시키기 위해 목초를 반전 또는 확산시키는 데 사용하는 기계
④ 헤이 베일러 : 말린 목초나 볏짚을 일정한 용적으로 압축하여 묶는 기계

**10** 동력 경운기의 로터리 경운작업 시 변속에 관한 설 명 중 틀린 것은?

① 주클러치 레버는 끊김 위치로 한 다음 변속한다.
② 후진할 때에는 반드시 경운 변속 레버를 중립에 놓고 실시한다.
③ 부변속 레버가 경운 변속 위치에 놓여 있더라도 후진 변속이 된다.
④ 부변속 레버가 고속 위치에 놓여 있을 때는 경운 변속이 되지 않는다.

해설
부변속 레버(경운 변속 레버)가 '굵게' 또는 '잘게' 위치에 있을 때에는 주변속 레버가 '후진' 위치에 들어가지 않는다.

**11** 관리기의 특징으로 틀린 것은?

① 핸들은 조작 레버에 의해 원터치 조작으로 상하 좌우로 간단하고 용이하게 조작할 수 있다.

② 변속기와 로터리는 분리식이므로 각종 부속장치의 교체가 용이하다.

③ 경심 깊이 조절은 앞바퀴로 상하조절하므로 중경 제초, 심경, 복토작업이 용이하다.

④ 기체의 무게중심으로 인해 경사지에서는 작업이 불가능하다.

**해설**
관리기는 무게중심이 낮아 경사지 작업에도 용이하다.

**12** 운반기계의 안전을 위한 주의사항이 아닌 것은?

① 여러 가지 물건을 적재할 때 가벼운 것은 밑에, 무거운 것은 위에 쌓는다.

② 규정중량 이상은 적재하지 않는다.

③ 부피가 큰 것을 쌓아 올릴 때 시야 확보에 주의 한다.

④ 운반기계의 동요로 파괴의 우려가 있는 짐은 반드시 로프로 묶는다.

**13** 농업기계의 이용비용을 절감하기 위한 대책으로 가장 거리가 먼 것은?

① 기계의 능률을 최대한 이용한다.

② 내구연한을 길게 하여 감가상각비를 줄인다.

③ 기계의 유지관리를 제대로 하여 수리비를 줄인다.

④ 윤활유 비용을 줄이기 위하여 주유기간을 길게 한다.

**14** 콤바인 경보장치 중 기체에 이상이 발생하거나 비정상적인 작업상태일 때 램프가 점등되는데, 여기에 해당되지 않는 것은?

① 충전장치 고장

② 2번구 막힘

③ 짚 배출 막힘

④ 수평제어 고장

**해설**
**자동수평제어(UFO)장치 고장 시**

| 원 인 | 조치사항 |
|---|---|
| 퓨즈 끊어짐 | 퓨즈 점검 · 교환 |
| 솔레노이드 작동 불량 | 절환 솔레노이드, 방향 솔레노이드 점검 |
| 리밋 스위치 좌우에 이물질이 끼어 있음 | 이물질 제거 |

**15** 전선의 전기저항은 단면적이 증가하면 어떻게 되는가?

① 증가한다.

② 감소한다.

③ 단면적에는 관계가 없다.

④ 단면적을 변화시킬 때는 항상 증가한다.

**해설**
도체의 저항은 그 길이에 비례하고 단면적에 반비례한다.

**16** 트랙터와 플라우의 장착방법 중 3점 링크 히치식에 대한 설명으로 틀린 것은?

① 선회반지름이 짧고, 새머리가 작아진다.
② 플라우의 중량 전이로 견인력이 감소된다.
③ 운반 및 선회가 쉽다.
④ 견인식 플라우와 같은 바퀴가 필요 없다.

**해설**
중량 전이로 견인력이 증가한다.

**17** 단상 유도전동기의 종류가 아닌 것은?

① 분상기동형
② 권선형
③ 반발기동형
④ 세이딩코일형

**해설**
3상 유도전동기에는 농형 유도전동기와 권선형 유도전동기가 있다.

**18** 납축전지의 충 · 방전작용에 해당되는 것은?

① 자기작용
② 화학작용
③ 물리작용
④ 확산작용

**해설**
축전지를 충전 또는 방전을 하면 축전지 내부에서는 화학작용이 발생한다.

**19** 몰드보드 플라우에서 날 끝이 흙 속을 파고들어 수평절단을 하는 부분의 명칭은?

① 지측판
② 빔
③ 보 습
④ 브레이스

**해설**
**몰드보드 플라우의 구조**
• 보습 : 흙을 수평으로 절단하여 이를 발토판까지 끌어 올리는 부분이다.
• 몰드보드(발토판) : 보습의 위쪽에 연결되어 보습에서 절단된 흙을 위로 이동시켜 반전 · 파쇄시키는 기능을 한다.
• 바닥쇠(지측판) : 이체의 밑부분으로 경심 · 경폭의 안정과 진행 방향을 유지시켜 주는 작용을 한다.
• 콜터 : 플라우의 앞쪽에 설치되며, 흙을 미리 수직으로 절단하여 보습의 절삭작용을 도와주고, 역조와 역벽을 가지런히 해 준다.
• 앞쟁기 : 보통 이체와 콜터 사이에 설치되는 작은 플라우로, 이체에 앞서 토양 위의 잔류물을 역구 쪽에 몰아 매몰을 도와주고 표토를 얇게 갈아 준다.

**20** 코일의 반회전마다 전류의 방향을 바꾸는 장치는?

① 브러시
② 계 자
③ 정류자
④ 전기자

**해설**
**정류자**
금속이 절연체의 양쪽에 붙어 있어 코일의 회전축이 반바퀴 돌 때마다 코일에 흐르는 전류의 방향을 바꾸어 준다. 정류자에 의해 코일의 회전방향이 바뀌지 않고 같은 방향으로 계속 회전할 수 있다.

16 ② 17 ② 18 ② 19 ③ 20 ③ **정답**

**21** 농업기계의 정비 시 상시적으로 정밀한 작업을 하는 장소의 작업면 조도 기준으로 옳은 것은?

① 50[lx] 이상
② 100[lx] 이상
③ 150[lx] 이상
④ 300[lx] 이상

**22** 광원의 광도가 10[cd]인 경우 거리가 2[m] 떨어진 곳의 조도는 몇 [lx]인가?

① 2.5
② 5
③ 20
④ 40

**해설**

$$E = \frac{I}{r^2} = \frac{10}{2^2} = 2.5[\text{lx}]$$

**23** 경운기로 야간에 도로를 운행할 때의 안전사항으로 적당하지 않은 것은?

① 속도는 규정을 준수하여 주행한다.
② 트레일러 후미에 있는 반사경을 잘 닦아 빛의 반사가 잘되도록 한다.
③ 되도록 검은색의 작업복을 착용한다.
④ 주행 전에 라이트 계통을 잘 정비한다.

**24** 농기계의 성능을 유지하기 위하여 정비를 한다. 정비 목적으로 알맞지 않은 것은?

① 사전 봉사
② 사고 방지
③ 성능 유지
④ 기계수명 연장

**해설**

정비목적
농업활동에 쓰이는 기계에 의한 사고를 미연에 방지하고 기계수명 연장과 농기계의 효율적인 이용을 위함이다.

**25** 시동전동기의 전원전류는?

① 교 류
② 맥 류
③ 직류 및 교류 모두 사용한다.
④ 직 류

**해설**

자동차의 기동전동기는 배터리를 전원으로 하는 직류 직권전동기가 주로 사용되고 있다.

**26** 방향지시기 회로에서 지시등의 점멸이 느릴 때의 원인으로 틀린 것은?

① 축전지가 방전되었다.

② 전구의 용량이 규정값보다 크다.

③ 전구의 접지가 불량하다.

④ 퓨즈와 배선의 접촉이 불량하다.

**해설**

전구의 용량이 규정값보다 작을 경우 점멸이 느리다.

**27** 다음 중 드릴 작업 시 일감이 드릴과 같이 회전하여 사고가 발생하기 가장 쉬운 때는?

① 절삭 저항이 작을 때

② 구멍이 거의 다 뚫렸을 때

③ 구멍을 중간 정도 뚫었을 때

④ 날이 적당할 때

**28** 농용기관의 장기간 보관 시 조치사항 중 맞지 않는 것은?

① 흡·배기밸브는 완전히 열린 상태로 보관한다.

② 기관, 트랜스미션 케이스의 윤활유를 점검·보충한다.

③ 냉각수를 완전히 비워 둔다.

④ 가솔린기관의 연료를 완전히 비워 둔다.

**해설**

흡·배기밸브는 완전히 닫힌 상태로 보관한다.

**29** 다음 중 콤바인 볏짚 처리 방법으로 옳지 않은 것은?

① 세단형

② 집속형

③ 결속형

④ 계단형

**해설**

**볏짚 처리부**

• 세단형 : 볏짚을 퇴비로 활용할 때 볏짚을 잘게 절단하여 포장 내에 뿌려 준다.

• 집속형 : 볏짚을 일정 크기로 모아서 배출한다.

• 결속형 : 묶어서 배출하는 방법으로 볏짚을 수거하기 편리한 방법이다.

**30** 주행하면서 농작물을 예취하고 탈곡을 함께하는 기계는?

① 예취기

② 리 커

③ 콤바인

④ 모 위

**해설**

콤바인은 벼, 보리, 밀 등의 작물을 포장하여 이동하면서 예취, 탈곡, 선별작업을 동시에 수행하는 종합수확기이다.

**31** 내연기관의 열역학적 사이클의 분류가 아닌 것은?

① 정적 사이클 기관
② 복합 사이클 기관
③ 동적 사이클 기관
④ 정압 사이클 기관

**32** 수랭식 기관에서 라디에이터(Radiator)는 어떤 장치의 구성품인가?

① 연료 분사장치
② 냉각수 냉각장치
③ 연료 여과장치
④ 기관의 부식 방지장치

**33** 농용기관의 라디에이터 과열원인으로 거리가 먼 것은?

① 라디에이터 코어의 일부가 막힘
② 밸브 간극이 맞지 않음
③ 냉각수 부족
④ 팬벨트 파손

**34** 디젤기관의 노크 방지법으로 적절하지 않은 것은?

① 발화성이 좋은 연료를 사용한다.
② 압축비를 낮게 해야 한다.
③ 실린더 내의 온도와 압력을 높인다.
④ 착화지연기간 중 연료의 분사량을 조절한다.

> **해설**
> 압축비를 높여 실린더 내의 압력과 온도를 상승시킨다.

**35** 다음 중 직접분사식의 장점으로 옳은 것은?

① 발화점이 낮은 연료를 사용하면 노크가 일어나지 않는다.
② 연소압력이 낮으므로 분사압력을 낮게 하여도 된다.
③ 실린더 헤드구조가 간단하고 열에 대한 변형이 작다.
④ 핀틀형 노즐을 사용하므로 고장이 적고 분사압력도 낮다.

> **해설**
> **직접 분사식(Direction Inject Chamber System)의 장점**
> • 연소실의 구조가 간단하고 열효율이 좋아 연료소비량이 적다.
> • 실린더 헤드의 구조가 간단하고 열에 대한 변형이 적다.
> • 냉각손실이 작기 때문에 시동이 쉬워 예열플러그가 필요치 않다.
> • 연소실 면적이 가장 적고 폭발압력이 높다.

**36** 경운기 보관 관리 요령 중 틀린 것은?

① 변속 레버는 저속 위치로 보관

② 본체와 작업기를 깨끗이 닦아서 보관

③ 작동부나 나사부에 윤활유나 그리스를 바른 후 보관

④ 통풍이 잘되는 실내에 보관

해설
각 변속 레버는 중립에 놓고, 주클러치 레버는 '연결' 위치에 놓는다.

**37** 동력 살분무기의 윤활공급방식으로 가장 적합한 것은?

① 비산식      ② 압송식

③ 비산압송식      ④ 혼합유식

해설
동력 살분무기는 엔진이 소형이면서 고출력과 고속을 필요로 하는 방식이라서 연료혼합방식이 적합하다.

**38** 3상 유도전동기의 회전방향을 변경하는 방법으로 맞는 것은?

① 전동기의 극수를 바꾼다.

② 전원의 주파수를 바꾼다.

③ 기동보상기를 사용한다.

④ 3상 전원배선 중 임의의 2개 배선을 바꾸어 접속한다.

**39** 기동 시 발생토크가 크므로 기동과 정지가 빈번히 반복되는 경우에 사용되는 직류전동기는?

① 복권전동기

② 분권전동기

③ 직권전동기

④ 타여자전동기

해설
**직권전동기**
• 전기자 코일과 계자코일이 직렬로 접속된 형태이다.
• 전동기에 부하가 걸렸을 때에는 회전속도는 낮으나 회전력이 크다.
• 부하가 작아지면 회전력은 감소하지만 회전수는 점차로 증가한다.
• 짧은 시간에 큰 회전력을 필요로 하는 장치에 알맞다.
• 기동 시 발생토크가 크므로 기동과 정지가 빈번히 반복되는 경우에 사용된다.
• 직류 직권전동기에 발생하는 역기전력은 속도에 비례하고, 전기자전류는 역기전력에 반비례한다.

**40** 일반 수공구 사용 시 주의사항으로 틀린 것은?

① 용도 이외에는 사용하지 않는다.

② 사용 후에는 정해진 장소에 보관한다.

③ 수공구는 손에 꼭 잡고 떨어지지 않게 작업한다.

④ 볼트 및 너트의 조임에 파이프렌치를 사용한다.

해설
볼트 및 너트의 조임에 스패너를 사용한다.

**41** 디젤엔진의 출력은 무엇으로 조정하는가?

① 혼합기의 유입량을 조절하여
② 분사하는 연료량을 가감하여
③ 거버너 스프링의 상력을 조정하여
④ 흡배기밸브의 개폐속도를 조절하여

**42** 농기계는 시간이 경과함에 따라 기계의 가치가 감소하는데 이것을 나타내는 용어는?

① 변동비          ② 단위비용
③ 감가상각비     ④ 이용비용

**43** 살수관수의 특징으로 거리가 먼 것은?

① 짧은 시간에 많은 양의 물을 살수할 수 있다.
② 적은 양으로 균등하게 살수할 수 있다.
③ 비료, 농약 등을 섞어 살수할 수 있다.
④ 시설비가 비싸다.

**44** 콤바인 조향 방식이 아닌 것은?

① 브레이크턴 방식
② 전자조향 방식
③ 급선회 방식
④ 완선회 방식

**45** 물을 양수기로 양수하고 가압하여 송수하며, 자동적으로 분사관을 회전시켜 살수하는 것은?

① 버티컬 펌프
② 동력 살분무기
③ 스프링클러
④ 스피드 스프레이어

**46** 미세한 입자를 강한 송풍기로 불어 먼 거리까지 살포하는 방제기로 주로 과수원에서 많이 사용되는 것은?

① 스피드 스프레이어
② 동력 살분무기
③ 동력 분무기
④ 붐 스프레이어

**해설**
스피드 스프레이어는 과일나무 사이로 운행하면서 강력한 송풍기의 바람을 이용하여 방제하는 능률이 높은 송풍 살포방식의 과수전용 방제기이다.

**47** 동력 이앙기에서 모의 식부깊이를 일정하게 하는 것은?

① 이앙 암
② 안내봉
③ 플로트
④ 모 탑재대

**해설**
플로트는 논 표면을 수평으로 정지하고 이앙 깊이를 조절하는 장치이다.

**48** 기관 사용 전 난기운전을 실시하는 이유가 아닌 것은?

① 윤활유가 각부에 순환되도록 하기 위하여
② 기계에 따뜻한 열을 주기 위하여
③ 변속기의 이상 유무를 확인하기 위하여
④ 기관의 고장 여부를 확인하기 위하여

**49** 트랙터의 취급방법으로 틀린 것은?

① 엔진이 정지된 상태에서 연료를 보급한다.
② 운전 전 일상점검을 한다.
③ 도로 주행 시 좌우 브레이크 페달을 분리하고 주행한다.
④ 급회전 시 속도를 줄여 회전한다.

**해설**
도로 주행 시 좌우 브레이크 페달을 연결하고 주행한다.

**50** 동력 살분무기 살포방법의 설명 중 틀린 것은?

① 분관 사용 시 바람을 맞으며 전진한다.
② 분관을 좌우로 흔들면서 전진한다.
③ 분관을 좌우로 흔들면서 후진한다.
④ 분관을 좌우로 흔들면서 옆으로 간다.

**해설**
어떤 방법을 사용하더라도 뿌린 약제가 작업자 쪽으로 오지 않도록 반드시 바람을 등지고 작업해야 한다.

46 ① 47 ③ 48 ③ 49 ③ 50 ① **정답**

**51** 작업장 내 정리 정돈에 대한 설명으로 틀린 것은?

① 자기 주위는 자기가 정리 정돈한다.
② 작업장 바닥은 기름을 칠한 걸레로 닦는다.
③ 공구는 항상 정해진 위치에 나열하여 놓는다.
④ 소화기구나 비상구 근처에는 물건을 놓지 않는다.

**해설**
작업장 바닥은 넘어지거나 미끄러질 위험이 없도록 안전하고 청결한 상태로 유지하여야 한다.

**52** 벼, 맥류, 채소 등의 종자를 일정한 간격의 줄에 따라 연속하여 뿌리는 파종 방법은?

① 흩어 뿌림
② 줄 뿌림
③ 점 뿌림
④ 산 파

**해설**
**파종방법**
• 곡류, 채소 등의 종자를 일정 간격의 줄에 따라 연속적으로 뿌리는 줄 뿌림
• 옥수수, 두류 등의 종자를 1개 또는 여러 개씩 일정한 간격으로 파종하는 점 뿌림
• 목초, 잔디 등의 종자를 지표면에 널리 흩어 뿌리는 흩어 뿌림

**53** 납축전지 용량에 대한 설명으로 옳은 것은?

① 음극판 단면적에 비례하고 양극판 크기에 반비례한다.
② 양극판의 크기에 비례하고 음극판의 단면적에 반비례한다.
③ 극판의 표면적에 비례한다.
④ 극판의 표면적에 반비례한다.

**해설**
축전기의 전기용량 $C$의 크기는 전극의 면적 $A$에 비례하고, 전극 사이의 거리 $d$에 반비례한다.

$$C = \varepsilon \frac{A}{d}$$

**54** 관리기 조향 클러치의 적정 유격으로 가장 적합한 것은?

① 1~2[mm]
② 6~8[mm]
③ 12~14[mm]
④ 20~22[mm]

**해설**
조향 클러치의 유격은 1~2[mm]가 되도록 조정너트로 조정한다.

**55** 트랙터로 농작업 중 차동고정장치(Differential Lock)를 사용해서는 안 될 때는?

① 쟁기 작업 시 바퀴가 고랑에 미끄러졌을 때
② 선회하면서 로터리 작업을 할 때
③ 거친 포장이나 진흙 포장에서 주행이 곤란할 때
④ 미끄러운 포장이나 한쪽 바퀴가 헛돌 때

**해설**
선회하면서 로터리 작업을 할 때는 차동장치를 사용한다.

**56** 보호구의 관리로 부적당한 것은?

① 서늘한 곳에 보관할 것
② 산, 기름 등에 넣어 변질을 막을 것
③ 발열성 물질을 보관하는 주변에 두지 말 것
④ 모래, 땀, 진흙 등으로 오염된 경우는 세척 후 말려서 보관할 것

**해설**
**보호구의 관리**
• 광선을 피하고 통풍이 잘되는 장소에 보관할 것
• 부식성·유해성·인화성 액체, 기름, 산 등과 혼합하여 보관하지 말 것
• 발열성 물질을 보관하는 주변에 가까이 두지 말 것
• 땀으로 오염된 경우 세척하고 건조하여 변형되지 않도록 할 것
• 모래, 진흙 등이 묻은 경우에는 깨끗이 씻고 그늘에서 건조할 것

**57** 전기 안전작업 중 틀린 것은?

① 정전기가 발생하는 부분은 접지한다.
② 물기가 있는 손으로 전기 스위치를 조작하여도 무방하다.
③ 전기장치 수리는 담당자가 아니면 하지 않는다.
④ 변전실 고전압의 스위치를 조작할 때는 절연판 위에서 한다.

**58** 다음 그림의 안전보건표지는 무엇을 나타내는가?

① 위험장소 경고
② 고압전기 경고
③ 유해물질 경고
④ 독극물 경고

**59** 다음 표지가 의미하는 것으로 옳은 것은?

① 방사성물질 경고
② 고온 경고
③ 화기 금지
④ 인화성물질 경고

**해설**

| 인화성물질 경고 | 방사성물질 경고 | 고온 경고 | 화기 금지 |
|---|---|---|---|
| 🔥 | ☢ | ↑ | 🚭 |

**60** 다음 중 안전관리의 목적으로 가장 거리가 먼 것은?

① 생산성을 향상시킨다.
② 경제성을 향상시킨다.
③ 기업 경비가 증가된다.
④ 사회복지를 증진시킨다.

## 01 재해의 원인 중 인적 요인(불안전한 행동)에 해당하는 것은?

① 화재 또는 폭발 위험성

② 허가 없이 장치를 운전

③ 작업장소의 밀집

④ 결함 있는 공구, 장치

**해설**

**재해의 직접원인**

• 인적 요인 : 불안전한 행동
  – 관리상 원인 : 작업지식 부족, 작업 미숙, 작업방법 불량 등
  – 생리적 원인 : 건강하지 못함, 체력 부족, 신체적 결함, 피로, 수면 부족 등
  – 심리적 원인 : 주변적 동작, 걱정거리, 무의식 행동, 지름길 반응, 생략행위, 억측, 착오, 소질적 결함, 의식의 우회, 망각 등
• 물적 요인 : 불안전한 상태

**재해의 간접원인**

• 관리적 요인 : 최고 관리자의 안전의식 및 책임감 부족, 안전관리 조직의 결함, 안전교육제도 미비, 안전기준의 모호함, 안전점검 제도의 결함
• 기술적 요인 : 기계장치의 설계 불량, 부적절한 재료의 사용, 불충분한 안전점검 및 불안전한 행동을 유도하는 기술적 결함 등
• 교육적 요인 : 안전지식의 결여, 안전규정의 잘못된 해석, 훈련 미숙, 좋지 않은 습관, 미경험 등
• 신체적 요인 : 질병, 신체장애, 피로, 숙취 등
• 정신적 요인 : 착각, 작업 태도 불량, 지각적·성격적·지능적 결함 등

## 02 이앙기 작업에서 3.3[m²]당 주 수가 80~85이고 조간거리가 30[cm]일 때, 주간거리는?

① 9  ② 13

③ 17  ④ 21

**해설**

식부부의 심는 조간은 대부분 30[cm]로 고정이며, 주간은 평당 포기 수(주 수)에 따라 11~16[cm] 범위에서 조정한다. 주 수가 80~85일 때 적절한 주간거리는 13[cm]이다.

## 03 몰드보드 플라우의 구조에서 날 끝이 흙 속으로 파고 들어 수평으로 절단하는 것은?

① 빔  ② 브레이스

③ 지측판  ④ 보 습

**해설**

**몰드보드 플라우의 구조**

• 보습 : 흙을 수평으로 절단하여 발토판까지 끌어 올리는 부분이다.
• 몰드보드(발토판) : 보습의 위쪽에 연결되어 보습에서 절단된 흙을 위로 이동시켜 반전·파쇄시키는 기능을 한다.
• 바닥쇠(지측판) : 이체의 밑부분으로 경심·경폭을 안정시키고, 진행방향을 유지시켜 주는 기능을 한다.
• 콜터 : 플라우의 앞쪽에 설치되며, 흙을 미리 수직으로 절단하여 보습의 절삭작용을 도와주고, 역조와 역벽을 가지런히 해 준다.
• 앞쟁기 : 보통 이체와 콜터 사이에 설치되는 작은 플라우로, 이체에 앞서 토양 위의 잔류물을 역구 쪽에 몰아 매몰을 도와주고 표토를 얕게 갈아 준다.

**04** 유효포장능률에 대한 설명으로 옳지 않은 것은?

① 유효포장능률이란 작업 시간당 실제로 작업한 단위 면적을 나타낸 것이다.
② 유효포장능률은 공칭 작업 폭에 비례한다.
③ 유효포장능률은 작업 효율에 비례한다.
④ 유효포장능률은 전진속도에 반비례한다.

**작업능률**

$$C = \frac{1}{10} E_f SW$$

여기서, $E_f$ : 포장효율
　　　　$S$ : 기계 작업속도
　　　　$W$ : 작업 폭
※ 유효포장작업능률 : 단위시간당 작업면적

**05** 드릴 작업 시 보안경을 착용하는 경우는?

① 목공 작업에만 착용한다.
② 항상 반드시 착용한다.
③ 고속작업 시에만 착용한다.
④ 저속작업 시에만 착용한다.

**06** 전류계에서 전류에 의해 발생하는 자장의 방향을 설명하는 법칙은?

① 렌츠의 법칙
② 줄의 법칙
③ 쿨롱의 법칙
④ 오른나사의 법칙

① 렌츠의 법칙 : 전자유도현상에 의해서 코일에 생기는 유도기전력의 방향을 나타내는 법칙
② 줄의 법칙 : 전류에 의해서 매초 발생하는 열량은 전류의 제곱과 저항의 곱에 비례한다는 법칙
③ 쿨롱의 법칙 : 자기력의 크기는 두 자극의 세기의 곱에 비례하고, 자극 간의 거리의 제곱에 반비례한다는 법칙

**07** 다기관의 점화장치 중 순간적으로 10,000[V] 이상의 높은 전압을 유기하는 장치는?

① 축전지
② 콘덴서
③ 1차 코일
④ 2차 코일

점화코일 내부에는 1차 코일과 2차 코일이 들어 있다. 한 번에 1~2만[V]씩 만들기 어려우므로 1차 코일에서 수천[V], 다시 2차 코일에서 수만[V]로 전압을 상승시켜 준다.

**08** 공랭식 엔진의 냉각 장치에 냉각핀을 설치하는 이유로 옳은 것은?

① 엔진의 높은 온도를 유지하기 위하여
② 엔진을 외부 충격으로부터 보호하기 위하여
③ 엔진의 강도를 높이기 위해
④ 냉각 장치의 냉각 효과를 높이기 위해

공랭식 엔진의 냉각성능은 냉각 핀이 좌우하는데, 날렵하게 잘 다듬어진 냉각 핀은 길이가 길수록 표면적이 넓어져 냉각성능이 높다. 많이 뜨거워지는 엔진 윗부분의 냉각 핀이 가장 길고, 아래로 갈수록 짧아진다.

**09** 자탈형 콤바인 탈곡부의 구조가 아닌 것은?

① 보강치
② 반송치
③ 정소치
④ 병 치

**탈곡치의 구조**
• 정소치 : 줄기를 가지런히 정돈하며, 이삭부가 순조롭게 탈곡실로 들어오도록 유도한다.
• 보강치 : 탈곡통 중앙에 설치되어 있으며, 탈곡작용을 한다.
• 병치 : 출구 쪽에 2개 이상이 나란히 설치되어 있다. 보강치가 미처 탈곡하지 못한 볏단 깊은 곳을 탈곡하고, 바람을 일으키는 배진 날개와 함께 짚단 속의 곡물을 털어 내며, 검불을 배진실로 불어 내는 역할을 한다.

**10** 압력 1[kg/cm²]를 변환하면 약 몇 [psi]가 되는가?

① 0.97
② 1.03
③ 3.14
④ 14.22

**해설**

$1[\text{psi}] = 1[\text{lbf/in}^2] = \dfrac{0.4536}{(2.54)^2}[\text{kgf/cm}^2]$

$1[\text{kgf/cm}^2] = 1 \times \dfrac{(2.54)^2}{0.4536}[\text{psi}] \fallingdotseq 14.223[\text{psi}]$

※ 1[lbf] = 0.4536[kgf], 1[inch] = 2.54[cm]

**11** 산파모 이앙기에서 식부침의 크랭크 속도와 모 탑재기 상대 속도를 조정하는 것은?

① 주간 조정
② 식부 본수의 가로 이송량 조정
③ 조간 조정
④ 식부 본수의 세로 이송량 조정

**12** 과수용 방제기(스피드 스프레이어)의 분류로 틀린 것은?

① 트레일러형
② 자주형
③ 탈착형
④ 탑재형

**해설**

**과수용 방제기의 종류**

• 트레일러형 : 주요부 전체를 고무타이어의 2륜차 위에 장비한 과수용 방제기를 트랙터 등으로 견인하는 형식이다.
• 탑재형 : 송풍기, 펌프, 노즐 등의 주요부를 트랙터의 뒤쪽에 탑재하고 트랙터 PTO에 의하여 구동시킨다. 송풍기는 보통 원심식이며, 살포각도는 180°가 많다.
• 자주형 : 엔진, 송풍기, 약액펌프, 탱크 및 과수용 방제기의 차체 이동에 필요한 변속기, 차동기어 등이 동일 차체에 고정되어 1대의 엔진으로 살포하는 형식으로 험한 길이나 언덕을 오르는데 좋다.
※ 농사로(농촌진흥청) 농업기술길잡이69_기계화영농 참고

**13** 농산물을 일정한 온도와 습도를 가진 공기 중에 오랜 시간 두면 결국 일정한 함수율에 도달하여 공기와 비슷해지는데, 이때의 함수율은?

① 평형 함수율
② 임계 함수율
③ 자주 함수율
④ 초기 함수율

**해설**

② 임계 함수율 : 곡물 건조에 있어서 곡온이 열적으로 평형하여 곡물의 표면은 내부로부터 충분히 수분이 공급되고 자유수가 일정 속도로 증발되어 항율건조기간이 끝나고 감률건조가 시작되는 경계에 상당하는 함수율
④ 초기 함수율 : 건조를 시작할 때 이미 포함되어 있는 수분

**14** 동력 살분기의 살포작업방법에 해당되지 않는 것은?

① 전후진법
② 전진법
③ 횡보법
④ 후진법

**해설**

**동력 살분무기의 살포작업방법**

• 전진법 : 앞으로 나가며 분관을 흔드는 방법이다.
• 후진법 : 독성이 높은 약제 살포 시 뒤로 물러나면서 뿌리는 방법이다.
• 횡보법 : 측면에서 바람이 불 때 옆으로 가며 뿌리는 방법이다.

**15** 2행정 가솔린기관을 사용하는 동력 예초기에서 연료와 엔진오일의 혼합비로 가장 적당한 것은?

① 5 : 1
② 15 : 1
③ 25 : 1
④ 35 : 1

> **해설**
> 2사이클 엔진의 연료 혼합비율
> 가솔린 : 오일 = 25 : 1 또는 20 : 1

**16** 시동전동기의 전원전류는?

① 교 류
② 맥 류
③ 직류 및 교류 모두 사용한다.
④ 직 류

> **해설**
> 자동차의 기동전동기는 배터리를 전원으로 하는 직류 직권전동기가 주로 사용된다.

**17** 조도에 대한 설명 중 틀린 것은?

① 단위면적당 입사광속이다.
② 단위는 럭스[lx]를 사용한다.
③ 광원과의 거리에 비례한다.
④ 기호는 보통 $E$를 사용한다.

> **해설**
> 조도는 거리의 제곱에 반비례한다.

**18** 교류발전기에서 전류가 발생하는 곳은?

① 계자 코일
② 회전자
③ 정류자
④ 고정자

> **해설**
> **교류(AC)발전기의 구조**
> • 고정자(스테이터) : 전류가 발생하는 곳으로 독립된 3개의 코일이 감겨 있고, 이 코일에는 3상의 교류가 유기된다.
> • 정류자 : 코일의 반 회전마다 전류의 방향을 바꾸는 장치이다.
> • 로터 : 자속을 만드는 장치이다.
> • 브러시 : 정류자편 면에 접촉되어 전기자권선과 외부 회로를 연결시켜 주는 부분이다.
> • 정류기 : 회로의 한 방향으로만 전류가 흐르게 하여 직류전력을 얻게 하는 장치로 주로 실리콘 다이오드를 사용한다.

**19** 연소의 3요소가 아닌 것은?

① 가연물
② 연쇄반응
③ 점화원
④ 산 소

> **해설**
> **연소의 3요소** : 가연물(연료), 점화원, 산소(공기)

**20** 소음, 진동, 안전표시 및 게시판 미비로 인하여 일 어나는 농기계 안전사고의 요인은?

① 인간적 요인

② 기계적 요인

③ 환경적 요인

④ 인간ㆍ기계적 요인

**21** 트랙터 내연기관의 냉각수에 주로 사용되는 부동 액 성분은?

① 에틸렌글리콜　　② 염 소

③ 암모니아수　　　④ 칼 슘

**해설**

**에틸렌글리콜**

염화칼슘, 염화마그네슘, 에틸알코올 등과 함께 자동차 부동액으로 널리 사용되는 화합물로 무색무취에 단맛이 나는 유독물질이다.

**22** 트랙터 작업기의 부착장치 중 작업기의 좌우 기울 기를 조절하는 것은?

① 오른쪽 레벨링 박스

② 왼쪽 레벨링 박스

③ 상부 링크

④ 체크 체인

**해설**

트랙터에 장착된 로터리의 좌우 수평 조절은 우측 하부 링크의 레벨링 핸들로 하며, 좌우 흔들림은 체크 체인으로 조정한다.

**23** 농기계의 가치는 시간이 경과하면서 감소하는데, 이를 나타내는 용어는?

① 변동비

② 단위비용

③ 감가상각비

④ 이용비용

**해설**

**감가상각비** : 시간이 경과함에 따라 기계 등의 가치가 감소

$$감가상각비 = \frac{(취득원가 - 잔존가치)}{내용연수}$$

**24** 저항 $R_1$, $R_2$를 직렬로 연결시킬 때 합성저항은?

① $R_1 + R_2$

② $\dfrac{R_1 + R_2}{R_1 R_2}$

③ $\dfrac{1}{R_1} + \dfrac{1}{R_2}$

④ $\dfrac{R_1 R_2}{R_1 + R_2}$

**해설**

**합성저항**

• 직렬회로의 합성저항은 각 저항의 합과 같다.

　$R_s = R_1 + R_2$

• 병렬회로의 합성저항의 역수는 각 저항의 역수의 합과 같다.

　$\dfrac{1}{R_p} = \dfrac{1}{R_1} + \dfrac{1}{R_2}$

**25** 트랙터 앞바퀴 정렬의 점검사항이 아닌 것은?

① 토 인  ② 캠버 각

③ 캐스터 각  ④ 피트먼 각

**트랙터의 앞바퀴 정렬**
- 캠버(Camber) : 앞바퀴가 앞쪽에서 볼 때 아래쪽이 안쪽으로 적당한 각도로 기울어지도록 설치하는 것
- 캐스터(Caster) : 차량을 옆에서 보았을 때 수직선에 대해 조향축이 앞 또는 뒤로 기운(각도) 상태
- 킹핀(Kingpin) : 앞바퀴를 앞쪽에서 보았을 때 킹핀의 윗부분이 안쪽으로 경사지게 설치된 것으로, 킹핀의 축 중심과 노면에 대한 수직선이 이루는 각
- 토인(Toe-in) : 자동차 바퀴를 위에서 보았을 때 앞부분이 뒷부분보다 좁아져 있는 상태

**26** 베일러에서 끌어올림 장치로 걷어 올려진 건초를 베일 체임버로 이송시키는 장치는?

① 픽업타인  ② 오 거

③ 트와인노터  ④ 니 들

**플런저 베일러의 작동원리**
지면과 접촉되지 않게 조절할 수 있는 픽업장치로 초지의 건초를 걷어 올리면 이송오거에 의하여 베일 체임버로 이송된다. 베일 체임버로 이송된 건초는 왕복운동을 하는 플런저에 의하여 압축되는데, 압축밀도는 체임버 안의 인장바(Tension Bar)에 의하여 조절된다. 또한 베일길이 측정 휠에 의하여 베일의 길이가 조절되고 베일이 일정한 길이로 성형되면 결속장치에 의하여 결속되는데, 이때 매듭장치(Twine Knotter)가 결속끈이 풀리지 않게 해준다.

**27** 용량이 480[Ah]인 축전지에 부하를 연결하여 24[A]의 전류를 흘릴 때, 사용 가능한 시간은?

① 40시간  ② 20시간

③ 30시간  ④ 10시간

용량(Ah) = 방전전류(A) × 방전시간(h)

$480 = 24 \times h$

$\therefore h = 20$시간

**28** 교류발전기에서 발생한 교류전압을 직류전압으로 정류하는 것은?

① 슬립링  ② 다이오드

③ 계자 릴레이  ④ 전류조정기

**교류발전기와 직류발전기의 비교**

| 기능(역할) | 교류(AC)발전기 | 직류(DC)발전기 |
|---|---|---|
| 전류 발생 | 고정자(스테이터) | 전기자(아마추어) |
| 정류작용 (AC → DC) | 실리콘 다이오드 | 정류자, 러시 |
| 역류 방지 | 실리콘 다이오드 | 컷아웃 릴레이 |
| 여자 형성 | 로 터 | 계자 코일, 계자 철심 |
| 여자 방식 | 타여자식(외부 전원) | 자여자식(전류자기) |

**29** 유류화재의 분류로 옳은 것은?

① D급화재  ② C급화재

③ B급화재  ④ A급화재

**화재의 종류**
- A급 : 일반화재
- B급 : 유류화재
- C급 : 전기화재
- D급 : 금속화재

**30** 그라인더 작업 시 주의사항으로 틀린 것은?

① 그라인더의 정면에 서서 작업할 것
② 연마 작업 시 보호안경을 착용할 것
③ 작업 전에 숫돌의 균열 유무를 확인할 것
④ 반드시 규정속도를 유지할 것

**해설**
숫돌 바퀴의 정면에 서지 말고 정면에서 약간 벗어난 곳에 서서 연삭 작업을 하여야 한다.

**31** 해머 작업 시 주의사항으로 가장 거리가 먼 것은?

① 기름 묻은 손이나 장갑을 끼고 사용하지 말 것
② 연한 비철제 해머는 딱딱한 철 표면을 때리는 데 사용할 것
③ 크기에 관계없이 처음부터 세게 칠 것
④ 해머 자루에 반드시 쐐기를 박아서 사용할 것

**해설**
해머로 타격할 때에는 처음과 마지막에는 힘을 많이 가하지 말아야 한다.

**32** 트랙터 운전 중 안전사항에 대한 설명으로 틀린 것은?

① 트랙터에는 운전자와 보조자가 탑승해야 한다.
② 트랙터는 전복될 수 있으므로 항상 안전속도를 지켜야 한다.
③ 트레일러에 큰 하중을 싣고 운행할 때 급정거하지 말아야 한다.
④ 회전 시 또는 브레이크 사용 시 반드시 속도를 줄여야 한다.

**해설**
트랙터 운전 중에는 운전자만 탑승해야 한다.

**33** 트랙터의 조향 핸들이 무거울 때 점검사항으로 가장 거리가 먼 것은?

① 토인 점검
② 타이어 공기압 점검
③ 조향기어박스 오일 상태 점검
④ 클러치 릴리스 베어링 점검

**해설**
클러치 릴리스 베어링은 클러치를 단속하는 측압 베어링으로 동력 전달부의 부품이다.

**34** 벼의 총무게가 100[g], 수분이 30[g], 완전 건조된 무게가 70[g]일 때, 습량기준 함수율은?

① 60[%]   ② 45[%]
③ 30[%]   ④ 15[%]

**해설**
습량기준 함수율 = (시료에 포함된 수분의 무게/시료의 총무게)
$\times 100$
= 30/100 × 100
= 30[%]

**35** 우리나라 휴대용 예취기에 가장 많이 사용되는 엔진은?

① 공랭식 가솔린기관

② 수랭식 디젤기관

③ 공랭식 디젤기관

④ 수랭식 가솔린기관

**해설**

**농용 기관**

• 농용 가솔린기관 : 주로 공랭식 단기통기관(이앙기, 관리기, 예취기)을 사용

• 농용 디젤기관 : 수랭식의 단기통기관(동력 경운기) 또는 다기통기관(트랙터, 콤바인, 스피드 스프레이어)을 사용

**36** 콤바인에 HST(Hydrostatic Transmission) 장치를 많이 사용하는 이유는?

① 예취부 위치 변동이 용이하기 때문에

② 동력 손실을 감소시킬 수 있기 때문에

③ 작업 중 변속이 편리하기 때문에

④ 연료 소비량이 감소하기 때문에

**해설**

**유압 무단 변속기의 장점**

• 클러치를 밟지 않고 변속할 수 있다.

• 움직이는 도중에도 변속이 자유롭다.

• 변속에 따른 충격이 없으며, 변속단수가 많다.

**37** 분무기 노즐 중 분무각도와 거리를 조절할 수 있는 것은?

① 환상형

② 스피드 노즐형

③ 장관 다두형

④ 철포형

**해설**

**분무기 노즐의 종류**

• Y형(직선형) : 채소나 화훼의 방제에 널리 사용한다.

• 환형 : 약액이 퍼지는 각도가 넓어 과수나 수목 방제에 사용한다.

• 철포형 : 손잡이로 약액의 도달거리를 조절할 수 있어 과수나 수목의 방제에 사용한다.

• 스피드형 : 거리가 다른 3~4개의 노즐로 구성되어 먼 곳과 가까운 곳에 동시에 뿌릴 수 있고, 수도작에 사용한다.

• 장관 다두형 : 붐이라고 하는 긴 파이프에 여러 개의 노즐을 부착시킨 것으로, 작물 위를 지나가며 방제하는 데 사용한다.

**38** 엔실리지의 원료가 되는 사료작물을 예취하여 절단하고, 컨베이어를 이용하여 운반차에 싣는 작업기는?

① 엔실리지 컨디셔너

② 포리지 하베스터

③ 헤이 베일러

④ 하베스터 컨디셔너

**해설**

**포리지 하베스터(Forage Harvester)**

옥수수 등 사료작물을 예취와 동시에 트레일러나 다른 운반차에 쌓는 기계로, 예취 구조에 따라 플레일(Flail)형과 커터헤드 또는 유닛형으로 나뉜다.

**39** 트랙터의 일상점검 기준에 해당하는 것은?

① 밸브 간극의 조정

② 배터리 비중의 점검

③ 엔진오일량의 점검

④ 오일 필터의 교환

**40** 말린 목초나 볏짚을 일정한 용적으로 압축하여 묶는 기계는?

① 헤이 컨디셔너

② 헤이 베일러

③ 헤이 레이크

④ 헤이 테더

**41** 내연기관의 총배기량을 구하는 식은?

① 압축비 × 실린더의 단면적

② 실린더의 단면적 × 행정 × 실린더수

③ 실린더의 지금 × 행정 × 압축비

④ 실린더의 단면적 × 압축비 ÷ 실린더수

**42** 내연기관의 공기와 연료의 혼합비가 이론 혼합비로 완전연소할 때, 배기가스의 색깔은?

① 흰 색  ② 무 색

③ 적 색  ④ 엷은 황색

**43** 이앙기의 바퀴가 지나간 자국을 없애고 흙의 표면을 평탄하게 해 주는 것은?

① 플로트

② 유압 레버

③ 가늠자 조작 레버

④ 모 멈추개

**44** 납 축전지에서 충전이 완료되었을 때 양극판과 음극판에서 발생하는 가스는?

① 양극판 : 수소, 음극판 : 산소
② 양극판 : 산소, 음극판 : 수소
③ 양극판 : 황산, 음극판 : 질소
④ 양극판 : 수소, 음극판 : 황산

> **해설**
> 충전전류는 전해액 속의 물을 전기분해하여 양극판에서 산소($O_2$)를, 음극판에서 수소($H_2$)를 발생시킨다.

**45** 고유저항이 작은 물질부터 순서대로 배열된 것은?

① 은, 동, 알루미늄, 니켈
② 은, 동, 텅스텐, 알루미늄
③ 동, 금, 니켈, 알루미늄
④ 금, 알루미늄, 텅스텐, 은

> **해설**
> **각종 재료의 고유저항**
>
> | 재료 | 고유저항[$\Omega \cdot mm^2/m$] |
> |---|---|
> | 은(Ag) | 1.62 |
> | 구리(Cu) | 1.69 |
> | 경동 | 1.77 |
> | 금(Au) | 2.40 |
> | 알루미늄(Al) | 2.62 |
> | 텅스텐(W) | 5.48 |
> | 니켈(Ni) | 6.9 |
> | 순철(Fe) | 10 |
> | 백금(Pt) | 10.5 |
> | 규소철 | 56~60 |
> | 주철 | 75~100 |

**46** 예열플러그가 단선되기 쉬운 원인으로 가장 적합한 것은?

① 예열시간이 너무 길다.
② 스위치가 불량하여 접촉이 잘 안 된다.
③ 배기가스의 온도가 너무 높다.
④ 배터리의 전압이 너무 낮다.

> **해설**
> **예열플러그의 단선원인**
> • 연소열 및 과대전류의 흐름
> • 기관 과열 시
> • 장시간 예열 시
> • 운전 중 작동 시
> • 예열플러그 설치 시 조임 불량

**47** 동력 살분무기의 안전작업 방법으로 적절하지 못한 것은?

① 농약을 살포할 때는 음주를 피할 것
② 시동 로프로 시동할 때 뒤에 사람이 없을 것
③ 농약을 살포할 때는 항상 바람을 안고 작업할 것
④ 방독마스크를 착용하고 작업할 것

> **해설**
> 농약을 살포할 때는 바람을 등진다.

**48** 감전사고로 의식불명인 환자에게 알맞은 응급조치는?

① 전원을 차단하고, 인공호흡을 한다.
② 전원을 차단하고, 찬물을 준다.
③ 전원을 차단하고, 온수를 준다.
④ 전기충격을 가한다.

해설
• 감전자 구출 : 전원을 차단하거나 접촉된 충전부에서 감전자를 분리하여 안전지역으로 대피
• 감전자 상태 확인
  - 큰 소리로 소리치거나 볼을 두드려서 의식 확인
  - 입, 코에 손을 대어 호흡 확인
  - 손목이나 목 옆의 동맥을 짚어 맥박 확인
  - 추락 시에는 출혈이나 골절 여부를 확인
  - 의식불명이나 심장정지 시에는 즉시 응급조치
• 응급조치
  - 기도 확보 : 바르게 눕힌 상태에서 턱을 당기고 머리를 젖혀 기도를 확보한 후 입속의 이물질을 제거하고 혀를 꺼냄
  - 인공호흡 : 매분 12~15회, 30분 이상 지속
    ※ 인공호흡 소생률은 1분에 약 95[%], 3분에 약 75[%], 4분에 약 50[%], 5분에 약 25[%]이므로 4분 이내에 최대한 빨리 인공호흡을 시작하는 것이 중요하다.
  - 심장마사지 : 심장이 정지한 경우에는 2명이 인공호흡과 심장마사지를 동시 진행(심폐소생술)
    ※ 심장마사지의 방법 : 기관 내 삽관 시 마사지 5회 후 인공호흡 1회를 교대로 시행하며 분당 100회 속도로 흉골 사이를 압박한다.
  - 회복자세 : 감전자가 편안하도록 머리와 목을 펴고 사지는 약간 굽힌 자세
• 감전자 구출 후 구급대에 지원요청을 하고, 주변의 안전을 확보하여 2차 재해 예방

**49** 농업기계의 보관ㆍ관리방법으로 옳지 못한 것은?

① 사용 후 물로 세척하고 건조시킨 후 기름칠을 한다.
② 통풍이 잘되고 습기가 없는 곳에 보관한다.
③ 콤바인의 모든 클러치는 연결 위치로 해 놓는다.
④ 각종 레버, V벨트는 풀림 상태로 한다.

해설
예취ㆍ탈곡 클러치 레버는 끊김 위치로 한다.

**50** 산소용접기 취급 시 주의사항에 위배되는 것은?

① 산소 사용 후 용기가 비었을 때는 밸브를 잠글 것
② 밸브의 개폐는 천천히 할 것
③ 항상 기름을 칠하여 밸브 조작이 잘되도록 할 것
④ 용기는 항상 40[℃] 이하로 유지할 것

해설
산소용기, 밸브, 조정기, 고정구에는 기름이 묻지 않게 하여 연소를 예방한다.

**51** 주행하면서 농작물의 예취와 탈곡을 함께하는 기계는?

① 이앙기        ② 예취기
③ 콤바인        ④ 트랙터

해설
콤바인은 벼, 보리, 밀 등의 작물을 포장하여 이동하면서 예취, 탈곡, 선별작업을 동시에 수행하는 종합수확기이다.

**52** 관리기로 두둑을 만드는 방법이 잘못된 것은?

① 두둑 작업은 천천히 전진하면서 한다.
② 두둑의 모양과 크기에 따라 두둑 성형판을 조절한다.
③ 서로 다른 나선형의 경운날의 좌우가 대칭되도록 로터리에 부착한다.
④ 미륜을 떼어 내고 두둑 성형판을 장착한다.

해설
두둑 작업은 천천히 후진하면서 한다.

**53** 고속기관에 열형 플러그를 사용하면 발생하는 현상은?

① 플러그의 과열로 조기점화가 일어난다.
② 플러그에 연료가 부착되어 노킹현상이 발생된다.
③ 플러그의 온도가 낮아져서 점화가 되지 않는다.
④ 중심 전극과 케이싱이 짧아 열이 쉽게 빠져 나간다.

**해설**
열형 플러그는 전극부의 열이 발산되기 힘들어 연소가 발생하기 쉬우므로 저속 운전에 적합하다. 고속 운전을 하면 전극부가 타서 조기점화가 일어나고 엔진의 상태가 나빠진다.

**54** 동력 분무기에 부착된 명판에 표시된 '60A'가 뜻하는 것은?

① 1시간당 이론배출량이 60[L]이다.
② 플런저의 길이가 60[mm]이다.
③ 1분당 이론배출량이 60[L]이다.
④ 플런저의 직경이 60[mm]이다.

**55** 구릉지에서의 목초 예취작업에 가장 적당한 모어는?

① 플레일 모어
② 전단식 모어
③ 커터바 모어
④ 로터리 모어

**해설**
**모어(Mower)의 종류**
• 왕복식 모어 : 절단 날이 좌우로 왕복운동하면서 예취
• 회전형(로터리) 모어 : 고속으로 회전하는 종축에 원판이나 원통을 붙여 그 주위에서 원심력에 의하여 회전하는 예취날로 예취
• 플레일 모어 : 회전하는 수평축에 붙어 있는 플레일(Flail) 날에 의하여 목초를 때려서 절단

**56** 평행판 콘덴서에서 판의 면적이 일정하고 판 사이의 거리가 4배가 되면 콘덴서의 정전용량은?

① 1/4이 된다.  ② 1/2이 된다.
③ 4배가 된다.  ④ 2배가 된다.

**해설**
**평행판 콘덴서의 정전용량**
$$C = \varepsilon_0 \frac{S}{d} \text{(F/m}^2)$$
여기서, $\varepsilon_0$ : 비유전율
    $S$ : 면적
    $d$ : 거리
평행판 콘덴서의 정전용량은 거리에 반비례하므로 1/4이 된다.

## 57 전하량의 단위는?

① [C]  ② [A]
③ [W]  ④ [V]

**해설**
전하량의 단위는 [C](쿨롱)이고, $Q$로 표시한다.
- [A](암페어) : 전류의 단위
- [V](볼트) : 전압의 단위
- [W](와트) : 전력의 단위

## 58 재해의 특징이 아닌 것은?

① 모든 재해는 사전에 방지할 수 있다.
② 모든 재해의 발생에는 원인이 있다.
③ 모든 재해는 대책 선정이 가능하다.
④ 모든 재해는 인적·물적 손상이 동시에 일어난다.

**해설**
**재해예방대책 4원칙**
- 예방가능의 원칙 : 천재지변을 제외한 모든 인재는 예방이 가능하다.
- 손실우연의 원칙 : 사고의 결과로 일어난 손실의 유무 또는 대소는 사고 당시의 조건에 따라 우연적으로 발생한다.
- 원인연계의 원칙 : 사고에는 반드시 원인이 있고 원인은 대부분 복합적 연계원인이다.
- 대책선정의 원칙 : 사고의 원인이나 불안전요소가 발견되면 반드시 대책을 선정·실시되어야 한다.

## 59 밀링 작업 시 주의사항으로 옳지 않은 것은?

① 회전하는 커터에 손을 대지 말아야 한다.
② 상하좌우 이송장치의 핸들을 사용 후 완전히 조여야 한다.
③ 밀링 작업 중에는 보호안경을 착용해야 한다.
④ 절삭유 노즐이 커터에 부딪히지 않도록 한다.

**해설**
상하 이송장치의 핸들은 사용 후에 반드시 벗겨 놓는다.

## 60 동력 경운기의 데켈형 분사펌프에만 있는 부품은?

① 래 크
② 레귤레이터 스핀들
③ 스모크셋 장치
④ 초크밸브

**해설**
**데켈형(Deckel Type) 분사펌프**
- 소형 단기통 실린더 기관에 이용되는 형식으로 연료를 압송하는 플런저 펌프와 토출밸브 및 압송량을 조절하는 연료조절기구 등으로 되어 있다.
- 기관의 회전으로 플런저의 끝에 부착된 캠이 플런저를 밀어 연료를 압송하며 이 연료압력으로 토출밸브가 열려 연료가 분사밸브로 보내진다.
- 기관의 회전속도 및 출력의 변화를 위한 분사량의 조절은 조속기에 연결된 레귤레이터 스핀들이 연료를 연료의 흡입구 쪽으로 누출시킴으로써 한다.

**01** 다음 용어에 관한 설명 중 틀린 것은?

① 재해란 안전사고의 결과로 일어난 인명과 재산의 손실이다.

② 안전관리란 재해로부터 인간의 생명과 재산을 보호하기 위한 계획적이고, 체계적인 활동이다.

③ 사상(私傷)이란 어느 특정인에게 주는 피해 중에서 과실이나 타인과의 계약에 의하여 업무수행 중 입은 상해이다.

④ 안전사고란 고의성 없는 불안전한 행동이나 조건이 선행되어 일을 저해하거나 능률을 저하시키며, 직간접적으로 인명이나 재산의 손실을 가져올 수 있는 사고이다.

**해설**

사상(私傷)이란 어느 특정인에게 주는 피해 중에서 기관이나 타인과의 계약에 의하지 않고 자신의 업무수행 중에 입은 상해로서 의료 및 그 밖에 보상을 청구할 수 없는 상해이다.

**02** 유효포장능률에 대한 설명으로 옳지 않은 것은?

① 유효포장능률이란 작업시간당 실제로 작업한 단위 면적을 나타낸 것이다.

② 유효포장능률은 공칭작업 폭에 비례한다.

③ 유효포장능률은 작업효율에 비례한다.

④ 유효포장능률은 전진속도에 반비례한다.

**해설**

**작업능률**

$C = \dfrac{1}{10} E_f SW$

여기서, $E_f$ : 포장효율

　　　　$S$ : 기계 작업속도

　　　　$W$ : 작업 폭

※ 유효포장작업능률 : 단위시간당 작업면적

**03** 압력 1[kg/cm²]를 [psi]로 변환하면 약 몇 [psi]가 되는가?

① 0.97　　　　② 1.03

③ 3.14　　　　④ 14.22

**해설**

$1[\text{psi}] = 1[\text{lbf/in}^2] = \dfrac{0.4536}{(2.54)^2} [\text{kgf/cm}^2]$

$1[\text{kgf/cm}^2] = 1 \times \dfrac{(2.54)^2}{0.4536} [\text{psi}] ≒ 14.223[\text{psi}]$

※ 1[lbf] = 0.4536[kgf], 1[inch] = 2.54[cm]

**04** 아날로그형 회로시험기에 대한 설명으로 옳지 않은 것은?

① 사용 전 영점조정을 해야 한다.

② 트랜지스터, 다이오드의 절연저항을 측정할 수 있다.

③ 직류 측정 시 (+), (−) 단자의 극성에 유의한다.

④ 2[V] 이하의 전압은 측정할 수 없다.

1 ③　2 ④　3 ④　4 ④　**정답**

**05** 쇠톱을 사용할 때 주의사항으로 옳지 않은 것은?

① 톱날은 전체를 사용한다.
② 톱날은 밀 때 절삭되도록 조립한다.
③ 공작물의 재질이 강할수록 톱니수가 적은 것을 사용한다.
④ 너무 팽팽하거나 느슨하지 않게 조여서 사용해야 한다.

**06** 다음 중 이앙기에서 독립 브레이크를 사용하여야 하는 경우는?

① 도로 주행 중
② 모판을 실었을 때
③ 작업 중 선회할 때
④ 위급상황이 발생했을 때

**07** 트랙터용 플라우의 구조와 기능에 대한 설명으로 틀린 것은?

① 플라우 장착의 3점은 보습 끝, 보습 날개, 몰드 보드 끝이다.
② 원판형 콜터는 토양을 수직으로 절단한다.
③ 지측판은 플라우의 진행방향을 유지시켜 준다.
④ 수평 및 수직 흡인은 경심, 경폭 및 진행방향을 일정하게 유지시키는 작용을 한다.

> **해설**
> 트랙터의 후부에 작업기의 3점을 2개의 하부 링크와 1개의 상부 링크에 연결하는 것이다.
> **플라우의 장착방법**
> • 견인식 : 트랙터의 견인봉(Drawbar)에 의하여 견인
> • 반장착식 : 작업기 무게의 일부는 3점 연결장치의 하부 링크에 연결, 나머지 무게는 작업기의 바퀴로 지탱
> • 3점 링크연결식 : 트랙터의 3점 링크기구에 직장식 플라우를 연결

**08** 다음 중 말린 목초나 볏짚을 일정한 용적으로 압축하여 묶는 기계는?

① 헤이 테더
② 헤이 베일러
③ 헤이 레이크
④ 헤이 컨디셔너

> **해설**
> ① 헤이 테더 : 예취된 목초의 건조를 빨리 진행시키기 위해 목초를 반전 또는 확산시키는 데 사용하는 기계
> ③ 헤이 레이크 : 예취한 후 포장에 널려진 목초를 베일러 작업이 쉽도록 모아 주거나 건조하기 위하여 펼쳐 주는 작업기
> ④ 헤이 컨디셔너 : 건조를 촉진하기 위해 예취한 목초를 압쇄하는 데 사용하는 기계

**09** 동력 경운기 운전 시 안전사항 중 틀린 것은?

① 비탈길(경사지)에서는 조향 클러치를 사용하지 않는다.

② 고속운전 중이거나 직진 경운 중에 조향 클러치를 사용하면 위험하다.

③ 로터리 작업 중 후진할 때는 경운변속 레버를 중립의 위치에 놓고 후진한다.

④ 주행속도를 빠르게 하기 위하여 규정보다 큰 폴리로 바꾸어 장착하고 운행한다.

> **해설**
> 동력 경운기 운전 시 주행속도를 위반하지 않는다.

**10** 가솔린을 연료로 사용하는 단기통 농업기계를 장기간 사용하지 않을 때 보관방법은?

① 기화기 내의 연료가 소모되어 기관이 정지하고 난 뒤 피스톤의 위치가 압축 상사점에 오게 한다.

② 연료통에 연료를 가득 채워 준다.

③ 피스톤의 위치를 밸브 오버랩 상태로 오게 한다.

④ 기관을 거꾸로 세워 이물질이 들어가지 않게 한다.

**11** 농업기계의 보관·관리방법으로 옳지 않은 것은?

① 각종 레버, V벨트는 풀림 상태로 한다.

② 사용 후 물로 세척하고 건조시킨 후 기름칠을 한다.

③ 콤바인의 모든 클러치는 연결 위치로 해 놓는다.

④ 통풍이 잘되고 습기가 없는 곳에 보관한다.

> **해설**
> 예취·탈곡 클러치 레버는 끊김 위치로 한다.

**12** 트랙터의 취급방법으로 옳은 것은?

① 엔진이 시동된 상태로 연료를 보급하였다.

② 경사진 길을 내려올 때 기어를 중립상태로 하고 주행하였다.

③ 도로 주행 시 좌우 브레이크 페달을 연결하고 주행하였다.

④ 운행 도중 잠시 쉴 때 시동을 끄고 시동키를 꽂아 둔 채로 휴식하였다.

**13** 로터리 경운법 중 차륜 폭이 로터리 날보다 넓을 때 사용하는 방법은?

① 한 줄 건너떼기 경운법

② 연접 왕복경운법

③ 절충경운법

④ 회경법

> **해설**
> **평면갈이**
> • 경운 폭이 차바퀴 폭보다 넓을 때 : 연접 경운법
> • 경운 폭이 차바퀴 폭보다 좁을 때 : 한 고랑떼기 경운법

**14** 산파모 이앙기에서 식부침의 크랭킹 속도와 모 탑 재대의 상대속도를 조절 및 조정하는 것은?

① 주간의 조정
② 조간의 조정
③ 식부본수의 가로이송량 조정
④ 식부본수의 세로이송량 조정

**15** 동력 분무기에 부착된 명판에 '60A'라고 표시되어 있었다. '60A'가 뜻하는 것은?

① 플런저의 직경이 60[mm]임을 표시한다.
② 플런저의 길이가 60[mm]임을 표시한다.
③ 1분당 이론배출량이 60[L]임을 표시한다.
④ 1시간당 이론배출량이 60[L]임을 표시한다.

**16** 기관에서 피스톤의 직선운동을 회전운동으로 바꿔 주는 장치는?

① 캠 축
② 실린더
③ 플라이휠
④ 크랭크축

**17** 주행 중 트랙터를 급정지시키고자 할 때는 어떻게 해야 하는가?

① 클러치 페달만 밟는다.
② 주변속 기어부터 뽑는다.
③ 클러치 페달을 밟은 후 브레이크 페달을 밟는다.
④ 클러치 페달과 브레이크 페달을 동시에 밟는다.

**18** 다음 중 점화원이 될 수 없는 것은?

① 정전기
② 기화열
③ 전기불꽃
④ 못을 박을 때 튀는 불꽃

**해설**
**점화원이 될 수 없는 것** : 기화열, 융해열, 흡착열 등
※ 점화원 : 가연물과 산소에 연소(산화)반응을 일으킬 수 있는 활성화 에너지를 공급해 주는 것

**19** 다목적 관리기에서 PTO축과 작업기 구동축을 연 결시키는 것은?

① V벨트
② 커플링
③ 체인 케이스
④ 변속기어

**20** 베일러에서 끌어올림 장치로 걸어 올려진 건초를 베일 체임버로 이송할 때 사용하는 것은?

① 픽업타인　　　② 오 거
③ 트와인노터　　④ 니 들

**해설**

**플런저 베일러의 작동원리**

지면과 접촉되지 않게 조절할 수 있도록 된 픽업장치로, 초지의 건초를 걸어 올리면 이송오거에 의하여 베일 체임버로 이송된다. 베일 체임버로 이송된 건초는 왕복운동을 하는 플런저에 의하여 압축되는데, 압축밀도는 체임버 내에 있는 인장바(Tention Bar)에 의하여 조절된다. 또한 베일길이 측정 휠에 의하여 베일의 길이가 조절되고 베일이 일정한 길이로 성형되면 결속장치에 의하여 결속되는데, 이때 결속끈이 풀리지 않게 해 주는 매듭장치(Twine Knotter)가 있다.

**21** 농업기계화의 장점이 아닌 것은?

① 작업능률의 향상
② 노동 생산성의 향상
③ 힘든 노동으로부터의 해방
④ 노임 및 투자비의 증가

**해설**

농업기계화의 최대 장점은 토지 생산율과 노동 생산율 및 자원 이용률을 대폭 높일 수 있다는 점이다. 농업기계화로 농민들은 전통적인 농업 생산방식과 고강도의 체력노동에서 해방될 수 있다.

**22** 다음 중 발전기와 가장 관계가 깊은 법칙은?

① 플레밍의 왼손법칙
② 플레밍의 오른손법칙
③ 옴의 법칙
④ 오른손 엄지손가락의 법칙

**해설**

플레밍의 왼손법칙을 이용한 것은 전동기이고, 오른손법칙을 이용한 것은 발전기이다.

**23** 방전된 축전기에 충전이 잘되지 않는 원인으로 적합하지 않은 것은?

① 전압조정기의 조정 설정이 높다.
② 조정기 접점이 오손되었다.
③ 배선 또는 연결이 불량하다.
④ 발전기가 불량하다.

**해설**

전압조정기의 조정 설정이 낮으면 충전이 잘되지 않는다.

**24** 독성 농약이 피부에 묻었을 때 응급처리방법으로 옳은 것은?

① 물을 많이 마시게 한다.
② 비눗물로 깨끗이 씻는다.
③ 눈을 감는다.
④ 인공호흡을 한다.

**25** 예취된 목초를 짓눌러 건조를 빠르게 하기 위한 기계는?

① 헤이 레이크

② 헤이 컨디셔너

③ 헤이 테더

④ 헤이 베일러

**해설**
① 헤이 레이크 : 예취한 후 포장에 널려진 목초를 베일러 작업이 쉽도록 모아 주거나 건조하기 위하여 펼쳐 주는 작업기
③ 헤이 테더 : 예취된 목초의 건조를 빨리 진행시키기 위해 목초를 반전 또는 확산시키는 데 사용하는 기계
④ 헤이 베일러 : 말린 목초나 볏짚을 일정한 용적으로 압축하여 묶는 기계

**26** 경운기 보관관리 요령 중 틀린 것은?

① 변속 레버는 저속 위치로 보관한다.

② 본체와 작업기를 깨끗이 닦아서 보관한다.

③ 작동부나 나사부에 윤활유나 그리스를 바른 후 보관한다.

④ 통풍이 잘되는 실내에 보관한다.

**해설**
각 변속 레버는 중립에 놓고, 주클러치 레버는 연결 위치에 놓는다.

**27** 다음 중 전기 관련 단위로 옳지 않은 것은?

① 전류 : [A]

② 저항 : [Ω]

③ 전력량 : [kWh]

④ 정전용량 : [H]

**해설**
정전용량값은 $C$로 표시하고, 단위는 패럿(F)이다.

**28** 차광안경의 구비조건 중 틀린 것은?

① 사용자에게 상처를 줄 예각과 요철이 없을 것

② 착용 시 심한 불쾌감을 주지 않을 것

③ 취급이 간편하고 쉽게 파손되지 않을 것

④ 눈의 보호를 위해 커버렌즈의 가시광선 투과는 차단되어야 할 것

**해설**
커버렌즈, 커버플레이트는 가시광선을 적당히 투과하여야 한다 (89[%] 이상 통과).

**29** 소음, 진동, 안전표시 및 게시판 미비로 인하여 일어나는 농기계 안전사고의 요인은?

① 인간적 요인

② 기계적 요인

③ 환경적 요인

④ 인간·기계적 요인

**30** 트랙터의 조향 핸들이 무거울 때 점검사항으로 옳지 않은 것은?

① 토인 점검
② 타이어 공기압 점검
③ 조향기어박스 오일상태 점검
④ 클러치 릴리스 베어링 점검

클러치 릴리스 베어링은 클러치를 단속하는 측압 베어링이다.

**31** 트랙터 운전 중 안전사항에 대한 설명으로 틀린 것은?

① 트랙터에는 운전자, 보조자 등 2명만 탑승해야 한다.
② 트랙터는 전복될 수 있으므로 항상 안전속도를 지켜야 한다.
③ 트레일러에 큰 하중을 싣고 운행할 때 급정거를 해서는 안 된다.
④ 회전 시 또는 브레이크 사용 시 반드시 속도를 줄여야 한다.

운전자 외에 탑승을 금지한다.

**32** 몰드보드 플라우의 구조에서 날 끝이 흙 속으로 파고들며 수평 절단하는 것은?

① 보 습
② 바닥쇠
③ 발토판
④ 빔

**몰드보드 플라우의 구조**
• 보습 : 흙을 수평으로 절단하여 이를 발토판까지 끌어 올리는 부분이다.
• 몰드보드(발토판) : 보습의 위쪽에 연결되어 보습에서 절단된 흙을 위로 이동시켜 반전 · 파쇄시키는 기능을 한다.
• 바닥쇠(지측판) : 이체의 밑부분으로 경심 · 경폭의 안정과 진행 방향을 유지시켜 주는 작용을 한다.
• 콜터 : 플라우의 앞쪽에 설치하며, 흙을 미리 수직으로 절단하여 보습의 절삭작용을 도와주고, 역조와 역벽을 가지런히 해 준다.
• 앞쟁기 : 보통 이체와 콜터 사이에 설치하는 작은 플라우로, 이체에 앞서 토양 위의 잔류물을 역구 쪽에 몰아 매몰을 도와주고 표토를 얕게 갈아 준다.

**33** 다음 그림과 같이 10[Ω] 저항 4개를 연결하였을 때 A–B 간의 합성저항은 몇 [Ω]인가?

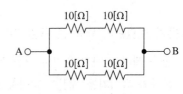

① 10
② 15
③ 20
④ 25

$$R = \cfrac{1}{\cfrac{1}{(10+10)} + \cfrac{1}{(10+10)}} = \frac{20}{2} = 10[\Omega]$$

**34** 연소가 잘되는 조건으로 틀린 것은?

① 발열량이 큰 것일수록 연소가 잘된다.
② 산화되기 어려운 것일수록 연소가 잘된다.
③ 산소농도가 높을수록 연소가 잘된다.
④ 건조도가 좋은 것일수록 연소가 잘된다.

**해설**
산소와 접촉이 잘될수록 연소가 잘된다.

**35** 재해방지의 3단계에 해당하지 않는 것은?

① 교육훈련
② 기술 개선
③ 불안전한 행위
④ 강요 실행 또는 독려

**36** 그라인더의 숫돌에 커버를 설치하는 주된 목적은?

① 숫돌의 떨림을 방지하기 위해서
② 분진이 나는 것을 방지하기 위해서
③ 그라인더 숫돌의 보호를 위해서
④ 숫돌의 파괴 시 그 조각이 튀어 나오는 것을 방지하기 위해서

**37** 농기계의 장기 보관방법으로 적절하지 않은 것은?

① 벨트나 체인은 따로 분리하여 보관한다.
② 도장되어 있지 않은 부분은 기름을 발라둔다.
③ 보관장소는 되도록 채광이 잘 드는 곳을 택한다.
④ 실린더 내에 기관오일을 주유하고 피스톤을 압축 상사점에 놓는다.

**해설**
보관장소는 건조한 장소를 선택한다.

**38** 전선의 전기저항은 단면적이 증가하면 어떻게 되는가?

① 증가한다.
② 감소한다.
③ 단면적에는 관계가 없다.
④ 단면적을 변화시킬 때는 항상 증가한다.

**해설**
도체의 저항은 그 길이에 비례하고, 단면적에 반비례한다.

**39** 연소에 관한 설명으로 틀린 것은?

① 인화점이 낮을수록 착화점이 낮다.

② 인화점이 높을수록 위험성이 크다.

③ 연소범위가 넓을수록 위험성이 크다.

④ 착화온도가 낮을수록 위험성이 크다.

**해설**

**물질의 위험성을 나타내는 성질**

• 인화점, 발화점, 착화점이 낮을수록

• 증발열, 비열, 표면장력이 작을수록

• 온도가 높을수록

• 압력이 클수록

• 연소범위가 넓을수록

• 연소속도, 증기압, 연소열이 클수록

**40** 디젤기관의 노크 방지법으로 적절하지 않은 것은?

① 발화성이 좋은 연료를 사용한다.

② 압축비를 낮게 해야 한다.

③ 실린더 내의 온도와 압력을 높인다.

④ 착화지연기간 중 연료의 분사량을 조절한다.

**해설**

압축비를 높여 실린더 내의 압력과 온도를 상승시킨다.

**41** 다음 ( ) 안에 들어갈 용어로 옳게 짝지어진 것은?

> 자탈형 콤바인의 탈곡·선별부에서 선별된 낟알은
> ( )에 모이고, 곡물과 검불이 혼합된 미처리물은
> ( )에 모인다.

① 1번구, 2번구          ② 3번구, 4번구

③ 3번구, 1번구          ④ 4번구, 2번구

**42** 농업기계의 일반적인 보관·관리방법으로 잘못된 것은?

① 팬 벨트는 느슨하게 해 둔다.

② 물로 깨끗이 씻고, 기름칠하여 보관한다.

③ 햇볕을 받지 않도록 덮개를 씌워 보관한다.

④ 디젤기관은 연료를 모두 빼어 놓는다.

**해설**

가솔린기관은 연료를 모두 빼고, 디젤기관은 가득 채운 후 장기 보관한다.

**43** 피스톤 링의 3대 작용이 아닌 것은?

① 윤활유 희석          ② 기밀작용

③ 오일제어          ④ 열전도

**해설**

**피스톤 링의 작용**

피스톤 상단부에 설치하여 기밀작용, 오일제어작용, 열전도작용 (기관 내의 열을 외부로 전달하는 작용)을 한다.

**44** 납축전지의 충·방전작용에 해당하는 것은?

① 자기작용
② 화학작용
③ 물리작용
④ 확산작용

축전지를 충전 또는 방전하면 축전지 내부에서는 화학작용이 발생한다.

**45** 광원의 광도가 10[cd]인 경우 거리가 2[m] 떨어진 곳의 조도는 몇 [lx]인가?

① 2.5
② 5
③ 20
④ 40

$$E = \frac{I}{r^2} = \frac{10}{2^2} = 2.5[\text{lx}]$$

**46** 물을 양수기로 양수하고 가압하여 송수하며, 자동적으로 분사관을 회전시켜 살수하는 것은?

① 버티컬 펌프
② 동력 살분무기
③ 스프링클러
④ 스피드 스프레이어

**47** 연간 사용시간이 짧은 농기계의 장기 보관방법이 아닌 것은?

① 냉각수 폐기
② 그리스 도포
③ 소모성 부품 교환
④ 축전지 충전 후 장착

배터리는 별도로 보관하고, 장착한 채 보관할 때는 (-) 단자를 떼어둔다.

**48** 다음 중 일반적인 동력 경운기 기관의 정격회전수는?

① 1,200[rpm]
② 2,200[rpm]
③ 3,200[rpm]
④ 4,200[rpm]

**49** 동력 경운기의 엔진동력을 클러치로 전달하는 동력전달수단으로 가장 알맞은 것은?

① 평벨트
② 유성기어
③ V벨트
④ 베벨기어

**50** 동력 경운기에 로터리를 부착하여 작업하려고 할 때의 설명으로 틀린 것은?

① 감긴 흙과 풀은 기관을 정지한 후 제거한다.
② 후진을 할 때 경운날에 접촉되지 않도록 한다.
③ 회전이 빠르면 경운결이 거칠고, 느리면 곱게 된다.
④ 알맞은 경심이 유지되도록 조절레버를 풀어 미륜의 높낮이를 조절한다.

해설
회전이 빠르면 경운결이 곱고, 느리면 거칠게 된다.

**51** 안전모나 안전대의 용도에 대한 설명으로 옳은 것은?

① 신호기
② 작업능률 가속용
③ 추락재해 방지용
④ 구급용구

**52** 아크용접기의 감전방지를 위해 사용하는 장치는?

① 중성점 접지    ② 2차 권선방지기
③ 리밋 스위치    ④ 전격방지기

해설
**감전사고 방지대책**
• 자동전격방지장치를 사용한다.
• 절연용접봉 홀더를 사용한다.
• 적정한 케이블을 사용한다.
• 2차 측 공통선을 연결한다.
• 절연장갑을 사용한다.
• 용접기의 외함은 반드시 접지시킨다.

**53** 다음 중 전기드릴의 작업방법으로 틀린 것은?

① 드릴의 탈부착은 회전이 완전히 멈춘 다음 행한다.
② 균열이 있는 드릴은 사용하지 않는다.
③ 작업 중 쇳가루는 불면서 작업한다.
④ 구멍을 맨 처음 뚫을 때는 작은 힘으로 천천히 뚫는다.

**54** 전구의 수명에 대한 설명으로 틀린 것은?

① 수명은 점등시간에 반비례한다.
② 필라멘트가 단선될 때까지의 시간이다.
③ 필라멘트의 성질과 굵기에 영향을 받는다.
④ 고온에서 주위온도의 영향을 전혀 받지 않는다.

해설
형광등은 백열전구에 비해 주위온도의 영향을 받는다.

**55** 동일한 저항을 가진 두 개의 도선을 병렬로 연결할 때의 합성저항은?

① 한 도선 저항과 같다.
② 한 도선 저항의 2배로 된다.
③ 한 도선 저항의 1/2로 된다.
④ 한 도선 저항의 2/3로 된다.

해설
병렬연결의 합성저항 $R = \dfrac{1}{\dfrac{1}{R_1} + \dfrac{1}{R_1}} = \dfrac{1}{\dfrac{2}{R_1}} = \dfrac{R_1}{2}$

**56** 양수기 정지 및 보관 시 주의사항으로 틀린 것은?

① 부식 방지를 위해 토출구에 약간의 엔진오일을 주유 후 정지시킨다.
② 흡입관을 물에서 꺼내고 물을 제거한다.
③ 흡입관과 배출호스를 분리하여 보관한다.
④ 장기간 사용하지 않을 때에는 양수기의 물을 채워 놓는다.

**해설**
양수기 정지 및 보관
• 2~3분 정도 원동기를 저속운전한 다음 정지시킨다.
• 흡입관을 물에서 꺼내고 물을 제거한다.
• 입관과 배출호스를 분리하여 보관한다.
• 장기간 사용하지 않을 때는 양수기 내부의 물을 배출시킨다.

**58** 승용 이앙기가 논에 빠져 한쪽 바퀴에 슬립이 생길 때 사용하는 장치는?

① 브레이크 페달
② 차동고정장치 페달
③ 클러치 페달
④ 변속기

**해설**
차동고정장치 페달을 밟으면 차동장치가 작동하지 않아 빠진 논에서 쉽게 빠져나올 수 있다.

**59** 산파식 파종기의 주요 부분과 관계있는 것은?

① 회전날개
② 구절기
③ 종자관
④ 종자판

**60** 벼, 맥류, 채소 등의 종자를 일정한 간격의 줄에 따라 연속하여 뿌리는 파종방법은?

① 흩어 뿌림
② 줄 뿌림
③ 점 뿌림
④ 산 파

**해설**
파종방법
• 줄 뿌림 : 곡류, 채소 등의 종자를 일정 간격의 줄에 따라 연속적으로 뿌리는 방법
• 점 뿌림 : 옥수수, 두류 등의 종자를 1개 또는 여러 개씩 일정한 간격으로 파종하는 방법
• 흩어 뿌림 : 목초, 잔디 등의 종자를 지표면에 널리 흩어 뿌리는 방법

**57** 방향지시기 회로에서 지시등의 점멸이 느릴 때의 원인으로 틀린 것은?

① 축전지가 방전되었다.
② 전구의 용량이 규정값보다 크다.
③ 전구의 접지가 불량하다.
④ 퓨즈와 배선의 접촉이 불량하다.

**해설**
전구의 용량이 규정값보다 작을 경우 점멸이 느리다.

**01** 트랙터 플라우 작업 시 견인부하를 일정하게 하는 장치는?

① 견인제어 장치

② 위치제어 장치

③ 차동제어 장치

④ 3점지지 장치

해설

작업기에 작용하는 견인 저항력을 검출하여 일정 수준 이상이나 이하가 되면 유압제어 밸브를 작동하여 작업기를 승강시켜 일정한 견인력이 작용하도록 한다. 주로 견인 작업기는 플라우(쟁기) 작업에 사용된다.

**02** 로터리를 트랙터에 부착하고 좌우 흔들림을 조정하려고 한다. 무엇을 조정하여야 하는가?

① 리프팅 암

② 체크 체인

③ 상부 링크

④ 리프팅 로드

해설

트랙터와 로터리의 중심을 맞춘 후 체크 체인으로 2.0~2.5[cm] 정도 좌우로 일정량이 흔들리게 조정한다.

**03** 폭발순서가 1-3-4-2인 4행정 기관 트랙터의 1번 실린더가 흡입행정일 때 3번 실린더의 행정은?

① 압축행정

② 흡입행정

③ 배기행정

④ 팽창행정

해설

• 원을 그린 후 4등분하여 흡입, 압축, 폭발(동력), 배기를 시계방향으로 적는다.

• 주어진 보기에 1번이 흡입이라고 했으므로 흡입에 1번을 적고, 점화순서를 시계 반대방향으로 적는다. 즉, 압축(2)-흡입(1)-배기(3)-폭발(4)이므로 3번 실린더는 배기행정이다.

**04** 목초를 압축하며 건조하는 작업기는?

① 헤이 베일러

② 헤이 레이크

③ 헤이 컨디셔너

④ 덤프 레이크

해설

헤이 컨디셔너는 예취된 목초를 짓눌러 건조를 빠르게 하기 위한 기계이다.

**05** 자갈이 많고 지면이 고르지 못한 곳에서 잡초를 예취할 때 적합한 예취날은?

① 톱날형 날

② 꽃잎형 날

③ 4도형 날

④ 합성수지 날

해설

예취날의 선택

• 자갈 등이 많고 지면이 고르지 못한 지역, 철조망, 콘크리트벽 등의 주위의 잡초를 예취할 경우 합성수지 날이 좋다.

• 관목, 잔가지의 예취에는 금속날의 톱날형, 꽃잎형 날이 좋다.

**06** 다음 중 반자성체에 속하는 것은?

① 철          ② 니 켈

③ 탄 소         ④ 알루미늄

**해설**

자성체의 종류

• 강자성체 : 철, 코발트, 니켈, 망가니즈 등
• 상자성체 : 알루미늄, 주석, 백금, 산소, 공기 등
• 반자성체 : 금, 은, 구리, 아연, 수은, 탄소 등

**07** 전류의 3대 작용과 관계없는 것은?

① 발열작용       ② 자기작용

③ 기계작용       ④ 화학작용

**해설**

전류의 3대 작용

• 발열작용은 빛을 내는 전등, 열을 내는 전기다리미와 전기히터, 토스터 등에 널리 응용되고 있다.
• 자기작용의 전기에 의해 동력을 발생하는 기기나 지침으로 표시하는 계측기 등에 이용되고 있다.
• 화학작용은 물의 전기분해나 전기도금, 전해정련, 건전지나 축전지 등에 활용되고 있다.

**08** 곡물의 건량기준 함수율(%)을 나타내는 산출식은?

① (시료의 무게 / 시료의 총무게) × 100

② (시료에 포함된 수분의 무게 / 시료의 수분 무게) × 100

③ (시료에 포함된 수분의 무게 / 건조 후 시료의 무게) × 100

④ (시료의 총무게 / 시료에 포함된 수분의 무게) × 100

**09** 동력 경운기에 로터리를 부착하여 작업할 때 유의 사항으로 옳지 않은 것은?

① 감긴 흙과 풀은 기관을 정지한 후 제거한다.

② 후진을 할 때 경운날에 접촉되지 않도록 한다.

③ 회전이 빠르면 경운결이 거칠고, 느리면 곱게 된다.

④ 알맞은 경심이 유지되도록 조절 레버를 풀어 미륜의 높낮이를 조절한다.

**해설**

회전이 빠르면 경운결이 곱고, 느리면 거칠게 된다.

**10** 콤바인을 좌우로 선회할 때 사용하는 것은?

① 주변속 레버

② 파워 스티어링 레버

③ 예취 클러치 레버

④ 부변속 레버

**해설**

② 파워 스티어링 레버 : 콤바인을 좌우로 선회할 때나 예취부를 올리거나 내릴 때 사용한다.
① 주변속 레버 : 트랙터의 주변속 레버와 같은 역할을 한다.
③ 예취 클러치 레버 : 예취부에 동력을 전달하거나 차단하는 레버이다.
④ 부변속 레버 : 트랙터의 부변속 레버와 비슷한 기능을 가진다.

**11** 다음 중 농업기계의 운전, 점검 및 보관방법으로 옳은 것은?

① 시동을 켜고 엔진오일의 양과 냉각수를 점검하였다.

② 트랙터에 승차할 때 오른쪽(브레이크 페달 쪽)으로 승차하였다.

③ 가솔린기관은 연료를 모두 빼고, 디젤기관은 가득 채운 후 장기보관하였다.

④ 작업 도중 연료를 공급할 때에 기관을 저속 공회전하여 연료를 보충하였다.

**12** 공랭식 기관을 탑재한 이앙기의 일상점검 사항과 가장 거리가 먼 것은?

① 각 부의 볼트, 너트의 이완상태 점검

② 엔진오일량 및 누유 점검

③ 냉각수량 점검

④ 연료량 점검

> **해설**
> 기관을 냉각시키는 방법에는 공기로 기관의 외부를 냉각시키는 공랭식과 냉각수를 사용하여 기관의 내부를 냉각시키는 수랭식이 있다.

**13** 동력 분무기에서 흡수량이 불량한 원인으로 가장 거리가 먼 것은?

① 흡입호스의 파손

② V패킹의 마모

③ 토출호스 너트의 풀림

④ 흡입밸브의 고장

**14** 다음 중 말린 목초나 볏짚을 일정한 용적으로 압축하여 묶는 기계는?

① 헤이 테더  ② 헤이 베일러

③ 헤이 레이크  ④ 헤이 컨디셔너

> **해설**
> ① 헤이 테더 : 예취된 목초의 건조를 빨리 진행시키기 위해 목초를 반전 또는 확산시키는 데 사용하는 기계
> ③ 헤이 레이크 : 예취한 후 포장에 널려진 목초를 베일러 작업이 쉽도록 모아 주거나 건조를 하기 위하여 펼쳐 주는 작업기
> ④ 헤이 컨디셔너 : 건조를 촉진하기 위해 예취한 목초를 압쇄하는 데 사용하는 기계

**15** 축전지의 사용상 주의사항으로 옳지 않은 것은?

① 낮은 온도에서 용량이 증대되고 충전이 쉽다.

② 방전종지전압은 규정된 범위 내에서 사용한다.

③ 장기간 방치할 경우, 여름에는 월 1회 정도 보충전을 한다.

④ 50[%] 이상 방전된 경우는 110~120[%] 정도 보충전을 한다.

> **해설**
> **온도가 내려가면 축전지에서 일어나는 현상**
> • 전압이 낮아지고, 용량이 줄어든다.
> • 전해액의 비중이 높아지고, 동결하기 쉽다.

**16** 경음기가 작동하지 않을 때 고장원인으로 가장 거리가 먼 것은?

① 퓨즈 단선
② 경음기 릴레이 불량
③ 얇은 경음기 진동판
④ 접점의 접촉 불량 및 접지 불량

**해설**
경음기가 작동하지 않을 때는 전기적인 원인을 찾는다.

**17** 전류가 흐르는 도체가 자장에서 받는 힘의 방향을 나타내는 법칙은?

① 렌츠의 법칙
② 플레밍의 왼손법칙
③ 플레밍의 오른손법칙
④ 앙페르의 오른나사법칙

**해설**
① 렌츠의 법칙 : 전자유도현상에 의해서 코일에 생기는 유도기전력의 방향을 나타내는 법칙이다.
③ 플레밍의 오른손법칙 : 도체의 운동에 의한 유도기전력의 방향을 알 수 있으며, 발전기 회전의 원리에 적용된다.
④ 앙페르의 오른나사법칙 : 전류에 의한 자장의 방향을 결정하는 법칙이다.

**18** 인화성 물질이 아닌 것은?

① 질소가스
② 프로판가스
③ 메탄가스
④ 아세틸렌가스

**해설**
① 질소는 불연성이고 안정성이 뛰어나긴 하나 밀폐된 공간에서 사용 시 질식의 우려가 있다.
**가스화재를 일으키는 가연물질** : 메테인(메탄), 에테인(에탄), 프로페인(프로판), 뷰테인(부탄), 수소, 아세틸렌가스

**19** 가솔린기관에만 필요한 부품은?

① 피스톤
② 실린더
③ 기화기
④ 흡기밸브

**해설**
기화기(카뷰레터)는 가솔린 엔진에만 있는 장치이며, 가솔린과 공기를 적당한 비율로 혼합시켜 실린더에 보낸다.

**20** 동력 경운기에서 조향 클러치 레버를 잡으면?

① 잡은 쪽의 바퀴에 제동이 걸린다.
② 잡은 쪽의 바퀴에 더 큰 회전력이 전달된다.
③ 잡은 쪽 바퀴의 동력전달이 차단된다.
④ 잡은 쪽의 반대바퀴에 제동이 걸린다.

**해설**
동력 경운기 조향장치는 무논에서 작업하는 경우에는 좌우로 움직이기가 매우 힘들기 때문에, 좌우 바퀴 중 한쪽의 동력을 끊음으로써 한쪽 바퀴에만 동력이 전달되게 하여 방향을 바꾸는 구조로 되어 있다.

**21** 농업기계의 회전능력[kgf · m]을 나타내는 것은?

① 효 율
② 연료소비율
③ 출 력
④ 토 크

> **해설**
> 토크는 연소에 의한 힘이 크랭크축을 돌리는 힘으로, 최대토크는 중간 정도의 회전수에서 나타난다.

**22** 광원의 광도가 200[cd]이고 거리 1[m] 되는 곳의 조도가 200[lx]일 때, 거리가 2[m]이면 몇 [lx]인가?

① 50[lx]
② 100[lx]
③ 200[lx]
④ 400[lx]

> **해설**
> $$E = \frac{I}{r^2} = \frac{200}{2^2} = 50[\text{lx}]$$
> 여기서, $I$ : 광도
> $r$ : 거리

**23** 다음 중 트랙터의 일상점검 기준에 해당하는 것은?

① 오일필터의 교환
② 배터리 비중의 점검
③ 엔진오일량의 점검
④ 밸브 간극의 조정

> **해설**
> **트랙터의 일상점검**
> • 엔진오일 수준
> • 후드 및 사이드 커버
> • 라디에이터 냉각수 수준
> • 에어클리너 청소
> • 라디에이터, 오일로더 및 콘덴서 청소

**24** 동력 살분무기 살포방법으로 옳지 않은 것은?

① 분관 사용 시 바람을 맞으며 전진한다.
② 분관을 좌우로 흔들면서 전진한다.
③ 분관을 좌우로 흔들면서 후진한다.
④ 분관을 좌우로 흔들면서 옆으로 간다.

> **해설**
> 어떤 방법을 사용하더라도 뿌린 약제가 작업자 쪽으로 오지 않도록 반드시 바람을 등지고 작업해야 한다.

**25** 이앙기의 장기보관 시 조치사항으로 옳지 않은 것은?

① 사용설명서에 따라 시효가 지난 오일은 교환한다.
② 각부 주유 개소에 주유한다.
③ 점화 플러그 구멍에 새 오일을 넣고 공회전 후 압축 위치로 보관한다.
④ 연료탱크 및 기화기의 잔존연료는 명년도를 위하여 그대로 둔다.

> **해설**
> **이앙기의 보관방법**
> • 오일은 교환하고, 연료탱크 및 기화기의 연료는 완전히 빼낸다.
> • 본체를 청소하고 주유 개소에 주유한다.
> • 실린더 내부 및 밸브의 산화 방지를 위해 점화 플러그 구멍에 새 오일을 약간 넣고 10회 이상 공회전시킨 다음, 시동 로프를 천천히 잡아당겨 압축 위치에서 정지시킨다.
> • 식부날 부분에 녹 방지를 위해 오일을 칠한다.
> • 먼지나 습기가 적고, 직사광선이 비치지 않는 곳에 보관한다.

**26** 다음 중 콤바인 조향 방식이 아닌 것은?

① 브레이크턴 방식

② 전자조향 방식

③ 급선회 방식

④ 완선회 방식

**해설**
콤바인 조향 방식 : 브레이크턴 방식, 급선회(스핀턴) 방식, 완선회(소프트턴) 방식

**27** 안전관리조직 중 대규모 기업에 가장 적합한 것은?

① 참모식 조직

② 직계식 조직

③ 상향식 직계조직

④ 직계 · 참모식 조직

**해설**
• 직계 · 참모식 조직 : 1,000명 이상인 대기업에 적용
• 참모식 조직 : 500~1,000명인 사업체에 적용
• 직계식 조직 : 100명 내외의 종업원을 가진 소규모 기업에서 채택

**28** 콤바인 작업 시 급동의 회전이 낮을 때의 증상 중 옳지 않은 것은?

① 선별 불량

② 탈부미 증가

③ 막 힘

④ 능률 저하

**해설**
콤바인 작업 시
• 급동의 회전속도가 높으면 : 곡물의 손상률과 포장손실 증가
• 급동의 회전속도가 낮으면 : 탈곡능률 저하, 선별상태 불량, 작업 중 막힐 우려

**29** 기동전동기 취급 시 주의사항으로 옳지 않은 것은?

① 오랜 시간 연속해서 사용해도 무방하다.

② 기동전동기를 설치부에 확실하게 조여야 한다.

③ 전선의 굵기가 규정 이하의 것을 사용해서는 안 된다.

④ 엔진이 시동된 다음에는 키 스위치를 시동으로 돌려서는 안 된다.

**해설**
기동전동기는 오랜 시간 연속으로 사용하면 안 되며, 엔진 시동 시 최대 연속사용시간은 30초, 허용 연속사용시간은 10초이다.

**30** 기관의 연료소비율을 나타내는 단위로 가장 적절하지 않은 것은?

① [km/L]　　　　　　② [L/min]

③ [g/PS · h]　　　　　④ [g/kW · h]

**해설**
연료소비율 단위
[km/L], [g/MW · s], [g/kW · h], [g/PS · h], [lbm/hp · h]
※ [L/min]는 유량 단위이다.

**31** 전조등의 조도가 부족한 원인으로 옳지 않은 것은?

① 접지의 불량
② 축전지의 방전
③ 굵은 배선 사용
④ 장기사용에 의한 전구의 열화

**32** 모어(Mower)의 예취날 구조에 따른 분류가 아닌 것은?

① 왕복식 모어
② 로터리 모어
③ 플레일 모어
④ 플라우 모어

**33** 겨울철 경운기를 시동할 때, 시동 버튼을 누르고 시동해야 하는 이유는?

① 연료의 안개화를 위하여
② 연료에 공기량을 보충해 주기 위하여
③ 연료공급량을 많게 하여 시동을 용이하게 하기 위하여
④ 흡입공기의 온도가 낮으므로 연료공급량을 줄여 시동을 용이하게 하기 위하여

**34** 다음 중 안전사고의 정의와 거리가 먼 것은?

① 고의성에 의한 사고이다.
② 불안전한 행동이 선행된다.
③ 능률을 저하시킨다.
④ 인명이나 재산의 손실을 가져온다.

**35** 6[Ω], 10[Ω], 15[Ω]의 저항이 병렬로 접속되었을 때의 합성저항은?

① $\frac{1}{3}$[Ω]   ② 3[Ω]
③ 16[Ω]   ④ 31[Ω]

**36** 다음 중 발전기의 발생전압이 낮을 때 축전지에서 발전기로 전류의 역류를 방지해 주는 것은?

① 전압 조정기
② 전류 조정기
③ 컷아웃 릴레이
④ 계자 코일

**37** 살수관수의 특징으로 옳지 않은 것은?

① 짧은 시간에 많은 양의 물을 살수할 수 있다.
② 적은 양으로 균등하게 살수할 수 있다.
③ 비료, 농약 등을 섞어 살수할 수 있다.
④ 시설비가 비싸다.

> **해설**
> 살수관수는 단시간에 적은 양의 물을 넓은 면적에 균일하게 살수할 수 있다는 장점이 있다.

**38** 동력 살분무기의 윤활공급방식으로 가장 적합한 것은?

① 비산식
② 압송식
③ 비산압송식
④ 혼합유식

> **해설**
> 동력 살분무기는 엔진이 소형이면서 고출력과 고속을 필요로 하는 방식이라서 연료혼합방식이 적합하다.

**39** 트랙터 작업기의 부착장치 중 작업기의 좌우 수평을 조절하는 것은?

① 오른쪽 레벨링 박스
② 왼쪽 레벨링 박스
③ 상부 링크
④ 체크 체인

> **해설**
> 트랙터에 장착된 로터리의 좌우 수평 조절은 우측 하부 링크의 레벨링 핸들로 하며, 좌우 흔들림은 체크 체인으로 조정한다.

**40** 이앙기의 바퀴가 지나간 자국을 없애고 흙의 표면을 평탄하게 해 주는 것은?

① 플로트
② 유압 레버
③ 가늠자 조작 레버
④ 모 멈추개

> **해설**
> 플로트
> • 이앙기의 바퀴가 지나간 자국을 없애 주고, 흙의 표면을 평탄하게 해 준다.
> • 이앙기에서 이앙깊이 조절, 즉 모가 일정한 깊이로 심어지게 한다.

**41** 다음 중 점화 플러그에 요구되는 특징으로 옳지 않은 것은?

① 급격한 온도변화에 견딜 것

② 고온, 고압에 충분히 견딜 것

③ 고전압에 대한 충분한 도전성을 가질 것

④ 사용조건의 변화에 따르는 오손, 과열 및 소손 등에 견딜 것

**해설**

점화 플러그에 요구되는 특징

• 급격한 온도변화에 견딜 수 있어야 한다.

• 고온, 고압에 충분히 견뎌야 한다.

• 고전압에 대한 절연성이 있어야 한다.

• 사용조건 변화에 따르는 오손, 과열, 소손 등에 견딜 수 있어야 한다.

**42** 70[Ah] 용량의 축전지를 7[A]로 계속 사용하면 몇 시간 동안 사용할 수 있는가?

① 1시간  ② 10시간

③ 77시간  ④ 490시간

**해설**

축전지 용량[Ah] = 방전전류[A] × 방전시간[h]

$70 = 7 \times h$

∴ h = 10시간

**43** 동력 분무기에서 약액이 일정하게 분사되게 유지해 주는 것은?

① 펌프와 실린더

② 공기실

③ 노 즐

④ 밸 브

**해설**

공기실은 공기의 압축성을 이용한 것으로, 플런저 펌프가 배출하는 약액이 많을 때 공기실 내부의 공기가 압축되어 약액을 저장하고, 약액의 배출량이 감소할 때 공기실 내부에 압축되었던 공기의 압력으로 약액을 배출함으로써 맥동을 줄여 약액의 배출량을 일정하게 유지하는 기능을 한다.

**44** 작업장 내 정리 정돈에 대한 설명으로 옳지 않은 것은?

① 자기 주위는 자기가 정리 정돈한다.

② 작업장 바닥은 기름을 칠한 걸레로 닦는다.

③ 공구는 항상 정해진 위치에 나열하여 놓는다.

④ 소화기구나 비상구 근처에는 물건을 놓지 않는다.

**해설**

작업장 바닥은 넘어지거나 미끄러질 위험이 없도록 안전하고 청결한 상태로 유지하여야 한다.

**45** 농기계의 효율 향상을 위하여 실시하는 예방정비의 종류가 아닌 것은?

① 매일정비

② 매주정비

③ 농한기정비

④ 고장수리정비

**해설**

예방정비

기기별로 제작자가 추천한 정비주기 또는 정비이력에 따라 사전에 정해진 정비주기에 따라 행하는 정기정비

※ 고장정비 : 기기의 제 기능 발휘 불가 시 또는 고장 시 수행

**46** 농기계의 점화장치에 단속기를 두는 주된 이유는?

① 캠각을 변화시켜 주기 위해서
② 점화 코일의 과열을 방지하기 위하여
③ 점화 타이밍을 정확히 맞추기 위해서
④ 농기계에 사용하는 전류가 직류이기 때문에

**해설**
직류를 교류로 만들어 주기 위해 단속기를 장착하여 회로를 개폐하는 것이다.

**47** 연료탱크 수리 시 가장 주의해야 할 사항은?

① 가솔린 및 가솔린 증기가 없도록 한다.
② 탱크의 찌그러짐을 편다.
③ 연료계의 배선을 푼다.
④ 수분을 없앤다.

**해설**
연료탱크를 수리할 때는 탱크 내의 연료를 비우고, 내부의 연료 증발가스를 완전히 제거해야 한다.

**48** 경심 또는 작업높이를 일정하게 유지하는 데 사용되는 유압제어 장치는?

① 견인력제어
② 방향제어
③ 위치제어
④ 혼합제어

**해설**
위치제어 : 토양조건에 관계없이 작업기를 항상 일정한 높이에 위치하도록 함으로써 경심 또는 작업높이를 일정하게 유지하는 데 응용된다.

**49** 하인리히의 안전사고 예방대책 5단계에 해당되지 않는 것은?

① 분 석     ② 적 용
③ 조 직     ④ 환 경

**해설**
하인리히의 사고방지 대책 5단계
• 제1단계 : 안전조직
• 제2단계 : 사실의 발견
  − 사실의 확인 : 사람, 물건, 관리, 재해 발생경과
  − 조치사항 : 자료 수집, 작업공정 분석 및 위험 확인, 점검, 검사 및 조사
• 제3단계 : 분석평가
• 제4단계 : 시정책의 선정
• 제5단계 : 시정책의 적용(3E : 교육, 기술, 규제)

**50** 작업장에서의 태도로 옳지 않은 것은?

① 작업장 환경의 조성을 위해 노력한다.
② 자신의 안전과 동료의 안전을 고려한다.
③ 안전작업방법을 준수한다.
④ 멀리 있는 공구는 효율을 위해 던져 준다.

**해설**
공구, 자재 등 물품은 던지지 않는다.

**51** 농업기계 안전점검의 종류로 가장 거리가 먼 것은?

① 별도점검

② 정기점검

③ 수시점검

④ 특별점검

**안전점검의 종류** : 정기점검(계획점검), 수시점검(일상점검), 특별점검, 임시점검

**52** 정비 작업복에 대한 일반수칙으로 옳지 않은 것은?

① 규격에 적합하고, 몸에 맞는 것을 입는다.

② 수건을 허리춤에 차고 한다.

③ 기름이 밴 장비복을 입지 않는다.

④ 상의의 옷자락이 밖으로 나오지 않게 한다.

수건은 허리춤 또는 목에 감지 않는다.

**53** 드릴작업 시 안전수칙으로 옳지 않은 것은?

① 옷깃이 척이나 드릴에 물리지 않게 할 것

② 장갑을 착용하고 작업할 것

③ 머리카락을 단정히 하고 안전모를 쓸 것

④ 뚫린 구멍에 손가락을 넣지 말 것

**장갑을 끼면 안 되는 작업** : 선반작업, 해머작업, 그라인더작업, 드릴작업, 농기계정비작업

**54** 안전에 대한 관심과 이해가 인식되고 유지됨으로써 얻을 수 있는 이점이 아닌 것은?

① 기업의 신뢰도를 높여 준다.

② 기업의 이직률이 감소된다.

③ 고유기술이 축적되어 품질이 향상된다.

④ 기업의 투자경비를 확대해 나갈 수 있다.

**안전준수의 이점**

• 직장(기업)의 신뢰도를 높여 준다.

• 이직률이 감소된다.

• 고유기술이 축적되어 품질이 향상되고, 생산효율을 높인다.

• 상하 동료 간 인간관계가 개선된다.

• 회사 내 규율과 안전수칙이 준수되어 질서유지가 실현된다.

• 기업의 투자경비를 절감할 수 있다.

• 인간의 생명을 보호한다.

**55** 동력 경운기로 작업 시 안전운행 사항으로 옳지 않은 것은?

① 주행속도는 15[km/h] 이하로 운행할 것

② 운전자 이외의 사람은 태우지 말 것

③ 급경사지에서 조향 클러치를 조향 반대방향으로 잡을 것

④ 경사지를 이동할 때는 도중에 변속 조작을 하지 말 것

내리막길에서 조향 클러치를 잡으면, 급선회 및 반대방향으로 조향되어 위험하므로 핸들만으로 운전한다.

**56** 다음 중 관리기의 부속 작업기만으로 짝지어진 것이 아닌 것은?

① 중경제초기, 휴립피복기
② 제초기, 배토기
③ 구굴기, 복토기
④ 절단파쇄기, 점파기

**57** 동력 경운기의 데켈형 분사펌프에만 있는 부품은?

① 래크
② 레귤레이터 스핀들
③ 스모크셋 장치
④ 초크밸브

**58** 다음 중 보호장갑, 보안면, 방호용 앞치마를 반드시 착용하여야 하는 작업은?

① 밀링작업
② 용접작업
③ 선반작업
④ 해머작업

**59** 재해방지의 3단계에 해당하지 않는 것은?

① 교육훈련
② 기술 개선
③ 불안전한 행위
④ 강요 실행 혹은 독려

**60** 바이스의 작업방법으로 알맞지 않은 것은?

① 가드를 보호할 것
② 바이스를 앤빌로 사용할 것
③ 작업대가 흔들리지 않게 고정할 것
④ 작업 물체가 작업대에 닿지 않도록 사용할 것

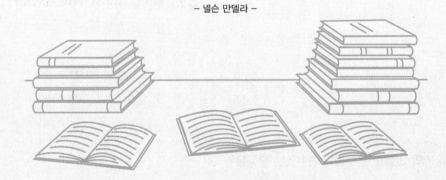

우리 인생의 가장 큰 영광은 결코 넘어지지 않는 데 있는 것이 아니라

넘어질 때마다 일어서는 데 있다.

– 넬슨 만델라 –

얼마나 많은 사람들이 책 한권을 읽음으로써

인생에 새로운 전기를 맞이했던가.

– 헨리 데이비드 소로 –

실패하는 게 두려운 게 아니라 노력하지 않는 게 두렵다.

– 마이클 조던 –

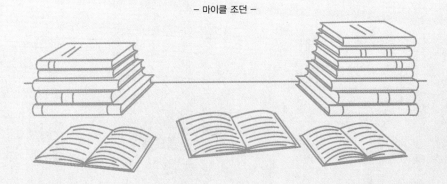

# Win-Q 농기계정비 · 운전기능사 필기

| | |
|---|---|
| **개정6판1쇄 발행** | 2025년 01월 10일 (인쇄 2024년 08월 20일) |
| **초 판 발 행** | 2019년 03월 05일 (인쇄 2019년 01월 10일) |
| **발 행 인** | 박영일 |
| **책 임 편 집** | 이해욱 |
| **편 저** | 최광희 |
| **편 집 진 행** | 윤진영 · 오현석 |
| **표지디자인** | 권은경 · 길전홍선 |
| **편집디자인** | 정경일 |
| **발 행 처** | (주)시대고시기획 |
| **출 판 등 록** | 제10-1521호 |
| **주 소** | 서울시 마포구 큰우물로 75 [도화동 538 성지 B/D] 9F |
| **전 화** | 1600-3600 |
| **팩 스** | 02-701-8823 |
| **홈 페 이 지** | www.sdedu.co.kr |
| **I S B N** | 979-11-383-7661-7 (13550) |
| **정 가** | 23,000원 |

TECH BIBLE

한눈에 이해할 수 있도록
체계적으로 정리한 핵심이론

철저한 시험유형 파악으로
만든 필수확인문제

국가직 · 지방직 등
최신 기출문제와 상세 해설

**기술직 공무원 건축계획**
별판 | 30,000원

**기술직 공무원 전기이론**
별판 | 23,000원

**기술직 공무원 전기기기**
별판 | 23,000원

**기술직 공무원 생물**
별판 | 20,000원

**기술직 공무원 임업경영**
별판 | 20,000원

**기술직 공무원 조림**
별판 | 20,000원

※도서의 이미지와 가격은 변경될 수 있습니다.